THE BOOK

OF

A YOUNG MATHEMATICIAN

A BOOK OF RESEARCH ON SCIENCES

BETWEEN A LIFE AND NUMBERS

*B*Y

AITZAZ IMTIAZ

JUST AN ORDINARY MATHEMATICIAN

NEUROSTOL
GIVE IN ALL YOUR BEST

This book, written originally by Aitzaz Imtiaz, designed by NeuroStol Publishing and primarily sold by Amazon is Copyrighted. Copying any work for a 'fair use' is permitted to do so especially the trademarked numbers. But, in any circumstances, you are not allowed to claim any part of this work as your own. Creating a derivative of results in this book is allowed provided that you give a formal acknowledgement.

The sales of this book are covered over all the regions in the world, except of Russia, North Korea and Pakistan. Although the sales are prohibited in Pakistan, buying and displaying this work from or inside Pakistan is allowed, which is definitely not allowed in Russia and North Korea to do so.

The Book respects the idea of Capitalism, and hence, by all means obey to 'fair use' and 'first sale' doctrines. But, as this book is sold worldwide, However, in respect to all ideologies, you must refer to your own country laws. If you are a citizen of Eritrea, Turkmenistan and San Marino, you are bound to obey International Copyright Laws while purchasing a copy of this work. The same is enforced on citizens of Somalia, Kiribati, Sao Tome and Principe, Tuvalu, Vanuatu and Nauru. This measure is done to promote a democratic procedure of fair International business to do so.

For obtaining the permission for producing derivatives, media and other thing, you are required to form a license, for this you can reach out @AitzazImtiaz on GitHub.

Printed first in the France.

Project started in 2022

Sold by Amazon International and designed by NeuroStol.

SLAVA UKRAINE

ONLY FOR

SOPHIE GERMAIN,

FOR EMPOWERING AND INSPIRING ME TO DO

EVERY POSSIBLE AND IMPOSSIBLE THING.

I WOULD THANK HER

FOR BOOSTING MY SELF ESTEEM.

HER STORY ACTUALLY HELPED ME BECOME EMOTIONALLY STRONG :)

I WISH WE BOTH COULD COLLABORATE TOGETHER ON NUMBER THEORY

THIS BOOK IS ENTIRELY DEDICATED TO HER AND IS THE ONLY BEST BOOK I COULD WRITE

PREFACE

Hello World!

I am the writer of this book, and in fact, the core researcher of this work, this book, is altogether integers and is built on for Number and Set theory primarily, where all these numbers are Sophie Germain primes, or else numbers all numbers are inspired by Sophie Germain primes. At the time of publishing, the OEIS did not include these series sequence, and Google plus Google Scholar searches did not extract any pieces of evidence, to claim this as an original research. The following series are definitely my own, and I am thinking, no one would be more proud then my Schizophrenic friend, Sophie Germain.

The following research opens wide fields and I expect that it will unleash the power of Cryptography, Primality testing, and in basic belief, this research will tell the importance of Sophie Germain's entire famous 2p+1 ideology. Personally, I feel proud, that even before I knew her idea, I was working on something that would ultimately reach me to the door steps of her ideas! You heard it right, I was working on something called Katsman Table, when I first noticed the first thing, the result of ${}^{n}P_2 = n^2 - n$ is always an even number, and the result is always leading to a composite number. One day, I learned differentiation and found out that $\frac{d}{dx}$ of this result is 2p - 1. Luckily, now I knew what is a surd, now 2p + 1 is the surd of 2p - 1 somehow since it is not irrational (My claim is wrong!). I surfed over the internet, and then I came to nothing about this. I somehow managed one day surfing Ada Lovelace after I searched Hypatia (My favourite mathematician then dropped to second place after this!) , when I thanks Bing! to showing Sophie Germain in related people. Coming up to that, I opened her Wikipedia page to see her contribution. She was using 2p + 1 to solve Fermat's theorem, the same 2p + 1 I was searching from ages. This is the Academia magic, that is a miracle for me! I read and loved the idea of Sophie Germain prime after further reading the Math Journal of Harvard Sciences. Katsman Table was somehow related to Sophie Germain prime! It's second row in tabular form was all inspired by Sophie Germain prime, and this was my first discovery in Mathematics after I kept on innovating Physics. This is where I also thanks Sophie Germain, I built something on her ideology, It was and it would be impossible to discover this work, if I did not knew Shwaika Katsman (My Ukrainian friend) and Sophie Germain. Sophie Germain's idea was not only what that inspired me, but increased my love for French people. Sophie Germain is honoured to be France's first credible Woman Mathematician, and the French revolution ideas, and most important, when I studied more, I loved His Excellency Emmanuel Macaron. I knew, French people are gifted, talented, and I can not say more, I have no words for France. I could never had, the France is what that told it's worth as great and indivisible nation, where there are no Christians, Muslims, Atheists, Jews or anyone except that one thing, the French nation.

My preface is not an essay on French revolution to be precise, but something to admit that, I would thank Sophie Germain from my deepened heart, and I would thank French Revolution, for bringing her freedom. The things she did in closed six walls inspired me to move out and show this to you! I literally thank her for everything!

Aitzaz Imtiaz,
August. 8th. 2022.

GUIDE

Skipping this one page means you skipped the whole book! Sounds cool! This page identify the three chapters and their numbers involving what they mean, and skipping it is not of course a good idea.

The first chapter contains only Sophie Germain prime's subset, what I call Imtiaz-Germain prime, the primes that are a special type of Sophie Germain primes. Imtiaz-Germain primes are the ones, whom Safe Prime results in a Composite number when 2p + 1 is applied. When another 2p + 1 is applied on this Composite number, the answer must be prime, this number is called Imtiaz-Germain prime, and every time the algorithm is applied, the properties change for sure. The result in Chapter 1 is of all such primes less then 10 million.

Now, in the second chapter, all these numbers are Composite. These numbers form when two consecutive Germain primes are used and integrated. $\int_{x}^{y}(2n+1)$ where X is a smaller number then Y, and Y is consecutive to X. This will always return into a Composite number. The result of Chapter 2 gives almost 10,000 numbers.

In the third chapter, it is all linked to Chapter 2 equation, except that X is always 0, and the result is in Permutation where r is always 2. This chapter almost contains 40,000 numbers.

CONTENTS

CHAPTER 1
IMTIAZ GERMAIN PRIMES 1

CHAPTER II.
INTEGRATED GERMAIN PRIMES 95

CHAPTER III.
INTEGRATED BASE GERMAIN PRIMES 114

Chapter I

IMTIAZ GERMAIN PRIMES

3 23 29 53 113 233 293 419 593 653 659 683 1013 1103 1223 1439 1559 1583 1973 2039 2273 2339 2549 2753 3299 3359 3593 3803 3863 4019 4409 4733 4793 4919 4943 5003 5279 5639 6173 6263 6269 6323 6563 6983 7433 7643 7823 8243 8273 8513 10253 10529 10799 10883 11393 11579 12329 12923 13049 13619 13649 14159 14879 16673 16823 17579 17669 17939 18443 18803 19373 19913 20249 20393 20693 20753 20789 20879 20963 21089 21149 21803 22433 23279 23603 23753 24473 25073 25643 25673 25799 27743 27893 28403 28559 28949 29483 29723 29873 30323 30689 31253 31859 32003 32009 32633 33119 33773 34283 34913 35573 36929 37253 37853 38183 38303 38453 38669 39443 39659 39989 40283 40853 40949 41243 42743 42923 43013 43793 43943 44543 44729 44909 45119 46589 46643 46703 47279 47609 48479 49103 49193 49559 50423 51503 52163 52583 55469 55733 55799 55889 56519 56663 57329 57773 58193 59369 59393 59513 59723 60293 60383 60509 60689 62213 62423 62459 62603 63929 64439 64853 65129 65183 65309 66593 66959 67349 67943 68279 68543 69029 69809 70079 70379 71849 72503 73523 73613 74363 74759 75353 75503 76283 76679 77243 77513 77543 78059 78233 78713 78839 79259 79379 79433 79589 79769 81509 81929 82493 82763 82793 83813 83873 83939 84443 84503 84653 85049 85103 85313 85523 85829 87959 88463 90749 90803 91079 91193 91463 91499 91529 93053 93113 93479 93683 93893 94079 94229 94343 95549 95813 96779 96989 97523 100043 101333 101483 102023 102299 103319 103349 103643 105173 105263 105359 106433 108863 108929 111053 111263 111509 111773 112289 112583 114479 114743 115553 115859 117503 117839 118169 118253 118259 119363 119429 123449 124433 124643 125399 125693 126683 126713 128099 128153 128399 128669 128813 129953 131933 132329 132623 132893 133649 134243 134609 136463 136523 137573 138893 140603 142193 143249 144383 144659 144719 145949 146543 147029 147083 147503 147629 148853 149213 149333 150743 150989 151379 151499 151643 151769 152219 152879 153353 155723 157133 157523 158663 159563 159629 159773 160019 160313 160343 161303 161753 162293 162419 162593 164309 165173 165443 165449 165983 166643 167099 167309 169553 169733 169913 170063 170393 171233 171263 171449 172283 174749 174959 175523 176549 176903 177269 178889 179213 179453 180413 183119 183509 183569 184703 184823 184829 185123 185849 187469 187559 187823 188273 188609 188693 188999 189389 190709 190829 191699 192149 193373 193493 195809 196043 196643 198953 199103 199109 200153 201893 202859 203279 204359 205253 205763 206543 206603 206879 207593 209789 210233 210299 212573 213623 214943 216113 216803 217643 217823 218363 218579 218843 219143 220019 220403 220469 220553 222269 224069 224303 224429 224729 224993 225119 226553 227459 228383 229373 230189 230309 230453 232439 232499 233069 234683 234743 234893 236069 236573 236609 237689 240263 240599 241259 241589 242393 245279 245519 246929 247193 248063 248753 248789 250259 250643 250853 251519 252383 252779 253343 255023 256499 257093 258299 258809 259643 259823 260999 261353 262049 262649 262733 263369 263723 264353 266093 266099 266663 267353 267413 267803 267863 268643 269063 269183 269519 271109 271499 272693 273233 273359 273473 273503 274199 275003 275339 276443 278363 278543 280673 281153 281549 281663 283193 283763 284633 284969 285023 286103 286859 287333 287933 288653 289973 290189 290393 290429 291359 291563 293339 293633 294803 294923 295283 295703 297023 300413 300593 300623 301319 303293 304169 305093 305219 305639 306749 308573 309173 311033 312023 312233 314063 314189 315083 315593 315779 316373 316493 317123 318473 320153 322919 323699 324689 324953 325163 325673 326939 327023 327263 327923 328343 329639 329999 330359 331319 332009 332159 333323 334643 335999 336029 336599 337049 337349 338339 340859 341273

342599 343589 344639 347129 350459 351413 352403 353453 353459 353813 354983 355643 358229 359069
360089 361793 361919 362003 362723 363833 364289 364313 364373 366923 368783 368873 371639 371669
371873 374903 375059 377183 377543 378533 379343 381323 381533 382229 384029 384623 387683 388109
388133 390359 391679 391823 392363 393209 393593 396983 399263 401393 402053 403289 403703 405959
406349 406403 406883 407579 407639 408959 411563 411809 413849 414203 414923 415799 416249 416393
417509 417869 420383 420779 422249 423389 424709 424769 425363 425489 426089 427079 427529 429119
429899 430949 431363 431369 432203 432989 434873 436283 436853 437273 439349 440333 442919 442973
444443 444623 444863 445589 445853 446273 448733 448853 449303 449363 449693 450839 450893 452279
453053 453269 453683 453983 454313 455309 456233 456623 456899 457013 457139 457829 458663 459293
460643 460979 461333 462263 463433 464069 464279 464309 464603 464699 465659 465743 466283 467399
467699 468593 469193 469229 469583 471539 472193 472289 473513 474443 475229 475823 476849 477359
478199 479879 479939 480773 482393 482819 483869 484229 484703 484733 485519 485603 485819 486203
486443 486683 488303 488909 489959 490643 491633 492029 492293 494843 495119 495563 497873 497993
498689 500333 500723 501173 502553 502643 503369 503423 505283 505619 506339 507599 513473 513899
514049 514823 515153 516233 516563 516839 517169 517733 517739 518543 519353 521243 523433 524063
527129 527333 529709 532919 533969 534203 535169 535709 536699 538649 539993 540383 541193 542183
542579 543149 544013 544259 544403 546053 547643 548189 549569 549749 550733 551003 551339 551363
551423 551483 552353 552473 553463 553733 554453 554663 556799 557789 559259 559649 559679 562739
562949 564593 564923 565289 568289 568979 569759 569903 570569 571019 571583 572549 574373 576683
578453 579503 579983 582299 583013 584399 584429 584879 585989 587459 587633 589643 589763 590753
590963 592853 594959 595253 596423 597353 599999 600623 600959 601313 602999 605393 605603 606113
607619 607703 608033 609803 610559 610763 610829 611333 612149 612173 613829 614093 614759 615299
615623 616169 616799 617273 618413 620579 620849 620909 621059 621779 626663 627953 629819 629963
632393 633449 633653 634103 634373 634643 638933 639263 639329 640793 641093 641453 641513 642233
642623 643523 643589 643619 644513 644519 644783 646193 646823 647099 647693 648293 648803 650483
651323 651869 654233 654323 655043 655643 655883 657383 658139 658253 658943 659783 660503 661253
661949 662309 662339 664193 665603 665993 667949 668513 668813 670343 671609 672473 673499 674123
674903 676103 676883 679229 679403 679463 680159 682373 682733 683759 685109 685973 686513 687413
689033 690929 690953 691739 691973 692663 696809 697733 698723 699719 702623 702683 704183 704393
704603 705713 705779 705833 705989 710513 710873 710933 711653 719633 720053 720683 721163 723119
723293 725519 727049 727763 728333 728369 728729 730049 731183 732509 734813 735419 735953 739103
739493 739523 740513 740693 741413 741869 742193 742289 742673 743423 743549 743579 744833 745103
746429 748019 748283 749069 750209 750803 751643 751739 753719 754343 754703 757019 758783 758963
759719 759953 761009 761993 763523 763649 764399 766163 766553 768359 768419 768623 768923 770183
771509 775193 776753 778643 779699 780803 781619 781799 782003 782189 783743 784919 785003 785423
786833 787079 787289 787883 788789 789683 790739 791519 794009 795023 795233 798173 798533 798569
799223 799523 800573 801959 803849 808523 810989 811493 811523 812963 813023 813503 815063 817013
819029 819083 820223 820679 821819 822803 822989 823373 825689 826313 826613 826883 827213 827369
827549 827639 827903 827969 832913 833309 835673 838769 838889 839903 841079 841283 841859 842063
843833 844163 845753 847673 848429 848933 849773 851159 852563 852569 852623 853283 853823 853949
855983 856133 857249 857459 857963 858029 859223 859373 860309 860399 860423 862289 863909 865103
865643 868529 868943 872429 873209 873863 874229 875519 876719 877853 878099 879143 880133 880283
880703 882593 883979 884183 884363 884699 886043 886433 886493 887333 890003 891899 893339 894329
894749 896123 896573 897269 898493 900089 901529 902873 903443 904643 905123 905693 905759 906473
907229 907733 908543 908549 910853 911159 911453 912083 913889 914219 914363 914789 915143 916073
916463 918149 918563 918959 921143 922283 924659 925649 928253 928643 930773 931949 932153 932513
933923 934229 934319 937379 938183 939413 940949 941813 942269 942653 943139 945359 946733 950039
950633 950783 950819 951389 951689 954263 955379 957119 958829 959219 961073 961283 961739 962543
962609 962789 963323 964703 964889 964913 965759 966863 967289 967493 968273 968879 969113 969179
969443 969863 974279 974999 977243 978149 978689 978773 980393 980459 981419 982589 983513 986369
986963 987383 991043 991883 992819 994949 995243 995339 996563 997103 997553 998213 998429 998633
998969 1000193 1000403 1001153 1001639 1004873 1006559 1008863 1010549 1010753 1012733 1012829

1013399 1014113 1014263 1014389 1016849 1018109 1019129 1020599 1024559 1026293 1026563 1027289
1027739 1028003 1028903 1030049 1031669 1031813 1033289 1039169 1039823 1040339 1040813 1044779
1046399 1046459 1048433 1050449 1051139 1051283 1051559 1054583 1056053 1058303 1058339 1058549
1059059 1059209 1059599 1060883 1061513 1063193 1064243 1064699 1064933 1065173 1069499 1069583
1071743 1074113 1074929 1075433 1076303 1076753 1078169 1078559 1079153 1079213 1080263 1081403
1081763 1082369 1083083 1088309 1089239 1090013 1090373 1092023 1092389 1093283 1093679 1094573
1094969 1097423 1097669 1097699 1097879 1097909 1099649 1101179 1103579 1104203 1104353 1104749
1105613 1106489 1108259 1109033 1109903 1110953 1111793 1112129 1112333 1112339 1112519 1113719
1113863 1114709 1114733 1114829 1115759 1116053 1117349 1117769 1117943 1118723 1120349 1121993
1122623 1122899 1124423 1124603 1126319 1127303 1128623 1128779 1129169 1129619 1129853 1131869
1132793 1133579 1134389 1134443 1134719 1135133 1135643 1136699 1139843 1141103 1142243 1144103
1144529 1145003 1145999 1146083 1146179 1150139 1150703 1150739 1151399 1151933 1152029 1154039
1155053 1156013 1156079 1156553 1156709 1158539 1159649 1161059 1161239 1163033 1163423 1164419
1164659 1165943 1165949 1166219 1166393 1166969 1167473 1168523 1168763 1172009 1172663 1173743
1176449 1177769 1178069 1178273 1178549 1180013 1180073 1180733 1181699 1181969 1182383 1183733
1184549 1186403 1187003 1187429 1188179 1190573 1191719 1193603 1194269 1194443 1194449 1194659
1194923 1196033 1196843 1196939 1198583 1199459 1200389 1200833 1201703 1204139 1205513 1205609
1206449 1206479 1206869 1208243 1209959 1212443 1214729 1217393 1217483 1217813 1219919 1221089
1222913 1223633 1223879 1224413 1224809 1226213 1228373 1229213 1231319 1231469 1231883 1231889
1233569 1234049 1234253 1235159 1236533 1236953 1237499 1238333 1239239 1239923 1241249 1241549
1243349 1243373 1243793 1247303 1247693 1248353 1248413 1254689 1255049 1255109 1255253 1257869
1259039 1259543 1261223 1262543 1262693 1263239 1263299 1264199 1264853 1267529 1267859 1268279
1270343 1271069 1272653 1275539 1276763 1277093 1278419 1279643 1281503 1281653 1282499 1283063
1283129 1283339 1286399 1286669 1287623 1288643 1289423 1290143 1290329 1292339 1295219 1299059
1299173 1300133 1301939 1302173 1303469 1304003 1304183 1304609 1308353 1309463 1310189 1312319
1313699 1315823 1316603 1317059 1318013 1318283 1319459 1319723 1319849 1320113 1322003 1322423
1322963 1325333 1325399 1326659 1328213 1329143 1330223 1331153 1332449 1332503 1332713 1333133
1333253 1335683 1336343 1336613 1336949 1338443 1338479 1338803 1340789 1340903 1344509 1345013
1346309 1348619 1349669 1350059 1350383 1350449 1351799 1352969 1353689 1354949 1355933 1359833
1360193 1360223 1361813 1362299 1363559 1364483 1365869 1366289 1368473 1369019 1369793 1370093
1371113 1373843 1374029 1374083 1374749 1374833 1374953 1375109 1375823 1376393 1378319 1380419
1381643 1381973 1382939 1385183 1385399 1386383 1387649 1389623 1392953 1393883 1396613 1397219
1397579 1397783 1398263 1398863 1399319 1400303 1400489 1404653 1406549 1408409 1410203 1410449
1411703 1413029 1413089 1413749 1413773 1414943 1416143 1420493 1420883 1421243 1421603 1423853
1424603 1424849 1425029 1426583 1426889 1428029 1428593 1431779 1434599 1435793 1436093 1438709
1439513 1439909 1440233 1440773 1442279 1443119 1443989 1446509 1446689 1446719 1448423 1450073
1451393 1453643 1453883 1457069 1458293 1458713 1459253 1459259 1461683 1462463 1465259 1465889
1466639 1467863 1468403 1469189 1469543 1471913 1472153 1472573 1474103 1474199 1477319 1477643
1478909 1480163 1480229 1481033 1481153 1481489 1481999 1482413 1483049 1483253 1483259 1484183
1484243 1485233 1486223 1487303 1487753 1496723 1497263 1500533 1501943 1504859 1505033 1505489
1505753 1506689 1506959 1508813 1510703 1512299 1514399 1514549 1515053 1515623 1516583 1518449
1519673 1519709 1521029 1521623 1522589 1523069 1526093 1526873 1527083 1529393 1531199 1533503
1533683 1534289 1535609 1535939 1536533 1537439 1538963 1542533 1548593 1550999 1551773 1552079
1553099 1553159 1553333 1554989 1555013 1555289 1555643 1556003 1556519 1556963 1557239 1558913
1559879 1560263 1560683 1561139 1565489 1565549 1566893 1568543 1568873 1569149 1570319 1572773
1573829 1574669 1574873 1575443 1575989 1576703 1578389 1580489 1583273 1584059 1584623 1585373
1587413 1588049 1589333 1589453 1589573 1591553 1591949 1592159 1592879 1594403 1594559 1596299
1596839 1597703 1598279 1599413 1602323 1603793 1605209 1607603 1608023 1609199 1610429 1612493
1618769 1619339 1623263 1626749 1627793 1632359 1632509 1633169 1633223 1634393 1634603 1634849
1635983 1637813 1639349 1639493 1641509 1641863 1642919 1644173 1646219 1647599 1648529 1649003
1649369 1650179 1651493 1653293 1655039 1655963 1656383 1656719 1658243 1658309 1660469 1663589
1663619 1664633 1665143 1666403 1666523 1668083 1669469 1669589 1671443 1673279 1673489 1673849

1674203 1675073 1675139 1677743 1678073 1681259 1682363 1682669 1682693 1683053 1684829 1685483
1685759 1686203 1686749 1687739 1688189 1689923 1690193 1692563 1693493 1695779 1697309 1699469
1699829 1699853 1700423 1701449 1701533 1704299 1705103 1705859 1706063 1707113 1707353 1710413
1711049 1711673 1711799 1712369 1714133 1715039 1715309 1717379 1717673 1720643 1721579 1722599
1724969 1728983 1729103 1730849 1733519 1733909 1733999 1735703 1738493 1738703 1739453 1739603
1740209 1741979 1742579 1742969 1744049 1744313 1745213 1748639 1748723 1749179 1749749 1751213
1752659 1752923 1754843 1755653 1758899 1759349 1760873 1762049 1763759 1764293 1764683 1766279
1767203 1767329 1768313 1768499 1770893 1771613 1773749 1774169 1774313 1774523 1774529 1774973
1777553 1778009 1779689 1779983 1780253 1780703 1781009 1783163 1783553 1785599 1786913 1787573
1788623 1789559 1791089 1792163 1792673 1793639 1793843 1794203 1796519 1797539 1798409 1798613
1798679 1798943 1799153 1800209 1802513 1803029 1803383 1803449 1804529 1806803 1808039 1810439
1811219 1811759 1811819 1813853 1814003 1814759 1814993 1820579 1823963 1824269 1825079 1826003
1826609 1827209 1827509 1828223 1828763 1829549 1829699 1831493 1833269 1834139 1834253 1834373
1834439 1834799 1836479 1838423 1838429 1839923 1839983 1840259 1840703 1841579 1841639 1843169
1843493 1844099 1844333 1844963 1847273 1847333 1847393 1849049 1850633 1855313 1855823 1856639
1856819 1859603 1861649 1861889 1863929 1865603 1866083 1868183 1868309 1872323 1873013 1874039
1874699 1876379 1876403 1876499 1877693 1877723 1877873 1878263 1879523 1882229 1884359 1886459
1886513 1887563 1888769 1889213 1890593 1893329 1897139 1897943 1898153 1898783 1900709 1902839
1904849 1905383 1905983 1907303 1907333 1908779 1909343 1910663 1911053 1911083 1911653 1912583
1913003 1914443 1914569 1915103 1917479 1917743 1921499 1922423 1923353 1923749 1924649 1925873
1926863 1927823 1929509 1932503 1932923 1935893 1937489 1940069 1940849 1941479 1942049 1945109
1946579 1946909 1946963 1949933 1951289 1953233 1953299 1953863 1955183 1956533 1957289 1959599
1960979 1962413 1962689 1964159 1965923 1966049 1966463 1968293 1968539 1969223 1970519 1971023
1972829 1973369 1974503 1975163 1975313 1976633 1976939 1977929 1978523 1980353 1981649 1981949
1983563 1983743 1985513 1985573 1986629 1987619 1988183 1988933 1990559 1991189 1991729 1991849
1991999 1993493 1994519 1997813 1997843 1999733 2000699 2001539 2003723 2003999 2005739 2006579
2007899 2008553 2008763 2008823 2010083 2011799 2012243 2012693 2012849 2013113 2014739 2014979
2015879 2016653 2017289 2019119 2019623 2023163 2024339 2025503 2026763 2026889 2027873 2028359
2028863 2029799 2029829 2030789 2032559 2032643 2034239 2035343 2037083 2038763 2042153 2043869
2044013 2045009 2046029 2047289 2049293 2049419 2049629 2050733 2050883 2052989 2054639 2055233
2055689 2056289 2056919 2058443 2060843 2061113 2061413 2061599 2064449 2065169 2065523 2066969
2068673 2069999 2071193 2071649 2071913 2072033 2072123 2073293 2075273 2075483 2077343 2077409
2077769 2077919 2080439 2083643 2083859 2083883 2084903 2085899 2087759 2088953 2090873 2091863
2093153 2093243 2094203 2096273 2098133 2100113 2101223 2101283 2102069 2103449 2104313 2104703
2105069 2109053 2109743 2110019 2110259 2111309 2112419 2114039 2114243 2115983 2116409 2117663
2119259 2120249 2121029 2122013 2126549 2129069 2131193 2131319 2131793 2134943 2135453 2136383
2138249 2140769 2142713 2143733 2145089 2145779 2146253 2146283 2147273 2149883 2154209 2154413
2154629 2157923 2160029 2161823 2162183 2162549 2162603 2164583 2167703 2168009 2168219 2168363
2168399 2171003 2171159 2171759 2175083 2175599 2178443 2179769 2180219 2181719 2182073 2182709
2182949 2183189 2183543 2184053 2185433 2185493 2187833 2187953 2188799 2189513 2189879 2192093
2195933 2197049 2197463 2205239 2208473 2210333 2210993 2211263 2211563 2213069 2214473 2215793
2219033 2221403 2222723 2223233 2223443 2225159 2227223 2227763 2227859 2227889 2228183 2228393
2228423 2233373 2233529 2235329 2236079 2236373 2237783 2238023 2240663 2240669 2245679 2246969
2247083 2247473 2248019 2249183 2249393 2249603 2251373 2253353 2253539 2255549 2257949 2258213
2258453 2258573 2259503 2259629 2259863 2262413 2262593 2263433 2265869 2266133 2266223 2268323
2268659 2268863 2269133 2269829 2270003 2270459 2270693 2273213 2273669 2274269 2274599 2275313
2275613 2276849 2279243 2281619 2282243 2282963 2285039 2286149 2287013 2288213 2288399 2289233
2289503 2291573 2292299 2293103 2293559 2293799 2294009 2294819 2294879 2295053 2295113 2295803
2297153 2297369 2298143 2298683 2299499 2299529 2301779 2303849 2304479 2304773 2306753 2307479
2307989 2308679 2308919 2310593 2311553 2314859 2315699 2317349 2318279 2318483 2318819 2318843
2319689 2320943 2321519 2323463 2324453 2327789 2328869 2330903 2333783 2334263 2334989 2335733
2336333 2337479 2338079 2338403 2338799 2340269 2341403 2341589 2342993 2343233 2343899 2345543

2351759 2351963 2351969 2352803 2355329 2357039 2358143 2359139 2359559 2361119 2361713 2362163
2366489 2367983 2369303 2370113 2370149 2370629 2371073 2374199 2377019 2378009 2378423 2382119
2383649 2384339 2386679 2388173 2388839 2388983 2391113 2391269 2391533 2392619 2395973 2396123
2396423 2399129 2399933 2399993 2400353 2400413 2400473 2402633 2402819 2405093 2405369 2407943
2408039 2408513 2408933 2409833 2410949 2411729 2412653 2413679 2413913 2417423 2419523 2419589
2419883 2421383 2423969 2424083 2424113 2425259 2425469 2430569 2435183 2437343 2437469 2438693
2439413 2440043 2440253 2441363 2441849 2443433 2443613 2445389 2445749 2446319 2448689 2451419
2452589 2453453 2453459 2453543 2454929 2459129 2460593 2460743 2461313 2462879 2464733 2464799
2464859 2465819 2466473 2467403 2467709 2473193 2474183 2475509 2475689 2476163 2476739 2476913
2478473 2478653 2479409 2480063 2481833 2482349 2483543 2484089 2487113 2488709 2489183 2489813
2490209 2490413 2490473 2491589 2492813 2493383 2494463 2499443 2501249 2501489 2502113 2502719
2505809 2505983 2506253 2509103 2509313 2509499 2511083 2512403 2512649 2514173 2514299 2515319
2515703 2517869 2518823 2518913 2524139 2524289 2524673 2526869 2527643 2529959 2530043 2531423
2533733 2535413 2536643 2537789 2539529 2542223 2543609 2544539 2546909 2549903 2550083 2551733
2553539 2553599 2553959 2554133 2555309 2556023 2556503 2557889 2558333 2559383 2559839 2561549
2561813 2563553 2566859 2568563 2569823 2571449 2571953 2573099 2574569 2574839 2575673 2576369
2576429 2576933 2578133 2579939 2580839 2582369 2585333 2589809 2590223 2590463 2591213 2592209
2594759 2595683 2597099 2597663 2598593 2599403 2600519 2605013 2606603 2606783 2608283 2608943
2616023 2616749 2620253 2621033 2624753 2624813 2625449 2628779 2629703 2634479 2634743 2634839
2635019 2636369 2637083 2638613 2638973 2639999 2640509 2640959 2642039 2643989 2644073 2645399
2646893 2647763 2648363 2649173 2650463 2652113 2653193 2655623 2657069 2657939 2658059 2659043
2659379 2661419 2662763 2664593 2665109 2666519 2668733 2669393 2670029 2672123 2672573 2672633
2672783 2674043 2675093 2677589 2678009 2679269 2681573 2683013 2685989 2686559 2689073 2689259
2689523 2690249 2694239 2694689 2695793 2696003 2696663 2697113 2697269 2698253 2700419 2703413
2704193 2704739 2705933 2706419 2706443 2708243 2708753 2708999 2709023 2711783 2712179 2713253
2713883 2715533 2716253 2716349 2716853 2718143 2721143 2722553 2723069 2724503 2726033 2727173
2730179 2732993 2733179 2733749 2735129 2736263 2737673 2739053 2739389 2740319 2743259 2745569
2745989 2746283 2752049 2752103 2753363 2758793 2759819 2760473 2760629 2761163 2761169 2763053
2763119 2763203 2764133 2764913 2765333 2765519 2766293 2771309 2772239 2772383 2773583 2773679
2774483 2775593 2776589 2777669 2777903 2782859 2783219 2783789 2783873 2784599 2784629 2786573
2786753 2788529 2791979 2793359 2797733 2798963 2804699 2805233 2806673 2807729 2808353 2808359
2808593 2809073 2809643 2810399 2812223 2813549 2816459 2817239 2818103 2818853 2820803 2823053
2824109 2824463 2824583 2827469 2827679 2828363 2832359 2832983 2833643 2834813 2836313 2836973
2839019 2842589 2842643 2844983 2846033 2849519 2850173 2850383 2850719 2850989 2852303 2852849
2854763 2854889 2856149 2856803 2857259 2858423 2859413 2859749 2859803 2860223 2864159 2864363
2866943 2867303 2868689 2869943 2870669 2871233 2871749 2871833 2872433 2872559 2874353 2877659
2877779 2877929 2878313 2879609 2879759 2880809 2882543 2883593 2884709 2885243 2887763 2887793
2890259 2895479 2896013 2896109 2896319 2900753 2901719 2904353 2905163 2905559 2905949 2907563
2909279 2909993 2914283 2915543 2915849 2916323 2916383 2917493 2918249 2919629 2923163 2923493
2923523 2925893 2926793 2929133 2929343 2932343 2935589 2936369 2937113 2938223 2938973 2941313
2941733 2943359 2945303 2946479 2946929 2947583 2947673 2948189 2951579 2955539 2958149 2958419
2960729 2964413 2966153 2967983 2969903 2970923 2972309 2976203 2976509 2976569 2979563 2980583
2983289 2986799 2986859 2992793 2995379 2996333 2996663 2996789 2997719 2998403 2998679 2998823
3002189 3004583 3005213 3005633 3007349 3008339 3009329 3012209 3015209 3016523 3020399 3020873
3021569 3023759 3024083 3024803 3024839 3025703 3026879 3027263 3027389 3027539 3029753 3031823
3033059 3033689 3034523 3035099 3035723 3036983 3037763 3037973 3038153 3039293 3043283 3045743
3046079 3047669 3048053 3049589 3050153 3051869 3052499 3052733 3052949 3053909 3055583 3056453
3058343 3058493 3058883 3061433 3062723 3065609 3066863 3070169 3070499 3071153 3072263 3073799
3074633 3074993 3078203 3080729 3081443 3081503 3083813 3084929 3087173 3087449 3087533 3092279
3094709 3095243 3095429 3097079 3097739 3098423 3098633 3100739 3101309 3102773 3104099 3104903
3105269 3106643 3112253 3113783 3113969 3116033 3116699 3118499 3118763 3121379 3123023 3123773
3123959 3125099 3125459 3125669 3126509 3127139 3128633 3128693 3131549 3131603 3133673 3134903

3135623 3136229 3136649 3137609 3137663 3138029 3139919 3140069 3140183 3141959 3142259 3143243
3145283 3145589 3146393 3148973 3150443 3152003 3152333 3155363 3155573 3155783 3157109 3157139
3161129 3164723 3164939 3165059 3166049 3166469 3166643 3167513 3168719 3171593 3171683 3171989
3172073 3172133 3172913 3175853 3176273 3176513 3176609 3178193 3178739 3179993 3181043 3182369
3182423 3183023 3184619 3185543 3188723 3189383 3190283 3190949 3191003 3191999 3193013 3193769
3196373 3197693 3198119 3199379 3200663 3204203 3209543 3210953 3213839 3214103 3214199 3215903
3216413 3216509 3220499 3221063 3222083 3225653 3226343 3226403 3227369 3230273 3231023 3231029
3232769 3234713 3234779 3235493 3238853 3241349 3243833 3244919 3245153 3246203 3250223 3250343
3252449 3252779 3254843 3256289 3256793 3258869 3259439 3261113 3262313 3266573 3267233 3268379
3268439 3270719 3272309 3272459 3275249 3281039 3282509 3282743 3283823 3284483 3284999 3287573
3289493 3289739 3290723 3291083 3291143 3295013 3296213 3299273 3301409 3302993 3304319 3306269
3309413 3310193 3313319 3313883 3316403 3316823 3316949 3319733 3319763 3320519 3320699 3323213
3324203 3327833 3328229 3329789 3331649 3331799 3332579 3334559 3336923 3338873 3339113 3341813
3342023 3345119 3345509 3345929 3348239 3348563 3348599 3349343 3349403 3349613 3350519 3350579
3350723 3354509 3357863 3359459 3363473 3364139 3366329 3370253 3371993 3372779 3373169 3374513
3374543 3374879 3374963 3375083 3375539 3376853 3377579 3379373 3379559 3380189 3380969 3381089
3383819 3384779 3385559 3388019 3388043 3389063 3392723 3393683 3395603 3395999 3397139 3397253
3399173 3399359 3401213 3401549 3403619 3404729 3408263 3408869 3410009 3410783 3410909 3411389
3411533 3413153 3415883 3420713 3422543 3424433 3424703 3425189 3432983 3433673 3434363 3435563
3436403 3440513 3440543 3440819 3442949 3445769 3446819 3447893 3448673 3449513 3450383 3450593
3452903 3453083 3453773 3453809 3454343 3456269 3457703 3458093 3458393 3459233 3459713 3461369
3464333 3466763 3466829 3467669 3468329 3468359 3474329 3474599 3478199 3483449 3483713 3483719
3487199 3488273 3488339 3488393 3488603 3489389 3491123 3494303 3494609 3494693 3496799 3498419
3498749 3499313 3499823 3501689 3504929 3508139 3512819 3514013 3514799 3516533 3516809 3517313
3518633 3521723 3522773 3525293 3525479 3526469 3526619 3527129 3530393 3531683 3532289 3532313
3534533 3535613 3536699 3536789 3538763 3539639 3541493 3544643 3545963 3546953 3548579 3549473
3550439 3552233 3552953 3554669 3555353 3555599 3555749 3556253 3556649 3557639 3558983 3559343
3559949 3560339 3560363 3560759 3561059 3561203 3564623 3564629 3566669 3567803 3570179 3570383
3573599 3573623 3578453 3578693 3579893 3582083 3584813 3585149 3585749 3585779 3591023 3592223
3594653 3594863 3595589 3595649 3596123 3596693 3597059 3597173 3597983 3599423 3600749 3601463
3603833 3605159 3605369 3608873 3608903 3609503 3609713 3612209 3612239 3612419 3613079 3614249
3618869 3619103 3619289 3620723 3625943 3627269 3628853 3630359 3630923 3634913 3635459 3636329
3636593 3638279 3638513 3638759 3639593 3641609 3642839 3643883 3643973 3646343 3648479 3649889
3650579 3651293 3652163 3652703 3652829 3654383 3655793 3657119 3658829 3661739 3662699 3665279
3670883 3672143 3672419 3672659 3673529 3674453 3675473 3675719 3675803 3676643 3677753 3679079
3679499 3682109 3689513 3691283 3692333 3694109 3695669 3697709 3699413 3699719 3702323 3702329
3702983 3703949 3704243 3704279 3704573 3707849 3709109 3711269 3711863 3713849 3714773 3714779
3715889 3716759 3716819 3717023 3717173 3719273 3720023 3721583 3722819 3723719 3723749 3723959
3724043 3725069 3725279 3725693 3726743 3729569 3730823 3731489 3731603 3735233 3735443 3738233
3739163 3739943 3740309 3740879 3741239 3743039 3743249 3743843 3746153 3747479 3748469 3748733
3751343 3752219 3756773 3757709 3761963 3764303 3764399 3764543 3764933 3766253 3768533 3769949
3772679 3775559 3776039 3776483 3777419 3779183 3780473 3781649 3782309 3784019 3784493 3786803
3788159 3788303 3790763 3792149 3792983 3793199 3796493 3799079 3799643 3802919 3802979 3803603
3804329 3807053 3810899 3812219 3814493 3815303 3815639 3816173 3822653 3823349 3825953 3827339
3828953 3829229 3829823 3830303 3830819 3835439 3836243 3838259 3838613 3838979 3839519 3841763
3842903 3846833 3847799 3848639 3851213 3851363 3852923 3853403 3855083 3857153 3859259 3860033
3863273 3864629 3868283 3873893 3874133 3874763 3876413 3878183 3878993 3879593 3879719 3881093
3881303 3881393 3883133 3883823 3884213 3884609 3884819 3885149 3889163 3889169 3889313 3890129
3890819 3891659 3891689 3892943 3893063 3893273 3893849 3898073 3899279 3899513 3900989 3901829
3902219 3902819 3904289 3911279 3911339 3911423 3913103 3916343 3917453 3918053 3918209 3921719
3922553 3923099 3923399 3924449 3927713 3928973 3931463 3932399 3934109 3936899 3939779 3939989
3941183 3943883 3948149 3948293 3950099 3951113 3956549 3957389 3958313 3958733 3960893 3961649

3962093 3962303 3966323 3968483 3968543 3969923 3970073 3970199 3974759 3975353 3975473 3977063
3977663 3977819 3978659 3979229 3981473 3981749 3982739 3982763 3984479 3986309 3986663 3987149
3989333 3992393 4000439 4002833 4003019 4007099 4007963 4008239 4010663 4010789 4014113 4015283
4019159 4020353 4020833 4022663 4024049 4025249 4026329 4030133 4030193 4030553 4033019 4033979
4035203 4036943 4038899 4039433 4040429 4040873 4041413 4042163 4044983 4045049 4046513 4048619
4048673 4049813 4052099 4053323 4054139 4054499 4056743 4058063 4059119 4059953 4063733 4067363
4068503 4073033 4074173 4074743 4074929 4075559 4076783 4077863 4078073 4078649 4079219 4079483
4080029 4081613 4083479 4083659 4085453 4086059 4087949 4088039 4090349 4091933 4094819 4095629
4096349 4099883 4100909 4104473 4106423 4107683 4109093 4109153 4109669 4110143 4110443 4114073
4114703 4114889 4115099 4116743 4117259 4117523 4118693 4119359 4119809 4119833 4120223 4122413
4123319 4123943 4125053 4129343 4130699 4131839 4132679 4138583 4139699 4141283 4146539 4146743
4147289 4147553 4149023 4150463 4156073 4156739 4157693 4158449 4159349 4160423 4162733 4164053
4165319 4166693 4168133 4168583 4168943 4169579 4172489 4172513 4174259 4174949 4176773 4176929
4177403 4177913 4180343 4180499 4181483 4183103 4184909 4185953 4189733 4190033 4190183 4191179
4191233 4193939 4194143 4195973 4197443 4201079 4201583 4201889 4202339 4202903 4203263 4204859
4210793 4212023 4212713 4213199 4218299 4219823 4221419 4221683 4223333 4223759 4227719 4229003
4229783 4231373 4231553 4234823 4239269 4241459 4241663 4242839 4244633 4244819 4247069 4249523
4250063 4251353 4252823 4254599 4256669 4256963 4260629 4261793 4262399 4265843 4269383 4270169
4270319 4270589 4270853 4272269 4277453 4281083 4281533 4283399 4284023 4285643 4285679 4285769
4287089 4287623 4288253 4289849 4292273 4293623 4294919 4297043 4298513 4299089 4300553 4302509
4303163 4303529 4303769 4308263 4309163 4310963 4312079 4312229 4314839 4319093 4319363 4319993
4323569 4327019 4327643 4329263 4333613 4334273 4336463 4336919 4338563 4338569 4342133 4342829
4345703 4346213 4346453 4346663 4346729 4346819 4347263 4348133 4348433 4348793 4351103 4352753
4354079 4354529 4355933 4356503 4356563 4358873 4359209 4361039 4362233 4362773 4364933 4366403
4368449 4369199 4370549 4374323 4376789 4377749 4377833 4378229 4379933 4381319 4382459 4385603
4386383 4386803 4388393 4389263 4389449 4390703 4391483 4394843 4398143 4398293 4399943 4400993
4401899 4401983 4402169 4404149 4405073 4406813 4408643 4413203 4413683 4414463 4417043 4419479
4420583 4420613 4421723 4423253 4424939 4425293 4427723 4429829 4433333 4433729 4434179 4435439
4436483 4436693 4437113 4438019 4438823 4440899 4441439 4442453 4443563 4444229 4446413 4447169
4450613 4454003 4456349 4456619 4457933 4458533 4458563 4464569 4466723 4468043 4470143 4470803
4471529 4474103 4474919 4475843 4476383 4476509 4479749 4480403 4482059 4482323 4484069 4484219
4484789 4485479 4485809 4486073 4487729 4488023 4488089 4488719 4489739 4490933 4493459 4493789
4494629 4496309 4498283 4499069 4500599 4502159 4505003 4505393 4507319 4508303 4508513 4509503
4510349 4514249 4516283 4516769 4517759 4517813 4518023 4518623 4520003 4521773 4522169 4523999
4527623 4528193 4528703 4532663 4532813 4533803 4534919 4535969 4536179 4537493 4538129 4541219
4542053 4542173 4542449 4542803 4543373 4545473 4545839 4547303 4547363 4548023 4548293 4549943
4550873 4550879 4551923 4551929 4552283 4552403 4553453 4555493 4556213 4557719 4558943 4560533
4561883 4562279 4562693 4565003 4565609 4568183 4569683 4570133 4570259 4571783 4572569 4572833
4573769 4576763 4578179 4578923 4581569 4583213 4584323 4585313 4585463 4586633 4588949 4589159
4589219 4592069 4592543 4593623 4594559 4594883 4595039 4595183 4596173 4597793 4598063 4601099
4601189 4602239 4605179 4605743 4606319 4606709 4610759 4610999 4611209 4612343 4612409 4614713
4617269 4617479 4619789 4619969 4622489 4622753 4622879 4623863 4623953 4626299 4627253 4627823
4628969 4630529 4632443 4635083 4636343 4636829 4637123 4638143 4644593 4645523 4649303 4649759
4650389 4651733 4654049 4654649 4655333 4655933 4656989 4657049 4664993 4665473 4665893 4672253
4674563 4675169 4675199 4675343 4675403 4679333 4679429 4679903 4680323 4682003 4683779 4684259
4686029 4686119 4688669 4691513 4691969 4695233 4698779 4701743 4705199 4705439 4706189 4709333
4709753 4709879 4716689 4716983 4717733 4718249 4718723 4718999 4720613 4724309 4724339 4725659
4729583 4729919 4729979 4731299 4732499 4733843 4734563 4735193 4740419 4741073 4742603 4743593
4744199 4747679 4748753 4750379 4750439 4752173 4753169 4753643 4754933 4758443 4758629 4759679
4760543 4761203 4761413 4762613 4762889 4763249 4764629 4768073 4769519 4771439 4773479 4774463
4776143 4777469 4778729 4778993 4785383 4785509 4786013 4787339 4788869 4790459 4791953 4792439
4792643 4797263 4797269 4797599 4801553 4802723 4803119 4804133 4806773 4807343 4808003 4809719

4812413 4813073 4814093 4814219 4815623 4818899 4819163 4819943 4821209 4822073 4822193 4823909
4826753 4827533 4828469 4830719 4831889 4832363 4833869 4835153 4835843 4836743 4837559 4837769
4837853 4839833 4840133 4840949 4842329 4846409 4847543 4848359 4851683 4852283 4854539 4860533
4861529 4861943 4862243 4862519 4862843 4864169 4864823 4865699 4865963 4867223 4867259 4869503
4870133 4873133 4879109 4879349 4884779 4884989 4885883 4889063 4890293 4891889 4892579 4893419
4895279 4896383 4897583 4899113 4899803 4900799 4901153 4903043 4905713 4907219 4907729 4909109
4911083 4911089 4911743 4912493 4912559 4913273 4915049 4917023 4920719 4922243 4922903 4924019
4925213 4926689 4927283 4927733 4928069 4928513 4935323 4935809 4938779 4939073 4940753 4943063
4944053 4944899 4946033 4946723 4950593 4950713 4951883 4952819 4957703 4958879 4959533 4959833
4960913 4962389 4963499 4964189 4964579 4967783 4969823 4970429 4970453 4971023 4974719 4974929
4976789 4978013 4978349 4982129 4984313 4985693 4986959 4986983 4987019 4988699 4990949 4992569
4992593 4993913 5000399 5000783 5001173 5001443 5001779 5002229 5003909 5006693 5009573 5009729
5011313 5012153 5012729 5012939 5013719 5014049 5015123 5015453 5015723 5016059 5017769 5018003
5019869 5024969 5025953 5027909 5029109 5029253 5029649 5030969 5031023 5031809 5032019 5033999
5034209 5037359 5037509 5038109 5039813 5040053 5042189 5043413 5046659 5047403 5048903 5048999
5049623 5049959 5050109 5051633 5053469 5055059 5055293 5055623 5056349 5057009 5058023 5062289
5064539 5065019 5065139 5067899 5068559 5068709 5069063 5069189 5069633 5071103 5071949 5074103
5076719 5077283 5079083 5081669 5085413 5085719 5086409 5087279 5089229 5091413 5092889 5093279
5094539 5094773 5096159 5097959 5099849 5101049 5101559 5103239 5105123 5105753 5106089 5106473
5107643 5107793 5108399 5108639 5109029 5110223 5111153 5111303 5113343 5113649 5114513 5114663
5115833 5118089 5119199 5120729 5120963 5121359 5122679 5123693 5124683 5126813 5127203 5129279
5131799 5131853 5134043 5134193 5137739 5138663 5138753 5140643 5145593 5148659 5150693 5152949
5153699 5154239 5157419 5158883 5159513 5159669 5160839 5161529 5165423 5167163 5169449 5170073
5170283 5171189 5173589 5174189 5174633 5176169 5177363 5178083 5178923 5179649 5181023 5181383
5181983 5183159 5183309 5183369 5184143 5185709 5187593 5188619 5189939 5193869 5196209 5196479
5198813 5199329 5200133 5205653 5207003 5208293 5211023 5211659 5212019 5213909 5216213 5217743
5217809 5222963 5227433 5227853 5228309 5231753 5232173 5232329 5234513 5235539 5236139 5238323
5238449 5240099 5240303 5240783 5242619 5246249 5248829 5249813 5253029 5253173 5253203 5255429
5256269 5257253 5259833 5261153 5262863 5265059 5265209 5266799 5268743 5268953 5269769 5271653
5272103 5273759 5275373 5279429 5279513 5281499 5282363 5282633 5283989 5285183 5285513 5286773
5289593 5294489 5295029 5295533 5297189 5306069 5307233 5308169 5311703 5312033 5313629 5313683
5314763 5318333 5319269 5321633 5324393 5325143 5325839 5327243 5327813 5328833 5329013 5329589
5329829 5331869 5331923 5332049 5333693 5334293 5334629 5335469 5335829 5338499 5338793 5339423
5341169 5345663 5345759 5345933 5346623 5348159 5349083 5349299 5349989 5350463 5352239 5355683
5356889 5360639 5361623 5363069 5365109 5366453 5369999 5371139 5372519 5374073 5376083 5376809
5377439 5378993 5380943 5384303 5386193 5386649 5387159 5387813 5387873 5388893 5389619 5390873
5394269 5395163 5396663 5397323 5397923 5399753 5400833 5401013 5402093 5402543 5403329 5403479
5404709 5405843 5408393 5408999 5409203 5410973 5414273 5414609 5414693 5419709 5420819 5420963
5421833 5423003 5425223 5428469 5431799 5433839 5435519 5437343 5437643 5438753 5439233 5440223
5440499 5442659 5443409 5446373 5446943 5449793 5451293 5452103 5452649 5455319 5456903 5457239
5458553 5461289 5461619 5462843 5463869 5464163 5465039 5465903 5468759 5469773 5469983 5471699
5472839 5473733 5474363 5474699 5476073 5481083 5484569 5487689 5487959 5492573 5492783 5493863
5495333 5495603 5496779 5498189 5499779 5505653 5505743 5506103 5507069 5507669 5508599 5508953
5509643 5510573 5514653 5520083 5520863 5522063 5522519 5525183 5527829 5529899 5531243 5531819
5535923 5536253 5537453 5539829 5544659 5546273 5546903 5548709 5550833 5553209 5554193 5555873
5557619 5558369 5560073 5560433 5560679 5560883 5561123 5562863 5563643 5563829 5565173 5565509
5566559 5570723 5572949 5574473 5578049 5580563 5585543 5585633 5585693 5587199 5588573 5589443
5593463 5594009 5594843 5595179 5596403 5596529 5596733 5597099 5599019 5599229 5600279 5600993
5604719 5605949 5609783 5610233 5610389 5610653 5611223 5612339 5612423 5613089 5613563 5615609
5617043 5621813 5622593 5626013 5626259 5627519 5630309 5632043 5632733 5632799 5633363 5635499
5635733 5636693 5637563 5640989 5643569 5644283 5644673 5644829 5645093 5645483 5645609 5646323
5648459 5649599 5651183 5651279 5652533 5653073 5653799 5654249 5659343 5659469 5661083 5661503

5663153 5664209 5664563 5664779 5666789 5669099 5672633 5672813 5674463 5675723 5676893 5677163
5678423 5678483 5679269 5679749 5681453 5681933 5682779 5682899 5684699 5686403 5688653 5688929
5694659 5696063 5696429 5696549 5697563 5705279 5707319 5708429 5708453 5709029 5709299 5709689
5712149 5714249 5714393 5715239 5717303 5720783 5721389 5722313 5722499 5724269 5725283 5726069
5727719 5728049 5728199 5730743 5730899 5731619 5733209 5735063 5735909 5739203 5740079 5740853
5740919 5741369 5741453 5743613 5744663 5745599 5746913 5749253 5753549 5754863 5758829 5759933
5760803 5760899 5761439 5761919 5762219 5763143 5763683 5766083 5768393 5768909 5768993 5775989
5777819 5779253 5779799 5780273 5782103 5784563 5784869 5785553 5787389 5789363 5790209 5790419
5790539 5790899 5791403 5792879 5795633 5797019 5797559 5797619 5799119 5799179 5799803 5800433
5802323 5803163 5804033 5804483 5804873 5805419 5807069 5809103 5812013 5812259 5812403 5812463
5813579 5816753 5817593 5818283 5819543 5820959 5823563 5826599 5827103 5827193 5827973 5830229
5830403 5830703 5831519 5832353 5834243 5835059 5837399 5837543 5839709 5841323 5842703 5843213
5843489 5843969 5844203 5847323 5850359 5851463 5851613 5851673 5852663 5853443 5853923 5856029
5856353 5856509 5860709 5860973 5862149 5862179 5864063 5865143 5870633 5871023 5872343 5872943
5873249 5874833 5874839 5875349 5876219 5878679 5878739 5883569 5889113 5889269 5889683 5889833
5891213 5892833 5893403 5896139 5897033 5899073 5899199 5899529 5903039 5904863 5907773 5911313
5911463 5915093 5916173 5918603 5919863 5922113 5923019 5924339 5926169 5928119 5928833 5930663
5931533 5932319 5932403 5933129 5933783 5934359 5934983 5939099 5942099 5942543 5947979 5948753
5949143 5950823 5951843 5953793 5954873 5955149 5960099 5962283 5962823 5968883 5969009 5969153
5970203 5970599 5970803 5973503 5977613 5978933 5981669 5981939 5982293 5984843 5986163 5987249
5987759 5990819 5993573 5996729 5997419 5998133 5998673 5999993 6000233 6000773 6000899 6001613
6001679 6003089 6003719 6004013 6007373 6010649 6019103 6019193 6021209 6022283 6024449 6024983
6025133 6025889 6027893 6028703 6029759 6029879 6031793 6033893 6034433 6034883 6037589 6038033
6038099 6038393 6044183 6044189 6044399 6049013 6049133 6051533 6053279 6053843 6058193 6059393
6061439 6063419 6065159 6065333 6065369 6068693 6070469 6071969 6073829 6074483 6074753 6075029
6075533 6076943 6077639 6077723 6078899 6079499 6080549 6082259 6083573 6083789 6084233 6084653
6095489 6095543 6095753 6098513 6099419 6100733 6101663 6102023 6104183 6104573 6105569 6106889
6107609 6112763 6112943 6113909 6114233 6114869 6115229 6116009 6117833 6117959 6117983 6118643
6119573 6124439 6126089 6127493 6127949 6128663 6131039 6133373 6133493 6133643 6134759 6135539
6136673 6137363 6138563 6139559 6139673 6142523 6142739 6142949 6142973 6143303 6146873 6148283
6148589 6149063 6149243 6150503 6152369 6152519 6154103 6157163 6159473 6160079 6160109 6161609
6162209 6162473 6162809 6164579 6165563 6165833 6166973 6167033 6168353 6168989 6169409 6171953
6173243 6174293 6177263 6177569 6179903 6180413 6180533 6181739 6182243 6182783 6186269 6186503
6187799 6187859 6189539 6189653 6190319 6194099 6194393 6194549 6194819 6195419 6195863 6196439
6198239 6200063 6202769 6204179 6204563 6205079 6205709 6209669 6210719 6212159 6212243 6212543
6218759 6219443 6219953 6220073 6224759 6231149 6232493 6233603 6235133 6238493 6241589 6242633
6243773 6244289 6247859 6248813 6250889 6253349 6253673 6257903 6258209 6258443 6258803 6259373
6259469 6259793 6260483 6263189 6263849 6264773 6265439 6266483 6266549 6268439 6268943 6271043
6272873 6272879 6273233 6273359 6273539 6273593 6274133 6276563 6277559 6279629 6281339 6282173
6282233 6287273 6291503 6291959 6293429 6294143 6295409 6295829 6300923 6301073 6304619 6306563
6310523 6315713 6316319 6316913 6317963 6319403 6320459 6326549 6326849 6328193 6331679 6332009
6333293 6339029 6343433 6347879 6348263 6349169 6349379 6353783 6355493 6355913 6358619 6358829
6359693 6360509 6360593 6361973 6363293 6363503 6365153 6366203 6369173 6370583 6372323 6377573
6377963 6379283 6381059 6382583 6383453 6384173 6384359 6386153 6390413 6390953 6394733 6398543
6401303 6401459 6402653 6402899 6403979 6406793 6406919 6408953 6409223 6409373 6409703 6410699
6410843 6411239 6412013 6412589 6415529 6416303 6421139 6423503 6426383 6426599 6427703 6430799
6433793 6434303 6435179 6435629 6437423 6437663 6439259 6441119 6443483 6443543 6444803 6445559
6445919 6448223 6448289 6449489 6451169 6451793 6451853 6453173 6453389 6453773 6457553 6463139
6466709 6467789 6467969 6468023 6471233 6472523 6472619 6473963 6474239 6474959 6477623 6479729
6480989 6481313 6482033 6487073 6488453 6489569 6491189 6491213 6492383 6494633 6494693 6496799
6498419 6499793 6500573 6503669 6504083 6506183 6508163 6512609 6512879 6512903 6513179 6517289
6518003 6518129 6524993 6525839 6526379 6527063 6530399 6531053 6531599 6535673 6537029 6537599

6538019 6538853 6539243 6540269 6540623 6542933 6543629 6545573 6546509 6547319 6547553 6547769
6548849 6555173 6556559 6557423 6557459 6559643 6560243 6560993 6562553 6562973 6565463 6566453
6567563 6567653 6568643 6569813 6571013 6572543 6575879 6576149 6576863 6577073 6579593 6580169
6580529 6581483 6583469 6584549 6584999 6585263 6587963 6588689 6591269 6591659 6592769 6594389
6595313 6595493 6602993 6603893 6604583 6606833 6606839 6608603 6609833 6611849 6613829 6613913
6618653 6618809 6618929 6619493 6623009 6625193 6625709 6627359 6628103 6628409 6628553 6629333
6632063 6633173 6634769 6634889 6635309 6635903 6636989 6637283 6638273 6640349 6640589 6641633
6644069 6644483 6645713 6646313 6647033 6647363 6647369 6648203 6648749 6648809 6650279 6653039
6653123 6654779 6655409 6656753 6658079 6658793 6661103 6661643 6662063 6662879 6663809 6665369
6666449 6667253 6669863 6670973 6675953 6676139 6677309 6680543 6680969 6681953 6683723 6684449
6686783 6687623 6688943 6689363 6692513 6692909 6693083 6693419 6695393 6695873 6696923 6697049
6699293 6701003 6702149 6702473 6704003 6705389 6705773 6705899 6706229 6706709 6707243 6707339
6708959 6709613 6710009 6710783 6710909 6712913 6714173 6715469 6715679 6718163 6719159 6719183
6720299 6723533 6724463 6725063 6726179 6726749 6726773 6727079 6729269 6729683 6731993 6738269
6741023 6741929 6744539 6746513 6750413 6750713 6751793 6754409 6756023 6758429 6758513 6761633
6762449 6762473 6763343 6763979 6767069 6768263 6769313 6770069 6770873 6774623 6774809 6777209
6778949 6779453 6780443 6780629 6780743 6781163 6782339 6783449 6783929 6784049 6785963 6785969
6792629 6793049 6794093 6794423 6795263 6796973 6797963 6798299 6799049 6800333 6800669 6801089
6801653 6801923 6802259 6804509 6805289 6806603 6809213 6811223 6812909 6817259 6818849 6819503
6820283 6823259 6825233 6827363 6827399 6827603 6830429 6833273 6836369 6836783 6837269 6838883
6839939 6844433 6850769 6851783 6851963 6852803 6852809 6854429 6855869 6859169 6860963 6862409
6863309 6865643 6867389 6868079 6868523 6869183 6873173 6874223 6874733 6878093 6879839 6880073
6880493 6881513 6883403 6884459 6884789 6885479 6888653 6889049 6889433 6889793 6890699 6890753
6891149 6893543 6893669 6893879 6897899 6898163 6898973 6899813 6903443 6904613 6907319 6907409
6907679 6910703 6910853 6912203 6913073 6914933 6915119 6917153 6917243 6917693 6918179 6920279
6921389 6924149 6924413 6924629 6927863 6929339 6934673 6937949 6940289 6941183 6942209 6944753
6947879 6950843 6951179 6952019 6953879 6954749 6956639 6956909 6958019 6959003 6960389 6960533
6961133 6961529 6962183 6962393 6963839 6966983 6968063 6968999 6973679 6975053 6976589 6979733
6979943 6982403 6997349 6997649 7000739 7001003 7001723 7002449 7002899 7005359 7007909 7009553
7009823 7010879 7012013 7012199 7012793 7014929 7015973 7016099 7016153 7016423 7018409 7019123
7021853 7028663 7029779 7030379 7032359 7034063 7035533 7038959 7039223 7040213 7044503 7044623
7049039 7050623 7051469 7055189 7057013 7059623 7059863 7060463 7065143 7065629 7065689 7069019
7070879 7073243 7073879 7076033 7077149 7077803 7079459 7081199 7081853 7085399 7089893 7091999
7097033 7097693 7098323 7099583 7100063 7101593 7103969 7104089 7105529 7106069 7106219 7106903
7108463 7108553 7108583 7110209 7117613 7118123 7118213 7122179 7122449 7123379 7124093 7125203
7126979 7127339 7129079 7129439 7133963 7135559 7135643 7136309 7139519 7145153 7145819 7151453
7155293 7158023 7159583 7161569 7161653 7163633 7165733 7165979 7166063 7167323 7168589 7168853
7174253 7177013 7177673 7178159 7178393 7179983 7180769 7181189 7181963 7185473 7187333 7187963
7187993 7189439 7193009 7193393 7194773 7195679 7197023 7197653 7198589 7201583 7201823 7203089
7203263 7205069 7205183 7207619 7207829 7209539 7211909 7214183 7219133 7219139 7220249 7221089
7221173 7223039 7226573 7231403 7233953 7234289 7234973 7235153 7237133 7237193 7239863 7242143
7242149 7244273 7245239 7246643 7250339 7250363 7251059 7251329 7253093 7254419 7256213 7258943
7261283 7261613 7261679 7263419 7263983 7267349 7270493 7270649 7271969 7275479 7275773 7277423
7277843 7279229 7279439 7280183 7282679 7282739 7283693 7284113 7284443 7285049 7286033 7286369
7295699 7298663 7298699 7298909 7302929 7303493 7305923 7309013 7312979 7317143 7318529 7320959
7322753 7323623 7327973 7330013 7332509 7335743 7338059 7339313 7340873 7341023 7341359 7344503
7345133 7347503 7348613 7349609 7350149 7351373 7352519 7356623 7357643 7357673 7360739 7361639
7362263 7363409 7365593 7368863 7370543 7370903 7371389 7373633 7373813 7376423 7376489 7376879
7377119 7378979 7381943 7385489 7386779 7387223 7390013 7390913 7393643 7395299 7395413 7397399
7398899 7401599 7403339 7406579 7407269 7407689 7408409 7409813 7411973 7412183 7413443 7416809
7417769 7418459 7419773 7422743 7425233 7427159 7428203 7428539 7429679 7431503 7431689 7431773
7431929 7432973 7433843 7434989 7435019 7438439 7439213 7443809 7443833 7444109 7444799 7446893

7448333 7450409 7451399 7455083 7459433 7461299 7463279 7464923 7470713 7471133 7474073 7474949
7475213 7476383 7476593 7477733 7478129 7481549 7481723 7482053 7482263 7485293 7488683 7489649
7490369 7493099 7493729 7493879 7496189 7498553 7500749 7501733 7506773 7511123 7513139 7515143
7515149 7515719 7516739 7519469 7520063 7521659 7522283 7523849 7525943 7526663 7529129 7529783
7531253 7532033 7532579 7533209 7533593 7533689 7534253 7536869 7537793 7538423 7538543 7538759
7539533 7540499 7542989 7543439 7543859 7544573 7545563 7545749 7546373 7546499 7551653 7553333
7553603 7556333 7557113 7558949 7559243 7561409 7563779 7565423 7566029 7566899 7570529 7571573
7572893 7575059 7576199 7576529 7580483 7581599 7582049 7583573 7590893 7591439 7594403 7595909
7597493 7598693 7606559 7609103 7610189 7611113 7611239 7611353 7612043 7615043 7616513 7616699
7617359 7619609 7620023 7620449 7620863 7621769 7623359 7623653 7625363 7625939 7628069 7628399
7629299 7636313 7637093 7637813 7638149 7639433 7641839 7642403 7643039 7649459 7651643 7653293
7655183 7658309 7658879 7660409 7660883 7661393 7662029 7662929 7666163 7667129 7667519 7671959
7672169 7674269 7674533 7674713 7674899 7676243 7676849 7677893 7678733 7679879 7680269 7681763
7684769 7686869 7688963 7689359 7689833 7690439 7690643 7694003 7694189 7694369 7697309 7699403
7700513 7702199 7702433 7706843 7712819 7713089 7716743 7718159 7719689 7719923 7721303 7722833
7723829 7725869 7728053 7728443 7728533 7729049 7729763 7730249 7734893 7735163 7738169 7738733
7739843 7740119 7740599 7744739 7745819 7749173 7753409 7754189 7761389 7763939 7764803 7766483
7767443 7768499 7772543 7772879 7773119 7774313 7775429 7775459 7775843 7776143 7777223 7777673
7780343 7784009 7785359 7787333 7788089 7788953 7790729 7790903 7791929 7792313 7792913 7793459
7798289 7799153 7801169 7801823 7804949 7805069 7806983 7808093 7808513 7809869 7812599 7813073
7813133 7816643 7820573 7821059 7823279 7823993 7824923 7825949 7826183 7826699 7827299 7827713
7829369 7831559 7832969 7833389 7834709 7837883 7838069 7840433 7840439 7841693 7841849 7842119
7842833 7843343 7843679 7846913 7849553 7852319 7853333 7854023 7857359 7859639 7860533 7861499
7862579 7862609 7863833 7866539 7867103 7871183 7873559 7876103 7876343 7878023 7879199 7881959
7882733 7887629 7887773 7888169 7889033 7890209 7891853 7893779 7895183 7897013 7898339 7898909
7902749 7902809 7904873 7907153 7907639 7908233 7909409 7912739 7916963 7919183 7921313 7922483
7923749 7927109 7927259 7927553 7930859 7930943 7931453 7931459 7931519 7932209 7933379 7934513
7936223 7937123 7938803 7941383 7942223 7945193 7947059 7947839 7950419 7951049 7951913 7952369
7953359 7955693 7956293 7957613 7958039 7958399 7960559 7963229 7965173 7966379 7969463 7970153
7971209 7971713 7972043 7972253 7973453 7975433 7977869 7983329 7983953 7985069 7986113 7987019
7987253 7987613 7990709 7990919 7991993 7993883 7994153 7996913 7998383 8001029 8002073 8002103
8002409 8003423 8003813 8003819 8004653 8005103 8008769 8010263 8011973 8013623 8015303 8020049
8020643 8021333 8021969 8022743 8023289 8023523 8024249 8025389 8025509 8033429 8034839 8036909
8038469 8042693 8043713 8044103 8044259 8045753 8048363 8049953 8051453 8054939 8055143 8056409
8056679 8056859 8058929 8062079 8062529 8063309 8063453 8066549 8067023 8068433 8070929 8071463
8072489 8073473 8073893 8075849 8076443 8076779 8079299 8079353 8080283 8080343 8081543 8083073
8083139 8085893 8090279 8090843 8094563 8096129 8096993 8096999 8098193 8098619 8099363 8100359
8105099 8106443 8106803 8111333 8114633 8115203 8115533 8116109 8117969 8118629 8120933 8121419
8121959 8124323 8125223 8127083 8127089 8127209 8131769 8138789 8139119 8141153 8142653 8143463
8146949 8147813 8150459 8151023 8153399 8153543 8156849 8157833 8161073 8167559 8170139 8171153
8172683 8173943 8178743 8179103 8179313 8180429 8180759 8182649 8185433 8186933 8187629 8189453
8189663 8191493 8192039 8193599 8194583 8196563 8198639 8198783 8199629 8202713 8202833 8203133
8205623 8207429 8209193 8210129 8211383 8211503 8211953 8212703 8213459 8214263 8214929 8215283
8215379 8216003 8220689 8221589 8224763 8224913 8225579 8226143 8227553 8228879 8230769 8235323
8235329 8236229 8238053 8241329 8244083 8244389 8244629 8246039 8248739 8249183 8249333 8256029
8258213 8258303 8259089 8259743 8261843 8263523 8265539 8265773 8266229 8268989 8269049 8269763
8272403 8278559 8278709 8279699 8280593 8284649 8285093 8286203 8288459 8288669 8291099 8292023
8293613 8294183 8294483 8296259 8296889 8296913 8298029 8299169 8300993 8302193 8302589 8303549
8303723 8303843 8305133 8306423 8307983 8310749 8311469 8313029 8318549 8319533 8322269 8323103
8325899 8326289 8327279 8329253 8329859 8332673 8337869 8338793 8344289 8344799 8345279 8353529
8355713 8356559 8357039 8359343 8359919 8360003 8361233 8361779 8362493 8362619 8362649 8362853
8363783 8364929 8365223 8367113 8367773 8368259 8369759 8372813 8375963 8377403 8377493 8381699

8381903 8382299 8383163 8390093 8390939 8392799 8393243 8393993 8394983 8395043 8396039 8397149
8398193 8401769 8402633 8403959 8405333 8406473 8408513 8410079 8410943 8412329 8412539 8418863
8419049 8420183 8421173 8426189 8427173 8428163 8428793 8429423 8432453 8434733 8434763 8434799
8436569 8438399 8438609 8440193 8441969 8448053 8452403 8453639 8453663 8453729 8453999 8454623
8457233 8466443 8468123 8468753 8470289 8472479 8474183 8474663 8474723 8475689 8476763 8476883
8478719 8479769 8480063 8481593 8482343 8483333 8486279 8487239 8488229 8488349 8488379 8488583
8489543 8490563 8490893 8491943 8493869 8495549 8495573 8496893 8500703 8501033 8502503 8503073
8503403 8504393 8505053 8505719 8508749 8509079 8510009 8511803 8512799 8513969 8513993 8514179
8515379 8515649 8516159 8517023 8517419 8518883 8522639 8522939 8525213 8526533 8528519 8528783
8531879 8532659 8533433 8534243 8535179 8536043 8537549 8537603 8541359 8541479 8543459 8543753
8547113 8548829 8549609 8551139 8559179 8559539 8560463 8563283 8566193 8569559 8571929 8572253
8576699 8577473 8577983 8578109 8578343 8580233 8582963 8583353 8585039 8585873 8586239 8588903
8590553 8591129 8592203 8593289 8594429 8595173 8595833 8598899 8599193 8599793 8599823 8601683
8602673 8603099 8603429 8603603 8604203 8604413 8607653 8608163 8609129 8609333 8609609 8610323
8611793 8614439 8617949 8618699 8622359 8623523 8625203 8627639 8629613 8630813 8633363 8634173
8634413 8634803 8635043 8641883 8642633 8646233 8649689 8651579 8652863 8653553 8654183 8658659
8661629 8662799 8663519 8663579 8665253 8666219 8666459 8669333 8671919 8674619 8678963 8680043
8680229 8681009 8682269 8682533 8684699 8687183 8688209 8688299 8689979 8690333 8690453 8692223
8692289 8694683 8694869 8695859 8696249 8698253 8698493 8699219 8702279 8703659 8705093 8705369
8710343 8710529 8710679 8710913 8712173 8713583 8714003 8715023 8715029 8717123 8717963 8720483
8728073 8730983 8731529 8735453 8736089 8736179 8736659 8737049 8737139 8737763 8737829 8743043
8744969 8746709 8746949 8748359 8748413 8749613 8750873 8751233 8752619 8755889 8756393 8758229
8758583 8759843 8762129 8762549 8764193 8765063 8766899 8768789 8769473 8769983 8770169 8773073
8773619 8775659 8776013 8779313 8787413 8789999 8790839 8792123 8796113 8803649 8804303 8805509
8810393 8813543 8813639 8814749 8815283 8816243 8819423 8820029 8821919 8822969 8825489 8825543
8826899 8829503 8830823 8831783 8833889 8835419 8835773 8837189 8837249 8839373 8840963 8841653
8842793 8842919 8843729 8847593 8847719 8848139 8848379 8848529 8849903 8850203 8851229 8851763
8852513 8854253 8856833 8857259 8858483 8859089 8860139 8861159 8861393 8862173 8863499 8864903
8868479 8868803 8870423 8870783 8874143 8875313 8876663 8877653 8878949 8880029 8886569 8891843
8894423 8894789 8894993 8896109 8897183 8899613 8902433 8908673 8910689 8910833 8913689 8913923
8914799 8915213 8915993 8917763 8919539 8921123 8921663 8924033 8925419 8925803 8929073 8929169
8931089 8931353 8933339 8934083 8934473 8937119 8939393 8943359 8943773 8946209 8950043 8953853
8955629 8955893 8956949 8963579 8965289 8966693 8966999 8967659 8971139 8974139 8975639 8976353
8977763 8978369 8978663 8980943 8982173 8983619 8983883 8986193 8987243 8987519 8990153 8991743
8992019 8993249 8994659 8995163 8995229 8995313 8996033 8996639 8997413 8997503 8998883 8999849
9004343 9014039 9017093 9018263 9020789 9021923 9023543 9025853 9026819 9027923 9027929 9028433
9029519 9029879 9030683 9031409 9034073 9035333 9035489 9037733 9038219 9038723 9039143 9041453
9043823 9044159 9046913 9047399 9047513 9048509 9049259 9050183 9051863 9054533 9057959 9062303
9063833 9065363 9066983 9069299 9071213 9073199 9078929 9079253 9080663 9081599 9082193 9082289
9082823 9084233 9085073 9085229 9086639 9086879 9088379 9088559 9089159 9096359 9100079 9100733
9103343 9103499 9103673 9105779 9106193 9110303 9112919 9113609 9114893 9115709 9118163 9120119
9120329 9121769 9126833 9127463 9127523 9129299 9131429 9131543 9132089 9132743 9132923 9139583
9140633 9141263 9143999 9144413 9148019 9148679 9153659 9162563 9163733 9164429 9164489 9165053
9168623 9170729 9172343 9173459 9174383 9181433 9183029 9184949 9185513 9187109 9188303 9189413
9190529 9191783 9194483 9195383 9195509 9196223 9198383 9198743 9198779 9200963 9201779 9203303
9206633 9210059 9211733 9212069 9212999 9215039 9217343 9219779 9222569 9224753 9226193 9226253
9228449 9232259 9235703 9238193 9239693 9241313 9241889 9245303 9245963 9246329 9247289 9248933
9249689 9250613 9251933 9251999 9252863 9253493 9256343 9259499 9260453 9262703 9263363 9265859
9266639 9267623 9269339 9269633 9271313 9271469 9272603 9273353 9273689 9273713 9273773 9273893
9274553 9276023 9276539 9277553 9277913 9278459 9278513 9280829 9281879 9282083 9287483 9287489
9288599 9290009 9294209 9294293 9296123 9297143 9299513 9300569 9300773 9300983 9301679 9302963
9305063 9305993 9306383 9310349 9313259 9313523 9313589 9314999 9316343 9316913 9320033 9321089

9322493 9323459 9324473 9325583 9325769 9326573 9327743 9327749 9328103 9328229 9329273 9332003
9333893 9334163 9337193 9337439 9337469 9341333 9342293 9343289 9345113 9345599 9345839 9346853
9349673 9354419 9359123 9361493 9364643 9366503 9367073 9368483 9368633 9374483 9376403 9377213
9377603 9378623 9381023 9382343 9382889 9383789 9385709 9387419 9389459 9389483 9391313 9391703
9394109 9394349 9395783 9396143 9397709 9398723 9400043 9400673 9400739 9401699 9402803 9411329
9411833 9412709 9413933 9416273 9417539 9418169 9419909 9423269 9423773 9423833 9424853 9429419
9436943 9437009 9437189 9439289 9442193 9442379 9442469 9443039 9443303 9443849 9444059 9445379
9448199 9448613 9450893 9451973 9454223 9456449 9458153 9458483 9463703 9468149 9468293 9470393
9471629 9472979 9473543 9475019 9476723 9479609 9479819 9480539 9482783 9483863 9484523 9484823
9485279 9488579 9492173 9493499 9493829 9496043 9500993 9501413 9501533 9501749 9502313 9502463
9504233 9505169 9505553 9506303 9508589 9509183 9512813 9513923 9514853 9515153 9515459 9517439
9521849 9523373 9525413 9525563 9528059 9528719 9531419 9533819 9536903 9538829 9539483 9539993
9540263 9541613 9541949 9542003 9543029 9544193 9544439 9546479 9546689 9546893 9558053 9558953
9559943 9562433 9563003 9564749 9565709 9566993 9570089 9570293 9570443 9570629 9571883 9572483
9576263 9577523 9577973 9578249 9578753 9580139 9580223 9580463 9582263 9582269 9583439 9584153
9587003 9587873 9588989 9594713 9596399 9596753 9597053 9599423 9599729 9600599 9601253 9601589
9602009 9602843 9604019 9611669 9612329 9612569 9613343 9615383 9616493 9617609 9618893 9619469
9619763 9623483 9624899 9626033 9628403 9628709 9632873 9636233 9639359 9641783 9642653 9644633
9645329 9645959 9646163 9647723 9650159 9650813 9651683 9653519 9655253 9655493 9657773 9657839
9660419 9661079 9661523 9662063 9662123 9662129 9662699 9663053 9665063 9666473 9668999 9669389
9669623 9669953 9670319 9671303 9672233 9677753 9678863 9681569 9682223 9682763 9684599 9685349
9688193 9688403 9689093 9690029 9695069 9695429 9699023 9703049 9705389 9705989 9707783 9708383
9708773 9709559 9711809 9715529 9720083 9721163 9721919 9723893 9725879 9727649 9728639 9729953
9729983 9730163 9731699 9733733 9734579 9738149 9740183 9741449 9744569 9745013 9745523 9745889
9745979 9746903 9749693 9749819 9751139 9751589 9751613 9753179 9753833 9754109 9755573 9757019
9757703 9759539 9759803 9761309 9763493 9763613 9764663 9767903 9769709 9770213 9770753 9771539
9775193 9777569 9781829 9783509 9784283 9784343 9785813 9786323 9787049 9788153 9788879 9790409
9791003 9792743 9793373 9794723 9796289 9797603 9800663 9801593 9801713 9801989 9803219 9804803
9805193 9805343 9805793 9807293 9807779 9808619 9809759 9810329 9810473 9810893 9812273 9812609
9814979 9815909 9817169 9818729 9820043 9820259 9821159 9824123 9824669 9824723 9826709 9829643
9831803 9833303 9834299 9834953 9836003 9837809 9838259 9838379 9840293 9840503 9841319 9843923
9843989 9844739 9846443 9848183 9849863 9851249 9852179 9853139 9854639 9854699 9855413 9858479
9859523 9860393 9861569 9862019 9862049 9862829 9864713 9864983 9869963 9871259 9872273 9872939
9874019 9874103 9875693 9876803 9880709 9880973 9881279 9881633 9883283 9883589 9885203 9885989
9886559 9888239 9891473 9893183 9894023 9894173 9894179 9896429 9896489 9897059 9897539 9897929
9902549 9902699 9904313 9904343 9904679 9909593 9910013 9910223 9910319 9911669 9912599 9912659
9913523 9915203 9916163 9916169 9919523 9920303 9922403 9924263 9925133 9925589 9927563 9931283
9931709 9933509 9933659 9935213 9939053 9942353 9942533 9942683 9945053 9946199 9947183 9947243
9950753 9950819 9954473 9955199 9955499 9956753 9956939 9962339 9967649 9969059 9972713 9974369
9974609 9976223 9977069 9977339 9978383 9978599 9978833 9983339 9983423 9985973 9987443 9988403
9989729 9989813 9991343 9991379 9994349 9994613 9995669 9996659 9999299 10000079 10000439 10003583
10005119 10011203 10014293 10014299 10016483 10019549 10019759 10021289 10022669 10022693 10024103
10025363 10026239 10026629 10028279 10033409 10033769 10036469 10037309 10038533 10038713 10040603
10042073 10042199 10042463 10046873 10047203 10048193 10049519 10051523 10052753 10056113 10058453
10059089 10059743 10060229 10061813 10065353 10071983 10072949 10073573 10076609 10078973 10085093
10086053 10086179 10087079 10087169 10088453 10090373 10090523 10090739 10091363 10092119 10092833
10094333 10095749 10097309 10101593 10103393 10107473 10107899 10110629 10111103 10111109 10111229
10115789 10116329 10118063 10123709 10124063 10124099 10124759 10125449 10126673 10131323 10131689
10134083 10134413 10135913 10136579 10136909 10139243 10140209 10141403 10141559 10142813 10144103
10144763 10145423 10146533 10146743 10148513 10149719 10150253 10151033 10152899 10154999 10159403
10160093 10165829 10167743 10170509 10171613 10172843 10173203 10174733 10174799 10175513 10179293
10179509 10183793 10184753 10190969 10191119 10192943 10194389 10194473 10198043 10200089 10202603

10204979 10205963 10206803 10210859 10211039 10211213 10211819 10212749 10212893 10213799 10215329
10217723 10219673 10220933 10226003 10227029 10229729 10231163 10234253 10237379 10240319 10240469
10240673 10240733 10241333 10243703 10245299 10247819 10247879 10248113 10248323 10248653 10253213
10254449 10254983 10257353 10259813 10262729 10263983 10267403 10267553 10267973 10270913 10271483
10272803 10272953 10274513 10276529 10278029 10278533 10279943 10280723 10281653 10281779 10282199
10283183 10283363 10283753 10283789 10283879 10285559 10286093 10289033 10290383 10291139 10296059
10296089 10297043 10298423 10298819 10299353 10300583 10302863 10304039 10305563 10307309 10313423
10317173 10322003 10322789 10323983 10324673 10325753 10328663 10328963 10334123 10334669 10336979
10338353 10339739 10341449 10344479 10345343 10347569 10347839 10347899 10348193 10351493 10354433
10357433 10358693 10359623 10361723 10362329 10363313 10365293 10365419 10366313 10369553 10370939
10371593 10375289 10375523 10376363 10380533 10380719 10381859 10386539 10389443 10391999 10396229
10396973 10397423 10397903 10400249 10400333 10400783 10402523 10403219 10404209 10404239 10406723
10407263 10407473 10407773 10410503 10410539 10411529 10411679 10414373 10415633 10416023 10416233
10416383 10420829 10421123 10422413 10423019 10425983 10429379 10430729 10431623 10434029 10434929
10436819 10436879 10439393 10439729 10439813 10445819 10446203 10447133 10449683 10451663 10455083
10455743 10456679 10458593 10461623 10462163 10463573 10464323 10465223 10467953 10468103 10468883
10469573 10469759 10476113 10481753 10481819 10482029 10482473 10482869 10484723 10486979 10487159
10489109 10490069 10490933 10492019 10494299 10500593 10501769 10502543 10504913 10505483 10507559
10508093 10509563 10510079 10510949 10511183 10512269 10516199 10516619 10516799 10518593 10519973
10521503 10522619 10523069 10523993 10525919 10531523 10532339 10533959 10534259 10535963 10537673
10542953 10543523 10543889 10544483 10545173 10545803 10546199 10549289 10549463 10549943 10552523
10553633 10554293 10562243 10563929 10566893 10567253 10571063 10571213 10572473 10578569 10580189
10580513 10583459 10584839 10585703 10585733 10586759 10587029 10588769 10589003 10592189 10593263
10593629 10596563 10596923 10597313 10597739 10597913 10598849 10605113 10605383 10607573 10607699
10610399 10610933 10611479 10612523 10612559 10613549 10615079 10616999 10622933 10623143 10625393
10625633 10626029 10630619 10633949 10636739 10639523 10641233 10641563 10644773 10645373 10645919
10646483 10646789 10648199 10648439 10651793 10652423 10652699 10655069 10655423 10655993 10656599
10657799 10660763 10660889 10661243 10661543 10661939 10662959 10665173 10665563 10670273 10670843
10673153 10678103 10680053 10680353 10682999 10685249 10686359 10689083 10695593 10695959 10697993
10699373 10702949 10705619 10707479 10708493 10708889 10709603 10709879 10710443 10710839 10711979
10712483 10713413 10715693 10716659 10717319 10717673 10718159 10719419 10720043 10720943 10721219
10721723 10725959 10731113 10732223 10732433 10732493 10732829 10733483 10735649 10737539 10737893
10738709 10739819 10740083 10741259 10741463 10748849 10749143 10752503 10753499 10753763 10754339
10758563 10758593 10758983 10762709 10763729 10765763 10766153 10769879 10770989 10771703 10772243
10773443 10773629 10775003 10775273 10776329 10777853 10779179 10781063 10781423 10783313 10786283
10788749 10789529 10790399 10791419 10799363 10802243 10803059 10803659 10806443 10806623 10810043
10810133 10817903 10820213 10827209 10828739 10829999 10831283 10833083 10836113 10836653 10838183
10839683 10843253 10846553 10847069 10847939 10849529 10850579 10850993 10852223 10855343 10855913
10857503 10858643 10858703 10860299 10861073 10862723 10867919 10868843 10868993 10869119 10869143
10869269 10870829 10871309 10878503 10881473 10881749 10882433 10882673 10883783 10884563 10884749
10886483 10887689 10890023 10890713 10895063 10895243 10896659 10897973 10897979 10899743 10903439
10903829 10903979 10906529 10907993 10908119 10908269 10908809 10910513 10911479 10912493 10914383
10914803 10914989 10916183 10916189 10917503 10921649 10925153 10925699 10927613 10929599 10932203
10934309 10934393 10934939 10935299 10937183 10937639 10938209 10938929 10941719 10942649 10942703
10942979 10944449 10946609 10946879 10948589 10949303 10949693 10950713 10952159 10952663 10953779
10955309 10956173 10956839 10966019 10968563 10968773 10969169 10969193 10969373 10977353 10977899
10978349 10979483 10980143 10980713 10983809 10984553 10987523 10988333 10988639 10989509 10989659
10989773 10991339 10991369 10992629 10993583 10993739 10993973 10994183 10996319 10997543 10997879
10999283 11001719 11003903 11004869 11005679 11008793 11010113 11010383 11011109 11012129 11012873
11014859 11015393 11016959 11018723 11021009 11022293 11023643 11027309 11027963 11030303 11031749
11033279 11035463 11036429 11037293 11040413 11041493 11046443 11050103 11050733 11051933 11053253
11053979 11055263 11059049 11059859 11060249 11060453 11061359 11062049 11062823 11065133 11065289

11066063 11066183 11066543 11066999 11070539 11070743 11072279 11074439 11074643 11074859 11075093
11075843 11078069 11080133 11082119 11083139 11083223 11093609 11095193 11096303 11096369 11100059
11100839 11101463 11103749 11104283 11106929 11109569 11110199 11110439 11115683 11116139 11119193
11119859 11123243 11125223 11125553 11125619 11125799 11129273 11130083 11134043 11134913 11136689
11137799 11138093 11139533 11139839 11141243 11142413 11144219 11144429 11145839 11149973 11152919
11153099 11154443 11154449 11155373 11155673 11156423 11156753 11158799 11160503 11163683 11164889
11172443 11172593 11173133 11176703 11176733 11177759 11179853 11181029 11182739 11182823 11182883
11187329 11187569 11188013 11188433 11190299 11191529 11191553 11193569 11193839 11196743 11197493
11201783 11201843 11202839 11203163 11203763 11204009 11204489 11206109 11207039 11209619 11215049
11215079 11220029 11221739 11223263 11223419 11223683 11224289 11225183 11226269 11226629 11227049
11228879 11229173 11230343 11231639 11231723 11233373 11233433 11237783 11238203 11239493 11240483
11242163 11242769 11243663 11245523 11249009 11250293 11251613 11252789 11256629 11260499 11261219
11264993 11266523 11267303 11267453 11267519 11268893 11271899 11272259 11273753 11274773 11275613
11277743 11281169 11281643 11281883 11283599 11283983 11284373 11285009 11287343 11296223 11297549
11302289 11308673 11309489 11310059 11314013 11314763 11317259 11318459 11321903 11322989 11323223
11324333 11324633 11324639 11326193 11326433 11327609 11327759 11329739 11329793 11330519 11334083
11335169 11338709 11343863 11344043 11345849 11347103 11347373 11348723 11352233 11353553 11354303
11354729 11356253 11356913 11357669 11357933 11360633 11360903 11365859 11371163 11372429 11375393
11379113 11382419 11384129 11384783 11385383 11385749 11389919 11391329 11392253 11393573 11394473
11394599 11395613 11396639 11397383 11398433 11399879 11401613 11405549 11406749 11409113 11412833
11413823 11414009 11416319 11416523 11417519 11417849 11422343 11422643 11423183 11423669 11424233
11424239 11428673 11429069 11430773 11431223 11431883 11432363 11432693 11433473 11433533 11441273
11447333 11453003 11455649 11457833 11459879 11468339 11468603 11469599 11472473 11474819 11477183
11478353 11482979 11483243 11489279 11489333 11489609 11489969 11491709 11492363 11493533 11495279
11496323 11499629 11500553 11500949 11501723 11503253 11503853 11511953 11512769 11518289 11518373
11518583 11518943 11519309 11520083 11520599 11521589 11523383 11527199 11532203 11533433 11533859
11535113 11537783 11542523 11544509 11546939 11556953 11557769 11558429 11562899 11565089 11565419
11568443 11569583 11569703 11569973 11570189 11570969 11571089 11571803 11572283 11572793 11573273
11578673 11579933 11580713 11581253 11582969 11582999 11583419 11584739 11586929 11586983 11588873
11594879 11595869 11597093 11598413 11600999 11601389 11602043 11604893 11608979 11610689 11611079
11611283 11614469 11616749 11618543 11620643 11623379 11624213 11625863 11627153 11627663 11627873
11628329 11629259 11630243 11630693 11635703 11636693 11638409 11641589 11644043 11644343 11645369
11646539 11646599 11646923 11647463 11649713 11649779 11650679 11650829 11650883 11650973 11654213
11657693 11657939 11658239 11661323 11662769 11664563 11666549 11667503 11672933 11678003 11678129
11679413 11679593 11680379 11686469 11686589 11688713 11689193 11689703 11691209 11691863 11696369
11696423 11697953 11699543 11700119 11702969 11703053 11705549 11706419 11708369 11709809 11712989
11714639 11716343 11716979 11719223 11720399 11720603 11724239 11724473 11724533 11725943 11727143
11728649 11728883 11729909 11732993 11734559 11735693 11736779 11739713 11742173 11744483 11745599
11747933 11749613 11750993 11752943 11753459 11753873 11756219 11757233 11760839 11761853 11762483
11764079 11766539 11767733 11768489 11769473 11771339 11772779 11777333 11777723 11778479 11782019
11784953 11785313 11788193 11788883 11793143 11793863 11794253 11794589 11796413 11797343 11798543
11798723 11799659 11800199 11802209 11802443 11802803 11806793 11807039 11807573 11807723 11810369
11811419 11820239 11823809 11823953 11825249 11829743 11829749 11831849 11833193 11833259 11833403
11836763 11838773 11841083 11845343 11846183 11848433 11848619 11848673 11849069 11851523 11852579
11853323 11854019 11854919 11855033 11856473 11856899 11858243 11858543 11859989 11860133 11860703
11861873 11862293 11863289 11865149 11865869 11873663 11875973 11876369 11877473 11877923 11878109
11878343 11881769 11883089 11885129 11886233 11887163 11888549 11888693 11891153 11892389 11895239
11899913 11902073 11902823 11902829 11903393 11904059 11905319 11906003 11906633 11908493 11911733
11912123 11914613 11917253 11918639 11920613 11923493 11926553 11928359 11930843 11931113 11933063
11934353 11938499 11939069 11940419 11940839 11941883 11943023 11943203 11945519 11946059 11949659
11949923 11950013 11950343 11951063 11951963 11952233 11953559 11956583 11957513 11960183 11960573
11961569 11965469 11966033 11966159 11968823 11969423 11970713 11970719 11971079 11973893 11974169

```
11975213 11976533 11978069 11982233 11983403 11983973 11984009 11984393 11988293 11990483 11990549
11992559 11995229 11997059 11997383 11998589 11999159 11999843 12002213 12004469 12005489 12011903
12012629 12013763 12014039 12019589 12021953 12025319 12025463 12025649 12028799 12034469 12036023
12037373 12037433 12037643 12042659 12044723 12045833 12047573 12047753 12047813 12048923 12050063
12050249 12051659 12052259 12056483 12056939 12057593 12058379 12058883 12059123 12062339 12063899
12065309 12066809 12070463 12070853 12070973 12070979 12072713 12073163 12074753 12076703 12078569
12079883 12080273 12081533 12082319 12082943 12084623 12086153 12086579 12089183 12089999 12091133
12091559 12093479 12093773 12098309 12100229 12100793 12101669 12102383 12103529 12104363 12105029
12107093 12107429 12108203 12109343 12111563 12113303 12117569 12120533 12120599 12121079 12121619
12122189 12123773 12125489 12125609 12128513 12130973 12133013 12135113 12135143 12136769 12137843
12138449 12138683 12139409 12143693 12145013 12145673 12147293 12147689 12149699 12151973 12152669
12153143 12156383 12156509 12157763 12159473 12160073 12160523 12162203 12164423 12166439 12167663
12168389 12170033 12172409 12172973 12173303 12173723 12174713 12178163 12182903 12188009 12188513
12188789 12189533 12190109 12191213 12194093 12194453 12195779 12196169 12196193 12197093 12200399
12201719 12203003 12203393 12204323 12206423 12206543 12206879 12210563 12214523 12215393 12215543
12216203 12217559 12218933 12219743 12226223 12227069 12227909 12228119 12233789 12233813 12233993
12235763 12236963 12240803 12241013 12242453 12245099 12249323 12251429 12252689 12254663 12254969
12256883 12257963 12258899 12261713 12263063 12265163 12266759 12268649 12270749 12271403 12271643
12272633 12273323 12274043 12274529 12276059 12276233 12279353 12283949 12285263 12285359 12288119
12288443 12289289 12291089 12292463 12293279 12293849 12294599 12295589 12297143 12297293 12297353
12301109 12304973 12307703 12307853 12309179 12310019 12311333 12320783 12320933 12323813 12324353
12327053 12328259 12328643 12331073 12331673 12332213 12332399 12332459 12334379 12334433 12336953
12337343 12338219 12345143 12346973 12347333 12348029 12348659 12356489 12356633 12357209 12357473
12358163 12361073 12362123 12369443 12370049 12370079 12371423 12371549 12372383 12373253 12376313
12376499 12379949 12380453 12380843 12382109 12382589 12383279 12383669 12389213 12389543 12391343
12392519 12394979 12398033 12398549 12399983 12400373 12400793 12401723 12402569 12402713 12405353
12407333 12408899 12411083 12411359 12412199 12413909 12418673 12424343 12428243 12428753 12434003
12437213 12439643 12443933 12443999 12448679 12449999 12450419 12451619 12453533 12453929 12454049
12454289 12454313 12455783 12461483 12462179 12466313 12468563 12470603 12470723 12470753 12472469
12473183 12473759 12474023 12478283 12478409 12480509 12481439 12488039 12488249 12488513 12489083
12492743 12493829 12499523 12499589 12499733 12500693 12502289 12504269 12504923 12508703 12509279
12511463 12512039 12513953 12515033 12515759 12515903 12517289 12518333 12518669 12520643 12522563
12523613 12524663 12527369 12528233 12530123 12530489 12531149 12531209 12535643 12535823 12536339
12540173 12543473 12544709 12545933 12546689 12546923 12547319 12548699 12550523 12551783 12552773
12552959 12554369 12562169 12565673 12567389 12567629 12569363 12569489 12569813 12571859 12572663
12574673 12576023 12579239 12579509 12580313 12581879 12582659 12583853 12584609 12587843 12587903
12588239 12592589 12594233 12596009 12596693 12599453 12599579 12600149 12600443 12601559 12601733
12603533 12605783 12606383 12607823 12610079 12612503 12613619 12616979 12618323 12618449 12618803
12628463 12629033 12629213 12630539 12633353 12633503 12633563 12633713 12636983 12637013 12637073
12637193 12639359 12639923 12640763 12640973 12644669 12645359 12648659 12651659 12655553 12657803
12663653 12664913 12665123 12667829 12667883 12668819 12669263 12670319 12670733 12671573 12674933
12675269 12676019 12676193 12676259 12682199 12683609 12683999 12685433 12687149 12690533 12691649
12692549 12695789 12696353 12697463 12697469 12698123 12698579 12698993 12699359 12701009 12703193
12703793 12704273 12705419 12708803 12709913 12709919 12710909 12712229 12713219 12716009 12717563
12717983 12718493 12719639 12723569 12727289 12728123 12729113 12729179 12729323 12730409 12732053
12732383 12735743 12736679 12738059 12740699 12741983 12742883 12742913 12745259 12747809 12747893
12749189 12749783 12750239 12755009 12756479 12757583 12759359 12760133 12760613 12761453 12761459
12761813 12764369 12764723 12771053 12776213 12776513 12777203 12778229 12778253 12780539 12781193
12781649 12782333 12782879 12783383 12785189 12788999 12793283 12793463 12796403 12799313 12802529
12803033 12805703 12808283 12811313 12811679 12811703 12817823 12822059 12823493 12825023 12827189
12831653 12835019 12835709 12836933 12837593 12837833 12837953 12838373 12841583 12842699 12844553
12846209 12847613 12854069 12855053 12855389 12861113 12862133 12863369 12863633 12864413 12867593
```

```
12868343 12869273 12869933 12870293 12872423 12874223 12874469 12875249 12878153 12881663 12882059
12883109 12884549 12885233 12887993 12889109 12892703 12893873 12894383 12894839 12895079 12896969
12900053 12902573 12903029 12907259 12907883 12908579 12911819 12912353 12915989 12917309 12918029
12919013 12919559 12920669 12921179 12921329 12923093 12923243 12926159 12926453 12926873 12927983
12929513 12930479 12931553 12934973 12935369 12936023 12936173 12936659 12941189 12941639 12946019
12946319 12947069 12947729 12947969 12949523 12951959 12953159 12954719 12957293 12957419 12959123
12959129 12961499 12962003 12962069 12964499 12965369 12972233 12972959 12973223 12973463 12973613
12978929 12980189 12984113 12985799 12987059 12987599 12988529 12991103 12994469 12995243 12999929
13000139 13001459 13003013 13003493 13007009 13007369 13008263 13008923 13009589 13011863 13012553
13013873 13018613 13018823 13020803 13021523 13024409 13024673 13026413 13028363 13030079 13032209
13036013 13040273 13045139 13046279 13046333 13047239 13047659 13051229 13051739 13052153 13052723
13055183 13055369 13057613 13057829 13059269 13061393 13062173 13063439 13064063 13064273 13064699
13066253 13069949 13070639 13071203 13071689 13073393 13073933 13076099 13076573 13078349 13078553
13078673 13079063 13079903 13082039 13082159 13083179 13083233 13083443 13088723 13088969 13092809
13095653 13099013 13099679 13101629 13103729 13106003 13109963 13110269 13112153 13116293 13116563
13116839 13117679 13118069 13119083 13120823 13120853 13121453 13123769 13124393 13124543 13125653
13127249 13127843 13128443 13128833 13132193 13134689 13135379 13136939 13137263 13138193 13139723
13139783 13141883 13143089 13143359 13144679 13145603 13151669 13152053 13152059 13153229 13153853
13155143 13155743 13157153 13158023 13161293 13163393 13167359 13169939 13174823 13174943 13175579
13176239 13176269 13178843 13179269 13180493 13181309 13181963 13186259 13187879 13187969 13189133
13191449 13192463 13194563 13194689 13196933 13196999 13197683 13197953 13198259 13200779 13201763
13201913 13204283 13211519 13213229 13213829 13214189 13215539 13218839 13219439 13220843 13222823
13224713 13226903 13227503 13228409 13229759 13232099 13233833 13240319 13240613 13242293 13243859
13246319 13246463 13248269 13249499 13250819 13251923 13253759 13255043 13260479 13260503 13260713
13262369 13263713 13265663 13265723 13267493 13267763 13268663 13269089 13270349 13272323 13273493
13273853 13277123 13277483 13277843 13279463 13279583 13280483 13281629 13284083 13284413 13285319
13287383 13289519 13291709 13294013 13296149 13296203 13296389 13298699 13303193 13303649 13304003
13306493 13308479 13310543 13312889 13313693 13315223 13315559 13316399 13318043 13318379 13319363
13322399 13326749 13330199 13331189 13336709 13337969 13338119 13343849 13345883 13348403 13357793
13363019 13363643 13363709 13365623 13366949 13368263 13370249 13371569 13373753 13373939 13376309
13377233 13379633 13380023 13382249 13382753 13387553 13389413 13390973 13391123 13392443 13394063
13394729 13394813 13395653 13399979 13401299 13401863 13401989 13402673 13402979 13404383 13406483
13407833 13408799 13408949 13415483 13418813 13422509 13424123 13425749 13430849 13431053 13431503
13431923 13434059 13436183 13436369 13437929 13440569 13440593 13440893 13445279 13445843 13447673
13449113 13454723 13455443 13456013 13456643 13457243 13457849 13459739 13459889 13461593 13461659
13462073 13462919 13463633 13465709 13467563 13473293 13474073 13478123 13478303 13480163 13484183
13484489 13484903 13485089 13485113 13485443 13487063 13487609 13489319 13492439 13497689 13499273
13500353 13500923 13502273 13504493 13505099 13509179 13509299 13510229 13511483 13512029 13512179
13514129 13516439 13517849 13518419 13519169 13520813 13523063 13523369 13526609 13529693 13529969
13530893 13532633 13532699 13537493 13538039 13539359 13539899 13541393 13546283 13554869 13556033
13558739 13561349 13562723 13563419 13564703 13565033 13568543 13570643 13571429 13572833 13574843
13577303 13577363 13577813 13577939 13580939 13582973 13583819 13584299 13587839 13588409 13590383
13592489 13592669 13595063 13596893 13597823 13598009 13599749 13601723 13603169 13603379 13603643
13604609 13606889 13607189 13607459 13616189 13616783 13617749 13618469 13619069 13621319 13625093
13626029 13626209 13627079 13633673 13634189 13635533 13636223 13639079 13640513 13641893 13642523
13644173 13647143 13648793 13649483 13649969 13652129 13660019 13663703 13666193 13668653 13669163
13669319 13669349 13671419 13672619 13672733 13678193 13680773 13681313 13681859 13682843 13685993
13688399 13689113 13694969 13698809 13702649 13704563 13705253 13709513 13710149 13712609 13712873
13714559 13714769 13714859 13716959 13718669 13719383 13720379 13721033 13721693 13723163 13723439
13725143 13727963 13728899 13728989 13732949 13735913 13736423 13737473 13738019 13738163 13739399
13740323 13741523 13743413 13743503 13746923 13750829 13754789 13759463 13764539 13765919 13767623
13767833 13767893 13770233 13772393 13772459 13773899 13776599 13779719 13780313 13780373 13782089
```

13783109 13783799 13784873 13786193 13786313 13786973 13790069 13791143 13793789 13794653 13795079
13799003 13800173 13800329 13803893 13804733 13804859 13805933 13809479 13809749 13810403 13812863
13812989 13814393 13815209 13815383 13815569 13817519 13818533 13818989 13820903 13821233 13824353
13824719 13824953 13825613 13825769 13827629 13828253 13828823 13830623 13830989 13833593 13833773
13840913 13841099 13841123 13841183 13841489 13841939 13842359 13843139 13846139 13846589 13850723
13852859 13852913 13854563 13857719 13859243 13860569 13861829 13862483 13862819 13863623 13864583
13865783 13866929 13869239 13869419 13869689 13871129 13874909 13875539 13875929 13880759 13880903
13882763 13885103 13885919 13889423 13890329 13891049 13891463 13893263 13893839 13895543 13899653
13900703 13902173 13903139 13904003 13905299 13906649 13910153 13911269 13914683 13916393 13916459
13917779 13918403 13922663 13923083 13924019 13926089 13931783 13931843 13932713 13933109 13940519
13941143 13941743 13943483 13944503 13944713 13944839 13947449 13948829 13949093 13949423 13950119
13957283 13958363 13959359 13961639 13964603 13967573 13967813 13968953 13970543 13972379 13978469
13979789 13980839 13981013 13982849 13983269 13984913 13985039 13985399 13987559 13988813 13991123
13997999 14002223 14004443 14005193 14006033 14006309 14006969 14007089 14007893 14008409 14009549
14010833 14011649 14012963 14013869 14014499 14019563 14019623 14020703 14021963 14026049 14032223
14032313 14034563 14035559 14035943 14037473 14040863 14043149 14044319 14046359 14048453 14048819
14049149 14049323 14050649 14052323 14054279 14054459 14054933 14057783 14058389 14060303 14062283
14062619 14064443 14066483 14066753 14068913 14071199 14071643 14074289 14074799 14075129 14076143
14081003 14081549 14082599 14084093 14084573 14086643 14087399 14091443 14091923 14095583 14096399
14097623 14100143 14100503 14101019 14101319 14101343 14104703 14105519 14107493 14108273 14110319
14111549 14113433 14114753 14115113 14115749 14119019 14121953 14124119 14125439 14125763 14129519
14130983 14133263 14137499 14138363 14139893 14143709 14146883 14149589 14149673 14152223 14154779
14155079 14157113 14157233 14157893 14159573 14161253 14162783 14167259 14167733 14167889 14171303
14171483 14171543 14174669 14175173 14177483 14177783 14178173 14178509 14179163 14179943 14182169
14183033 14183453 14184959 14185889 14189039 14189303 14190629 14190833 14191823 14192693 14193269
14194049 14197289 14199869 14204849 14207213 14207993 14211689 14214773 14215073 14216963 14218313
14218709 14223773 14224289 14224943 14227859 14228633 14231933 14233259 14234813 14235659 14243153
14243699 14245103 14247713 14249843 14252279 14253653 14256563 14259083 14260049 14261783 14261969
14262029 14262389 14263649 14263709 14264039 14265689 14265833 14266223 14270033 14273279 14275823
14277443 14278013 14279663 14280053 14282399 14282969 14284229 14284799 14287079 14288063 14289893
14291813 14292263 14292413 14292539 14293859 14294573 14295959 14297033 14297249 14300879 14304623
14305853 14307119 14307983 14312663 14313119 14314973 14316233 14316689 14318483 14322179 14322359
14323373 14324153 14324819 14325719 14326853 14328113 14330903 14331353 14333639 14333849 14336123
14337149 14341433 14341559 14344703 14345003 14345069 14345609 14346599 14346659 14349689 14351303
14352449 14353973 14354789 14356889 14359073 14360609 14362349 14362769 14364953 14366273 14367653
14369759 14372993 14373839 14374709 14378729 14384603 14385659 14389019 14389439 14391803 14393933
14395289 14395763 14396573 14401253 14401379 14402813 14403953 14407793 14408549 14409413 14410349
14411279 14417813 14419049 14419523 14421653 14427113 14428709 14429669 14429879 14430599 14431253
14432543 14434559 14435783 14436683 14437133 14438009 14438579 14439569 14439863 14442773 14442833
14443343 14443883 14447633 14450633 14450753 14451089 14452979 14453903 14455163 14455223 14455313
14457329 14457353 14458649 14459369 14459699 14464133 14465879 14466503 14467709 14468189 14474963
14475833 14477009 14478059 14478539 14479589 14481899 14483159 14486453 14491583 14491733 14492063
14495363 14496899 14502959 14504489 14505929 14507033 14507063 14507483 14510213 14510753 14510939
14512469 14512649 14513183 14513909 14515733 14516039 14517803 14518373 14519993 14520953 14521319
14524589 14526923 14529869 14531123 14531669 14532659 14534483 14536013 14537933 14539523 14539793
14542133 14542529 14545253 14546573 14547233 14547443 14547653 14548619 14548769 14549063 14549159
14549789 14550863 14551703 14551913 14553359 14555819 14557799 14558903 14558969 14560439 14561489
14562629 14563229 14564243 14566823 14568803 14569889 14571083 14571773 14573033 14573759 14573843
14574713 14574779 14574869 14579189 14581613 14586023 14586179 14591723 14592449 14596139 14596583
14596853 14597123 14597393 14598329 14600363 14601599 14601953 14603819 14604923 14607473 14610419
14610839 14614343 14614559 14618183 14618783 14618969 14621213 14622203 14622953 14623403 14626583
14627999 14628203 14628569 14631443 14632493 14635013 14638583 14639039 14641793 14643353 14646743

14648369 14649149 14651729 14653169 14659223 14663513 14664389 14664983 14666693 14666819 14668259
14671823 14673383 14674073 14677193 14679809 14680073 14680349 14683379 14683943 14688599 14688749
14689313 14690519 14690783 14690969 14695823 14696639 14698193 14702843 14703743 14704103 14704649
14705633 14712083 14716973 14718653 14719973 14720819 14720873 14723573 14727623 14727833 14732453
14735723 14736329 14738063 14738183 14738369 14741423 14744519 14744753 14747069 14750399 14750639
14750663 14756669 14758043 14758169 14759093 14759963 14762393 14766569 14767463 14770499 14770559
14770793 14771723 14773793 14776829 14777099 14777303 14778359 14779619 14781029 14783603 14784383
14785409 14786729 14788073 14791163 14797193 14800349 14800763 14801393 14801879 14802773 14803913
14808089 14812613 14815019 14817233 14817893 14819963 14820989 14824499 14824559 14825033 14827259
14832413 14832479 14834723 14840153 14840993 14841803 14848079 14848679 14848859 14850779 14851223
14851643 14856239 14856659 14857523 14858279 14861453 14861909 14862803 14863169 14864123 14866079
14866853 14868083 14871173 14871683 14874053 14877053 14877059 14880119 14880143 14880269 14881649
14883629 14890103 14890289 14892929 14894783 14895389 14895539 14896289 14898203 14899529 14899679
14906933 14908199 14908433 14909753 14909789 14910053 14914793 14914979 14915129 14915363 14915993
14916689 14916899 14917013 14922773 14923019 14924639 14925329 14929433 14929559 14929619 14930453
14931893 14931953 14933813 14933843 14934113 14937119 14939159 14940749 14942489 14943683 14944829
14946593 14946719 14946983 14947073 14953853 14955929 14956169 14960903 14962313 14963939 14965829
14966543 14967209 14970359 14970899 14971559 14972099 14974913 14977223 14977283 14978009 14980139
14982503 14984303 14985023 14985149 14987723 14988899 14988989 14989913 14990093 14992823 14996153
14996213 14997743 14997929 14998493 14999123 14999279 15003413 15004169 15006149 15008579 15009083
15010673 15011723 15011999 15012863 15013109 15021119 15021719 15023213 15023279 15026789 15027179
15028523 15030503 15030863 15031739 15033383 15034583 15034769 15034979 15037349 15040013 15042893
15045209 15045923 15046313 15047339 15047843 15048053 15048623 15048983 15051479 15052049 15053303
15053849 15056603 15057173 15057863 15059249 15061289 15061829 15062039 15064223 15067319 15068639
15069683 15069779 15070703 15071219 15071939 15072839 15073913 15075773 15076163 15078653 15081719
15083489 15085013 15088019 15091229 15093803 15096899 15098579 15105743 15109049 15111389 15113729
15118283 15118973 15119243 15121553 15122759 15125879 15130553 15131729 15132119 15133049 15133439
15134243 15136223 15138863 15139343 15144323 15146129 15148379 15150293 15152303 15152909 15156863
15157613 15158603 15163943 15165329 15165539 15165569 15166373 15167759 15170033 15170279 15172739
15173429 15175343 15177329 15179273 15179999 15181499 15181559 15185273 15187703 15188219 15188423
15190859 15192539 15193499 15194369 15194453 15194873 15196469 15197333 15197519 15198143 15200459
15202163 15202283 15207149 15208139 15214253 15214499 15215729 15222533 15224393 15227039 15227549
15228743 15229859 15232193 15234503 15238193 15240353 15240779 15241493 15241679 15241769 15242789
15243083 15244049 15244913 15247409 15247559 15249893 15253319 15253943 15254639 15255629 15256253
15257603 15262469 15263063 15263453 15263663 15264173 15264449 15265109 15266369 15269279 15270113
15270533 15271463 15271859 15272303 15273893 15276263 15277259 15277343 15277793 15280049 15280253
15281489 15285923 15286709 15287579 15289019 15289793 15291539 15292499 15293153 15294869 15298463
15301439 15306023 15315269 15315479 15317513 15318239 15318269 15319613 15320489 15321329 15323573
15324983 15325883 15326099 15328073 15329183 15329213 15329549 15333683 15336539 15340679 15342683
15346559 15355523 15357533 15358523 15359303 15360209 15360899 15364469 15365513 15366833 15367463
15367493 15371963 15374699 15375719 15375869 15376979 15377339 15378119 15378773 15379583 15380279
15381479 15383183 15383243 15384293 15385313 15385523 15389789 15390143 15391823 15392483 15392969
15393503 15393569 15394943 15396779 15397103 15398573 15402083 15402143 15403403 15403439 15406673
15408929 15413939 15414653 15420803 15421583 15421793 15422003 15426863 15427283 15427799 15428453
15429923 15430379 15433283 15434273 15434693 15435443 15439169 15439673 15440129 15441353 15441449
15442709 15442733 15443303 15446003 15448193 15449543 15449729 15451853 15452933 15453029 15453419
15456503 15460859 15462053 15464639 15465893 15468083 15468653 15468749 15470993 15472043 15474659
15476663 15478583 15481289 15481793 15485363 15486953 15487649 15489899 15490133 15491039 15492773
15492959 15496139 15500213 15500519 15503993 15504089 15504953 15505433 15506093 15508469 15511109
15511283 15511553 15514403 15517289 15520229 15521183 15524549 15526859 15531053 15533519 15533663
15535463 15538049 15538343 15539603 15539999 15540419 15540653 15541523 15541733 15545039 15545303
15547223 15550823 15550973 15551099 15552143 15553859 15555329 15555863 15559013 15559559 15561449

```
15561599 15561839 15562523 15567683 15568439 15569003 15573023 15574283 15575849 15581519 15583103
15587969 15588533 15588659 15595109 15595379 15596099 15596153 15596309 15596453 15596699 15601073
15601643 15602033 15602459 15605333 15611213 15611339 15613733 15614069 15616649 15617909 15622973
15625019 15626003 15626813 15628589 15628793 15630299 15631079 15631103 15631169 15632399 15632549
15633113 15634049 15634343 15635183 15639359 15639713 15641369 15641729 15642593 15644813 15645719
15646733 15648179 15648263 15648623 15649043 15649379 15651089 15652079 15653723 15653873 15657899
15662723 15664763 15665213 15665603 15667919 15670313 15670493 15674759 15675449 15675713 15676679
15677093 15677279 15677309 15677999 15678263 15678959 15686309 15687803 15688643 15690149 15694823
15695093 15698519 15700259 15703403 15704033 15706049 15708443 15708653 15709433 15711029 15711593
15715169 15716273 15716609 15717269 15719003 15721883 15723833 15729209 15729509 15730943 15734513
15738293 15738533 15741653 15742169 15743369 15748679 15748913 15750209 15754709 15755963 15757949
15758159 15760373 15760733 15764009 15764783 15766139 15766319 15771293 15771989 15775223 15775313
15775979 15776903 15776993 15779843 15781313 15781973 15782603 15782639 15783143 15783413 15784469
15784529 15785453 15788693 15791339 15791543 15791753 15791843 15792149 15792509 15797609 15798599
15801629 15801743 15803873 15804083 15807293 15808343 15812369 15812903 15813779 15813989 15814163
15814679 15815963 15823823 15827033 15829199 15833183 15836003 15837323 15841979 15842873 15849503
15850469 15850619 15854963 15856259 15857063 15858659 15858989 15859769 15861089 15861803 15861899
15862373 15862673 15864599 15865259 15868169 15868823 15872243 15875663 15876023 15877013 15877649
15879893 15881633 15883853 15885869 15886373 15887153 15889889 15890939 15891059 15892769 15900113
15901433 15902723 15902963 15903659 15905003 15905243 15906899 15908423 15908603 15908969 15911723
15915299 15917813 15920039 15924143 15927503 15927839 15929219 15931043 15931109 15932069 15932753
15933959 15935399 15937349 15938189 15938999 15940049 15940163 15941729 15943019 15943463 15944339
15948629 15949229 15949679 15950849 15951059 15951833 15954149 15956393 15956663 15960419 15964919
15967949 15969203 15972713 15975293 15975623 15976589 15976979 15978383 15979259 15980249 15982943
15983333 15985589 15988799 15992573 15992783 15993569 15993689 15994343 15994493 15995033 15997073
15997979 15999233 15999953 16001729 16001753 16002803 16003343 16003649 16009139 16009193 16013279
16013999 16014023 16016939 16019123 16019609 16020869 16022579 16024139 16024889 16025969 16028063
16028693 16029803 16029809 16032179 16033379 16035329 16037459 16037639 16041989 16046633 16048463
16052849 16053809 16057493 16058153 16060283 16062863 16064393 16065503 16065683 16066733 16069769
16072019 16073549 16075049 16076699 16077599 16082933 16083503 16083563 16084619 16086023 16087553
16087733 16090589 16090703 16090859 16091063 16093613 16093943 16096589 16098353 16098893 16100093
16101929 16103579 16109309 16110533 16112249 16113269 16116713 16121909 16124249 16129409 16132373
16134593 16134953 16137629 16137899 16138823 16140389 16140983 16142963 16147913 16151483 16155449
16156463 16156733 16158563 16159079 16160069 16162829 16165073 16168913 16170053 16170593 16172489
16175903 16176323 16176623 16176929 16177883 16180739 16181573 16183313 16185899 16192859 16193603
16195433 16197743 16198289 16201253 16204343 16204913 16209863 16209923 16210973 16211033 16216493
16217639 16222763 16227119 16227989 16232633 16234019 16234733 16235759 16239413 16241129 16241639
16246283 16246649 16246799 16251689 16252259 16252889 16253603 16257413 16257809 16258163 16259339
16259423 16260509 16269173 16274633 16275299 16276349 16278989 16279229 16280219 16281143 16281179
16282589 16283783 16287443 16287653 16287809 16288859 16293143 16293713 16293779 16296893 16298993
16300409 16303103 16303559 16303673 16313309 16317443 16320809 16325213 16326203 16326983 16329119
16331603 16335239 16335443 16335653 16345733 16347113 16347893 16348529 16348589 16350569 16351463
16352753 16353173 16353503 16357079 16357283 16359449 16360133 16360313 16368179 16369163 16372523
16373333 16376183 16379333 16382963 16384163 16386173 16386239 16391339 16391549 16393463 16394393
16394429 16394513 16395173 16395563 16396169 16400459 16400669 16400693 16403609 16408583 16409609
16412339 16412453 16413233 16413629 16413779 16417139 16420073 16420403 16424069 16426253 16427003
16427249 16428719 16428983 16429373 16431413 16432109 16432439 16432583 16432613 16433243 16435109
16436813 16436993 16437209 16438529 16443083 16443533 16445843 16448513 16450079 16452503 16455119
16455293 16456883 16460753 16462223 16462289 16462973 16464863 16466669 16471379 16471583 16472063
16472273 16472663 16472723 16473113 16474499 16479719 16482023 16483739 16490723 16490849 16491269
16491719 16492013 16492799 16492979 16495679 16495949 16496663 16497353 16497713 16498193 16498673
16499519 16499963 16503953 16504223 16505003 16507889 16508039 16510919 16513313 16516289 16518329
```

16522013 16522469 16522559 16523033 16523393 16523789 16523879 16525913 16526759 16528943 16530929
16531439 16535219 16540253 16541963 16543979 16545869 16550393 16553363 16554383 16554773 16557323
16559093 16559489 16559789 16560749 16560893 16567433 16568819 16572593 16575899 16577933 16579889
16580813 16584719 16585799 16585889 16587839 16589393 16590683 16590779 16598969 16601969 16606043
16606493 16606559 16607639 16608353 16608569 16609343 16610903 16611593 16612163 16614473 16616549
16617509 16620689 16621043 16621229 16623683 16626503 16627379 16630049 16630469 16633943 16635323
16636733 16637009 16637273 16639163 16641533 16644269 16644443 16645823 16646243 16647359 16647443
16648283 16648673 16648889 16649543 16650143 16650269 16651853 16651889 16655273 16660109 16664789
16668209 16670603 16673339 16675259 16675859 16681823 16683869 16690469 16690913 16691963 16692479
16695719 16695743 16696973 16697909 16699883 16703399 16703723 16704269 16705919 16707083 16708673
16709729 16712303 16713953 16716659 16716923 16724003 16724399 16725563 16725629 16726343 16730243
16732409 16732949 16733303 16738103 16739903 16740233 16740473 16741589 16742003 16743803 16745453
16747793 16753673 16755383 16756049 16756469 16757579 16758953 16763303 16770503 16770629 16771283
16775483 16776899 16778543 16780229 16781393 16786223 16788209 16789529 16790093 16794539 16795463
16796393 16803929 16805903 16809059 16811423 16811849 16812353 16813343 16815653 16816469 16816823
16819823 16821209 16821839 16823459 16834673 16839929 16841189 16841399 16841873 16844363 16846463
16846799 16847279 16848743 16849403 16849583 16850219 16851623 16852109 16852529 16852679 16853363
16857023 16857779 16860743 16861259 16862309 16862693 16867979 16868669 16870313 16871423 16871483
16872833 16873553 16875233 16876049 16876523 16882979 16883393 16884503 16887509 16890323 16892069
16892153 16894373 16894649 16895999 16899299 16900049 16901039 16902293 16909463 16911179 16912919
16916519 16917053 16917503 16919729 16923323 16924049 16924493 16927133 16928969 16930883 16931333
16933523 16934213 16941833 16942703 16943819 16946459 16948259 16950053 16951199 16951799 16952423
16955129 16955663 16956389 16957613 16959779 16961363 16962119 16966223 16967129 16971203 16973969
16973993 16976819 16977893 16979933 16980503 16980599 16983509 16985093 16987469 16988333 16993283
16994123 16994273 16994429 16995353 16996313 17004359 17007569 17007923 17009969 17010239 17013833
17014163 17014199 17014769 17016899 17019419 17020973 17021993 17022563 17025713 17026283 17032349
17033339 17033543 17037029 17041253 17044739 17045453 17045459 17046803 17047259 17048303 17052653
17052713 17053733 17053919 17055023 17057063 17057819 17059733 17060759 17062583 17062763 17064293
17066849 17069159 17069579 17070563 17074643 17076509 17081033 17081843 17082293 17083439 17085209
17086913 17089883 17089889 17091779 17095439 17095583 17097623 17098253 17100899 17103143 17103689
17108033 17108093 17111543 17112113 17115509 17116733 17118659 17121833 17122139 17122403 17124053
17127359 17128049 17132669 17134499 17136533 17137619 17139389 17141123 17142773 17147783 17148023
17149103 17150489 17152853 17153849 17154509 17154719 17154773 17157953 17161583 17171723 17172299
17174903 17178209 17179703 17181113 17181683 17183759 17190053 17191319 17197553 17197853 17198453
17199179 17199659 17200373 17200439 17200979 17208839 17212493 17213123 17217143 17217509 17217653
17221889 17225933 17226953 17227673 17227979 17228663 17230589 17230649 17231573 17232263 17233973
17234603 17234963 17238113 17241233 17246063 17247479 17248733 17250179 17250743 17252069 17252663
17252699 17254613 17255993 17257973 17260079 17261399 17261693 17264003 17264519 17264633 17267909
17269823 17270789 17270969 17279453 17280353 17284703 17285249 17286383 17287379 17287709 17297183
17298383 17299349 17299883 17303213 17305313 17305919 17306309 17311379 17315723 17316053 17316653
17318303 17320973 17321723 17325089 17325293 17326583 17327699 17333759 17341673 17341763 17342249
17343719 17343983 17345459 17345759 17347493 17351963 17352059 17356463 17358923 17358959 17359409
17363903 17365493 17366213 17366879 17369063 17372513 17372819 17373773 17376239 17377319 17378303
17380469 17382479 17387483 17388083 17389583 17393633 17393969 17394269 17394959 17395793 17401019
17401613 17402459 17406743 17407499 17408819 17409389 17409473 17409503 17411129 17411963 17412443
17415263 17417063 17423573 17426243 17427653 17429999 17431259 17434019 17438093 17439029 17440883
17441579 17446829 17448779 17448803 17449703 17451023 17451719 17452223 17453363 17454659 17460143
17460983 17462513 17464169 17464229 17466989 17470163 17470529 17471249 17471483 17474519 17475569
17477129 17477423 17478239 17479019 17483909 17484149 17484179 17484773 17485049 17485343 17488643
17491013 17493533 17500139 17500823 17501849 17501909 17502533 17504093 17504573 17505443 17508713
17512403 17514053 17514083 17515133 17521799 17521943 17522273 17526689 17527883 17529203 17529569
17535239 17538299 17538893 17538929 17539499 17540213 17540483 17540723 17542163 17543369 17554139

17556113 17556953 17557913 17557979 17558003 17558759 17559149 17561189 17561543 17561933 17562059
17562953 17563523 17566949 17568833 17570123 17570249 17571509 17571539 17571959 17573669 17576423
17579069 17579489 17581199 17581649 17581829 17584733 17585609 17587859 17591543 17592083 17593913
17598149 17599889 17600273 17602619 17602649 17604599 17605853 17606273 17608919 17611733 17612429
17616899 17617739 17619533 17619653 17621063 17621963 17622653 17622959 17624993 17625479 17626313
17629589 17631143 17631413 17631863 17633579 17638199 17639273 17641769 17641919 17642843 17643089
17646179 17646593 17648723 17649353 17649773 17649899 17650229 17652473 17652863 17654033 17655689
17658743 17663543 17663879 17664089 17664359 17664863 17666069 17666273 17666339 17667203 17668379
17669633 17671079 17671289 17678879 17680049 17686139 17686583 17688689 17690219 17691263 17692079
17693213 17693729 17693789 17695049 17699723 17701289 17702543 17702579 17702903 17703233 17703473
17704493 17704559 17706599 17709173 17711723 17715053 17715413 17717039 17719613 17720459 17723243
17723759 17723873 17725943 17729279 17729819 17730029 17730299 17731853 17732723 17733923 17741813
17741849 17741879 17743013 17744609 17745389 17745683 17746073 17747183 17747399 17747783 17749349
17752019 17755553 17757209 17757689 17759453 17759669 17760779 17761883 17763353 17763593 17767889
17768423 17770169 17771399 17771543 17773193 17774819 17774909 17775683 17777603 17779973 17780489
17780753 17784059 17785259 17787323 17789699 17789813 17789819 17791223 17793563 17794253 17795159
17795513 17796563 17796899 17796953 17798279 17800253 17804333 17806133 17807843 17812079 17812439
17813333 17813819 17814899 17816069 17819933 17820293 17821949 17823983 17824133 17826239 17827949
17830199 17830619 17832053 17832263 17833043 17834279 17835599 17836139 17837159 17838053 17839313
17840093 17843849 17845253 17846123 17850809 17851049 17852699 17853509 17854283 17855549 17857013
17858129 17858849 17859533 17860763 17861093 17862623 17862683 17866553 17866559 17866703 17867903
17868443 17871263 17872373 17872733 17875079 17882789 17883689 17884313 17885069 17886623 17887619
17888159 17891843 17893283 17893853 17896943 17897723 17898383 17900639 17903219 17904863 17907299
17908139 17909093 17910083 17912399 17912819 17914289 17917463 17918363 17920109 17922143 17922629
17922659 17924303 17925839 17927699 17930063 17930603 17932163 17932493 17936129 17938523 17939189
17939303 17941373 17944733 17946899 17948543 17952509 17953373 17954483 17960513 17961893 17968679
17968829 17972099 17972249 17974349 17976083 17977703 17979119 17980379 17982119 17988083 17991503
17995493 17997593 17997839 17998793 17999909 18000089 18000539 18001859 18002843 18003593 18005633
18005843 18006413 18007823 18011333 18012149 18013889 18014303 18016469 18017663 18018233 18024263
18024659 18024833 18027869 18029009 18030923 18038789 18039503 18040439 18041483 18041609 18042779
18043313 18048269 18049463 18055013 18055049 18055913 18056063 18056903 18060923 18061163 18063599
18064253 18066953 18068579 18069983 18073463 18073613 18073823 18076133 18077639 18078449 18079739
18080459 18081023 18081593 18082943 18090263 18093683 18095249 18098819 18099479 18100763 18103313
18103493 18103769 18105089 18106043 18107489 18108773 18109193 18109733 18110693 18113663 18115043
18116393 18116933 18117719 18117923 18121973 18123953 18124313 18124559 18124763 18124889 18125843
18125903 18126533 18127163 18127673 18128879 18130529 18132239 18133673 18133889 18134069 18136529
18137429 18137849 18138083 18143123 18146669 18148853 18149459 18151649 18153329 18157883 18162269
18163793 18166283 18170423 18170723 18171089 18177389 18177899 18178169 18179753 18180059 18180689
18182303 18183629 18183839 18184433 18184499 18185423 18189449 18193523 18195113 18196523 18197219
18199073 18199529 18202139 18203639 18203723 18204089 18206483 18209843 18210743 18211499 18211619
18212489 18216053 18216323 18216773 18217373 18219269 18223193 18223559 18223763 18223769 18228659
18229229 18229583 18233003 18233249 18233543 18235733 18237449 18239729 18240479 18243293 18244469
18245663 18248393 18254783 18254933 18255623 18256499 18257429 18259919 18261773 18266159 18267533
18267779 18269759 18273803 18274433 18278369 18278789 18281129 18281603 18285593 18288533 18292013
18292853 18293783 18294239 18294299 18296969 18299153 18299453 18301889 18302573 18303359 18303413
18305669 18310823 18311549 18313523 18317399 18323579 18324959 18325019 18327329 18329693 18332399
18335423 18336749 18336953 18337043 18340043 18343679 18344069 18344303 18344393 18347243 18348719
18351059 18354443 18355553 18355769 18360383 18361859 18362093 18362573 18364799 18367859 18369023
18369359 18369419 18370133 18370799 18371063 18371429 18372083 18373499 18373709 18374393 18379589
18379793 18379799 18379943 18380699 18380759 18382769 18383483 18384059 18386873 18389183 18389303
18393593 18394703 18401849 18401969 18402113 18402353 18403529 18405479 18405839 18405869 18408233
18411149 18414953 18416003 18417149 18418979 18421379 18423533 18424739 18425009 18427193 18427523

18428513 18433379 18434483 18435563 18435689 18435713 18436829 18437753 18441443 18442139 18442223
18445709 18447503 18447629 18448883 18453443 18455219 18455603 18457199 18457823 18458603 18465449
18466169 18467153 18472253 18475169 18475403 18476669 18477743 18477989 18478853 18481049 18482279
18482333 18484673 18484859 18485039 18489203 18491969 18492059 18493109 18493133 18494123 18496199
18496223 18496409 18500249 18500693 18503003 18505793 18508313 18513623 18516623 18517613 18517883
18518459 18521579 18521609 18522149 18524609 18525599 18527189 18529223 18529523 18530273 18530819
18532463 18534833 18537509 18539123 18543653 18544523 18546569 18551933 18553679 18554363 18554933
18555269 18556403 18557219 18557663 18561503 18562409 18562499 18563339 18563729 18565583 18566843
18568493 18570143 18573419 18575633 18575729 18586289 18588833 18591959 18594809 18596723 18596789
18596849 18596999 18598829 18599579 18603059 18604739 18605243 18606629 18607643 18610649 18610913
18612323 18612383 18616943 18618923 18622193 18622349 18622469 18622949 18624383 18624839 18625853
18626879 18627023 18629393 18630779 18632879 18632903 18637673 18639479 18639839 18640409 18646613
18647003 18650123 18650213 18650543 18652619 18653153 18655649 18656003 18656009 18661193 18664199
18664259 18665219 18665819 18670259 18671909 18673283 18673673 18674213 18675389 18677369 18678629
18679649 18683183 18684863 18686543 18687083 18689003 18690173 18691103 18691889 18694859 18694919
18696479 18699449 18699953 18700763 18704243 18704363 18704489 18706379 18706673 18708953 18709193
18709739 18711389 18713813 18717113 18718103 18724949 18725363 18726479 18726863 18727619 18728579
18729929 18730109 18731183 18732209 18733619 18737843 18738053 18738899 18740339 18741083 18741473
18742319 18742583 18744569 18744983 18745763 18746009 18746933 18748403 18748913 18751259 18752549
18754559 18755969 18757463 18761453 18768479 18768653 18768719 18771773 18772373 18772739 18773549
18774089 18774293 18776183 18780059 18780953 18782999 18784193 18785009 18788069 18788249 18788543
18789629 18791183 18792269 18794003 18798113 18798683 18799439 18800003 18800819 18802499 18803573
18803693 18804113 18804833 18808589 18809309 18809519 18809723 18809993 18811913 18813479 18814013
18816989 18817373 18818573 18818693 18819029 18819953 18820943 18826943 18833669 18833729 18834353
18835343 18835853 18837503 18842573 18844043 18847529 18847613 18847793 18848633 18853883 18854009
18857099 18857759 18862379 18863573 18863879 18867479 18868523 18869423 18873749 18874073 18875399
18877679 18879089 18880583 18883043 18885329 18885473 18889973 18892259 18892799 18893873 18895193
18895379 18896243 18900593 18901313 18901763 18903323 18904313 18905219 18907853 18908243 18908663
18909239 18909773 18911549 18913403 18914459 18916763 18919013 18920873 18920939 18921173 18922763
18924599 18924749 18926279 18930893 18932393 18934463 18937799 18938063 18939983 18940409 18940793
18942653 18943553 18946799 18948029 18948383 18948563 18951743 18953513 18953639 18954203 18957863
18959393 18959483 18959813 18960449 18962309 18965153 18975419 18980309 18980603 18981713 18982433
18983273 18984083 18984233 18985259 18987233 18987803 18990353 18991919 18992093 18994823 18995789
18997019 18997343 19000853 19001693 19005023 19006139 19006679 19013279 19015709 19016243 19016813
19016969 19017473 19018463 19019603 19020779 19022519 19023089 19024223 19028903 19029869 19032413
19039049 19040579 19040999 19041293 19041839 19043033 19043963 19044269 19044929 19048493 19050623
19051583 19052279 19053239 19054193 19055279 19056689 19056773 19058489 19059923 19060829 19061909
19062383 19063673 19063829 19066403 19066529 19068719 19073699 19074053 19075883 19079783 19081943
19082369 19082543 19084133 19085123 19085309 19088519 19090139 19090289 19090523 19090553 19093229
19094489 19097159 19098143 19100303 19101779 19103879 19104383 19105673 19107773 19115363 19116353
19117079 19118783 19120763 19122149 19122563 19126403 19127393 19128353 19130483 19132433 19133459
19135079 19135169 19135313 19137983 19138313 19139303 19142219 19142573 19143413 19146563 19152233
19152713 19153793 19155509 19155533 19158383 19160159 19160723 19161563 19162439 19163489 19171343
19171913 19172249 19177199 19178123 19179899 19180589 19182269 19184153 19185899 19186103 19186619
19189133 19191383 19195229 19197023 19197599 19198139 19199969 19206233 19208303 19210253 19210679
19212299 19214813 19215929 19216943 19224899 19227233 19229459 19231643 19233503 19233983 19234343
19236053 19238669 19239089 19239179 19240619 19241153 19243013 19245533 19252169 19254479 19255919
19256873 19257809 19260893 19264523 19275953 19277633 19277729 19281263 19281959 19282019 19283279
19285169 19286573 19286699 19288739 19290059 19290389 19294529 19295819 19299503 19301543 19303079
19304303 19304573 19304849 19305893 19306379 19306643 19307009 19307693 19309019 19310309 19310933
19312313 19316273 19316903 19319039 19320233 19321889 19323593 19324559 19325153 19328279 19332419
19339553 19342553 19344509 19345169 19352873 19354403 19354613 19355723 19361159 19364069 19365239

```
19365323 19370363 19376873 19378253 19378913 19379159 19379543 19379939 19381163 19384433 19384583
19386929 19387013 19388723 19389059 19395023 19397363 19399379 19400429 19400819 19403129 19403963
19404383 19407413 19410119 19413353 19416893 19417889 19421183 19422323 19423403 19427069 19428743
19429499 19430903 19432013 19433009 19437653 19439873 19441679 19444109 19446299 19452623 19458689
19462463 19462589 19462829 19464953 19472333 19474883 19476389 19481309 19483199 19483619 19485293
19488809 19489163 19490519 19495709 19497839 19500059 19500293 19503299 19503833 19512569 19515803
19517369 19518773 19522229 19527743 19530029 19532603 19534379 19535693 19538009 19539599 19544039
19544309 19544933 19546673 19552889 19553273 19553543 19553909 19555433 19560323 19561343 19561859
19567403 19568123 19568729 19569419 19569899 19571609 19573199 19574003 19574729 19575383 19577483
19579583 19579613 19582259 19583969 19587173 19588073 19588763 19591499 19591619 19591739 19591889
19593713 19593869 19596173 19598933 19600043 19602263 19604939 19608299 19609283 19614629 19616279
19617023 19620143 19620383 19620389 19624109 19624673 19625159 19626863 19629089 19631789 19632659
19633349 19634843 19634903 19636373 19638863 19640399 19642583 19647599 19648883 19653593 19654073
19655483 19657133 19659989 19664009 19665449 19666709 19668023 19668179 19669553 19672013 19673039
19677809 19679189 19682093 19687043 19688369 19690943 19692329 19693643 19696403 19703483 19707329
19708523 19708943 19710833 19711589 19713143 19714133 19719839 19720313 19721813 19722089 19722119
19724129 19724609 19725473 19726643 19726673 19728953 19730393 19733573 19734089 19736939 19737689
19739189 19740713 19740863 19741229 19742693 19742699 19743539 19743623 19747229 19751513 19754519
19756883 19763099 19763609 19764653 19766759 19766969 19771919 19773569 19774523 19777883 19778663
19779533 19781423 19786703 19788683 19789673 19790033 19793099 19794479 19794773 19794809 19796069
19797209 19798643 19800233 19801949 19804223 19806893 19807829 19808303 19809593 19810013 19810139
19811789 19817783 19817939 19819979 19820063 19820219 19821173 19825049 19825439 19828883 19829129
19832009 19833179 19833689 19834583 19837409 19839299 19840763 19843949 19846049 19846223 19847549
19847963 19854413 19857713 19862033 19863983 19864703 19867973 19868603 19868819 19872383 19873193
19875809 19878983 19879883 19879913 19881503 19885769 19887869 19888439 19891913 19892759 19892969
19895153 19895303 19896053 19898603 19899983 19902413 19903619 19903853 19905719 19907423 19907999
19908809 19909289 19909679 19910393 19913693 19914809 19917713 19919309 19923803 19925903 19927343
19931459 19932359 19934093 19934423 19934573 19938179 19939583 19940363 19943639 19947029 19948289
19949393 19949543 19951229 19953149 19953383 19955609 19956179 19957673 19958489 19958693 19961003
19961429 19962809 19964849 19964999 19967669 19971599 19972523 19972913 19974299 19974869 19975409
19975463 19976549 19979363 19979549 19980179 19981889 19982093 19982393 19983443 19983833 19987433
19989839 19990049 19993553 19993943 19994729 19997459 19998029 20000693 20001659 20002613 20004059
20005313 20006429 20007203 20008253 20009453 20011559 20011583 20011919 20012903 20013083 20014493
20019173 20019953 20021399 20023649 20024129 20024969 20025833 20026469 20029133 20031659 20032163
20033213 20034929 20039639 20041799 20046479 20052869 20053289 20053763 20057363 20057519 20058149
20063369 20065163 20066639 20068019 20068679 20069303 20071553 20071613 20071643 20073173 20076299
20077703 20084513 20085239 20085623 20085629 20085743 20088773 20097683 20101349 20105573 20107553
20109893 20110229 20112023 20112899 20114183 20115659 20116073 20118809 20126153 20131103 20132243
20133623 20134883 20134973 20136953 20142053 20143709 20144633 20145893 20146349 20148413 20149049
20151773 20151959 20152493 20152823 20156243 20157353 20158049 20158739 20158769 20159813 20162273
20165429 20166143 20166959 20167079 20168279 20168303 20171633 20171699 20172419 20173799 20174669
20175593 20175773 20178479 20180123 20182793 20183699 20187269 20187659 20188589 20192153 20193293
20193863 20194049 20194259 20194409 20195429 20196443 20198033 20198753 20199953 20200133 20205623
20207129 20208719 20209649 20210759 20211203 20215529 20222003 20223893 20227859 20230103 20231873
20234969 20236973 20237813 20239073 20239463 20240543 20240903 20244173 20245553 20245559 20250413
20250473 20250563 20255003 20255723 20260913 20263109 20263913 20266793 20270573 20277203 20278763
20282189 20284529 20285753 20286263 20286473 20287913 20288459 20288699 20291273 20291423 20294363
20295323 20295329 20295833 20297969 20299613 20300123 20300459 20300519 20302319 20303033 20304419
20305583 20307233 20311559 20311793 20314523 20315489 20316083 20316539 20316893 20320439 20323379
20325743 20330333 20330339 20330549 20331323 20331989 20335223 20335229 20336843 20344073 20345009
20345093 20350559 20351993 20354303 20354993 20356439 20357489 20357819 20358083 20358209 20358389
20358983 20359133 20361443 20361629 20362253 20362649 20363279 20363309 20363663 20363933 20364479
```

20366543 20366579 20366639 20369033 20372063 20373053 20374649 20376203 20377163 20378399 20378549
20382569 20386319 20390759 20394113 20395499 20396153 20396303 20401523 20401709 20401919 20403749
20405663 20406989 20410139 20412113 20414633 20417213 20418809 20421413 20423369 20427989 20429273
20430653 20431223 20431343 20432729 20433233 20434703 20436089 20436623 20443019 20445443 20445989
20446799 20447573 20449343 20450789 20450939 20452109 20452703 20452769 20455499 20456963 20458643
20458703 20460683 20460893 20461019 20461373 20461433 20461949 20462873 20465723 20467103 20469353
20470553 20471579 20472533 20472839 20476289 20479583 20482223 20482463 20483789 20486633 20487119
20488313 20488673 20488943 20490653 20492249 20494763 20495339 20496293 20496683 20497313 20500163
20500643 20501909 20503529 20504573 20505209 20506289 20507549 20509763 20511923 20512169 20515349
20517593 20518259 20519309 20519333 20519903 20522609 20525429 20527289 20527319 20527499 20527889
20531669 20536193 20536889 20537243 20537333 20538923 20540249 20542499 20542673 20543333 20546159
20547083 20548553 20549783 20550329 20553023 20554049 20554223 20558003 20560649 20561693 20562863
20563733 20564123 20569253 20569403 20571209 20571443 20572379 20573303 20575463 20581499 20581703
20583989 20585993 20587769 20588213 20594159 20594963 20595233 20595929 20597933 20601023 20601029
20601473 20602409 20602493 20604173 20609093 20610119 20612573 20613563 20615873 20616773 20616779
20617469 20618639 20621999 20624339 20625023 20628983 20632259 20633573 20633579 20636123 20642129
20646233 20647883 20648219 20650043 20651789 20652893 20654429 20656253 20656529 20656973 20658299
20659493 20660483 20668859 20669879 20671883 20678093 20684309 20684519 20685239 20685713 20687549
20689709 20690993 20692253 20698679 20699879 20701823 20703653 20704829 20706869 20707019 20709203
20711699 20713529 20715713 20715923 20716103 20717159 20717633 20721749 20724233 20724443 20727593
20729339 20729903 20730173 20730533 20732879 20733689 20735009 20737793 20740073 20740679 20742443
20743589 20746013 20746829 20748443 20749523 20751179 20751233 20756063 20760149 20760539 20761529
20764049 20764703 20767223 20769113 20769803 20771213 20772233 20772809 20776559 20779469 20780549
20790443 20791409 20793659 20794919 20795543 20802569 20802923 20802989 20803253 20807723 20807873
20808509 20810459 20813399 20814263 20815979 20818223 20818379 20820413 20821403 20823683 20827073
20835233 20835443 20835653 20838173 20842589 20846729 20849903 20850779 20854313 20855909 20858069
20859659 20861339 20861993 20862113 20862899 20863289 20864513 20868929 20869223 20872133 20873249
20873483 20874449 20876309 20877959 20880533 20881433 20884373 20885099 20885159 20885939 20887913
20889299 20889839 20890349 20890979 20891033 20891333 20894183 20894609 20897483 20904599 20904899
20909573 20910299 20910353 20910503 20910713 20911469 20913059 20914319 20916299 20916713 20917829
20919533 20924639 20927639 20930603 20931149 20932259 20934863 20936099 20939459 20940383 20941313
20944043 20946053 20947133 20948579 20948639 20949683 20950229 20951153 20951279 20955563 20955593
20956109 20957819 20963633 20964473 20964803 20965193 20967629 20967983 20969153 20972453 20975879
20976233 20978189 20981069 20981099 20983493 20984363 20984963 20991749 20993663 20993939 20995349
20996753 20998223 21001703 21002213 21004073 21005753 21006593 21007439 21010889 21012599 21013379
21014453 21014963 21016829 21018323 21021683 21023003 21024743 21027449 21031463 21033059 21034313
21035429 21035699 21036269 21036413 21038009 21042089 21042293 21042419 21042839 21044129 21045263
21045599 21048959 21054779 21055763 21057563 21058283 21058343 21059453 21060359 21064553 21066443
21066473 21066719 21067883 21068039 21070823 21073103 21074519 21075473 21076043 21076343 21076463
21078443 21080249 21081509 21087623 21092969 21094253 21099593 21099959 21100529 21101849 21102089
21108233 21108539 21111143 21112103 21118523 21119183 21121253 21121619 21122399 21124619 21128183
21129299 21129809 21132659 21134453 21138053 21142529 21142889 21144713 21145469 21148013 21150803
21154823 21156953 21157319 21157463 21157529 21158303 21158519 21161279 21164063 21166499 21172499
21175529 21175943 21176933 21179579 21181103 21187319 21188003 21188633 21191123 21191543 21192029
21196223 21196853 21200303 21201419 21202409 21206183 21206249 21216389 21218693 21220379 21221303
21222143 21222269 21228659 21230309 21230879 21231389 21232493 21233123 21236123 21237239 21243023
21245099 21247049 21248663 21253649 21255263 21256283 21257699 21258689 21258983 21259253 21259373
21263579 21263993 21264563 21268553 21269879 21271643 21271973 21272483 21274763 21276149 21277043
21278063 21284369 21284933 21286613 21286943 21287333 21287729 21290999 21291269 21291509 21293633
21293693 21294233 21299153 21299303 21300089 21301523 21302063 21302219 21302483 21308933 21308999
21310193 21310253 21313769 21315803 21319169 21321959 21322319 21322793 21327263 21327893 21329513
21331643 21339053 21341993 21342809 21344243 21346289 21346343 21347873 21349043 21350363 21351773

21352559 21354293 21357053 21357923 21359183 21360173 21361283 21362219 21362573 21363773 21364433
21364709 21365303 21365609 21366239 21367763 21368003 21371153 21372089 21372413 21373409 21377309
21380039 21380153 21381539 21382919 21384749 21388883 21389909 21390389 21394679 21398813 21402053
21402383 21403559 21404843 21407153 21407783 21409373 21410423 21410699 21411623 21413303 21415769
21419939 21424223 21426173 21427013 21427859 21429209 21430379 21432629 21434249 21434453 21434789
21435143 21438779 21439793 21448793 21450029 21451103 21451649 21451673 21456629 21458639 21458669
21460163 21460979 21464249 21466559 21469919 21474059 21476519 21476639 21480293 21480713 21482603
21483719 21483779 21487673 21488063 21492413 21493259 21494663 21495983 21496043 21496523 21498209
21499409 21500939 21503063 21503159 21504053 21505499 21509639 21510113 21511883 21512363 21513623
21514019 21516119 21517649 21519539 21520799 21521849 21522989 21527813 21528863 21529169 21529229
21529883 21529979 21532799 21541913 21549719 21550043 21550253 21551693 21553643 21554213 21557843
21558143 21561503 21566423 21568433 21570233 21572279 21572333 21574859 21579353 21580283 21583493
21583883 21584669 21585233 21585743 21588893 21591233 21592943 21593249 21593333 21594983 21595103
21596489 21599729 21601973 21602519 21604013 21605123 21605459 21611549 21611693 21611813 21613199
21613673 21620279 21620513 21623939 21624803 21628193 21631829 21633569 21638213 21638819 21639473
21639809 21640919 21642389 21644489 21645413 21649289 21650159 21650873 21653669 21658673 21658919
21661583 21663209 21669029 21674129 21674333 21676943 21677093 21677399 21678623 21678659 21679799
21683099 21685133 21687773 21688883 21690629 21691619 21692063 21692453 21692579 21694763 21694793
21697229 21697283 21700103 21703229 21704933 21705083 21705473 21710609 21712319 21715913 21717473
21717539 21718943 21722093 21722429 21723959 21725519 21726599 21731123 21731273 21736499 21737549
21738803 21739673 21739859 21741173 21741413 21741689 21741743 21743699 21746429 21751139 21752039
21752303 21753029 21753533 21756503 21757343 21760373 21764453 21765209 21767813 21768749 21771983
21773333 21773579 21775289 21777209 21777953 21778049 21778439 21779123 21779393 21787169 21788093
21788099 21789329 21792503 21797063 21797393 21801023 21802349 21802793 21803063 21803153 21803189
21803549 21804539 21806723 21807029 21807113 21807743 21807809 21809789 21813383 21813503 21814619
21815159 21815609 21816209 21816479 21818729 21819779 21820553 21828413 21830279 21832253 21837929
21839459 21841049 21843383 21844139 21848903 21851513 21853103 21854699 21857519 21857813 21858803
21859163 21862829 21864389 21864569 21865379 21865583 21868109 21869279 21869339 21870353 21872663
21876593 21877319 21879899 21884783 21886283 21886439 21886493 21887543 21889559 21890723 21892109
21894443 21895883 21901109 21901619 21903083 21903113 21904643 21905399 21905573 21905753 21907289
21909743 21911003 21913709 21919223 21922319 21922559 21924839 21925853 21933209 21942029 21942923
21947483 21949013 21954533 21955919 21957569 21958049 21958973 21959159 21960299 21961013 21966053
21967019 21969449 21970829 21971333 21976343 21976463 21979109 21986903 21987293 21988649 21989549
21989879 21990179 21993893 21996179 21996449 21996473 21998309 22000409 22000493 22001729 22002443
22007963 22008383 22008869 22009853 22009973 22013819 22015589 22017689 22019219 22019639 22020209
22020293 22020569 22022153 22022543 22023203 22024763 22031123 22033943 22037819 22037909 22038563
22038743 22043459 22046879 22047209 22047323 22047983 22051283 22057589 22060229 22060403 22065689
22066679 22068719 22072943 22077119 22077383 22080599 22082309 22083053 22084619 22085933 22090643
22091453 22093073 22094213 22094249 22096913 22098473 22099013 22099433 22103513 22106939 22108529
22108613 22110563 22110953 22112813 22114139 22115129 22116203 22124159 22124423 22125503 22128803
22138283 22138409 22139699 22139993 22140353 22141589 22141649 22152239 22154273 22157483 22160123
22161179 22161479 22164833 22165673 22166009 22166153 22166789 22173803 22174133 22178213 22178753
22184429 22187213 22189253 22189829 22198769 22205279 22209773 22214399 22215293 22215839 22217543
22219013 22222649 22226003 22226849 22227983 22229513 22230119 22230833 22232453 22233539 22236293
22239683 22241309 22241339 22242659 22244333 22244879 22245263 22245719 22245803 22246019 22246079
22250099 22251503 22253069 22256879 22257089 22257503 22258343 22261439 22262393 22263113 22267319
22267793 22268789 22269809 22271213 22272749 22274933 22275119 22276703 22278563 22278719 22279319
22279349 22279643 22280243 22281533 22281923 22282289 22284869 22285859 22288193 22290083 22293149
22295309 22296149 22297109 22297889 22299149 22299269 22301189 22302233 22303163 22303559 22306919
22310159 22310573 22311389 22313729 22315493 22316039 22316429 22316813 22317803 22318463 22318823
22319789 22321259 22323893 22329479 22331273 22332113 22332263 22332389 22335149 22335389 22338143
22339253 22341563 22344089 22344233 22344869 22345289 22346333 22348103 22349213 22349573 22349843

22352513 22353923 22368113 22370753 22371533 22373063 22377293 22381043 22383629 22385873 22386893
22387049 22387979 22391723 22392479 22394033 22394759 22396019 22398053 22400039 22400663 22402049
22403159 22406759 22408709 22409069 22411463 22415933 22416683 22421363 22422503 22423169 22424063
22424729 22424879 22427549 22432649 22432913 22434479 22434773 22437539 22440293 22444379 22444739
22447283 22451003 22451609 22452179 22453919 22454843 22457009 22457489 22460909 22463543 22463813
22465853 22470743 22472309 22472993 22473653 22473953 22474223 22476413 22477223 22479053 22479893
22481279 22482623 22483133 22484513 22485503 22489553 22491503 22492199 22492433 22495229 22495703
22495883 22497053 22498523 22499033 22499159 22503293 22504253 22504259 22506023 22508039 22509299
22509863 22510613 22512713 22513349 22514543 22518053 22520219 22524713 22526519 22529543 22530653
22532183 22535003 22537409 22537913 22540169 22540499 22542209 22548209 22553243 22560413 22561403
22562069 22563113 22563323 22567019 22568153 22570589 22580639 22581413 22581659 22581809 22584713
22586783 22588613 22592513 22593209 22593353 22593503 22597073 22597313 22598993 22601333 22602719
22604189 22605263 22605419 22608959 22615583 22618919 22620683 22620743 22623389 22624769 22628993
22629413 22629713 22632569 22637663 22638593 22640759 22640963 22645163 22645583 22645709 22646759
22646843 22648673 22648793 22650923 22651949 22653353 22655579 22656323 22658063 22659023 22659089
22661213 22661363 22661939 22662779 22663313 22664189 22664783 22665749 22672049 22672493 22672913
22673753 22677593 22682279 22683179 22688873 22692893 22694393 22695923 22696259 22696829 22697033
22698089 22698983 22702733 22704833 22705043 22706093 22706933 22707959 22708193 22708349 22710689
22711709 22717553 22718693 22720283 22724183 22724363 22724753 22725509 22725809 22727063 22728143
22729403 22730159 22733279 22733339 22733423 22735313 22737059 22740209 22742663 22748213 22748783
22749059 22750379 22753019 22757309 22760669 22764149 22764893 22765679 22766273 22766819 22767323
22772213 22772759 22775513 22775999 22778039 22778999 22780679 22780889 22782869 22783769 22784159
22785149 22785443 22785863 22786229 22789709 22791239 22792403 22797479 22799009 22800413 22800863
22802393 22804553 22804583 22807313 22808003 22812539 22815263 22816973 22818149 22820153 22822643
22822799 22823813 22826273 22826939 22827803 22828919 22839059 22840019 22842359 22842563 22842899
22846013 22846853 22849133 22849163 22849199 22849763 22850153 22850963 22852283 22853483 22855853
22857053 22857119 22858019 22858679 22860419 22863839 22866353 22869839 22873073 22875899 22878083
22879613 22880213 22880999 22885883 22887503 22888793 22890473 22891343 22895759 22900049 22900109
22901639 22902713 22905209 22908629 22908779 22908863 22909433 22910669 22912553 22913939 22915883
22917143 22918403 22923143 22925429 22926593 22927763 22928693 22931099 22932683 22936169 22937699
22938323 22938599 22940399 22941623 22942259 22944023 22950953 22952213 22959479 22959539 22960439
22960529 22961453 22961723 22967123 22969913 22971293 22976669 22982033 22983203 22983563 22984103
22985219 22985873 22986443 22987109 22989419 22989623 22990433 22991669 22991849 22993703 22996313
22996703 22996709 22997339 23000123 23000699 23000723 23002013 23004539 23007059 23008313 23008883
23009699 23013233 23013383 23015579 23016209 23016743 23019413 23023739 23024063 23026403 23027159
23030729 23038793 23046119 23046239 23048153 23048579 23050409 23055953 23056763 23057759 23060399
23062073 23063219 23063819 23064473 23065853 23066363 23067449 23067749 23069939 23071619 23073983
23077013 23079869 23082743 23088083 23093363 23093723 23094059 23094563 23094983 23096873 23100089
23101583 23102363 23103089 23103533 23103653 23103809 23107319 23108483 23108639 23110133 23112269
23113529 23115353 23119259 23122733 23124749 23124863 23126399 23129933 23131793 23133899 23137589
23138729 23142293 23142863 23144339 23144399 23153699 23153843 23154143 23157509 23159399 23159963
23161139 23161373 23163719 23164313 23168963 23169743 23172059 23178929 23180453 23181023 23181239
23182433 23187149 23190113 23190413 23193749 23194739 23195993 23196989 23197913 23198039 23198663
23202689 23205233 23206559 23206769 23209883 23210003 23210249 23211449 23212823 23215823 23223143
23223923 23224373 23227643 23231723 23232119 23234609 23235323 23237723 23238329 23244323 23246963
23249813 23250473 23250743 23250869 23251499 23253173 23253869 23255009 23256053 23256713 23259053
23259389 23263853 23267969 23269973 23270309 23272043 23276573 23277263 23279363 23280143 23280773
23282123 23284133 23291993 23292029 23293139 23296649 23297009 23300873 23301389 23301623 23302133
23302313 23303009 23303783 23307239 23310173 23310299 23312483 23313299 23313623 23316383 23316473
23317919 23318219 23319239 23320499 23320949 23327429 23328653 23328863 23333003 23334683 23335139
23335853 23336249 23341523 23344523 23345303 23349779 23351483 23352029 23352239 23354099 23359313
23359439 23360273 23363069 23365313 23366753 23368133 23369393 23370719 23371823 23372273 23373533

23374553 23377433 23378279 23380853 23382413 23383589 23383649 23384099 23385083 23385359 23388419
23389913 23390369 23390429 23391089 23391653 23393603 23397323 23401193 23402573 23406473 23406563
23408153 23409233 23416583 23418179 23420459 23421113 23423129 23423759 23427713 23428673 23428739
23430653 23431433 23432639 23436173 23438489 23439263 23439623 23440589 23440853 23442593 23442833
23443193 23445293 23447933 23452703 23453669 23454023 23455973 23456033 23464019 23464169 23465033
23465213 23469893 23470049 23472959 23475143 23476499 23477033 23477189 23478569 23479409 23484509
23485613 23487329 23492723 23495729 23496563 23500709 23500973 23503853 23506193 23506739 23508113
23509043 23509103 23509313 23510843 23512133 23512829 23513579 23513603 23514503 23520473 23523239
23524439 23531933 23532143 23535779 23537369 23538743 23542763 23546489 23546609 23547809 23549549
23549579 23550563 23551733 23553119 23553329 23557403 23558219 23558459 23560343 23561693 23562503
23562509 23563913 23564273 23568983 23571209 23577959 23578679 23588423 23589749 23589983 23591693
23596973 23598203 23599133 23600663 23604863 23606339 23607323 23609543 23609783 23612663 23618123
23623373 23626469 23631089 23634659 23635949 23636183 23637863 23640203 23641433 23642513 23645729
23646503 23648063 23654093 23655689 23656019 23656553 23657993 23658539 23660333 23663693 23663879
23664209 23664479 23668583 23669339 23669903 23673053 23673659 23675699 23677883 23680913 23683109
23685593 23686319 23687789 23688083 23688503 23688629 23690963 23691623 23691683 23695979 23698859
23702219 23707769 23707913 23708159 23711273 23713043 23713523 23720393 23720633 23722943 23726063
23731853 23739959 23741093 23744603 23745173 23746823 23749793 23753633 23756333 23758079 23758733
23763959 23766563 23767769 23768243 23769929 23771789 23773889 23774189 23775683 23775803 23781239
23781503 23781809 23785763 23786123 23787719 23788949 23790359 23790419 23792003 23795069 23795279
23798303 23799329 23799383 23802689 23804453 23809133 23814449 23817809 23819123 23821379 23822003
23823983 23825513 23825603 23826359 23832779 23833349 23835503 23835809 23836019 23837063 23839223
23840759 23840969 23841269 23841299 23843609 23844179 23845259 23845973 23846219 23846363 23849279
23849879 23850539 23853383 23855339 23856929 23857943 23858903 23861219 23861423 23862599 23863013
23864573 23865899 23868023 23869619 23870789 23876873 23878583 23880683 23881373 23882609 23885993
23886839 23888933 23889713 23892593 23892923 23895593 23903333 23904119 23904203 23904773 23906633
23909549 23911523 23911859 23912033 23915939 23919713 23919893 23922623 23923073 23929289 23930303
23930909 23931923 23935553 23939189 23942843 23947223 23947559 23949479 23949713 23953673 23954699
23956529 23956589 23957429 23963273 23964389 23964779 23966303 23970179 23971583 23972153 23974493
23975459 23977133 23978963 23979023 23979803 23981813 23986433 23987339 23987759 23996939 23998259
24001823 24005183 24006179 24009983 24012953 24020393 24021659 24021743 24022703 24024419 24025229
24026213 24031919 24032303 24035723 24036179 24039803 24040613 24041219 24043853 24043919 24044963
24045629 24046349 24048929 24051623 24053153 24053873 24054743 24055313 24058283 24059033 24060689
24062729 24062999 24063569 24064913 24064973 24065759 24074009 24076109 24078479 24084653 24087593
24087659 24088469 24089699 24091979 24094883 24095453 24095573 24096773 24097439 24102959 24104183
24104753 24104813 24106469 24107939 24112139 24113003 24114533 24119279 24123329 24125243 24127619
24128003 24132599 24133493 24136979 24137213 24140009 24144209 24146333 24146543 24146669 24146813
24147839 24150629 24151103 24151499 24152489 24155633 24156263 24156683 24157499 24160079 24160583
24160589 24161639 24165023 24165689 24169133 24169709 24171863 24172469 24175253 24176969 24179453
24181049 24182519 24187343 24188369 24188459 24191033 24191213 24193553 24194909 24197039 24197609
24198329 24198413 24199919 24199943 24200573 24202043 24202709 24205613 24209753 24211163 24212159
24212873 24214769 24215183 24215489 24218069 24221009 24230039 24230243 24231563 24237029 24240509
24242243 24244529 24244613 24245789 24247343 24248453 24248459 24250283 24250703 24251693 24252383
24252779 24253199 24253643 24253973 24255293 24255323 24256163 24262919 24266513 24266549 24267053
24268463 24268649 24269363 24271343 24272939 24277073 24277163 24277559 24279449 24279719 24280829
24281039 24281303 24281429 24281459 24282059 24288923 24291959 24292673 24293849 24297083 24299543
24299813 24300179 24300863 24302693 24303563 24303683 24308513 24310829 24312059 24314453 24316073
24318713 24319343 24320459 24327029 24328019 24328439 24328553 24329429 24329843 24331949 24332123
24335813 24347579 24348563 24348959 24348983 24350363 24350549 24353453 24358973 24361559 24362633
24362879 24368609 24369269 24369473 24370799 24371219 24371393 24373049 24373073 24373403 24374573
24375623 24376139 24386963 24390263 24390533 24392279 24393923 24396299 24398453 24398513 24399443
24400163 24404153 24404603 24406859 24408809 24408833 24409163 24415613 24415823 24416219 24416663

24416789 24417353 24418679 24420989 24422549 24425339 24432209 24435863 24438209 24440453 24441089
24441173 24442133 24443669 24450659 24453629 24459503 24463319 24463403 24465869 24466373 24466439
24468413 24469733 24471509 24473513 24473903 24474179 24476429 24477473 24477809 24478439 24479363
24483863 24488609 24490649 24490709 24491963 24492599 24493949 24496613 24502853 24504059 24505139
24510653 24511853 24513383 24520319 24525443 24525593 24527813 24529919 24532199 24532223 24537263
24537869 24540053 24540683 24541403 24543059 24543719 24550013 24551069 24551339 24555203 24556319
24556793 24557003 24559289 24561143 24565979 24566543 24569339 24571139 24575423 24575819 24576749
24577313 24578033 24578063 24592103 24594593 24595619 24597593 24597899 24600353 24602453 24603269
24604133 24608879 24610739 24613709 24616199 24619433 24619643 24620243 24628613 24628889 24631319
24641693 24645083 24645773 24646493 24649139 24649679 24654473 24655073 24662723 24665183 24669863
24673199 24674813 24685109 24685679 24688523 24689459 24691319 24693533 24699533 24700463 24701129
24701723 24704243 24705959 24714479 24722843 24727583 24731573 24732359 24733343 24736823 24736973
24737393 24740003 24740069 24740543 24741329 24743969 24744179 24745313 24747683 24753233 24753413
24756509 24756779 24756839 24757853 24761309 24761543 24761603 24763649 24766589 24767273 24769319
24769583 24769649 24771443 24773459 24776183 24777479 24777983 24778079 24779099 24779663 24780293
24783389 24786353 24789059 24789293 24790589 24791243 24793673 24795059 24795839 24796169 24798443
24800459 24803693 24804089 24807389 24808139 24809699 24816989 24822443 24822923 24823973 24826493
24826583 24827909 24831503 24832523 24833093 24833603 24835829 24836369 24837233 24837623 24840509
24840929 24846989 24848039 24848123 24853193 24861059 24866249 24870119 24873773 24874313 24877169
24878729 24883349 24884213 24885083 24886919 24887279 24887903 24888203 24889619 24889919 24891239
24891563 24892229 24893399 24895163 24903839 24908063 24910283 24910433 24911543 24913613 24919313
24919529 24921509 24921899 24924239 24924923 24924929 24925259 24925559 24925889 24928223 24928289
24928853 24931073 24932543 24935363 24936869 24938939 24941369 24941393 24943493 24943673 24943823
24944603 24945533 24945923 24945989 24946073 24947843 24949703 24951263 24952589 24953249 24955169
24957749 24964013 24966443 24968243 24968813 24970139 24970553 24973673 24973919 24977339 24980789
24982649 24982679 24982889 24983363 24985553 24986519 24986723 24990989 24991553 24991619 24992183
24994829 24997859 24998399 24998873 24999389 25001573 25001783 25003109 25009493 25011023 25011719
25012313 25012469 25013693 25016423 25018853 25021973 25023083 25025939 25029143 25029503 25029689
25031819 25033373 25033889 25036073 25037819 25038683 25039379 25040579 25044083 25044293 25045253
25049963 25050353 25054349 25054493 25055819 25058483 25059143 25063799 25063919 25073459 25076423
25077599 25080299 25080383 25082003 25082423 25085069 25086983 25088309 25089353 25093559 25094243
25095803 25096163 25096679 25098323 25099499 25100639 25101053 25101473 25102739 25103219 25106069
25108679 25108943 25113593 25113629 25113719 25116419 25116473 25118963 25119989 25121303 25122239
25122953 25126043 25129469 25131569 25134299 25134509 25140833 25142363 25143539 25144043 25145849
25147163 25148663 25151519 25152293 25152623 25154219 25155233 25156793 25158473 25159313 25162199
25162493 25165379 25165799 25166033 25166903 25175303 25175789 25176323 25178519 25182413 25184723
25187273 25187339 25190003 25190573 25191329 25192913 25194089 25195133 25198583 25199189 25200209
25202543 25204589 25208933 25209689 25210973 25218113 25218449 25222079 25222349 25229279 25233629
25236779 25237763 25239479 25240703 25241483 25243643 25244573 25246883 25247093 25250453 25250579
25251833 25253009 25255553 25256873 25257803 25261679 25264313 25266509 25270499 25272053 25272743
25275623 25276523 25277933 25281149 25281719 25284323 25286903 25290773 25293239 25293809 25295513
25296143 25298153 25298753 25300283 25301603 25302143 25304039 25305173 25305509 25309079 25309799
25315943 25316513 25316849 25321013 25322309 25323533 25325483 25329599 25330073 25336463 25336793
25337033 25340933 25343369 25344989 25346423 25348013 25349183 25353623 25354529 25357589 25359839
25360403 25363493 25367753 25368389 25369973 25370489 25372493 25374593 25375403 25375529 25375709
25375853 25379279 25379993 25381319 25381619 25383383 25386149 25387889 25388663 25393859 25396523
25399169 25401053 25402703 25403783 25403909 25404413 25408193 25408403 25412669 25414619 25415723
25420463 25424183 25424369 25425479 25426763 25430579 25431713 25436759 25438949 25441319 25443059
25444253 25446143 25446623 25446653 25448333 25451753 25453583 25453943 25454969 25455113 25455119
25457639 25458743 25463153 25463453 25463843 25465619 25466009 25475633 25478969 25482563 25484213
25484813 25485419 25486823 25487123 25488269 25488299 25488863 25494383 25494533 25496483 25497113
25497239 25497383 25497893 25499093 25502783 25502993 25504373 25506203 25507049 25509119 25512719

25515779 25517573 25518803 25520063 25520129 25521563 25522313 25526213 25526513 25528049 25528133
25530293 25530569 25531139 25531409 25533023 25533869 25534139 25535369 25537163 25538459 25539653
25540139 25540523 25540733 25540979 25545599 25545983 25546379 25546919 25547003 25547663 25548689
25556213 25556549 25560323 25561253 25563899 25566119 25571813 25572353 25574669 25574903 25576703
25577213 25577549 25578083 25579583 25580063 25580603 25580729 25583573 25588379 25589093 25591799
25593149 25601129 25603943 25604693 25606019 25610153 25610213 25612403 25613333 25613603 25613963
25614779 25614923 25615259 25615949 25619123 25619189 25620509 25620893 25621493 25627649 25640033
25640399 25641683 25645349 25649159 25651343 25653713 25654619 25655489 25658459 25661243 25663073
25669433 25669499 25671263 25673789 25676159 25676243 25677059 25680953 25681499 25681553 25681769
25683629 25685519 25686053 25690079 25693793 25695413 25699109 25700723 25705373 25707653 25709303
25710263 25713599 25714553 25715549 25715639 25716023 25718453 25720769 25720853 25721369 25731053
25731773 25733783 25733993 25736999 25737359 25738733 25741379 25741613 25744583 25745393 25746713
25746989 25751003 25751153 25752983 25753463 25755413 25756859 25759823 25760123 25761353 25765193
25767023 25767653 25767893 25768469 25770323 25771313 25773749 25773893 25774433 25777793 25777943
25778789 25781963 25782209 25782959 25783553 25783799 25784663 25786529 25787033 25789733 25790399
25792583 25792769 25793123 25793843 25795793 25795883 25796189 25798403 25799363 25800839 25803623
25803983 25805729 25806359 25807553 25808339 25809083 25812053 25814699 25821443 25826513 25828613
25831523 25831703 25833443 25836803 25838513 25841633 25843949 25847249 25848419 25848503 25848923
25849793 25850189 25851389 25851893 25852523 25853099 25858103 25859243 25860749 25865453 25868393
25869323 25870049 25872443 25877573 25880639 25883009 25883813 25886093 25888463 25889729 25890569
25895813 25896863 25897073 25897523 25899323 25899509 25900709 25902683 25903079 25904303 25904309
25904993 25906973 25912259 25912433 25913753 25915559 25917179 25918853 25919633 25920269 25922423
25924529 25926809 25927169 25927403 25928033 25931063 25931459 25933139 25933373 25934663 25936049
25939649 25943699 25943843 25944203 25946429 25949513 25950269 25951253 25952093 25960409 25963583
25963733 25964663 25966679 25968419 25970669 25972949 25976243 25976633 25977179 25978289 25981799
25983059 25984163 25985159 25986209 25991789 25993043 25995383 25997243 25998503 25998569 26005769
26006759 26009783 26010233 26011913 26015543 26021549 26022473 26022719 26023919 26024633 26025179
26033099 26036009 26039003 26043863 26046593 26046809 26048453 26052683 26052863 26058869 26059073
26065103 26065499 26066633 26068079 26072633 26075279 26079353 26080583 26081603 26082653 26083433
26083619 26086799 26087219 26088473 26093429 26093729 26094773 26096573 26099999 26101979 26105879
26107079 26109593 26111699 26113463 26114999 26118143 26118203 26118623 26122493 26126279 26126813
26128409 26129429 26129699 26130983 26132063 26132819 26133053 26138939 26139059 26142773 26144159
26148599 26150903 26151959 26153423 26156363 26159069 26159459 26159519 26160143 26161169 26163563
26163899 26165879 26166869 26168069 26170289 26171609 26172389 26173139 26174909 26175533 26175833
26181269 26183819 26189123 26189759 26192069 26192093 26193059 26194319 26200913 26203379 26205863
26206013 26207609 26209439 26211023 26213459 26215643 26216639 26218463 26218739 26218763 26219129
26220119 26222849 26224409 26226209 26227373 26227793 26228633 26229023 26230103 26230163 26232413
26233769 26239553 26241989 26243219 26246729 26250869 26251163 26252069 26252393 26254463 26254829
26254853 26256053 26256539 26257739 26261909 26262629 26262833 26265293 26267009 26269739 26271923
26273783 26274323 26277689 26281529 26281823 26282219 26282849 26285279 26285999 26288693 26289479
26292593 26295683 26295749 26297753 26299523 26301323 26302103 26304263 26304689 26306729 26309609
26311349 26312249 26314103 26318423 26318723 26327729 26327963 26330099 26330729 26333903 26335583
26339513 26341043 26343413 26344589 26345783 26345993 26347049 26347199 26347313 26352323 26352569
26355209 26355503 26358413 26358743 26358809 26359199 26363153 26364389 26366849 26368943 26369069
26370143 26372309 26372393 26374559 26376803 26377919 26379653 26380499 26385179 26386523 26387489
26387843 26390999 26392133 26392169 26396879 26397653 26399129 26402573 26403353 26404013 26404739
26405933 26406563 26409689 26410259 26410283 26411849 26412233 26413589 26423549 26424329 26425799
26436359 26437199 26437553 26438333 26438453 26438729 26439113 26439929 26441153 26448473 26448683
26455469 26456753 26460569 26461973 26465969 26468399 26468933 26475149 26475629 26479763 26480963
26486249 26486879 26487563 26489063 26491169 26491739 26494073 26496479 26497463 26498249 26499569
26500913 26503283 26503913 26505359 26505599 26506583 26511503 26512043 26516459 26519219 26522663
26522759 26524583 26524919 26525783 26527313 26528669 26531513 26532323 26532953 26533499 26535293

26536259 26537573 26537873 26540753 26541269 26544659 26544839 26544929 26553563 26559059 26561663
26563583 26568359 26571533 26571959 26577653 26581409 26581853 26583113 26585063 26586803 26587163
26590379 26590523 26590799 26592353 26593349 26601023 26601233 26602553 26604299 26604563 26606999
26609939 26610509 26612303 26612489 26613833 26614589 26622209 26624333 26627459 26628323 26630783
26632283 26639573 26640689 26642393 26644463 26646149 26648753 26650469 26654483 26656463 26656499
26657243 26657909 26660489 26663639 26680169 26680523 26682263 26684813 26696633 26698433 26699489
26701799 26703959 26707319 26710643 26710949 26711759 26716169 26718473 26721329 26725019 26731493
26732873 26732903 26733149 26733263 26735393 26735573 26735699 26738009 26740253 26740463 26742869
26744309 26744429 26745809 26746823 26748863 26752793 26755829 26755913 26760353 26761439 26763263
26765213 26765363 26769503 26774459 26775719 26778599 26778623 26780399 26780783 26782169 26782733
26786873 26790119 26790383 26791673 26792039 26796239 26799203 26800673 26802203 26802449 26802959
26803193 26807069 26807849 26808143 26808959 26814173 26816483 26816819 26818763 26819729 26820593
26821919 26823053 26825069 26825219 26826353 26826389 26831093 26831663 26832353 26832803 26836583
26836679 26837873 26839283 26840273 26841239 26841383 26842229 26842979 26843549 26850359 26853929
26854253 26856629 26857409 26858003 26859803 26861123 26861339 26861693 26861729 26862389 26864273
26866319 26868503 26870243 26870513 26872409 26874119 26874899 26877173 26878619 26882969 26883359
26883509 26884733 26885489 26887499 26890169 26891369 26891939 26897609 26897813 26898353 26898923
26899133 26901323 26902229 26903549 26903603 26906933 26907929 26909423 26910833 26914733 26915363
26916689 26917139 26920073 26920583 26921393 26927129 26928593 26929769 26929823 26930213 26931479
26931809 26933603 26933633 26937593 26938559 26938889 26939723 26940653 26941559 26941823 26942159
26942423 26942963 26946329 26947733 26948039 26948063 26948429 26952083 26952329 26958383 26958713
26960789 26961569 26966123 26967443 26967599 26968223 26970683 26975873 26975939 26976359 26978543
26979383 26979539 26981249 26981393 26982233 26984549 26984939 26985659 26985929 26988233 26991689
26992313 26995649 26996369 26997863 26999369 27000299 27000563 27004349 27007133 27008123 27011489
27017129 27018653 27020303 27024293 27027503 27028103 27029339 27033449 27034523 27035609 27037739
27039209 27039599 27044393 27046529 27046559 27048293 27051593 27052583 27052643 27054179 27055433
27056093 27056219 27059003 27059573 27060023 27060749 27062309 27064253 27064343 27065849 27067823
27074189 27074513 27077423 27079103 27079973 27080159 27080843 27080849 27082043 27082949 27089099
27091409 27091439 27091943 27092333 27095363 27097883 27098069 27098843 27099563 27102473 27102899
27103019 27104333 27104873 27105509 27109079 27111083 27116993 27118109 27118919 27122993 27123023
27123779 27124403 27125459 27126419 27130469 27131969 27132179 27132593 27134279 27137783 27140363
27146429 27150653 27150923 27152633 27152693 27153083 27153653 27153839 27155393 27155549 27155633
27155993 27156359 27158303 27159833 27160103 27160673 27161243 27164933 27168419 27168923 27170639
27172493 27172583 27173519 27177803 27178589 27185423 27185573 27185579 27186353 27187973 27190283
27191579 27197699 27198173 27198953 27201029 27202943 27204473 27205439 27205649 27208739 27213083
27213239 27213773 27214613 27215423 27215873 27217793 27220013 27220163 27223649 27224189 27225179
27225563 27227093 27229409 27229523 27230009 27231293 27234689 27234869 27236399 27238499 27243329
27247823 27248363 27255419 27257963 27260699 27265643 27269849 27271253 27271649 27273359 27276479
27278579 27281003 27281993 27283799 27284363 27287723 27292313 27293033 27294083 27295589 27295679
27295739 27297269 27299693 27302573 27304793 27305909 27306749 27309473 27311153 27311363 27324359
27327563 27328523 27329699 27329873 27334889 27335123 27335219 27336233 27337883 27338183 27338483
27338879 27339269 27340133 27340193 27341339 27342923 27345089 27346799 27346859 27348179 27351413
27352469 27354143 27356429 27358889 27364049 27364223 27365753 27368573 27369773 27373529 27374549
27379283 27380459 27384953 27385139 27386669 27387329 27391289 27392303 27392663 27393923 27395213
27398153 27401009 27401519 27403193 27405509 27407543 27410573 27411809 27413423 27416789 27420539
27428699 27432533 27433013 27434003 27435179 27435839 27438353 27439019 27439193 27440279 27441209
27441653 27442769 27442799 27443813 27445079 27446333 27450719 27453683 27455843 27456713 27459083
27465563 27466613 27469499 27471299 27471443 27472853 27474593 27475109 27475169 27475583 27478163
27485873 27489179 27491963 27493289 27495599 27496589 27499019 27499733 27501269 27503123 27503219
27503303 27505799 27508049 27510293 27512063 27512483 27514433 27516179 27516953 27522893 27523109
27525419 27525863 27526979 27529889 27536213 27536849 27536969 27538919 27542453 27547763 27548519
27550283 27551213 27554699 27554903 27555893 27556253 27557633 27558263 27559079 27559379 27560579

27560633 27561329 27561959 27562313 27562583 27562883 27563999 27572813 27576119 27579353 27581759
27583733 27587309 27587723 27587909 27589343 27589823 27590429 27595289 27595643 27596969 27600119
27601103 27601109 27604589 27606863 27609143 27612653 27615779 27623489 27625583 27626639 27628883
27631469 27631589 27634973 27636113 27638129 27639593 27641129 27641879 27642383 27644759 27646133
27648623 27650489 27651119 27651803 27654239 27656273 27658679 27658979 27660233 27662573 27665063
27667859 27673829 27675383 27675629 27677399 27679049 27683723 27684929 27685799 27689969 27691973
27692573 27693563 27693623 27693929 27694559 27694889 27696173 27696293 27697619 27699863 27701909
27702089 27702803 27703619 27705389 27707189 27708119 27711083 27712409 27712739 27712973 27715283
27715469 27720263 27724019 27724253 27724799 27726173 27726773 27734489 27737483 27738383 27738929
27740519 27740789 27741359 27744863 27745433 27745769 27746573 27747059 27748769 27750923 27752453
27756353 27760049 27760433 27764123 27765929 27769103 27770999 27771239 27772133 27775439 27776783
27776813 27777443 27779753 27786359 27792503 27794309 27794909 27795539 27796469 27797153 27797603
27798989 27799259 27802433 27804869 27805859 27805889 27807833 27809189 27809363 27810389 27811139
27813053 27815699 27815759 27815789 27816053 27818513 27819509 27821609 27821693 27822953 27823949
27825173 27827693 27827879 27828533 27832589 27832643 27833363 27833483 27839783 27840569 27841949
27844343 27845969 27851969 27854159 27854639 27857369 27857783 27858839 27859259 27859553 27859883
27861173 27861803 27863873 27864059 27864719 27870569 27873029 27877709 27878429 27878843 27880109
27881033 27881753 27882539 27882713 27882749 27886643 27886739 27888929 27891119 27897143 27897713
27898463 27901073 27902603 27905093 27907343 27909659 27911393 27911573 27912743 27913043 27914669
27916379 27919583 27919613 27922883 27923453 27924779 27927239 27927953 27929333 27931199 27933959
27938243 27938909 27944093 27946109 27946823 27947669 27947999 27948533 27949973 27959843 27963389
27963959 27964103 27967169 27968729 27976859 27983639 27984059 27984569 27986873 27989609 27991553
27997199 27998423 27999899 28000019 28000733 28003529 28003823 28009199 28013423 28013963 28019279
28021313 28021529 28021943 28022339 28023923 28028723 28028879 28029173 28030199 28033283 28035809
28037099 28043849 28046873 28047083 28048073 28051553 28053293 28059683 28063103 28063109 28064219
28065809 28066613 28068983 28069493 28073399 28074863 28080023 28080473 28083329 28084079 28084319
28086893 28091279 28093463 28097123 28097159 28097213 28098683 28099343 28101719 28101803 28102229
28105559 28106129 28106789 28107113 28107353 28108313 28108319 28109363 28112393 28113119 28115099
28116233 28117493 28117913 28121129 28122323 28130813 28131179 28134479 28137563 28138769 28140089
28140383 28141439 28144043 28144943 28146593 28148513 28154993 28155593 28161599 28161863 28166153
28166783 28166993 28167239 28167383 28167833 28168919 28169243 28170953 28171553 28173053 28176119
28176839 28178963 28181099 28181453 28183163 28185803 28188509 28190579 28192403 28193453 28194473
28194773 28196249 28198763 28202189 28205783 28206389 28206449 28208489 28210163 28210733 28212269
28214369 28216229 28217729 28220123 28222223 28222613 28223603 28226843 28226909 28229249 28230473
28232513 28233113 28238999 28242653 28245779 28249379 28251389 28255163 28258493 28259459 28262639
28265843 28267493 28269803 28272203 28277153 28277429 28281689 28290233 28290659 28290833 28296029
28297943 28298909 28299443 28300043 28300313 28301813 28302479 28302899 28303109 28303493 28304219
28305443 28307249 28307453 28307633 28308083 28309679 28312079 28312313 28318883 28319639 28323203
28324553 28324883 28325579 28326713 28327889 28328123 28328843 28330019 28330409 28331249 28331819
28332539 28334753 28337849 28338659 28341233 28342283 28343099 28346459 28350233 28353233 28355843
28357733 28357883 28361213 28361849 28364723 28366763 28367093 28368479 28370213 28371839 28372979
28373003 28373693 28374569 28375349 28377389 28379993 28380113 28380659 28382699 28383059 28386569
28386629 28393259 28396019 28396289 28396733 28400093 28404353 28405523 28405913 28411529 28412129
28413449 28420649 28421213 28422293 28422683 28424453 28425179 28425209 28426049 28427783 28428929
28429463 28429469 28430663 28435859 28437263 28441013 28441403 28442993 28446443 28446683 28448279
28448603 28449233 28449989 28450223 28454819 28456619 28457993 28458533 28460693 28460849 28461539
28462223 28464833 28466699 28471133 28471979 28472159 28472303 28475393 28476653 28480493 28481489
28481993 28482929 28487159 28488233 28489733 28491569 28494293 28497263 28500029 28503053 28503119
28505969 28510439 28511603 28512353 28513559 28514039 28514099 28515269 28518779 28520363 28521569
28521683 28523639 28527209 28531829 28536113 28537529 28542263 28542809 28544843 28545119 28545749
28546169 28546709 28547273 28548479 28548809 28550909 28556483 28556603 28560209 28564103 28564313
28566119 28568399 28569413 28569923 28570649 28576109 28576343 28576403 28581929 28584623 28586543

28589213 28592813 28593293 28598159 28599479 28604993 28605053 28607339 28609439 28609709 28618559
28619609 28621793 28622813 28625879 28625969 28626443 28627493 28628219 28631129 28632293 28633109
28633679 28636169 28640663 28641989 28643273 28643369 28646099 28646333 28652363 28654133 28656779
28657439 28658939 28659749 28660199 28661579 28662113 28662173 28665449 28666409 28667459 28668023
28672109 28672229 28673009 28674419 28677833 28678109 28679639 28682123 28687523 28687979 28688123
28690979 28691633 28693139 28693823 28694999 28696253 28697183 28697219 28698083 28699343 28705223
28705373 28706543 28707089 28708913 28713089 28713599 28714403 28717109 28717499 28721669 28723559
28723823 28725029 28725149 28727189 28727459 28727813 28729973 28731569 28732559 28732673 28734059
28734119 28737113 28739003 28741253 28741733 28742243 28743233 28744823 28746143 28749263 28754129
28757699 28757873 28761599 28764959 28771373 28771439 28776329 28778219 28778693 28779203 28779323
28780733 28781723 28781849 28784033 28784999 28785749 28785899 28785929 28788143 28793489 28793879
28797479 28801523 28805093 28807703 28809359 28813313 28815233 28817573 28827983 28829249 28829459
28834313 28841723 28843229 28846403 28849349 28849829 28849883 28854509 28857623 28860323 28860389
28860983 28861853 28862783 28863749 28865519 28866809 28867253 28869173 28869983 28870493 28871753
28873319 28877363 28878683 28878749 28878989 28880963 28881269 28881383 28882943 28883903 28884473
28886789 28889573 28889879 28891493 28893989 28895159 28896173 28899179 28899263 28899749 28903223
28905059 28906529 28907663 28908683 28909739 28909973 28912193 28913123 28914113 28914863 28915583
28922093 28923413 28923803 28929119 28929209 28929833 28930463 28930823 28932023 28934513 28936073
28940063 28940309 28940399 28940573 28941833 28948109 28948163 28949309 28954559 28954823 28957403
28957823 28958873 28959929 28960643 28961039 28962383 28964423 28970339 28971263 28972253 28973519
28973699 28977059 28977233 28978223 28978283 28978913 28981499 28983893 28985783 28986053 28987373
28992713 28995119 28996949 29004149 29006333 29008169 29008379 29013623 29014103 29014313 29014889
29019863 29019929 29021249 29023433 29026169 29031263 29032169 29035703 29036939 29038283 29040983
29042483 29045063 29045963 29046533 29047253 29049539 29051849 29053319 29054813 29055413 29058569
29060963 29061503 29067113 29067443 29070089 29073563 29076293 29076959 29077883 29084309 29086709
29087549 29088749 29090783 29091533 29092109 29093573 29094353 29094479 29096663 29101613 29102669
29105519 29108279 29112119 29113943 29117969 29124863 29125769 29130473 29133353 29134643 29135069
29137739 29138513 29140253 29140829 29141993 29143223 29144513 29146889 29149859 29154563 29155733
29157059 29158049 29162519 29167349 29170703 29170919 29172179 29172389 29173643 29176253 29176883
29177909 29179043 29185763 29185853 29188853 29193803 29196143 29196263 29198423 29199953 29200163
29200943 29202539 29204993 29209913 29217113 29217533 29218769 29220029 29223479 29227889 29229743
29232743 29235779 29237063 29237573 29240483 29240873 29241269 29242259 29244899 29246153 29246699
29247173 29249669 29250593 29251979 29256263 29256833 29258843 29261933 29263193 29269379 29269703
29271659 29272829 29279909 29280659 29281853 29282063 29282549 29284793 29284949 29285369 29286629
29287229 29289503 29290403 29291039 29291219 29296853 29298359 29300153 29300423 29302739 29304059
29304959 29309909 29309993 29315183 29315789 29317889 29319809 29321003 29321093 29321459 29322599
29323043 29327009 29334479 29336309 29340599 29342903 29343449 29344109 29345423 29346923 29350883
29352833 29353193 29354519 29354789 29358383 29359079 29360423 29361809 29364773 29364983 29365019
29366279 29369339 29372669 29372873 29374469 29376653 29377349 29380493 29383589 29385203 29385773
29388539 29391023 29399483 29400053 29402963 29403389 29405819 29408063 29415653 29420393 29421779
29422829 29423063 29428499 29428643 29429129 29429843 29430773 29431673 29436353 29437049 29437613
29439953 29440199 29441969 29442503 29443313 29443709 29444543 29444819 29445023 29447909 29451809
29452889 29459543 29462423 29462633 29463419 29465543 29465753 29465759 29471243 29473133 29474723
29474873 29475599 29478083 29482163 29485763 29486183 29486213 29487869 29488253 29488499 29490833
29491433 29495783 29497673 29501639 29502593 29503079 29503613 29503949 29505533 29507279 29508893
29509019 29515439 29515793 29515883 29516183 29518949 29519519 29520503 29521073 29521493 29531423
29532869 29535113 29536553 29536889 29537663 29539193 29539619 29543693 29544089 29545853 29546243
29547383 29549423 29549483 29550113 29553389 29554649 29556623 29556833 29559143 29562503 29562959
29564753 29565089 29565593 29568923 29570039 29571719 29575613 29577833 29578673 29578859 29582699
29585009 29588129 29588963 29589383 29591099 29591123 29593859 29597063 29602829 29605319 29607983
29609249 29613179 29621489 29622023 29622563 29623493 29628173 29632049 29632133 29633249 29638079
29638673 29638799 29642363 29642369 29643569 29645513 29645813 29646713 29652449 29654363 29655683

```
29655869 29657213 29661083 29664203 29664599 29664989 29666789 29667509 29667719 29670863 29672999
29676239 29676929 29677283 29678723 29682743 29683169 29688833 29689433 29690189 29690813 29693039
29695973 29697329 29697593 29698703 29699573 29701163 29702243 29705909 29706389 29706569 29709143
29710283 29710559 29710913 29711789 29713163 29715863 29719913 29724269 29726369 29727839 29728553
29729033 29729153 29730803 29733989 29734559 29734823 29735369 29736593 29737619 29740523 29741513
29742203 29743919 29746043 29749019 29750999 29755343 29757389 29758433 29766713 29767649 29767883
29773379 29776139 29777339 29781623 29782163 29783339 29785043 29785109 29789783 29793779 29795459
29795873 29800943 29801333 29801573 29806433 29809133 29811263 29815139 29816333 29816873 29816879
29817503 29819123 29824703 29825129 29825513 29825693 29828609 29829053 29834639 29835419 29835479
29837243 29838773 29841629 29841923 29845793 29846819 29854403 29856329 29857043 29858123 29869613
29870993 29872109 29872763 29874209 29877203 29878169 29878223 29878883 29879873 29883863 29884163
29886749 29889089 29893109 29893379 29894129 29896073 29898293 29899433 29901923 29904923 29905493
29909903 29912819 29917133 29917703 29920613 29920823 29924039 29926499 29931749 29939909 29944793
29947793 29948879 29955983 29966273 29967803 29970653 29971349 29974253 29974883 29975219 29975909
29976449 29977463 29981663 29985023 29986133 29986163 29986823 29987129 29988923 29992619 29993549
29995523 29997419 29998439 29999069 29999699 30000683 30001253 30001739 30005243 30005309 30009803
30010553 30013499 30016793 30016799 30019079 30021059 30022169 30022259 30022703 30026459 30035669
30037439 30038033 30038429 30039293 30040229 30043703 30045209 30046469 30051083 30054023 30054863
30055253 30055703 30058349 30058373 30059489 30060809 30061079 30062243 30062453 30062639 30062789
30063419 30063959 30064019 30064739 30065699 30067553 30073343 30078479 30078749 30080153 30080339
30082259 30082859 30084413 30085703 30085889 30086729 30087353 30087779 30087929 30090899 30095333
30097439 30099623 30101303 30105863 30106943 30109493 30110609 30111869 30113669 30116153 30117029
30117233 30118463 30125999 30126059 30128099 30130643 30131603 30132359 30134603 30135383 30139799
30141803 30144293 30145289 30145883 30146069 30147473 30149033 30152123 30153059 30159599 30159953
30160073 30165623 30166943 30168959 30169259 30171269 30171569 30172319 30173063 30174383 30178943
30181583 30182723 30186323 30187739 30187919 30190613 30193703 30196013 30199343 30199553 30200003
30202019 30203609 30206783 30207179 30208319 30210473 30212999 30213143 30213413 30213803 30214529
30214589 30216113 30218693 30222383 30223439 30223559 30224723 30227243 30228899 30232259 30232673
30232883 30234713 30236243 30236903 30239609 30241493 30241979 30246509 30247163 30254663 30255773
30256619 30259403 30259613 30259769 30260393 30261089 30263483 30265379 30267833 30267899 30268019
30269429 30269933 30270029 30272603 30272663 30274319 30278399 30281123 30283013 30284543 30285929
30286463 30289403 30291953 30292523 30294053 30295229 30297269 30300503 30302873 30303599 30305069
30306863 30307499 30308303 30309353 30313733 30314573 30316493 30316613 30318143 30319433 30319673
30321779 30324929 30325259 30325853 30332993 30336203 30337133 30338783 30340319 30342113 30344213
30344789 30344819 30345389 30349103 30350483 30353513 30360293 30360959 30361703 30361823 30362243
30362669 30367373 30368183 30368573 30372509 30373433 30374429 30374489 30376529 30376733 30377519
30379703 30382199 30384323 30384443 30385703 30389609 30395933 30396953 30398639 30400109 30401153
30401639 30402293 30403799 30406553 30408149 30409469 30410123 30413633 30415289 30417113 30420809
30424133 30427223 30428309 30430553 30432569 30433523 30433709 30434273 30435299 30435869 30437219
30441419 30442943 30443093 30444653 30447029 30448403 30448703 30453413 30454673 30455063 30456323
30456683 30456983 30457079 30459419 30461309 30461369 30466049 30467543 30469013 30469139 30472289
30479549 30481859 30482423 30483053 30489659 30492053 30493283 30493343 30493583 30496673 30497723
30501539 30504599 30508823 30509579 30510803 30511373 30513953 30515063 30518069 30519113 30519299
30521279 30521303 30522059 30523439 30531653 30534233 30534629 30535733 30536189 30536399 30540539
30541943 30542819 30544823 30545843 30548429 30553079 30554939 30554999 30557099 30560639 30561143
30563453 30565973 30571529 30573149 30573839 30579473 30579509 30580799 30581273 30581933 30584369
30584579 30585389 30586823 30587279 30588293 30596369 30596399 30597323 30601223 30602153 30602573
30606143 30606293 30607883 30610043 30611513 30616919 30616973 30620483 30622523 30631259 30631313
30635903 30636653 30637583 30638243 30641213 30647723 30647873 30650579 30651359 30652109 30652229
30652733 30657629 30657923 30658679 30663173 30663323 30663719 30663779 30664943 30667739 30670259
30671843 30672419 30674753 30675143 30675269 30675713 30680609 30683519 30684383 30685073 30685559
30687743 30689363 30691649 30692873 30693263 30695579 30699533 30701393 30702593 30702653 30703103
```

30704423 30704963 30705743 30706883 30706919 30707129 30708449 30709109 30715133 30719963 30720143
30724679 30725339 30726653 30729899 30732629 30734999 30735713 30736553 30737543 30738509 30738689
30739469 30741803 30744359 30744713 30745289 30746543 30746669 30749363 30749639 30749819 30750053
30751613 30752399 30753083 30753293 30755633 30755663 30758033 30758333 30764243 30765233 30771413
30772013 30772433 30774923 30775733 30777419 30779033 30780989 30781343 30783299 30787583 30792059
30792683 30793313 30794903 30795983 30798419 30798569 30806393 30806843 30808163 30809699 30809843
30809969 30817613 30818303 30820259 30820733 30823223 30824939 30825653 30827873 30829163 30829553
30832253 30834269 30834833 30836219 30838823 30842033 30844283 30846479 30848099 30849239 30851063
30851759 30852329 30853583 30853799 30857933 30858473 30859943 30860213 30864833 30865223 30865403
30867653 30879119 30879323 30885293 30887669 30888659 30894719 30895289 30898529 30899399 30900323
30901709 30903833 30905783 30907169 30908723 30917429 30918623 30923933 30924059 30926333 30926453
30934133 30934199 30936029 30936203 30936623 30937409 30939509 30942113 30942419 30943469 30945353
30945773 30945779 30945809 30946913 30947699 30948149 30951533 30954893 30955703 30956699 30958883
30963143 30963659 30968813 30974369 30977729 30978869 30980843 30984029 30985343 30985793 30986243
30986759 30987023 30988319 30992639 30995483 30996263 30996629 30998843 30999863 31002473 31002773
31005743 31005869 31006763 31009883 31009943 31010093 31013849 31014563 31015499 31015643 31015889
31021883 31024979 31025213 31026029 31028093 31031309 31033193 31034183 31035083 31036553 31037159
31038113 31038809 31045643 31050203 31051733 31053623 31054613 31054739 31061183 31062149 31064543
31066823 31067243 31070003 31072823 31073183 31073573 31075703 31077659 31078403 31081019 31081679
31084673 31085363 31088279 31088933 31095959 31099433 31100039 31101929 31102013 31103549 31110203
31112759 31118033 31120049 31120079 31120709 31121309 31121729 31122023 31122863 31123139 31123649
31124843 31125443 31127879 31129529 31130609 31130993 31133033 31136153 31138073 31138799 31140509
31141823 31142003 31144913 31145063 31145129 31146053 31146239 31150943 31151129 31153079 31153883
31154603 31156949 31158173 31158863 31162073 31165133 31166549 31168859 31171043 31172573 31172903
31173749 31176923 31179359 31179749 31180739 31184459 31184669 31190669 31191449 31192709 31197539
31199429 31204373 31206083 31207769 31208213 31208939 31209803 31210139 31212113 31212899 31213673
31215293 31216793 31219313 31221563 31223663 31224293 31225643 31232483 31234733 31244309 31244723
31244819 31247399 31247873 31249139 31250783 31252289 31252583 31253333 31256579 31261883 31262513
31264829 31265543 31266803 31269863 31270313 31274423 31275329 31275449 31276919 31277303 31277663
31279049 31279373 31280033 31284509 31286033 31286243 31286309 31286429 31290953 31292273 31294199
31294649 31297373 31297853 31298693 31299179 31299899 31301579 31303589 31308839 31313993 31315463
31315913 31316069 31316843 31317089 31317659 31323833 31323923 31331843 31332533 31340849 31343423
31346873 31348769 31351409 31351433 31354079 31356323 31357493 31357583 31357829 31363049 31365623
31367393 31368413 31368509 31372949 31373549 31376363 31377023 31377413 31379819 31386209 31388183
31388333 31389773 31392083 31392359 31396199 31396439 31396649 31396853 31398149 31398863 31405343
31408649 31409459 31410413 31416383 31416659 31420223 31420409 31421963 31422203 31424513 31425083
31430453 31431269 31432169 31432829 31433933 31438223 31443053 31444643 31446983 31447133 31448303
31450313 31455293 31457843 31460339 31460549 31462439 31465289 31466873 31467083 31467503 31468529
31469423 31469579 31469849 31472123 31472813 31473779 31476383 31477289 31477553 31480373 31482833
31483433 31483493 31484543 31490363 31490633 31491563 31494119 31496819 31499183 31500383 31500659
31501313 31502363 31505459 31506119 31508159 31511423 31511933 31512059 31516973 31518869 31518953
31519049 31520393 31523279 31524533 31528313 31536293 31542083 31542419 31543079 31546709 31548953
31550339 31553183 31553369 31554569 31556813 31556939 31558529 31558619 31559849 31560239 31561199
31561373 31562213 31563953 31564853 31566389 31567859 31570499 31572713 31574639 31579139 31579739
31582409 31583663 31587239 31590269 31592453 31592843 31593983 31594373 31596209 31600823 31601099
31602803 31605263 31605419 31606049 31608779 31608959 31611473 31611539 31611719 31612733 31613243
31614839 31615763 31618049 31618133 31618199 31620299 31621043 31621259 31621949 31622579 31628699
31629029 31629893 31630289 31632179 31633859 31635473 31637069 31638599 31643693 31646399 31646603
31650539 31652849 31653053 31654319 31656203 31668743 31668893 31669103 31672733 31675379 31675643
31676399 31676789 31677263 31677473 31677479 31684739 31686029 31686983 31688543 31689809 31689923
31690583 31690913 31691273 31692203 31694573 31695929 31696793 31697663 31700723 31701833 31703099
31703933 31704539 31705409 31709549 31711139 31716593 31717709 31718969 31719893 31723859 31726193

```
31726973 31728353 31728773 31728863 31729193 31734749 31739189 31740029 31741043 31743329 31744283
31747949 31749689 31749989 31750193 31750343 31750553 31751039 31758383 31760243 31760873 31762469
31765043 31767089 31768043 31771139 31772183 31772789 31775993 31776149 31777943 31780439 31781069
31782623 31783313 31784069 31785863 31786949 31787153 31788203 31788353 31791143 31791983 31794473
31794863 31796183 31797113 31801499 31804463 31805993 31806563 31808219 31808813 31810283 31810739
31812953 31816793 31819943 31820669 31821659 31821929 31824599 31825463 31825523 31826939 31829069
31830143 31833839 31835123 31835813 31838063 31838489 31843589 31845293 31845329 31848359 31850939
31851593 31851983 31852433 31852703 31853249 31854533 31856879 31860509 31861103 31861523 31865849
31868393 31871513 31874273 31874369 31874663 31875689 31875743 31881203 31881413 31883213 31883573
31885643 31885883 31886219 31890899 31894409 31902179 31905323 31907723 31912319 31912613 31913279
31914149 31914959 31914989 31917563 31917689 31919903 31921133 31922573 31923323 31923929 31924583
31924859 31927739 31928549 31929143 31930973 31933619 31933943 31937063 31938089 31939403 31940333
31940963 31944359 31945943 31946423 31947593 31951613 31951919 31952153 31956779 31960559 31966199
31966433 31970723 31971239 31971479 31971743 31972103 31973603 31973939 31975049 31975253 31976579
31981073 31981223 31982789 31984643 31985969 31989773 31992683 31993679 31994999 31996403 31998143
31998749 32004383 32004653 32007263 32009459 32012213 32014133 32014529 32017829 32018873 32020589
32023553 32024543 32025419 32029163 32029229 32030153 32031563 32033003 32034479 32034713 32036003
32037683 32039159 32039873 32040149 32041133 32043839 32045369 32049533 32049863 32053289 32053583
32054969 32057969 32058503 32059259 32059523 32060849 32061773 32066399 32069129 32072273 32072669
32073329 32073473 32073803 32074193 32076119 32077373 32078639 32081789 32084249 32084543 32086133
32091599 32093219 32093723 32095403 32099393 32099813 32100923 32103719 32104679 32108579 32111483
32113199 32116163 32119463 32119679 32120513 32120843 32120909 32128319 32137883 32139623 32139713
32140793 32141393 32145629 32146853 32148293 32148659 32149913 32152073 32156753 32158019 32158463
32162423 32164109 32171393 32171543 32173649 32175623 32178593 32178959 32179289 32179709 32180903
32181293 32183639 32183933 32185253 32186243 32189453 32190269 32191853 32193389 32194469 32198753
32201003 32206319 32207459 32212409 32213999 32214263 32215223 32222849 32224343 32224739 32225579
32226209 32227109 32227313 32228363 32228519 32229629 32229839 32230619 32231669 32233403 32235089
32236889 32237759 32240723 32243213 32245949 32247653 32251073 32257103 32263403 32263613 32266259
32267303 32271209 32272073 32273459 32274659 32277359 32278709 32283029 32283893 32284403 32286113
32291663 32292779 32293379 32293763 32296109 32297423 32299733 32301029 32304053 32305313 32305349
32309603 32310059 32311589 32312459 32313383 32313929 32314049 32315879 32320049 32323079 32324423
32327453 32330279 32332049 32335409 32337989 32342543 32346173 32346959 32348609 32351339 32355959
32359163 32362793 32362859 32364803 32364929 32367749 32371019 32374913 32380919 32382869 32384123
32385893 32386703 32388299 32389229 32391773 32393519 32400323 32401619 32401703 32403809 32403953
32404979 32405069 32406719 32408153 32411453 32413613 32417153 32418233 32418713 32418803 32419553
32422613 32425199 32427359 32429993 32430413 32435999 32440673 32441093 32443223 32444213 32446913
32451179 32451533 32454533 32456069 32458109 32458799 32463059 32463869 32464193 32464583 32468213
32468339 32469653 32470703 32471723 32472179 32473379 32473739 32475269 32475953 32482283 32483123
32483579 32483723 32484323 32485049 32490539 32494373 32495093 32495549 32496179 32498129 32499683
32500703 32501363 32501939 32502653 32503199 32505023 32505293 32505569 32507633 32515673 32515793
32520893 32522753 32523143 32525303 32526113 32526353 32526569 32527793 32528609 32530079 32532893
32534219 32534993 32535323 32537903 32539973 32541293 32547023 32549249 32552813 32554883 32557253
32557463 32558093 32560169 32561279 32565983 32568143 32571299 32571713 32572313 32572679 32574959
32576129 32577833 32579489 32587133 32588513 32592029 32592803 32593469 32596013 32597069 32597459
32599499 32600423 32605763 32606429 32608013 32609249 32609393 32611289 32611433 32615939 32620799
32621213 32622179 32624489 32627333 32630729 32637119 32637659 32644019 32645699 32649173 32649593
32653613 32655209 32657549 32659409 32659673 32660339 32661533 32662079 32666213 32668409 32670089
32670749 32674709 32675843 32676863 32679683 32680289 32682263 32682833 32683649 32685743 32686193
32688653 32689109 32690219 32693519 32696453 32699669 32699753 32699963 32702333 32705429 32706029
32706749 32706893 32708873 32713823 32717309 32718083 32725349 32727743 32728259 32729993 32731493
32731733 32733359 32738003 32738663 32741183 32742929 32743229 32744279 32744909 32745239 32748773
32749949 32750909 32753249 32755799 32756813 32757779 32758493 32759789 32761199 32761973 32767643
```

32770553 32771939 32772143 32772293 32773343 32774789 32775059 32775293 32776193 32776853 32779583
32780183 32781863 32781869 32782133 32787743 32788523 32790869 32791553 32795993 32799803 32800643
32802359 32805743 32810243 32815589 32816813 32825423 32827733 32829113 32829893 32830103 32832623
32833403 32833733 32836049 32836253 32836829 32837543 32838209 32838989 32843339 32843669 32845229
32846543 32847263 32850869 32851853 32854793 32855969 32857679 32863553 32866283 32869493 32869649
32876423 32879009 32890499 32890619 32891123 32891333 32891849 32896403 32896679 32897729 32900459
32901773 32902763 32907533 32908943 32910203 32910989 32916209 32916839 32921123 32921513 32923343
32925059 32928443 32928509 32937683 32938319 32942813 32943023 32943089 32944883 32945603 32945903
32945999 32949953 32950223 32952113 32955833 32961809 32963279 32969243 32980193 32981099 32983283
32983949 32984489 32989499 32990189 32994653 32996129 32998319 33006383 33008639 33010793 33011183
33012593 33013709 33014543 33016493 33016859 33020633 33027629 33029063 33031373 33034013 33035549
33035633 33039239 33044573 33044993 33045983 33051509 33052583 33052763 33053249 33053459 33055343
33055859 33057533 33059003 33059063 33061169 33062273 33063479 33069719 33072839 33077069 33078443
33081539 33081809 33082193 33083783 33086093 33088109 33089873 33090443 33091913 33092849 33097469
33097703 33098333 33100313 33102353 33103223 33104189 33104789 33105263 33107363 33107573 33107759
33109733 33110453 33110879 33113579 33115403 33123533 33125633 33126959 33129143 33130589 33134903
33135143 33136013 33137603 33139973 33140339 33140819 33142913 33147839 33149093 33150083 33150203
33150209 33150443 33155723 33159179 33159293 33161939 33162149 33162599 33163463 33165833 33167279
33168203 33169529 33171569 33173513 33175589 33176873 33178703 33180893 33183863 33184169 33184589
33185063 33185123 33185129 33185489 33188153 33188279 33188399 33190193 33194723 33197513 33197669
33198629 33201953 33205313 33205979 33207539 33211499 33213599 33213893 33217403 33221333 33221693
33222863 33227339 33230369 33231983 33233663 33237959 33238109 33238253 33240563 33243233 33243869
33246299 33248153 33249113 33249659 33251639 33251693 33254933 33257849 33258773 33259043 33259073
33261149 33261743 33264659 33266633 33267323 33268619 33276203 33283559 33284753 33287123 33293033
33294743 33297683 33298493 33303593 33306263 33308129 33308783 33310493 33310559 33312353 33313019
33316463 33319679 33320519 33321023 33321083 33321803 33321863 33324443 33327659 33332003 33337253
33338489 33340889 33341783 33343853 33344219 33345023 33345359 33347399 33350573 33351743 33354719
33355403 33357563 33365333 33370373 33371759 33372539 33372803 33373349 33375773 33378179 33378809
33379919 33381839 33386219 33387023 33388469 33389159 33394793 33404513 33405299 33406193 33406673
33407273 33415439 33418823 33420329 33421763 33422183 33422513 33424403 33429323 33431603 33433199
33437279 33439883 33440483 33441053 33445589 33445943 33446663 33452333 33453869 33460019 33461513
33461639 33461903 33468593 33470999 33473549 33474383 33474803 33475523 33475709 33477239 33477599
33478013 33478169 33479279 33481499 33482903 33487313 33488729 33491333 33491543 33493613 33495653
33496343 33496643 33499013 33505883 33510203 33511013 33511613 33511889 33520043 33521783 33523499
33527603 33529313 33531653 33536939 33537233 33537683 33538523 33538649 33538913 33543773 33543929
33546269 33548303 33549773 33552209 33552269 33553049 33553769 33558053 33562229 33563609 33566609
33568289 33573833 33576563 33582023 33582383 33584003 33584093 33585263 33588449 33589343 33589403
33592283 33592379 33594059 33597923 33599339 33601649 33603263 33603539 33607169 33610163 33614489
33615119 33620003 33620579 33622139 33622313 33623153 33625313 33625463 33625769 33628169 33628433
33628823 33629339 33630659 33631583 33631673 33635813 33637613 33639113 33641633 33641693 33642599
33646103 33647249 33648089 33649949 33650993 33651659 33662033 33662483 33665213 33666173 33667253
33667493 33668879 33670193 33671003 33672473 33672833 33673883 33674873 33676619 33677123 33681449
33682823 33683393 33683873 33685703 33685919 33687119 33689009 33689759 33690029 33690389 33692783
33693119 33694553 33697133 33697619 33699383 33699629 33700259 33702503 33704459 33705839 33706553
33708533 33709289 33710543 33710933 33711113 33712979 33713759 33713903 33714209 33716939 33717263
33719513 33721619 33722333 33723023 33724133 33726323 33727229 33727943 33729659 33731123 33732449
33738563 33741173 33741269 33742619 33747449 33751073 33751379 33751463 33751643 33753689 33754403
33755093 33756539 33758303 33758849 33760673 33763259 33763403 33764963 33767603 33769019 33772313
33775229 33775613 33777539 33780293 33781763 33783413 33783749 33783773 33786509 33788549 33788753
33790079 33790649 33791363 33792299 33795323 33795329 33796673 33801623 33802883 33805133 33809063
33809423 33810503 33811559 33814229 33814373 33815339 33817319 33817793 33818699 33823739 33824783
33824963 33825959 33830123 33830213 33830789 33834569 33836063 33837773 33839633 33841529 33842489

33846359 33846563 33847349 33854003 33858953 33860273 33860279 33860423 33860759 33861539 33862193
33864563 33867089 33867803 33870839 33873869 33874553 33875333 33878219 33879029 33882539 33883103
33883253 33883673 33884033 33886943 33887369 33888623 33889403 33890033 33890453 33891023 33891059
33892559 33892913 33894089 33894929 33899483 33902969 33903563 33903659 33904289 33905309 33912299
33913493 33917423 33922019 33922859 33923573 33925289 33926303 33927539 33932579 33933689 33935309
33936533 33937853 33939173 33939359 33941213 33941489 33941669 33944153 33944633 33946043 33948119
33948683 33950573 33957719 33958493 33960263 33962963 33962993 33964253 33966893 33967553 33967949
33968843 33969233 33970439 33970463 33974663 33974723 33974753 33977123 33977249 33978209 33978443
33980273 33982139 33983819 33986759 33988079 33989003 33990689 33991319 33993419 33994193 33995603
34000979 34004909 34006079 34006289 34008269 34010759 34019333 34019879 34020743 34023029 34026329
34030313 34031843 34046273 34050179 34054679 34059353 34062053 34063493 34063973 34066559 34071083
34073489 34073843 34074263 34074773 34077083 34077149 34078823 34079009 34089623 34091093 34091363
34091663 34092263 34093289 34094603 34096229 34103243 34106183 34106279 34107119 34110413 34111949
34112213 34114049 34116353 34119023 34119353 34119929 34120529 34123013 34123163 34124483 34125293
34125863 34127189 34127339 34130423 34132229 34135319 34138529 34147859 34148099 34151003 34152809
34154849 34157423 34158959 34159943 34167803 34168103 34168769 34170089 34173173 34173203 34173983
34174583 34176119 34176293 34176479 34180103 34180799 34184669 34185143 34185713 34185953 34187333
34187903 34192013 34194323 34196489 34199909 34201313 34203083 34205273 34207889 34210433 34210733
34211549 34212989 34221359 34221419 34221959 34222313 34222973 34223369 34223573 34225049 34226453
34226639 34229873 34231943 34235639 34236509 34236809 34237349 34237433 34239449 34239773 34242443
34245149 34246913 34252013 34254443 34254833 34257299 34267949 34270559 34271333 34271339 34273103
34273163 34273523 34279853 34283009 34284389 34284473 34286363 34287293 34292003 34295753 34298399
34300589 34304423 34305503 34307753 34311773 34314419 34315283 34315973 34324379 34326989 34329413
34330343 34332869 34333853 34343033 34345919 34348739 34350923 34351913 34352183 34353383 34354349
34357283 34357679 34362959 34367153 34367873 34368839 34369229 34369949 34370939 34371149 34373093
34373819 34379633 34380323 34381439 34381799 34382093 34382693 34384019 34385063 34385453 34385933
34386113 34386119 34386179 34386389 34388699 34388759 34389893 34390859 34391243 34399439 34400543
34401023 34403153 34405649 34407683 34412699 34413443 34415399 34416929 34417013 34419323 34420703
34421669 34422533 34423379 34426163 34427153 34428083 34428869 34430639 34430969 34432133 34436063
34436123 34437653 34440299 34447613 34450673 34456349 34456913 34457639 34461809 34462559 34463249
34463543 34468799 34471109 34471499 34474553 34475729 34476353 34476593 34477643 34478459 34481663
34484189 34485989 34495199 34495619 34496279 34497773 34501409 34505249 34505753 34508339 34514813
34514933 34516193 34516439 34516679 34518119 34518353 34518713 34519223 34519769 34522079 34527359
34527659 34528463 34532213 34534469 34534553 34537913 34540673 34541063 34542143 34543913 34545443
34545449 34551689 34552883 34557179 34557989 34559933 34561979 34569173 34574789 34574933 34578503
34580369 34580723 34581419 34581713 34582739 34591499 34597859 34598033 34600829 34601543 34601849
34602383 34602653 34602779 34602983 34604039 34607123 34613993 34620923 34621913 34622069 34622543
34622669 34623689 34623923 34626173 34627163 34630373 34632803 34633829 34639343 34639763 34640939
34642463 34644443 34644899 34646273 34646693 34648349 34650593 34651553 34652573 34654733 34656833
34659479 34661279 34664813 34672223 34673543 34678883 34679093 34679633 34683989 34685639 34687049
34688999 34689059 34690619 34694279 34698899 34700843 34702823 34702859 34706723 34706813 34708133
34712693 34713089 34714709 34715129 34715273 34717829 34721723 34723373 34725233 34725413 34727453
34728383 34729133 34729949 34730513 34735559 34736909 34737299 34738043 34738163 34739213 34739333
34739753 34741103 34741439 34742243 34743773 34744373 34748849 34751039 34753079 34753409 34753553
34756913 34760123 34760993 34761929 34762463 34763243 34765103 34768229 34769699 34770803 34776359
34778339 34780463 34782029 34783169 34785389 34786469 34786733 34786793 34787579 34790543 34791539
34791989 34792193 34793513 34795763 34798553 34798943 34801379 34801859 34803089 34804883 34810493
34811369 34811459 34811879 34812293 34813319 34816553 34816709 34817669 34818743 34819283 34824269
34826279 34826513 34829219 34830233 34832783 34833173 34833713 34834769 34835393 34836773 34836803
34837409 34838273 34839743 34841903 34842623 34842683 34843409 34849253 34852283 34852589 34853309
34858613 34860593 34862759 34863473 34864919 34866803 34869623 34869833 34870109 34870949 34871663
34871939 34873259 34874459 34877033 34879283 34879613 34882439 34885223 34889489 34890029 34892519

34894103 34897799 34899863 34902953 34907063 34910489 34910933 34913453 34913759 34916753 34918223
34920113 34923359 34923953 34926299 34928249 34933973 34936043 34942049 34942109 34944029 34945439
34945679 34946843 34949879 34950809 34951313 34952273 34953599 34954943 34971869 34973909 34974689
34974809 34975313 34977359 34979309 34979909 34982099 34983479 34988903 34992329 34995413 34995479
34997219 34998653 34999109 34999469 34999649 35003393 35003879 35005409 35008019 35011793 35014163
35014433 35015273 35018279 35018999 35023463 35024189 35024813 35027813 35028809 35030393 35030459
35040563 35049659 35050133 35051123 35052443 35053649 35053709 35054963 35057219 35060813 35062679
35063519 35063543 35064833 35067143 35067239 35067449 35070383 35075153 35077643 35080949 35082563
35082629 35084669 35086763 35088689 35090183 35093843 35093939 35095019 35095349 35096753 35097479
35100413 35103353 35103389 35103539 35107619 35109089 35110013 35112173 35112509 35114153 35120153
35122889 35124053 35129519 35131319 35132459 35135519 35137499 35137673 35141213 35142353 35144303
35147873 35154659 35154893 35162489 35162999 35165453 35165759 35167133 35169989 35171849 35172503
35173403 35174813 35175323 35176853 35179883 35180699 35184833 35185049 35187329 35188649 35189579
35189879 35192879 35197733 35198363 35200073 35200433 35201069 35209409 35210729 35210789 35211779
35212349 35212949 35223119 35226773 35228129 35228153 35228813 35233199 35233349 35233433 35235593
35238653 35240333 35240363 35241803 35241809 35243639 35244959 35247923 35248649 35249969 35250269
35250623 35252513 35252933 35253083 35254949 35255873 35255903 35260493 35261393 35263799 35265173
35268143 35271083 35271833 35272313 35277629 35278049 35278433 35278739 35282519 35282969 35283029
35288849 35292863 35293883 35295203 35295569 35296379 35296589 35300393 35301209 35302649 35304719
35305643 35306333 35312243 35314463 35315873 35315909 35318369 35321603 35324123 35327093 35328389
35329169 35330423 35337983 35340593 35342189 35342843 35342903 35342999 35344103 35349059 35350253
35352833 35353229 35353793 35356859 35357429 35359469 35359823 35361503 35365163 35366693 35367653
35367929 35370623 35371229 35373293 35374043 35375429 35375993 35375999 35377103 35377763 35378573
35379293 35382239 35385359 35386079 35387783 35391143 35393213 35396579 35397683 35403059 35405819
35406383 35406659 35407979 35408693 35408969 35409173 35409509 35410709 35415899 35416613 35418419
35419679 35421983 35422193 35424443 35426063 35426123 35426663 35434673 35435189 35435903 35438723
35438993 35441069 35443049 35445563 35446133 35448953 35450483 35454719 35457419 35457899 35460839
35462489 35464673 35467079 35468243 35474513 35476823 35477243 35478959 35479793 35481629 35483159
35484833 35489819 35489873 35491919 35492609 35495513 35496143 35496173 35496743 35498093 35498933
35499083 35502983 35503679 35503703 35505923 35506379 35506739 35507123 35512409 35515043 35515283
35520263 35521523 35525999 35526503 35528789 35530283 35532323 35532599 35533313 35534069 35537009
35537213 35538053 35538719 35539403 35540783 35540909 35540969 35542973 35544143 35551163 35552333
35554553 35556179 35558909 35567573 35573729 35574683 35576153 35578643 35580173 35583293 35583563
35584733 35586053 35586443 35588513 35591819 35592083 35593703 35595809 35595893 35596289 35597339
35598809 35601029 35601623 35603003 35603033 35603303 35604659 35606033 35607023 35607233 35608019
35609369 35610023 35612123 35614679 35619323 35621693 35622143 35623103 35623733 35625119 35628683
35632043 35635283 35635739 35636129 35636759 35637923 35643983 35647253 35647763 35648363 35650523
35651783 35652989 35654639 35655233 35656433 35657189 35664749 35666759 35667953 35668889 35671439
35673353 35673419 35674349 35674949 35675039 35675753 35675873 35675963 35678183 35680763 35681549
35683019 35684009 35684279 35685323 35686793 35687303 35688749 35690423 35691983 35692049 35692523
35693453 35693579 35695403 35696939 35697149 35700233 35700839 35703203 35705513 35707643 35708303
35709269 35709623 35714183 35714933 35715143 35716463 35717333 35719199 35722343 35723123 35729723
35730473 35730599 35733443 35735393 35738393 35738399 35738903 35742029 35743853 35748029 35749319
35754683 35758979 35761949 35763209 35763743 35765063 35767373 35769053 35771513 35772053 35773103
35773229 35775989 35783339 35790983 35795549 35796263 35796989 35797829 35799563 35803199 35803349
35803529 35805953 35806679 35808203 35809859 35809883 35810543 35812019 35813363 35818859 35819513
35819753 35822093 35822513 35825903 35829179 35836523 35837579 35838353 35840069 35840333 35840933
35843399 35849309 35853089 35853683 35854499 35855549 35861489 35862839 35866403 35866973 35867159
35870333 35871893 35872979 35873639 35874563 35874623 35875589 35875949 35875979 35877983 35879339
35879969 35883203 35883539 35885753 35887823 35891783 35894609 35899889 35900603 35904839 35912693
35913263 35913599 35925119 35926043 35926829 35928983 35930183 35934623 35936783 35937173 35937953
35938223 35938313 35938979 35939693 35939933 35941583 35943053 35943569 35948723 35950949 35952893

```
35953829 35955929 35956073 35958113 35963579 35964119 35965283 35965889 35967623 35970299 35970719
35971829 35972549 35973389 35975129 35977379 35977919 35979413 35979689 35981999 35982239 35982263
35983763 35983859 35984219 35984759 35984873 35985233 35987123 35987459 35988083 35988149 35989379
35991353 35991569 35994383 35994869 36003893 36006233 36006959 36008333 36009059 36009443 36010613
36011273 36012023 36014393 36017363 36017573 36019103 36020483 36021203 36023063 36024413 36024563
36024689 36025079 36025733 36027143 36028859 36031223 36032603 36034703 36038363 36041303 36043379
36044483 36047933 36048059 36048839 36051503 36051623 36052463 36053273 36057809 36060779 36062633
36064499 36066479 36070973 36076973 36080279 36081653 36082703 36084683 36092159 36092429 36092813
36094469 36096089 36099683 36102173 36103913 36104093 36104213 36105689 36107273 36110339 36112619
36112889 36113183 36118343 36120599 36123239 36124499 36125123 36126059 36129083 36130673 36131003
36131759 36138803 36139013 36142523 36142829 36143543 36143573 36143699 36146993 36149453 36150623
36150869 36151799 36157013 36157409 36157559 36160643 36163229 36170429 36171923 36172463 36174959
36175493 36179579 36180923 36181163 36183863 36184679 36191009 36192059 36192263 36192839 36193583
36194129 36195563 36197093 36199469 36199853 36200243 36202709 36204089 36208379 36209093 36209363
36212903 36213263 36216143 36222209 36224759 36227573 36235379 36237473 36238019 36240833 36241193
36244139 36244853 36245333 36246449 36248423 36249953 36250289 36251129 36253253 36254243 36254849
36256943 36257813 36274769 36279389 36279773 36280463 36281369 36282749 36284513 36285719 36287963
36288359 36294179 36296933 36297029 36298793 36300059 36301439 36301703 36303209 36304013 36304949
36307709 36308033 36310913 36310979 36312383 36312443 36313859 36317549 36319373 36320969 36322739
36324719 36325043 36325409 36327653 36328013 36329003 36329693 36339623 36341549 36342329 36344543
36344939 36345173 36345509 36347219 36350183 36352163 36356783 36357263 36358643 36360503 36366593
36367823 36368753 36369653 36370979 36372839 36376199 36379229 36385529 36386123 36390989 36391739
36394049 36394703 36395669 36405203 36406943 36409199 36409259 36415349 36415469 36416069 36416879
36417599 36418253 36420809 36422033 36422153 36425069 36425513 36426419 36427169 36428663 36430679
36431639 36434273 36436343 36436649 36437903 36439913 36442253 36443003 36443513 36446159 36446849
36447083 36447143 36448103 36452099 36454343 36455999 36457259 36464789 36466229 36468563 36469613
36470183 36470309 36474593 36479489 36487889 36491519 36492383 36493553 36495533 36496049 36498509
36499349 36501359 36506909 36509729 36517703 36517889 36518903 36520283 36521783 36522023 36523733
36524003 36528143 36534209 36534689 36535253 36536039 36536303 36536579 36537953 36538163 36543893
36547139 36550763 36556673 36557753 36558953 36564119 36565349 36569573 36570923 36572183 36573809
36574649 36575639 36575879 36576929 36579239 36579899 36580163 36581453 36582083 36583973 36584843
36586289 36587693 36588263 36588809 36589643 36593003 36593633 36601919 36602603 36603953 36606683
36608129 36610589 36611213 36615083 36615119 36617033 36619073 36620189 36620693 36621479 36622529
36623819 36629669 36629699 36639293 36639329 36640133 36642533 36645029 36650303 36655403 36656033
36656423 36658493 36659663 36660989 36662369 36662453 36662579 36662603 36665159 36671489 36673739
36674273 36674639 36679589 36685349 36685763 36686003 36689249 36689489 36693593 36697763 36698429
36699473 36706823 36707453 36707483 36707579 36708629 36709433 36709889 36721073 36723503 36723959
36724799 36725333 36731969 36733793 36735173 36738893 36741923 36742883 36743963 36744419 36745223
36754043 36756413 36758789 36761129 36761453 36765269 36765563 36766973 36768233 36771803 36772013
36773063 36773279 36773459 36775883 36776429 36778169 36778739 36778853 36779153 36781133 36782099
36784859 36788369 36795389 36796013 36796379 36797363 36797543 36804329 36804893 36808883 36809609
36809939 36810443 36811163 36813923 36814073 36815699 36817409 36817493 36817619 36821489 36822419
36825413 36825623 36828983 36829703 36830099 36834719 36838523 36839189 36841823 36842489 36842549
36845999 36847169 36847493 36847829 36849419 36850403 36850673 36853913 36856619 36857039 36860129
36860669 36863153 36863903 36877133 36879113 36880583 36881363 36882893 36885113 36885599 36888959
36889409 36893429 36893693 36895643 36896963 36898079 36899963 36901493 36903473 36905279 36906659
36906839 36914483 36921749 36922703 36923093 36926969 36927563 36927899 36930059 36930629 36931469
36931553 36934763 36937613 36939593 36939839 36945119 36946229 36948713 36951389 36953183 36953723
36954689 36955409 36955973 36959333 36959339 36960359 36960923 36962693 36964463 36964523 36965189
36965339 36966893 36966929 36967043 36967583 36969083 36970859 36971279 36971309 36972269 36972989
36973379 36975479 36975509 36979703 36983213 36986123 36991343 36994103 36995333 36995639 36995813
36996269 36997073 36997529 36999503 36999899 37004459 37007549 37012103 37014629 37017923 37019303
```

37020953 37023683 37024439 37026443 37029599 37029809 37030193 37032269 37034639 37034873 37039043
37040483 37042553 37044863 37046183 37048493 37049879 37052693 37054019 37056713 37058069 37058993
37060343 37061669 37063709 37068533 37068683 37071473 37073279 37077329 37079249 37080083 37085963
37088879 37091693 37092173 37092689 37093373 37094819 37096469 37098389 37098863 37102283 37104449
37109003 37109543 37110323 37110383 37113749 37114463 37116203 37117373 37118093 37119479 37127333
37127423 37128209 37128599 37129679 37130909 37131359 37132493 37133513 37136189 37136903 37149509
37149653 37150733 37152653 37158419 37158683 37159103 37160369 37163279 37163519 37164059 37166243
37166543 37167803 37168223 37168583 37168823 37171559 37171859 37173533 37175123 37175273 37175483
37175933 37178153 37178633 37180133 37181933 37183169 37184039 37185059 37185839 37190129 37190249
37190453 37190759 37190903 37194149 37196213 37199999 37202183 37207853 37210139 37210163 37212053
37212629 37212869 37213679 37217993 37225973 37226099 37228319 37228679 37231709 37238573 37239539
37240433 37240793 37243109 37246619 37247069 37248773 37253873 37254683 37254863 37257593 37259879
37260323 37261193 37264583 37265873 37266149 37267679 37268249 37272113 37272359 37273403 37273529
37275809 37275989 37281383 37283093 37284683 37284983 37285883 37300019 37300079 37300799 37303223
37303373 37309463 37309973 37310909 37312109 37314323 37316633 37319993 37320149 37321373 37324223
37325219 37327313 37328003 37329863 37332479 37332803 37333553 37333883 37339349 37345109 37347683
37348313 37349393 37349453 37349579 37352933 37355183 37356383 37356659 37358963 37360943 37361183
37363043 37363439 37366013 37372733 37372823 37372883 37374989 37375133 37375829 37377023 37378109
37381583 37384709 37386593 37389113 37391339 37392149 37392263 37393913 37394393 37394639 37395569
37397903 37402919 37403783 37404599 37405883 37406189 37408139 37408643 37412783 37413539 37414259
37416233 37417169 37419353 37421129 37427993 37429523 37432463 37433723 37436153 37436543 37439849
37442243 37442843 37444349 37445273 37446443 37451423 37453739 37453919 37453973 37455923 37457279
37457813 37461173 37466939 37468169 37468829 37471433 37478093 37479479 37481399 37481459 37481519
37484033 37484819 37487273 37488593 37493069 37495229 37496219 37496423 37497683 37497749 37502369
37505543 37506803 37509833 37510043 37511399 37516733 37517423 37517489 37520303 37520393 37520999
37521359 37523093 37531619 37532843 37533053 37535909 37538933 37539479 37540229 37542293 37544393
37545659 37545803 37547309 37547333 37550333 37550993 37551653 37553339 37554353 37555079 37555163
37556423 37561913 37562489 37563203 37569533 37570103 37575449 37576739 37578269 37579193 37579583
37580243 37582229 37588613 37589399 37590209 37591679 37593329 37594439 37596089 37597739 37599323
37599533 37607189 37608143 37609769 37609829 37614389 37615433 37616303 37618649 37620689 37622993
37624133 37629209 37630889 37631549 37634813 37637063 37638539 37639103 37640429 37641473 37643279
37647149 37647413 37648049 37650653 37650659 37651109 37651259 37652453 37653389 37662899 37664339
37666913 37669613 37669673 37671659 37673423 37674743 37676399 37683473 37687619 37687883 37691903
37692443 37695293 37698233 37698533 37698569 37699253 37700969 37703873 37704899 37705103 37707809
37708409 37711073 37712903 37717919 37717943 37718123 37718519 37720019 37720283 37721009 37722749
37724369 37725833 37728893 37732553 37734293 37735193 37737839 37740809 37741373 37741559 37742879
37743479 37744103 37746503 37749863 37749983 37752419 37752443 37752623 37754429 37755803 37762013
37763123 37764299 37767533 37775219 37776449 37777319 37778423 37779149 37781363 37781489 37781669
37785179 37786439 37787069 37789259 37792043 37792049 37792229 37792679 37794539 37796273 37797863
37800029 37800599 37802129 37802189 37803803 37804859 37804913 37808063 37810379 37811789 37812419
37815143 37816379 37816799 37819493 37819763 37822259 37824593 37825559 37826879 37828253 37828733
37829153 37830893 37831259 37831379 37831523 37833563 37835513 37835519 37837253 37839449 37840349
37841123 37845569 37846559 37849943 37855613 37855739 37860029 37868009 37869059 37870463 37872539
37872629 37876199 37876673 37880789 37885499 37886759 37896653 37896959 37897049 37904903 37905113
37905293 37906469 37906763 37908593 37909673 37909979 37914263 37914599 37915259 37917023 37917329
37918019 37919729 37920329 37924283 37925423 37925969 37928333 37929959 37932473 37933403 37937153
37937219 37938473 37939103 37944953 37945373 37948373 37948523 37950779 37952543 37953893 37954313
37954733 37957253 37958159 37958369 37960733 37960943 37962839 37963199 37966853 37967393 37974329
37974983 37975979 37978709 37979813 37980413 37981439 37981523 37983623 37983629 37987793 37988309
37991939 37992893 37994639 37997153 38000663 38003519 38004149 38005613 38005739 38008913 38011139
38015639 38016623 38017943 38018483 38018693 38020733 38024963 38026253 38029553 38033189 38033813
38033843 38034263 38035139 38036189 38039609 38040683 38040839 38042033 38043353 38046689 38047193

```
38047973 38052233 38052359 38053079 38053313 38055323 38056493 38058749 38059979 38060843 38063423
38066393 38067719 38069903 38070713 38072453 38072813 38072999 38075633 38077313 38079449 38083313
38085653 38091569 38092949 38094779 38094989 38095289 38095553 38096423 38098019 38098943 38099423
38103623 38104373 38105453 38107913 38110769 38115443 38115659 38115953 38118413 38119313 38120573
38120909 38121449 38121773 38123159 38123573 38125289 38129309 38133743 38134403 38135813 38135963
38136359 38137679 38140169 38141723 38143433 38146679 38151419 38151989 38152643 38154269 38154359
38154773 38163893 38165819 38180459 38181239 38182103 38183753 38185253 38187263 38190563 38190989
38191229 38191253 38193839 38195093 38195873 38198129 38198579 38202173 38203493 38208029 38209943
38211389 38214593 38215553 38223329 38225003 38225153 38225189 38226323 38227853 38228213 38231159
38231213 38235629 38240729 38241809 38242553 38243099 38244593 38244749 38245853 38247113 38255309
38255489 38258543 38259113 38261633 38262953 38264129 38264783 38265719 38266649 38268179 38269883
38270003 38270273 38279723 38284019 38284079 38285333 38286659 38286893 38291219 38291723 38293889
38295359 38298863 38299133 38300579 38300849 38303393 38307959 38312933 38315213 38316329 38319719
38322419 38322863 38323739 38323979 38324789 38330069 38331383 38333783 38334773 38337353 38339993
38340959 38341679 38343029 38343689 38348633 38355749 38355899 38356523 38357519 38357783 38357909
38359859 38366963 38367893 38369783 38370593 38372693 38375699 38378393 38383199 38384273 38385173
38385449 38386499 38386553 38388149 38390609 38391263 38391803 38391833 38391893 38391959 38392493
38392793 38393093 38393213 38397923 38398319 38399453 38403143 38409419 38411339 38411963 38414633
38415743 38417999 38420579 38424713 38425463 38428289 38428343 38429543 38429999 38432483 38433749
38434043 38435333 38436809 38440763 38440823 38441339 38441393 38444729 38446013 38449409 38449949
38451323 38458163 38459639 38461733 38462579 38463209 38464799 38465753 38466749 38467349 38468933
38473289 38474483 38477333 38480159 38480609 38482469 38484713 38488403 38489519 38491373 38493803
38494829 38495549 38496239 38498753 38502389 38504033 38509253 38511569 38512583 38512889 38517659
38518853 38519489 38520803 38520899 38523449 38525573 38527673 38528603 38530169 38533223 38534399
38536409 38536973 38537693 38538743 38548049 38553953 38554193 38555519 38555999 38556803 38558843
38559743 38560079 38563313 38566169 38566949 38567933 38568083 38568923 38572049 38573753 38574083
38581013 38583449 38584349 38585273 38586143 38586833 38587673 38588663 38588843 38591939 38594813
38596973 38598113 38602769 38602829 38607203 38610989 38611829 38618549 38628053 38633219 38639543
38644433 38646953 38649623 38650763 38658803 38661869 38664053 38666213 38666363 38671103 38671439
38672663 38673413 38674043 38674703 38674973 38677319 38677349 38680073 38683499 38683979 38684213
38686463 38688833 38691203 38693849 38695529 38696303 38696393 38703293 38704229 38705273 38706683
38709029 38709383 38711993 38714003 38714843 38718479 38719253 38721863 38722499 38726489 38729189
38729963 38730959 38731769 38740109 38740913 38746793 38746979 38749019 38749283 38751749 38753579
38754263 38754269 38754893 38756099 38756573 38761433 38764373 38766863 38770223 38770643 38773139
38774693 38774969 38777009 38779073 38783369 38785073 38789213 38791223 38792753 38795303 38795639
38799773 38802719 38803889 38804399 38807399 38810489 38812913 38814773 38817269 38817599 38817659
38818739 38824139 38826083 38826839 38827973 38828249 38828759 38830163 38831129 38833079 38842019
38842253 38845673 38846789 38849543 38852189 38852459 38852969 38856413 38858093 38858789 38860049
38861183 38863109 38864729 38864789 38864939 38866703 38867243 38868029 38869433 38874089 38875043
38875229 38875673 38876273 38877539 38878919 38881169 38883959 38886509 38887529 38888513 38888819
38890133 38894969 38897363 38900129 38905343 38907419 38907623 38907833 38911139 38913383 38915039
38918723 38920529 38921903 38922473 38922479 38922629 38927123 38928509 38928899 38931449 38937389
38942633 38943743 38944973 38948243 38948939 38949149 38949353 38953223 38953703 38955239 38961353
38961959 38966699 38966849 38968073 38968283 38969993 38970803 38973509 38974739 38976293 38976719
38985059 38986973 38993459 39002153 39003803 39005513 39006923 39007499 39008033 39008309 39012269
39012359 39013493 39015083 39015563 39016013 39017123 39020183 39021533 39022499 39024383 39024773
39025823 39026129 39028763 39030353 39031403 39033023 39034679 39034763 39035543 39036149 39037919
39045113 39045689 39045983 39046439 39049403 39052133 39052463 39054569 39055259 39058769 39059249
39061619 39064643 39064799 39069209 39070613 39072983 39073109 39075983 39078113 39079823 39079853
39079913 39080939 39082523 39084053 39084203 39085229 39087089 39087953 39094613 39095453 39100709
39103943 39105953 39106289 39107963 39108683 39108929 39109793 39113309 39114479 39116579 39117899
39121949 39122543 39122939 39124073 39128123 39128759 39128879 39129383 39131663 39131693 39133883
```

```
39138713 39140903 39142349 39142919 39143519 39145433 39145649 39146363 39146603 39149069 39151559
39157259 39159383 39159563 39166013 39171959 39173009 39180923 39184109 39185819 39186839 39189119
39189593 39198389 39198623 39198983 39199553 39203369 39206729 39207293 39210833 39213623 39213809
39214823 39216329 39217103 39222653 39223973 39225209 39227273 39229049 39230783 39234749 39236699
39242513 39243653 39248939 39251279 39259799 39260009 39260729 39262043 39262649 39263249 39265613
39266219 39266303 39267023 39269003 39270293 39270299 39271163 39271409 39274883 39277193 39278303
39279473 39281009 39281153 39282989 39284699 39285833 39287669 39290813 39292373 39292859 39294119
39295853 39296513 39301313 39302303 39302999 39304253 39305639 39310319 39311843 39311903 39313133
39314519 39320069 39321599 39321809 39327269 39331559 39335969 39337013 39339143 39341273 39342659
39343289 39344759 39346529 39347723 39352199 39356903 39357833 39358619 39359759 39359783 39360473
39361799 39368669 39371873 39372953 39375389 39378263 39380909 39382709 39388763 39389429 39395753
39396683 39397733 39399449 39402113 39405323 39406649 39407999 39408389 39411923 39412883 39413333
39415223 39417233 39418013 39421253 39422429 39422489 39422783 39424769 39427469 39428099 39428633
39428639 39432539 39434249 39441719 39442583 39444599 39445673 39451673 39452453 39457793 39459443
39463439 39463643 39464753 39465683 39470339 39472133 39474293 39474593 39475823 39478823 39480173
39484103 39484199 39485213 39487403 39488369 39488639 39490163 39491219 39491789 39494249 39499013
39500003 39503969 39504893 39507833 39510953 39512939 39516443 39518189 39520109 39524393 39529313
39530489 39531539 39532049 39532373 39533783 39533969 39535889 39536699 39537863 39537923 39538979
39539333 39540233 39540899 39541373 39543593 39547643 39549509 39550883 39551819 39552059 39552209
39552323 39553049 39558203 39559319 39561113 39563609 39563789 39564719 39566393 39567239 39567683
39568913 39574523 39574709 39578393 39581813 39581939 39584453 39585989 39587153 39587969 39589079
39591599 39592373 39592919 39597293 39598073 39600713 39600923 39602399 39602873 39603983 39605399
39608213 39612383 39612803 39613373 39614849 39615773 39616163 39617423 39619763 39620783 39622553
39624083 39628409 39628469 39632123 39634943 39634979 39636683 39637709 39641639 39641939 39642233
39643223 39644243 39644639 39645239 39645509 39646109 39651329 39652703 39659579 39660359 39667493
39668039 39668543 39669209 39669743 39671609 39675749 39678869 39679313 39684503 39684773 39685073
39685853 39687023 39689063 39689399 39692129 39697523 39698513 39699503 39699839 39700313 39700949
39701303 39702629 39705833 39707933 39711053 39712163 39712199 39713489 39716753 39716909 39717869
39725369 39726833 39730199 39731693 39731903 39736253 39738059 39740819 39741413 39744443 39745319
39745913 39747293 39747689 39748679 39751433 39751979 39752099 39753209 39753893 39755399 39758039
39759683 39759689 39760223 39760499 39764429 39768623 39771779 39774029 39777863 39778499 39780743
39780893 39781103 39785909 39789419 39792569 39793283 39793469 39799163 39799619 39803303 39803663
39804839 39804893 39808949 39810143 39811043 39812159 39812303 39813509 39815123 39816113 39817709
39818249 39818459 39818693 39823739 39824093 39824159 39825563 39825749 39827213 39828473 39830363
39832769 39836603 39837533 39838583 39843599 39844793 39852563 39854813 39855449 39855659 39855839
39856853 39862409 39864119 39866219 39866243 39868019 39868613 39871493 39872039 39873863 39880469
39882809 39884573 39887489 39887663 39887999 39891023 39891413 39892763 39892823 39895463 39896309
39897029 39900863 39901583 39901679 39902543 39904373 39907529 39909449 39911243 39912023 39913409
39913859 39914159 39916703 39917483 39918293 39919073 39924413 39925829 39927053 39928799 39930833
39930983 39931163 39934949 39937283 39937433 39938033 39939173 39939233 39940559 39942713 39942839
39944819 39951143 39951869 39953939 39955733 39955973 39959459 39962969 39963179 39963299 39965993
39967223 39968063 39973889 39975119 39981503 39982499 39983423 39989093 39989399 39989723 39990719
39993419 39995639 39996899 39999803 40000349 40002689 40004483 40008593 40010543 40012733 40013093
40014743 40015049 40017119 40018703 40020119 40023569 40024373 40027283 40030043 40030433 40031279
40040393 40041269 40042043 40044293 40044629 40051883 40054673 40055453 40055789 40059143 40059473
40061123 40073993 40077413 40078943 40079933 40081259 40081493 40082513 40085273 40086443 40088903
40092449 40093019 40093793 40094459 40095593 40098353 40098659 40100633 40101653 40102553 40102619
40108643 40113179 40113263 40114199 40114649 40114853 40117799 40118999 40119389 40120319 40124963
40129913 40130813 40131029 40135709 40135769 40141169 40142513 40142549 40145249 40146269 40149029
40149353 40150823 40151519 40154333 40154903 40156013 40157063 40159583 40162679 40163423 40164989
40165379 40167983 40168319 40171679 40172939 40173209 40180499 40182113 40187573 40194683 40195829
40200773 40210169 40210409 40212593 40213373 40214033 40215113 40215173 40216289 40216409 40217609
```

40217783 40218779 40218989 40220783 40221743 40222709 40223303 40226729 40228109 40231343 40231589
40238843 40242509 40243193 40244723 40254029 40254629 40255049 40255703 40255823 40260113 40262153
40264589 40265003 40265999 40267163 40267709 40268603 40268873 40272653 40272863 40278449 40280189
40281893 40284773 40286663 40289003 40289369 40292249 40298273 40298339 40301549 40306919 40308839
40311443 40312313 40312529 40312829 40318079 40320569 40322333 40326959 40328999 40329323 40330313
40330379 40333253 40333913 40341023 40341893 40342259 40348109 40348823 40349069 40349819 40355723
40356539 40357403 40358243 40359029 40359653 40361813 40362923 40364039 40364633 40366853 40369559
40370723 40374773 40375193 40376933 40381199 40382789 40384763 40386743 40389389 40391723 40391999
40392353 40394153 40394933 40395269 40397459 40399979 40404863 40406573 40408139 40408289 40411313
40411919 40413869 40414943 40422653 40423133 40423529 40424123 40424633 40425263 40426409 40430543
40431383 40433219 40435883 40436069 40437989 40438589 40438949 40442183 40442273 40442873 40453103
40453349 40454759 40459823 40460039 40462379 40463303 40464059 40465583 40465973 40466879 40473113
40475849 40478489 40479773 40481099 40483073 40483259 40486643 40486949 40491179 40492643 40492883
40493333 40493699 40496273 40498583 40499639 40500209 40501679 40503509 40503803 40505249 40506143
40506239 40507409 40509173 40510163 40512239 40513799 40523069 40524623 40524899 40527029 40529039
40530569 40531619 40534883 40535279 40537589 40538159 40539689 40540949 40543889 40545143 40546673
40547399 40548089 40549433 40552283 40554263 40554929 40555019 40555583 40557683 40557983 40560743
40565099 40574249 40575173 40577219 40580159 40585019 40586219 40590059 40593023 40593809 40594913
40595189 40596509 40598963 40599239 40599659 40600799 40601579 40602329 40603529 40604573 40604783
40605893 40606229 40608209 40608929 40609253 40612829 40613819 40614083 40614443 40614719 40617509
40619669 40624019 40624439 40625309 40625633 40626269 40626749 40627649 40628723 40635893 40636313
40638869 40639463 40639559 40640543 40641179 40641929 40645133 40645469 40645823 40650353 40653653
40656293 40659803 40660079 40667993 40668503 40669133 40670183 40672223 40675763 40683743 40683809
40684733 40692293 40694123 40702373 40706663 40709573 40709759 40715189 40715903 40717433 40718603
40720643 40722323 40727633 40727783 40730429 40731233 40731809 40733183 40734203 40734563 40734959
40737773 40738193 40739333 40743029 40743113 40746143 40746533 40746683 40747673 40749113 40749749
40749809 40750499 40751033 40751759 40754009 40764089 40768163 40769483 40773119 40773143 40778819
40782503 40787783 40789013 40789379 40789433 40791473 40798319 40800509 40804733 40807493 40808063
40809173 40810103 40810739 40811399 40814369 40817279 40819073 40819199 40819589 40819973 40821953
40824263 40827359 40828943 40837343 40841639 40842569 40843889 40844519 40845443 40849499 40850273
40850993 40852043 40853243 40853573 40864559 40865213 40867289 40881443 40882553 40886393 40895213
40896239 40900523 40902419 40902539 40902689 40902899 40904849 40904939 40906133 40911023 40911659
40917143 40918469 40925789 40927433 40930139 40930583 40931669 40935803 40937993 40941689 40942073
40944413 40945343 40945799 40946903 40952363 40952603 40953053 40955489 40956659 40957799 40962989
40967219 40969433 40971869 40973483 40973693 40976543 40978583 40978589 40979369 40979429 40980833
40984199 40984319 40987553 40988009 40988609 40991183 40991609 40992713 40993709 40994543 40996019
40996199 40997993 41000159 41000783 41002889 41004083 41005109 41010653 41011499 41014763 41016929
41018063 41021759 41027543 41031209 41033099 41034533 41035919 41036549 41036939 41042069 41043599
41043869 41044793 41045789 41046419 41046569 41046833 41047679 41049479 41050589 41053619 41055593
41058389 41061563 41062559 41062793 41063573 41066303 41067413 41069153 41070173 41071763 41072819
41073209 41075939 41078309 41080943 41086499 41088653 41089319 41093183 41093483 41098049 41100029
41100953 41101919 41102669 41103983 41105423 41109143 41110253 41113043 41114543 41115803 41116073
41116373 41117963 41118173 41120003 41124509 41126513 41127329 41128469 41129639 41133509 41134199
41134949 41138879 41139233 41140793 41141519 41141993 41145623 41150729 41151629 41154629 41156789
41159999 41160473 41162843 41167799 41171099 41171183 41174363 41177639 41181473 41182469 41185229
41185493 41188253 41189303 41192159 41192213 41195243 41195603 41196719 41199209 41199563 41202989
41204123 41205239 41205893 41211029 41211413 41214119 41215043 41216243 41216303 41217983 41218823
41220743 41224913 41224973 41225309 41226953 41228333 41228549 41233793 41234729 41235059 41236733
41237879 41240753 41241653 41242469 41243399 41248793 41250323 41253599 41254289 41254523 41254799
41258309 41259299 41260619 41263919 41265089 41268743 41268869 41269229 41269439 41269853 41274683
41274839 41278073 41284679 41287283 41291513 41292299 41292689 41292893 41298893 41299943 41300093
41302253 41302379 41302769 41305349 41306339 41307809 41308133 41308763 41313479 41313539 41316419

41318213 41320913 41321519 41324693 41326223 41328299 41328713 41330543 41330819 41332169 41332853
41334833 41336909 41336969 41340203 41347109 41351993 41355059 41355239 41356229 41358833 41359319
41360939 41361959 41364623 41364749 41366009 41366609 41370473 41376683 41376899 41379983 41380379
41383943 41384939 41388383 41388719 41397959 41398163 41400659 41401463 41401799 41401823 41402033
41402243 41404019 41404529 41406479 41407343 41407703 41410469 41410493 41412023 41416559 41419523
41421179 41421713 41422883 41423153 41423573 41424749 41427959 41428169 41428253 41430743 41431739
41432003 41433659 41435039 41438009 41439329 41439509 41441363 41441399 41442683 41444003 41445539
41446043 41447729 41448419 41448773 41448833 41449223 41451563 41457239 41457413 41459069 41459219
41460599 41460833 41462423 41462783 41463209 41468099 41469503 41470109 41470829 41473193 41474189
41474399 41476079 41477393 41478329 41482373 41483219 41484563 41485793 41485943 41486909 41490023
41490419 41493233 41493509 41495543 41498813 41499593 41501693 41501903 41504609 41505839 41507783
41508119 41509439 41510153 41513399 41514233 41514299 41515889 41517263 41525153 41525843 41526263
41530679 41530763 41531069 41531753 41534789 41535713 41536949 41537339 41539373 41540039 41549639
41549999 41550263 41551469 41552999 41557289 41559389 41560853 41563493 41564339 41564543 41569823
41570759 41573183 41573663 41574833 41575349 41577533 41578193 41578349 41578769 41580953 41583233
41583809 41584583 41585933 41588699 41589503 41590193 41590673 41592389 41594783 41599469 41600879
41601713 41603129 41605799 41608349 41608433 41609723 41610539 41612513 41616359 41618933 41620373
41624153 41624969 41625719 41633849 41634143 41635463 41637203 41643713 41649323 41651639 41652239
41653373 41655143 41656469 41656649 41658629 41659199 41662343 41662553 41662559 41663663 41666129
41667173 41668733 41670749 41672639 41674499 41674883 41677439 41678933 41681873 41682653 41683403
41685389 41686349 41688203 41690279 41690543 41692979 41694413 41697443 41702723 41702813 41703449
41704919 41705039 41705663 41705903 41706443 41710349 41710943 41711459 41711759 41712173 41712323
41719823 41722463 41724929 41730263 41734883 41737673 41738633 41744009 41744309 41746079 41747753
41747939 41752649 41754929 41766089 41769179 41770013 41771423 41771993 41775143 41780573 41782943
41786513 41787143 41789123 41791973 41794163 41794859 41796203 41799293 41800439 41800949 41801813
41803043 41804033 41804099 41804159 41804183 41805563 41809679 41810243 41813279 41813363 41817029
41817953 41818379 41820293 41824193 41826233 41829149 41833163 41837489 41837573 41837843 41838743
41839163 41840003 41849579 41849999 41850383 41850773 41852543 41852693 41855393 41855783 41856863
41859353 41860229 41862269 41863463 41866229 41873753 41874359 41880269 41882063 41884883 41885099
41886989 41891033 41893259 41895653 41897753 41901179 41902643 41902853 41903639 41905169 41906099
41907689 41910383 41910989 41912813 41913533 41916533 41918099 41918633 41919599 41921909 41922173
41923103 41927009 41928599 41929889 41930813 41934479 41936423 41942123 41942249 41945633 41945903
41947799 41948303 41949443 41949833 41951879 41951963 41952173 41953139 41953559 41954543 41956793
41957159 41958599 41958929 41961779 41962853 41966063 41967413 41969093 41971889 41972669 41973989
41978939 41980619 41985539 41988473 41988533 41992943 41994839 41997629 41997773 41999159 42003239
42003833 42005459 42010253 42011093 42011813 42015443 42015719 42020273 42022289 42024239 42026009
42026333 42027803 42032849 42033389 42033479 42034199 42047573 42050699 42052403 42052739 42054203
42055193 42055973 42057959 42058403 42059999 42060929 42061769 42062243 42064889 42065333 42070559
42072599 42074663 42076049 42077939 42079253 42081509 42084803 42085559 42091019 42093503 42099143
42099149 42100379 42102563 42104753 42107309 42110303 42111623 42111743 42114959 42116759 42119309
42122309 42122813 42122849 42123083 42124553 42127259 42131753 42134399 42135629 42139403 42140099
42140183 42141383 42147113 42147359 42148493 42149693 42149759 42152339 42153389 42158423 42160523
42162233 42166499 42169013 42169643 42172139 42172463 42173129 42180563 42181193 42181259 42182813
42185333 42187433 42192809 42193163 42194843 42195773 42196103 42198209 42198869 42199523 42200309
42200429 42202883 42202943 42203363 42205799 42210593 42210803 42211619 42213863 42214103 42214853
42218933 42219059 42219629 42220319 42220463 42222023 42222233 42223283 42223949 42224453 42225143
42226973 42229199 42230213 42231113 42231389 42234323 42238799 42239969 42240623 42241943 42243683
42244673 42246233 42247223 42247259 42249299 42250223 42251549 42254213 42254759 42257093 42257489
42258929 42260429 42264263 42267149 42268883 42270353 42271973 42277073 42279203 42281909 42284393
42284999 42287039 42287183 42289133 42293633 42293903 42297263 42298829 42303263 42306713 42307019
42312509 42313919 42315293 42319373 42321953 42325193 42335333 42335753 42337979 42338843 42340439
42344699 42344993 42347033 42350333 42350993 42352259 42353483 42353813 42354023 42357389 42357923

42359573 42359969 42361829 42363773 42364793 42365579 42366953 42367673 42368069 42368303 42369683
42370403 42370799 42371999 42372383 42373763 42374093 42375023 42375479 42375689 42377633 42378659
42382733 42382919 42384263 42385823 42389003 42389153 42389783 42390119 42392459 42402863 42403769
42405059 42405329 42406373 42407003 42409253 42412613 42414503 42414803 42415349 42416849 42425039
42429323 42429749 42430109 42432413 42435203 42438173 42442733 42447599 42451919 42458519 42459383
42461123 42461729 42463199 42465173 42465743 42467879 42474209 42475523 42476783 42476933 42479009
42481409 42481949 42482213 42485123 42490109 42491549 42492473 42493103 42493133 42497639 42500669
42501923 42503339 42514553 42515279 42515933 42516563 42516899 42521543 42522443 42528329 42528533
42529199 42531029 42535973 42536843 42540293 42544763 42546083 42546743 42550769 42551429 42557393
42560723 42561839 42562379 42564059 42565223 42567023 42568139 42571709 42574319 42576713 42580553
42581219 42581939 42582833 42593153 42594473 42594869 42595859 42598613 42599279 42599993 42601523
42601679 42601859 42603839 42607073 42609653 42609929 42610553 42610649 42611603 42612029 42612239
42612533 42614003 42614249 42615509 42618743 42620423 42620993 42622169 42624713 42627479 42627779
42632729 42634463 42637373 42638429 42639563 42644579 42645539 42646199 42646823 42654413 42655103
42655169 42656219 42659093 42660209 42664733 42665429 42665663 42670013 42670613 42673523 42678539
42678953 42679583 42683639 42688973 42689039 42692453 42694433 42701999 42704423 42708983 42709109
42709949 42710093 42710693 42710813 42712493 42713399 42713609 42719783 42719849 42720389 42721583
42722429 42724373 42724679 42724763 42727259 42728789 42728993 42730703 42736703 42738593 42738893
42739013 42743009 42747119 42754193 42756713 42757073 42762719 42763403 42766253 42768443 42768653
42770753 42773333 42773933 42774323 42774773 42774929 42781523 42788033 42790469 42793109 42793433
42797693 42798713 42801749 42807203 42807269 42811133 42811733 42813503 42814553 42815039 42815249
42815879 42816419 42817199 42817349 42817739 42819113 42822359 42826013 42839603 42839663 42845189
42846059 42847379 42848369 42849479 42850079 42853199 42853799 42855899 42857333 42859919 42862433
42862439 42862973 42864719 42870629 42871463 42873293 42874313 42876563 42878903 42882893 42883289
42884519 42887363 42888089 42890213 42891539 42891743 42893663 42897203 42898679 42900023 42902159
42903389 42908423 42910403 42911189 42913163 42915839 42917729 42917813 42918059 42919139 42923423
42927299 42930143 42930809 42930869 42931943 42934289 42936233 42937913 42938249 42939503 42941543
42943259 42943613 42944483 42948089 42948473 42950129 42951659 42951773 42953549 42957443 42962099
42966179 42967343 42969263 42969533 42970019 42970859 42971573 42972833 42976319 42977723 42979133
42981833 42982169 42983813 42984209 42987953 42990593 42991313 42993113 42997319 42999773 42999923
43002023 43002593 43005383 43006163 43011233 43015229 43019183 43020629 43021733 43024343 43027763
43028339 43034279 43034609 43035263 43036853 43037849 43047269 43048469 43050473 43051133 43052363
43055123 43055399 43055723 43057139 43061159 43062263 43064069 43066619 43069283 43069529 43072349
43072889 43073669 43075463 43075559 43076993 43081613 43082939 43083653 43084889 43085453 43086299
43088159 43090739 43091309 43091969 43094543 43099289 43101923 43103513 43104623 43109459 43110839
43113149 43113599 43115603 43119833 43120439 43123583 43123973 43124099 43127333 43129913 43130933
43132283 43136993 43137359 43138709 43138943 43145423 43146179 43146563 43147733 43148999 43151183
43154213 43157069 43158233 43160363 43163723 43163903 43174739 43174919 43175399 43182929 43187159
43187933 43188329 43189343 43190093 43194083 43197179 43197293 43207589 43207613 43207793 43209143
43210259 43215743 43217963 43218443 43220399 43221449 43221869 43223759 43229843 43231379 43238549
43239023 43241279 43243463 43245239 43246013 43251053 43255193 43256099 43258289 43262309 43263593
43264883 43266143 43266689 43268843 43270583 43270589 43271243 43273199 43274849 43277249 43277963
43278953 43280669 43282103 43282853 43285019 43288079 43289699 43289819 43292339 43294973 43295519
43296443 43297379 43303763 43305599 43308983 43312883 43314389 43316519 43316723 43317569 43318739
43319219 43320653 43322843 43323083 43325153 43328273 43329119 43330289 43334873 43336049 43337303
43340513 43341509 43342193 43342259 43342703 43343309 43346669 43350179 43352069 43352453 43358699
43358963 43359293 43366013 43368509 43369019 43369289 43369769 43371533 43372163 43374839 43376513
43376759 43377623 43378019 43379123 43382693 43384199 43384223 43392413 43392683 43393403 43395323
43397279 43397603 43399679 43402349 43407263 43408433 43409189 43409363 43409963 43416209 43417883
43418339 43422503 43423799 43424963 43427393 43432619 43435163 43441133 43441379 43443629 43445579
43447973 43452089 43453859 43454423 43455173 43462109 43463753 43464623 43469033 43470533 43471073
43471469 43472549 43474313 43475093 43475489 43475639 43477943 43479209 43482479 43484813 43486253

```
43486463 43487369 43490273 43492283 43495349 43499009 43501823 43502603 43504913 43505909 43506509
43506899 43506929 43507619 43507889 43510559 43513793 43513859 43520723 43525673 43526033 43532579
43533713 43535309 43536203 43536599 43539869 43539893 43542179 43545149 43546829 43548413 43550333
43554293 43556693 43558373 43559513 43563983 43566863 43567649 43569863 43572839 43576493 43580219
43581683 43582613 43582943 43592933 43595969 43597013 43599173 43600103 43602683 43603523 43604003
43609103 43616939 43618343 43618979 43622069 43622933 43624109 43626389 43627319 43630649 43634249
43634693 43638863 43639919 43640183 43641623 43644203 43645379 43646129 43650683 43652993 43654049
43654349 43654973 43658063 43658123 43658603 43659293 43659449 43660763 43661633 43662299 43663979
43666589 43667573 43668923 43668953 43669943 43670519 43671119 43671833 43672829 43675529 43676393
43676879 43679459 43683053 43683719 43684649 43686983 43689953 43690613 43694153 43694303 43694933
43695143 43695863 43695989 43706153 43706843 43708943 43709213 43709273 43717913 43719419 43721813
43722023 43724699 43727633 43729853 43733243 43737803 43739369 43743053 43743659 43745783 43748483
43750769 43751003 43752899 43759433 43761353 43763339 43764629 43764863 43766213 43769189 43774463
43776263 43781819 43783583 43784963 43785323 43787693 43789649 43793363 43793609 43795949 43802933
43803299 43803323 43804289 43805033 43805813 43807073 43807499 43810463 43811129 43812053 43813949
43814213 43819109 43819679 43819733 43820093 43829603 43829633 43833203 43833869 43834793 43838159
43838243 43838363 43839569 43841183 43843199 43854383 43856849 43857959 43865483 43867319 43867823
43868243 43869593 43872929 43876193 43879079 43879889 43884383 43885883 43888133 43888739 43889063
43891223 43893233 43894523 43896953 43899293 43899959 43902119 43903829 43904093 43908983 43909979
43910183 43910459 43912103 43913069 43916069 43916849 43918733 43919363 43919723 43920053 43921313
43924949 43926143 43926593 43931039 43933853 43934483 43934573 43936289 43936499 43936883 43937909
43939529 43940009 43944713 43944893 43952999 43956023 43958303 43958963 43962953 43964969 43971359
43971509 43971533 43972073 43973249 43976123 43977893 43979723 43980773 43982489 43983773 43985033
43986413 43987733 43991273 43991399 43993853 43994939 43996709 43999913 44002883 44005763 44005859
44006009 44007599 44012093 44013083 44013533 44015063 44015189 44016653 44021063 44021639 44022683
44024399 44025419 44026613 44028893 44030009 44032013 44032619 44035583 44036963 44038499 44041799
44046323 44047169 44047313 44049053 44049359 44050469 44051153 44053319 44054603 44055029 44055629
44055923 44060909 44062853 44063969 44067923 44072453 44073593 44073719 44076689 44079383 44082383
44091473 44092859 44098823 44103203 44103953 44104019 44105339 44105489 44108219 44110043 44114309
44121299 44122583 44122679 44125223 44127119 44127953 44128979 44129279 44131163 44132279 44133443
44133923 44134973 44135573 44135813 44136959 44137349 44137433 44138459 44146649 44150999 44151143
44152313 44153933 44155343 44159399 44159579 44160293 44161973 44162159 44171069 44172053 44179409
44183963 44184533 44187443 44187653 44191193 44192873 44193953 44198783 44200619 44201219 44202629
44205719 44207183 44210399 44213639 44215553 44216069 44217599 44220959 44224619 44224853 44225873
44233313 44235293 44235563 44235959 44237603 44239379 44243669 44245973 44246243 44250749 44251373
44253689 44255993 44256683 44260943 44268179 44271863 44278919 44282219 44284853 44285963 44286353
44287079 44288633 44291003 44291609 44292263 44294219 44294363 44297003 44297549 44298389 44302403
44308013 44310533 44310743 44313323 44314043 44314409 44315339 44316593 44321279 44321339 44323949
44324939 44325269 44327243 44329583 44331893 44334233 44334539 44334863 44338163 44339693 44340629
44345699 44345729 44347973 44349713 44356463 44357669 44359229 44368829 44370929 44372963 44378783
44379893 44380139 44380169 44382659 44386913 44389223 44391929 44392889 44393033 44393159 44397959
44399279 44402873 44403083 44404499 44405639 44406053 44406443 44408093 44408813 44408933 44410829
44412113 44412233 44412419 44415803 44419439 44420219 44428253 44435249 44438753 44441483 44441993
44443643 44443853 44444129 44444513 44444789 44445059 44450603 44452013 44454629 44455283 44455409
44462609 44466473 44474219 44475989 44480213 44482859 44483903 44485643 44487539 44490269 44490839
44491619 44492429 44493083 44494283 44495459 44496323 44501519 44501729 44504573 44505509 44508713
44509919 44511293 44512973 44515193 44518079 44518703 44519759 44520023 44520419 44521289 44521979
44530859 44532083 44532203 44533679 44534219 44534669 44538353 44543423 44545409 44548733 44549009
44549429 44550833 44551613 44552873 44554343 44554589 44555279 44557763 44558099 44562179 44563313
44567273 44569523 44571119 44571743 44572439 44573423 44575673 44576333 44577503 44579753 44579963
44582519 44583629 44586539 44587853 44587943 44589959 44591363 44591933 44593673 44594129 44594579
44596973 44597753 44598419 44602763 44605343 44610893 44614373 44616233 44616779 44616983 44617019
```

44617739 44618753 44627729 44627909 44628053 44628299 44630279 44635583 44635793 44640749 44641403
44646923 44655323 44656019 44659733 44659883 44662433 44663609 44664173 44665223 44668769 44668853
44669039 44669909 44676479 44677973 44679413 44679809 44680019 44681243 44683283 44684603 44685629
44687189 44688383 44691329 44697599 44697959 44698103 44699909 44699939 44700119 44700503 44704223
44711549 44711729 44713913 44714639 44714933 44716673 44720003 44720339 44720909 44721263 44725199
44728373 44729939 44731289 44734043 44737859 44738003 44739659 44744699 44746319 44747273 44749583
44750399 44750999 44751653 44756819 44758799 44760539 44760773 44763419 44765489 44766269 44767319
44775743 44777003 44777669 44778689 44785943 44787689 44788619 44790209 44791133 44791553 44793503
44794703 44794853 44795519 44796809 44797283 44797559 44797589 44798093 44798879 44802683 44804219
44806409 44809403 44815313 44819279 44819843 44821193 44822369 44824259 44824319 44829209 44830193
44830463 44833433 44834579 44835233 44836619 44838383 44839103 44840909 44841479 44849639 44851673
44852063 44855339 44855423 44855693 44858063 44858483 44860619 44861819 44864399 44865809 44866469
44872739 44876333 44877869 44881643 44883389 44887553 44887949 44888699 44891219 44891519 44892629
44895479 44898053 44898209 44901053 44905589 44908043 44909003 44913443 44916593 44916743 44918963
44921249 44922743 44923589 44924279 44924573 44928839 44934443 44935763 44938643 44941349 44941763
44944673 44950973 44956343 44957879 44958923 44963489 44966189 44966489 44968769 44969453 44972159
44975543 44975933 44977643 44978933 44980679 44983223 44983259 44984603 44985443 44987249 44987543
44987693 44993363 44996279 44999369 44999849 45001769 45002189 45002549 45002759 45008459 45008699
45009749 45011663 45012119 45016193 45017993 45019829 45026279 45031043 45031709 45034739 45035933
45036143 45036419 45036539 45036653 45037463 45039023 45043109 45044663 45044969 45046763 45047693
45047819 45049859 45051059 45051263 45056129 45060959 45062789 45063989 45068213 45068333 45068483
45068669 45072689 45072773 45073943 45074609 45076709 45078443 45078893 45079319 45079613 45084443
45087089 45087743 45090473 45090653 45094139 45095273 45096983 45097103 45100109 45101009 45101219
45104303 45106073 45107693 45108653 45109979 45111323 45116243 45116633 45124133 45124463 45126689
45127763 45130433 45130913 45135743 45139739 45141923 45144713 45145049 45146609 45147029 45151493
45151973 45152363 45153539 45162473 45162833 45162989 45163493 45164153 45164519 45167483 45170189
45171083 45171443 45172559 45174803 45175073 45175313 45179609 45183629 45183689 45185909 45188189
45190499 45193019 45194003 45196199 45197759 45200999 45201203 45205019 45209123 45210593 45212003
45212633 45214283 45214289 45223109 45226169 45231209 45231293 45232433 45234653 45234803 45238499
45239063 45239069 45240803 45245663 45245969 45251429 45254879 45255263 45256199 45257759 45258569
45259433 45260399 45260753 45262859 45264179 45264833 45266933 45267179 45271829 45274109 45275099
45276323 45277289 45281573 45284969 45285239 45285329 45287639 45289229 45292883 45293249 45295853
45297779 45297839 45299069 45303689 45304223 45304823 45308429 45310019 45312023 45312983 45314369
45315173 45315929 45318023 45319013 45321443 45324113 45324599 45325733 45328529 45335123 45337403
45337499 45337679 45340643 45341069 45342653 45343769 45343943 45344009 45345803 45345809 45347453
45351893 45361469 45364493 45366203 45368573 45369119 45370049 45374039 45375419 45375623 45376979
45381569 45383549 45385859 45389633 45390599 45391553 45403229 45403493 45403619 45404669 45407339
45411473 45413789 45421703 45424139 45427559 45428549 45431723 45431993 45432323 45432533 45432839
45433253 45433463 45434699 45434849 45435899 45437663 45440189 45444683 45447053 45447299 45449039
45449609 45452453 45456893 45459539 45463289 45464099 45464543 45467183 45470219 45480059 45480719
45482873 45484343 45485243 45490559 45490673 45497453 45499253 45499469 45499799 45503369 45507389
45512843 45513323 45516083 45517919 45519059 45520259 45525509 45528053 45530993 45533489 45534479
45536033 45537209 45537533 45538313 45539453 45539579 45541823 45542663 45545939 45550013 45550853
45551069 45552263 45553853 45556739 45556793 45557663 45558899 45559499 45561293 45562739 45562889
45564209 45564803 45569753 45570209 45572399 45574163 45574253 45574313 45574643 45579389 45582269
45582599 45582689 45586043 45587519 45589403 45589853 45590609 45591473 45594179 45594239 45596549
45597053 45597749 45598379 45598589 45599033 45604439 45606293 45607979 45609143 45609803 45610919
45612263 45615149 45615203 45617129 45618263 45620213 45622799 45622943 45625253 45628763 45629273
45629483 45630863 45635099 45635129 45636329 45648623 45648959 45648989 45658649 45658793 45659699
45659819 45662189 45662213 45663209 45664169 45664793 45667073 45668999 45669713 45673949 45676523
45677543 45678323 45683273 45683873 45686243 45686969 45688763 45688889 45690173 45694163 45694613
45694823 45697523 45701093 45703793 45704003 45708023 45708599 45709253 45711689 45712349 45714689

```
45718163 45718979 45719153 45721073 45722513 45723113 45723263 45726143 45727133 45727859 45728159
45728213 45729023 45730109 45736139 45736979 45737729 45740879 45741023 45741329 45741473 45742409
45745253 45746513 45747203 45747353 45748229 45748919 45750773 45750863 45751529 45751883 45752519
45753863 45754433 45755399 45756173 45760769 45761669 45762653 45763103 45765449 45768869 45770999
45774233 45774269 45774359 45774689 45779183 45780863 45781553 45781793 45782279 45783659 45784829
45786239 45794159 45795779 45797189 45797309 45797333 45797399 45805043 45805559 45813143 45814733
45815249 45818453 45819419 45820949 45828929 45833303 45837773 45838769 45839399 45840689 45844289
45846539 45846863 45848219 45849893 45850229 45850559 45851549 45851633 45851783 45852203 45858173
45859949 45860393 45861479 45861743 45863453 45869333 45871313 45871613 45872303 45872633 45873959
45874529 45874943 45876443 45878669 45880253 45883583 45883979 45891539 45892169 45895859 45896579
45897023 45897119 45899153 45899393 45900383 45902249 45910589 45911249 45918209 45918293 45919229
45919403 45923903 45925499 45926399 45927443 45927779 45929753 45930389 45931499 45932933 45933533
45934379 45940463 45946133 45949829 45950783 45951599 45954053 45956429 45957683 45962963 45966533
45970103 45971489 45973523 45974189 45974969 45975203 45977213 45981629 45985193 45986189 45988133
45992819 45993383 45995849 45997433 46001513 46003049 46003409 46005149 46007249 46009163 46012223
46017143 46023143 46027913 46028513 46029059 46034069 46035089 46035653 46036019 46036619 46039463
46042229 46048133 46048889 46049879 46050629 46050863 46051823 46059473 46061579 46061969 46063403
46064099 46065863 46067393 46068833 46069493 46069553 46072073 46072259 46074299 46074443 46076609
46076903 46077929 46079399 46079459 46079909 46084673 46084763 46087313 46089143 46092863 46093709
46097813 46103363 46104209 46104893 46110803 46110923 46114583 46115369 46118459 46121723 46122179
46128149 46131623 46136729 46136813 46140929 46143869 46143953 46150613 46151723 46153193 46154159
46156433 46160189 46162169 46163339 46163723 46164089 46167899 46169759 46169873 46170599 46170989
46173563 46178243 46183859 46186163 46194353 46195703 46196009 46196099 46198913 46201313 46201829
46202099 46203089 46203533 46204649 46205543 46211969 46212923 46213229 46214879 46216283 46217933
46219193 46221209 46222199 46224263 46224383 46226399 46226489 46232393 46232603 46233329 46233443
46233689 46237553 46240709 46241999 46242593 46245599 46246463 46248473 46248539 46250063 46256069
46258409 46261223 46264013 46268003 46270349 46271873 46272179 46274639 46275083 46275959 46277789
46278143 46280483 46281569 46282433 46283123 46284869 46285103 46285259 46285439 46285703 46288439
46290389 46290449 46294229 46295033 46295549 46295603 46296713 46300223 46300643 46300829 46302983
46305179 46306103 46306853 46309619 46309673 46310219 46310483 46312163 46312193 46312793 46313633
46315679 46316663 46318313 46318763 46319453 46320143 46320419 46327349 46329623 46331693 46334819
46335323 46336613 46339253 46340813 46344299 46344899 46345829 46347503 46347683 46347803 46348469
46351703 46352549 46353239 46354739 46355423 46357379 46359713 46361429 46363463 46363679 46363703
46365659 46370273 46371593 46373573 46374173 46374743 46379639 46380959 46387079 46391003 46391993
46393103 46394723 46396019 46397633 46398563 46399499 46402679 46403459 46407089 46407269 46408073
46410449 46410509 46411829 46413569 46413953 46415849 46416983 46418063 46418639 46421423 46422683
46424393 46426769 46432313 46433813 46437329 46443179 46446143 46450529 46451129 46451759 46453349
46455263 46456523 46457423 46457513 46457819 46461599 46462673 46464569 46467989 46468679 46471679
46477829 46478219 46478819 46479473 46481063 46482203 46482329 46486403 46496039 46498163 46498943
46499543 46503179 46504193 46505573 46509329 46511483 46511513 46522529 46522799 46524953 46533863
46535249 46540079 46540733 46543223 46543253 46544213 46548083 46552013 46554023 46557323 46560749
46563683 46564013 46565699 46566623 46567463 46567883 46568843 46569233 46571309 46571909 46573889
46574273 46578293 46579343 46582229 46582379 46583189 46583759 46584833 46585943 46588739 46592489
46592993 46602323 46604699 46607783 46609193 46610099 46610423 46611473 46614863 46619123 46621733
46622003 46626479 46626659 46630019 46630049 46632923 46634849 46637873 46639199 46643039 46643819
46645409 46646849 46646933 46647143 46647179 46648169 46650239 46651733 46651883 46652873 46652933
46654403 46655033 46655099 46657073 46658819 46659089 46659989 46662989 46664003 46667459 46667723
46668983 46674863 46675043 46675049 46676159 46678553 46679729 46681403 46681709 46682483 46683053
46683443 46684013 46684409 46685339 46685813 46686149 46687169 46688003 46688333 46691699 46698563
46698863 46702763 46705289 46707929 46708463 46708703 46710899 46713269 46713389 46716443 46716809
46717943 46721663 46725779 46727909 46728593 46731413 46731473 46734659 46737923 46738949 46742753
46743023 46743269 46745663 46747439 46750199 46752599 46754189 46754633 46756499 46756973 46762379
```

46764323 46766579 46770239 46773323 46773773 46773833 46777613 46778129 46778813 46778873 46779329
46781303 46782383 46785083 46786433 46790339 46791383 46794053 46794119 46798553 46799513 46802183
46804679 46806323 46809839 46812443 46813913 46815623 46818419 46819859 46823789 46824359 46826603
46827173 46833779 46834349 46835759 46835963 46839059 46839269 46840883 46842563 46845593 46851053
46851179 46865543 46866593 46867259 46869083 46870223 46871459 46872863 46875149 46875539 46876523
46886639 46889963 46890923 46892249 46894643 46897913 46898003 46899029 46900649 46904183 46904579
46907849 46910789 46911173 46912373 46913189 46917599 46920689 46921709 46923809 46926023 46929149
46929329 46932923 46933973 46934903 46937783 46938449 46940303 46941239 46949093 46949939 46952123
46953149 46955609 46958909 46965599 46969259 46970849 46975919 46979189 46980803 46982783 46986353
46990799 46991603 46992839 46994663 46997543 47000819 47001593 47004539 47005379 47006033 47012183
47013119 47015729 47015879 47018423 47028029 47029133 47030783 47034209 47038373 47038763 47039123
47040809 47041019 47043239 47044169 47044379 47045123 47045963 47046053 47049713 47056343 47059223
47060603 47064929 47065019 47068523 47073683 47074403 47079293 47081189 47081549 47082053 47086289
47087489 47088449 47099243 47099753 47104979 47108129 47110229 47112293 47114033 47115989 47117699
47121029 47122643 47123669 47126939 47132153 47132693 47133329 47133479 47133683 47134733 47136863
47136983 47139149 47139899 47140559 47142449 47143793 47145359 47145953 47146013 47150573 47153063
47155469 47156429 47157839 47159933 47160149 47161319 47162933 47163953 47164709 47168783 47176043
47177789 47178749 47179949 47182013 47183459 47184629 47188313 47189063 47190443 47191673 47195699
47197043 47202443 47202563 47202719 47203493 47203769 47205023 47205629 47207843 47209973 47211413
47211539 47215439 47215673 47216093 47216489 47219729 47220599 47222009 47222453 47226863 47227643
47228183 47229779 47230283 47230679 47230769 47231963 47233523 47234333 47239949 47243123 47244299
47248919 47250449 47252609 47252693 47253449 47257319 47263109 47264579 47267249 47267483 47267849
47271299 47271473 47271569 47272079 47272259 47273459 47274743 47275799 47276843 47277383 47277953
47278943 47283023 47283293 47283569 47283629 47286719 47286779 47287199 47289419 47290709 47291633
47295299 47297249 47304473 47307839 47308253 47312693 47317073 47318723 47320739 47320859 47321699
47322923 47323823 47324633 47326523 47326679 47326913 47327279 47333453 47342063 47342759 47344883
47346839 47347103 47348033 47350409 47355443 47356583 47357273 47358743 47361173 47362583 47362979
47370623 47373779 47374199 47374793 47377829 47383373 47384723 47389949 47390663 47399939 47401313
47401859 47406899 47408813 47411729 47416679 47420189 47420309 47423543 47423699 47424473 47428169
47429183 47429639 47431463 47432783 47434979 47438549 47439053 47442149 47443793 47453909 47454383
47456399 47458643 47459063 47460713 47471003 47471213 47473733 47475209 47476613 47476619 47478269
47481509 47483393 47488349 47490743 47492603 47494169 47494313 47494949 47495219 47495249 47498189
47499869 47501123 47503139 47504549 47507693 47510273 47510483 47513369 47513789 47513969 47514119
47516219 47516489 47521619 47521913 47522753 47524019 47524133 47527583 47527643 47533463 47534093
47535209 47537393 47539319 47539799 47543213 47545643 47545919 47551769 47552369 47555663 47557799
47558369 47563193 47565233 47565653 47565803 47565893 47567909 47570489 47572403 47573219 47574953
47575733 47578703 47581409 47581763 47581973 47584319 47585339 47586263 47588213 47593193 47594903
47601503 47605373 47605919 47612759 47614613 47617529 47618729 47622623 47623193 47627369 47628023
47628209 47628293 47629073 47629649 47635673 47638319 47639639 47641019 47641283 47644589 47645249
47647553 47649323 47649713 47652593 47654993 47655329 47655953 47657243 47661749 47665049 47669519
47672753 47676383 47677043 47678369 47679083 47684639 47686433 47688029 47689319 47690213 47692943
47693339 47696153 47696843 47701613 47701739 47704529 47705309 47712023 47712389 47713103 47715383
47716013 47719349 47721413 47724263 47727689 47732543 47736053 47736809 47738693 47739353 47740799
47741819 47742683 47742923 47743049 47745569 47746043 47746733 47748749 47750303 47751713 47752223
47752619 47754653 47757323 47760299 47764589 47765909 47766479 47770319 47776793 47778833 47780963
47784053 47785583 47786153 47788073 47789933 47800349 47807423 47810459 47816003 47816729 47817173
47817179 47818643 47821253 47821859 47823383 47824223 47824853 47829473 47830859 47831249 47833133
47833349 47833463 47835899 47836163 47838839 47845079 47847203 47849369 47849969 47855009 47856443
47860229 47863433 47865773 47866463 47867093 47869259 47870219 47871563 47873783 47873933 47874383
47878403 47879543 47879603 47880023 47880869 47881013 47882249 47882909 47883299 47887349 47890019
47895803 47897579 47897639 47904509 47905223 47906123 47906549 47911109 47912759 47914073 47916989
47918093 47919029 47921183 47921609 47922299 47922599 47926199 47928983 47929529 47931353 47938133

```
47938343 47939123 47939819 47941919 47944223 47949173 47955833 47955983 47959679 47960849 47963243
47963813 47966549 47969489 47970119 47970749 47971673 47975099 47977613 47977673 47981033 47982719
47982983 47986079 47987129 47989769 47990009 47993243 47993993 47998739 48000209 48002093 48003383
48007853 48007859 48010799 48015833 48018233 48018653 48023483 48025343 48025619 48027803 48031073
48031433 48032129 48033059 48035909 48038663 48043433 48044753 48047339 48050963 48052859 48053303
48054833 48056819 48057029 48058403 48060269 48060599 48061049 48061109 48064673 48067373 48068903
48070079 48071099 48072539 48074363 48080759 48081179 48086933 48089273 48094979 48097589 48099209
48102293 48103823 48104123 48107519 48110483 48112019 48116879 48118523 48121949 48122363 48122423
48123503 48125849 48126203 48127529 48130613 48132323 48134249 48136373 48137273 48139319 48141239
48143603 48144653 48145733 48146849 48148319 48148979 48149399 48149753 48150803 48151793 48155603
48157199 48164339 48167363 48170123 48170393 48171209 48172139 48176993 48178523 48178673 48180659
48183623 48184319 48184403 48184463 48185213 48185789 48188669 48192779 48193373 48193553 48193559
48195239 48196229 48199829 48201623 48204059 48204179 48207353 48214493 48215333 48216593 48218543
48220589 48227279 48229403 48230729 48232979 48242483 48243323 48243623 48243749 48244253 48247739
48248069 48248423 48250409 48252653 48255593 48257873 48257903 48258569 48260633 48260903 48261023
48261599 48261803 48263723 48266633 48267833 48269489 48270779 48271403 48274643 48277709 48277913
48280313 48282413 48284849 48285929 48287093 48289883 48292103 48295139 48296333 48296393 48297143
48298973 48299963 48301079 48301499 48308723 48308759 48309353 48310343 48311369 48317333 48320813
48321659 48322223 48323603 48326573 48330479 48333893 48334829 48337433 48343133 48344273 48352523
48360083 48365249 48367463 48368483 48370799 48373679 48375053 48376469 48377603 48378773 48382679
48384929 48389843 48390239 48392159 48393563 48396329 48400013 48401393 48401429 48402089 48402773
48404663 48406079 48407393 48407813 48410039 48412289 48412673 48414533 48415859 48416999 48417653
48421133 48422333 48422483 48423773 48425753 48428519 48431849 48434783 48437429 48437633 48437663
48441023 48443459 48446873 48448709 48450359 48453473 48454463 48455129 48455609 48458519 48459179
48459629 48461513 48466403 48467273 48472169 48474353 48474659 48480203 48480689 48481529 48481733
48482579 48482933 48483713 48484613 48489323 48507533 48507929 48509333 48516833 48519083 48522119
48522563 48524369 48525359 48526013 48529073 48530459 48533339 48536093 48540473 48540623 48544043
48546989 48551879 48553013 48554123 48556883 48557633 48557693 48561323 48562589 48563303 48565229
48568853 48576173 48576959 48577019 48577439 48580793 48581213 48581723 48585539 48587333 48589979
48591149 48592793 48594863 48595649 48600683 48604169 48609293 48610703 48611273 48615173 48616553
48617879 48618593 48627389 48628043 48628199 48628889 48629573 48631403 48634793 48636149 48636383
48639749 48640373 48640649 48641633 48643709 48645533 48647453 48648233 48653873 48657419 48657599
48660779 48661313 48661523 48664019 48669479 48674243 48679133 48680003 48680459 48682019 48682979
48683279 48684749 48685463 48692393 48696779 48698033 48700199 48700649 48717293 48717533 48721619
48723089 48723749 48724733 48725123 48725909 48726143 48726473 48727433 48731723 48732923 48734453
48736409 48736829 48743399 48744263 48746189 48748883 48750269 48750749 48751949 48754193 48754523
48754763 48757529 48761579 48761813 48763223 48767909 48769313 48771353 48771473 48773759 48773993
48779369 48783359 48784283 48785183 48786533 48787913 48789683 48790193 48793133 48794639 48795833
48800753 48803399 48804029 48804653 48804809 48807443 48809483 48809753 48810953 48813839 48813959
48814943 48816359 48818309 48819269 48819989 48820259 48821483 48822233 48823013 48824213 48824669
48828113 48834059 48836759 48838043 48838259 48841703 48842039 48842693 48842753 48843299 48845129
48846449 48850283 48850799 48851279 48853319 48853793 48856469 48861503 48861773 48861899 48865073
48865763 48868409 48869603 48871703 48872783 48886913 48887963 48891449 48906023 48906989 48908399
48909299 48909929 48909953 48911189 48913439 48913493 48914549 48917579 48918659 48919373 48923999
48925109 48925139 48925913 48926903 48927503 48929333 48930023 48932489 48932993 48937043 48938453
48940043 48941813 48941939 48943283 48943649 48944729 48945203 48947039 48947939 48957113 48958859
48960239 48962603 48962663 48963203 48969359 48972659 48973343 48973709 48973913 48976253 48979019
48983279 48985589 48986219 48986429 48989669 48990983 48992483 48992819 48994373 48996323 48996749
49002533 49004339 49006889 49007333 49010543 49010933 49010939 49013273 49014809 49015013 49016183
49017053 49017329 49018583 49023389 49024403 49026413 49026899 49027169 49027859 49028519 49030199
49030463 49031369 49031693 49031849 49032089 49032443 49032563 49035383 49037123 49037669 49038389
49040009 49040573 49043789 49045019 49051823 49051979 49053149 49058423 49061123 49062053 49068713
```

```
49069313 49069859 49071833 49073963 49074269 49075133 49079939 49082279 49082639 49086503 49087739
49089143 49089203 49089413 49093619 49094729 49094789 49097693 49101203 49101809 49105583 49106969
49107059 49111259 49111613 49113089 49115063 49116659 49117433 49120223 49121153 49121543 49122509
49123643 49123649 49131773 49134983 49135409 49135673 49136693 49137509 49137899 49139969 49141919
49142039 49142273 49143779 49145693 49146143 49146533 49146869 49147733 49154723 49158803 49161869
49162913 49164053 49164959 49168193 49168373 49177619 49179629 49180403 49181183 49182713 49184423
49187123 49188773 49189139 49189733 49191713 49195259 49196159 49199879 49205549 49209773 49214603
49219493 49220819 49230179 49235183 49235639 49235759 49236563 49236749 49239083 49239959 49242239
49243703 49247063 49249199 49251623 49253219 49254059 49254323 49254503 49255793 49255889 49261259
49261769 49261799 49263899 49265393 49269359 49276583 49280123 49281863 49284569 49287053 49290833
49292543 49292693 49293389 49299023 49300313 49300469 49303769 49309349 49310609 49310819 49312349
49312559 49316159 49321379 49321469 49322783 49323089 49323503 49324349 49325093 49325693 49326083
49332719 49334693 49336223 49337339 49337933 49338209 49343939 49346273 49347803 49350179 49350599
49355459 49358693 49358849 49359923 49360253 49365083 49365863 49368239 49371863 49373843 49375523
49379513 49383473 49384229 49385729 49388309 49389419 49391123 49391483 49399079 49403219 49407863
49410173 49420043 49421639 49424789 49425269 49429889 49430273 49431719 49435499 49435619 49438073
49438379 49440323 49441319 49441589 49441919 49442093 49444019 49444079 49445969 49447193 49448303
49449203 49451123 49455443 49456559 49456769 49457813 49459979 49463723 49468169 49473863 49474829
49476023 49477019 49477619 49478399 49479779 49480559 49484783 49486169 49488149 49493789 49493819
49498649 49505699 49505843 49507253 49507613 49509203 49513433 49514873 49515443 49518653 49519913
49523489 49524473 49524599 49527629 49529489 49532453 49535903 49536083 49536293 49537679 49541339
49550003 49553849 49557659 49559099 49562759 49563473 49568483 49569353 49571909 49572623 49573019
49573379 49576589 49577543 49582763 49586423 49593293 49594469 49597013 49598933 49599449 49599713
49604609 49610999 49611773 49611923 49613489 49615463 49616579 49619513 49620113 49623083 49624499
49625753 49627703 49633043 49637069 49639433 49645919 49646573 49648199 49650593 49658123 49661999
49665179 49665263 49669913 49670333 49674809 49678883 49679849 49681013 49682813 49684133 49685189
49689443 49691489 49695413 49699673 49701023 49702193 49703063 49703873 49705499 49709669 49719419
49719473 49719563 49722149 49725293 49731449 49732079 49733399 49733903 49737323 49743773 49744769
49750919 49751099 49753499 49755683 49755929 49756043 49761149 49762439 49765619 49765739 49769393
49769459 49773233 49773593 49774883 49778483 49778783 49780469 49780499 49781003 49789049 49789793
49790183 49792709 49793279 49793339 49795079 49796303 49814153 49814393 49816463 49818683 49819043
49821419 49824563 49827023 49830899 49831829 49833533 49835969 49839173 49839533 49841663 49847093
49851629 49854449 49855049 49858103 49860953 49869569 49877309 49880153 49881239 49881269 49881389
49885793 49887263 49888049 49888109 49888379 49890293 49890833 49894709 49900589 49900943 49903193
49904363 49907603 49918163 49918499 49921793 49924103 49927523 49932269 49932539 49933619 49934789
49938293 49939133 49939793 49940459 49942619 49942883 49945019 49945223 49945229 49946009 49947503
49950899 49952333 49954319 49955369 49957493 49958423 49958873 49959809 49960133 49961363 49962179
49962749 49963349 49963409 49969379 49970549 49971359 49971689 49973909 49974233 49974719 49975853
49976249 49978193 49982879 49982909 49984013 49984463 49989029 49990613 49990943 49991729 49993943
49995779 49998593 50000063 50003549 50003903 50004533 50006459 50009579 50013053 50015753 50015783
50015789 50017403 50019509 50020973 50022239 50023349 50023373 50025809 50032193 50032553 50035169
50039243 50042423 50046149 50047709 50048423 50048513 50049053 50053673 50054663 50059673 50062079
50062319 50063753 50064809 50065679 50066903 50068943 50069549 50070959 50074499 50078849 50080493
50080889 50083679 50084033 50085779 50087333 50087993 50091089 50095763 50096069 50096099 50098469
50101349 50102243 50105459 50106839 50109833 50110349 50111909 50115503 50117213 50118749 50122829
50125973 50129363 50131073 50131349 50132399 50136143 50136539 50137319 50137463 50138909 50141963
50143559 50148509 50150123 50150423 50156693 50157143 50161613 50168243 50170283 50170559 50176523
50178473 50178503 50186579 50188289 50193989 50197313 50199629 50209223 50210423 50216423 50222699
50223143 50223989 50224403 50226833 50226989 50227643 50228933 50228963 50229983 50231063 50231729
50238059 50238113 50239823 50241419 50245529 50247833 50250593 50251919 50257283 50257313 50262059
50263469 50263943 50264789 50270723 50272373 50273159 50274599 50274863 50275469 50276339 50277863
50278139 50279903 50280749 50284523 50287103 50291009 50291693 50292089 50292659 50292719 50294213
```

50294753 50297783 50298323 50303639 50308529 50308943 50312963 50314613 50317853 50318309 50318423
50319023 50321363 50325113 50325683 50327639 50329319 50329943 50333273 50335979 50337173 50344799
50346083 50347553 50347889 50349269 50352353 50360753 50362649 50363849 50365559 50374409 50379149
50381759 50382779 50383139 50385353 50385899 50386313 50391443 50393309 50396249 50396609 50397989
50398109 50399963 50404829 50406203 50406299 50406353 50410823 50412419 50412683 50414933 50416913
50417519 50417729 50420003 50420873 50423069 50426303 50429663 50429843 50432423 50434073 50435873
50438309 50439113 50439503 50444483 50445569 50445623 50449079 50451959 50457689 50458379 50459399
50459879 50465099 50465573 50466263 50466959 50470523 50471159 50473103 50474843 50475263 50475569
50477183 50477963 50480873 50481479 50483039 50488853 50490689 50490749 50493413 50493743 50499989
50503109 50503763 50508869 50513999 50514983 50518343 50520623 50523563 50527283 50530583 50530619
50530829 50531153 50531933 50533349 50533523 50540333 50545793 50548649 50549183 50555783 50558159
50559653 50563553 50564309 50566493 50567249 50570573 50571299 50573063 50573333 50576549 50576693
50580149 50583713 50585963 50591279 50596499 50599799 50601053 50606249 50606459 50606999 50610179
50611889 50612129 50617439 50618693 50620673 50628299 50628503 50630483 50631089 50631953 50632979
50639453 50640533 50641373 50646929 50647643 50648753 50650739 50652089 50652209 50652293 50653793
50654099 50657003 50657213 50658269 50658299 50658749 50659649 50663939 50666123 50667503 50670479
50676449 50678093 50680379 50682479 50690639 50694029 50697173 50698619 50704553 50706209 50706923
50707049 50710619 50711819 50713583 50719043 50719079 50723819 50725313 50725529 50725949 50726129
50729093 50731409 50735609 50737943 50743013 50748149 50752379 50752703 50756369 50757209 50764583
50764739 50765189 50767319 50767529 50767883 50770553 50770589 50773199 50774369 50778989 50779013
50779139 50780843 50782709 50783423 50783963 50784599 50786759 50788973 50792459 50792513 50801843
50813363 50815403 50816693 50817359 50818013 50820569 50821649 50822879 50830319 50830463 50831639
50831873 50832569 50832713 50833463 50833619 50836133 50841113 50843153 50843603 50843729 50844149
50845499 50849429 50850083 50856413 50857529 50858303 50858939 50860949 50862299 50862473 50863409
50863919 50864069 50864783 50867279 50867819 50868299 50868773 50870063 50871323 50871833 50874119
50877143 50877539 50878643 50882633 50883389 50884049 50884079 50885123 50885129 50892293 50897519
50897579 50902619 50904653 50907173 50908103 50908439 50909069 50909399 50911403 50912993 50915699
50917409 50920013 50922653 50923193 50925509 50927213 50934809 50935403 50935529 50941043 50941703
50943593 50945399 50949653 50950349 50952683 50955293 50956553 50957243 50958983 50960813 50963249
50963873 50966039 50967743 50968559 50969063 50969783 50971169 50972189 50973413 50975999 50976389
50977583 50987243 50987633 50988323 50995523 50996063 50996219 50996483 50996663 51001889 51003479
51004469 51008453 51010709 51010733 51012893 51016319 51017363 51024689 51029273 51029729 51031703
51032519 51033683 51033893 51034523 51035849 51036773 51039419 51041219 51043379 51043703 51044039
51046889 51048359 51052583 51053213 51053699 51059693 51060833 51061883 51064313 51067559 51068939
51071123 51074459 51076439 51077003 51079673 51080273 51086333 51089873 51093953 51094889 51097853
51102203 51103313 51109169 51115199 51115793 51117173 51118043 51121859 51122063 51123833 51124973
51127283 51128513 51131303 51134459 51136919 51143843 51144623 51145343 51145439 51150089 51151343
51152603 51154349 51155963 51158909 51160649 51164369 51165479 51166163 51169523 51170183 51172553
51172799 51173543 51181583 51185339 51187679 51188789 51189569 51192803 51192923 51193073 51193979
51194723 51199559 51203123 51203783 51204089 51204953 51207059 51211379 51214613 51215249 51218213
51220343 51220349 51221633 51223379 51232613 51241199 51244703 51248003 51251639 51261053 51273179
51273353 51275183 51276419 51278393 51279419 51280979 51284483 51285803 51290363 51291629 51292469
51293813 51295319 51296153 51297773 51301049 51304859 51305363 51306683 51309809 51310433 51313343
51315053 51317873 51318539 51319553 51319799 51324209 51324233 51324659 51325349 51325559 51329819
51331499 51332513 51333239 51337133 51338153 51338939 51339143 51339443 51341093 51342059 51344939
51346643 51348179 51349433 51350219 51355319 51356009 51356093 51360563 51362543 51364493 51365159
51371783 51375749 51378623 51379649 51383963 51386249 51387233 51389483 51390959 51391199 51392543
51396203 51398159 51398423 51399473 51400229 51401513 51402359 51406583 51409103 51411263 51411863
51414509 51415739 51416303 51416639 51416699 51417263 51420443 51422699 51424673 51424739 51426269
51427163 51427529 51428369 51430889 51432509 51433643 51435743 51436289 51437219 51439673 51439793
51441023 51444119 51444863 51447659 51448373 51448913 51452993 51453053 51454103 51454229 51454583
51456833 51458663 51463823 51464993 51465143 51466853 51468479 51469763 51470063 51472469 51472853

```
51476423 51477953 51479033 51480059 51480323 51484409 51484529 51493649 51497129 51499163 51499769
51500159 51503789 51507173 51507653 51511049 51514049 51516539 51517859 51519509 51522953 51523133
51524813 51527699 51528149 51529553 51529739 51532073 51532889 51535859 51536729 51539909 51543809
51545099 51546623 51548963 51549293 51550259 51550643 51555893 51555923 51556079 51556493 51559199
51559829 51561203 51562733 51566783 51568043 51570713 51572333 51573779 51575393 51576989 51577853
51580493 51589073 51590183 51591569 51596399 51596879 51597083 51598103 51605063 51606029 51610649
51618659 51622199 51625589 51626369 51630263 51631823 51632783 51633563 51635063 51635099 51637433
51641153 51641483 51645263 51646559 51647159 51648563 51650129 51650633 51651563 51651599 51651863
51657533 51660683 51662183 51664829 51667079 51667949 51669209 51671099 51671969 51672233 51675119
51678383 51680669 51680879 51686879 51687329 51690329 51695279 51697829 51700013 51704489 51704753
51705443 51706433 51706943 51708593 51709253 51717299 51720923 51722309 51724229 51731633 51731903
51733679 51735143 51736469 51736733 51740033 51744263 51747593 51751883 51752303 51754673 51755849
51758513 51760133 51762383 51762989 51764129 51765023 51765089 51771959 51773369 51778229 51779309
51781343 51785549 51786023 51789779 51790493 51791969 51794789 51796763 51797183 51800069 51800123
51802403 51803789 51804359 51807533 51808013 51809759 51810233 51810719 51812279 51814583 51815639
51819233 51819749 51825029 51825743 51826139 51828449 51829439 51829643 51832013 51832103 51832373
51833693 51840203 51841043 51851213 51853283 51855299 51855473 51857483 51859889 51864173 51864779
51865409 51866519 51867149 51870089 51872273 51874643 51876323 51881729 51883313 51884309 51885293
51885299 51885923 51887123 51892943 51894569 51895229 51895979 51900263 51903353 51903653 51909509
51910559 51912323 51913289 51913583 51919583 51924599 51925733 51927833 51930953 51931703 51935573
51935843 51936779 51936953 51939389 51941663 51948569 51951563 51952259 51954053 51956783 51960119
51961193 51961733 51965003 51965729 51965783 51966353 51976559 51978659 51978929 51982823 51983423
51983693 51984293 51986999 51991553 51998399 51998939 51999593 52001303 52006133 52007789 52007849
52009823 52010243 52012193 52015433 52019189 52019213 52020383 52021559 52023203 52026269 52028573
52028579 52031099 52032059 52037633 52041449 52045223 52046903 52047179 52053569 52057403 52058159
52059239 52061099 52061309 52061969 52062893 52063373 52063799 52065323 52065593 52065869 52066589
52066853 52079309 52080989 52083593 52085249 52086539 52087043 52089293 52090529 52095419 52096883
52096949 52097723 52097879 52101953 52107323 52108019 52109033 52109429 52110923 52126163 52126493
52128113 52130363 52132313 52140293 52142339 52145459 52146593 52147643 52148909 52151009 52152449
52155899 52156673 52157789 52159823 52160219 52162889 52165733 52168283 52168559 52169333 52170479
52172369 52172639 52174679 52175429 52181693 52182869 52183613 52185209 52187903 52190993 52191449
52193633 52198193 52199429 52200059 52202693 52205129 52205693 52210313 52213883 52214999 52216529
52218983 52219253 52225109 52225403 52229123 52229813 52229819 52230869 52233053 52235159 52238369
52238663 52239899 52240913 52241009 52242653 52243679 52244369 52248173 52248533 52251119 52259423
52261949 52263773 52263863 52266353 52268273 52269023 52269293 52270139 52272179 52279289 52282799
52284923 52287113 52287803 52290923 52294673 52296389 52297079 52299083 52299983 52301213 52301303
52302083 52303469 52305419 52305713 52306409 52307033 52307303 52309343 52311323 52312889 52319213
52322069 52326563 52327673 52333289 52342019 52344599 52347863 52350983 52351223 52352123 52356173
52359119 52360463 52361423 52362809 52363469 52365359 52367303 52368353 52368383 52369589 52374293
52381253 52386149 52387739 52389833 52391063 52391099 52395509 52395593 52396763 52397333 52404563
52405673 52407269 52409993 52412669 52413869 52415543 52422809 52425623 52426883 52427993 52428023
52428179 52428413 52428683 52429193 52432109 52436003 52446533 52449863 52452479 52453799 52454849
52454999 52459493 52460003 52460543 52460813 52461653 52465613 52465943 52468133 52468193 52468733
52473539 52473929 52478369 52478423 52479929 52481969 52482233 52487213 52488263 52488413 52489589
52490423 52493873 52494203 52494209 52496429 52498709 52505753 52506983 52512539 52518803 52519433
52521509 52522139 52524623 52531403 52533269 52536983 52537559 52538093 52543499 52543943 52543973
52544573 52544819 52545299 52547129 52547879 52548659 52551623 52551839 52556429 52556723 52558559
52559723 52560983 52564709 52566383 52568303 52570319 52572623 52577543 52579139 52579409 52579883
52581593 52582769 52584443 52584803 52589909 52592153 52592759 52597229 52598333 52600043 52601639
52605893 52607939 52609493 52610009 52611803 52612823 52613009 52618829 52619993 52621169 52624493
52626989 52627343 52629953 52631633 52632689 52633979 52635683 52637033 52638563 52640303 52640513
52641899 52645349 52645793 52646309 52647323 52647389 52649879 52650959 52651103 52651799 52652063
```

```
52653203 52653413 52658999 52659413 52663973 52666853 52667843 52669223 52669343 52672583 52672709
52675019 52676549 52681133 52684403 52685393 52685723 52689359 52689509 52690223 52691399 52692779
52693139 52695239 52698953 52699733 52704023 52704269 52705073 52707983 52708913 52710029 52710263
52710743 52711493 52716479 52718339 52730543 52731083 52733393 52736759 52739909 52745669 52745813
52747973 52748963 52751453 52752263 52753373 52756349 52763423 52763933 52764293 52764713 52765019
52765439 52766639 52768829 52769303 52772333 52776203 52777349 52778003 52779899 52781633 52782689
52784003 52784159 52787183 52788143 52788173 52790813 52791023 52794029 52796333 52799303 52800509
52809629 52812869 52814453 52814609 52815629 52816853 52832603 52837019 52837133 52842533 52845893
52853219 52853369 52853903 52854083 52855163 52855823 52856753 52859063 52860113 52860653 52863983
52864463 52865993 52867499 52870073 52870409 52873283 52875353 52877873 52879373 52881953 52882013
52882793 52886033 52888163 52889423 52889519 52890713 52891253 52897703 52898039 52899179 52899293
52900703 52901279 52905299 52907093 52909589 52910909 52911503 52913519 52913753 52919969 52920089
52923089 52924199 52924649 52926413 52927949 52929053 52932023 52932629 52933949 52935749 52937123
52941359 52943783 52947029 52949909 52951763 52955873 52955999 52957319 52962659 52963913 52964729
52968983 52970003 52973573 52974563 52975943 52977629 52977803 52981499 52981679 52982789 52983323
52983803 52986023 52989533 52990529 52995119 52995809 52997909 52998779 53003003 53005493 53016473
53017073 53019773 53019803 53020133 53020553 53022083 53030129 53031833 53034473 53034809 53039933
53041223 53043143 53047733 53048069 53048273 53049383 53050379 53051513 53051753 53053373 53053439
53053463 53053739 53055143 53055479 53059973 53060963 53063063 53069309 53069609 53071019 53072219
53076563 53080799 53081009 53087213 53087459 53088083 53089103 53090399 53093489 53094473 53096639
53097119 53097623 53097773 53099093 53104703 53110793 53113169 53116529 53116649 53119103 53122469
53124059 53126393 53127593 53129033 53131769 53132039 53135249 53136119 53136593 53137769 53139689
53141129 53142599 53142653 53144489 53146133 53148743 53150183 53151419 53151473 53152199 53160473
53160533 53163443 53163923 53164343 53164673 53165993 53170193 53172683 53172893 53174063 53174339
53175833 53176703 53180849 53184689 53186459 53187383 53188379 53190503 53191049 53196233 53196749
53197583 53198753 53199719 53200583 53202893 53208209 53208983 53211089 53213393 53213939 53214209
53214593 53216633 53217893 53218019 53220593 53222423 53223179 53224973 53226863 53234609 53237153
53241119 53242859 53243189 53247209 53250299 53252093 53253839 53254139 53259203 53268329 53270099
53277233 53278019 53278523 53279489 53282093 53283563 53287583 53287859 53288393 53293349 53296583
53296979 53298419 53299643 53299973 53300333 53303153 53303639 53303699 53304269 53304833 53308163
53309759 53310233 53310293 53310539 53314433 53315393 53320853 53321903 53322023 53325749 53329079
53331209 53333183 53334269 53336219 53339063 53339609 53344883 53347319 53348723 53350889 53352599
53353043 53355413 53359469 53359853 53363543 53363669 53367053 53368823 53369093 53379479 53382383
53385149 53385803 53391413 53393069 53393579 53400719 53401433 53401559 53403533 53405843 53410229
53410589 53412839 53414789 53415293 53418923 53420459 53423999 53424023 53425019 53426003 53426363
53429969 53430599 53434523 53434709 53435933 53436629 53437529 53438243 53439863 53444609 53448449
53450069 53457713 53460899 53463029 53463149 53464013 53465519 53467229 53468483 53470223 53470283
53470979 53471459 53474153 53474423 53474489 53475419 53477453 53479253 53479733 53481503 53482073
53482343 53483399 53483543 53484419 53484803 53485403 53485433 53486123 53486183 53486633 53491643
53493983 53495369 53496353 53498183 53499389 53499689 53501573 53505863 53506529 53508893 53511569
53511863 53513363 53515223 53516069 53516783 53521889 53524853 53526569 53529473 53533313 53534633
53537453 53538113 53540099 53541893 53543279 53550929 53551583 53554829 53557139 53558339 53561309
53562629 53562893 53565329 53566169 53566679 53567159 53570603 53571779 53574299 53575433 53576213
53577059 53579243 53586503 53589089 53589923 53589953 53590973 53592263 53594699 53595719 53601689
53603573 53603939 53604563 53607563 53612393 53612549 53612753 53613233 53614433 53615363 53615459
53617043 53620673 53623463 53626679 53627153 53628623 53628983 53629973 53631323 53632283 53634233
53634863 53637593 53637659 53643263 53645849 53646809 53648033 53649653 53649839 53651333 53652383
53655293 53657099 53659433 53661479 53661593 53662019 53663903 53664839 53664893 53665883 53668469
53670509 53672303 53676383 53680019 53680703 53685563 53691299 53692703 53697503 53700863 53702843
53705969 53707799 53708549 53709923 53711159 53711303 53713739 53715209 53719493 53720063 53721809
53723513 53725229 53725349 53729369 53730653 53732369 53735243 53736803 53737193 53738543 53738579
53739149 53740139 53740283 53740679 53746289 53747663 53750423 53754413 53754593 53756903 53757713
```

53758559 53760023 53761289 53762399 53762573 53763533 53772503 53773073 53776979 53780453 53780873
53780999 53782913 53782919 53783003 53783399 53786669 53787323 53790293 53790773 53793923 53794259
53802839 53803133 53803643 53803979 53806559 53806673 53810129 53810483 53814863 53817059 53822759
53823299 53825069 53825483 53826719 53827283 53828123 53828699 53831819 53831909 53832209 53832269
53835989 53836619 53837939 53844683 53846339 53847023 53852339 53855513 53855723 53856359 53858729
53858933 53858963 53861039 53861183 53861543 53865593 53867189 53867813 53868179 53868539 53870573
53872349 53873933 53877899 53880149 53880863 53887649 53888993 53889089 53894303 53896499 53897183
53898023 53898203 53899949 53901383 53902379 53904863 53906063 53907053 53911163 53912279 53913413
53915903 53920589 53922443 53924939 53925563 53926919 53932409 53933513 53939789 53944199 53945999
53947193 53947853 53948663 53948759 53950703 53951669 53952953 53954633 53955683 53956319 53956499
53963603 53964203 53965349 53967509 53968793 53970743 53972123 53977229 53982839 53983889 53985419
53986043 53988449 53994623 53995373 53996963 54000053 54001193 54005729 54006119 54008093 54008723
54010409 54013103 54013373 54013793 54014633 54015359 54016283 54018323 54022613 54027719 54030023
54030863 54031283 54036173 54036473 54038993 54039263 54039539 54040643 54042353 54043103 54045923
54046403 54046409 54050999 54057929 54060203 54061253 54063239 54064943 54064949 54068489 54072593
54073109 54073133 54073769 54076163 54087443 54088613 54088889 54089963 54092123 54093659 54094763
54099989 54102539 54103853 54106049 54108833 54110519 54113249 54115889 54117359 54117419 54123353
54126179 54127319 54129473 54130883 54131219 54132899 54136349 54138473 54139703 54140693 54141569
54143753 54144059 54146633 54148673 54150419 54156029 54156533 54161843 54162623 54162683 54165263
54165803 54167903 54168773 54171839 54176333 54177479 54186959 54187019 54189419 54191003 54191213
54191573 54192263 54193019 54193283 54196253 54197999 54198299 54198563 54199133 54200759 54201473
54210113 54211133 54214883 54215753 54223223 54226493 54226979 54228953 54231503 54237413 54238199
54239183 54239459 54239849 54240713 54244769 54250613 54251339 54251759 54251933 54252689 54254933
54256049 54257789 54261689 54264173 54269279 54269993 54271319 54271853 54273683 54274739 54281693
54281789 54281873 54284063 54286019 54288683 54288893 54289673 54290399 54291329 54291389 54293909
54295079 54295253 54295649 54296213 54296789 54299543 54300563 54303779 54305453 54306149 54313043
54318353 54318989 54322589 54323183 54323393 54323543 54327893 54330203 54331493 54335063 54335609
54335819 54337043 54337973 54340673 54341393 54342779 54343199 54345773 54348383 54348659 54351623
54352229 54353759 54357839 54359759 54360503 54362519 54362729 54364463 54365483 54365513 54365873
54366023 54368399 54368789 54369713 54371753 54372359 54372473 54372743 54373493 54383429 54386693
54387323 54388073 54390263 54390299 54391703 54392759 54392963 54394943 54396119 54398579 54399893
54400169 54404849 54406013 54406403 54407189 54407729 54411239 54412313 54414863 54415409 54415583
54416189 54418583 54418769 54418883 54425639 54425669 54426923 54433469 54434519 54438053 54442523
54446159 54449513 54456659 54458903 54461783 54465959 54468443 54469529 54471419 54472109 54473609
54477623 54480143 54482933 54483983 54485573 54487019 54488183 54489713 54492149 54493583 54494663
54500993 54501449 54501803 54504143 54504899 54505109 54506429 54507053 54511763 54512543 54513209
54516173 54516659 54517913 54518333 54518939 54521009 54522659 54523643 54524153 54524549 54525533
54526739 54528059 54529109 54530093 54534269 54536123 54536159 54536819 54538199 54546683 54547253
54547943 54549023 54552293 54553613 54556223 54556973 54557843 54558293 54559229 54561233 54563039
54564773 54564869 54567809 54568103 54569789 54570293 54571229 54571463 54573203 54574529 54574829
54577469 54578033 54578129 54580709 54582653 54583229 54590573 54594653 54595199 54599423 54599813
54602183 54603053 54606599 54606743 54609953 54610373 54611009 54614519 54614909 54614933 54617729
54617819 54619679 54620213 54620339 54621293 54621503 54622439 54623903 54628433 54629213 54629453
54633653 54636629 54637403 54639209 54639353 54640199 54640373 54640769 54645533 54648029 54652649
54653639 54656219 54657143 54663029 54663569 54664559 54666383 54671273 54671663 54674423 54676619
54679049 54685259 54686783 54688223 54693113 54695093 54697949 54698939 54699383 54701039 54702023
54702143 54703703 54709769 54710273 54711053 54711263 54711749 54718259 54723989 54727769 54728963
54731003 54734429 54734819 54735353 54736043 54737933 54738149 54739253 54740489 54740639 54743333
54747653 54748229 54751979 54752069 54755609 54756743 54759959 54762359 54768173 54768503 54769289
54770099 54774029 54776759 54777479 54778109 54780419 54786293 54793253 54794279 54796523 54797819
54799919 54804329 54804803 54806519 54808223 54808373 54809399 54811013 54812249 54812903 54812969
54813173 54814433 54815213 54818789 54826223 54829823 54833489 54839423 54840449 54841373 54842009

54842159 54848099 54850403 54854633 54857843 54859589 54860639 54861809 54864653 54866849 54871409
54875423 54880289 54882869 54894179 54894533 54898313 54898859 54899633 54903683 54906389 54907949
54910469 54913613 54918263 54922193 54922403 54925109 54925973 54926489 54927503 54931169 54933143
54938573 54944063 54945893 54946889 54947729 54949733 54952979 54953309 54953429 54957713 54958919
54960173 54962993 54965303 54965843 54966953 54969809 54970403 54974273 54974333 54975419 54976349
54980333 54987899 54991589 54993509 54995273 54995873 55003733 55010933 55010993 55011353 55012703
55013279 55014803 55015409 55016189 55019759 55028219 55032773 55033109 55034543 55036049 55039403
55039559 55039739 55040669 55043099 55043459 55047593 55049909 55053209 55053623 55056593 55056959
55058609 55061663 55064549 55067093 55069403 55069769 55070693 55071833 55074263 55077563 55078319
55078823 55080533 55083569 55084259 55088339 55091579 55091759 55091873 55096199 55100729 55104323
55107389 55110959 55112273 55113533 55116563 55118579 55119413 55120283 55121483 55124609 55125599
55127729 55128179 55130909 55132673 55135319 55140539 55143773 55146809 55147259 55147289 55148213
55148843 55152593 55156499 55157099 55157363 55163753 55164029 55165079 55168439 55170113 55170179
55173749 55173983 55183643 55187273 55188599 55190189 55192223 55195559 55195979 55196363 55197119
55198109 55200389 55201739 55202183 55202513 55204973 55206929 55207193 55208759 55212593 55215299
55215899 55220939 55222313 55222649 55225199 55225949 55231619 55243913 55244939 55246553 55254929
55258739 55261259 55261439 55263899 55264403 55269449 55271273 55272809 55274183 55278473 55280273
55286663 55288973 55290563 55291343 55292129 55292459 55292819 55293779 55294073 55297139 55299533
55299593 55300319 55301849 55307303 55307333 55312919 55313213 55314449 55316939 55317329 55318619
55321823 55324343 55324799 55326443 55327049 55330199 55332479 55332743 55333133 55337069 55338779
55347983 55350209 55357019 55359053 55359449 55361513 55363019 55367489 55367579 55368389 55370099
55372613 55373453 55374353 55375979 55378523 55381649 55382153 55383593 55385639 55386713 55390799
55391543 55397813 55400129 55400459 55404203 55406189 55409489 55411949 55413563 55415933 55417139
55418843 55420049 55422089 55425203 55426379 55426433 55435829 55439603 55444313 55447439 55449623
55453043 55453169 55457849 55458983 55459493 55459973 55460033 55460369 55460759 55462139 55463393
55464989 55469003 55471709 55473623 55475939 55478243 55480583 55483283 55483919 55484909 55486313
55490723 55490783 55491473 55492163 55494539 55495949 55498193 55498529 55503659 55504733 55506023
55506443 55509593 55510223 55514909 55515419 55518173 55519199 55520579 55523393 55527299 55528163
55528169 55534499 55546499 55549943 55550783 55551389 55552169 55553573 55553609 55553819 55555163
55559093 55564133 55565183 55566053 55566113 55570043 55571063 55571993 55573253 55575599 55577393
55583543 55584773 55588289 55590653 55591433 55592969 55594823 55595009 55596659 55597673 55598513
55598909 55601363 55602383 55603403 55605503 55605839 55607483 55610339 55614413 55617713 55617923
55618193 55618949 55619969 55620899 55621733 55623443 55623989 55626359 55626953 55629263 55630199
55631393 55634459 55634933 55635683 55641563 55642733 55642973 55644269 55646939 55648343 55649543
55654793 55661429 55662653 55665479 55666139 55666613 55668083 55668143 55668419 55668953 55670663
55671449 55674659 55676303 55676903 55679033 55679639 55680563 55681949 55682213 55686209 55687949
55689173 55700063 55702739 55703009 55703429 55703579 55704023 55704293 55704899 55705619 55706933
55714079 55716299 55716893 55718249 55721453 55721933 55724033 55725629 55730333 55731239 55731293
55731653 55733459 55735643 55739993 55742339 55742579 55751879 55752419 55752689 55753739 55754609
55755083 55755863 55761473 55762103 55764083 55765343 55771613 55771739 55772369 55774193 55774259
55776839 55779599 55781783 55794083 55797569 55798733 55799993 55801853 55804223 55804253 55804289
55804499 55804709 55807403 55808309 55808843 55809989 55811543 55812299 55814933 55815659 55815839
55816529 55821113 55822919 55823489 55824029 55826159 55826423 55827053 55827449 55829699 55832669
55833863 55834199 55835333 55840133 55859759 55863179 55864103 55865039 55869959 55870019 55871363
55875653 55878533 55879223 55882769 55885493 55886513 55887323 55889219 55892663 55897223 55899059
55907303 55907909 55908173 55908263 55908533 55909499 55914179 55914263 55916849 55919483 55922963
55927439 55929299 55930163 55933649 55935779 55941059 55944989 55947659 55948043 55957199 55958159
55959083 55959749 55961183 55962983 55963343 55963553 55965593 55970543 55973873 55980839 55981199
55987259 55991189 55991483 55993103 56004353 56006063 56006183 56006999 56008373 56012459 56012903
56017163 56017289 56017469 56019059 56020463 56022959 56023433 56024459 56024603 56026973 56027099
56027123 56029619 56033903 56034323 56034389 56035079 56042243 56045063 56049089 56051783 56053373
56055803 56061839 56063459 56066369 56067239 56067449 56072909 56074289 56075969 56076329 56076743

```
56077733 56078609 56079473 56085119 56087039 56089889 56092973 56093963 56093969 56097953 56099063
56099399 56102009 56102339 56105789 56113163 56115959 56117549 56118389 56119109 56119733 56124329
56130059 56131919 56134649 56140319 56141009 56142269 56145053 56145269 56145989 56147309 56148233
56149673 56150543 56151239 56152469 56156459 56157683 56159513 56162933 56165429 56165513 56165573
56167343 56167673 56170463 56172269 56172593 56179379 56182733 56187623 56188439 56191073 56198063
56199623 56206253 56208473 56210813 56211989 56213159 56216843 56221673 56223053 56223449 56229269
56230073 56235323 56236913 56237063 56238509 56239103 56240633 56246423 56246579 56252219 56256803
56258903 56259719 56260943 56261129 56262263 56262413 56263079 56264009 56264399 56264573 56267273
56268389 56269553 56270783 56271569 56274593 56279813 56281763 56283473 56283743 56284649 56284769
56288009 56289749 56292053 56295203 56297603 56297933 56300873 56304893 56307263 56314409 56315453
56316839 56319023 56325149 56325809 56327543 56328329 56328593 56329583 56336669 56339033 56343779
56343869 56344289 56344523 56348213 56358773 56359493 56366273 56366903 56367659 56367893 56367953
56369723 56370299 56374823 56375183 56375393 56375573 56377043 56377523 56381063 56382323 56394203
56396969 56400269 56403629 56403929 56407223 56408249 56408459 56409449 56409659 56411189 56415119
56417633 56424029 56426483 56430299 56430359 56432819 56433983 56435573 56438813 56438933 56440859
56445773 56446493 56452349 56455109 56456909 56462249 56462513 56464949 56467199 56469629 56471273
56471813 56473799 56473913 56476583 56477279 56480873 56482493 56483369 56484119 56484569 56485349
56492879 56500733 56503103 56505269 56505899 56506613 56507879 56511029 56513819 56514869 56522519
56522789 56524763 56529299 56533913 56536559 56539529 56539673 56541239 56541713 56541899 56542523
56549693 56552453 56553383 56560319 56560583 56561273 56564699 56565233 56565923 56567519 56568593
56569193 56575763 56576489 56576633 56576963 56578943 56581043 56582549 56583503 56586713 56588513
56590013 56593793 56597279 56598623 56603873 56604293 56609183 56610503 56619473 56622119 56624003
56624363 56625353 56626049 56629913 56631593 56632553 56633963 56634059 56638019 56639783 56640989
56641769 56642753 56642879 56644853 56645399 56645999 56646059 56647823 56649143 56650109 56653379
56654723 56661383 56664929 56667713 56671949 56677403 56682473 56685119 56689469 56697353 56697659
56698133 56704013 56704139 56704253 56705069 56708153 56708783 56710403 56711003 56711339 56712923
56714219 56717723 56721029 56721389 56722433 56729903 56735489 56735669 56736083 56737073 56738663
56741369 56741453 56743793 56753243 56753423 56757689 56757923 56757929 56760449 56762213 56762339
56763533 56768039 56769263 56775233 56775863 56776613 56780393 56781563 56781839 56784083 56784599
56786633 56791379 56791859 56796353 56798873 56801219 56803979 56805659 56805719 56812043 56813723
56818589 56821553 56821679 56824919 56825003 56828279 56828573 56834903 56838059 56839439 56839493
56842343 56850323 56851673 56852249 56855093 56855213 56856473 56856983 56859389 56861873 56862479
56862593 56863073 56863379 56866949 56871473 56873489 56874683 56877083 56878649 56879789 56882069
56883773 56887553 56888543 56890133 56891759 56892683 56893379 56894693 56894963 56898689 56900843
56901293 56909159 56909483 56916413 56919389 56924369 56926559 56926643 56928143 56932913 56934329
56935253 56938313 56939483 56945363 56947109 56950499 56953769 56954549 56956019 56956649 56956979
56957759 56960093 56962343 56963129 56963369 56965703 56968259 56970899 56977253 56978639 56983103
56984423 56990039 56990429 56996939 56998913 56999153 56999303 57005243 57005699 57009149 57009923
57010403 57012569 57013199 57013283 57013553 57018233 57020213 57020693 57020753 57021389 57025109
57031049 57031493 57032609 57032639 57032933 57034199 57037583 57042773 57044063 57046043 57049043
57050159 57052349 57052379 57053729 57054863 57055013 57056039 57057419 57059993 57063599 57065033
57070193 57071243 57073193 57074819 57076373 57078569 57081413 57082673 57085559 57086873 57088709
57090353 57093863 57094679 57106793 57108143 57108599 57110453 57111839 57113453 57113663 57119333
57120653 57126539 57126623 57128243 57131579 57132893 57133493 57133649 57134249 57141503 57148103
57155303 57157109 57157283 57157973 57159299 57160193 57160619 57163049 57165809 57169709 57170903
57175259 57181433 57183029 57184643 57186329 57188849 57191369 57197243 57200009 57200729 57201113
57201509 57202823 57204503 57211463 57214193 57214373 57214649 57216119 57219083 57220049 57224963
57226289 57227003 57228833 57236639 57240569 57241559 57244433 57244829 57245393 57245609 57245693
57246929 57248063 57248573 57248699 57248903 57250283 57252473 57253673 57254369 57259409 57261779
57262319 57262853 57264479 57265853 57268259 57270749 57272933 57274229 57274433 57276113 57277019
57277793 57280523 57280673 57280703 57283493 57284303 57284603 57287999 57288299 57289679 57290423
57291029 57292223 57292673 57296033 57301229 57306803 57308753 57309233 57309569 57311069 57314639
```

57317063 57320369 57324209 57327713 57327719 57332969 57333719 57334649 57335249 57336749 57337859
57337883 57338153 57339983 57340229 57341243 57341423 57347183 57347963 57348359 57348719 57349289
57349403 57349613 57349709 57350159 57353519 57354263 57354299 57356363 57358583 57364889 57366839
57367559 57368099 57370013 57374483 57376463 57379529 57379769 57380003 57382673 57386453 57389333
57390323 57393593 57396149 57396299 57396623 57396809 57396869 57397349 57399269 57406523 57407123
57408083 57409199 57411593 57418139 57419963 57423689 57425393 57429503 57430679 57431123 57432569
57434873 57440879 57441749 57441803 57442499 57446489 57454289 57455399 57456263 57463613 57464843
57464999 57465923 57466229 57466589 57468569 57469193 57469733 57474689 57476063 57476819 57477683
57479963 57487763 57488153 57489479 57497243 57497399 57498929 57499133 57499889 57501893 57502073
57502733 57502883 57504449 57505433 57506909 57509489 57510749 57513569 57514679 57515429 57515693
57518189 57518969 57520013 57520439 57521549 57524513 57527969 57528533 57529613 57531053 57533939
57535529 57540473 57544313 57545633 57548993 57550313 57550589 57550793 57551633 57552179 57556613
57557369 57558899 57559283 57565169 57566543 57569513 57569723 57570659 57571043 57572759 57573539
57578819 57581549 57584393 57586493 57592949 57593513 57594353 57599183 57599513 57600113 57600353
57603083 57603113 57610499 57612239 57614369 57614429 57617303 57618443 57619379 57620753 57623729
57624263 57624383 57627473 57627599 57627863 57629219 57631103 57634679 57635213 57636503 57636809
57638783 57641099 57642449 57642803 57642989 57643403 57646343 57646559 57647753 57649079 57650639
57651059 57652373 57653993 57655343 57656243 57656453 57660539 57666299 57667163 57668423 57672743
57672869 57678983 57679493 57680489 57682133 57682409 57682673 57684953 57687653 57688733 57690329
57690389 57696503 57699413 57700553 57704249 57706403 57709793 57710183 57711239 57712289 57717323
57717623 57717713 57720059 57722243 57722453 57722993 57724193 57724913 57727259 57729173 57738353
57738773 57739079 57739169 57739469 57742703 57745043 57745703 57748199 57748709 57750779 57751289
57753203 57753653 57753959 57756113 57760529 57761603 57761999 57764573 57765083 57773693 57774659
57775499 57776783 57777623 57778613 57778709 57781133 57781649 57787283 57787883 57789323 57790553
57791039 57793289 57794123 57797429 57799673 57802253 57803183 57804713 57809309 57810563 57811493
57812609 57812693 57820709 57830369 57835229 57835703 57837749 57838829 57839129 57840599 57841169
57841313 57842093 57846389 57854189 57856313 57858149 57859859 57860459 57862529 57864689 57864749
57865673 57868313 57874829 57876683 57878459 57882563 57884903 57886949 57888989 57891629 57893063
57893663 57893813 57893873 57895559 57897743 57898259 57901463 57901829 57904883 57915419 57916763
57917039 57921029 57922619 57924479 57926969 57928373 57932993 57934703 57936503 57937133 57937829
57938753 57942119 57942809 57943013 57944093 57946313 57948113 57950573 57952463 57952913 57954983
57958289 57959393 57961493 57961853 57962153 57966479 57967649 57971093 57971219 57974459 57982553
57982763 57983213 57985073 57987389 57988253 57994949 57996023 57997223 57998729 58002473 58009349
58012613 58018613 58020713 58021889 58023263 58023869 58028303 58028849 58028969 58030523 58031663
58033823 58035023 58035959 58036133 58036403 58041149 58041953 58042073 58043633 58044209 58044359
58044869 58047053 58047323 58050803 58052513 58056083 58056503 58059329 58063793 58065053 58069703
58070819 58071599 58073423 58073579 58075169 58076153 58076339 58078523 58080233 58080383 58083359
58084853 58087979 58093109 58093253 58093439 58094243 58098263 58099913 58100303 58100363 58100459
58102799 58107509 58108163 58109633 58110119 58113119 58113383 58114373 58114949 58115339 58120109
58123073 58123283 58126793 58129139 58130669 58131473 58131929 58135463 58136759 58137179 58142939
58145459 58150283 58153373 58153883 58154273 58155299 58158539 58160279 58162529 58165853 58169213
58170929 58172333 58185773 58186889 58193693 58194113 58194683 58202783 58203653 58204463 58205393
58206689 58208939 58210199 58212449 58213619 58214753 58215413 58216859 58216913 58216943 58225103
58227803 58227959 58232099 58233473 58234703 58236053 58239893 58240499 58242869 58244603 58248149
58250063 58250273 58251269 58251593 58251983 58253879 58259189 58262339 58264373 58266023 58268009
58272899 58275989 58276349 58276793 58277669 58278359 58280273 58280693 58284203 58286363 58286759
58288619 58289519 58289909 58293743 58294829 58295519 58299233 58301783 58306289 58308149 58309859
58310309 58312409 58312763 58313039 58318853 58320263 58322009 58323593 58327343 58329143 58335533
58337159 58337249 58338383 58338953 58340603 58341743 58343459 58346633 58347563 58351283 58352159
58352303 58357499 58361753 58362383 58363769 58365449 58365953 58371779 58372043 58375409 58375469
58379999 58380593 58381643 58383659 58384589 58385219 58385693 58387223 58389323 58389503 58391453
58397093 58398233 58399223 58400033 58405313 58405733 58406129 58406879 58410923 58410953 58414589

58415579 58422263 58430639 58432793 58434479 58435073 58435439 58435673 58436513 58438559 58439093
58446533 58446893 58448933 58448993 58453523 58458539 58463843 58466129 58467473 58468043 58475309
58476023 58481543 58482059 58487399 58488383 58488533 58489499 58492859 58493843 58493849 58494239
58495709 58496849 58498673 58498889 58503233 58503569 58504679 58506053 58508903 58510883 58514069
58516109 58520573 58520849 58521503 58522193 58522433 58523243 58525553 58525793 58526183 58528919
58536689 58538813 58539359 58539479 58547603 58548239 58549919 58556639 58559513 58561259 58565033
58569809 58577093 58582319 58584293 58585889 58593809 58594103 58594589 58594799 58599479 58609283
58611803 58614233 58615169 58615253 58623083 58628519 58633103 58636313 58636373 58638953 58640759
58642043 58643363 58647989 58648619 58650029 58650173 58656623 58658189 58659413 58660379 58660403
58664933 58667363 58668353 58668359 58670483 58672073 58672283 58672613 58686629 58694813 58697339
58700459 58704413 58704479 58707683 58708553 58709309 58712189 58712873 58716029 58719233 58721699
58722299 58722353 58724849 58725053 58730993 58732529 58742009 58742279 58743263 58746053 58748153
58748159 58751873 58754249 58767899 58768739 58769159 58769219 58771073 58772999 58773629 58776209
58776299 58776689 58777919 58779953 58781483 58782953 58784543 58788029 58788083 58788953 58790393
58791413 58794839 58796399 58802819 58803863 58809353 58816403 58816559 58817273 58818239 58818449
58819919 58820123 58820243 58820369 58825313 58828739 58829159 58830263 58830683 58833419 58837403
58842869 58843289 58844969 58845359 58850453 58851239 58852259 58856093 58859513 58866893 58867619
58868993 58870313 58872293 58873319 58875629 58882289 58882559 58884509 58885643 58885919 58888829
58889279 58893713 58895093 58895279 58895729 58899773 58901819 58902989 58903913 58904663 58905113
58911059 58914533 58914659 58916813 58918043 58924373 58924403 58926359 58929593 58931423 58933733
58935713 58936343 58937849 58939553 58939619 58951913 58952879 58953539 58953833 58955723 58957439
58957523 58957529 58958153 58960613 58961939 58962983 58966703 58972373 58973639 58975463 58978103
58982543 58985939 58987949 58990313 58991753 58992179 58992299 58994153 58995749 58996013 58998839
59005883 59005889 59009543 59012153 59012969 59013683 59013833 59014229 59015153 59018573 59019953
59021393 59021513 59024429 59029853 59030243 59030369 59031449 59032229 59034389 59035589 59036513
59038223 59044049 59047073 59047853 59048603 59049569 59049779 59049989 59050703 59054993 59056169
59057783 59061923 59062253 59068193 59069249 59071553 59071559 59073653 59085083 59086463 59090723
59094719 59097509 59097719 59101013 59102189 59105603 59107913 59110619 59110823 59112929 59115323
59116439 59116493 59116853 59116859 59117213 59117489 59117813 59120423 59121119 59122649 59130293
59130509 59132093 59133083 59134709 59134979 59136449 59137973 59138069 59139023 59139329 59139389
59140013 59140619 59140733 59142773 59145563 59146739 59152403 59159489 59165789 59168663 59171243
59171603 59173259 59177483 59179199 59183513 59183639 59184143 59190623 59196233 59197013 59198549
59198939 59200649 59201189 59202509 59204303 59204933 59208323 59208689 59211233 59211539 59214593
59218823 59220743 59221139 59222153 59223473 59224283 59224943 59227433 59228993 59229413 59230943
59234393 59235569 59236013 59236283 59236679 59236913 59237963 59238233 59238953 59243633 59244533
59244833 59245139 59246573 59251229 59253503 59257613 59258819 59260919 59262089 59262953 59264333
59266703 59269289 59270213 59270363 59270903 59274389 59274863 59277863 59279063 59280713 59286989
59291009 59295479 59296673 59301653 59303903 59304989 59308493 59308649 59309213 59309819 59310299
59310899 59315153 59315489 59317469 59318279 59318489 59321189 59327993 59328719 59328959 59329223
59329709 59329733 59330039 59332613 59334659 59336279 59336873 59336999 59342243 59343143 59344823
59349089 59350013 59352413 59355539 59356763 59363939 59365373 59366033 59368763 59369489 59370323
59373113 59374043 59375909 59378153 59379143 59380649 59383463 59385593 59385923 59388209 59391113
59391719 59392769 59395313 59395559 59396009 59402093 59403749 59404259 59405459 59408819 59412533
59414123 59415029 59418083 59418473 59420513 59420813 59427323 59430593 59432129 59432963 59433659
59434943 59435303 59437919 59438843 59441489 59444249 59447309 59447753 59448533 59449079 59449283
59452103 59453963 59456153 59469149 59469953 59475413 59475743 59478593 59480159 59489453 59490923
59491469 59492033 59492243 59492759 59493509 59495003 59496029 59500043 59500709 59502959 59504129
59505629 59510933 59514239 59516393 59519573 59520743 59521109 59521439 59523449 59531639 59532509
59534159 59535653 59535803 59543609 59544053 59545103 59546219 59546633 59547959 59551049 59553029
59555399 59557733 59559743 59564969 59565899 59570579 59570603 59570729 59570963 59572559 59577593
59580023 59584043 59585819 59591789 59594303 59594693 59595983 59597249 59597663 59598419 59600609
59601959 59606633 59606873 59607479 59610773 59611973 59614433 59615813 59618033 59618423 59621123

59634413 59634989 59636273 59636333 59639579 59642399 59643449 59643989 59645633 59645849 59646473
59648063 59649263 59651639 59653679 59656013 59656829 59661989 59663729 59666003 59667743 59667929
59672909 59683859 59684123 59684249 59689109 59695943 59700089 59701199 59701853 59703029 59704223
59706233 59707673 59708339 59711819 59713289 59719463 59726603 59731433 59732273 59732423 59733029
59733293 59735003 59735843 59735873 59737103 59739503 59740979 59742899 59743643 59744813 59746103
59746523 59749139 59749559 59749913 59751383 59752403 59754083 59757563 59757569 59757653 59758883
59760059 59760269 59762933 59763839 59764349 59764769 59766683 59766809 59766923 59767139 59767583
59773013 59780159 59784113 59784149 59786873 59788409 59788913 59791103 59792879 59792963 59794019
59799269 59799539 59799893 59807123 59808869 59810633 59811863 59812463 59813249 59813609 59816573
59817083 59819873 59821109 59821523 59825723 59826353 59830649 59834303 59837903 59838293 59838599
59838689 59838833 59839259 59841329 59842049 59844359 59845823 59850683 59854103 59856059 59856383
59857313 59858633 59860439 59861453 59861969 59862773 59864303 59866973 59867009 59869613 59869973
59874233 59878613 59882519 59883119 59883623 59887913 59889503 59889689 59892089 59893013 59893373
59899919 59902229 59902949 59907863 59909579 59912393 59913779 59915909 59917283 59919803 59921369
59923679 59927333 59927639 59928233 59931563 59931803 59933663 59935649 59937233 59938799 59939279
59939933 59941919 59945783 59947313 59952023 59952443 59957459 59959703 59960639 59960783 59962379
59969099 59972669 59973383 59977409 59977559 59978339 59978729 59980103 59983739 59984009 59986169
59988083 59988419 59988629 59990369 59990699 59991083 59992013 59993033 59997323 59999993 60000653
60001589 60006833 60009749 60013559 60017213 60018863 60019049 60019079 60024953 60025523 60025583
60026933 60027353 60027923 60028253 60028439 60028889 60029603 60030083 60030389 60030749 60038873
60039719 60041183 60042089 60044273 60046229 60048353 60049859 60053099 60053369 60055043 60055763
60056963 60062609 60066113 60066983 60069209 60069563 60070019 60070589 60071603 60075293 60075299
60077093 60077513 60080249 60081149 60083333 60087773 60089933 60091079 60091859 60092369 60094019
60100979 60101753 60104189 60106223 60110783 60110819 60113393 60113489 60123599 60123929 60124709
60126359 60127103 60129299 60131999 60134999 60136019 60137009 60137873 60141173 60142409 60144239
60145703 60147959 60148733 60149339 60154103 60156689 60158099 60158669 60159839 60162593 60169013
60172589 60174533 60174953 60175229 60176093 60176723 60180359 60180623 60181403 60183869 60186449
60187163 60189683 60193433 60193649 60194279 60196553 60196709 60199829 60203189 60203543 60203873
60203879 60208943 60209819 60210383 60211643 60212423 60212693 60213239 60216419 60217529 60218789
60221873 60222359 60226973 60227333 60227879 60228893 60229313 60232499 60235013 60236993 60240359
60241589 60246689 60248033 60248273 60248483 60249179 60253073 60254609 60254879 60255119 60255389
60258713 60261269 60263939 60265619 60266579 60267899 60270179 60276743 60278093 60280799 60284993
60286223 60293969 60294263 60297299 60297323 60297719 60298613 60300329 60302279 60308513 60313013
60313289 60316859 60319643 60320153 60321809 60322973 60327083 60327623 60330953 60331163 60331373
60331559 60335939 60338549 60339509 60340289 60343109 60344129 60346703 60347519 60347783 60349013
60349799 60353879 60355283 60357389 60357779 60363629 60365303 60366863 60368573 60368729 60372209
60377423 60378119 60383573 60383699 60387083 60387653 60389249 60389963 60390119 60390653 60390779
60391679 60392753 60394073 60398363 60398489 60401273 60403103 60403169 60404633 60404783 60407603
60410879 60413219 60413603 60422273 60424649 60425639 60428729 60431939 60433073 60434063 60434189
60434483 60434513 60435533 60437579 60437633 60437759 60441053 60445739 60453923 60456659 60459869
60462179 60468833 60469583 60469823 60470159 60470849 60470873 60472889 60476219 60476723 60477569
60481793 60481829 60481853 60485279 60490673 60492203 60492413 60494183 60496679 60497249 60499139
60505733 60507803 60507929 60510083 60512849 60512999 60514763 60519863 60523583 60528179 60528659
60532859 60534563 60538223 60542309 60544019 60544343 60547199 60547589 60548093 60549239 60551429
60553469 60554579 60555959 60563549 60567833 60570749 60572783 60572849 60575453 60576473 60576713
60580073 60583109 60583643 60585953 60587993 60591059 60591929 60592313 60592583 60592613 60596999
60601133 60601973 60605729 60605789 60606593 60608819 60610079 60612053 60612323 60613979 60618539
60619733 60626333 60626939 60627239 60627659 60628283 60628499 60628619 60628643 60629363 60629843
60630239 60633263 60637259 60641153 60644483 60645743 60648359 60649343 60649409 60649709 60653759
60655883 60657743 60658673 60659999 60660563 60660569 60660653 60664193 60664889 60669803 60670079
60672203 60675833 60677789 60677873 60680303 60680489 60681749 60683033 60688013 60688349 60690593
60690923 60692069 60692939 60695153 60696479 60698153 60699263 60699473 60699833 60700859 60701213

60703403 60706109 60706829 60707753 60710813 60711323 60713459 60717743 60728249 60728273 60730343
60732929 60734819 60735929 60736349 60736829 60737069 60737279 60738329 60745409 60746069 60753029
60755759 60755879 60756023 60757253 60757733 60758069 60758963 60759059 60759533 60762083 60762899
60763793 60765209 60771803 60776129 60776783 60780719 60781943 60785033 60786053 60788159 60788963
60789689 60790979 60793709 60797003 60798509 60802169 60803003 60804473 60806303 60810209 60811433
60812729 60817343 60817733 60818339 60824969 60827699 60827813 60829523 60831509 60839459 60840233
60842273 60844709 60850073 60850193 60851363 60857669 60859619 60861329 60862583 60864599 60868673
60873383 60873833 60881693 60882599 60882869 60884699 60887273 60894623 60896009 60896219 60898703
60901229 60905063 60905189 60911033 60916469 60917693 60922709 60923039 60926543 60927749 60928013
60931133 60933443 60934229 60935183 60935513 60936443 60940289 60941519 60944969 60946163 60947129
60947993 60948623 60951119 60952109 60954359 60959309 60959813 60961553 60965549 60965759 60966809
60967073 60967139 60968003 60968543 60970229 60971453 60973079 60974423 60974813 60978089 60979973
60980603 60980609 60980873 60986039 60986993 60993689 60994469 60998183 60999089 61001093 61001513
61009853 61009913 61012739 61019243 61020623 61023929 61026683 61027163 61028783 61029389 61029989
61031609 61035659 61037183 61042409 61054139 61056263 61056893 61062119 61064963 61066223 61069769
61070459 61075403 61076633 61077323 61078109 61079033 61080263 61080863 61083383 61085099 61087529
61089779 61092569 61093289 61096499 61099919 61102889 61106723 61108109 61116239 61120589 61121393
61123379 61126073 61132679 61133669 61135583 61136363 61142519 61143479 61145069 61147613 61149089
61151033 61151693 61153973 61157879 61157963 61159859 61161263 61165469 61168169 61169963 61170563
61173083 61173449 61179539 61182713 61184489 61190033 61190669 61191233 61191863 61192529 61196879
61198523 61199993 61200929 61201529 61202903 61203413 61208363 61208639 61210703 61210763 61211603
61212743 61214123 61216163 61216973 61222823 61227143 61227233 61229453 61230443 61231139 61232813
61234139 61238483 61239863 61240769 61242689 61242743 61244093 61245053 61246859 61247663 61248959
61249949 61250153 61251023 61256939 61259609 61261229 61267463 61270613 61270673 61272803 61275653
61280099 61280123 61285253 61286063 61286573 61286579 61290683 61295753 61296743 61299599 61301783
61303373 61303499 61304123 61306463 61310153 61311389 61311779 61314923 61321763 61324073 61326203
61327163 61333199 61335563 61336889 61339319 61342343 61343213 61346273 61346723 61348103 61349363
61355933 61356359 61356413 61356539 61357613 61358189 61358903 61361753 61362863 61367723 61370489
61371179 61371203 61371809 61373423 61376603 61378799 61379723 61380029 61381289 61384553 61384733
61386263 61387559 61388423 61388429 61392473 61396889 61397663 61400123 61401803 61408103 61409069
61409489 61411043 61413713 61415099 61416269 61418783 61419629 61419653 61420043 61424543 61425659
61430753 61431053 61431059 61431143 61433453 61434479 61435529 61436213 61439699 61439789 61440089
61440959 61447439 61448969 61451723 61452329 61452533 61453883 61455893 61456673 61457849 61458053
61459589 61463399 61465373 61465493 61467089 61467779 61468493 61468769 61469423 61471139 61473239
61476323 61477613 61479569 61479683 61483193 61485689 61487483 61488239 61489919 61491389 61492913
61493279 61495823 61497413 61497773 61497983 61499393 61499699 61501409 61504913 61504973 61510679
61511399 61514759 61515803 61516943 61521233 61528223 61529183 61529789 61530533 61533869 61534793
61534859 61538129 61540169 61541303 61544453 61546343 61547639 61550249 61552493 61552649 61554593
61557173 61558433 61558979 61565033 61567559 61568009 61568933 61571453 61571963 61573163 61573229
61574483 61575053 61577699 61579319 61581059 61581623 61583969 61585493 61587299 61589483 61591259
61593503 61593929 61594139 61594343 61594889 61598423 61602269 61607333 61607993 61608923 61609349
61611713 61611773 61612769 61614659 61615013 61615943 61616573 61618169 61622783 61624313 61624883
61629653 61631393 61633889 61635473 61636103 61642589 61643033 61644449 61651049 61653269 61655339
61655603 61656839 61661153 61665683 61665743 61665869 61666763 61667033 61670393 61671293 61677029
61679069 61684349 61685159 61693529 61693553 61698473 61704899 61706009 61706063 61708463 61709909
61711619 61715009 61716449 61718369 61719149 61720289 61720583 61722893 61725299 61725809 61726433
61727723 61731833 61736249 61740083 61741259 61741643 61744223 61752989 61753019 61753073 61753649
61754993 61755929 61756823 61757123 61760483 61764569 61765883 61768313 61774283 61774649 61776779
61781039 61781123 61784669 61784699 61784939 61792463 61793009 61794149 61795199 61801829 61801979
61805363 61809053 61811369 61820393 61821923 61822289 61823759 61824083 61825103 61826189 61828769
61829063 61829123 61831079 61831169 61833389 61834079 61839209 61839749 61840409 61843349 61843973
61844483 61846913 61847189 61849253 61849919 61851353 61855049 61855253 61855793 61858259 61858859

61861049 61862093 61866209 61867373 61870223 61871093 61873943 61875059 61876679 61877663 61883093
61883183 61886453 61887509 61888829 61891463 61891859 61895423 61898099 61914563 61915019 61915109
61918529 61921529 61929839 61930103 61932473 61932743 61933013 61934693 61936883 61944593 61945619
61947689 61948889 61949183 61949753 61951139 61952459 61957589 61959773 61960439 61962503 61963619
61963703 61968293 61968779 61979783 61981019 61983143 61988639 61990079 61990949 61991753 61994753
62001059 62004749 62007173 62008889 62009933 62012273 62017199 62018543 62018903 62020373 62022833
62023889 62029559 62029823 62030009 62030669 62036879 62037263 62041043 62042693 62043419 62048099
62050283 62050613 62051189 62051933 62053133 62053763 62054039 62054189 62054249 62056889 62058323
62058719 62061089 62063153 62065973 62067023 62067353 62067413 62067899 62068889 62074223 62076929
62079653 62079779 62079833 62083223 62085713 62086289 62091569 62095613 62096789 62098853 62099099
62099123 62101883 62103869 62105783 62105999 62107289 62107343 62108243 62109473 62110049 62110739
62110883 62113613 62116319 62117729 62122283 62127419 62127479 62132663 62132963 62133443 62133653
62133899 62137613 62139089 62140103 62141309 62146589 62153033 62153159 62154773 62154929 62158703
62163119 62164013 62169479 62170919 62173679 62174639 62176223 62181419 62183609 62189453 62192159
62196539 62197409 62202953 62205389 62207429 62207633 62208089 62209289 62211053 62211269 62212049
62218049 62220029 62220533 62221889 62223173 62223449 62225753 62229659 62232899 62233373 62235209
62239049 62243243 62243399 62247539 62251853 62255159 62257523 62259089 62259569 62264753 62265113
62266409 62268779 62272349 62277119 62278193 62280563 62288003 62290859 62294993 62296739 62297663
62298839 62299403 62299949 62300039 62301929 62302013 62302133 62302139 62302853 62309399 62314559
62315189 62319143 62324453 62330189 62332373 62334353 62334929 62335673 62336903 62339243 62339549
62339939 62341943 62342639 62343899 62344433 62344619 62345303 62350649 62354489 62356523 62357909
62358563 62359079 62359679 62359883 62360453 62361269 62364149 62366459 62370593 62376029 62379353
62379683 62380343 62382569 62386553 62388653 62389493 62390483 62393603 62400269 62400323 62402999
62403779 62405033 62405159 62406863 62413733 62415179 62416649 62416769 62419289 62422469 62424023
62425463 62425949 62426453 62426999 62427509 62432213 62435459 62436683 62437499 62438699 62440019
62444549 62444813 62447669 62448989 62449883 62450243 62450903 62453273 62454449 62460119 62462903
62463833 62465699 62466353 62467739 62470913 62471609 62471879 62471963 62475863 62476679 62478569
62479583 62482643 62485133 62489099 62490143 62492789 62494793 62495819 62501633 62501723 62502113
62504003 62504093 62504399 62505029 62505959 62508839 62509823 62513939 62515133 62516609 62516819
62517029 62519339 62520599 62521859 62525873 62526419 62528129 62528573 62529749 62532293 62532413
62535293 62536739 62536949 62537399 62541383 62544869 62545079 62545403 62545589 62546513 62547209
62549243 62550623 62551889 62554259 62558129 62560259 62560919 62564609 62565053 62571269 62571689
62577293 62579333 62582153 62584079 62584673 62584859 62585849 62589413 62589749 62595839 62597603
62603693 62606993 62611019 62614589 62618009 62620433 62622503 62624153 62627633 62632319 62637203
62639939 62644259 62645189 62646803 62647523 62648753 62649413 62652179 62653163 62657813 62657873
62658983 62676143 62678723 62683409 62684129 62692709 62695289 62697983 62699333 62700713 62701109
62705663 62706779 62711123 62712599 62713379 62714213 62715083 62718833 62719523 62720849 62721383
62722073 62724089 62727653 62732123 62732909 62734103 62734643 62737589 62738243 62738603 62741669
62743853 62745233 62746319 62750813 62753699 62754179 62754773 62760653 62760749 62762663 62763143
62765099 62765243 62765639 62772929 62777009 62779103 62779373 62782613 62782829 62783333 62785829
62786033 62788499 62795279 62799839 62813519 62814803 62815019 62822339 62822489 62823353 62824049
62824379 62826233 62826689 62827619 62834879 62839163 62844839 62845313 62846429 62846939 62848013
62848343 62849333 62849483 62852879 62854829 62856203 62858489 62858513 62858723 62859389 62859773
62860043 62861423 62864033 62867093 62868749 62870543 62871299 62872289 62873903 62877599 62888093
62888333 62888393 62894003 62895389 62896919 62898239 62898449 62901413 62906573 62907359 62912579
62913953 62914343 62914619 62916593 62917763 62918879 62920883 62926403 62931359 62933009 62935319
62937599 62940023 62942843 62943539 62943983 62944103 62944499 62946473 62946599 62947403 62950799
62951309 62954123 62956979 62962673 62963363 62963993 62965613 62969303 62971313 62972159 62972363
62973359 62974193 62975249 62975903 62977493 62977769 62977853 62982869 62993153 62996399 62996513
62996579 62997449 62997923 62998109 63000293 63002573 63002939 63003389 63005483 63008789 63011873
63013589 63015119 63017579 63019613 63020129 63020939 63022079 63022523 63024323 63025013 63026039
63026303 63026339 63030983 63033293 63036443 63036929 63039029 63042569 63044699 63045113 63047843

63049169 63055589 63057623 63062459 63062669 63062693 63067019 63069953 63070103 63070313 63073319
63075053 63076259 63086363 63087593 63089489 63092819 63095303 63096833 63098879 63100409 63101933
63103679 63103979 63106493 63106553 63107573 63109289 63112589 63117179 63119663 63121319 63123113
63127073 63129119 63130583 63133799 63135659 63135953 63138923 63139019 63139553 63143939 63144863
63146459 63148439 63148763 63153323 63158993 63159779 63161099 63161789 63162353 63164999 63166139
63167213 63167519 63167969 63169493 63172673 63174719 63175529 63176849 63181073 63181649 63183443
63184763 63184799 63185729 63186839 63187979 63190769 63199553 63199919 63202043 63202619 63202913
63203279 63205319 63205739 63215219 63217163 63217403 63218399 63221423 63221969 63223169 63224093
63225083 63225593 63227273 63229619 63231659 63233609 63234779 63235643 63235853 63241463 63244949
63245579 63249089 63251879 63253343 63254003 63259463 63259739 63261563 63265469 63265613 63267623
63268553 63269879 63271163 63272879 63273053 63278339 63279119 63279239 63280319 63280979 63283439
63284723 63288083 63288899 63289013 63289043 63297263 63303743 63304859 63305003 63305213 63316163
63316199 63317213 63321029 63322349 63332513 63333953 63333983 63336989 63341543 63342809 63343229
63344213 63345263 63345869 63346253 63347033 63347183 63347789 63349703 63352073 63353093 63354779
63356333 63356693 63359039 63359759 63360179 63362933 63364523 63371309 63372143 63374219 63379769
63381833 63383543 63385193 63385433 63390689 63392639 63393563 63394679 63395543 63396563 63400019
63400439 63401843 63402539 63404219 63406649 63407819 63411329 63413699 63414569 63415043 63415823
63418469 63420029 63420239 63421103 63422813 63423599 63428159 63429083 63429323 63429869 63431783
63431789 63432989 63436349 63437669 63441173 63441179 63445169 63446423 63447473 63449153 63455039
63458123 63459719 63461819 63467753 63467843 63472163 63474479 63476723 63477083 63482753 63482873
63486029 63486569 63487769 63493613 63494429 63494663 63495863 63496883 63496973 63497723 63498899
63500039 63502223 63504869 63507569 63509249 63509513 63511163 63511229 63512159 63514823 63516653
63517529 63518699 63519569 63520673 63521543 63523259 63524243 63525653 63526049 63527609 63528539
63530723 63531113 63531203 63533363 63534473 63535529 63537923 63541553 63542603 63544139 63547223
63552683 63557723 63558623 63559763 63564659 63565823 63566843 63567083 63568079 63568133 63572753
63574529 63581099 63582203 63583259 63583343 63583379 63587393 63590909 63591383 63593633 63594809
63595643 63596003 63597689 63598043 63600473 63602639 63605963 63607553 63608579 63610139 63612023
63616463 63619109 63619379 63629669 63632213 63632633 63632669 63632813 63634409 63635909 63638453
63638843 63643109 63644219 63646829 63648743 63649409 63651299 63653483 63657719 63658613 63662303
63663923 63666413 63667823 63668849 63669869 63672473 63673853 63674543 63675653 63680429 63680693
63680993 63682529 63684293 63684353 63685763 63687413 63687653 63687803 63690239 63691493 63691973
63694133 63696239 63698699 63701999 63705683 63706073 63706133 63707459 63710513 63711839 63714323
63717299 63720809 63721379 63722693 63725489 63727049 63727193 63727403 63729593 63729983 63732359
63733139 63733199 63735263 63738413 63740819 63743219 63748073 63750383 63750839 63751073 63752033
63755663 63757223 63758963 63759593 63760253 63762383 63763229 63764423 63766529 63768473 63772259
63772529 63776759 63779123 63780179 63782129 63784403 63785093 63785339 63785363 63789749 63789923
63790673 63790949 63794459 63798083 63800129 63801929 63802643 63804623 63805169 63806273 63807713
63809159 63810053 63810629 63814643 63815429 63815513 63821249 63824549 63825263 63825659 63826019
63826079 63829583 63834299 63835253 63835979 63836813 63837863 63840863 63843359 63843569 63844289
63845423 63846743 63846869 63848909 63851999 63853073 63854519 63854783 63857999 63859949 63860663
63860999 63862223 63862313 63862919 63864659 63865799 63865853 63869453 63870809 63873263 63874649
63877013 63877043 63882779 63887639 63891869 63896159 63897563 63902159 63904019 63907439 63907799
63910439 63912773 63914969 63915389 63916949 63917993 63922049 63925943 63926543 63927113 63930263
63933179 63933503 63936959 63939209 63939833 63949013 63950459 63950759 63953849 63955763 63957143
63957149 63957359 63959639 63963863 63966263 63972329 63972539 63972599 63976019 63977003 63979073
63980099 63981083 63983099 63983603 63986519 63991673 63992039 63994163 63994523 63999833 64003889
64004729 64006823 64006889 64010993 64015559 64015823 64016159 64016273 64016819 64018793 64021103
64027289 64028753 64030859 64032263 64038479 64040633 64042949 64043279 64046303 64048763 64052273
64054313 64058639 64058993 64061009 64068899 64070333 64071209 64072433 64078169 64078433 64078523
64078589 64078799 64081019 64082939 64085663 64088669 64089359 64089953 64090853 64090973 64091243
64091393 64097249 64097513 64098299 64098773 64099043 64099499 64101809 64106183 64108559 64110353
64110509 64117379 64119383 64119719 64119953 64120613 64123253 64128143 64130309 64134233 64135943

64136993 64139219 64144793 64147799 64153619 64155473 64155629 64155683 64159943 64162463 64163849
64165169 64170443 64174823 64176533 64179443 64181483 64181963 64182203 64183439 64184933 64188419
64189133 64190933 64195529 64195619 64199249 64199519 64200863 64211579 64212173 64213949 64214483
64215719 64215743 64216109 64216319 64218839 64219559 64219619 64220213 64220633 64222919 64226573
64227563 64229219 64231439 64232489 64234493 64234589 64235603 64235753 64237973 64239473 64240139
64240223 64241549 64243103 64243169 64251419 64251683 64253729 64255913 64256513 64257233 64257383
64257689 64260743 64262213 64265249 64266203 64269329 64272353 64272473 64274219 64276169 64277753
64279763 64282733 64286693 64287329 64288223 64288859 64288949 64292549 64299359 64301183 64302383
64304783 64306289 64308389 64308533 64309139 64310789 64311413 64311899 64314149 64315469 64316333
64322903 64324049 64326173 64329719 64332809 64332959 64334663 64335773 64339553 64345889 64346333
64346423 64351373 64351439 64353539 64353629 64356293 64356359 64359989 64363769 64365683 64366019
64369499 64369583 64370093 64372739 64375169 64376159 64377779 64378169 64379069 64379993 64380779
64382273 64389053 64389959 64390229 64392143 64394663 64399463 64405343 64405889 64406393 64407053
64409003 64409519 64411439 64421603 64423283 64425929 64426469 64427123 64428503 64428713 64433249
64434599 64436189 64437083 64443569 64446953 64453013 64456439 64457909 64465889 64468259 64472393
64475039 64479599 64482023 64483019 64483889 64489709 64491233 64492409 64494653 64495559 64495589
64500209 64503503 64507013 64509083 64511033 64511729 64513703 64514669 64515593 64516043 64516709
64518959 64520783 64522379 64524833 64525199 64528253 64528643 64531823 64533719 64534733 64536623
64540439 64544099 64545389 64547033 64549553 64549913 64550093 64552259 64552979 64557203 64557833
64562093 64565009 64565213 64567133 64567193 64572923 64574063 64574753 64578029 64578383 64580513
64581383 64583219 64587119 64588889 64589153 64590503 64598273 64600979 64608149 64611023 64612349
64614779 64615643 64617893 64618223 64618643 64619909 64620233 64626869 64629833 64632593 64638803
64639439 64639469 64639859 64640393 64641119 64641383 64642733 64644533 64649243 64649939 64650959
64651589 64652993 64655183 64655609 64658333 64658459 64664783 64664909 64665833 64668293 64670153
64673963 64675673 64677209 64679579 64682759 64684289 64687919 64688579 64688999 64694813 64701503
64701629 64703813 64704593 64705379 64707683 64712243 64712663 64715933 64716143 64716803 64719593
64722473 64724213 64732043 64733573 64735739 64736669 64736753 64738319 64742753 64744079 64745099
64747019 64747283 64749683 64752179 64753583 64754909 64757873 64758143 64759433 64764593 64765313
64766969 64769279 64769933 64771643 64783919 64785659 64788089 64789253 64790993 64791059 64791509
64791983 64792103 64796423 64796519 64797203 64797413 64798763 64800899 64803143 64804703 64810019
64810523 64810913 64811399 64811459 64814003 64816259 64817633 64819259 64821149 64822223 64822679
64824299 64824563 64829783 64834499 64835273 64836743 64837403 64839353 64841093 64845323 64848323
64851203 64851233 64852223 64859363 64862873 64866443 64866803 64870469 64876589 64876793 64877003
64878119 64878683 64879313 64879679 64884623 64888559 64889213 64891163 64892279 64894013 64894229
64897799 64900799 64901939 64905773 64907039 64908149 64908359 64908383 64908659 64910789 64912433
64913963 64917953 64920833 64922789 64922873 64923203 64928189 64931753 64932683 64933283 64936589
64938389 64941053 64945343 64945649 64945823 64948073 64954163 64960013 64960433 64960853 64964093
64965833 64966199 64968779 64971479 64972163 64973333 64980533 64984019 64985159 64986749 64991819
64998359 64998809 64999223 65001719 65007053 65008613 65016863 65018903 65021969 65022473 65024573
65025179 65027489 65028209 65028779 65029703 65044559 65045033 65055803 65056973 65059199 65064299
65064563 65066219 65067479 65070773 65070899 65072963 65075033 65075519 65080013 65082449 65083619
65084249 65086583 65092799 65095259 65097563 65101073 65101793 65101919 65104493 65106089 65106449
65106533 65115569 65117183 65119259 65124173 65126669 65130293 65130959 65131763 65136119 65138429
65139983 65140373 65140739 65144273 65146013 65147039 65149229 65150159 65150903 65151083 65152133
65152553 65152673 65157419 65157899 65161913 65162549 65170139 65172689 65177033 65179199 65180333
65181899 65182619 65187179 65187533 65188223 65190959 65191163 65193539 65196359 65197763 65199713
65199929 65201099 65201963 65203403 65203433 65204543 65206139 65206439 65209253 65209829 65211533
65212253 65214113 65216999 65220509 65224073 65225063 65225789 65226779 65228693 65231423 65234909
65236079 65237999 65239253 65239409 65241419 65244083 65245913 65247449 65247863 65248433 65251349
65251583 65252153 65255453 65255873 65259329 65259983 65262173 65262299 65267243 65268323 65269283
65269439 65270993 65271359 65271809 65271989 65273063 65273339 65273363 65273909 65282183 65284319
65284679 65285123 65286059 65288159 65288843 65289233 65290553 65291519 65294513 65297723 65297819

65301419 65302883 65304203 65304419 65305853 65309999 65311553 65311619 65313359 65313653 65315429
65321489 65322359 65322623 65323133 65325503 65325779 65331869 65332829 65336213 65337719 65338079
65339693 65340659 65340689 65344343 65345069 65350223 65350409 65350559 65351183 65353289 65359793
65360723 65361473 65361899 65362463 65362499 65367413 65367443 65369753 65375099 65375813 65382683
65382749 65383463 65384573 65386463 65389073 65389553 65390093 65393903 65399699 65402633 65403203
65403209 65404133 65404463 65404679 65408753 65409269 65410259 65416343 65426909 65428823 65430479
65435459 65437439 65438183 65447309 65448479 65449019 65450453 65451329 65452619 65453543 65459573
65467313 65467553 65467709 65468393 65472989 65473949 65474333 65478719 65479049 65481359 65482583
65482649 65485769 65486693 65492579 65495399 65496209 65496839 65497259 65499029 65502533 65504849
65506163 65507609 65509523 65509583 65509859 65510699 65515223 65515283 65517383 65519843 65524643
65525153 65525489 65526053 65527043 65528399 65529839 65530649 65531789 65532839 65533613 65535293
65535623 65536193 65536613 65537399 65540543 65543189 65547533 65548559 65549993 65552579 65554019
65555183 65556899 65561693 65562989 65563769 65565653 65566703 65567693 65571053 65574059 65575649
65576663 65577329 65579093 65580899 65583503 65585699 65586929 65587163 65588843 65589239 65589773
65591453 65593289 65593553 65596343 65599643 65599679 65600693 65603033 65607089 65608793 65611349
65611523 65611613 65617133 65617949 65620553 65621813 65622929 65624099 65630093 65630573 65632643
65633063 65633213 65633933 65637959 65639939 65640083 65642723 65644223 65644979 65646293 65648399
65651513 65652893 65653403 65654453 65659673 65660429 65660663 65660753 65660813 65663393 65666999
65668133 65672069 65672363 65673059 65673953 65675303 65680493 65682833 65687879 65688053 65689439
65689919 65691053 65693009 65693483 65694413 65695793 65696849 65698103 65702249 65703779 65703959
65704349 65707283 65710019 65713649 65713883 65718479 65719193 65721653 65724233 65726033 65729663
65731049 65733389 65734079 65737253 65739893 65742959 65744543 65746223 65746883 65749049 65749289
65751293 65752943 65753489 65756063 65756759 65757509 65761379 65761523 65765009 65768039 65768669
65772149 65776313 65778659 65779223 65779589 65779739 65782859 65785073 65785259 65787173 65787779
65791829 65794433 65799323 65800589 65801243 65803763 65805023 65806913 65808779 65808839 65809253
65810639 65810999 65813543 65815163 65818163 65818799 65819423 65820263 65823503 65823713 65825393
65828993 65830283 65834399 65838953 65847653 65850233 65851433 65857223 65862299 65863019 65863769
65864999 65866343 65866613 65870243 65871269 65871959 65872589 65873459 65873789 65877239 65877809
65880599 65883299 65887313 65889809 65891993 65896469 65898809 65899373 65900843 65902229 65904953
65906969 65909633 65916353 65918213 65921123 65922113 65923079 65926499 65932073 65936219 65944253
65945279 65946509 65948579 65951129 65952413 65953733 65953763 65954579 65957453 65959409 65960519
65961719 65962223 65962313 65964533 65967509 65972453 65973689 65974049 65978669 65979059 65979239
65981759 65984003 65984423 65986253 65987903 65988239 65989103 65991143 65996153 65996933 65997719
66000659 66001163 66008879 66011723 66014843 66018083 66018149 66018923 66019493 66025469 66027233
66029933 66031373 66031943 66035159 66038519 66040619 66041219 66042419 66045599 66046373 66046769
66047903 66051263 66051413 66052439 66055133 66058313 66061049 66062219 66066653 66067223 66067979
66073019 66073853 66075083 66075629 66076733 66077969 66078119 66079049 66080093 66087023 66087893
66089423 66089669 66089813 66089819 66090929 66092633 66096209 66097613 66109079 66109943 66110969
66111599 66112433 66115013 66115169 66117773 66118163 66118373 66123653 66123989 66125513 66126029
66127703 66135809 66135929 66136589 66137843 66138053 66139379 66140033 66141233 66141623 66141749
66143663 66146189 66150053 66151259 66151493 66151643 66152153 66153803 66157139 66158003 66160883
66162023 66162149 66163313 66164009 66166889 66167219 66168533 66168983 66169973 66178823 66179369
66189443 66190073 66197129 66197333 66199169 66199739 66199949 66199979 66204119 66204263 66205829
66207803 66210143 66210533 66211823 66213839 66215843 66215939 66217589 66225713 66226739 66229703
66231629 66231989 66235943 66236393 66237623 66239669 66239753 66240173 66243179 66245363 66245579
66247673 66248723 66249503 66249539 66252299 66252713 66254663 66255719 66257753 66257843 66261059
66262403 66262463 66265763 66266279 66268883 66269069 66269303 66270929 66272819 66273209 66277889
66278423 66280163 66281753 66281933 66283043 66285449 66285893 66286613 66287729 66287783 66291119
66295583 66295973 66298829 66302993 66307133 66307649 66308999 66310823 66311939 66312143 66312833
66318149 66320729 66323693 66323969 66325223 66328733 66334409 66336299 66336563 66342989 66343499
66350969 66351149 66352763 66353393 66354713 66358109 66358349 66358373 66358433 66359603 66361283
66361709 66361913 66362249 66370319 66373019 66373529 66375329 66377039 66378239 66382913 66385283

66388853 66389129 66390053 66390449 66390713 66395453 66395783 66397763 66398933 66398963 66399143
66400349 66402053 66402533 66406079 66408113 66416963 66418013 66421913 66422579 66422729 66423719
66426719 66427589 66428699 66429893 66435053 66437939 66441143 66441569 66444869 66445433 66449303
66450029 66451823 66452033 66457049 66458429 66462659 66463049 66466553 66467699 66472253 66474053
66475169 66479663 66480539 66480653 66483233 66483713 66484529 66485063 66486389 66489743 66492719
66493799 66496229 66500909 66501863 66502049 66502643 66503309 66506333 66507173 66510113 66510299
66510533 66513719 66513899 66517163 66519413 66526853 66527969 66533633 66534983 66535523 66539183
66539549 66543203 66543929 66549473 66550619 66550829 66555743 66557789 66557993 66558749 66562829
66563489 66564209 66566723 66567929 66568709 66570683 66572279 66572543 66576089 66576563 66579533
66581153 66582233 66583073 66588569 66593399 66596213 66596903 66600983 66601523 66601553 66603233
66605579 66605783 66608453 66610163 66610493 66611339 66613133 66616493 66618353 66619043 66620159
66622943 66623003 66624293 66626249 66627569 66629963 66631133 66631979 66635609 66637163 66637619
66637673 66637793 66638333 66640373 66641639 66642629 66643883 66644849 66649139 66661883 66668873
66671249 66674843 66675209 66677183 66677549 66678149 66678203 66680753 66682949 66683849 66687749
66689999 66691253 66693563 66698393 66698699 66701573 66704483 66706253 66707219 66709463 66709859
66712829 66714839 66716189 66717929 66720743 66721943 66727253 66728339 66728573 66728933 66729599
66732623 66739223 66740153 66742103 66743489 66748289 66751193 66751973 66753629 66756479 66759659
66769289 66770003 66770969 66780209 66781469 66785963 66786983 66790319 66792893 66793043 66793703
66793973 66794993 66796973 66805229 66806123 66806969 66809153 66809843 66811313 66814823 66822263
66822323 66824783 66828269 66828353 66828959 66829943 66831773 66834689 66835193 66837143 66839249
66841349 66842753 66842813 66843239 66848069 66848543 66849323 66850319 66852323 66854213 66854423
66858689 66859379 66861953 66862619 66864389 66867413 66867869 66868349 66872573 66873743 66873899
66874343 66877253 66882719 66884663 66886643 66891953 66894599 66895529 66896603 66900299 66900989
66901739 66905519 66913103 66913163 66913433 66913673 66919763 66920813 66921713 66922049 66923933
66932543 66935279 66937319 66937439 66937859 66939083 66940799 66941789 66942839 66944183 66944879
66945239 66947333 66949373 66949829 66951653 66953933 66955019 66955853 66956189 66959033 66960629
66963509 66963623 66963899 66969503 66969659 66972173 66972623 66972863 66979103 66982859 66992273
66992573 66992819 66993299 66997349 67001789 67005749 67015073 67015379 67017809 67021679 67028999
67030823 67031903 67034189 67034249 67036919 67039139 67040849 67041269 67042049 67042973 67045109
67045133 67045949 67050443 67051643 67052813 67053209 67059533 67061303 67063049 67063439 67066619
67066943 67069763 67072559 67074863 67075373 67075913 67082159 67083773 67088393 67090043 67091159
67091729 67097669 67098299 67099913 67101299 67108913 67109723 67115123 67115369 67117073 67117499
67123643 67128629 67128839 67129169 67136843 67138469 67138619 67149119 67156289 67156703 67156949
67159649 67160963 67164089 67168319 67171133 67172069 67173479 67174979 67176773 67177529 67180433
67181969 67186319 67188323 67190939 67190993 67191203 67191629 67193999 67194929 67196039 67200179
67202543 67204619 67205123 67207583 67208423 67208489 67212059 67212989 67213829 67215563 67221293
67227059 67227509 67230833 67234493 67236203 67238603 67240133 67240529 67242839 67244063 67247123
67247363 67247489 67250069 67250153 67250363 67251053 67251683 67252859 67253519 67262543 67262579
67264133 67267289 67275503 67280123 67283063 67283999 67284989 67286783 67288229 67289819 67290953
67293773 67300589 67308149 67311353 67311983 67312499 67313033 67313069 67313303 67313579 67314179
67320713 67320989 67321889 67322039 67323989 67325543 67327163 67330079 67331063 67332383 67335083
67336103 67337009 67337513 67338179 67341119 67342673 67343453 67344383 67349963 67350089 67350779
67351139 67352513 67354379 67357943 67361153 67361309 67361603 67367099 67370273 67371203 67371329
67371383 67375733 67377209 67382093 67382459 67384673 67385189 67391333 67392053 67394363 67396223
67396799 67396859 67398323 67403183 67405139 67405469 67407419 67410209 67410419 67411433 67412393
67412759 67414043 67414433 67418339 67418573 67418993 67419689 67420289 67422479 67425173 67425989
67426613 67434623 67435859 67436273 67439513 67439633 67440713 67441103 67441553 67447643 67449383
67450403 67451243 67451399 67457213 67457933 67459589 67460639 67461629 67461683 67462403 67466309
67466909 67476509 67478843 67481003 67481819 67485293 67486493 67493033 67495979 67496063 67499699
67503899 67506149 67507169 67507673 67508489 67510433 67511429 67514483 67514693 67514873 67517069
67517603 67518953 67520963 67523999 67525823 67529723 67532753 67535333 67544423 67547813 67553099
67554029 67557263 67559279 67559549 67562399 67566419 67567943 67570073 67572443 67574933 67577249

67577459 67579619 67580609 67580963 67582019 67586969 67587293 67591763 67592309 67594253 67595543
67607783 67609043 67613159 67615403 67616693 67619003 67622573 67622603 67625633 67625639 67625969
67628009 67629209 67629923 67632809 67635539 67636193 67636889 67638293 67638383 67643189 67643633
67644809 67647869 67648349 67648943 67649993 67652489 67653263 67654913 67655909 67656299 67658039
67660343 67661813 67664123 67664609 67665443 67666463 67668383 67669733 67670573 67671503 67672079
67674179 67674473 67676123 67676573 67677353 67678379 67680449 67682243 67682339 67683449 67685903
67688843 67692893 67694183 67695503 67696229 67700513 67701713 67701773 67703459 67704029 67705439
67706939 67706993 67707323 67707533 67709129 67710089 67713809 67717619 67718243 67723583 67724669
67725659 67727459 67728233 67734599 67735523 67735823 67746023 67746953 67749509 67750043 67750289
67751609 67758233 67759343 67762199 67767929 67768703 67775573 67778003 67779083 67780019 67783973
67784273 67784939 67785023 67789373 67790249 67792559 67792793 67796279 67797239 67797473 67799579
67801133 67802123 67804493 67807403 67808963 67809023 67811363 67812863 67816019 67820639 67820969
67821623 67822649 67824023 67828703 67832339 67832753 67835783 67836113 67839539 67839773 67843823
67844279 67844723 67846973 67847243 67848569 67852859 67853459 67856753 67857269 67861043 67864529
67864763 67866503 67867073 67867529 67871549 67875719 67883033 67883213 67884263 67886789 67887569
67888829 67893473 67895963 67902953 67903289 67905263 67906103 67908779 67913669 67913789 67918463
67919633 67919909 67922483 67923239 67925519 67926329 67930553 67930619 67931483 67932509 67934579
67935509 67936499 67939379 67947713 67948043 67948253 67950353 67951463 67957199 67959539 67959869
67962179 67963673 67965119 67965203 67965323 67969409 67975403 67977419 67979129 67983029 67983599
67985843 67988603 67995443 67999829 68001359 68004389 68006093 68012513 68014673 68018609 68019179
68022809 68024279 68028479 68029463 68029919 68031179 68031503 68041703 68042099 68043719 68048303
68054429 68056619 68057999 68058629 68058869 68059223 68059703 68062433 68062469 68062889 68064449
68069849 68072429 68074679 68079113 68082089 68084279 68085653 68085929 68086883 68088203 68089529
68090069 68091539 68095169 68098169 68099459 68099693 68100293 68102693 68107379 68111573 68112563
68118359 68121953 68124299 68124503 68126489 68129219 68130593 68133749 68135603 68143013 68145593
68147333 68149313 68149799 68151179 68151959 68157833 68158949 68159159 68162603 68165423 68167199
68170013 68170709 68173883 68174339 68175689 68175713 68175953 68176193 68176373 68178119 68180543
68182409 68185763 68187869 68189843 68192153 68196533 68198309 68200679 68204369 68207033 68210843
68213039 68213153 68220479 68221589 68221823 68226209 68226293 68231753 68231909 68235383 68238503
68240429 68241143 68242673 68245319 68245679 68247533 68250113 68257463 68258819 68261393 68261663
68268143 68268509 68269529 68272019 68272553 68272703 68273483 68280209 68281949 68282579 68283779
68285603 68285813 68286359 68287133 68290529 68290583 68290919 68291753 68292149 68292869 68296643
68303303 68305739 68306993 68308913 68310353 68310629 68311349 68312753 68314199 68318363 68319143
68322773 68328269 68332499 68337173 68337323 68337683 68346263 68346563 68348303 68349899 68350283
68350679 68352689 68356493 68359793 68361113 68361413 68366339 68367023 68367389 68368589 68369069
68369909 68369993 68371493 68372753 68374139 68375063 68377223 68378903 68379203 68379359 68379599
68380283 68381699 68382173 68383559 68389829 68390639 68390873 68390909 68391929 68393999 68395163
68396759 68399813 68401799 68404289 68406269 68407523 68411309 68411543 68414243 68415653 68418533
68419889 68425589 68426159 68434319 68436383 68437073 68438159 68441339 68446193 68447849 68455493
68455559 68455853 68456309 68456879 68457839 68458289 68459333 68462813 68464373 68470019 68470763
68471009 68471213 68472653 68473913 68474069 68476823 68477243 68479223 68485229 68486549 68489033
68489429 68490629 68495183 68495699 68497883 68499143 68500469 68501759 68503229 68503373 68503889
68505323 68508893 68511809 68514059 68517593 68519123 68520719 68521499 68522249 68523239 68528483
68530439 68530529 68538209 68540009 68541383 68541779 68542973 68543339 68545643 68547623 68554553
68554949 68555843 68558489 68559149 68564813 68565593 68565713 68566103 68575439 68576303 68578073
68579729 68580299 68584283 68587643 68588153 68592659 68598269 68605109 68606189 68606903 68607113
68609813 68609819 68610203 68613599 68615633 68616959 68617343 68617793 68619209 68620553 68622413
68623199 68623799 68624093 68624813 68624879 68624999 68629733 68630753 68631539 68637659 68637953
68640623 68642219 68642543 68643089 68643353 68646863 68650229 68651393 68651519 68651813 68654489
68654783 68657063 68660513 68660783 68662883 68664443 68668163 68670659 68670929 68675879 68677709
68679029 68679323 68685713 68690003 68691323 68691929 68692499 68692523 68692859 68693879 68694023
68695103 68697539 68697719 68698193 68700899 68701889 68705009 68711249 68711369 68712389 68716013

68716229 68716493 68716793 68725463 68726159 68726303 68728613 68731973 68732333 68736149 68736683
68736809 68738849 68742083 68742473 68745503 68745653 68745893 68745899 68747873 68748293 68751233
68752109 68754839 68755829 68760473 68763083 68763119 68765309 68767109 68772839 68774369 68777939
68778653 68781689 68782013 68786363 68788403 68790779 68792903 68793773 68794283 68796803 68803613
68806373 68807339 68810453 68813249 68818859 68819633 68823113 68826119 68827403 68829983 68833073
68834219 68837663 68837789 68840099 68840813 68841743 68843399 68844833 68845253 68848889 68849153
68851229 68853899 68856059 68856143 68856863 68857133 68865119 68867369 68867633 68868539 68876183
68879753 68880473 68883173 68895059 68896319 68900063 68905019 68906633 68906993 68909579 68910329
68910689 68911313 68913479 68914823 68915579 68917559 68920199 68920433 68921003 68923139 68926223
68927669 68928473 68929403 68930063 68931689 68932553 68935343 68943239 68944709 68945549 68948069
68950163 68950523 68951093 68956193 68958629 68962403 68962499 68969963 68970329 68971943 68974319
68980343 68980559 68980739 68984423 68987063 68987519 68989853 68991959 68992883 68993219 68993993
68994539 68996729 68999789 69000593 69000863 69003293 69006653 69006659 69008393 69016439 69016553
69023063 69024239 69024953 69027713 69028139 69029183 69032399 69034013 69037673 69039599 69045863
69052199 69055313 69058163 69060683 69060863 69061313 69061379 69062333 69062783 69063383 69064613
69065879 69066089 69068903 69074909 69075323 69075983 69078479 69079883 69080729 69081773 69083909
69085013 69085403 69085613 69086219 69088979 69089129 69090743 69092129 69095489 69100709 69104333
69105929 69106679 69107639 69110183 69111209 69112943 69115229 69117473 69120143 69121163 69121499
69123293 69125093 69126149 69126509 69126653 69131603 69133199 69136103 69137669 69137993 69138599
69140849 69142253 69146249 69148253 69148949 69150023 69150083 69150563 69152339 69153533 69155843
69157013 69158333 69159773 69161903 69163169 69167519 69169979 69170099 69171023 69172193 69172469
69172973 69173543 69174509 69175763 69176753 69178649 69180959 69181499 69184889 69186569 69188573
69190769 69191729 69192743 69195089 69196019 69198749 69199373 69202253 69203003 69208049 69208103
69211739 69211823 69214553 69214559 69217853 69222119 69224063 69225659 69227069 69228773 69231059
69234653 69241349 69246503 69248873 69249149 69249203 69249569 69254963 69255443 69255899 69258443
69261683 69262313 69262703 69264029 69266033 69268583 69271253 69276269 69277223 69280259 69281633
69282533 69285323 69286253 69289403 69292313 69293303 69301649 69303683 69304289 69306899 69307643
69308279 69308909 69309563 69312983 69316889 69317459 69319433 69321293 69321779 69323729 69326723
69327239 69327383 69330419 69339233 69339299 69340763 69340829 69342503 69346709 69348239 69349499
69354749 69356159 69356723 69359429 69362759 69363953 69365099 69365123 69366113 69369533 69370883
69372293 69372833 69374213 69379889 69382793 69386693 69388463 69389399 69389429 69392243 69394163
69397109 69397439 69398123 69399779 69400619 69402029 69403343 69406919 69418319 69419309 69423863
69424139 69427619 69429473 69432449 69433223 69434639 69435083 69437873 69440939 69441299 69442409
69443243 69443639 69445823 69449909 69452963 69454769 69458663 69458849 69460403 69462083 69462749
69465443 69465659 69467033 69468803 69472223 69475403 69476279 69477599 69478499 69483083 69483203
69483929 69484769 69484979 69485789 69486569 69488999 69489389 69494459 69495329 69499673 69502739
69505493 69505829 69505853 69510173 69510929 69517169 69517313 69522989 69528089 69529703 69530393
69531653 69533603 69534089 69535853 69537623 69538649 69540689 69542933 69543983 69544049 69548603
69557303 69558179 69560789 69562313 69563633 69564419 69568133 69568643 69571643 69578363 69580349
69590393 69593159 69593669 69593759 69596339 69597299 69598913 69599639 69600263 69600689 69603563
69603953 69606863 69607199 69607259 69611543 69612953 69613289 69613829 69614873 69616643 69617753
69619559 69623639 69623903 69625343 69628973 69630023 69633209 69634529 69638753 69640079 69642593
69642719 69644303 69646793 69652469 69654509 69654653 69655973 69656243 69658373 69662933 69664163
69668723 69669293 69670253 69670493 69672929 69673013 69673469 69675803 69682199 69685823 69687809
69689453 69691073 69698309 69698753 69700343 69706319 69707639 69708053 69708263 69710453 69712889
69713159 69725549 69727583 69730109 69732959 69734243 69734543 69738419 69739223 69740663 69743519
69744179 69747323 69751733 69762419 69766913 69767573 69776099 69777293 69778199 69778823 69780083
69780173 69783509 69784163 69784493 69785393 69789833 69794363 69794759 69795419 69795959 69797753
69798929 69800873 69806189 69806603 69810203 69810479 69813323 69814253 69814889 69818069 69821519
69825089 69830963 69831539 69831953 69834293 69835943 69843503 69845063 69846113 69847229 69847763
69850799 69852539 69853193 69855689 69856373 69859733 69861749 69866063 69867383 69868703 69872249
69875033 69877469 69878453 69878873 69882623 69883403 69886139 69887819 69896213 69899243 69901493

```
69902429 69903569 69908159 69909419 69910499 69910829 69911669 69913793 69916109 69919049 69923939
69924779 69926249 69929159 69931079 69932573 69934043 69936833 69938993 69943673 69946469 69948113
69948479 69953633 69955043 69955829 69958079 69963353 69965309 69965513 69966629 69968603 69969353
69977129 69980303 69982793 69984389 69987023 69992189 69997283 70000943 70002629 70008413 70013249
70014779 70015073 70019129 70021643 70022159 70022483 70023053 70025339 70025789 70027409 70027829
70028099 70032569 70032923 70035893 70040489 70043513 70044389 70044473 70045919 70046243 70047833
70048469 70049489 70051589 70051763 70059653 70061639 70061993 70062683 70063523 70065119 70069949
70074113 70078919 70079903 70083059 70083269 70085633 70086119 70086389 70090049 70090253 70091243
70093013 70094333 70095209 70097063 70097453 70104533 70105643 70106849 70107203 70107689 70109489
70112453 70116149 70118453 70122053 70127153 70127933 70131629 70134563 70138973 70139183 70141553
70147613 70152713 70154459 70156319 70156343 70157099 70160873 70168799 70169273 70169789 70176863
70177253 70182023 70185389 70185893 70187213 70190453 70200023 70200863 70201739 70205183 70205573
70210979 70214279 70220879 70222583 70222973 70223453 70223789 70224299 70228583 70229069 70229273
70232843 70234589 70235579 70236923 70239269 70240409 70241819 70244549 70244753 70245839 70247003
70248023 70251773 70255049 70255079 70255583 70259753 70260143 70261463 70265243 70270463 70275503
70277153 70277579 70277699 70284479 70285073 70285469 70287863 70290089 70290569 70291913 70297229
70298933 70299353 70299959 70300409 70300493 70301279 70301849 70304963 70310813 70313933 70315463
70319219 70321019 70321343 70325093 70329599 70335509 70336169 70348199 70349003 70354523 70356323
70356893 70360799 70362893 70363763 70363823 70364603 70365593 70366259 70367123 70367273 70367813
70368719 70372349 70375853 70376783 70378103 70379093 70379693 70380659 70383773 70387469 70388459
70390433 70391003 70396223 70396913 70397009 70397339 70398299 70398953 70398959 70399223 70403429
70406603 70407539 70411079 70417103 70417313 70421453 70422923 70425623 70426073 70429823 70430219
70432073 70432469 70436609 70436633 70438733 70440899 70442429 70443683 70447343 70447529 70447859
70449293 70449413 70450049 70451429 70451939 70455023 70455719 70457363 70459919 70461773 70462709
70463303 70464683 70464899 70465253 70465523 70467569 70475033 70476569 70478423 70479443 70481969
70485659 70487519 70489253 70490363 70494029 70494659 70500179 70503869 70504523 70506113 70508969
70512083 70513013 70515713 70517039 70524869 70526873 70529579 70530563 70532729 70532783 70537949
70539173 70540493 70540859 70541909 70548323 70549169 70552049 70553429 70555613 70556873 70557299
70561019 70568609 70568873 70569029 70569539 70580333 70583399 70585583 70587353 70592603 70598483
70601963 70605443 70605599 70605803 70607513 70608179 70609613 70613099 70613513 70614893 70617329
70618043 70619063 70623863 70624289 70628903 70630739 70631273 70631339 70633883 70634159 70636019
70637849 70644719 70645643 70645649 70647953 70650719 70654709 70656419 70659773 70661099 70665473
70667543 70667609 70668869 70670843 70676423 70677053 70677749 70680413 70684613 70688279 70689413
70690283 70693583 70694369 70694609 70695563 70696553 70698779 70699463 70704593 70705529 70706903
70709363 70711373 70712819 70716683 70718369 70720649 70722719 70723343 70728629 70730879 70750409
70751249 70755329 70756319 70756793 70757003 70757243 70758059 70758503 70764233 70764989 70767479
70770809 70772363 70772573 70774163 70774793 70775273 70778159 70779983 70783073 70785623 70786949
70788929 70789013 70797563 70801883 70802003 70802393 70802519 70805363 70806083 70806899 70808333
70810979 70811063 70813373 70815623 70821893 70824389 70824503 70824833 70825253 70829309 70829333
70833473 70836053 70836659 70837523 70838429 70839173 70840229 70843193 70843313 70843739 70847603
70847879 70849199 70849739 70850063 70850963 70852283 70853729 70854233 70858019 70858943 70859279
70860533 70864883 70873199 70880483 70880819 70881383 70881413 70884893 70886219 70887389 70888253
70889573 70890173 70890959 70895333 70895339 70898183 70899509 70901069 70909313 70909523 70914383
70914923 70915529 70916123 70919939 70920299 70920539 70922129 70922339 70922669 70926203 70927529
70930973 70931093 70931753 70934189 70934813 70935743 70937099 70938299 70939289 70940123 70942379
70948379 70953983 70954463 70955303 70955459 70956443 70958183 70958753 70958759 70958903 70962323
70967189 70968119 70968323 70971503 70973813 70974773 70977299 70982729 70983383 70986599 70988633
70991033 70991909 70991969 70992923 70996049 70996829 70998929 71001179 71001383 71007089 71007593
71009759 71010293 71011019 71011883 71015453 71020853 71020949 71021369 71023499 71027639 71028833
71033999 71040143 71040323 71045879 71045963 71046953 71047919 71049773 71054603 71055779 71056049
71057813 71061779 71062259 71064083 71066249 71066609 71067929 71069903 71070413 71073389 71075429
71076899 71078729 71086133 71087699 71089283 71090423 71093783 71098523 71098613 71101559 71104073
```

71105663 71109299 71109383 71111279 71112473 71113043 71114399 71114429 71116169 71120453 71122853
71123609 71130413 71132543 71132783 71132843 71133059 71138759 71143379 71143643 71143889 71145023
71148443 71151023 71152793 71154119 71157533 71160269 71169053 71170283 71171339 71171543 71177273
71183993 71186933 71187929 71188319 71189873 71190029 71190989 71192609 71192909 71194313 71199449
71199983 71203343 71207819 71208569 71209613 71211149 71215289 71216933 71223083 71223233 71224799
71224943 71226509 71227493 71227853 71233373 71233913 71235149 71237399 71237483 71239463 71243429
71244473 71246579 71248763 71249879 71253053 71253263 71254019 71255213 71255573 71256359 71256743
71259113 71261483 71266073 71269349 71269469 71269823 71271533 71275019 71275709 71278979 71279009
71282069 71283059 71283389 71286629 71286773 71289923 71293193 71295299 71300219 71300249 71302799
71303189 71303759 71306393 71306489 71308739 71309663 71311679 71312393 71320979 71323589 71325053
71325263 71326709 71327549 71327969 71329283 71332049 71334233 71334509 71335373 71338979 71340149
71347889 71348423 71350199 71350463 71350733 71352863 71354009 71356529 71359913 71361239 71362229
71364119 71365403 71365499 71365709 71368529 71379839 71380343 71383523 71383673 71384783 71386589
71388419 71389133 71390243 71391923 71396333 71398763 71402069 71402483 71403863 71407733 71409869
71410373 71410739 71420273 71421929 71422583 71422733 71426513 71428793 71430119 71432849 71432969
71434823 71440283 71441399 71442053 71449193 71451053 71454359 71455823 71457209 71459819 71460743
71460899 71462453 71463263 71463659 71468213 71468543 71470043 71470463 71471033 71471423 71471903
71476133 71476403 71477729 71478989 71479559 71480963 71485703 71486879 71496833 71497463 71498123
71499089 71503703 71504129 71511179 71511263 71514269 71516183 71525183 71529173 71529443 71529929
71531093 71531549 71531723 71531963 71534033 71534693 71535449 71536043 71536259 71537159 71537369
71542073 71544773 71544923 71546963 71547719 71547803 71547923 71550239 71552213 71557169 71557319
71566763 71569733 71572673 71572799 71573279 71574449 71581463 71583593 71584589 71585243 71585873
71586479 71586863 71589053 71589863 71591483 71594993 71598953 71607479 71609249 71612069 71612543
71613323 71615963 71616659 71622233 71624183 71628653 71629709 71634653 71638733 71642099 71645243
71649689 71652803 71652929 71655173 71659949 71661833 71662133 71663243 71665889 71675783 71677289
71678693 71678753 71680643 71682119 71684243 71685569 71686613 71687873 71689883 71691443 71695499
71696309 71698013 71698079 71704343 71707439 71707943 71710013 71711429 71720723 71727209 71728463
71733839 71734763 71735753 71740379 71740733 71743019 71743109 71750573 71751233 71753273 71753639
71754929 71755919 71759879 71760053 71763119 71763539 71771993 71776049 71776973 71777759 71778923
71784143 71784539 71786213 71787389 71789303 71792939 71793929 71796143 71796149 71796509 71800763
71801189 71802413 71803559 71805599 71805869 71807009 71809109 71813123 71813543 71817149 71817533
71818853 71825333 71826143 71827979 71828849 71830793 71831663 71832083 71832329 71832413 71835383
71837483 71838323 71843549 71851943 71852873 71855639 71858459 71861789 71865329 71866139 71867069
71868899 71871269 71871419 71878409 71882903 71884919 71885153 71886233 71888633 71891009 71894789
71897543 71903063 71904323 71904743 71904953 71908769 71909219 71909639 71913899 71914313 71915633
71915699 71915843 71919773 71921819 71923613 71928023 71932463 71932733 71933759 71934899 71935499
71935943 71937713 71939249 71940443 71942879 71943029 71944919 71948339 71948483 71948843 71949149
71950019 71950793 71953439 71953949 71955749 71959913 71962199 71962223 71963189 71964059 71966099
71966819 71969399 71970389 71972573 71973119 71978633 71981543 71981573 71981963 71983349 71986289
71995823 71997713 72001073 72002303 72007709 72008543 72008633 72013349 72013703 72019193 72020783
72026429 72027779 72030593 72034349 72035153 72035993 72039053 72041279 72043733 72046379 72047243
72047483 72049559 72050273 72050999 72053309 72055283 72055433 72058859 72059369 72059423 72060869
72062219 72063479 72064319 72066749 72067409 72067433 72072359 72076409 72079823 72080483 72082739
72086639 72089669 72090449 72093683 72093713 72094199 72098753 72098909 72099179 72101993 72102923
72109643 72110459 72112559 72112853 72114599 72116123 72116129 72117653 72118523 72120929 72121529
72124499 72128363 72129353 72139583 72142793 72143003 72143453 72143609 72146099 72146309 72147479
72147629 72150503 72153143 72153239 72154493 72157703 72158759 72161123 72162089 72165293 72170249
72170513 72171653 72171839 72172823 72174689 72175073 72176393 72176609 72181229 72182333 72186203
72187163 72190403 72192749 72195059 72195653 72200039 72201413 72203783 72206339 72207203 72208343
72208553 72208583 72210923 72212279 72213143 72213293 72213749 72214619 72220013 72224489 72224843
72229103 72230579 72231713 72237239 72239603 72239879 72242249 72242903 72242939 72248639 72248723
72249539 72249899 72250193 72259553 72260003 72260063 72262133 72262973 72266279 72268919 72269069

72274313 72275459 72282923 72282989 72286523 72286943 72289649 72290969 72291773 72291959 72293873
72294713 72294983 72295973 72297293 72297839 72301193 72304643 72305483 72308963 72310883 72311513
72314993 72317159 72317489 72318803 72319133 72322109 72325859 72327179 72328733 72329039 72329189
72331673 72334049 72343703 72344693 72345083 72348473 72351683 72353849 72356159 72356393 72356909
72358133 72359519 72361073 72365939 72366083 72372953 72372983 72374129 72374843 72376019 72377639
72378233 72383309 72383609 72388769 72389483 72389813 72390299 72390749 72391433 72395159 72395189
72395903 72402383 72408443 72408893 72415589 72416033 72418343 72418523 72418799 72419843 72421109
72423749 72426023 72427499 72429629 72433943 72436883 72438263 72441779 72443279 72443639 72446453
72447989 72451349 72452819 72455423 72455549 72457403 72458759 72466349 72466913 72468293 72470003
72471653 72476633 72479213 72484229 72485219 72487463 72488519 72489713 72490349 72492323 72507593
72509543 72510359 72513923 72514973 72515279 72518423 72520319 72520559 72520709 72523109 72523859
72524489 72524993 72525059 72528023 72528983 72531689 72531923 72534179 72536069 72536693 72541433
72543953 72544469 72544733 72545909 72546713 72547199 72552173 72554843 72555449 72556103 72559853
72563483 72563759 72566309 72566933 72567569 72570293 72578189 72580979 72581969 72583223 72585743
72585839 72587219 72587813 72588443 72589799 72593693 72598133 72603473 72606713 72609419 72611789
72612719 72613529 72614033 72617483 72619139 72622859 72624143 72624533 72625523 72628163 72631469
72632513 72634619 72634949 72635243 72636029 72636419 72637403 72639173 72640349 72645719 72650183
72650213 72651473 72653489 72666983 72667433 72667709 72668279 72670613 72673649 72675419 72677183
72679049 72679973 72687689 72687899 72691193 72691763 72692849 72694679 72698393 72698429 72699173
72701729 72701939 72708329 72709319 72709853 72713633 72717119 72718193 72718853 72721013 72721073
72725909 72727013 72729353 72729743 72730019 72730193 72732659 72733763 72736073 72741293 72741533
72743543 72744389 72745103 72750659 72751103 72751799 72751859 72758789 72760223 72762743 72764603
72766223 72766769 72769223 72770063 72770213 72771929 72773303 72774269 72774479 72779639 72779849
72781889 72782819 72783989 72784499 72786209 72790499 72790859 72792749 72795449 72798959 72799283
72799823 72800993 72806099 72808283 72808919 72809549 72815339 72819053 72820889 72821219 72822773
72823109 72824513 72825839 72828989 72829409 72831263 72831953 72833153 72833903 72834869 72838043
72844169 72846023 72847223 72847553 72847829 72848813 72853283 72854459 72859343 72862073 72865109
72866099 72870299 72873413 72874079 72875123 72875723 72877439 72880529 72882389 72884459 72887453
72891029 72893069 72894533 72897029 72903833 72904829 72905219 72905243 72905513 72906479 72906833
72907193 72912803 72913733 72916229 72917963 72919373 72919943 72921353 72921869 72922793 72929513
72929903 72932039 72933089 72935183 72936173 72936359 72939929 72945893 72947453 72947519 72949319
72950789 72955469 72958163 72960743 72961403 72963893 72965099 72968849 72971243 72971813 72972869
72974339 72974579 72977249 72977759 72978179 72978623 72982379 72983639 72983783 72983789 72987353
72997493 72997763 73001003 73001399 73003433 73008209 73010909 73011929 73013273 73020719 73022699
73025093 73028633 73029353 73031363 73031669 73032863 73033979 73034369 73036259 73038233 73041113
73041803 73043783 73044353 73045673 73047503 73047983 73049033 73051103 73055093 73056023 73056359
73058759 73063439 73065533 73068629 73068773 73068959 73073009 73075169 73079003 73079603 73080803
73081439 73086413 73087979 73094699 73097663 73098593 73099049 73099619 73103903 73105013 73107323
73107509 73111079 73112723 73116299 73121099 73122293 73126589 73131563 73131983 73133369 73138469
73139273 73141703 73142813 73148513 73148693 73149143 73149689 73150433 73151489 73160519 73160669
73160903 73163663 73164389 73167959 73168379 73169909 73173449 73176893 73180073 73182143 73182743
73183553 73184519 73186829 73187519 73188569 73189229 73189673 73190753 73191029 73192319 73201169
73203359 73208309 73208543 73209533 73210289 73211669 73214489 73217723 73218329 73219253 73220429
73222073 73224383 73226039 73226843 73227629 73227923 73233833 73237823 73238219 73238999 73239203
73240253 73243619 73244849 73245083 73248449 73249439 73250759 73254773 73259909 73262543 73266773
73270913 73271909 73273163 73274783 73275959 73278473 73279763 73281683 73295363 73295543 73297349
73298843 73302899 73304879 73306973 73310609 73312073 73312229 73314053 73315163 73317533 73318403
73328219 73328873 73329629 73329983 73330073 73333493 73333523 73333919 73333943 73334153 73337993
73339229 73341563 73344473 73344773 73352003 73352633 73352963 73353173 73353389 73354163 73354433
73355693 73357799 73361693 73361969 73364393 73365893 73366043 73368749 73369319 73369619 73370813
73374083 73374443 73374503 73375079 73375343 73377779 73382423 73385639 73390409 73391453 73393223
73393559 73396643 73398863 73401089 73405919 73406369 73406513 73410149 73410983 73411769 73413839

73415729 73419119 73419509 73422029 73423319 73424699 73428269 73432829 73433303 73434083 73436669
73438763 73441103 73441943 73443203 73443449 73447043 73448153 73450913 73455293 73456013 73460399
73461653 73463963 73465589 73474763 73475093 73475333 73475399 73476509 73480289 73482533 73484513
73485773 73485833 73486769 73487819 73496183 73497533 73498109 73500263 73505153 73506089 73508339
73508453 73509329 73510763 73511759 73513889 73518083 73518713 73519223 73519469 73519613 73521083
73524683 73530953 73532843 73533413 73539149 73546013 73548203 73548599 73550969 73551353 73555613
73557329 73560353 73560953 73561223 73562189 73570103 73571219 73571243 73572953 73573733 73574009
73574153 73580393 73584779 73590383 73590749 73591013 73595393 73598579 73601063 73601663 73601669
73602563 73603823 73603949 73606349 73612373 73613399 73614083 73615469 73617833 73618553 73618949
73620593 73621673 73623029 73623323 73624913 73628339 73628609 73632659 73634789 73635533 73636529
73636763 73639409 73641329 73642199 73642973 73644113 73650233 73656113 73656983 73658219 73659959
73661699 73662443 73662899 73663433 73664939 73666283 73668893 73670489 73670879 73671473 73672493
73673609 73675253 73677479 73680599 73680773 73682333 73683563 73689683 73690763 73693883 73694189
73697489 73701599 73702313 73702703 73704899 73709453 73716983 73719869 73720739 73722359 73724159
73724309 73728563 73729109 73730633 73731809 73734053 73738949 73742639 73749743 73750493 73751459
73752473 73752533 73757399 73758479 73760273 73760579 73762319 73768379 73772123 73777829 73778849
73779533 73781783 73782239 73784339 73785623 73788569 73790609 73792193 73794443 73797599 73798229
73798463 73799273 73800869 73801499 73802453 73804733 73805579 73809353 73811123 73812533 73812779
73815023 73815509 73815569 73818119 73821173 73821383 73821719 73822223 73822943 73823933 73828589
73832873 73833719 73835249 73835693 73839053 73839203 73840703 73846373 73849679 73852769 73854659
73856753 73858793 73859333 73859729 73860173 73860329 73864403 73864883 73868633 73868813 73872983
73884263 73887659 73888079 73889219 73889279 73890989 73893359 73896479 73901549 73902953 73903943
73904399 73910159 73911059 73914983 73915343 73916753 73920299 73920779 73923683 73926563 73928429
73928489 73932569 73933823 73936589 73939109 73941869 73942283 73942763 73946399 73947689 73949819
73952999 73955813 73956023 73956089 73956209 73957679 73963199 73967819 73968179 73968269 73968959
73969463 73971773 73972043 73973513 73979099 73988429 73988933 73989683 73989869 73990589 73991903
73998143 74001803 74002133 74007779 74008283 74009129 74012363 74015009 74015723 74016209 74017043
74020679 74024663 74026553 74027153 74027309 74027669 74029913 74030009 74031329 74034533 74036843
74037059 74038439 74038889 74039579 74039753 74046023 74046839 74048543 74048963 74049389 74051669
74052029 74053253 74054369 74060699 74064863 74068493 74071073 74072549 74078183 74081099 74081939
74086409 74087879 74088029 74088653 74090903 74091893 74092379 74092493 74093423 74094263 74098949
74099153 74099633 74101259 74104169 74112383 74117639 74124359 74130239 74133743 74136743 74139179
74139449 74142983 74143379 74146073 74148359 74149319 74150003 74150333 74151503 74152349 74153699
74154023 74155883 74159513 74159759 74167403 74168483 74168513 74170853 74171633 74180339 74182019
74183909 74185613 74188529 74190773 74191109 74191853 74193809 74194079 74196929 74198699 74199413
74199869 74200349 74201723 74203709 74204843 74206883 74207069 74208929 74210693 74211509 74213609
74213999 74216039 74219009 74224049 74227799 74238509 74244179 74244893 74246339 74247623 74247683
74248259 74248403 74248679 74252669 74259623 74261543 74263439 74264453 74268899 74269103 74269703
74271143 74272199 74274443 74274779 74277299 74278349 74278469 74280863 74282009 74283029 74286083
74286473 74287709 74289443 74290829 74293133 74293559 74296643 74296979 74302313 74303219 74303303
74309723 74311703 74311733 74311889 74315303 74315723 74316293 74320853 74322953 74327399 74328773
74330303 74332169 74332523 74333669 74334059 74336429 74336963 74340083 74341763 74342393 74347943
74348699 74349893 74351213 74353589 74356973 74360333 74360453 74360549 74370749 74373983 74376149
74379143 74380469 74381309 74388179 74388893 74389643 74390969 74391353 74392523 74394539 74394653
74394893 74396243 74399453 74400113 74402519 74403383 74407043 74409743 74411069 74411789 74416313
74417093 74417303 74419643 74419853 74427863 74430773 74431223 74431823 74434043 74435723 74435849
74441429 74453849 74457563 74457749 74457863 74458673 74462033 74463509 74464223 74464493 74465129
74467733 74467829 74472743 74477219 74478779 74480309 74482883 74483243 74484593 74485289 74486189
74488853 74492129 74495489 74496869 74497523 74502383 74504789 74505779 74505923 74508299 74509313
74515433 74515979 74517329 74518343 74519213 74519999 74521703 74523929 74530523 74531549 74532833
74533583 74533649 74534129 74540369 74541899 74543663 74545073 74546903 74549669 74549963 74551289
74551583 74551733 74551913 74555423 74556263 74561213 74563889 74565503 74566049 74568479 74568803

74568839 74569823 74571593 74573129 74573573 74575493 74582093 74585939 74592533 74592593 74593709
74595023 74596103 74597333 74599163 74601473 74607983 74608349 74608403 74614499 74615759 74617463
74619563 74620223 74620883 74622083 74623589 74623859 74624663 74630513 74631533 74633789 74634509
74638439 74642759 74643623 74643749 74644649 74646653 74648033 74651729 74651873 74654813 74657603
74662103 74666723 74666783 74668019 74670653 74671829 74675603 74677703 74681879 74681933 74682203
74682533 74684063 74686613 74687813 74687939 74689403 74694419 74699039 74701223 74702339 74702429
74705723 74706743 74717183 74717603 74717999 74720843 74726153 74726429 74728343 74730989 74736323
74738693 74742359 74745263 74749193 74751503 74752523 74755463 74755679 74761499 74764643 74765909
74766239 74769269 74770133 74771513 74774363 74776193 74778719 74781023 74781599 74784179 74785163
74790143 74790329 74793689 74795489 74796083 74796569 74797913 74799083 74799839 74803433 74803979
74805779 74807129 74810399 74811419 74813099 74813933 74815259 74819039 74819249 74820923 74822213
74822309 74823449 74825213 74826893 74827223 74830313 74834393 74834729 74836589 74839829 74840483
74840663 74842613 74842679 74843339 74845763 74846363 74852549 74852633 74858243 74863199 74864453
74867729 74871089 74874329 74875739 74880293 74882939 74883983 74884703 74884769 74887679 74888399
74891909 74897369 74897909 74901143 74904443 74907323 74909099 74918489 74918573 74918999 74920463
74921663 74923253 74923883 74925533 74927843 74928179 74928263 74929073 74929229 74933669 74938553
74941943 74942039 74944013 74946563 74950163 74951213 74951633 74952233 74952809 74955899 74959673
74960549 74966123 74967023 74969633 74971049 74971499 74972153 74973863 74973989 74974253 74975123
74975903 74976509 74976623 74977169 74977559 74977943 74978549 74978903 74981969 74984363 74984873
74986319 74986553 74987249 74991083 74991863 74992733 74994659 74997743 75000083 75000983 75006203
75012863 75014729 75014969 75015233 75015599 75016499 75017963 75018173 75031139 75033683 75034313
75044603 75045419 75048203 75049049 75053939 75060059 75065153 75067313 75067439 75071543 75074333
75075449 75076223 75083873 75091409 75092249 75093779 75094529 75102323 75110033 75111299 75111563
75113309 75114779 75116039 75116159 75116273 75121619 75125189 75126773 75129023 75132209 75134513
75136049 75136739 75138023 75139199 75140963 75141329 75145079 75145613 75147263 75149513 75149999
75150473 75151259 75152873 75153593 75155519 75156569 75157013 75159659 75168239 75168953 75169613
75171389 75175553 75176603 75176879 75178739 75181889 75183473 75186329 75187559 75192779 75193493
75198533 75202889 75207563 75209213 75213179 75215249 75216623 75217529 75218603 75219173 75219569
75221213 75224939 75225653 75226379 75228743 75232169 75235103 75238199 75238769 75242003 75250793
75252629 75252923 75255443 75256193 75257183 75257753 75258119 75259259 75265829 75268019 75268439
75269723 75272363 75278783 75281183 75283133 75284003 75286499 75287249 75287963 75290783 75291329
75294143 75298313 75298523 75300899 75307343 75310649 75322073 75324659 75325829 75328769 75329603
75329759 75331499 75331733 75332849 75332993 75333959 75339443 75340043 75343529 75349019 75349073
75352883 75353153 75354899 75355103 75355289 75356999 75360119 75360563 75360689 75366173 75366449
75368543 75369149 75369719 75372623 75375269 75388349 75389189 75395213 75405173 75405773 75406559
75407099 75408023 75408689 75409409 75409913 75411839 75412709 75413879 75414359 75418853 75421733
75422003 75422423 75424253 75426083 75427139 75428009 75428219 75434279 75434819 75434993 75435623
75435683 75438833 75440699 75441893 75442613 75444233 75450299 75451319 75451829 75451979 75452609
75454079 75460613 75461993 75462533 75462743 75467663 75468143 75470903 75470933 75472679 75474233
75474323 75479933 75482843 75484523 75486293 75487889 75491519 75494123 75497039 75497819 75498893
75499769 75500693 75502373 75504713 75507473 75508949 75512513 75512999 75515213 75517709 75518783
75520199 75525293 75526799 75529439 75533753 75534869 75536663 75536843 75536999 75537029 75539099
75542333 75543323 75544373 75544433 75544823 75549983 75550523 75553409 75553619 75553799 75555059
75557249 75558233 75563783 75564089 75566873 75569603 75575963 75576719 75581189 75583523 75585299
75590159 75592949 75594149 75595133 75595853 75596519 75596723 75598409 75603089 75604649 75607673
75607919 75610649 75614579 75615833 75617609 75619073 75619079 75620813 75621443 75624473 75625733
75626273 75629003 75631499 75632933 75635453 75639653 75643889 75648533 75652079 75652289 75652553
75653783 75655733 75656183 75657083 75658283 75658889 75659849 75661073 75664499 75665483 75668069
75669593 75673649 75675503 75676889 75678233 75678419 75678803 75681869 75683033 75689963 75692849
75695579 75699779 75700013 75701393 75704039 75706919 75707063 75710759 75714473 75717599 75720539
75722453 75726023 75726923 75731459 75732593 75732743 75737729 75742679 75743903 75746189 75747389
75749963 75753803 75759653 75760523 75760703 75762959 75763739 75766529 75773993 75780209 75783299

75787763 75788129 75791273 75792329 75794003 75795029 75796223 75796613 75798323 75799739 75799859
75799943 75803729 75803873 75807113 75810023 75810473 75811019 75813473 75814919 75815093 75816893
75819869 75832199 75834989 75835379 75835559 75836699 75836903 75840923 75841163 75841313 75841613
75843203 75852239 75853523 75854843 75861899 75863549 75865343 75865733 75866729 75869333 75870563
75870803 75871979 75872189 75873953 75879269 75879773 75881969 75883793 75889223 75890729 75891059
75891353 75891449 75892079 75893243 75898859 75902423 75902999 75905939 75906893 75907259 75909209
75909923 75912899 75914309 75915179 75917753 75929669 75930269 75932849 75935633 75941903 75946319
75948209 75949949 75950249 75951593 75951719 75953099 75957179 75959189 75960779 75962819 75967973
75969539 75969683 75971849 75972989 75973613 75974303 75974933 75975569 75978113 75979769 75979889
75988499 75989519 75990809 75991463 75995303 76009403 76009529 76011863 76016933 76017059 76017653
76020449 76020473 76021343 76023509 76024853 76025303 76031339 76034369 76034663 76036253 76036799
76042469 76043213 76044113 76044599 76047089 76047539 76048529 76050053 76050599 76050899 76061813
76061963 76063283 76065329 76069079 76072313 76074359 76074683 76077299 76080143 76083719 76084433
76084583 76084829 76086239 76086743 76086893 76090643 76096469 76097309 76102919 76108979 76112609
76115813 76119623 76120223 76120613 76121663 76122443 76123199 76125389 76126013 76126829 76127279
76130969 76134353 76140359 76140563 76141139 76141613 76143143 76145189 76146029 76146569 76149119
76152029 76153373 76153433 76156169 76157099 76158629 76160033 76163123 76164239 76165829 76167419
76168013 76168289 76169543 76171943 76174853 76178579 76180343 76183823 76186289 76187003 76196933
76197503 76200209 76200419 76217819 76220099 76221083 76224023 76226009 76228583 76236623 76237439
76241933 76243913 76246193 76247753 76247849 76248239 76249559 76250519 76257449 76258289 76258499
76260599 76261043 76262519 76264313 76264319 76266329 76267343 76267673 76268459 76270193 76274459
76276589 76284293 76285439 76289753 76290089 76292159 76292789 76294349 76297583 76298093 76298399
76300313 76300583 76300793 76301993 76306229 76308803 76310309 76310873 76312763 76313339 76323479
76326599 76327703 76334963 76337909 76340399 76343153 76346789 76347653 76350173 76352453 76354979
76357049 76357349 76358699 76361933 76366079 76368053 76368563 76368899 76369229 76375553 76376753
76379003 76379813 76387793 76395359 76396499 76398929 76399409 76400063 76401233 76403339 76407473
76410479 76411883 76413833 76414049 76414193 76415219 76415849 76418273 76421693 76421759 76424723
76424759 76427399 76428503 76430729 76432073 76435949 76439873 76440263 76440509 76441853 76445093
76446173 76447769 76448369 76450943 76460603 76461839 76467899 76468163 76468823 76469429 76470353
76470923 76473269 76475879 76476143 76480259 76483373 76483793 76484189 76487699 76487783 76491869
76492739 76493519 76494419 76494839 76495283 76498463 76499333 76501433 76504163 76504229 76505249
76507583 76507703 76511003 76512389 76519979 76521719 76526759 76527239 76528769 76529003 76533599
76538249 76538933 76539119 76539629 76541753 76542359 76544729 76546439 76547459 76548113 76549169
76552439 76552709 76552769 76553693 76553843 76554083 76559039 76560989 76564643 76565189 76571543
76571879 76572059 76576229 76576949 76577093 76578329 76579043 76579913 76580099 76580429 76581689
76583219 76584143 76588223 76589603 76592669 76593893 76593953 76596473 76597253 76598009 76600169
76602143 76604063 76607969 76608743 76612589 76614689 76615769 76617659 76622699 76624589 76626383
76628999 76629743 76632893 76635743 76640363 76641473 76642889 76644173 76645319 76650023 76650089
76650473 76653053 76655459 76655723 76656413 76656479 76658693 76658999 76659923 76662563 76662923
76664303 76664723 76664873 76666703 76670003 76670309 76675793 76677173 76677389 76677593 76680119
76680473 76688273 76693943 76693973 76694693 76698029 76702673 76704209 76704443 76705703 76707353
76708283 76712033 76716749 76716779 76719983 76722953 76725443 76725563 76727279 76739633 76742069
76743209 76745789 76752239 76753289 76753973 76755743 76756943 76757903 76758593 76760759 76765379
76768283 76769123 76770209 76771529 76771853 76772963 76778153 76780793 76783643 76786019 76787129
76787729 76790573 76793039 76793243 76793273 76794149 76794563 76797893 76800809 76802003 76804649
76804709 76805219 76810973 76812539 76815023 76815419 76815863 76819283 76820273 76822649 76824329
76831883 76832159 76833479 76835723 76836059 76837769 76839233 76841753 76843829 76847663 76848533
76856183 76859273 76862183 76863119 76865489 76868663 76869113 76871939 76872473 76880033 76882073
76882439 76886363 76887329 76891649 76896359 76897973 76903793 76906619 76910153 76910699 76918379
76918619 76919159 76919393 76920353 76920929 76922333 76928903 76928963 76929269 76930019 76936439
76938833 76940849 76941443 76942583 76946813 76948373 76951013 76952483 76952663 76953083 76954919
76955663 76957409 76958993 76959563 76961543 76962713 76965023 76966013 76969439 76969913 76971533

76971773 76972853 76974659 76974983 76977083 76980593 76982753 76984343 76984643 76985999 76987769
76988273 76988603 76989299 76995773 76999073 76999463 77000933 77001269 77006603 77015849 77022623
77022983 77024009 77024663 77025089 77026529 77027939 77029289 77030573 77035793 77036969 77043359
77044823 77046419 77046509 77047643 77049053 77051153 77052029 77053079 77053349 77061563 77064203
77069099 77069963 77070209 77072549 77075429 77075819 77080403 77080673 77082983 77084093 77088383
77089559 77090969 77091263 77092523 77093069 77094233 77097743 77097893 77098919 77100143 77102219
77102303 77102849 77103749 77104493 77106443 77111483 77112023 77113499 77123159 77125943 77134163
77134313 77134553 77139323 77139329 77142419 77142503 77144663 77144999 77146733 77149883 77151983
77152643 77154113 77156753 77159249 77161769 77162513 77164019 77164883 77169143 77171669 77171999
77172323 77173913 77174369 77175023 77175029 77177423 77178509 77183999 77184083 77185259 77187683
77189093 77190989 77191073 77191259 77192039 77193533 77195243 77196083 77196683 77196863 77196893
77197979 77199053 77204219 77204819 77205209 77206583 77208893 77210123 77210669 77212853 77215889
77216213 77217953 77219699 77219969 77220029 77221379 77223689 77228219 77229329 77234039 77239793
77240249 77240489 77240903 77242019 77242433 77243009 77246363 77248679 77249219 77249993 77253779
77254673 77256359 77257709 77257913 77259359 77260919 77261213 77262743 77265329 77272379 77272523
77272529 77274563 77281703 77282753 77283359 77288483 77301089 77301803 77301869 77310749 77314379
77315669 77316209 77317109 77317979 77318693 77325719 77327639 77328269 77328893 77330273 77330483
77330783 77331503 77333159 77335463 77335469 77335943 77337509 77338643 77341139 77343473 77343683
77344433 77346089 77348129 77348993 77349749 77349953 77351069 77352053 77354159 77354363 77357309
77357519 77360273 77360369 77363399 77366573 77368409 77368673 77368829 77370773 77371253 77380469
77382209 77382989 77383913 77385653 77386709 77387753 77387759 77389883 77390843 77390909 77391173
77391659 77391719 77393759 77395859 77397263 77406683 77408339 77423639 77426369 77430113 77435009
77435483 77437523 77438489 77447213 77447609 77449133 77450123 77450843 77454059 77454599 77454623
77455139 77455379 77456453 77456699 77456909 77457923 77458313 77461889 77463593 77463989 77468663
77468819 77473163 77476979 77477399 77477663 77480003 77483123 77484233 77485559 77487353 77488553
77491919 77493683 77495219 77498819 77499533 77500463 77508479 77515073 77517749 77519633 77521133
77530853 77532443 77534063 77535179 77540423 77543159 77543969 77549063 77551913 77553029 77553533
77553659 77555399 77555669 77556359 77558933 77559953 77563949 77567333 77568143 77568503 77576969
77578499 77580803 77581853 77587253 77587343 77589923 77591243 77591369 77593583 77595659 77598179
77600993 77601449 77603969 77606129 77607119 77613353 77615309 77615663 77617643 77617913 77618003
77619029 77620799 77622689 77623943 77625029 77631089 77632553 77633723 77637713 77638763 77640653
77644379 77644823 77645699 77646329 77649053 77649623 77650493 77653013 77660189 77666579 77666819
77668043 77670479 77672723 77681249 77681339 77682389 77683043 77685389 77687303 77687633 77688029
77691473 77694443 77694503 77694863 77698433 77698793 77699399 77702549 77703113 77704103 77705549
77706683 77709503 77711219 77712059 77713463 77716283 77716883 77719079 77720663 77722373 77723183
77726279 77727239 77730533 77736233 77739023 77739209 77740499 77741123 77741249 77743619 77745413
77747759 77747963 77748563 77752049 77752919 77755949 77760503 77760653 77761559 77761583 77764493
77767829 77768849 77769383 77769953 77774159 77774633 77777489 77779973 77782049 77785133 77786633
77792063 77792339 77792549 77792789 77796083 77797949 77798159 77798333 77800403 77801033 77802173
77802233 77803403 77804789 77805743 77806649 77808323 77814629 77820563 77823233 77823899 77824913
77827889 77828843 77829239 77830283 77832173 77832743 77834639 77835833 77839169 77841779 77843963
77859053 77859443 77860823 77862203 77862563 77863139 77864183 77864789 77866853 77871413 77871719
77873093 77873573 77874623 77878709 77880389 77881103 77882639 77890199 77890289 77897453 77898143
77898659 77899799 77902199 77903159 77904539 77904923 77905133 77908763 77914313 77916809 77917193
77917799 77928503 77932973 77936003 77936273 77936693 77938799 77943689 77944193 77944703 77945453
77951543 77951999 77952779 77953103 77955749 77956589 77957063 77959853 77961809 77961893 77969393
77969813 77970869 77971139 77971199 77971433 77972033 77973113 77974493 77979389 77980823 77984243
77988593 77995013 77999849 78001103 78002849 78008153 78008459 78012443 78015293 78017183 78017189
78017729 78019769 78019853 78025973 78028493 78028823 78029723 78030383 78031319 78032039 78034559
78042539 78043403 78045329 78046883 78048263 78051839 78052283 78056669 78058979 78060239 78063593
78064769 78064793 78065483 78066743 78072779 78073889 78077459 78078293 78079439 78080939 78081869
78084029 78086033 78086279 78087809 78088253 78091439 78095813 78096989 78099023 78105179 78111629

78113879 78115679 78116243 78121223 78124853 78125189 78125279 78126539 78130583 78132209 78132443
78133613 78134993 78137459 78144323 78152933 78158849 78163103 78165953 78166373 78167723 78167783
78170243 78173213 78176009 78176099 78180083 78182519 78184763 78187463 78189563 78193403 78193679
78195479 78202913 78205553 78206993 78211613 78211643 78213953 78224519 78226433 78227069 78227783
78228113 78230129 78233819 78235463 78236579 78238493 78242249 78243089 78247919 78248063 78251219
78252593 78254243 78255239 78255323 78255503 78256889 78258413 78259739 78263249 78265079 78269489
78273983 78274019 78274649 78275339 78277649 78282959 78283853 78289703 78290909 78298043 78298163
78301739 78304883 78307529 78308183 78310709 78313853 78321713 78322169 78323699 78326159 78326399
78326849 78329519 78329549 78331343 78331619 78332783 78333863 78335189 78335513 78337169 78337223
78339419 78339809 78341069 78341663 78345803 78351293 78351809 78351989 78354383 78356093 78357143
78357509 78359993 78363359 78364859 78365069 78369299 78374993 78376079 78378299 78382823 78385133
78386123 78386993 78388529 78390353 78390899 78392189 78395153 78395183 78397373 78397493 78407603
78407639 78408443 78409223 78409379 78411323 78415019 78415283 78415553 78416099 78416183 78417749
78419933 78420059 78421859 78423749 78425129 78426473 78428303 78431393 78432083 78434003 78435113
78436439 78436763 78437069 78441773 78442289 78444533 78448679 78450899 78455519 78456533 78460103
78467309 78470219 78470663 78471119 78474293 78476399 78477599 78481703 78485483 78488279 78488873
78490553 78490829 78492143 78492569 78495233 78495353 78497063 78500399 78500573 78505403 78508739
78512669 78516173 78519509 78526169 78526523 78527903 78528713 78529733 78530033 78531413 78534779
78536819 78540383 78541979 78542069 78542213 78544733 78546269 78547853 78548363 78549599 78550133
78551513 78551813 78554309 78558449 78558509 78558569 78558923 78561053 78569273 78570419 78575873
78576539 78576929 78578399 78579863 78581609 78582863 78584273 78584279 78588143 78592049 78596099
78597479 78598343 78600059 78600089 78600293 78605693 78606953 78608903 78608993 78612113 78613943
78613949 78613973 78616019 78619553 78621773 78622343 78623123 78624653 78624803 78628079 78630053
78632969 78635009 78635393 78637739 78639293 78639989 78643553 78644603 78646493 78646619 78648659
78650783 78650879 78652649 78660233 78662729 78662849 78663113 78663593 78663869 78667493 78668813
78670379 78670643 78677393 78677789 78679973 78680039 78680963 78681989 78682739 78691163 78691373
78691493 78696389 78698843 78700763 78700829 78702203 78705569 78708629 78713909 78714833 78715523
78718043 78722753 78723173 78723329 78724199 78727403 78731333 78732809 78736529 78736643 78736793
78738953 78744719 78746903 78748493 78758483 78759899 78761009 78761069 78764513 78764849 78765149
78767333 78772103 78772979 78773963 78775733 78776573 78778919 78779009 78779033 78781133 78784379
78784889 78785249 78785813 78787283 78793073 78794153 78796703 78798029 78801119 78803009 78805439
78805823 78806009 78816299 78817523 78817793 78818303 78819479 78824489 78825443 78828203 78829589
78829973 78836129 78836189 78839363 78840059 78843629 78844313 78849863 78851849 78852773 78853793
78857633 78866393 78870173 78874259 78874949 78875789 78875939 78880163 78881123 78882143 78882659
78884633 78888473 78889253 78896309 78896843 78900989 78902303 78904223 78904373 78905639 78906413
78908663 78910913 78913223 78916559 78917123 78917543 78918629 78919343 78920123 78924563 78926993
78927269 78930359 78931169 78932363 78935963 78940343 78942119 78943439 78945473 78947009 78947513
78948053 78950849 78952823 78953513 78953663 78958823 78959873 78962183 78963413 78966689 78975833
78975959 78980483 78983423 78983549 78983783 78987143 78987833 78989363 78989909 78990623 78991439
78991883 78992159 78992393 78992783 78993179 78999293 79003313 79006793 79007249 79007573 79011953
79014833 79015259 79015529 79018529 79022819 79022903 79024373 79025393 79025399 79026449 79030673
79032353 79034933 79036739 79038293 79039199 79042703 79043609 79045289 79047173 79047893 79048373
79049843 79058519 79061819 79062779 79063553 79064813 79065449 79067693 79068953 79069619 79074113
79074689 79077539 79077689 79079579 79084163 79088123 79094783 79099133 79105619 79105919 79109609
79110359 79115303 79116143 79120469 79125149 79129553 79132139 79135103 79137599 79145513 79146803
79154489 79154633 79155143 79155749 79159049 79160303 79160909 79161899 79162403 79164623 79165673
79167353 79170599 79171013 79178189 79184159 79185443 79187243 79189373 79194149 79196213 79199303
79200119 79204403 79205783 79210529 79216229 79216493 79218173 79218323 79225589 79225859 79230023
79230419 79231913 79235729 79236329 79236893 79237013 79240229 79240943 79241423 79244519 79244723
79245233 79245773 79247093 79249259 79249799 79251083 79252373 79252703 79254683 79255373 79256273
79256393 79260479 79267613 79269329 79270463 79277279 79277603 79279163 79283453 79285799 79287023
79288763 79289849 79291403 79291529 79295003 79297943 79298909 79299683 79301009 79301279 79307183

79309739 79313309 79316729 79318049 79323509 79324919 79327043 79328699 79329053 79330649 79332593
79333703 79336853 79337579 79338173 79340483 79342409 79343483 79347893 79348193 79348859 79354679
79358393 79361099 79366349 79367699 79368209 79368479 79369553 79370579 79371269 79371839 79374803
79376183 79379453 79381229 79387499 79389083 79397639 79399283 79399769 79401743 79402079 79404893
79407689 79411253 79411919 79412783 79415519 79416989 79417193 79417889 79419233 79419803 79421819
79425653 79427693 79430759 79435673 79437773 79440563 79446299 79447013 79447139 79451423 79454129
79455269 79458233 79459883 79460729 79467659 79471163 79472273 79474859 79478099 79478219 79478543
79478939 79481543 79482209 79482869 79484963 79486703 79491089 79493993 79494209 79494743 79500329
79501403 79503929 79507073 79507853 79509959 79511213 79514993 79516133 79516523 79516823 79519103
79520933 79523183 79523453 79524689 79525139 79525403 79531163 79531223 79535999 79536113 79536953
79544123 79546793 79547603 79547939 79549583 79550699 79556909 79557983 79561043 79563593 79563899
79564253 79564493 79565639 79566563 79566719 79569173 79570853 79574003 79574513 79574933 79578899
79582823 79585553 79585739 79591223 79591289 79592483 79593203 79602359 79602569 79603259 79603649
79606259 79607789 79611023 79615313 79621049 79621583 79629029 79629899 79631609 79633223 79634543
79636103 79638239 79638893 79640969 79642523 79647719 79648763 79654703 79658069 79662893 79663253
79663673 79665563 79671029 79671353 79671803 79675643 79675793 79682429 79683839 79686713 79686989
79690673 79697099 79697879 79698653 79702223 79711193 79712519 79712849 79719743 79721003 79721459
79722353 79725623 79726193 79726649 79727969 79728179 79728899 79729049 79735619 79737683 79738859
79741559 79743143 79745219 79748243 79749353 79751393 79754303 79755059 79756739 79759523 79759973
79769279 79778213 79778483 79779179 79779923 79781309 79781759 79782953 79783013 79784273 79793723
79795043 79802843 79806833 79807883 79808363 79813109 79813973 79820633 79821713 79822289 79822679
79826783 79827953 79828349 79829303 79831259 79836593 79837469 79838183 79838309 79845803 79848143
79848449 79849613 79853699 79856303 79857413 79857983 79863323 79865213 79869239 79872659 79873523
79876169 79876613 79881713 79882409 79884743 79885103 79885769 79887113 79888433 79893059 79894163
79894649 79895363 79896293 79896473 79897283 79897619 79901879 79902233 79903823 79904459 79905173
79906433 79907843 79910279 79913153 79915553 79915889 79916723 79918469 79921769 79922813 79924139
79925273 79932899 79932953 79933289 79933943 79934423 79938203 79939103 79941419 79942199 79946123
79948763 79949423 79951379 79954559 79955489 79956203 79957343 79958933 79959329 79960763 79960973
79961879 79963613 79965299 79966613 79966973 79974413 79975169 79976579 79980689 79984109 79984739
79988333 79989359 79995323 79995983 79998953 79998959 80003939 80004233 80005949 80006033 80008889
80009393 80009483 80009603 80010179 80013413 80021999 80022413 80023253 80024909 80026553 80030393
80031719 80032289 80035523 80038253 80042549 80047043 80052503 80054129 80054483 80055089 80056793
80056919 80057693 80057933 80059079 80060399 80062403 80065319 80067233 80067293 80069459 80070209
80071373 80074073 80083589 80084789 80089973 80092583 80095679 80097113 80100263 80100803 80101529
80102573 80102579 80103239 80105093 80106209 80111033 80114549 80116343 80117969 80124353 80127353
80129453 80136839 80138423 80139179 80146019 80148119 80149133 80154029 80155979 80164379 80164433
80166953 80167133 80167823 80168069 80170193 80171369 80171639 80172899 80173553 80174543 80174933
80175653 80177033 80182733 80184323 80185883 80192429 80193749 80194463 80194853 80199869 80202263
80203163 80207063 80211569 80214773 80216063 80216369 80216399 80217359 80218409 80220089 80222339
80224169 80226719 80232569 80234393 80234783 80235173 80236193 80237099 80238503 80241179 80242199
80245043 80245289 80247929 80248919 80250773 80252999 80253059 80256023 80265743 80273729 80274539
80276153 80281139 80285759 80288249 80293679 80299283 80299409 80302793 80302853 80305559 80308199
80312279 80319923 80321123 80321639 80322113 80322173 80323643 80324663 80328623 80331539 80332853
80335169 80339123 80340203 80340509 80340593 80340983 80343569 80348003 80350013 80350733 80352413
80352689 80357993 80358143 80358599 80359469 80364569 80365319 80366813 80368133 80370833 80374499
80374643 80376539 80381909 80383343 80384303 80385659 80388089 80388233 80389709 80390003 80392139
80392859 80392913 80394953 80397623 80400839 80401523 80404073 80404139 80409089 80411339 80412053
80415623 80416079 80425409 80426873 80427719 80428163 80432903 80440253 80443469 80447513 80447819
80450603 80451809 80452943 80457893 80461163 80473439 80474783 80476043 80477279 80477933 80479979
80480063 80480453 80480639 80488619 80489093 80491679 80492609 80493383 80495543 80496809 80497409
80498063 80500109 80500523 80500649 80503859 80506529 80507183 80507243 80507489 80509463 80513753
80516549 80516633 80519639 80519903 80522549 80525303 80525453 80531189 80531393 80531723 80532929

```
80535209 80537069 80537609 80538149 80542373 80543993 80544473 80545529 80545763 80550293 80551463
80552033 80553059 80553299 80553563 80554583 80555159 80555903 80556083 80556869 80559599 80560979
80567159 80568359 80569199 80569949 80573189 80573459 80575013 80575493 80579129 80580809 80581073
80584613 80587763 80593613 80593703 80595689 80597843 80598053 80601509 80603609 80605853 80609003
80611259 80615009 80617373 80617409 80618969 80619419 80619953 80621213 80622539 80623139 80623379
80625119 80625173 80625323 80627303 80632313 80632949 80634083 80636753 80645423 80645639 80646173
80647733 80649353 80651573 80652263 80655863 80662019 80668793 80670263 80670833 80671109 80671163
80671193 80672549 80674943 80675219 80680139 80680709 80681819 80682053 80682653 80683409 80685593
80685779 80686289 80686433 80687003 80688203 80690069 80690453 80692679 80694623 80695343 80695553
80695943 80698433 80699429 80699543 80703503 80707283 80709119 80713043 80718563 80718689 80723339
80724383 80725973 80727233 80728859 80729399 80733539 80734949 80737439 80737823 80738309 80738393
80739023 80747939 80748953 80751659 80751899 80752313 80752943 80754293 80759909 80766629 80772833
80772959 80775269 80782973 80783393 80787299 80790959 80791643 80792819 80795243 80803829 80805089
80807663 80809133 80809919 80810729 80819363 80821073 80822639 80822699 80824823 80832113 80832749
80833463 80835659 80841119 80842439 80845763 80847083 80849633 80851559 80854589 80859923 80861393
80861513 80864453 80865203 80868383 80868869 80870423 80872433 80877239 80881589 80884883 80887223
80890559 80891039 80892683 80893619 80894273 80895869 80896169 80897423 80898833 80899859 80900153
80900273 80901713 80904563 80905073 80906333 80906879 80908259 80912729 80913323 80914859 80917283
80919329 80921723 80922953 80923019 80924183 80926883 80928203 80928779 80930963 80931239 80933213
80934323 80940413 80941253 80943119 80944679 80947253 80953553 80954063 80954729 80960459 80960549
80962643 80963423 80964113 80964959 80965739 80968703 80970083 80970293 80971463 80971769 80976173
80978393 80981003 80981339 80982773 80984363 80987969 80991203 80994713 80998793 80999459 81002903
81003893 81004019 81004349 81005273 81005363 81007799 81008729 81010493 81011429 81011939 81013043
81014513 81016739 81020843 81023693 81024803 81025649 81027239 81031883 81034769 81038003 81040469
81043223 81043289 81044153 81048029 81050423 81052619 81054593 81055223 81056249 81057569 81059399
81061523 81062633 81063809 81064883 81067583 81067589 81070133 81073403 81074033 81075083 81076343
81076643 81076889 81082229 81087329 81088643 81089219 81090749 81091889 81093713 81094103 81094229
81096089 81098063 81098873 81111269 81112673 81114983 81115889 81116729 81117923 81121829 81122213
81124259 81125189 81126113 81126869 81129833 81130433 81131129 81132713 81133763 81133889 81135233
81141689 81142823 81144599 81145583 81148559 81152639 81153239 81153833 81158219 81158579 81159653
81163133 81164189 81167039 81167699 81169433 81170009 81170423 81175403 81179933 81181739 81183149
81184529 81189743 81191003 81192113 81196499 81197663 81198833 81200573 81201509 81204449 81205079
81205769 81207233 81207809 81208769 81212063 81221009 81221279 81222569 81223553 81226163 81234749
81240563 81240833 81242153 81242159 81245999 81247409 81252323 81253019 81256229 81258119 81260033
81264983 81275879 81277019 81277349 81279353 81283799 81284849 81288743 81291839 81293909 81294233
81295223 81296909 81298163 81298799 81303149 81303203 81303419 81303923 81304169 81304403 81307949
81309383 81310013 81317633 81319019 81321269 81322463 81325259 81326123 81327293 81329393 81331973
81332813 81334469 81335993 81336683 81338849 81338903 81338909 81343049 81344129 81349133 81352763
81354089 81354869 81355619 81358919 81359699 81363839 81369923 81371453 81371519 81373769 81378893
81378989 81380333 81381623 81381893 81390923 81397469 81400409 81401069 81401459 81402929 81405713
81406343 81406553 81407003 81407663 81409649 81409703 81409973 81412553 81413543 81414083 81416603
81417599 81418853 81419363 81424643 81427163 81429773 81432509 81434459 81435323 81437039 81437519
81438359 81439703 81443429 81443909 81448613 81448883 81452153 81453479 81460493 81461489 81464573
81466289 81472613 81474623 81478223 81480089 81482669 81483053 81483119 81483893 81484919 81488993
81492413 81496703 81498299 81498509 81499163 81499763 81502013 81509243 81513209 81514409 81517679
81522869 81526433 81532043 81533603 81535313 81536183 81537119 81537689 81539729 81542033 81542459
81544889 81548069 81550043 81551273 81553799 81554909 81558929 81560729 81561923 81562709 81564023
81567023 81569003 81570119 81573473 81573809 81575723 81577283 81577553 81577673 81580133 81580469
81581579 81581789 81583373 81585863 81588653 81593159 81593513 81601829 81602903 81606209 81609089
81610703 81616553 81617843 81619409 81620849 81622169 81627389 81628103 81630803 81631793 81633119
81634313 81634673 81636563 81637379 81638549 81639749 81641669 81642833 81647333 81650843 81653909
81654593 81657479 81659183 81662363 81664343 81665483 81670733 81672359 81673649 81673769 81675719
```

81676433 81677159 81679973 81680243 81681293 81683369 81684593 81693659 81696539 81698663 81700253
81703673 81704333 81706739 81707183 81707579 81707789 81712313 81713069 81714443 81714569 81714719
81715493 81716213 81725183 81728459 81728513 81728693 81735239 81739709 81740129 81743999 81744983
81745973 81746849 81749093 81750299 81750629 81756299 81757673 81761969 81762029 81763343 81763733
81763739 81766649 81766673 81769799 81771353 81773063 81773963 81774659 81775079 81777809 81778379
81779903 81780239 81782609 81782633 81783029 81788753 81789833 81790133 81792239 81793769 81798869
81800093 81800993 81802709 81804869 81805133 81806993 81808703 81809993 81810929 81815879 81817343
81820463 81827303 81829799 81829889 81832199 81835049 81835283 81838199 81840749 81841769 81843299
81843323 81848159 81851453 81852863 81854639 81857129 81857753 81859889 81861569 81861869 81866093
81866513 81870413 81873059 81876059 81879389 81881693 81881903 81885143 81885203 81888479 81889529
81892133 81892913 81893243 81893813 81898013 81898499 81905273 81908243 81909683 81911243 81911339
81912503 81913049 81919289 81921953 81924383 81925433 81927089 81927623 81929489 81931793 81935813
81937133 81938429 81945323 81946313 81947669 81949589 81951869 81960449 81962129 81962519 81965393
81968429 81972119 81975893 81976523 81976673 81982079 81982403 81983903 81984923 81985289 81985763
81990143 81990773 81991313 81994019 81996443 81997523 82000493 82001669 82004309 82013303 82014353
82017833 82018043 82018199 82021349 82023533 82024913 82024979 82026083 82028423 82031123 82031699
82032893 82033799 82034363 82035203 82040363 82042139 82042193 82046483 82046603 82053269 82057919
82058423 82059443 82061333 82062143 82069049 82070363 82073423 82078313 82079369 82080413 82083563
82093019 82093079 82094609 82097693 82098413 82100699 82105823 82106273 82106669 82113173 82113263
82113623 82117433 82120529 82122923 82124249 82124303 82124309 82125503 82125689 82127393 82127999
82130753 82133879 82134659 82136969 82137179 82141733 82146803 82148999 82149239 82149563 82150223
82151453 82153223 82154753 82155539 82157849 82158179 82163369 82163663 82165313 82167863 82172609
82173209 82173419 82182449 82187879 82193333 82197053 82197449 82202999 82207739 82208963 82212293
82213823 82218173 82222799 82223363 82224959 82227389 82228313 82229789 82230443 82231619 82233803
82235903 82237703 82237979 82240199 82242899 82244273 82244639 82249949 82251413 82252133 82252169
82258493 82259609 82260089 82260593 82262123 82263383 82263683 82264103 82265009 82269959 82272149
82272539 82273343 82275029 82280123 82282883 82283633 82283849 82288793 82289219 82298609 82299293
82300583 82301273 82305659 82307873 82308263 82309229 82316753 82317089 82317173 82318793 82320509
82322249 82324559 82327859 82328573 82335593 82337399 82339223 82339553 82340543 82346669 82351463
82355909 82356569 82356623 82357199 82360049 82362239 82363709 82371869 82372019 82372313 82374923
82375493 82376513 82377413 82377833 82380509 82380983 82381289 82384469 82385993 82386599 82387919
82387979 82389113 82389119 82389563 82390739 82392449 82398653 82401443 82402613 82405073 82410413
82411319 82412873 82414253 82416809 82418879 82419443 82421429 82422113 82424759 82426079 82427003
82427123 82428449 82429709 82430633 82431269 82435103 82437263 82441433 82441613 82443953 82450409
82453733 82454429 82457393 82458203 82461299 82462043 82462643 82463273 82467509 82467713 82468703
82469483 82470683 82472249 82474823 82477253 82480763 82485269 82487183 82488239 82488869 82492673
82495499 82498973 82499849 82502993 82503209 82506449 82509503 82515899 82517993 82518389 82521749
82529873 82530863 82533233 82533239 82533329 82538129 82539953 82542419 82543589 82544153 82544519
82550579 82551503 82551659 82552583 82554239 82555229 82556219 82556849 82557179 82558793 82561553
82563083 82567013 82572053 82572239 82572593 82574273 82576163 82580639 82582613 82585469 82587569
82588553 82589939 82590323 82592129 82592453 82596023 82597673 82597943 82601663 82604783 82605233
82609679 82610189 82615259 82615859 82623473 82626503 82627823 82629479 82630529 82633493 82635629
82640843 82641809 82641833 82641869 82643063 82651043 82658393 82661009 82664009 82665923 82667573
82668623 82669259 82669913 82670999 82672979 82676339 82678133 82685189 82685723 82690199 82692023
82692119 82693469 82694693 82695023 82700003 82700633 82702409 82703723 82704383 82705169 82706339
82709183 82712039 82714433 82724459 82725953 82727093 82729379 82730783 82731893 82733939 82734089
82735403 82735799 82737593 82737839 82740263 82741493 82743203 82744433 82749119 82749743 82750799
82752773 82753763 82754939 82755539 82757033 82761953 82762973 82766273 82773143 82775573 82777169
82778243 82778903 82779569 82784363 82784393 82787279 82792763 82796099 82796453 82796963 82797623
82797899 82800743 82802249 82802669 82804769 82806173 82808879 82810229 82811159 82811783 82818293
82818689 82819799 82820663 82832999 82835579 82838999 82840679 82841879 82846553 82846733 82852499
82852613 82857503 82858049 82861319 82861979 82862099 82863359 82863509 82867073 82867793 82869599

82869779 82869893 82874273 82876583 82878233 82891769 82892273 82892633 82895573 82901369 82908659
82909163 82910939 82915643 82919339 82924619 82925333 82925669 82930103 82933583 82934909 82936289
82936313 82948769 82949159 82951139 82953653 82957109 82960043 82960259 82961633 82965479 82965929
82966463 82968533 82969769 82972559 82973879 82975199 82976483 82977029 82977929 82982099 82987343
82988189 82988453 82992803 82994963 83004833 83011529 83014313 83014973 83019479 83019533 83023553
83030963 83033609 83033633 83033969 83034323 83037869 83040473 83045999 83047799 83047823 83049119
83059733 83061053 83061833 83062649 83065049 83066579 83066729 83069933 83072813 83073779 83077829
83080379 83082539 83088839 83091149 83092109 83092283 83093513 83098469 83098973 83099963 83103173
83106449 83108573 83109599 83110193 83111159 83115503 83116199 83117543 83120189 83122829 83130143
83131253 83132333 83137979 83139599 83140289 83144003 83144279 83147699 83148353 83148899 83156303
83156873 83157929 83159039 83161913 83162039 83163599 83165903 83167433 83169473 83172773 83176403
83176829 83177933 83182373 83183423 83183753 83187479 83187959 83191679 83191733 83198669 83198933
83203853 83203979 83210579 83210723 83214749 83216753 83218433 83222003 83222129 83223149 83225729
83227829 83229143 83230289 83231339 83232599 83237183 83242343 83245229 83246183 83246879 83248349
83249219 83249669 83250263 83256353 83256473 83259773 83259779 83260409 83262083 83264333 83265053
83269583 83270249 83272313 83274203 83277569 83277839 83278829 83284133 83284709 83286653 83289809
83290139 83290793 83293079 83294609 83296553 83297069 83300369 83300753 83305493 83308499 83309543
83311493 83313809 83315663 83318699 83319083 83320019 83322293 83322359 83324513 83336273 83336639
83336999 83347109 83350523 83354423 83354699 83355533 83359169 83360219 83361389 83361923 83363009
83365493 83368283 83368619 83375549 83378759 83379293 83379503 83379869 83384429 83385173 83387723
83388353 83388743 83390633 83392889 83396069 83401229 83401943 83402339 83402513 83405099 83409773
83410793 83412029 83412383 83414423 83418119 83419013 83422439 83425943 83430383 83439959 83443133
83445623 83448089 83449343 83451713 83455583 83459693 83459699 83461403 83462933 83464709 83465573
83467409 83468939 83470529 83473829 83475803 83477129 83478809 83486789 83486933 83487353 83491613
83492603 83500139 83501003 83501213 83505143 83511959 83516423 83518769 83520533 83520953 83521253
83523383 83529053 83529119 83531099 83532419 83532563 83532593 83533913 83535503 83536643 83538419
83540603 83543963 83545673 83547413 83550413 83551313 83552873 83555963 83558603 83559719 83560649
83565539 83566163 83566349 83571959 83574923 83576453 83579213 83581499 83583683 83585483 83587799
83588273 83597753 83598533 83601209 83606489 83608313 83609423 83611439 83612999 83613143 83616623
83617049 83634899 83634989 83640149 83640839 83641073 83642519 83644793 83647313 83648759 83650499
83650799 83651363 83653343 83655713 83663843 83665223 83665649 83667179 83668493 83668769 83669429
83671949 83674313 83680853 83681033 83681789 83686133 83691659 83697203 83699393 83704409 83710079
83712449 83713793 83714789 83715713 83715899 83716019 83720519 83720789 83721779 83724323 83728913
83729609 83730749 83732543 83733203 83734043 83741153 83748113 83748293 83753399 83754029 83754173
83757413 83761523 83761553 83762099 83762429 83762909 83764409 83767499 83767919 83768903 83769359
83770733 83773913 83775773 83777933 83778713 83779373 83779649 83780759 83786039 83786063 83790419
83797019 83799113 83799323 83799713 83804723 83810819 83816489 83816753 83816879 83817479 83820959
83821043 83824913 83825669 83825723 83827823 83830559 83830583 83831459 83831549 83833913 83833979
83834903 83836829 83838329 83838719 83849723 83858123 83858279 83860109 83862353 83862959 83863079
83865269 83865713 83865833 83869133 83869589 83869613 83873369 83874503 83878313 83878859 83881559
83881823 83884799 83886353 83886503 83887943 83890259 83893349 83899163 83908109 83909009 83913029
83922329 83922959 83927219 83927243 83927339 83929913 83931803 83934689 83936663 83942459 83943329
83946293 83947313 83951789 83956289 83956949 83958599 83958893 83960609 83961233 83963843 83964893
83967869 83968523 83968613 83975873 83976653 83979569 83979839 83983589 83984903 83990513 83991263
83991833 83992229 83994899 83994929 83999423 83999483 84001019 84001133 84003203 84003929 84004829
84005903 84013019 84013613 84017333 84023123 84024329 84027893 84028163 84028523 84032843 84034103
84034829 84034949 84043703 84044249 84044729 84047399 84047633 84048329 84048389 84049313 84054989
84055343 84057899 84060689 84064619 84064709 84065363 84065543 84067283 84069203 84072563 84075839
84079013 84083033 84084323 84084569 84086939 84090983 84091523 84094793 84095663 84099413 84099503
84102719 84107363 84108683 84114029 84116009 84116369 84130589 84142769 84144773 84146759 84147053
84147863 84150029 84150179 84150389 84150719 84151349 84151943 84154883 84154979 84157763 84158033
84158969 84161123 84161723 84163253 84164183 84165209 84166259 84171023 84171413 84172013 84172073

```
84173879 84176399 84178403 84179993 84180683 84184673 84190679 84192299 84194189 84194969 84197783
84199133 84202439 84204749 84205133 84207989 84214283 84220469 84221183 84221639 84222329 84225593
84233609 84238013 84238883 84241403 84241739 84245093 84245543 84247049 84247343 84249419 84254123
84254399 84255029 84256559 84256883 84258173 84259013 84259733 84264233 84266393 84273929 84274343
84279623 84281969 84288593 84289889 84291089 84291479 84293669 84294179 84295433 84301319 84306653
84308429 84310643 84311879 84312023 84315089 84315239 84316943 84320129 84320213 84321329 84323693
84324473 84324809 84327053 84327209 84331469 84334469 84335039 84337139 84338279 84338993 84340073
84340199 84340523 84341423 84343229 84349319 84349619 84352199 84352673 84354923 84355709 84360599
84362903 84365159 84365609 84365873 84370829 84371519 84372143 84375509 84375839 84376163 84376619
84377333 84381653 84383399 84385529 84386069 84387119 84389429 84389549 84392909 84393203 84394319
84395963 84399383 84400493 84402449 84410279 84410429 84414833 84415553 84417143 84418283 84419273
84419663 84419873 84420233 84420383 84421619 84422549 84427823 84430163 84430739 84432083 84432269
84432983 84433733 84436223 84437063 84440099 84441113 84443393 84447353 84447833 84447953 84448943
84449303 84452789 84453899 84455909 84456929 84457409 84458009 84458453 84458903 84460319 84462089
84464753 84466253 84467783 84470153 84473579 84479513 84479903 84480503 84480899 84482819 84483629
84483953 84484643 84487163 84487289 84488693 84491273 84491579 84492203 84497669 84501803 84502013
84502349 84503063 84506489 84509933 84513503 84515009 84518639 84522239 84523739 84523823 84529283
84530003 84531929 84532583 84539723 84545393 84548729 84549623 84554843 84556343 84556679 84564143
84565829 84570533 84572489 84573353 84574733 84575369 84575789 84575999 84577583 84577859 84578099
84579713 84584303 84590123 84596849 84601553 84601763 84602159 84605459 84606779 84607349 84607613
84610373 84611069 84611333 84611783 84616583 84616589 84617909 84618179 84619109 84621353 84624443
84626033 84626753 84632549 84636449 84637433 84640823 84641723 84643343 84645089 84646973 84647483
84650003 84650183 84651179 84651263 84655073 84657329 84665489 84666713 84666779 84672629 84675593
84676649 84679013 84680819 84681059 84686753 84691289 84691709 84700079 84701723 84709973 84710729
84720683 84722723 84723209 84723893 84734339 84735389 84737063 84737183 84737519 84738389 84738443
84740039 84746093 84747293 84748913 84750569 84751109 84752099 84753533 84753869 84754133 84754493
84756323 84757199 84757769 84758879 84759869 84760883 84767993 84768413 84771383 84771839 84774479
84777659 84778559 84780953 84784229 84785033 84786269 84795593 84795653 84798053 84799073 84800399
84801863 84802379 84802769 84805733 84806003 84816029 84818693 84821543 84824969 84826799 84829373
84832043 84832469 84834749 84838829 84839999 84840323 84840653 84848279 84850949 84850973 84851633
84860603 84861083 84862649 84863489 84864113 84878819 84881963 84882953 84883709 84884573 84887249
84887903 84889373 84893279 84894119 84894503 84898043 84899099 84905363 84905963 84906743 84911663
84912749 84913259 84914993 84917753 84919253 84920123 84920183 84922619 84923159 84926909 84929219
84932363 84932453 84933053 84935429 84937823 84937973 84939479 84940073 84941009 84942233 84943223
84943949 84948359 84950429 84951203 84957023 84962303 84963089 84964289 84965459 84968393 84969779
84972599 84979673 84980999 84981899 84983273 84984143 84987299 84987713 84990413 84990569 84993899
84994379 84995363 84995633 84998423 85000733 85010273 85014383 85022813 85023353 85024883 85027199
85027433 85027889 85029839 85031363 85035893 85036403 85039133 85040603 85041629 85044023 85046579
85046933 85047323 85047569 85047929 85051793 85051853 85053539 85062083 85064429 85064543 85064723
85066463 85071869 85073633 85076903 85078079 85089089 85089149 85091183 85097459 85099439 85099589
85104359 85106243 85109669 85110719 85111343 85126733 85127369 85128479 85128539 85132403 85132979
85134713 85134779 85139069 85140509 85141079 85142903 85148939 85150223 85151519 85152869 85154369
85158179 85159523 85159649 85160969 85162013 85164119 85164539 85165043 85166519 85171409 85175039
85176263 85177139 85177283 85178129 85179203 85182533 85184783 85187213 85187633 85190789 85192043
85198583 85202723 85204013 85206503 85207673 85209263 85211543 85219553 85220363 85223009 85223249
85224803 85225979 85227713 85228553 85230683 85230989 85234169 85238369 85240409 85242329 85243859
85245623 85245893 85246439 85249253 85252103 85256813 85257869 85258793 85261343 85275143 85275539
85279223 85281869 85283249 85286213 85286963 85290473 85293293 85295159 85296203 85299239 85299839
85304783 85307633 85312889 85315733 85317539 85317929 85318049 85318553 85319963 85324439 85324523
85325189 85325573 85326809 85327943 85328849 85332479 85334219 85335863 85335983 85336259 85336973
85337309 85339979 85340009 85340429 85343243 85343579 85347833 85351289 85351589 85359503 85361483
85367393 85367759 85369943 85370339 85370843 85373819 85377923 85378493 85382309 85382579 85386113
```

85387343 85388003 85392449 85393433 85398983 85399949 85400723 85403693 85408919 85411223 85412693
85413413 85416839 85419023 85421939 85426769 85426949 85428263 85430333 85430399 85432073 85433723
85435253 85436843 85441049 85441553 85442993 85444043 85450289 85451963 85452539 85452749 85454669
85459499 85467383 85467419 85473593 85478369 85480079 85484579 85487333 85488983 85490759 85493333
85495409 85495433 85500143 85507589 85509713 85509953 85510049 85510709 85510979 85515119 85519523
85520663 85522403 85522499 85524473 85528013 85528979 85530173 85532939 85535063 85536029 85537349
85545023 85545599 85547393 85548959 85549619 85552553 85556459 85560053 85561673 85562903 85563389
85565489 85566263 85569383 85571669 85572689 85575383 85576973 85577213 85577543 85581113 85581449
85583279 85584623 85591283 85602059 85605983 85606403 85607573 85609949 85610543 85613219 85613399
85614449 85614863 85615259 85616813 85617803 85618163 85619129 85619543 85623029 85624463 85627973
85628423 85631723 85631753 85633283 85634123 85634249 85637003 85638473 85639343 85639409 85639733
85639919 85642313 85642703 85643489 85643903 85647533 85652459 85654799 85656953 85657283 85658399
85659323 85660733 85661843 85666253 85667453 85673303 85674293 85676273 85680533 85682633 85683203
85683683 85684493 85692083 85697273 85702973 85703549 85705649 85705673 85706249 85708193 85714913
85716749 85720493 85720889 85723439 85724813 85728689 85736489 85737023 85739579 85743803 85745459
85746383 85750523 85751483 85755623 85760819 85761713 85767089 85768883 85769609 85773119 85774679
85775933 85778909 85782869 85787813 85789559 85790273 85793003 85794113 85794833 85799333 85802819
85807523 85809413 85810223 85812833 85816499 85817939 85819823 85821173 85829459 85832969 85834499
85836743 85837319 85839293 85841303 85841699 85843193 85844723 85848863 85850213 85852229 85855013
85855169 85860179 85861073 85861493 85862789 85868669 85870079 85870643 85870793 85873373 85876799
85876883 85883873 85886063 85886483 85889399 85891313 85892063 85892363 85892699 85893023 85894439
85896383 85901243 85902599 85903613 85906823 85908989 85914509 85915019 85918649 85920773 85921613
85922663 85922783 85925993 85927553 85928753 85930073 85932503 85935389 85936523 85937849 85940693
85946453 85947293 85950659 85951919 85953743 85954283 85957793 85957979 85958039 85958993 85961363
85962533 85971299 85972049 85978433 85978499 85979279 85980269 85983899 85984259 85987883 85988453
85992113 85994873 85995029 85995053 85996373 85997399 86000333 86001659 86005553 86007149 86010299
86012903 86018819 86020073 86020463 86022203 86024699 86025053 86026679 86039879 86040089 86045513
86046209 86046689 86047733 86051963 86056469 86056979 86067953 86071049 86071103 86071553 86083493
86084123 86085053 86085539 86086373 86089259 86091419 86092073 86093099 86095283 86098619 86101049
86104853 86104943 86107163 86107979 86108609 86108993 86110103 86112269 86113019 86115719 86119499
86126303 86134943 86135603 86137823 86139353 86143103 86145623 86147879 86150063 86150423 86161343
86165363 86166323 86172539 86174213 86177873 86184569 86186759 86187149 86188073 86196839 86199023
86199083 86200643 86202719 86203613 86204633 86205803 86209709 86209979 86213093 86214659 86216519
86217143 86218733 86223383 86225129 86228903 86229089 86229359 86232323 86233529 86237159 86238563
86246189 86248889 86249879 86257103 86260943 86262563 86264333 86267453 86268509 86268593 86269979
86270549 86272649 86275859 86279909 86287703 86292863 86293013 86293349 86293439 86300069 86301983
86302889 86304083 86304353 86307629 86307779 86312423 86314859 86316413 86317169 86324369 86326343
86327639 86328719 86329979 86330903 86331923 86333603 86337869 86341889 86345879 86346083 86346503
86349149 86352713 86353133 86354459 86354699 86355683 86357009 86357879 86361059 86366243 86367569
86369099 86375363 86377559 86380643 86381189 86381303 86393843 86395163 86396759 86397413 86401349
86401853 86402213 86408123 86410199 86412653 86416019 86417099 86417333 86417393 86418149 86420693
86421119 86424059 86425439 86426633 86433629 86433653 86433713 86437853 86438273 86439323 86439719
86441123 86441219 86441783 86442179 86444093 86445083 86445503 86445899 86446043 86448083 86449469
86451713 86452703 86453039 86453453 86454779 86462429 86465909 86473889 86474039 86476613 86481803
86481953 86483129 86483339 86483849 86486243 86488373 86489369 86492639 86494043 86494949 86495093
86496083 86497529 86500643 86503493 86504609 86506109 86508533 86511713 86513369 86513573 86514209
86516123 86517023 86519003 86519039 86520683 86522153 86522549 86526773 86530673 86530973 86531843
86538923 86539709 86540039 86541473 86543153 86543609 86543729 86549063 86550059 86551379 86556413
86558393 86559773 86561939 86563523 86565659 86566163 86568353 86573369 86576723 86580449 86582063
86582609 86585183 86585693 86587439 86593973 86594663 86596379 86598653 86602259 86612369 86613083
86613959 86614823 86617253 86617469 86617913 86618489 86620493 86621459 86621789 86626979 86629253
86632769 86633303 86634923 86637179 86643593 86649089 86650643 86653439 86653823 86655479 86657009

86658389 86659283 86659913 86660753 86660963 86664653 86668199 86670323 86670803 86671583 86671829
86671883 86673113 86676209 86683973 86684183 86689133 86689709 86693069 86693759 86694749 86695919
86698253 86700413 86701529 86702123 86708213 86710709 86712413 86713433 86714189 86715119 86716139
86717789 86718503 86720369 86724959 86728553 86730239 86730599 86730893 86734019 86735879 86737769
86738033 86741093 86752409 86761709 86762633 86762723 86762933 86765489 86767493 86768849 86769383
86769803 86770583 86775179 86775473 86778053 86778743 86785043 86786099 86786789 86787203 86793809
86798843 86800319 86802179 86802503 86803439 86805503 86806589 86806883 86807723 86808149 86808173
86810849 86813873 86814113 86816129 86817959 86821673 86830193 86832143 86832803 86838299 86839163
86839229 86848739 86848913 86849963 86850479 86851409 86852459 86852789 86863583 86864273 86866163
86866289 86872349 86872433 86878409 86879729 86889623 86890949 86893619 86897549 86899523 86904353
86906843 86914253 86914589 86915303 86916419 86922449 86925263 86925749 86930303 86930969 86931899
86935913 86937533 86940449 86942153 86946053 86947193 86949983 86954909 86957369 86957753 86959793
86961653 86961713 86961863 86965349 86966513 86967383 86968289 86969513 86971193 86972999 86974169
86976749 86979209 86981123 86987003 86988749 86991029 86991413 86994833 86995169 86996093 86997359
86998889 86999849 87000233 87001553 87005129 87005543 87007073 87007373 87008093 87009803 87011453
87012329 87016043 87017393 87018989 87020393 87022703 87026063 87026249 87026339 87027329 87028313
87030143 87034253 87034439 87035549 87037199 87039083 87040829 87042803 87043283 87045149 87045683
87051383 87051743 87054419 87057149 87057419 87060719 87061613 87061769 87063269 87069149 87069953
87075959 87077129 87079829 87081719 87089423 87089993 87092123 87092279 87094589 87095429 87096413
87099833 87106133 87106403 87107369 87108029 87109733 87114353 87121283 87123233 87123629 87124679
87126899 87131333 87132473 87134609 87134633 87136163 87136349 87136499 87138203 87139313 87139523
87139733 87141959 87142463 87147323 87147383 87149603 87151973 87152909 87157613 87160253 87160373
87160943 87162233 87165983 87168089 87168149 87169133 87172643 87176993 87179069 87179633 87180809
87182873 87183413 87183809 87187973 87190409 87193523 87194693 87198803 87198929 87199529 87199643
87203423 87204263 87206369 87211133 87211763 87212369 87213359 87213719 87214619 87215003 87215099
87221663 87222389 87223943 87226103 87228803 87231653 87232259 87233099 87237653 87238499 87239783
87242489 87244259 87245363 87246389 87246563 87248813 87253769 87254039 87259043 87260219 87261959
87262403 87263009 87263549 87264773 87270593 87272459 87273113 87273743 87273779 87277139 87282119
87284429 87291959 87295679 87299183 87299189 87300359 87301793 87303173 87304043 87304523 87305369
87307739 87308783 87309143 87311459 87311513 87313433 87315779 87316109 87321743 87322199 87322583
87324119 87327503 87330959 87332879 87333299 87333353 87333569 87335879 87341549 87342539 87345809
87347063 87347423 87352883 87353999 87355913 87356393 87359099 87367883 87370763 87372293 87373553
87376403 87376769 87378689 87379433 87381023 87381293 87383123 87385583 87385979 87386573 87388403
87388673 87388739 87389663 87390323 87390449 87394019 87397259 87398903 87400073 87405953 87408389
87411119 87411689 87413093 87415313 87423233 87431819 87432203 87434183 87437459 87438623 87440819
87442139 87444683 87445223 87447029 87448409 87451769 87452273 87454649 87456443 87457889 87462803
87472559 87482333 87484913 87487553 87489329 87491093 87498293 87498689 87507809 87509039 87511379
87512069 87515639 87518633 87521783 87522719 87525149 87531239 87535043 87537083 87538553 87542363
87547319 87549383 87552863 87556223 87556373 87560909 87563123 87564443 87566159 87568259 87570233
87575753 87575849 87576383 87577103 87578219 87579533 87587039 87589283 87591863 87592943 87596303
87600449 87601109 87602843 87603443 87608903 87615653 87616103 87617489 87618689 87619253 87619463
87621713 87622103 87623093 87630143 87630239 87630773 87635309 87638339 87638693 87639329 87640139
87647363 87648059 87648329 87649409 87654029 87654719 87654893 87655583 87660929 87663809 87665603
87665873 87667109 87668219 87668879 87669563 87671459 87671879 87677273 87680273 87685289 87685739
87686999 87691463 87692333 87693509 87696839 87697469 87698489 87702029 87703103 87706763 87707183
87709703 87710033 87710219 87711623 87714563 87715013 87715553 87718919 87719543 87720239 87722339
87722543 87726053 87728243 87728843 87730739 87731153 87732059 87735143 87736829 87737213 87739373
87742643 87747839 87751973 87753833 87755543 87756029 87756503 87756899 87757529 87757613 87758459
87759383 87761963 87762929 87764399 87765719 87768743 87770213 87780659 87797669 87800789 87801839
87802289 87802769 87802859 87803519 87812759 87813629 87822173 87823013 87827303 87829949 87831533
87837479 87838853 87840293 87840503 87842693 87846023 87846779 87848759 87852833 87855569 87857333
87858713 87863333 87864929 87868793 87871013 87871169 87871253 87873419 87876209 87876473 87884399

87885779 87886709 87887699 87889163 87889673 87891053 87891059 87891893 87892589 87895823 87899393
87900563 87901199 87902999 87906239 87906509 87909389 87909869 87910583 87918563 87918839 87919913
87920249 87921023 87922199 87923513 87930053 87930659 87932639 87935663 87936263 87937079 87940763
87941069 87942983 87944999 87946013 87961619 87961673 87962783 87966503 87968189 87973499 87975449
87976439 87980699 87981683 87982253 87982319 87982883 87983453 87984713 87986813 87987929 87988913
87990629 87995513 87995753 87997109 88000043 88000673 88003703 88003973 88004243 88004909 88005119
88005839 88005899 88013993 88019213 88020629 88023053 88025573 88026749 88029503 88033229 88034393
88035989 88036439 88039949 88040663 88042319 88042529 88042859 88045889 88048409 88051319 88051493
88055213 88058489 88060139 88063919 88066739 88066883 88069133 88072973 88076063 88080389 88082003
88083503 88085813 88092629 88093163 88093469 88100339 88104389 88108019 88114739 88116629 88118183
88118549 88119683 88120349 88120859 88121849 88122299 88123109 88123319 88123523 88123823 88125689
88127219 88127729 88129133 88129199 88129973 88131293 88132679 88133429 88141799 88144739 88147313
88148783 88149053 88150109 88151753 88152959 88159199 88161533 88161743 88164299 88164833 88165169
88172069 88176449 88177619 88179023 88184963 88185833 88188209 88194863 88197383 88198793 88198823
88200659 88202333 88205009 88207733 88214783 88215383 88216283 88218269 88219529 88220183 88224473
88228169 88230959 88236569 88239149 88243643 88243979 88247993 88248053 88248773 88249019 88250549
88263239 88263839 88265273 88266413 88266593 88269773 88270139 88270379 88271153 88277729 88280639
88282973 88285079 88285559 88285583 88285793 88286183 88288169 88288523 88289489 88295303 88299083
88301309 88302653 88304819 88309163 88309649 88310933 88312349 88314119 88314263 88315709 88318133
88318913 88321223 88322453 88327709 88328423 88334189 88335809 88336439 88338983 88343603 88344149
88344323 88345979 88347713 88348523 88348619 88350029 88350803 88352399 88354583 88356563 88357289
88360073 88362689 88364099 88369763 88373459 88375229 88375769 88376423 88381613 88382369 88383419
88386899 88390283 88392929 88393733 88396229 88399709 88403369 88405853 88406189 88409609 88411133
88412183 88413569 88414283 88414853 88415543 88417403 88419239 88420133 88420229 88423889 88428839
88430063 88430339 88431743 88432073 88434173 88437053 88437539 88437803 88443863 88446773 88449233
88453259 88453373 88458263 88458833 88459103 88461029 88462229 88463939 88465913 88467713 88473713
88474343 88474619 88475483 88478009 88480109 88490009 88493243 88493519 88493549 88496753 88499003
88503203 88506329 88507409 88510853 88513709 88515533 88516619 88520489 88523579 88527629 88530479
88534643 88536293 88537523 88537733 88544513 88550519 88552193 88556609 88559753 88560383 88563539
88564793 88564979 88566743 88570199 88577453 88580963 88581593 88581953 88582943 88583003 88583543
88586429 88587683 88588739 88590263 88593233 88594619 88595543 88596869 88597913 88598753 88606673
88610303 88623443 88623803 88629479 88630463 88630973 88631069 88632419 88634723 88634963 88637639
88638449 88638689 88640603 88642523 88643993 88647089 88648253 88652429 88658753 88660349 88661663
88662923 88663013 88666229 88668089 88668803 88670969 88671059 88673033 88673363 88675313 88677119
88677779 88681283 88683299 88688993 88690559 88697663 88698059 88698983 88699283 88700669 88700933
88701479 88704509 88705373 88709513 88711349 88714859 88716053 88720343 88722593 88723889 88725113
88727759 88731509 88736729 88738553 88739939 88741469 88741883 88743563 88744823 88746869 88753433
88754609 88758569 88759019 88759673 88759733 88766753 88768973 88770173 88776689 88778219 88779209
88779833 88785929 88787789 88791623 88793153 88794263 88794449 88796453 88800683 88801529 88806479
88807553 88808579 88808963 88813493 88815203 88816523 88818269 88818953 88820579 88821443 88824299
88824503 88825829 88829183 88832759 88834043 88841309 88842839 88844939 88845413 88847273 88847939
88848983 88850249 88851473 88852223 88853399 88854179 88854929 88855493 88855919 88858859 88860923
88870283 88872029 88872419 88876559 88878089 88879019 88882823 88884833 88885523 88888643 88889033
88891769 88893839 88896239 88896653 88897013 88897733 88901909 88904813 88905023 88906049 88907309
88908203 88908329 88909433 88911149 88912079 88912223 88912403 88916543 88916693 88917203 88920743
88921853 88923119 88923713 88925423 88926839 88927463 88927529 88932689 88938533 88939709 88943363
88946909 88947539 88949909 88950833 88951883 88953173 88954499 88956779 88957343 88963349 88966343
88968833 88972379 88974779 88975823 88976243 88976483 88977173 88977569 88981103 88982753 88986203
88988099 88989119 88990409 88990799 88990943 88993913 88996889 88997483 89000699 89004263 89005223
89007323 89008649 89009579 89012453 89013653 89014589 89016353 89019173 89020889 89021489 89023799
89028353 89028893 89032319 89033603 89042879 89042969 89043863 89044853 89044883 89044979 89045279
89048423 89049899 89057159 89057669 89058059 89058269 89058773 89058839 89061779 89070623 89071613

89072573 89073983 89077853 89081159 89081579 89084249 89084423 89090279 89091413 89094653 89096363
89098199 89100983 89105699 89106863 89107019 89107043 89115353 89118923 89119493 89123549 89125073
89136689 89137463 89140253 89140319 89145989 89146133 89148029 89150339 89151479 89157413 89158409
89159459 89159699 89160899 89166383 89166659 89168609 89170313 89176469 89177873 89179193 89187053
89189153 89189753 89191649 89194799 89198639 89200889 89206763 89209889 89215019 89215433 89218469
89220023 89220353 89221469 89221943 89225063 89227769 89228963 89229383 89230283 89235953 89236079
89236793 89242253 89245703 89248619 89249423 89249939 89251133 89255213 89255273 89255753 89256449
89263133 89263469 89264009 89265989 89267999 89268149 89268353 89271293 89271389 89273843 89278253
89281949 89284463 89289719 89294363 89294609 89298749 89302319 89305613 89309513 89310323 89311583
89312189 89314469 89315459 89320103 89323673 89326493 89328689 89336189 89337233 89338943 89339669
89342639 89343269 89343473 89345309 89350829 89354393 89355473 89358023 89359733 89361413 89361539
89361689 89362919 89365613 89366213 89372609 89378699 89379683 89383319 89383979 89384849 89385683
89387423 89389379 89393039 89397293 89398973 89400743 89403239 89405549 89406809 89418809 89421473
89422589 89422793 89430623 89433653 89435243 89435543 89437583 89444963 89446523 89459603 89463323
89465303 89465399 89467949 89474069 89476949 89482973 89486993 89493413 89493479 89494703 89495669
89496299 89496689 89502839 89503103 89505203 89507219 89512523 89514773 89516909 89517353 89517833
89519693 89521109 89522903 89524079 89524163 89525483 89526653 89527079 89527283 89529389 89530379
89532869 89534909 89536259 89539013 89543843 89544599 89545229 89545289 89545493 89547929 89552429
89557049 89557619 89557679 89562293 89564543 89568599 89570639 89572673 89573903 89575793 89576033
89576303 89578679 89580773 89580899 89581073 89581139 89586443 89589893 89590409 89592323 89593793
89598419 89600453 89600579 89604293 89604899 89606789 89607233 89608619 89615759 89622413 89625209
89630693 89631959 89634203 89635649 89637629 89639129 89639183 89641193 89641199 89642243 89646779
89647793 89659019 89659373 89661053 89662883 89667713 89667839 89669213 89670023 89670803 89675039
89675849 89675879 89675903 89676089 89676953 89682839 89687249 89687399 89688089 89688323 89689403
89692469 89692769 89693063 89697143 89709173 89711729 89712113 89712449 89713973 89716703 89722109
89727503 89729093 89732609 89734643 89735153 89743103 89744579 89744909 89747783 89750819 89751353
89752829 89760173 89761109 89767889 89768099 89771393 89771639 89775683 89779043 89779583 89781413
89781803 89783693 89784923 89786093 89787713 89789993 89790203 89793569 89794613 89795213 89801279
89802239 89802809 89804009 89805269 89805323 89808143 89809103 89822423 89823473 89823593 89825933
89826839 89827019 89829059 89830553 89831243 89833769 89844539 89848403 89848949 89850179 89851523
89851739 89861903 89862593 89865389 89866193 89866433 89871233 89873873 89881283 89881859 89887403
89890673 89894309 89894813 89896349 89901809 89905373 89908229 89908499 89909153 89910239 89920163
89922089 89922713 89922719 89923199 89923919 89924903 89927483 89927489 89928983 89932169 89932883
89935649 89942159 89945549 89951363 89952683 89953499 89959973 89961563 89961653 89962583 89964443
89967173 89970449 89971313 89971853 89974949 89976443 89976863 89980463 89981999 89984189 89984369
89985449 89986079 89988449 89988863 89989799 89995019 89995649 89996873 89997059 90007559 90009239
90010919 90014339 90016133 90017729 90018443 90019733 90020069 90027023 90029903 90029939 90031289
90031523 90032549 90033263 90034349 90035909 90037823 90043379 90046223 90051239 90052433 90054143
90055529 90055799 90056693 90062663 90064973 90076589 90076859 90081389 90082313 90083243 90084779
90086753 90087269 90088109 90089189 90100553 90102773 90107159 90108173 90112289 90114593 90117179
90118673 90121469 90123563 90123833 90124679 90127253 90129449 90132233 90134333 90135653 90137693
90138473 90142709 90147983 90154283 90154793 90157829 90158753 90159893 90160223 90161723 90164843
90167069 90170693 90176189 90176759 90177023 90177053 90178619 90179333 90179399 90183449 90183629
90186023 90186263 90186653 90188513 90191639 90193079 90194519 90196913 90196943 90200213 90205343
90206093 90206579 90209909 90210359 90212849 90213323 90224639 90225353 90227339 90227849 90228629
90238559 90239249 90240413 90241769 90242969 90244139 90252689 90259943 90261299 90261569 90261893
90263963 90269639 90273773 90274133 90276149 90280763 90284723 90285203 90290423 90291419 90293123
90294779 90294863 90295169 90297143 90297953 90298553 90298913 90302843 90302939 90303953 90304163
90304559 90305549 90310529 90311603 90313049 90313703 90318929 90320063 90322373 90324203 90327929
90328193 90329093 90330473 90333233 90333263 90335183 90335963 90337679 90338249 90340049 90342299
90342449 90343079 90343139 90343943 90347189 90347249 90347399 90349403 90349739 90352859 90353339
90354293 90355379 90355679 90361703 90365069 90368249 90371219 90382679 90383159 90385913 90385943

90386459 90390749 90394103 90396413 90396629 90398849 90399839 90400493 90401579 90404843 90405869
90411203 90413243 90414743 90415343 90418799 90419363 90422483 90427439 90430013 90430079 90431543
90432119 90433313 90434609 90437933 90438839 90438899 90444593 90445769 90448283 90448643 90449939
90450413 90451073 90451853 90453593 90454163 90461753 90463283 90464849 90465863 90467249 90468029
90469829 90470843 90472853 90472859 90472913 90477983 90488609 90488873 90489023 90492443 90492893
90493229 90493943 90496649 90497483 90497873 90501839 90505763 90508349 90510809 90512993 90519113
90522599 90522989 90523403 90523409 90523553 90526619 90527273 90528569 90529193 90529949 90530393
90530939 90532133 90535859 90537539 90538139 90539903 90542033 90542279 90542519 90543059 90549083
90553163 90553499 90554939 90556013 90556523 90559919 90561899 90563939 90564053 90568349 90583313
90586943 90587219 90588689 90589589 90592823 90593309 90593879 90596249 90599699 90600413 90600689
90601859 90604253 90605789 90616853 90617993 90624179 90624503 90625103 90630203 90630509 90631223
90632609 90638819 90639749 90642659 90645773 90650663 90651623 90652829 90658703 90663509 90664583
90664883 90668843 90669269 90671099 90671723 90671879 90672899 90676049 90677003 90677399 90677459
90678023 90678359 90682643 90683303 90684623 90688343 90688943 90690389 90690833 90691253 90692249
90692669 90693173 90693989 90700223 90700853 90704123 90705053 90706439 90708119 90710849 90711119
90711389 90713699 90715049 90715673 90717569 90722783 90724493 90728789 90729449 90732599 90733529
90733763 90734603 90736049 90737639 90740603 90745433 90745829 90746333 90746693 90747263 90748109
90750503 90752033 90752099 90753989 90755459 90757763 90761969 90767093 90771353 90773729 90778823
90780023 90780593 90780953 90788543 90789773 90791429 90791573 90792263 90793133 90793463 90795923
90795989 90796253 90798839 90799199 90799409 90800789 90800939 90802109 90803759 90805223 90805499
90810743 90811709 90814673 90817229 90817613 90819143 90819929 90820259 90824243 90824339 90825239
90829913 90831413 90836099 90836909 90840929 90842579 90844619 90844679 90844769 90848363 90853589
90854063 90854873 90857219 90858749 90863033 90864029 90865403 90867323 90869693 90870119 90871073
90873329 90874319 90875513 90876029 90878369 90885419 90891893 90892199 90893669 90895589 90896873
90897749 90905603 90911993 90912623 90916649 90918959 90920183 90920993 90921569 90921833 90925343
90931499 90931553 90932189 90937169 90940799 90941369 90944069 90945539 90947903 90949289 90954299
90954533 90958799 90960449 90961763 90964469 90967913 90970829 90974399 90974963 90975893 90978599
90982373 90984539 90984923 90985253 90991583 90991679 90997103 90997463 90998009 90999329 91003613
91003793 91005389 91006313 91007183 91007789 91007963 91012583 91014953 91018589 91020563 91021949
91024019 91025279 91026833 91028909 91031543 91036199 91041623 91042379 91043009 91043819 91044533
91047683 91049333 91054109 91054709 91057073 91057469 91062113 91062539 91063289 91070093 91070939
91072199 91075769 91076963 91078679 91079003 91079393 91079669 91081349 91083143 91085699 91086179
91088639 91089209 91089599 91092173 91095773 91096223 91100099 91101089 91105793 91107833 91108943
91109489 91111283 91113773 91116803 91116929 91117259 91120313 91121939 91123733 91123913 91127969
91128839 91129589 91136273 91140173 91143683 91146119 91150259 91152203 91158113 91158719 91160183
91160633 91162079 91162553 91163123 91168043 91173059 91173629 91176779 91177193 91180013 91180283
91181813 91185053 91185233 91191263 91191449 91192169 91193579 91203149 91205249 91206149 91207313
91209119 91210523 91210739 91211909 91212683 91213289 91213679 91213949 91214429 91215329 91216403
91216733 91220483 91220513 91225643 91230059 91230413 91236809 91236989 91240073 91244459 91245263
91245359 91246583 91250333 91252289 91255253 91257269 91260569 91264889 91268939 91272749 91274699
91274873 91278059 91283063 91283399 91284923 91293353 91294733 91297733 91299413 91303139 91312649
91317329 91318589 91322879 91326509 91329473 91329863 91329923 91330649 91330709 91331813 91332239
91337063 91338503 91338743 91342469 91345619 91346999 91347089 91349903 91350593 91351223 91351283
91352099 91355063 91355219 91356173 91356719 91359293 91364453 91364813 91365503 91367693 91370243
91371509 91372049 91372163 91373279 91379423 91384493 91384883 91385243 91385933 91389659 91389989
91391543 91394183 91394213 91396499 91396703 91400273 91400609 91401269 91405679 91405739 91409183
91410983 91411049 91411373 91412693 91413953 91419749 91419869 91421003 91425863 91427813 91427939
91429913 91431293 91432793 91435853 91436069 91437179 91437809 91438619 91440659 91440689 91442363
91444109 91446863 91448243 91449959 91451183 91453679 91454669 91456103 91457609 91466759 91471469
91472039 91473803 91475003 91480463 91482563 91483289 91485833 91486679 91487549 91488599 91494863
91496843 91499813 91500119 91501439 91513463 91516583 91516829 91517033 91518569 91519793 91524743
91526219 91538729 91543583 91547699 91551263 91551353 91554119 91561523 91564829 91566983 91574453

91575989 91582919 91584659 91584833 91585649 91586903 91588643 91590293 91594823 91600079 91602113
91603079 91610573 91610663 91610699 91613999 91616963 91620989 91622159 91630109 91633463 91634363
91637093 91637153 91637963 91638119 91640099 91641383 91644149 91645343 91646309 91649339 91649699
91650473 91653563 91654319 91655513 91656479 91657763 91658663 91662689 91665719 91665923 91666973
91670333 91670879 91673303 91679639 91685333 91688819 91691153 91691993 91693499 91693649 91694783
91698599 91699403 91700033 91700753 91703789 91705793 91706963 91707173 91708433 91712009 91713383
91715843 91715873 91718069 91719863 91721249 91722503 91723529 91725983 91726853 91735139 91735883
91736093 91736219 91739363 91739933 91742663 91746929 91749023 91749239 91749419 91750733 91754483
91756289 91756589 91757723 91763393 91764719 91765463 91774079 91774433 91774829 91775423 91776869
91777919 91778633 91780319 91785773 91792139 91793099 91796333 91796819 91797323 91797353 91799843
91800899 91801373 91809089 91810913 91813439 91813703 91815089 91816883 91817123 91819103 91821143
91821563 91823663 91823939 91824329 91824989 91829879 91831013 91833653 91835363 91836599 91836653
91843523 91844513 91845569 91847813 91849193 91850459 91850729 91852373 91854809 91855733 91856603
91861043 91861499 91861883 91865303 91868753 91872113 91872563 91876199 91876709 91878569 91879439
91880693 91881329 91882559 91883663 91888103 91893869 91894433 91894559 91897649 91902533 91903403
91907429 91911119 91911923 91913249 91917473 91918709 91918829 91921103 91921799 91922249 91924103
91925303 91930463 91932629 91933043 91936073 91936283 91938719 91942013 91942913 91943513 91944533
91944953 91948739 91955939 91956653 91957373 91957643 91959473 91960859 91961489 91961879 91988843
91989113 91989389 91992293 91992713 91994849 91997963 91998233 91999283 92000729 92005253 92011883
92015243 92016989 92019353 92024903 92031113 92033213 92035343 92041949 92044163 92045903 92048903
92049563 92049833 92055863 92061059 92061533 92062073 92063063 92067023 92067743 92069843 92070833
92073263 92075579 92076839 92077109 92078279 92079623 92080409 92082533 92083223 92093663 92094413
92095259 92096513 92098763 92104823 92106089 92107979 92108459 92108519 92109659 92111969 92113583
92115119 92116553 92118269 92121203 92123033 92125109 92128583 92131283 92137313 92138303 92138933
92144249 92146793 92147609 92149703 92151233 92153153 92154929 92156033 92156219 92156789 92157209
92162849 92167199 92167403 92169089 92177633 92178083 92179289 92181143 92182589 92184233 92184419
92185889 92186123 92186753 92188403 92189243 92190893 92195399 92197403 92201663 92205359 92206799
92207189 92207369 92209499 92210039 92213123 92213903 92214173 92215859 92219819 92223119 92226839
92228579 92229113 92237303 92237423 92240129 92240873 92241263 92243219 92243843 92244149 92244263
92252753 92253053 92253719 92261639 92265059 92265989 92267459 92269409 92270753 92274779 92275019
92275769 92276963 92280593 92281649 92283623 92285549 92296073 92296469 92297423 92301953 92302079
92302649 92302709 92303903 92304293 92304629 92305523 92306213 92308439 92309369 92310539 92312579
92314769 92316023 92319053 92323169 92324723 92326313 92326739 92328413 92331149 92338853 92339003
92341589 92342363 92350619 92350733 92353589 92355233 92357099 92357939 92361239 92361959 92364479
92369363 92369369 92369663 92369873 92377013 92377199 92378183 92379389 92380433 92380829 92382833
92385173 92388893 92388899 92391059 92392439 92393663 92398079 92398283 92401943 92402669 92406689
92409599 92410949 92413553 92413913 92413973 92418143 92418149 92418659 92422223 92425793 92431529
92432129 92432339 92438243 92446463 92447429 92449733 92450873 92451143 92453849 92457479 92458193
92460239 92462423 92470583 92471783 92475293 92476253 92478383 92481023 92481353 92483273 92483453
92484263 92485643 92495939 92497259 92497523 92503283 92505173 92506019 92507099 92510543 92510573
92512289 92512583 92514869 92519123 92528363 92529413 92533379 92533769 92537909 92538263 92543939
92547599 92549549 92549729 92550443 92550863 92551769 92553089 92553563 92554433 92555003 92557403
92557799 92560379 92561459 92567399 92572223 92574353 92577389 92578103 92581199 92582729 92585183
92589533 92592359 92594063 92597363 92597429 92599763 92602463 92607023 92609399 92609519 92611433
92611553 92618759 92621033 92621813 92623649 92627303 92629139 92632703 92636699 92636909 92640329
92640503 92641949 92642393 92645963 92648819 92649593 92651183 92652359 92658773 92659289 92662049
92662253 92664233 92665949 92667353 92673209 92673293 92673929 92674649 92677103 92677439 92678639
92678699 92679479 92679623 92682833 92683373 92683499 92684369 92689043 92691653 92692373 92693213
92694869 92695259 92698019 92707913 92712083 92712443 92713409 92713553 92718029 92723783 92724743
92728199 92732309 92733143 92737769 92738609 92738903 92739203 92739623 92740229 92740943 92741483
92741849 92744423 92746529 92759039 92761199 92761769 92761859 92770889 92776163 92776949 92777903
92786783 92789639 92789783 92790059 92791043 92792813 92793119 92796989 92799233 92803703 92804423

92805203 92807339 92807933 92808119 92808263 92809649 92816369 92818109 92820089 92820713 92825069
92825333 92827859 92828009 92830763 92831759 92832599 92834873 92834933 92835629 92836193 92837183
92838923 92841929 92846543 92847383 92853749 92859323 92859989 92861963 92870633 92871329 92871749
92872943 92876939 92877203 92877773 92878823 92879603 92881073 92881193 92882039 92882759 92882819
92888963 92891303 92891339 92891633 92892209 92892269 92892809 92894129 92894303 92894843 92897153
92899349 92900609 92904599 92904809 92912009 92912483 92912999 92913713 92916419 92919119 92920343
92921063 92921579 92925953 92927699 92931473 92934623 92935373 92936219 92940233 92941319 92943629
92944433 92953979 92956343 92959973 92961293 92962673 92965133 92965319 92966369 92968523 92970599
92973113 92973143 92973389 92974169 92977673 92981519 92982563 92987903 92990753 92992349 92992733
92993843 92994563 92995289 92997323 92997869 92998193 93000233 93000359 93002243 93006383 93009629
93013439 93018743 93020099 93023429 93023999 93025613 93029243 93029663 93035933 93038513 93042809
93048083 93048773 93050759 93057323 93057803 93058403 93061649 93064019 93065513 93065789 93075869
93076463 93078059 93080189 93082109 93085169 93086069 93087149 93087653 93087749 93087779 93089813
93091919 93097379 93097523 93100499 93103343 93110669 93112163 93112403 93113759 93113789 93119423
93120119 93120809 93121439 93122069 93122483 93123539 93125843 93127679 93129293 93132839 93137909
93138173 93139043 93142163 93144179 93145523 93146393 93148883 93151703 93155063 93158099 93160079
93166949 93166973 93168683 93169493 93169859 93170513 93171779 93172433 93173543 93177593 93180173
93181409 93190973 93192089 93196619 93198653 93201989 93206693 93210839 93211049 93213359 93214763
93217343 93219953 93220643 93230723 93230849 93230909 93233603 93235853 93235949 93239873 93240209
93242879 93244163 93249113 93255119 93255983 93255989 93256043 93260633 93260819 93262919 93263669
93264113 93266423 93268319 93271553 93274829 93278849 93280133 93280613 93281693 93282929 93283583
93287303 93288059 93292883 93292949 93296789 93301139 93301283 93307559 93316523 93318149 93320399
93322199 93325619 93326633 93327473 93334613 93336653 93339833 93339929 93340343 93343469 93345683
93347729 93348659 93350843 93352949 93354323 93355373 93356849 93359069 93364619 93366359 93368393
93372269 93374423 93376403 93380873 93383579 93386789 93389519 93390113 93390659 93391283 93397253
93399899 93401993 93402143 93402269 93403493 93404849 93406739 93407063 93407339 93412079 93413423
93413459 93423443 93424739 93424973 93425543 93427853 93431843 93432539 93432893 93432959 93434483
93435239 93438809 93443039 93445559 93446813 93454073 93458699 93464369 93468143 93468629 93470423
93470969 93471113 93471569 93472283 93474443 93475799 93478139 93481319 93483749 93487703 93495113
93496163 93497639 93500573 93500999 93502313 93505259 93506093 93508199 93508529 93515333 93517769
93519323 93526553 93530303 93532619 93534659 93535313 93537623 93539129 93540539 93542573 93542723
93544109 93546983 93548369 93556643 93557543 93557699 93559019 93559523 93562193 93562559 93563009
93563369 93563909 93566663 93568889 93571259 93571763 93573059 93573509 93574703 93576503 93579413
93580463 93584789 93585749 93588353 93589703 93590543 93591863 93593243 93594173 93596549 93597083
93597953 93600653 93600833 93601253 93604523 93604883 93613469 93615293 93617813 93618359 93618389
93618599 93619853 93623633 93626009 93634193 93637553 93638063 93639863 93641693 93642743 93644489
93647759 93648629 93657983 93664079 93665153 93666299 93666383 93669683 93673913 93678479 93678659
93680753 93683099 93684329 93685253 93686459 93687563 93691133 93693833 93693863 93695093 93696899
93697223 93697529 93700499 93701423 93704519 93705809 93710999 93714893 93714899 93715403 93719849
93733253 93737789 93740429 93740459 93741443 93742469 93743759 93745583 93745703 93748313 93751589
93756209 93756599 93762629 93765443 93766763 93767909 93768533 93769859 93773033 93780383 93780689
93784349 93786683 93787913 93796799 93796823 93797003 93800813 93800939 93801083 93803273 93804593
93804983 93807449 93808163 93808889 93809879 93812189 93812639 93813983 93814223 93819893 93821153
93822563 93823259 93826679 93826829 93829013 93830603 93832793 93832913 93834803 93839579 93840293
93841859 93843989 93844259 93852119 93853979 93854669 93858533 93860939 93862739 93864509 93865853
93869123 93869939 93871139 93872099 93877733 93881219 93881933 93882413 93882863 93884393 93885503
93888269 93890873 93892523 93895163 93902603 93903269 93903473 93904799 93905879 93907613 93910829
93913829 93915323 93918449 93918893 93920093 93933809 93936383 93937433 93942113 93943379 93944993
93945353 93949013 93949133 93949703 93950189 93951593 93954089 93954863 93955139 93955289 93956963
93958223 93959423 93961979 93967403 93968219 93969539 93971459 93972419 93972449 93973133 93973343
93976853 93980363 93982403 93984029 93984053 93985019 93993359 93994403 93994679 93996863 93997259
93998813 93998969 94000883 94002593 94002599 94003853 94005479 94005629 94009469 94010573 94014419

94014803 94019753 94021463 94028813 94030169 94031159 94031849 94033799 94040729 94045739 94049699
94049789 94051883 94058099 94058819 94060859 94068899 94074989 94075799 94078973 94085213 94088279
94099283 94100249 94108043 94108853 94110479 94112723 94114409 94115033 94117979 94122989 94126349
94128173 94129499 94132739 94135913 94136183 94136519 94147913 94148633 94151003 94154303 94160273
94160483 94161989 94162823 94166399 94169363 94169903 94172003 94173743 94174403 94174439 94176623
94176689 94178009 94179359 94186913 94188953 94191563 94192589 94197899 94198943 94201073 94206383
94207499 94210703 94213139 94216553 94217243 94223933 94228709 94230863 94231139 94234709 94235903
94238159 94239713 94239923 94240859 94241753 94245023 94245659 94247669 94249943 94249973 94250153
94250489 94257083 94262123 94262309 94264193 94264739 94272809 94275059 94276739 94278683 94281293
94282109 94284083 94288973 94293929 94295213 94296473 94300133 94300313 94301639 94304033 94308083
94314023 94323143 94336019 94338749 94341743 94353359 94355693 94362773 94363943 94365179 94369199
94370333 94371929 94373819 94375643 94380059 94380509 94382069 94384733 94388279 94389629 94390013
94392113 94395869 94399979 94400513 94405583 94407233 94410713 94417019 94420829 94422413 94424483
94425503 94434173 94438013 94439753 94444799 94446623 94447709 94447943 94451369 94451573 94454579
94456493 94457243 94462139 94469783 94475483 94476419 94476449 94476779 94479683 94480583 94481693
94482749 94488239 94489673 94491443 94491629 94492829 94496189 94499063 94500779 94501553 94504439
94505849 94511363 94514159 94516619 94516949 94519703 94520633 94521473 94521659 94522943 94523549
94530269 94532309 94539149 94539509 94541099 94541333 94542989 94548059 94549463 94550303 94550789
94553009 94553939 94553969 94556543 94557923 94562003 94562609 94563569 94569473 94572563 94572839
94575353 94575809 94576523 94577039 94580429 94586339 94590803 94592549 94596569 94597253 94598249
94600739 94601033 94601879 94602803 94604693 94606829 94607603 94609769 94617863 94620863 94623983
94625543 94627889 94635809 94638959 94639403 94639613 94640993 94641353 94644659 94644773 94645913
94647209 94647359 94651829 94654613 94657163 94657313 94659473 94673003 94673009 94676243 94676999
94678739 94680653 94682123 94683233 94689383 94689449 94691813 94700069 94702343 94704149 94707023
94708613 94710173 94712399 94713863 94714649 94716383 94719329 94719479 94720793 94724159 94724249
94725359 94726199 94728143 94736963 94739423 94740083 94740953 94742783 94743059 94747193 94749383
94752533 94756709 94760933 94764629 94765733 94768139 94770083 94770569 94771679 94772663 94772819
94774013 94775903 94780649 94782899 94783193 94787009 94788233 94788299 94791143 94796753 94800773
94805213 94805723 94805759 94809713 94811429 94818593 94818833 94819073 94820669 94821833 94824209
94830353 94834793 94835159 94837973 94838153 94838213 94844699 94846343 94848053 94852889 94859393
94862723 94866143 94868243 94871099 94875173 94877873 94879709 94879859 94884623 94884899 94884929
94887473 94888193 94891409 94892513 94893203 94893593 94894139 94899443 94900853 94902173 94902953
94903169 94905743 94906859 94910993 94911653 94912319 94913243 94913699 94917089 94919453 94924283
94926119 94927979 94928549 94930103 94932053 94934159 94942049 94943423 94949303 94949483 94951193
94953563 94953923 94956089 94957073 94960919 94962869 94963499 94968719 94969019 94972109 94974419
94977413 94977539 94977923 94979723 94979873 94980953 94982819 94984343 94987439 94993259 94995233
95000033 95006339 95007023 95008649 95010749 95013293 95014379 95020169 95020703 95022149 95025149
95025239 95026103 95030423 95030489 95032523 95034119 95034239 95035613 95039849 95040629 95048183
95053193 95053529 95056523 95067449 95069609 95069813 95070719 95071139 95073509 95074313 95075159
95077289 95080523 95081543 95081573 95083559 95084999 95085779 95086949 95091653 95093783 95094299
95095463 95096663 95097323 95098673 95099093 95099129 95100353 95104589 95106569 95107763 95110199
95110943 95111519 95113913 95114483 95118983 95120633 95121503 95127419 95129663 95135069 95135483
95138243 95140709 95142419 95142629 95143673 95144603 95150669 95150903 95154569 95156333 95159849
95160473 95162453 95164253 95165069 95165909 95166173 95167049 95169293 95169989 95170013 95170769
95171789 95172299 95173889 95182319 95184389 95184863 95186909 95189333 95191163 95191913 95192183
95194499 95195753 95195879 95197703 95201369 95203079 95206019 95206619 95211719 95212889 95216123
95217233 95218583 95220509 95221499 95222009 95224379 95224469 95224583 95225969 95227823 95234033
95235149 95239643 95241983 95245103 95251829 95252753 95254559 95260439 95262263 95262683 95263793
95268653 95269133 95271983 95272679 95277113 95277179 95278643 95281649 95285453 95292623 95292629
95293469 95293889 95294399 95295533 95300633 95301053 95301263 95302253 95302853 95303399 95303993
95305883 95307683 95308793 95312159 95313593 95314259 95314799 95316803 95322203 95322653 95324633
95324849 95325473 95327489 95333669 95335403 95337023 95339483 95340599 95344883 95348789 95350163

```
95350319 95351513 95351573 95354183 95361419 95363699 95367323 95367953 95368349 95369513 95372993
95379233 95379929 95380073 95380553 95382659 95386019 95386229 95390129 95392943 95397083 95399159
95399933 95400293 95401979 95403629 95407073 95408843 95410223 95410769 95412353 95415059 95416493
95418143 95420879 95421383 95421899 95422403 95422979 95423693 95424083 95426213 95427659 95434043
95435789 95437553 95440679 95440883 95450783 95451623 95457419 95457809 95458529 95463299 95464709
95466023 95466359 95473739 95474243 95474273 95474579 95474969 95478863 95480069 95480873 95483243
95484089 95485553 95486003 95488703 95489819 95494583 95494649 95495993 95496083 95496419 95497379
95506529 95506793 95508239 95508503 95508863 95509559 95510903 95512463 95512673 95512913 95516153
95517809 95518613 95520443 95521889 95523443 95525519 95531693 95531963 95534399 95536613 95538143
95539529 95540933 95541389 95547869 95552423 95559083 95559449 95561429 95562893 95565329 95568359
95568419 95570879 95573069 95575829 95580713 95581439 95582243 95585729 95587259 95589803 95597279
95602079 95602379 95603429 95607293 95608559 95609483 95612813 95614619 95617523 95617859 95618819
95619053 95619263 95619773 95622749 95637623 95639279 95639993 95646203 95646599 95649689 95649899
95651819 95652383 95653403 95656163 95657213 95658599 95662613 95667233 95667629 95667749 95668253
95669033 95669699 95670083 95671553 95679509 95679959 95680373 95683883 95688539 95689463 95689703
95690363 95690993 95693723 95700383 95701379 95705609 95706503 95706839 95717399 95718383 95718923
95719733 95726573 95733353 95734883 95736089 95737079 95737619 95744513 95751503 95754023 95757479
95763749 95765639 95765849 95766173 95769413 95770709 95772773 95775299 95776259 95776403 95779709
95780969 95782073 95784653 95784803 95785649 95787563 95788733 95791109 95792069 95793653 95799839
95803223 95804633 95804909 95807429 95809859 95811773 95812523 95814773 95818589 95820113 95821283
95822879 95824139 95824829 95826743 95828363 95829053 95833253 95835959 95840429 95841929 95848829
95852819 95857043 95858159 95862083 95864789 95865443 95867363 95867669 95869733 95871053 95871239
95872253 95872559 95877473 95878439 95879363 95887139 95887859 95889719 95890913 95891039 95891093
95896799 95898773 95900279 95905373 95905553 95912753 95913803 95916869 95918549 95919413 95921849
95923463 95927213 95928659 95933219 95938553 95939093 95940023 95940419 95940479 95946353 95950259
95953139 95953283 95958689 95960153 95964689 95964749 95966873 95966939 95969039 95970443 95970509
95976323 95977319 95994323 95996639 96003293 96003623 96004943 96011183 96013139 96013559 96016373
96017093 96023849 96025049 96025343 96027089 96030293 96032333 96032633 96035393 96038153 96042059
96043313 96044309 96044579 96048143 96048539 96052739 96053603 96055439 96057653 96058439 96060869
96063833 96068603 96070049 96074399 96078893 96079829 96080279 96080399 96081449 96082313 96084749
96087083 96089039 96090233 96091889 96092609 96095243 96097283 96097493 96102593 96103019 96104549
96107243 96109319 96110453 96110753 96111083 96112223 96113603 96124943 96126623 96126659 96127523
96132353 96133073 96133553 96136763 96137183 96147179 96154043 96164993 96165263 96165743 96166019
96172283 96179879 96180113 96181913 96187499 96187859 96190949 96197609 96205283 96207983 96208439
96210683 96212813 96216119 96216443 96216689 96223019 96223889 96226313 96226709 96228263 96228953
96231293 96232973 96234653 96236033 96237503 96238223 96242519 96244013 96245339 96246119 96246719
96249773 96252713 96254573 96255689 96258269 96260639 96261023 96264929 96265919 96267263 96271193
96274889 96275303 96275843 96278249 96281039 96283769 96284063 96284459 96291659 96292013 96295499
96295949 96298883 96302513 96302813 96307103 96307199 96316613 96316763 96318179 96322283 96323033
96332039 96335273 96335573 96337253 96340259 96341489 96348683 96349499 96350069 96350549 96351113
96353063 96355373 96358673 96361493 96362303 96370133 96372869 96374189 96377069 96377219 96377273
96378239 96381209 96386729 96387953 96390653 96392693 96394169 96396533 96396539 96396869 96399269
96405839 96408839 96409529 96420959 96427343 96429143 96430853 96432659 96433973 96437333 96438449
96439823 96439883 96440429 96444479 96446243 96449159 96450929 96451739 96455279 96459509 96459983
96463079 96463649 96465389 96469133 96471233 96471929 96473159 96476609 96476753 96477263 96478313
96478793 96481769 96483119 96484343 96485513 96490469 96491723 96492113 96498203 96499703 96501089
96502799 96503219 96503453 96505163 96511529 96514013 96516863 96516989 96518969 96521723 96523079
96527633 96530303 96533543 96533603 96533873 96535343 96538769 96539249 96540239 96541883 96542093
96555149 96555353 96558953 96561149 96567629 96568553 96573479 96573749 96577139 96577373 96578063
96578549 96578753 96583139 96583853 96584489 96587009 96588059 96588923 96589403 96590783 96591419
96591899 96593573 96593873 96594929 96595253 96595463 96597989 96600359 96604253 96609503 96612179
96612413 96616133 96616973 96619073 96620729 96623459 96624893 96628079 96629369 96629933 96633989
```

96635393 96637643 96640493 96640853 96646013 96647279 96651449 96653129 96654203 96656723 96658973
96661013 96671573 96675119 96675269 96676253 96676529 96676973 96680729 96685013 96686423 96686729
96686819 96687683 96688379 96689903 96691109 96692933 96693563 96699359 96699623 96705863 96707813
96715763 96716183 96716423 96720653 96722303 96723359 96723713 96724643 96726953 96727313 96732593
96733673 96734609 96736379 96739463 96740513 96742133 96742829 96745469 96746399 96747713 96748919
96755579 96756899 96757049 96762593 96762959 96763913 96769649 96770753 96771359 96772163 96773549
96778613 96786359 96789893 96790223 96791423 96792413 96796163 96797483 96798029 96799823 96801203
96801443 96802133 96804089 96808643 96813779 96814979 96818483 96820943 96822359 96824603 96825419
96825923 96827183 96828239 96833333 96836303 96836633 96839213 96840119 96843119 96850373 96851063
96851693 96852653 96856373 96857879 96858329 96858479 96860723 96863579 96865649 96866543 96867773
96869693 96873149 96873923 96874733 96886019 96895889 96897023 96897029 96899399 96899909 96900143
96901979 96903953 96904469 96906839 96907469 96908813 96910223 96915443 96917003 96922613 96922673
96923093 96940643 96940853 96941093 96947453 96948179 96955619 96955829 96960599 96960719 96961439
96961643 96962219 96964793 96968159 96970589 96976343 96980633 96981893 96983273 96986339 96989363
96998309 97002149 97002803 97003019 97004399 97005173 97008143 97008479 97011599 97012193 97013513
97014419 97016999 97017989 97020893 97024799 97027193 97028549 97032119 97032179 97032443 97033823
97036193 97039199 97039643 97040549 97043399 97045649 97049633 97050143 97050293 97051379 97057973
97058189 97058453 97059359 97060049 97061609 97062683 97064249 97065893 97066253 97067573 97068203
97071269 97072403 97075469 97075739 97075859 97076393 97076429 97081163 97082399 97082423 97084859
97085333 97089749 97090943 97093823 97098233 97099829 97099913 97102829 97104173 97106063 97107509
97108703 97110803 97112069 97112453 97113689 97114553 97114733 97117049 97117199 97119329 97127633
97128329 97131899 97132163 97134839 97137389 97139303 97140629 97140899 97141883 97144829 97145003
97145333 97146713 97149809 97153499 97154339 97156679 97157213 97157783 97162193 97166189 97166963
97167173 97169939 97170863 97171463 97171493 97177103 97179833 97180379 97181039 97182413 97183253
97184513 97188359 97189793 97191833 97192559 97193363 97195223 97198649 97200479 97200749 97200839
97201859 97205183 97205483 97205519 97206563 97207403 97209659 97211129 97211189 97214009 97214333
97217363 97218293 97220813 97221083 97221653 97223519 97230509 97230713 97234589 97237403 97237823
97239689 97240763 97242653 97245293 97247393 97253879 97256699 97258223 97260083 97260269 97262183
97266233 97267169 97267589 97271813 97276379 97276919 97277003 97278953 97280633 97283633 97283969
97284053 97285553 97286363 97286753 97286939 97296893 97298039 97307069 97307519 97307999 97308719
97308923 97309169 97313999 97321643 97321793 97331093 97332143 97333469 97338803 97340123 97340423
97341353 97341659 97343579 97343903 97347713 97351049 97352243 97353233 97355123 97360733 97363793
97364693 97365839 97366823 97367129 97369313 97369703 97370099 97373333 97373819 97375979 97376039
97379279 97379813 97380533 97381073 97384223 97387613 97389443 97391813 97392593 97397609 97398089
97399199 97406063 97406429 97409033 97409723 97410809 97415243 97417433 97429823 97433333 97436159
97438613 97440383 97443299 97445633 97446059 97448339 97449113 97452353 97454573 97455383 97455563
97460873 97462103 97468523 97469849 97471793 97473443 97475663 97479533 97479923 97483643 97485299
97487249 97488389 97492949 97494503 97494599 97494989 97496363 97497353 97498013 97498073 97504079
97506089 97510883 97512689 97513133 97515233 97518293 97519469 97523753 97525553 97526483 97531403
97531793 97533599 97534319 97541663 97542953 97542983 97546283 97546409 97547903 97549409 97549433
97549943 97552523 97556339 97556369 97557689 97559873 97564349 97564469 97566503 97566809 97568153
97569809 97572179 97573043 97573169 97577729 97579463 97581569 97584659 97586789 97586903 97589423
97593389 97596563 97596809 97597193 97601459 97602419 97605113 97610813 97617203 97617473 97618673
97619243 97622699 97627193 97629023 97631939 97634219 97634759 97634843 97636169 97640093 97641839
97647899 97649633 97652993 97655249 97657403 97658789 97658933 97661279 97662833 97666169 97667033
97670663 97673399 97673909 97677353 97678193 97682009 97683203 97684313 97686293 97688879 97688963
97689209 97692239 97693559 97694279 97694879 97695023 97699313 97700303 97707413 97712729 97713389
97713989 97714703 97716533 97718063 97719029 97719239 97724843 97729613 97732319 97748303 97753919
97754483 97755089 97756619 97758833 97758863 97758893 97760153 97761113 97763513 97767419 97767809
97767959 97772429 97779989 97780883 97783883 97783943 97785953 97786313 97788419 97789673 97790249
97791209 97794173 97795433 97795493 97796063 97800893 97801703 97802273 97803539 97805243 97805423
97806353 97807403 97807733 97812749 97813253 97816973 97821149 97822493 97822559 97823279 97825109

```
97828403 97829159 97829519 97831763 97838633 97841759 97842659 97844963 97845239 97845509 97847303
97850873 97853909 97854689 97856183 97857509 97868063 97870319 97871573 97872083 97873409 97885373
97889903 97896059 97901753 97902659 97904129 97910723 97913363 97915403 97916939 97918043 97918349
97919183 97920923 97929479 97932179 97934933 97937033 97939073 97940099 97940273 97940429 97942079
97944299 97944923 97947359 97947653 97948463 97948913 97951109 97952303 97955213 97955549 97958123
97961399 97962113 97964393 97967069 97970063 97970969 97971959 97978343 97979543 97981379 97982453
97983113 97985273 97985963 97987013 97992269 97992773 97995413 97996373 97996793 97997369 97999073
98001383 98003033 98010443 98014643 98014859 98017943 98018969 98022839 98027603 98029433 98032559
98034113 98034143 98036129 98037353 98039369 98040083 98043593 98048543 98052989 98054933 98057189
98058953 98061143 98062229 98062973 98063393 98063453 98063963 98066093 98067269 98067323 98068583
98069063 98069969 98071619 98073659 98075903 98077019 98078243 98078303 98080379 98082923 98084429
98085833 98087009 98087183 98087393 98088593 98089163 98090123 98090519 98094449 98101973 98102159
98110373 98112869 98122919 98123843 98127149 98127779 98128529 98129303 98133179 98135573 98135699
98136749 98139473 98141513 98141789 98142689 98142749 98145263 98148779 98150999 98152583 98155259
98156423 98158559 98159543 98159849 98163293 98164133 98165393 98166329 98166983 98172323 98173643
98174669 98175173 98175659 98179643 98187143 98197433 98198693 98201573 98207003 98208293 98209823
98210303 98211593 98215583 98224163 98225423 98228789 98229353 98229623 98236283 98236643 98237813
98243573 98245613 98249759 98250023 98251553 98253119 98253509 98255453 98258579 98258789 98259053
98264069 98264759 98265143 98267759 98271989 98273249 98273729 98274959 98277233 98278913 98284733
98286053 98286869 98288633 98292989 98293703 98294219 98294639 98295959 98300963 98302349 98306759
98308673 98308949 98311049 98312183 98313653 98317493 98321033 98326439 98326703 98328053 98333093
98334413 98336873 98340923 98343893 98349929 98352983 98354369 98359973 98364869 98365649 98367089
98369003 98373893 98374739 98375573 98377553 98379923 98381219 98385113 98386499 98388029 98389169
98391773 98397389 98398103 98400623 98400713 98406173 98407559 98410733 98411039 98412263 98412959
98415353 98416463 98416739 98417183 98417939 98422763 98425109 98432063 98440169 98440913 98441093
98443463 98445983 98448869 98452979 98455223 98455523 98455589 98456213 98458439 98460689 98460773
98462813 98467643 98471339 98473709 98474039 98476583 98476589 98477573 98479373 98484593 98485169
98499053 98499449 98499893 98500373 98503739 98505833 98508419 98512523 98512649 98513969 98514263
98514893 98521883 98526569 98526839 98528459 98529083 98529419 98536733 98539223 98542553 98546963
98547629 98553863 98556329 98557499 98559953 98560103 98561993 98562203 98562263 98565689 98572223
98574263 98577299 98579249 98582909 98583893 98584523 98585093 98588489 98588519 98590049 98592029
98593349 98593739 98595719 98595743 98596649 98601599 98601983 98603759 98604329 98605889 98606309
98608469 98610443 98610833 98615129 98616233 98616263 98616449 98618519 98618633 98627159 98627393
98628539 98630333 98632169 98632409 98635349 98637659 98637953 98638679 98639069 98641139 98645933
98649839 98654789 98655149 98657483 98663573 98664809 98665673 98665949 98669699 98669723 98673149
98674973 98675963 98676173 98678423 98680943 98682593 98682989 98684093 98685089 98687579 98689133
98689973 98697113 98697779 98698709 98701049 98704043 98708903 98710373 98713913 98717039 98725079
98725733 98725883 98727053 98731823 98731943 98733749 98742569 98744099 98746283 98747273 98750213
98751239 98751953 98752679 98755313 98755733 98756783 98757023 98758739 98760023 98760269 98767769
98768633 98770823 98774129 98774729 98779013 98782559 98783813 98783879 98783939 98787179 98793449
98793479 98795969 98796389 98801333 98803223 98807783 98813003 98815163 98820119 98828393 98829173
98830223 98831543 98834273 98834993 98840699 98842049 98842823 98847569 98863883 98865743 98869553
98871683 98873933 98875223 98881229 98881829 98883209 98885123 98885729 98885789 98887073 98890439
98894489 98896313 98897663 98897759 98904233 98909339 98909423 98910293 98911133 98912249 98918003
98923343 98924009 98925773 98928503 98931923 98932199 98932703 98937983 98942489 98943083 98943353
98945309 98946983 98948879 98950079 98952383 98959253 98963369 98963603 98965673 98976203 98976359
98982833 98983949 98984603 98985443 98996543 98997413 98998073 98998853 98999759 99002363 99004739
99005069 99007229 99007829 99009569 99010823 99010889 99013433 99014813 99019799 99026429 99028283
99036233 99038633 99041483 99043673 99043733 99044849 99047183 99050603 99053219 99053303 99058103
99061169 99061493 99064769 99067079 99069389 99071933 99073853 99075863 99077063 99080099 99082433
99087743 99090269 99090599 99091829 99092393 99100349 99106589 99107009 99108833 99111983 99112829
99113099 99118583 99118703 99122423 99124199 99126383 99126893 99130019 99133109 99134999 99135299
```

```
99135629 99138293 99141083 99141863 99141989 99143153 99146783 99147479 99150839 99151439 99154109
99155939 99156653 99157193 99159023 99167489 99167693 99170849 99172553 99175949 99180149 99180743
99181613 99185459 99186179 99187559 99190739 99192623 99196319 99197639 99198353 99200399 99200693
99203213 99203399 99208799 99211979 99214469 99214679 99215789 99216809 99217463 99219383 99222479
99222869 99223913 99228743 99229379 99233429 99238283 99241283 99249173 99249389 99249509 99252113
99252473 99252773 99254723 99258149 99261119 99261989 99262259 99263513 99263639 99264953 99266399
99266813 99267299 99272039 99275213 99277313 99278033 99280589 99283823 99284303 99284753 99285713
99286289 99295673 99299423 99308243 99309533 99309923 99311363 99312149 99314489 99315059 99316109
99319019 99319553 99321479 99321773 99322343 99322469 99326009 99331103 99331313 99333233 99335843
99336953 99337373 99337949 99341219 99343103 99345959 99347063 99347669 99351449 99351953 99354683
99355703 99356513 99358373 99358613 99361049 99362999 99364649 99365993 99379589 99381809 99387923
99388643 99397709 99398423 99399623 99401063 99401279 99402293 99408059 99410039 99414389 99415859
99416309 99421733 99430913 99431483 99432869 99434789 99440213 99440279 99441323 99443783 99444083
99445793 99448763 99451133 99451409 99452939 99455693 99459203 99459329 99462689 99463103 99469679
99471149 99471569 99472673 99473453 99482819 99483803 99486749 99488243 99490679 99492203 99497369
99499853 99500519 99500573 99501989 99508313 99509489 99509549 99512603 99512753 99515789 99519713
99520409 99523223 99524459 99527849 99530549 99532403 99532733 99533573 99535109 99537929 99541523
99543623 99543953 99544883 99545513 99550673 99554783 99559013 99560063 99560333 99560453 99561419
99565799 99565883 99565943 99566639 99569843 99571883 99573473 99574133 99576173 99578399 99578519
99579449 99580469 99581483 99583223 99584993 99585533 99586583 99588239 99588773 99590873 99591983
99592589 99592673 99592943 99594263 99598853 99600989 99604073 99604733 99605339 99609509 99612263
99612479 99614513 99617723 99630893 99633533 99634823 99637883 99639593 99643283 99643403 99644813
99645503 99649793 99650483 99655403 99656423 99659519 99663593 99664289 99664613 99665669 99666653
99667553 99671783 99674219 99674759 99676019 99677453 99682463 99683123 99683999 99684113 99688019
99688139 99689423 99696323 99699389 99701279 99703853 99704729 99705143 99705503 99706703 99707579
99710753 99712493 99713849 99718049 99720233 99722543 99723203 99724769 99727343 99728969 99730853
99732383 99733043 99733493 99734273 99734513 99735203 99735743 99735749 99737663 99737933 99739049
99740219 99741413 99742613 99745589 99746039 99746753 99746849 99754673 99755093 99756353 99757109
99757379 99760373 99761093 99762809 99763193 99763283 99764303 99765773 99766889 99767273 99769259
99770903 99771713 99772199 99773363 99773819 99779513 99779903 99781403 99783923 99784193 99784733
99785789 99786653 99788933 99789359 99791099 99792323 99795929 99799319 99799559 99803783 99805319
99806123 99806879 99811499 99812579 99816089 99820289 99822473 99832643 99838163 99838463 99840809
99842213 99844523 99847343 99848603 99849779 99854543 99855023 99855533 99855779 99856973 99857903
99858959 99859703 99862799 99864629 99864983 99866369 99867233 99871643 99873629 99873803 99880373
99880493 99880829 99881189 99882389 99883079 99883793 99884693 99886763 99887279 99891593 99893093
99897359 99900329 99900539 99907343 99907403 99909713 99912353 99914723 99916319 99918113 99918323
99920603 99924119 99924683 99924833 99930119 99930833 99930959 99939083 99943979 99944129 99945113
99949649 99950093 99950639 99951983 99953099 99953603 99954293 99954779 99955073 99955283 99960533
99966329 99967739 99970883 99974393 99974729 99976823 99986723 99990263 99991049 99996833
```

Chapter II

INTEGRATED GERMAIN PRIMES

6 18 102 420 318 852 1140 4110 1038 4872 4410 12810 2118 4452 17850 2838 5892 15990 6900 43098 46740
10212 10500 44880 18018 92652 59280 15540 7878 32232 50508 35112 27090 75408 175542 78330 118020
12198 24612 37458 116262 279240 14718 151140 323880 85470 34692 87990 53658 36132 147408 75432
57330 440220 276510 288678 45492 114990 164010 119310 145548 98472 24798 251940 51252 582780 304458
56292 199290 28758 291540 420252 30558 754992 32358 228522 65940 367818 480732 210348 141672 35598
323622 1745148 198870 200670 202470 163272 247068 291522 337488 385182 216510 1019130 135738 181992
137250 230190 92580 373200 856548 437022 1143330 508980 672438 209352 157770 158418 640152 2322180
571620 753870 469968 236712 596820 361548 121092 303990 922770 624180 504528 253992 319110 708378
455322 656580 1537458 817272 343590 1251828 634662 1793550 583440 146580 220410 516810 1119330
75198 680022 75918 1533480 543522 390390 392190 157380 236610 2401740 1885218 1166172 841620 508428
340392 256050 428190 602490 259290 2009418 1241772 1617300 1548870 91758 644322 2047980 281970 660450
284130 2683128 387912 291690 2158860 495510 4028880 2576550 520710 836880 3715530 322578 1079940
542670 2961522 1333080 1455870 901968 1020222 113718 1141140 1725210 1159140 1987062 5360310 604590
1458360 1837530 369450 864570 371610 4130478 1267140 508872 1661790 385218 514632 1032720 388458
1821372 6351840 3373950 1089168 546312 1783470 1103568 692070 693870 2793480 1972572 424530 283380
425610 1851798 715470 1724472 721590 1448580 435978 2043132 1468020 1623138 8094492 455850 3055560
768390 2006238 619752 931788 1090362 1250448 4730220 2229612 3693570 322980 2431530 1793418 818070
3125082 3317640 500130 333780 2680608 2022552 2032920 169878 2556810 1541862 515250 4840248 2091672
1750980 1405968 881070 1236522 1240050 1421520 1426128 1789140 4866642 1815780 364020 1824420
1098108 4048572 5203128 1871940 4522032 568170 379140 3807240 2490150 2888370 5239890 1562640
3926760 2369880 1982820 3987240 4620930 403620 2022420 1623120 7772748 824232 3723300 1454250
624330 7964268 3172410 424212 9190218 1508682 2161380 3255570 653058 1526322 1529850 3950100
3752070 664290 10042110 1575210 1127310 3619488 10048632 5308170 695178 2089422 697770 1630650
4678440 234678 4000542 1889808 1657362 5470458 955272 238998 2873592 2883960 7498218 4874280 978312
734490 1225590 10366020 2486820 249078 498372 748098 3750210 1755642 753498 1005672 2014800 3283878
2534340 1269870 1780842 5107560 1794450 1540908 8261952 3898170 520980 3916530 3932730 5268840
2910138 2387502 5593518 534372 3212280 268158 2685540 1076232 1616508 539412 2701380 9511530
4651710 4121730 7182708 8348220 1957242 839898 5615880 4796142 1980930 3120018 3983532 3139818
4295610 3448152 10697070 1743948 2037882 9360960 1763388 2060562 2949780 3549240 3262578 11038062
5104590 7847268 14921382 3987750 2152290 1539510 1541310 4944288 2168922 3726360 310998 9989952
4079478 14215230 2224362 3821400 3192420 11552328 1611870 645252 5496270 8120550 7510650 10842678
3301140 661092 1653990 8962650 1665510 2000988 4679052 5028930 1007730 1008378 21666432 5462688
3423540 685572 4119480 6198660 2416890 3805098 2425962 2776848 694932 3478980 696660 9783480 8078658
1408872 5293530 1768110 2832720 11376960 8939550 23816628 3272022 4007058 3650340 13568862 1104498
5162892 4806750 8162220 2232108 8206572 6365310 4129818 9418350 11361420 4562712 4573080 381558
3819540 9196272 384078 8467932 1157418 14328102 9736950 1952790 781620 3912420 9025890 1180098
3544182 5919930 5936130 1982310 4367418 3977940 796452 17996310 1204938 2814042 3220368 3628422
6060330 2428668 1620552 2432988 8943132 21276840 2056110 2469708 8251080 13261632 17517780 2093910

2515068 8402280 841812 1263258 842532 12672540 19983930 18422490 7320030 4315620 431958 6054972
7805700 4346580 7405710 2182110 6994848 6135612 4830738 9687612 2206590 2208390 7521990 443118
6211212 2666268 6677010 3121482 5359320 9403758 17999760 17660682 1363050 9103560 3649488 10976112
458238 916692 2292990 5510520 2299110 9214440 461478 3232362 10645458 2319270 4179222 10706730
932820 1399770 3268650 12171588 11278512 470838 14158620 1892712 6159270 2372190 1424178 7130610
9532680 13873542 1438650 959460 479838 16357332 7242930 4837620 17475048 16589892 4895220 2450310
7853088 10828092 12346950 989700 11402250 1490058 16932612 499278 998772 3997968 5003940 20087760
4535622 4036560 1514898 3537282 7591770 11672178 9670962 11741730 9215748 2051112 6674070 8745990
7734330 25898100 6762990 13039950 9416628 1047732 2620590 2622390 6301080 13160550 14793240 1588338
5299140 5306340 2124552 20240700 3739890 9633060 4288848 2682870 13441350 2693670 12954672 5951418
1083012 4334928 7597212 5979138 21815760 2735070 3832122 30232290 19352130 1662858 2772870 11109480
16159902 6145458 2796270 2238312 4480080 1120740 4485840 41146158 8502210 7950012 13091370 1140180
2851710 6280098 2857470 9728862 27582048 9808422 8671770 1736298 16817622 6394938 8151612 2914710
13430850 2924790 33469830 8846730 5906820 7689630 10074030 2966910 1781010 1781658 5943540 25041492
4185930 6585018 10193982 3002190 21065730 1206420 13894530 1210020 9084330 7886190 15199950 13413180
9776928 2447112 21461370 30812100 1854450 1855098 12383880 24231402 21839370 1876050 4379970
13161078 7534872 1885338 13845612 4412730 1892250 1261860 5050320 10747230 15842550 17797080
4458090 22983048 10885542 4488330 10272288 4499922 5147088 22572690 10995702 6477780 9730170
16252950 4558890 11739060 1305780 3265710 36041610 18432120 1978218 29751030 23240490 3327270
17998362 3338790 1336020 5346960 1337460 7361178 3348870 6703140 4696482 8731398 8070552 2019258
2693352 30379590 10836768 3390270 1356612 14941740 2040210 11573430 12276900 2048418 1365972
3416190 10259370 12332628 6175062 14431158 9638412 41467320 7630458 4860282 15298140 4178268
16738992 2095290 27999120 7017780 10540170 33837408 10608210 4956042 4959570 7091220 29149278
2850312 712758 6418062 7138020 12866580 12173190 18658068 12225822 12246630 7935378 12280902
5062890 10860930 7974978 7257540 21815820 3642270 5102202 1458420 729318 67405272 9573798 7372740
28822482 5925840 25979730 3718590 13401828 8947512 5224170 17189970 8983800 4495788 5248362 11258370
1502340 18803550 8287818 20379762 16644540 8335338 30383760 32026932 9173880 7652820 4595148 3064872
8434338 47701932 9264600 8501658 1546692 33323538 6991542 3886710 7778820 6228240 21054330 4685868
1562532 2344338 5472642 1564260 16442118 10979052 31446480 2363130 25247040 15816840 8711538
19037232 2382570 31829520 21550050 14395860 6405648 5608722 22470168 11256252 8048820 2416050
6445968 1612212 22601208 11321772 8905578 8103540 23540982 28492170 22857240 8176980 12278970
2457738 28721490 7399782 13169568 4119270 4121070 16502280 19840752 9107538 12433410 11619132
19119210 12489570 15008868 7513182 30111048 18447132 16800360 2522538 14306622 18545340 9285738
29603490 25444620 3397512 8498820 6804240 11066718 59799180 7714062 34355280 6884880 14645670
862158 21577350 14698302 8655780 15598548 33876882 59329320 50867508 23762322 14988390 4412310
5297148 3532872 8837220 5305788 6193362 10625400 40826748 15126702 2671578 21395952 2677410
47407758 4482870 4484670 1794372 24252210 16197300 16220628 1803732 25282488 3616392 5426748
13578210 3623592 28121898 19999452 1819860 16391700 6380850 2735730 4560990 9127380 25594968
3661032 21073290 39500058 15653022 13828770 11074680 46256100 2781090 32493930 6509370 4651710
24217908 1864932 15863550 5603868 32740890 17810562 9384420 12210510 4699590 26350968 17913162
4718310 9442020 10394538 9457140 49293192 4749990 12358398 3805032 10469778 4761870 8575902 20033118
4774470 3820872 24863748 6702402 4789590 7667088 23989350 43294230 9640740 45407922 2903778 1936212
22287138 40796532 9732180 24361950 37116348 8805942 7832400 2938338 11759832 22568658 14739210
23616432 10838058 8873982 4932510 44473590 989958 4950870 11889432 19838760 6950370 4966710 15905568
58811082 15991968 10004340 4003752 6007788 20044680 39169962 10061220 11075658 12092472 20177160
22228140 6068268 17207502 5064990 2026500 1013358 9123462 1014078 4057032 16239648 4062792 1015878
9146142 8134800 48905568 2041332 7146930 3064050 2043060 15332130 15348330 35875770 13347750
15416370 7199850 16470048 4120392 13399230 30967740 10336980 20695560 25909950 57160290 12500280
39652620 13589238 12554712 13612638 14673372 27287988 28389042 45320538 21124680 67792512 35070750
26620950 19194948 23492172 12828600 5348310 43924038 64497240 26950350 18351942 14047878 15142092
19489140 57520158 7612122 19590228 9803862 5449110 25089090 19661508 7652442 3280698 9845982
32862060 10968420 5486910 6586668 5490870 9888102 8794320 10999380 27529950 29782890 44219280

22152840 58844310 31169208 2228532 16723170 7809690 11162820 1116678 10053342 23480478 15671292
8961360 20179908 15711612 3368610 19101030 39391170 3380490 5635590 25946898 13552632 14693718
21497322 14723670 7933170 151400550 25166460 29787108 2293332 30988170 12639858 4598472 11501220
3451770 72636858 4621512 28910550 3472290 23165160 28996950 9288528 13941432 26750058 2327892
46618320 52583310 2340420 59778018 8219442 11748180 2350500 35292060 38896110 9441168 16533132
1181478 20096142 2365620 9465360 3550698 5919270 8290002 27263418 22550682 3563010 8316210 3565170
9510288 16654092 15477150 59640900 14340600 13154658 14360472 15568878 40776132 63728790 8432130
18080730 13269498 48326160 2419332 20575950 30296550 54647190 13380378 2433732 3651138 10957302
24370440 15856230 2440500 19534368 26889852 15905838 4896552 9796560 15929238 29439792 1227558
12279540 20891742 18451170 8616090 3693690 8621130 46861980 6173790 14824440 22256100 47061708
6200070 8683122 3722418 42232692 1243398 4974312 80994030 31232550 10003920 28786938 5010312
1252758 33851682 3764538 31396350 6284670 6286470 59180802 21444990 18939330 20219808 8851962
21512310 6331110 35487480 34273530 13978338 8899842 10175568 17818332 3820050 66317160 3831930
53715060 67964550 55289658 34784802 55506378 9048522 21989670 36263640 16855878 9081282 49359948
9103962 91233660 9142770 1306398 13067940 15691032 30103458 15721272 3931938 18357612 17058990
19698570 13141380 46051530 9220890 10542480 9228450 7912908 119004660 18564252 14596098 9292962
83795418 5329992 46686570 13355220 24057540 17389398 25437162 4018770 4019418 16084152 9387210
13416420 28197918 45721092 4038210 24242868 13478340 47230890 2701572 2701860 13513620 10816080
51439308 29828172 23072910 8148348 5433672 54400080 13618020 55909158 5461032 99866190 10967568
48037290 27489480 9628122 6879390 16517880 1376958 5508552 52388700 13803780 20719170 2763780
38723160 31850538 6929070 12476862 29135358 16663032 6945990 18067998 89127552 39086040 2794020
36348468 13993140 5599272 71491698 16848792 14048580 4215978 16870392 18287958 14075940 9857442
14088180 16915320 64938108 14137140 28295880 7078470 12745782 29762838 19859532 1419078 24135342
49755930 4268898 106933050 77242572 15760338 20071212 61735530 2874660 15815778 10069122 7194390
14394180 74965800 1443558 17328312 40473048 5786472 26053380 26076708 13047102 7250910 18860790
47932038 29087880 34943472 37902228 17509752 32128140 21925530 19015230 21955770 19041438 24918702
7332990 10269210 29360040 19099470 85361268 10318602 7372590 41319768 5907432 45821658 17755992
14804580 4442778 7406070 13335462 53400168 2969412 17822520 29727240 49112910 2979060 74570100
14935620 8964828 28405722 31426038 2994612 10483410 44968860 49540590 49618998 73821342 57368220
131734530 12140880 15182580 25826910 7600110 7601910 1520598 30427080 3044292 63996660 9152748
48858432 10697610 27524340 3059700 12241680 38284950 4597218 6130632 61369680 32265198 13837662
43087800 20024238 21578172 16964178 30866280 37077552 1545798 30931080 3094692 10833690 4644090
54228930 10856370 4653810 31041960 10871490 12428880 4662018 18654552 43567608 52979412 4678650
59318988 10938522 51614838 163177872 67695330 31531560 39454950 31596360 12646608 6325032 20564310
12661008 6332232 87185010 9524268 7938870 11117442 66778740 20695350 39832950 11161290 31908840
97499838 32025480 19229112 3205860 17637378 16041540 64238160 8037870 51484992 12882768 6443112
66108318 27446262 4845618 48491820 64756560 24313410 27574782 16230180 12989328 32493480 3250932
19511640 13013520 40696950 32589960 11413290 65286480 67038198 6546792 16372020 16379220 4915170
57391530 29549988 24642810 69086052 37886658 8241270 6594312 34639038 14855022 34684398 6610152
13223760 21498438 39721392 1655958 11593722 38118498 19903032 16593780 21582678 53178432 13306128
53270592 19995480 8334510 10003788 41710350 56798292 8359710 18397698 8365470 20084472 16744980
5024898 31839402 5029650 5030298 40265712 52071258 11767602 38689818 28621302 70800660 10124748
6751272 5064210 37157340 5069610 16903380 130397190 16966020 35652078 54388032 20414520 110758830
5119290 3413220 47815320 3417540 44454228 8554470 59931690 127003092 1718958 72261252 31007988
75895512 129688650 5195970 12126450 52010460 1734798 26030610 3471972 13890768 3473412 13896528
59111652 31328100 5223618 3482772 151779330 10487628 8741670 3497172 29737590 36763398 12261522
43819950 21049560 96609810 17588820 19356018 38738172 5285178 56415552 5292738 15882102 1765038
91881192 30080310 37186758 69145362 44381550 19542138 3554052 14219088 56922432 147986178 7144392
1786278 48256722 26831970 12527130 17902020 35825640 19716378 7171752 32287140 3588900 95210790
17986980 26993970 93704520 101130288 25317852 14473680 59752638 76162212 3629940 10891548 27240210
21803832 14541648 43652592 38230038 21859992 12756450 5468130 49242330 5474610 9125790 32867748
49345362 12801810 5487570 73229520 42159138 18341940 123076722 22077720 29453088 18417540 7369032

33174900 83039310 5541138 22171032 64724730 172411398 9287070 65059890 65148090 3725412 152989860
18690420 5608530 65480730 9361590 103096290 15013968 78898932 84675510 52760568 7541832 24518910
18868980 79328340 66203970 20825178 28412010 3789492 72055068 22775832 47482950 24708918 64680852
9518910 11425068 89586042 3815700 53450040 15281808 7642632 63095670 42107340 21066738 13410642
32583390 21094458 57574620 3840612 44187738 46149552 9619710 88585788 133164342 1932438 27061692
11602188 13539162 32895510 19360020 30991008 27132252 5815890 62076480 9706110 31071648 58309020
19450740 29189610 13627362 13630890 40913838 56552262 25370670 19524180 29299770 48868950 44999178
105799932 11768508 43173372 23563800 58954860 45242610 19682580 84717138 67079892 35546580 69185130
55411608 27726972 29723130 39656040 5950890 23810040 19849620 1985358 67545012 95499360 13940850
55798680 65835198 87902232 9997710 32004768 14007882 14011410 52073268 14028042 26061438 20055540
18056142 32114208 28115052 112601328 10064670 38262162 52400868 14116242 64576320 6057810 4038900
52531908 14151522 74859510 10123710 20252820 93255708 69026052 20317620 10161510 61006860 36635220
24436440 12222108 48914352 2038998 8156712 20396820 20404020 26535990 46978098 38836722 73656648
20476740 14338002 30736170 14349090 61536060 2052318 8209992 43121358 18490302 10274910 12332268
10278870 24676632 16456848 69993012 72138570 109406310 35135430 47569290 140862408 8296392 58107000
6229098 62326620 18710622 79064700 10410990 6247458 154309092 52220550 27172470 14636370 6273810
37656468 8371272 64916418 52402350 50348592 23090298 42004680 46238412 6307938 42069480 14731122
31578570 14742210 52679550 6324570 31632570 25317720 44330958 14784042 63400140 21147780 14807730
23276418 63525420 8474952 97544748 19102662 10615110 27607710 80769228 10635270 19148022 183264108
160258050 175678932 4290900 34337568 57986442 21489780 36549150 10753710 38728260 27984918 8613192
43083240 10775310 10777110 189971760 90864900 21653220 93190890 6506658 75958890 15202362 130450680
58787370 152656140 61161240 54655950 76593930 6569298 10950270 21905940 48218412 37283550 111975498
26374392 39581028 59415282 15412530 2202078 22024740 4405812 48482940 172174860 6630858 115037832
17715408 4429572 22152180 26592120 44343240 2217918 31058412 51055170 17767248 8885352 68900538
48939132 37840470 40089060 15596490 11142510 33438330 2229798 4459812 6690258 111599700 100593630
94018932 6720498 20165382 179504160 69681738 22492740 33752610 60795522 15770370 22535220 18033360
151210290 6778170 119854518 31693452 13587228 43043322 58943508 4536132 11341590 79441530 52252458
77312532 2275158 20479662 6827850 68314140 29622918 22795140 72992832 86774748 43426362 22866420
48042918 20599542 25185138 153588522 80361330 6892218 91958160 62136882 16118130 57593550 23050020
13833468 16142322 18452688 115433700 27730872 138809880 64866648 16225482 74218560 34815330
11608710 18577680 23228580 58102950 16276890 6976890 11629590 11631390 86128230 200570748 44383962
53762730 11692590 16372650 11696910 35101530 30434430 11708790 16395330 58583550 49244958 39888222
7041258 56353392 25842498 23500740 68192862 37649568 11769270 4708212 35320770 23556180 18850128
23569140 40084062 40104870 37764768 11805270 92142882 2364078 59125350 40230942 42620148 80568372
18969360 11858190 225647610 23790180 16657410 66664920 59569950 19071888 83493690 21484062 59708550
2389278 16726962 23901780 40649550 26313738 261216102 48022440 79299990 115485408 149414172
43430148 36209610 16903362 60397950 29007000 43529940 125884200 63015108 4849332 140755908 82624692
19453200 55953618 17036922 7302618 29216952 17048010 112117548 12195870 61006350 146598840 34243692
19574160 73444140 29395800 56370930 7355538 12260670 4904772 36794970 24538980 93313788 95877522
19680720 4920900 86162370 56669010 69039768 66627522 17282370 101296158 9889032 138567408 47065242
24781620 24788820 114121308 22345902 2483238 42226062 62134950 32327958 29851992 24884580 32360718
47318322 32390670 62323950 104805540 19977360 162486870 95133228 80192832 25075380 12540390
7525098 72776022 50225640 20098320 5025300 20104080 42736470 103155918 5035092 138577890 25219380
7567218 10090632 27755178 42911502 169324410 27830418 22776822 53168598 76010220 22815702 12677910
50729640 25375620 63470550 7619490 96569628 22886982 40702368 17813082 7635258 10181352 160508250
25503780 5101620 96985500 45976788 25552740 99724482 25588020 7677810 107557380 2562438 35881692
7690770 123140448 151587402 110636850 7723818 48932562 25764420 77336460 12895710 131639058
64597350 56882892 18106410 46575540 18119010 33658950 116605710 18151770 28531338 36325212 28551138
18173442 150715668 36415932 20815440 117172710 46909908 101718162 78319260 60088650 18295410
151726260 18328170 65486550 94379688 44600622 70879050 99844620 31551480 73660440 18423930 60560610
5267940 42153888 36899772 21091920 65941950 13193790 13195590 7918218 26398740 58102572 7925778
84581952 18512130 29097618 37045932 15881148 58253052 31789080 55655838 66298350 39800610 26542740

84985152 34546278 58490652 167688738 10656552 109296078 18672402 178900050 8018010 26731380
66859950 53520360 235831728 112752612 85992000 16131708 104919282 21535440 5384580 29620338
32323032 88941798 13482870 18879042 26976180 26983380 45888270 56714238 10806312 2701758 67567350
24335262 13522110 129903840 35210838 40643010 65062512 13559910 165575838 59781612 19028730 8156250
103368588 87127872 89927838 95463690 24562062 2729478 5459172 13649190 27303780 21848208 81971820
106660242 104030700 27393780 13699590 19182450 35633910 8224938 19194042 115238340 43933728
54943080 87968832 8250858 38512572 41279130 13763310 2752878 79864782 71654388 102053622 46922550
27611220 30380658 55259880 38699052 27650820 96834570 71991348 144128712 105447948 33320952
5554500 50003460 125110710 8345898 25041582 239580348 13945470 27896340 97693890 75424122 69883950
22372368 33567192 210029850 162700788 42117210 61801212 75894570 8435970 160406550 28165620
22537680 47907870 31010298 14098470 25381782 73357908 42344010 217620942 70747950 36806718 39651612
2832798 90687552 56717160 8510058 14184870 68112432 17034588 181863552 36977070 48372990 2846118
239330952 2852238 5704692 42794370 57084360 8565138 42835410 42851610 34292952 243205230 91694400
17200908 14336070 57362280 48780582 14351190 206856720 181305810 43210170 51873588 25945542
43255530 60584958 57729480 141558942 75183108 5785332 92604480 2895078 26058942 14479710 118801518
92807232 49333830 17416908 5806212 37747398 58096680 55218522 72695550 101849370 37852230 160278690
43750170 29175780 20427330 29188020 96371550 5843220 32142858 40921692 111144300 5852580 61469478
102519690 49827102 5863380 32253738 102683490 14676270 41103132 96941790 20573490 117630480
47084448 20605242 88348140 8838378 58939080 35377272 14743590 82597368 206740380 118295760 79914762
35534520 62210358 71136432 59312040 32633898 41546652 23747280 14844390 14846190 5938980 157487910
35685720 29746020 38680590 35715960 38703990 50631270 23833680 29798580 143133408 56702802 17911548
95572032 38847198 86702982 74792550 74837550 14972910 107858088 95952192 8999298 135067230 21023562
30039780 21032130 120251280 33089298 21061362 39123318 12040392 18062748 253150632 54312660
9054378 21129402 135916110 54407268 15117270 187603692 21198450 75737550 54558900 60648360 9099738
51577422 15173790 160952838 57749322 3040158 66901692 100417878 36535032 60914760 15233190 9140778
167695770 15255870 6102852 372818580 64281798 21434322 98030400 15323910 168681810 55252260
332003448 21547722 283526520 15426510 24686160 9258498 30866340 37049112 163757598 145388202
99078720 24781200 71271618 114734262 9307098 105525732 34158498 77665350 12430632 93266460 55990980
56014308 137022072 24928080 68575980 9353970 87334968 93635820 12489672 65589678 74998512 125089680
71978730 46963170 25053648 172368570 12544392 188304120 87963960 88020408 31449540 6290772 37750680
31466820 113340168 59856042 34665378 44132172 198769410 37893240 97938858 31607940 69562812
85420170 66474198 31665540 76026672 15844110 95102460 47575530 3172278 387558132 31814580 9545778
124154082 57338820 31864980 25497168 245645862 6386100 3193158 28741662 57500820 57524148 22376802
134334900 9600210 169710558 108977412 80183550 32086020 3208998 70616172 105989598 28919862
32140020 35362338 16076670 45024252 3216558 45039372 35397978 6436932 70825260 161096100 212922468
12914472 41979990 22609650 181004208 32345940 38824632 38835000 90655320 90711768 71313132 42155958
16217070 227227980 22742202 74749218 61778082 52043808 71590332 26041488 113985690 39101112
71712300 35869218 32615940 13048392 81578550 97953660 9798930 71878620 196209720 42546270 58930308
137594772 55729230 68870718 62338962 16409310 26258640 9848178 137942532 32862180 75610338 23019402
32890980 42769038 32907540 6582372 6582660 92187480 72472620 42841110 49447170 32973780 23085930
42883230 39595320 184915248 105767232 9919458 66146280 23158002 16543590 99299340 23179170 9935010
255220350 3317358 205816812 6643860 216082230 59891940 23297610 26630160 123224430 26656080
106670400 93397080 126843468 46758012 100243260 60177060 50165370 43489758 33461940 147318072
70360038 80450352 10059210 127472748 57060942 100746540 67200360 23526930 10084050 57155190
3362718 174960552 74080380 117926970 151749990 128257980 94572408 33789540 30416742 186006810
223495668 13555272 27114000 57632550 61045380 23746170 67865640 71289918 132479802 204028920
10208250 34032180 74896140 54491808 51102810 81798192 95483640 129675228 81953712 51242130 61511940
78632538 30779622 88951668 239727180 6854532 130290828 116664132 34328820 54941088 127121862
27498768 48133932 20633148 99763422 55067808 161868282 44800158 58603182 6895860 262256088 34538340
13817352 34548420 89859588 325283052 45036030 24255210 34656420 90140388 24276882 86731950 34705380
59015670 97247640 27795408 17374470 31278582 121694370 20870748 48708492 38280858 87034350 31343382
87095550 20909628 355860252 34928580 6986580 55903008 48930252 38455098 48955452 27980880 6995940

3498078 31485942 3498798 76991772 227679270 77129580 45592950 287866740 239085960 80942658 70415880
49308252 52845930 10571130 45815718 158686830 105872220 42367032 52973370 24726450 247458540
10613250 60153990 74336598 88537350 42513912 7086660 17717910 70889640 159606990 99384600 42610680
92358708 49751772 53321130 53337330 135193740 60515070 35606820 28490640 131829150 53472330
71321640 231994230 21430188 185836872 25031370 118052550 250674060 35839380 10753218 53775810
157835832 89741550 89786550 82643370 118641798 115121472 46789158 90013350 176556702 46870590
61310670 18036510 57728928 14435112 346788288 170023722 90502950 119532798 97857882 36256980
10878498 14505672 36269220 3627318 79819212 10887138 87120432 138025500 25437090 112692378 160069272
47319870 36408180 91051950 244241130 40130178 62036502 10949778 25552002 29206608 160718712
18272310 120642390 7314180 84133770 25613490 10978290 80527260 76899438 80595372 10992978 25652802
7330020 109984860 22004748 62360862 18345390 139483788 7344132 18361590 91834950 102908568 69862962
18389310 150860238 117828672 55257570 36847380 239683470 25830210 214157460 110866140 62852910
40680618 185021700 33323022 55551330 11112210 25931010 77814198 55601010 74159880 70478562 74216040
40831098 89116272 22285548 52009692 226778358 37202340 26045922 55824570 63287430 59583648 119222592
93193950 104430648 74627880 7464372 7464660 55994130 37338420 74698440 254190120 168397110 26208210
48681750 67425588 14986632 22482108 52468332 29988240 93742950 243942270 18777390 11267298 26292882
187908900 7520100 169278390 79046478 56481210 146926962 60309408 18850470 15081672 18853710
60343968 37724340 317168712 68030820 45366840 230775078 75722280 15147912 94700550 22734828
185764782 37932420 56912130 11384370 83505180 60752928 15191112 125370630 7600740 163485570
102721770 30446160 95173950 19040190 7616580 79991478 129577332 11437290 19063590 26692050 118250058
133591290 15273192 49645830 95506950 26750010 61156128 7645812 38233380 68838228 72687882 107166360
19142790 95740950 183948768 26839722 241716258 57593610 34563942 11522610 46096920 88381410
115337340 7691460 134647170 42335898 285031572 69391620 19279590 69421428 92598192 166008810
146816268 228157602 100623588 77435880 123957312 11624778 182206122 155194320 69875028 66014502
31072848 58274010 171030552 42779418 202347912 46723320 89582010 31167888 35069382 42870498
38980740 15594312 38990820 136524570 70246980 70270308 54670812 70311780 66426990 50811150 86015820
11732130 156490320 11741418 7827972 129203118 172392792 31359120 168634218 7846692 39237780
7848420 157028880 31419600 58924170 11786778 176879430 58992210 94421232 11805570 263826570
319386078 67091622 126346560 51349350 27654690 51368070 98818950 11861298 98869350 15823272
31650000 118728540 71268228 99022350 118886220 19820670 99130350 39664740 99193350 79387080
127079232 139077330 27826050 23853708 298390050 7962612 39817380 111526968 59769810 39855540
27903162 71767188 59823810 107723682 207615720 31958160 99898950 19985190 87956220 43991178
15998952 11999970 92021298 8003652 48027960 100091550 44054538 28039242 72117108 8014452 232544388
40118340 108355482 88328460 192837600 28136010 132688710 140816130 20123790 32201808 40258740
40265940 20135670 40276740 221650770 20160870 56460012 72612180 181632510 72693828 262699710
40442340 28313922 141622530 32383248 129579072 222886290 32437968 198783102 12176010 73069668
158397642 304918650 146504808 56999292 44795058 183343230 203885700 69362142 12242538 138794052
204260100 85842918 69515142 32720208 40906740 139136772 65504928 36854622 20477310 24575148
110620242 28687890 229630128 123109020 57473052 41060820 65712288 28754922 176714778 41115540
143961090 41147940 61735410 102928350 214235112 74203668 41234340 119620302 198125280 53687478
181801752 128171298 111689442 550939998 91255692 12446658 29044722 53949558 8301012 49812120
261683730 178773618 112321242 8322180 253964838 37492902 212569938 91754652 125176140 8347380
83489640 25052508 58465932 271633830 83640840 46014738 154840782 96302058 175954212 201246048
281183322 71396430 4200438 50410872 33613008 63036810 71461302 71482110 4205478 168278160 63134010
71571462 63168570 202248288 16861512 12646890 21079590 42164580 8433780 105446550 118153560
12662658 21105870 135120192 50689080 46474098 135246912 71879910 4228878 368188002 12705858
177950052 178077060 4241478 8483172 241891470 148645770 84980040 127524060 55280550 42531780
12760938 255354840 21291270 29810802 51112440 89471718 157717902 170616720 51207480 149414370
418829460 98396898 8558052 21396390 149825130 98504538 192836430 30009882 55741998 81490962
25739388 72942342 163122828 137447232 137520960 4298718 73089222 30101610 283988628 43055940
21530670 30145962 73226310 47392818 43091940 30168642 43104180 34488528 254495202 107912550
220281138 376205922 30293130 69254688 73603302 12990978 86623080 17328072 286079508 30360162

21687990 117146250 108515550 78159060 13028778 30403002 13030938 17375592 65168730 143428230
313206480 21764310 4353078 30473562 74021910 47907618 261467640 117745002 248745150 56764110
139778880 135481098 17486472 26231868 17489352 43728420 100602690 21875190 109402950 232083078
249824502 43852980 87727560 228226440 188872770 219786900 13192938 171567162 154063770 13209570
44036580 229106280 167546940 132347340 8825460 4412838 286988910 207704562 123814488 150422052
66389130 234704670 57599958 62044332 48759018 119718162 110896950 119819250 66588930 57723510
97713660 35540880 155545530 120052530 44477220 315995298 31174122 8907540 71270688 40097862
124786200 31205370 35667600 57969678 22299270 151682772 294680628 22337070 40211262 223502100
26832348 268466040 31337922 44774580 22389990 134377740 143407680 80699220 121092570 139096938
134675820 121263642 67391370 148318038 22479270 76442982 98957100 94491558 22502670 31506762
81033588 112585350 157695090 144255552 103729218 54134712 203097510 99345180 103898130 212432010
22608510 22610310 126651000 113128950 9052260 36211920 45271380 58863558 131354862 67965930
149582070 136051740 54438840 4537038 317771580 18169032 72687648 31806642 350105910 118313988
40966182 36419280 31870650 186741798 54679032 45573780 36464208 91180680 250895370 86723562
127850520 105062298 388604190 64055292 36609360 13729698 109860912 174031260 22906590 91644360
68752170 123794730 50449938 123868602 160648530 32140290 82662660 13779378 87284442 151661070
105749538 55188792 147220800 69035130 244053870 105973098 110621232 161396970 96880518 87681162
115409550 184748880 138637260 23112510 50853858 32366082 78618030 106398690 13880898 157362132
13888890 101871660 213116988 162256290 204104472 23202510 208903590 60377070 334616400 139533660
176835660 153652158 18629832 23288910 69877530 46594020 293707890 186629520 140047740 84059748
126133362 116836950 37397328 65456412 144989418 243363432 23410590 126448290 4684278 112444272
60924630 56248920 121908228 117265350 89151762 46932420 375718560 37597200 14100138 112824432
51725058 206987352 164748570 296769690 188573520 80178630 94354440 4718478 151029312 61376718
33054042 14167098 42505182 94476840 548533608 246208872 71057970 298620378 9484692 47427780
9486420 23717310 431969538 33253122 275661588 66575292 123677268 190367760 209537592 157244670
85802868 200297412 167011530 9546180 52509138 114595632 47760420 76431648 234186582 310922430
205854330 47892180 71851770 33536370 397914450 182343228 168039690 105670092 48043380 249941640
120233550 303188130 72229770 57795480 414504348 57880152 9647700 28944828 19297992 28949148
106169052 120688950 9657060 169045170 135299640 72505170 154731840 29020428 82238622 48385380
38713488 82281462 87144228 121072350 43597062 247160178 422058402 135950808 204032052 48597780
14580738 155568192 38903568 267586770 73016010 219145230 287544642 29255868 43888662 63405030
82932630 53673378 131780682 58586040 356621790 122218950 88025508 48913140 166358532 102792438
342870780 142149822 78453408 24520470 9808692 171698730 34350330 4907478 166897092 103125078
171945690 172033890 59003352 34423410 221377590 63980670 88608708 49237140 93570402 49258020
4926198 197106960 34505562 162716598 69054972 236867040 158003520 64209990 138339768 9883572
163120518 9888612 34612410 549325458 222952230 109051932 49580580 421725630 114203418 84435702
208695060 213795570 124360950 99521160 34839210 124454550 174311970 154464258 124618350 144613662
14963490 49882980 64858638 19958952 89829540 14973858 244664742 4994958 34966722 84933870 39976080
14992218 344999862 75045330 240253920 50073780 140244888 10019652 15030018 260623272 40113168
135415962 40133328 25085670 185689902 15060258 20081352 150646860 40183440 125602950 115594458
60325272 186068190 5030238 10060692 25152990 50311380 140910168 120825072 40284240 125917950
166280598 35281722 90740628 161374272 35310450 30268908 111008172 191823468 126256350 126301350
45479502 90976500 60663960 80901408 50572740 20231112 166950630 313876860 5064798 25325070 111451692
15200658 50673540 10135572 192630588 263768232 269041038 10156452 76182570 35557410 55883058
162618432 142351608 45767862 335809188 305553240 35664762 91725588 50968740 163148352 137713770
204116880 91890180 15317298 163424832 102177960 15329178 35770602 194244828 35793282 25568790
127870950 204687120 76787370 112650780 261279018 61504632 25629990 189717870 107721558 174473652
107804718 112972332 87320670 154146060 169635510 138851010 180070170 92641860 113260620 30895308
139060962 144266808 386707050 10317732 325155978 309938040 129217350 20678952 108583398 165521472
10347540 181128570 5176398 450622242 36280650 77756130 25922310 5184678 77778810 10371732 36303330
41493840 129697950 67460718 233611830 150627102 57150258 62355672 171531558 51994740 88407582
130048950 182144130 67675998 72895452 57284898 203171202 104232840 93834180 198170988 114778092

36527610 31312188 26095470 20877672 67860390 104424360 182811930 313597080 94129668 36612282
350610330 52357620 445330470 110102958 194068182 36726690 26235510 356981640 78790770 315325080
10515300 331379370 78941970 52636980 26321190 147431928 63202392 10534740 347807988 126553392
15822090 42195408 21099432 26375910 174126150 36945930 58065018 221782932 10564260 132077550
58128378 36995322 52856580 42290448 26433870 222115572 185193330 121746498 158857020 90047742
583164780 53058180 281328558 106214280 63742392 201919308 37207002 10631220 5315718 127598832
26588310 69138030 37233210 15958170 175582638 196958622 53248980 95866308 26633670 106552680
53287140 37305282 42638928 143940402 90656070 112015638 48016422 213476880 80083530 42717840
26700990 176271678 37401042 144294210 26726910 32074668 80198010 26736270 187204290 21400392
16051050 10701060 53509620 58868898 224852292 10710420 5355318 48201102 192862728 53589540 305597862
16090578 118017372 16095978 128791152 338274090 225674820 661635450 91531230 107710440 247843308
21558792 97028820 37739730 53920020 16177410 26963790 161820540 91727070 59363898 172744512
108002760 199881030 16210890 108089160 43243728 21623592 27031110 275820138 48693582 406006650
16248690 108341160 178825878 200594982 97622388 21697032 222460998 75990012 81433530 543304200
195765768 174092352 97959348 27215070 76211772 136127550 16338330 119834220 223420398 76317612
43616400 16357338 27263670 354591510 120084492 152885208 147478482 27316590 16390818 10927572
65571480 125707650 38266410 5466918 92948622 136726950 175076160 87565728 104008242 356014230
252132348 104186082 115183278 257906202 10978260 126270690 153772248 82401210 214318962 401455470
110054760 38525970 60547938 137641350 11013252 27534390 38551170 303024810 44094480 38586450
88210848 27569670 93750342 292414038 132480432 303757410 154723800 66327480 210105420 44245968
55313940 188121252 116234118 22143432 210420060 121869660 99737460 38793090 182929230 99812628
38822322 66560760 360717630 238795770 344544540 139007550 16683930 178002240 228173118 122484252
44548368 11137812 122534940 61280538 27857670 39003762 234096660 89213088 39036522 11153940
55774020 5577798 251075430 66978072 390912060 72636798 78237852 173291178 83875410 246127992
44765520 72753798 414368772 61629018 134493552 100897380 84098970 128983218 67310712 56100180
56107380 56114580 16835778 28061070 336873240 50553342 196651770 61823058 191144532 495113520
67558680 33783228 22523592 174596898 135219312 5635038 56354340 22543752 129648930 101490948
265114122 95931510 197571570 62112138 237235572 158227608 367531710 124464252 16975098 124503852
11320260 62266578 254817630 164293062 90670368 476321832 85110930 499643760 56812980 39773370
215974140 45481488 181972032 153596250 284576100 512690580 114010440 119741958 268108962 11412420
5706318 114141480 165556302 245591490 131417538 22859112 34290828 85738410 57167940 85765410
223065882 28606110 62939778 269022642 217623948 97391742 85951170 298089480 74552790 57356580
189327798 212369862 28706190 40191690 132083250 430970850 155248650 189819630 189898038 166944822
46064400 17275338 57589140 115199880 144040350 311280732 34599708 138424752 57689220 63466458
282820062 46191120 115497960 69312600 57768420 132894690 46233168 462585120 127291692 115749960
40519290 46312080 40526850 144767550 75296910 40549530 5793078 57934740 376751310 406072380
232199760 58067940 145201350 145246350 29054670 23245032 151120788 255853752 29083110 17450730
261838710 98954790 291164100 93210528 81574332 209827368 198255972 175000860 17503650 116707560
99224070 5837358 186833472 40879650 379765230 5844918 374224512 222335340 351267480 99572910
146468550 17579250 76184238 41027322 17584218 111381762 146594550 134906730 46933008 187778112
58695780 17610138 58705140 58712340 129192492 117477960 135135258 246867012 17638218 511790202
17657658 129509292 11775300 88323930 253285050 176789340 29471190 76633518 141509232 58974420
47184720 100282830 153413988 236116560 29522670 23619432 194904270 11814900 431440950 106441668
289876062 35506908 290070102 17765010 59221380 248808420 581046900 178009740 77157678 148414350
53440182 273229788 41591802 196123158 101063742 101084550 47576400 101115150 35692668 23796552
47596560 29750190 625169790 220487070 29803110 29804910 77501190 47699088 23851272 238576080
125298558 11934852 370123260 167243160 41819610 89625330 29878710 406529160 119630760 29912190
101714910 35904348 101743062 419161260 467480988 101945022 197952678 354110802 126099918 42040362
78084318 114145122 30042510 6008718 132210012 30052590 240485520 42096810 60144420 150392550
349084020 222818070 18070650 42167370 168704760 271250910 102510510 90467730 362032920 229421580
138910938 54366822 18123570 108755028 72516312 259935258 90706410 241962960 151285350 30262470
72637272 12107220 127143198 72667512 151423950 72699480 36353628 357615402 30317910 309345498

728610480 12152292 30381990 79001598 42544362 30390990 170222808 145950192 523328748 12176772
60888180 170525208 182768220 176737542 384155730 109811268 122039880 103756542 152620950 30529590
73278360 48858000 164929770 311677218 207888852 67275978 146814192 67303698 55073142 244840080
97968288 392057472 386219610 91999170 42938490 337496610 18415170 42971250 49114320 233355948
731445162 92271330 79981590 166154490 160050228 24627432 123154440 36951948 240250842 61620420
314376138 61664340 104845902 49346448 55520262 191281098 216045690 240840522 92660130 339892410
204039990 18552978 12369012 266003418 105200862 290957730 30962310 161033028 24778632 316028538
24794472 49592400 105399150 130227678 229526022 12409620 18614970 80672358 397333632 186351660
6212838 397771392 31088310 6217878 93276810 230152062 74665080 280086390 174349560 155716950
143299338 87244332 62326020 112204980 199533120 93556530 81095430 93586770 18719298 212197332
49940880 674652888 137532252 31262190 200120640 68808498 93843810 438151980 12523812 31310790
18787338 212968452 31325910 81455790 50132688 150425712 144196890 250867920 81556878 43920282
546160770 31405110 125638440 251363280 282921390 113209380 188734140 176210328 75535992 81842358
138530172 31488990 44087610 50390160 62994180 18899658 674511522 176643768 119897562 132548598
94697010 151548912 94739130 347515410 31603110 126430440 63226020 18969210 177077208 25301352
6325518 170816202 44294250 316490100 69651978 633599400 31698870 190231020 107826342 222060930
476141850 44460570 355811568 63561540 44497362 127154760 95384970 63598980 76328280 687421080
382263480 108355110 82873830 19126458 57383262 178563000 178619448 44663682 191455740 76600440
389545878 44719122 140568780 6390318 223706490 12785892 179032728 31976070 89542572 166330788
76784472 63994980 268857540 128072040 294674988 25631112 6407958 108946302 108967110 872485968
89890332 70638018 366172902 12852420 167107668 32141670 366542262 51463248 128678280 431282082
83719038 109497102 115960788 109539942 32221590 109566870 651385158 271089252 19368378 142054572
51664848 64587540 271346292 12924420 6462318 64627140 64634340 161617350 77592312 64668180 84079398
336439272 271881540 453418140 51841680 142588380 103722528 123194442 84305910 84318078 486688050
64922340 155842992 116909460 51967248 12992532 181925688 207984192 292602510 32520390 110582790
65058420 429566148 273523572 110748030 215040870 19553058 391197240 195695820 352415772 19584810
110992830 97952130 39185388 156767472 52265040 176428530 183018360 307336290 458029740 104742048
32735670 13094772 242305230 229298370 203166498 393422040 295236630 210034752 229809930 32837190
78816600 137953998 65703540 65710740 26286312 269501118 164389350 124966002 39468348 26313672
85527390 65798580 13160580 32902710 52648080 19744218 65818740 276517332 151479978 111987942
230628930 362595090 19784178 59356422 138520998 125355882 52789200 164995950 13201620 72614058
112238862 462379260 46257330 33043110 297468990 99188730 39680028 112440822 119077668 26464872
66167220 66174420 6617838 59563782 284663010 52975248 13244532 99343170 112608510 6624678 33124470
165649350 112667262 13256340 132579240 119345940 165796950 66331380 19900818 179136522 79633080
106193568 46465482 33191790 278882100 132845640 19929330 146168220 186082680 66471780 46534530
53186640 86438118 359180892 232914570 39937068 99854010 113187462 66590580 146524620 233179170
139949838 79985592 33330390 580236930 253607820 66756180 46733610 434123430 33406710 6681558
66819540 80192952 13366500 354317190 414740940 33458910 107080608 33466470 294582552 174137028
368527170 67028340 93851772 53635920 167641950 134145960 147593820 140917518 295358712 141015798
33579870 329177982 134408040 73936698 100836810 161372592 73976298 349824072 774340770 283040100
370839810 290081010 53983248 60736662 101240730 236291370 40515948 236394690 81069912 222995718
148707372 67605780 169045950 182620170 121775940 358697958 47390322 67706580 20313378 33857070
67719540 101592810 162582192 67754820 20327850 101648970 20331738 115225422 47451810 142376598
271281360 33918270 81411192 88207158 47501202 169675950 291947898 67913940 251344182 33972990
183485250 54376080 285550020 74807898 1089099840 422521692 81810360 88639590 54553488 68198340
457114602 116035710 143366958 266337162 409963320 157221330 54694608 95726652 68384820 191515800
136831560 342204900 89002758 102710610 390448062 20556378 219308352 425119740 102893130 432328050
20594178 267783282 20603250 13735860 247294728 116810502 584364630 357750120 364830270 365032518
62006742 6889998 234302772 68928420 6893238 103407210 965915160 234792372 6906918 82888632 55264848
234927012 885177600 13840260 55363920 13841700 179968308 311598630 339462102 145536678 395188182
291340980 34691910 277600080 194388600 194445048 827021202 41725548 27818472 6954798 69551940
13911252 292202820 104388930 320227068 313413030 27865992 90572430 641321880 286002798 167472432

209398860 160583010 34914390 279379920 55889808 48907362 55898448 293542452 13981380 146821878
153847452 90926238 83942712 48971370 335898720 119003910 105020730 210090060 112074528 98080332
476590920 161275218 35064870 273567762 245602770 7018518 540642102 386434290 281179920 91408278
98453292 77366058 309551352 35185110 394196208 28165512 91545870 119732190 7043718 169070832
303022290 70489380 21148218 70498740 35252070 84612312 14103060 70519620 112846368 28214472
183422148 49391202 437618940 7060638 141227880 437989452 353418900 70705380 127287828 155605692
141489960 49528290 141528840 304384530 120374790 233728110 49588770 42507468 106280010 311848152
248160570 730812810 21297258 546851382 71050980 92377038 298532052 14218980 149316678 64002582
7111758 241842612 768758040 334814370 178157550 42764508 249511290 320929830 135547482 413937300
49974330 7139478 214217820 135704802 78577818 750499470 14302932 157351260 221781378 171749232
250541970 128884500 107421570 121764030 343916640 157683900 1277087700 50269170 502885740 107807130
287564880 107866530 21575250 237370518 50361402 35974590 287861520 129575268 71996340 266449062
14405460 468334230 21622770 180214950 122571870 79322298 86543352 194760450 57716880 86583960
332001228 50535282 310508418 65006982 7223358 556414782 122902350 260332488 122967222 94047798
50646162 57885648 159209292 50664810 21714570 14476740 383738550 202811448 36222270 326081430
28992072 253729770 478701828 195922962 50803410 181469550 43559388 50822562 239639598 14526132
159806460 181640550 72668820 43604748 268953222 72706980 167253378 65457342 72737220 203702520
196480890 567906300 145687560 21855618 255030090 14575812 306158580 43747308 102087132 145863240
80237058 87541272 87551640 291913680 167902530 14602020 226368138 270271902 14612100 475050030
277862460 343815810 73172820 7317678 14635572 124413990 7319118 285501762 205043160 73243380
21974418 161165532 21979818 29307432 43963308 124576782 51302370 80625138 615970152 183422550
146770440 154139958 88094232 168876258 36717270 29375112 190966308 29383752 257156970 279298860
683985798 434249322 169351530 206218488 14732052 309439620 243220230 427667988 125396862 22131018
361565022 265749768 36917070 162456492 206813208 29549352 147764040 36945510 206928120 36957390
243963918 332804430 103568892 81385458 222004620 29605512 7401558 177658992 22210290 37018590
244367838 51845682 51849210 318579690 59285328 88936632 37059990 51887010 489393828 237394752
22259538 103886412 133588980 74226180 356385888 624074472 170966130 96649878 513191502 119049888
74415540 126522942 52103730 59551440 96780918 111685410 74465940 290485962 44699868 74505540
89416152 96879198 29811432 484597230 246142710 134292708 52231242 149251560 52244850 44784108
37322070 52253922 186649950 74672580 14935380 224065260 149412840 343758828 575763342 224438940
112243770 127229190 7484718 187141350 67381902 232137858 89878392 14980740 59925840 322180338
14988372 89936280 824899020 420283248 67566582 22523490 127645350 135176580 52574970 172771170
187837950 75147780 503675850 248197950 248276358 37624470 15050292 188152950 165611820 82818978
37647870 15059652 128018670 451996920 233633298 188464350 105559692 384658218 128261022 166015740
211343160 113242770 90605880 302094480 423125808 181408752 75599220 7560318 340288830 522059382
249801750 340765110 98470398 15150372 151519560 22730418 75772740 189463350 166764972 189547950
37914990 493058670 75882180 15177300 759232200 75962820 136751220 129175350 121595808 30401832
83610978 190057350 68431662 380282100 190208550 152199240 114168330 76121220 60902160 281732430
7615758 243742272 38091390 213345048 15241092 251519598 38115870 68613102 7624038 167747052
419520090 213657528 755884602 213913560 22922658 259835412 542865858 283045782 191302950 38265990
76537380 267937530 743030670 291268860 92001240 153358440 115037730 153408840 61371600 23015538
207169002 283983510 153545640 7678038 15356292 76785780 61433808 384065700 414993132 61498320
76879380 130711470 138423060 61528848 184614192 153876840 307840080 23092650 53885370 46190268
38493870 500584110 339029592 501094230 239090538 92569752 23144058 223759302 162070398 262467012
23162850 61770768 69497622 84949458 38616270 54065802 370831968 54093522 77282580 92748600 38648310
332449770 131470350 7734198 270742290 69633702 193457550 139317300 54185250 85155378 108392172
123894048 224604942 100704630 38735790 426212490 294601308 31016712 294716220 256022118 31038312
232824060 217360920 139761828 621445920 38855670 108805452 38862510 62183760 155479560 178837098
342229272 202291908 77817540 381410022 77860020 646516050 218213688 109128012 62365200 272901930
296393388 109223772 140451300 249748800 85868178 78069540 757648182 39072390 78150180 54709410
101612550 312730320 297200508 328605732 289591230 195725550 493427970 313435920 588002850 117649170
407975880 243309018 15699732 39250590 54953850 117770130 282714408 314236560 345793272 180811050

141530868 117960210 346110072 314766480 102323910 102336078 173211852 133869390 23626170 55130250
118148130 78774420 165449718 94556952 133973430 275893170 102497070 23654898 236584620 15774612
134095830 473445720 221030040 94744440 205315188 150068802 86893818 39500070 347678232 47421468
252958272 102785358 31628712 166069638 158191080 55373682 728096280 79177620 277178370 594250650
206101428 348897912 245898138 190420272 158715240 63494160 79374180 95258520 444676848 79430340
15886932 55606530 143004420 262235358 39739470 254375232 79507380 238565340 23860098 214770042
318274320 23875218 517455510 151313682 438159810 63750480 23907618 111577452 79706820 199298550
23918850 199348950 143559108 79765140 79772340 199462350 135660102 79809780 223505688 199606350
231599742 239649660 7989438 271683732 39960510 279773970 719823780 248074338 32014632 264164670
40031790 576657360 184288650 224402808 80157540 56114562 56118090 200450550 40095510 264675510
56153370 88248138 312949962 786870420 281192730 779766510 40212510 160868040 225263640 96558840
362187990 88557018 16102212 80515380 16103940 48313548 56369082 56372610 24160770 64431888 16108692
64437648 161114280 177258972 120878370 24177618 499815852 362942910 96809400 201719550 411647418
322991760 96919992 40386390 137327190 24236370 347459178 193988592 202115550 24256890 420555720
88988658 113270892 121377330 186143370 137608710 89052018 56674002 259126080 170091558 688790190
567629580 137906142 56790930 389518560 137994270 129895968 397921062 48736908 32492712 105609270
609521850 81300180 146358468 56923482 837996258 40698870 56981442 284960130 203596950 57015210
48872988 179223132 24442218 366711030 122269410 114132732 81532020 366983190 65256720 57103410
48948588 367197030 40808670 710359002 735427620 752373240 89998458 425565192 302924550 409514100
81924420 24578730 860663790 98412120 24604650 24605298 32808072 336349158 41026470 73852182
90271698 426856872 147803508 123187410 205348350 197176752 131474208 304104702 106870998 345358692
180952860 189215250 205711950 263376960 90552858 16465092 205837950 181174620 41180910 205931550
725237040 412314900 24744618 74237742 41245710 107247270 41252190 305322150 90790458 321963642
206444550 396499680 231368088 487710402 66149520 16538100 173667438 264697152 264770880 124136730
41382510 91047858 57944082 621050850 289962330 314916108 207238350 82907940 33165192 174136158
58052442 398168928 124461810 224072082 107905278 124521210 58115442 141152190 8303718 16607652
357134178 83073540 157859562 49855788 182826732 83114580 16623780 91435938 33251592 399108960
66534288 474190182 99859320 174778758 74914902 24972930 541239270 308225910 133317408 100000152
83341380 666990240 108429438 58390122 41709390 191886378 408928422 918632220 317548140 443069718
250883820 33456072 276056550 225922770 209234550 83706420 125573130 83724420 443859630 83769780
209455950 16758420 92176458 268199232 16764900 176048838 75459222 234799320 226467090 83890020
260104818 478437822 109150158 100764792 403162848 184838412 605169360 235444440 100922040 176638518
294468090 252471420 252536220 168393480 286335012 67385040 25270578 379136430 42135270 328716882
168615240 67454160 16864260 25296930 269874240 421826100 50631228 329166162 320831340 59111850
380088990 253473660 177470118 118331052 262068978 33820392 84556020 152218980 321427788 16920132
152294148 245411862 237006840 84658980 270957120 93158538 76227102 42350910 177893478 169451880
271182912 652836030 212051550 339376080 8485878 721562790 118895532 382259790 382405590 773754618
212674350 314840622 102131640 212807550 221367588 127734210 332184762 749947440 25576218 34102632
42629910 8526198 144956382 272915520 85301220 85308420 298636170 93875298 128025810 375635832
93930738 34158792 68321040 42702990 358776180 307623528 145299102 1026232560 213928950 17116260
8558238 171179880 59919762 685047840 59963610 94235658 59972682 659932350 523106598 102937752
128686770 85800180 386189910 197442258 120200892 523897158 103093272 455452638 17190852 85958580
68772048 662166582 129043170 86037780 258156540 318482310 43045710 137758368 17221092 43053990
103336920 215318550 344603280 180962838 379263192 327657660 301881930 457303398 207147312 155387700
189949980 86352420 8635638 120906492 328245900 146880510 8640678 60486762 172838760 129647970
259344540 276705600 519021720 51916428 86533140 34615272 95197938 432827700 381037272 95281098
337885002 459352590 112702278 424910262 95411778 260258220 121476012 8677398 60743802 190932060
477482610 243165720 304036530 304124730 173825160 365126580 200004090 86970180 304452330 26100018
130509810 469969452 139290528 409272522 322305150 113265750 69708048 60998322 261461340 61016970
8716998 17434212 130765770 130781970 453502920 26169570 157031028 174506280 645923652 113513790
104792760 26199810 26200458 777575022 52441308 148597782 148618590 157383540 69955728 148671222
87463380 638700798 560272512 8756598 105084792 376638978 297901812 43816110 245403480 201623658

131514210 149069022 26308458 17539332 543862140 26322930 87747780 157964148 412571922 114143718
395206830 281124672 61505850 316371528 87897540 35161032 263744460 70342800 149493750 70357200
17590020 70362960 457471560 26398530 105600600 26401770 774740208 519740322 396580590 317369448
17634372 61722570 582129108 194112732 114719358 79428222 26477370 238325490 229548228 211933872
821635470 265176540 44202390 221038950 247617048 132675210 221161350 106173432 221227950 106205400
398362590 115109670 132833970 575801070 62027490 514077780 88658580 150736110 53205948 62076882
44342790 62082930 337083180 70978128 168591522 44370510 159748740 461627400 364112718 195427452
284320320 53318268 213298992 160001460 133352370 177828360 177857160 418077690 26691210 71179728
44489670 124580652 71195280 338240508 106834392 311659530 62342490 53439228 35627592 53443548
311805690 258420102 588354228 62419602 240794370 223004550 187358598 44613870 44615670 481963932
205344690 17857860 768160428 62548122 89360580 196618620 402282990 44707110 250393080 518850948
89481540 223735350 107408952 62660010 268582860 26861850 197006700 161213220 26871138 438986982
250927320 71703888 17926692 44817990 627640860 493393890 197418540 233357748 170561442 98757978
17956932 89788980 17958660 116738310 152676150 224561550 134758530 188689158 359495760 224743350
1430420922 45011310 9002478 261103182 45023910 9004998 153095982 198155100 90082020 54052668
63064722 18019140 189218358 585877110 36063912 54098028 225436350 153322422 18039300 144324768
126299292 27065970 288744000 90247620 144411168 153457062 288916800 234799188 334221222 424693410
641859738 180871080 45222270 36179112 90452820 407126790 54294588 271511820 81466182 543256920
163027620 27173538 153995622 63416010 163085940 135922770 63436170 208457970 72516048 126914172
272006460 299281950 226780950 208678218 63518322 517351950 226982550 281520858 227083350 245300562
381682980 72715920 345463548 154583142 291036480 145545888 263848902 254808120 118322958 291308352
63733530 45526110 54633708 218560752 9107598 245932362 72878928 291561792 91128180 227851950
91153380 118510158 173229042 182374440 191524158 136822410 63856002 45613590 72985488 127735692
803233200 164366388 310533492 228386550 54819468 201026892 18276900 191924838 493666812 1372398300
228890550 549520920 183231240 119115750 73308048 36655752 348287100 64169490 165023460 91689780
320970930 119240238 770768712 743722398 551210040 523889622 110322360 211480170 18391380 73568400
275922540 18397140 257590200 64406370 441738720 92049780 580079178 294752832 73699728 156627222
322533330 341059710 101415138 46100670 92206740 92213940 36887592 184455240 461264100 27681570
64592850 55368108 369186960 323133090 313985172 92364420 9236838 64659882 249435450 147838368
110890872 110901240 194102118 508513170 416218230 111016152 18503700 471941658 314731812 9258078
185176680 574230732 277952940 417050910 64887690 120515070 74169168 574967292 371093520 27836658
37116552 278410860 232058550 519974448 204337452 157920990 492475470 436892730 539363460 65111970
46510710 558268920 74455440 214085058 111711672 18619620 195523398 83805462 279393660 27942930
857231160 167790420 279702540 205156380 27978570 27979218 279827820 65302482 373224720 139988970
121336878 37336872 466808100 616462308 130805052 102785298 514057170 112186872 589151178 112251672
46774590 168403428 280724220 93589140 65516682 74880528 140413410 393243732 487049160 187378440
374843280 149969568 112489272 93748980 18750660 234407550 140666130 56270988 93790740 178222242
103193178 84437262 234578550 290939898 234679350 1023727782 150343968 46986270 18795012 310159278
131606412 188033640 329128170 9404958 84647862 404509170 65862930 169378020 28231938 367074162
527272368 188366280 65935002 65938530 47101110 197844318 226146672 188487240 94254420 169676100
160271070 330035370 433894908 1028750502 387182598 330617490 283456620 113400792 444252930 94542420
737677980 312226398 378561360 94658340 227209392 9467958 236722350 378849360 47364270 397930932
18952260 265361880 142181370 161158470 199106838 113789592 218125698 426877830 142325010 208772652
218299578 237325350 208883532 360880908 655549542 142556130 28513170 95048580 427807710 19017060
47543910 104602938 133143612 237791550 266379960 161758230 1361495850 219119298 47639670 1086672852
219354450 305252160 124029750 209924220 505869630 620682270 238804950 47766390 114646680 621183030
57355308 239008350 162551382 306035520 220008570 688968720 622306230 239429550 28734570 95786580
19158180 191597640 239537550 57495708 546338502 287640540 210977580 412465890 67158210 527794410
508807950 499404360 144095130 220977330 28825938 1297837890 48093270 211631772 413744538 182859762
77001360 259913610 385153680 192620040 9631758 19263732 77057808 134862252 635969268 134942892
337418970 28925730 144638370 414719778 424502232 9649398 67547802 28950138 96505140 212336652
241333950 96546180 289681740 115890840 367056060 367160028 38654472 241616550 628413630 251450628

164436342 67715130 9673878 87068142 241886550 29029410 270972408 145187010 600278172 338988930
406903140 106590858 339210690 193874280 87252822 155130528 523701612 29100690 194021160 67914210
320214510 48524190 339719730 213583260 349575048 48559470 388540560 38860392 320642190 68025090
242975550 97202820 349989768 213928572 68075490 155614368 68087082 340488330 29188818 48649470
243274350 408802212 408929220 29214090 19476420 48692310 155827488 243517350 214332492 1491548958
117055512 29265498 39021672 97559220 29269170 341521530 243997950 68327490 97616820 195255240
390596880 175806180 97680180 175842468 87929982 488606100 107517498 68424762 322621398 39110952
97782420 107568978 68457522 117363960 97811220 176078340 68481210 303316338 19571172 244663950
97878180 225147138 117483192 78327888 283977222 127319790 78356688 333067332 127371270 117584280
303807378 98017140 117630072 166660350 58826268 588405240 824202792 176680980 245428950 29454498
68729682 127650198 137483052 373239420 324213318 235840752 108107538 88458102 147443130 452259948
39334152 29501370 29502018 236039472 423007770 265677570 98412420 147632130 177179940 127977798
443094030 187127922 403890918 689849580 98578740 493001700 286023462 1134827130 98725620 98732820
29621250 276496248 464245602 167957790 128452350 148229370 266853690 158160288 642715710 445135230
69256362 247372950 168239310 455340108 168316422 247561950 79229328 247621350 19811652 29718018
297215820 465768402 79295568 416377332 69408570 376850940 69431250 49595910 99197220 208337598
19843332 119066040 158770848 49619670 89319942 248141550 258114948 99287940 198597480 148967010
168848862 268214490 109287618 149042610 69558762 576479748 467325042 646562670 119398680 447837390
428069730 199147560 268894890 79682640 79687248 298868220 139494012 328863150 29900538 1017003852
399029520 498948900 199629960 49911990 169714230 778955580 69927690 229787250 219832140 199877640
49973910 159928608 319912512 179983188 90000342 580142100 270148770 100068420 210167118 150138810
200210280 120139992 450617310 30046338 520906152 100196580 531162078 120291192 471240330 80226960
421267140 361187208 90311382 1033978890 20084820 10042518 693107622 351707370 381953580 321725760
10055118 341916852 432543450 321979200 311987658 140920332 60398748 100670340 704893980 120874392
322382400 282145080 171329910 131031030 171366630 161305248 524369352 585103188 403660560 40372392
302829660 787660380 181829988 50512470 293007822 80840400 50527590 333527238 20216292 232508058
50550270 353902290 70791042 70794570 111255738 171957822 657677670 688357608 91131102 131644110
253195950 101290980 30388698 40519272 212745078 293843022 283767960 20271300 638693370 578111670
131882790 527652840 213145758 71055642 81210768 629539692 1249744698 40660392 101656020 335515950
528850920 417115878 50876070 549576252 264685668 101815140 71274882 81461328 600919602 101875620
152826930 764377650 407833680 101976420 10198038 50991270 295784862 10200558 142815372 132626910
153046170 173471910 214317558 173518422 326679360 571866288 173646942 102154980 531321960 153302130
153318330 51109710 81779280 204468360 153370170 81804048 705751182 10230798 92080422 358145970
337761270 358317330 71674050 768157650 153680130 112709058 102470340 143470572 10248438 143485692
30748770 276768090 82015440 461422710 389759388 256477350 153908010 71829282 20523300 82096080
20524740 112891218 328460352 102658980 102666180 225890940 184845780 277312410 10271838 246545712
61642908 1079170470 71972922 617055480 82293648 41148552 102876420 216063918 761621172 102952020
113255538 123561432 360446730 329628480 1040873478 195889962 237164730 20624820 103128420 288797880
30945978 103157940 247608432 257969550 578015088 72267762 72271290 10324758 41299752 134232150
278828730 154927530 61975548 51648270 692260482 124021080 10335558 330775872 434255220 31023090
434391300 289664760 103465380 82777488 72434082 134529798 227693532 393370908 352051572 725074140
891288348 1005929382 103742580 155627370 466979310 228354060 103808820 259553550 425765238 249284592
218158038 103895940 696288522 291082008 415929360 208007880 104014740 332895552 697238850 947513658
333333312 135437718 260491350 260536350 364826490 104252340 250234992 135561270 229439100 375520968
52163070 125198712 1022844228 1242954762 898904508 491486802 31376898 156894210 146449212 240625770
921006768 722543022 419022480 220032918 146706252 293454840 136266078 566158572 220229478 20975892
398596668 682051110 178432782 178453590 115481058 441007812 210048360 451701498 252170352 210173640
609666420 126168120 52573110 168246048 420695760 262993350 441930132 178912590 263144550 431654478
674044032 431964438 105375540 442655892 474415110 263626950 453543618 94944582 221560038 316569420
422193360 42225672 190029780 105582180 443523780 264062550 116201778 21128532 338095680 264188550
84549840 877476498 814487982 31741938 148137612 751486578 264694350 105890340 254166192 190651860
137707518 127125432 349648398 21193332 105970980 74183970 116581938 180189222 212013960 424114320

21208740 477272790 10607718 233388012 106096980 21220260 222830118 95508342 212261640 382143528
201724482 966514458 340014912 106269780 340111680 159452730 265790550 212664840 63805068 74442522
340353600 106375620 531986100 117061098 372525090 340671552 53236590 74534250 639009720 404840220
159833970 85251408 181174542 405053628 255876912 159944130 117302658 149306892 405332700 245383458
128041272 288130770 117401658 74714682 341597760 587293410 106804020 299089560 128198520 406030380
780297438 235233372 267352950 128345400 353003310 246078978 160506810 107013540 160533810 1038509742
407023548 235692732 107144580 128583000 246479730 192923748 214387080 42880872 225143478 418207842
514867680 193118148 182410782 193163508 182453622 268351950 53675790 182511150 64420668 53685870
21474852 182547870 461831610 161135370 21485940 386796168 419134482 171984288 75248922 408555708
96778422 785196030 21517620 624136260 75343170 247580970 32295978 269158350 107675940 53840670
753958380 183157422 183178230 193976100 32331618 129332952 140122398 43117032 226383318 21561972
129377880 215652840 280391748 215719080 528633462 226610118 723206442 323928540 356396238 907544232
194539860 291853530 486539190 713854548 151464012 173119008 129851352 270556950 75764010 119064858
292287042 541410900 519923808 151675692 195032340 86688528 400994382 346885440 10841358 639767562
390489768 151882332 32548050 292961610 651213720 32567490 195418548 640702122 1032165690 119555898
43477032 228273318 76098162 141334518 271831350 152245212 380674770 500449548 217634280 272083350
217699080 54429270 108863940 653334840 185158662 76247850 108931620 381317370 577591350 305224248
98119782 10902558 316205502 490783590 327270060 54551310 305520600 272833950 403876830 32751090
54586590 76424250 556911738 513398202 295002810 87418320 404369670 502867308 54668670 109342740
21869412 404636070 175008288 317249502 109410420 87533520 218853960 240772620 284594388 54735270
262754352 229944078 76655082 470958618 54771270 131458392 295819290 284912628 602860170 274099350
274144350 603275970 241371372 21944580 274331550 504887628 153691692 197624340 109801380 186678870
142768470 164747970 417434028 549413700 21980292 329738940 32977458 21985332 21985620 65958588
648730842 87982800 770046060 77024010 330142860 121068618 209139042 55040910 176143008 99088542
1156463910 11017758 760399182 727659108 22055172 110280180 694930698 22065972 474488058 264888432
88305360 22077060 253906890 916589418 497153430 110498340 77353122 464192820 276365550 829366650
143798070 165935970 686040540 420613260 498229110 664532280 77545650 232658118 742502442 687379740
166343130 232907598 244032492 221877960 166427370 33287418 110962740 44387112 621540528 77708442
644005668 166592610 166608810 55539870 411050982 466717860 366795990 589260678 133445592 255799698
44490792 111232020 233610678 111254340 77882322 445109520 411828870 645767940 144774318 323001942
289639428 434550402 111440820 178320288 111459540 44585832 178354848 44591592 122632818 189540582
535285728 334637820 100403982 278930550 223176840 200883780 33482898 167424210 267912432 312616920
33498018 78164562 78168090 335046060 1799187558 391374690 134205912 246071100 145422030 525858090
123096138 156680412 257434170 313449528 55979070 615888570 112003140 526511202 414599430 56034510
56036310 235372158 280246350 56054670 112114740 44847912 112124820 392493570 201888180 370188918
527374122 359154240 370455030 89819088 247026252 78606570 572811498 78635802 280870950 1382540418
191168502 427393068 359990592 33752898 472608612 112544580 168830370 360225600 180140448 135117432
416677350 202743540 1374765540 56365710 202931460 699164700 462502878 248222172 191831910 33854850
90282768 507926430 361280832 33873858 327480702 67762188 79059162 282382950 305024130 564998100
124323738 305195202 135659160 293963748 248776572 226190760 248843100 124434618 792060780 679190040
135869112 373693518 22650612 487057818 158605692 623230410 124672218 45337512 124684098 192710742
306112770 680438520 238214718 851026050 227008680 306507402 454181520 113563380 647448750 68166108
159064332 11362278 159079452 1250401020 284303550 56866110 910102560 34137810 307269450 11381358
250408092 740045670 34163298 102493782 148056870 227803560 284794950 250656780 113946420 91162320
79770810 341914860 205180020 148200078 364852032 193857630 570290100 91263120 136903320 57046110
68457708 114101940 216813522 114122820 11412678 79890762 547917408 114170340 331134702 125618658
308373642 79957290 1039765818 80006682 400086330 365870400 400255170 148688670 171578970 114394980
629301090 423470550 629665410 34351650 80156370 377927550 148902078 114548340 80188122 57279390
137477880 206236260 401081730 286540950 320979288 309569202 137603160 584929098 1537764972 229628040
126307698 80382162 91869648 229694280 80399802 114862980 80408370 666376500 459711120 206907588
172440810 563419542 759164868 172581210 80543442 23013060 241654518 402828090 218715042 299336388
138171672 230309160 460704720 380168118 138262392 195889470 11523558 80666922 149819358 1002950442

80720850 172985130 403694970 473011998 138465432 115395780 150025278 196205262 23084340 265490610
80809050 126992778 277105392 127020498 450415602 127060098 346571820 1005424722 23119620 184967328
404680290 57818670 231292680 520513830 451229922 532360668 277813872 231543240 127361058 46315272
115793220 613824270 231684360 672047508 394071492 127511538 394181652 324682680 34790778 858377652
359707818 174077010 174093210 58034670 58036470 394695732 418003848 23225172 754974870 197505150
116189220 92956560 348628140 441688668 139502232 151139118 116269140 46509672 290711550 127927338
348937020 139592952 23266500 290855550 93083280 151270158 279299952 349183260 34921890 838319760
652284528 629202492 233091240 209806740 93254928 512984472 466470480 268272690 174980970 326674488
525130830 198420702 326855928 58373070 81725322 607212840 70075548 81758082 700928280 1145406948
1052513460 292468350 58499070 23400132 81902730 58504110 351062460 503302530 152187438 199032702
58542990 269320938 456761682 11713278 1511616582 70336908 140681592 375201600 117265620 527784390
152498190 1091303478 58689870 58691670 293485350 634081932 11744238 164426892 505113690 352483740
258529260 1446055650 470496720 141171480 129416298 23531172 35297298 823787580 517989912 70645788
412152090 294448350 318054762 412371330 707127480 377240640 188647968 224043402 707676120 884959650
11802198 495757332 94444368 944697120 82682922 82686450 212638500 236292360 177238170 803682888
141860952 496594980 118255620 11825958 141917112 1218548298 355060620 82856802 260430060 426233448
106572942 296066550 450107340 118466580 260651820 213286500 35550018 47401032 118507620 11851158
225185682 189650208 201523542 711425880 142316280 332111640 296575950 391549158 474710160 142435512
118704180 296791950 118729380 617508840 1140527808 83189442 772641870 95115408 166463052 297290550
71356428 285451632 178428330 356905260 511677210 238034760 23805060 273778890 214288308 464371362
130996338 321573402 35733618 416940090 893740050 143035992 1013468430 1706185338 382005312 95512848
202980102 382136640 119432820 71663148 346408422 35838810 83626410 454033500 215104788 705229242
95643600 502204500 131550738 502364772 323015850 119648820 119656020 191464608 167546652 191499168
143636472 59851590 23941140 838121340 71855388 203604342 179668170 23956980 11978598 47915112
275534250 95846928 407400852 395498070 239733960 35962578 503544132 599622900 179921970 23990820
59978310 35987850 155954838 119973540 683986662 84014490 36007290 384118080 372184698 1128983052
300368550 36047250 96129168 84116802 96137808 360557820 168282492 216383940 685369710 36078570
336764568 421035090 288760752 120329220 252714798 60174870 324975402 204641070 96308880 782680470
96350928 168625212 301151550 240953640 819457800 458077308 409946772 60293310 277372410 398035638
2196635532 458939148 108711342 483232080 193325088 84585522 507587220 12086958 265931292 157157598
48358632 338542680 120921780 120928980 36280098 48374472 120941220 133043658 544360230 907591050
84729162 326845530 96853200 932447670 375521538 690655662 1212241800 97010448 412345812 12129078
48517032 242602440 946424700 121368180 157789398 267055932 789232470 789536670 364504140 267344220
36458730 36459378 85074402 36461538 1154950530 632458632 218973348 121661940 24333252 60834390
340705848 48676872 36508410 267748140 255610278 511315812 158290158 60884070 170484972 1352201778
853195980 146297592 85345050 36577530 207284910 97553040 60972990 146342520 195139488 451330662
85397970 36600210 219614868 109816182 12202158 85417122 244068360 219686148 122057940 390633792
207554190 830424840 158795598 305410350 390990912 831100488 305635350 427965090 122291940 269067612
183475170 244658760 636247560 36712530 452841150 244820040 257092038 269368572 24489780 379628418
453195462 404284518 367599420 208335102 735466680 281997618 478256922 429298170 12266958 1227059400
270049692 245529960 638512680 221068980 405353718 454580742 184317570 589925088 208971582 24586260
258173118 295093872 245943240 221373540 221396868 86105082 393668160 246080040 307640550 36919890
960144588 455606382 86206890 221691060 98536848 61587870 172455612 874813578 517666212 98617488
61638270 863124780 24665892 209671710 308378550 407128590 61692990 86373210 123396420 123403620
987488160 61733310 197558688 49392552 345780120 395246400 1025513970 98870928 123595140 86520882
37081458 148332312 655258398 370990620 49470312 222630660 123693780 395868480 1002371598 371368620
123803940 24761652 24761940 123814020 532482330 123852180 185791770 557472510 706341150 471024060
334738170 136389858 123998340 210813702 186029370 37207818 483760602 570730188 310243350 62054070
273059292 434484330 558752310 86930130 186290730 558969390 434854770 385230738 273431532 435076530
335690730 348179160 37308258 584580642 460313670 871133340 286306530 560275110 124525380 124532580
473289468 361264542 12458478 124588740 485964882 348965400 336555810 698209008 611118102 12473598
24947412 661211358 49910952 224613540 599083488 249667080 87390282 224734068 187296210 487045962

287283570 662146278 124955940 487396962 224989380 650100360 37511730 225083988 712919862 162628518
87574242 475464588 62568870 150172632 100120848 876253980 175293132 125218020 914309670 538745538
187965810 814705710 150440472 37611738 2132390580 62748870 527161572 665408958 125571540 816390510
967502382 25135620 37703970 691354290 213735390 414957510 779829180 188709930 289386690 666992598
213983862 100705488 339915042 969675630 629888100 252005640 415872270 352922808 113451462 12606078
214314342 504351120 605373408 302748912 454201128 113564862 12618678 126190740 1476966582 1389499980
101088528 341207802 632004900 126422580 923102958 113833782 37945890 227688948 25300212 544024218
303699312 569547990 860926920 341930970 12665118 747369402 392786058 177409932 228119220 25348020
380254860 354963000 253579560 405787200 164872110 215620350 12684198 304442352 38058210 761300280
152291160 571184190 266602518 177752652 126974820 317468550 76199148 444546690 368405502 292226730
190603170 165202518 63542670 127090740 190649610 88975362 25422180 63556710 394091778 254289480
178019772 127165620 864917160 470756550 101798160 318148950 318193950 38186298 305513712 394683258
127331940 815094912 101907600 573316110 293084538 1006971762 165747270 446303130 102024528 510191760
51025512 229629060 89306490 267940638 701899770 153170712 217009590 319169550 395832738 89391162
89394690 191571930 166042110 613183968 114990462 127774020 255569640 38337930 472887750 204522528
447457290 895179180 217453902 63960990 217480830 12793638 307068912 76773708 127961940 281541612
1062493458 729951462 256178760 358698648 410010432 38442258 730526022 641004900 294922698 769542840
436189332 12830358 641609700 115508862 38504250 25669860 834427230 12839718 218286222 706362690
25690020 64226310 231229620 38540538 565335672 205611168 449838690 449926890 642905700 180045852
977638008 64332870 437511252 1042641558 321898350 154527192 25755540 64390110 425019870 25761300
1133782320 64436190 347986530 399604818 64458870 309427632 128940420 232110900 128960580 322432950
167682918 374105742 619342560 90334650 361373880 942418758 25825092 25825380 129131220 103310160
90400170 142064538 51661992 968875650 1292464200 38785050 168076038 181018572 12930438 439677732
594990588 51745512 232869060 38813778 841124310 776692440 194213610 129484740 181290732 129502020
271977678 414503232 259101960 64779990 1257087990 38889810 933549840 492857340 90800850 752485620
155716920 389337660 103834320 194701770 25961460 64904910 843927630 467536968 129887940 220826022
90934410 12990918 1039506720 51987432 844957230 819248850 195101370 1001775390 195200730 260292840
1145630640 26043540 429759990 234447588 768630642 599445228 65166270 91235802 65170590 482318310
65185710 664997058 247791882 39127410 782684280 130472580 104383248 613344642 365472408 65268870
26108052 287207580 652874100 78356988 679202472 222089190 65324310 326648550 627291360 104564688
130712340 130719540 313756272 235344420 876209250 300862770 484076550 65423310 458013570 209407008
130888740 510534882 2226687540 144151458 353863242 301480458 445736532 262236840 327836550 918181740
13119438 852917910 420009792 459470130 564612618 420263232 91942410 65675310 65677110 78814908
551776932 39417498 65697270 118259622 105124560 223404990 144567258 446899332 105164880 657384900
131498580 394538940 65762790 223606950 276249078 184183692 236828340 223692630 105274320 131599380
355354290 342242628 908495262 39507570 92186850 39509730 368788728 65861070 355680882 39523338
65873670 52700232 592956990 144967218 461317290 553697172 487886070 276952158 316555632 369367320
65964390 369433848 131954340 422302272 39594618 422382912 594100710 132042180 198076770 26411460
237716100 1215357720 79283628 647579982 806412558 357022242 357074730 198397530 105818640 555623460
66154110 701344230 833936418 66197670 463434090 66212070 26485332 39728538 92702442 39730698
755006382 132481380 132488580 225247110 331283550 702469950 172334838 185604972 795609720 875470068
53068872 464401770 929068140 544332318 292130652 1899698658 225936222 425348160 39880170 292474380
146250258 425504832 172882398 691651272 1024533510 279492318 133102740 159732792 599090310 173097678
585959352 306352410 506230908 1465991340 53325192 39994650 693343560 13335438 160030872 440138358
320149872 200114730 440309430 306928698 26691252 427099200 13348038 93438282 307036338 93453402
66754590 440625438 494127822 507585228 494327622 106894608 467718090 320771952 240606180 601617510
66855390 494785830 106993680 374514168 53506632 214038048 227435622 869798670 93688770 776414100
107110608 187454652 468698370 1446825240 107205648 321644592 415518978 201082410 402213420 254768682
442554750 241426548 53653512 13413558 228041502 93905490 134156820 644052960 966390480 134250420
886233348 322344432 147755058 188064492 335864550 80614188 765964062 779642148 295789692 376510008
201725010 134492340 363165282 295951260 215259168 403660620 121110822 619101948 296146092 363499650
269292840 377058360 242424468 94282482 40407858 390642702 80830188 538934160 1442215122 809079480

94409490 40462290 580030698 296811372 40476978 121434822 242887140 161937720 175444230 40488858
94476522 107977488 458955732 486043848 837294252 40521258 256649682 743079810 486497448 54061032
81093708 459579972 310939530 838374540 13524438 162298872 27050820 405796860 338213550 175888830
94714410 717237870 230100270 216583968 324910512 311411490 297907500 270855240 216704928 121904622
13545318 94819242 176102238 609678630 501400542 40658418 365954922 108441168 325351152 203365530
515265180 433988160 352669668 881887110 325696752 1167420588 203674410 190110732 380263800 108657168
27165012 475434330 108683088 1141450632 40775490 135922980 163117080 40780890 27187620 285487398
203939010 1223974260 163240632 476177730 95246130 381019800 721370598 122516982 626288988 844369692
95349450 217954848 27245652 858385458 54510312 136280820 40885650 436153920 449860950 272681160
177258198 122724342 613709190 40919130 109120848 641178042 504869070 313887210 477727530 40952178
204770610 327666672 13653678 1324748982 95626650 355215588 368929242 177651318 122996502 273346440
724507350 232431990 109386960 27347460 109392720 314529738 27352212 369283050 177821670 410404140
95770290 136820820 246295620 68419590 95790450 68423910 82111068 205289010 54746472 547528080
246425220 438146880 273879240 13694718 342391350 890428110 191824332 109620240 274070760 507106830
699146658 54842952 137112420 1069723980 2058392700 137283780 96102930 453104190 96123090 219723168
206007210 137347140 535722642 151121058 27477492 41216778 27478212 164875320 288556758 27483252
1622021628 55001352 288775998 192534972 220057248 646524762 247647348 330232752 41282010 110088528
949704822 495634248 757399170 688733700 950748102 82689948 55128072 344576550 496269288 96507642
317121378 648149082 455178438 68973270 27589812 386287608 55188552 248362740 344986950 248418468
138020340 717821832 441833280 82851948 303812652 179542038 165741912 276259560 594055578 580368852
483737730 165873240 69116910 82942668 69120870 898735110 1065049062 138349380 304393980 1702481130
526190028 193885692 498628008 512576022 166262040 41567130 277130760 651370650 291089358 138625140
485244690 374391882 929273250 138725220 13872918 1068430902 27757140 360869028 138808740 763576770
541577322 69440910 388902360 388958808 903157710 166770072 97287330 778425648 166834872 250271748
542335482 111261840 180810318 139093140 236474862 69555390 27822660 319981290 528748188 27831732
1085662188 194908812 501258888 264590922 1197947148 125397342 292616478 1031377812 250935300
139418580 97597290 390424440 41834538 334699632 13946718 55787592 669540960 69753390 139512180
41855058 586038852 237242310 69781110 293100318 614217912 642285948 684341742 181589070 796341870
13972998 489100290 69878670 209646810 97840722 349459950 251639028 335554992 41947290 1188775830
181858638 55958952 153893058 125918982 13991358 615691032 13994598 405874662 363939108 125990262
293999958 28001652 532086108 98027202 98030730 462192390 518308950 154110858 196153692 350309550
140136420 14014038 448487232 981322860 168262200 560948880 182333190 1332804210 1235177328 351004350
196582092 84253788 280864680 266848122 280920840 604077330 98350770 252918180 534014988 337326192
604479810 42177978 914015310 590756292 211015170 98479290 351740550 281424840 562936080 42224850
28150260 112603920 281529960 168931800 535019100 281630760 521092830 84510828 380330802 1197680430
112749648 169133112 324200778 620316312 112799760 775623090 536012268 169288632 324498858 451540032
141121380 169355160 296396478 494064690 522392862 564859920 254224548 734557512 494523330 522877710
14133198 212006610 494745090 282751080 56553672 42416010 98973210 650483148 98999922 42429618
240446742 99013530 438530898 99032682 962215368 56611272 325537170 42464178 495463290 212368410
339823152 70801710 70803510 113289360 283243560 594905220 396674040 170020440 396754680 184226718
269276322 184256670 1091615910 155979978 624007032 14183598 411355662 326290650 241195830 368927988
837363282 496859370 113580240 141981780 141988980 639039510 71013390 383503410 539834460 312583260
298407438 341075952 85275468 71064870 56853192 85281948 142142340 142149540 355405350 412326582
583047798 355576350 697060182 540696300 469636398 839848362 85422348 355954350 99675282 811772910
71219310 370369428 242190942 142474980 256473108 142495140 741090792 427640940 470479878 413516742
142606020 399335160 256745268 385161642 114132048 499381890 99886962 285410760 99900570 214084530
642350790 2142222300 428638860 943233588 486030612 500412570 371792148 243121182 243141990 42909570
572189520 143065380 357694950 1746196980 587077278 143207940 171859032 243484710 401079000 458445120
186264390 544534908 415636062 14333358 172005912 329706978 172036152 215059770 186398238 57355752
114714960 358513950 573715920 932534070 674483370 473668470 186618198 1206133992 71809710 43086690
186716478 172364472 71821590 474067638 57468072 43101810 1293355620 143742180 100623810 1006432140
258853860 316408620 402752280 100696890 431598060 359714550 143898420 14390238 647635230 575798160

273544482 158379738 215986410 460825152 475303158 57617832 14404638 288107880 778035132 446744658
57649512 475652430 100906050 576673680 86510988 201869052 115360080 28840740 14420478 201894252
86530428 1182842292 245283990 14429118 173155032 2959666590 144451380 260030628 101129322 72237390
115583568 288979080 679214202 390258810 159009378 1981119462 101261370 231467808 506400090 578850960
28945572 607923540 304009398 72387870 246132222 318554940 376518948 173794392 1883437140 72464190
405832728 275418642 507418170 144992820 1377790890 1668721530 159666738 101610642 333888378
362965350 508227090 101656002 43567938 72614670 348575472 87150348 203360892 842645460 29061060
915570810 43605738 639625272 305324838 348981552 450829218 1076452692 189147270 116404368 1309866660
58229832 407641080 553317468 247570422 29127300 291288840 189353190 218499570 262220868 364234350
349707312 145723620 116584080 43720218 437237820 218643210 2041451160 364693350 393919362 554493948
1021708380 175185432 365002950 759350280 803370810 14608758 204530172 438326460 14611998 219188610
131520942 964665108 175427352 1213656378 351029232 921649050 29263380 951216630 43909650 102458370
234203808 146386740 805255770 205008972 146443620 820217328 219739410 205104732 219770730 87912828
146527140 58612872 43960410 410328408 205185372 630300450 366514950 73308390 1495884060 410765880
763000680 73375710 190785270 513713130 557845548 425794182 602088198 102807642 323132700 190958430
337879338 352610352 455516418 514375890 205775052 146990820 382209828 543997902 588216720 485365518
279488442 559054860 250137150 309021678 765333192 220805370 103048050 264996900 397539090 1251854670
780831510 73673790 1134803670 530704008 58972872 191669790 560335308 73736070 471953472 147500580
29500980 855653700 929691378 723290862 73814910 162399138 103349442 73823190 191948718 945155712
457915818 664839630 251199582 118218768 620724132 29561460 369542550 14782638 133046982 635749410
103506690 414062040 295793160 591672720 340263978 177544152 1302307248 148024740 207246732 310896558
370156350 296157480 503533812 1111030650 711272160 266769828 148215540 518811090 1141694862
845425710 756631818 133542702 667800990 371063550 341418210 1009633128 802004652 237671328 876572322
44578170 104018250 1412025090 341956410 490699638 520524690 148737540 624776292 193408878 133905582
74394510 788692470 372094950 327480780 74432310 491298390 268013988 178688952 119131728 670201830
104266722 148958580 327734220 163880178 59594952 417196920 74505390 640820658 149047140 804978972
566592540 402642090 164054418 357967152 492272550 343145418 59681352 119366160 149214180 104454210
417852120 253723470 44776890 373165950 149278980 641981658 134385102 74660910 567481740 44805618
328594332 194185758 149381940 582658362 597712080 239117088 1524804732 777639720 747914100 269293140
448873740 568666428 104765682 179606520 973048830 419253240 449262540 179723160 599152080 149806020
89887068 134835462 824121210 89917308 434636862 119910480 524662530 149919780 374830950 449856540
269945028 254969502 750030900 2446350618 1156303302 180241560 345491970 555871350 465805938
210386652 150284820 571147980 902024280 270657828 30074532 375955950 902477880 406199610 421299480
30094980 150479220 872921460 707545050 90336348 376429350 527076690 150609540 75307470 286184802
271146420 150646980 75326190 949264218 210986412 241144608 135651942 346692570 75372990 346738938
437246862 346825050 180967320 301635240 392168868 256444422 256465230 120696720 30174900 75438510
90528588 513044292 316921878 60369672 392430948 211329132 2718345960 15108438 105761082 45327258
75546870 287094522 377795550 377840550 831407610 166307658 483853632 151219380 257089470 544493448
862305462 151305780 196708278 590197842 196756950 560067150 605588880 15141198 302839080 136286982
348315450 45435258 333211692 787729800 227265930 151519620 151526820 378848550 727515360 121268688
151592340 60638952 955215450 257805510 1001089188 333766092 1320234570 75892110 242866848 182162232
151809780 409922370 698507148 486007872 258221670 1063484940 425492760 334355340 1413796230
76028190 958109418 152107140 684571230 213007452 852170928 441391542 578466780 1263854778 106612842
45692298 60924072 121851600 258949950 807448110 1554525900 45732690 1524793800 228781170 45758178
106771602 610191120 411944130 854569968 870062022 198467958 442780062 45808290 198510078 290152002
504009990 30548580 198572790 106928850 2139317880 580915500 336367020 168196578 107038722 688190310
412984170 397738068 152989140 260098062 413139690 351975210 505074438 61226472 122456400 352087818
76545870 61237992 535881570 459397260 1455185490 168537138 490339392 183896280 1425547710 199319718
229999410 76670070 920181240 337464732 153404580 46022778 1258206852 184168440 859589808 568067142
261036870 706439388 30718212 645148980 276531300 660696978 215139372 153679620 999093030 1076286540
384473550 430663800 384568950 492313920 323121078 538605690 30780132 1416197400 15396798 76985070
76986870 523558452 15400038 1078181580 308116680 154069140 107852682 385216950 508555278 570291582

1079199660 539732130 694070910 894795348 293175282 324066078 385834350 185216472 108047730 246979488
694728630 108082002 1003787070 973191618 30899652 262658670 77256510 309044040 15452958 30906132
355441218 216374172 324587718 618350160 231911010 262852062 262872870 15463758 309290280 77327070
541339890 309376680 262992822 495101760 278527140 1129821438 294126042 154813620 46445490 108375330
15482478 216762252 92902428 541982490 371696112 278799300 340786380 402792468 495811392 108468570
77479710 1394942580 124023120 852783690 124059408 77539470 759982062 15511638 232683210 155131140
31027092 977500818 186223032 201753318 1536828282 155274420 978394410 543675930 388393950 901247268
388543350 761675502 435320760 497578560 311024040 171075498 217745052 171095298 217770252 855662610
15559518 155599140 295658202 326810358 186763032 31128180 1011822630 871968048 109011882 155737380
342647580 872351088 62319432 825841230 467546940 389671950 202647198 296198562 327407598 389812350
109155522 982558458 218385132 468015660 156019620 234042930 280872900 109234650 46815930 156057780
156064980 31213860 483851658 31218612 624432720 156126180 1202412750 874750128 156229140 609362442
703246590 1688386680 985280058 31283412 46925658 109495722 31285140 625763280 203397870 156468180
187771320 469473660 1095690540 15655278 156556740 814211112 1613339058 266352702 109680690 673830210
313454760 313483560 517310838 156776340 423332082 235207170 266587710 517553190 78423990 188224920
392168550 360834810 392254950 941595480 156957780 423821970 329675598 141299262 78502110 439645080
910872948 298442082 518408550 549912930 109993170 330000678 220018092 1351849308 1022099910
298825122 78642510 173019858 31459092 503384640 393320550 251748768 188823672 110151930 1495267890
551051970 488148258 31495812 125986128 2032162542 551568570 677762130 204931038 299536482 961845438
31540452 977896860 15774798 662606532 78890190 110449290 410271108 426102282 1183892850 31576020
394724550 126321360 189490680 236877930 15792438 584370822 268527750 631912080 252797088 79002870
31601652 237021570 237037770 363489378 189661752 758750688 110665002 1264993440 126524688 63264072
332155278 79089270 189821592 110734050 253119648 1186744050 31652052 395674950 902307150 332487918
506709312 190035000 332586198 31676532 269262150 396011550 95049468 63367752 47526570 158426580
269341710 1109273340 681585690 713429910 47567178 79280070 1252864002 475888860 47592450 31728660
1031338230 317396040 761868000 238117770 47625498 63501672 238141530 444574200 635203920 190583640
158827620 95300028 79418670 317692680 381269232 365421930 1032920070 79467990 445054008 1096981182
159011220 492980538 63615432 174948378 715788630 63632712 556835370 493270698 397849350 318311880
79582470 270593862 445729368 350255532 525448638 63696072 971507838 270795822 509789760 254922528
350548572 828707880 765133920 526125798 111612522 271073670 334884438 111635202 318977160 31899300
47849490 510434880 478599660 159547620 79776510 255296928 590444742 159596580 590569950 894023088
1309512612 271544910 239615730 367442250 239656770 111845370 175764138 143813502 399512550 15981438
31963092 1726434648 143907462 447749400 111946170 319865640 495848658 303941442 47993130 271973310
207993630 672062580 80015910 176041338 32008452 160046580 368134458 272123862 992628060 240193530
288253620 192182040 1601920200 608918460 592994190 288519300 400759950 208412958 192391992 160334580
272585310 240533730 400925550 96228828 224544012 497254818 224589372 176472978 561562890 272790942
609843228 465476622 1621615398 273017382 112424970 80305710 96369228 514012992 321295560 32131140
321327240 498114138 241047810 64282152 96425388 835795272 128601168 1125456780 675443412 321684360
836514120 80444310 96535548 305713002 450571800 273588990 724306590 128780880 160982580 160989780
611826828 64408872 128821200 531436158 789246822 16108878 241641810 434996082 918497430 886491210
499754658 757824522 193512600 1693677510 16134078 225884652 403400550 726234390 1469052858 468284982
339140718 145355742 290728980 274598790 16153518 145384902 339254118 64623432 80780910 613993740
969675480 533431998 113162322 1018619658 873330012 210277470 80879190 889789890 776721888 469349862
210417870 80933190 1181829558 64768872 161927220

Chapter III

INTEGRATED BASE GERMAIN PRIMES

6 12 30 132 552 870 1722 2862 6972 8010 12882 17292 30102 32220 36672 54522 57360 63252 79242 86142 129240 175980 186192 196692 241572 259590 352242 411522 427062 434940 467172 517680 552792 579882 655290 830832 909162 1027182 1039380 1063992 1101450 1217712 1496952 1511670 1662810 1986690 2072160 2106852 2194842 2248500 2284632 2432040 2507472 2564802 3005022 3281532 3570210 3615702 3730692 3894702 4014012 4159560 4258032 4282830 4534770 4586022 5168802 5473260 5529552 5728842 5757600 6049140 6469392 6499950 7254942 7287300 7515822 7581762 7949580 8430312 8640660 8782332 8817930 9141552 10886700 11085570 11286240 11488710 11651982 11899050 12190572 12528060 12913242 13129752 14148882 14284620 14466612 14603862 14834052 14926632 15299832 16156380 16593402 17736732 18245712 18918150 19127502 19285272 19443690 20083842 22406022 22977642 23731512 24201480 24438192 25035012 25396560 25517652 25821642 26744412 27368592 27873120 28127112 28446222 29154600 29609922 30266502 31803960 32621232 32964822 34216650 34851312 36644862 37228302 37374882 37595292 38112102 39231432 39306630 39986652 40062570 41596050 42139572 42529962 42922152 43079532 43316142 45717882 47603100 48769272 49610892 50119320 50459712 50715762 51143952 51746442 52005732 54015150 55256922 56874222 58423092 58514850 59159172 61207152 61489122 62149572 62433702 65116830 65504742 65796432 67955292 68450802 72479682 75056232 75576942 76413822 80129352 80451930 81531870 82074540 85036062 86369142 87825012 88726980 89747202 89860920 91002060 92727270 93886410 95873472 101233782 101838372 103296732 105134262 105503712 106368282 106739892 110870370 112137510 112646382 114308172 114693390 115208022 116240742 116629200 118450572 124802412 128176362 129265530 129811842 131595312 132698880 133390950 134084820 136878300 138850872 139275402 139558782 139984392 141836190 142551660 144276132 144997722 146446302 146882280 148925412 150393432 152016570 160111062 160566912 163622472 164390862 166397100 167016852 167948640 169039002 170289450 175019670 177249282 180942852 181265832 183697362 185490780 186308850 189433932 192751572 193251702 193585482 196266090 198288642 200321562 200491440 203048250 204590112 205105362 209945610 212037282 213788262 215194230 216075300 217311822 218551872 219973392 221399520 223188660 228055302 229871082 230235102 232059522 233157630 237206202 242409330 244281270 248803302 249371472 249750612 253557852 256048002 258936372 264176262 265738902 269665662 272035542 274018362 278005602 282626532 283030152 285052572 286675692 294448440 295272672 298995972 300450222 301074552 309038820 312211230 312635442 321825660 323334342 325495722 328751292 329404350 330930672 332460522 336410622 340162692 340826982 350869092 352444302 353571612 357191100 367239732 372547902 373243080 375332502 376030272 377660922 382339362 382574040 386574582 388464390 390121752 395592210 396547482 396786480 399660072 402544032 410042250 414916530 415894842 416629332 417854922 428220942 430707762 430956840 431455212 432203310 435953520 437709162 438462660 439468332 441483132 444767010 447301350 448571220 450352062 455459622 457254072 458794980 467056932 470955102 471476082 475392612 479325342 484594182 487504320 489891822 495485340 496019712 499231992 499500150 502185690 503261922 504878430 505417842 508119222 517630752 522282462 526404192 533586900 541935120 543892362 544732260 550348140 555144282 557125212 560245230 564228762 567368580 571664190 575112342 585809412 587553360 589591242 598952202 600715590 602776152 605725932 609275172 612537750 623575812 628680402 636527670 651449052 655436802 657589092 659128602 660669912 665614200 667783122 671509482 671820480 681810432 685889910 700105140 702329502 706150902 709343322 720895650 722507520 723152772 728649042

736769592 744280242 755122920 758424060 759085152 760739142 769701792 771367302 773368290 778047342
783076272 784084002 785092380 806758812 812221500 815645040 816330612 820450092 826648752 829065642
832870740 835296702 838073550 838768482 842247462 842944122 852727602 860806260 862215132 867508662
869276772 872109492 883486452 892426002 916242630 919514652 923521710 927172050 940740912 941845410
947008302 951815052 959977272 962209380 970415952 976781262 980911080 990329430 1001690850 1006253562
1010826642 1011208200 1015027740 1024224012 1024608090 1033076022 1034233440 1048561542 1058298492
1060251282 1061032902 1064945322 1073971212 1075151310 1078695492 1084615422 1090551552 1092533862
1096901280 1100879220 1101675672 1119671982 1120876920 1123690962 1126911330 1130539752 1136600082
1139028750 1140649302 1143082290 1152025422 1173302262 1175358372 1177828080 1186079160 1199340792
1216858572 1218952482 1221467550 1229869830 1230711642 1231974900 1232817432 1245489972 1265473902
1283896392 1291216422 1295532042 1295964000 1302018972 1309824672 1314171252 1321576962 1323759072
1330753920 1336889532 1341720270 1351407882 1353614472 1355822862 1363344852 1363787970 1369999182
1372665450 1379342460 1382463942 1387823262 1397227020 1415226780 1432887462 1434250512 1443354072
1447003560 1457979672 1458437910 1459354602 1461647592 1467158112 1469457222 1478671662 1479133140
1482365502 1493010960 1495330230 1499509452 1510216182 1511149002 1512548772 1515817422 1527989010
1539267522 1539738360 1553896980 1555789692 1561948962 1564321152 1565745330 1572875940 1582408620
1596282162 1597720812 1598680272 1599160110 1615517442 1622760372 1627597992 1645073040 1661662932
1666558152 1669008462 1676861550 1687689642 1700036592 1701026292 1712428542 1713918600 1730851212
1731350490 1732349262 1736347230 1741351170 1761438930 1765974552 1770011112 1771526010 1775063292
1782655062 1794327240 1803998202 1815739932 1824955680 1827006792 1833680862 1842426852 1850161182
1876059282 1882822272 1895862222 1905278850 1906326582 1908947172 1911569562 1917870642 1931031192
1945824432 1947412770 1952711910 1958018250 1960142802 1980383502 1984123392 1993756452 1998045300
2000728170 2014169520 2016863190 2029817862 2035769280 2036852292 2041187220 2048784432 2054763570
2076579330 2079314400 2083146522 2113378812 2132730942 2134393800 2137166670 2148276150 2164436052
2170581510 2173377780 2175616092 2180096172 2181216912 2185702752 2226848910 2235351120 2243301132
2256392502 2257532682 2260384392 2266664490 2269521960 2279250822 2306832870 2316641292 2325313062
2327049360 2343866982 2350261920 2358413532 2361328242 2374759092 2377683882 2411153712 2420000442
2425907262 2433596892 2443670922 2446637832 2448418842 2450200500 2456144040 2481185532 2485371462
2491956480 2502150462 2505152652 2526218382 2527424802 2541319332 2542529352 2551613682 2559499872
2574699822 2588113002 2597889930 2600337042 2621798412 2652610512 2654464962 2656320060 2668703940
2692935342 2714774712 2716650762 2721030732 2734191810 2741726682 2743612020 2757457632 2761870362
2763762612 2765024472 2770074792 2780822022 2796664572 2814461652 2818919742 2841902790 2852788332
2857276662 2867548950 2872048872 2877195960 2899768650 2910764352 2917242132 2926972302 2943225252
2947784142 2959523202 2960828982 2964094692 3000136302 3018568422 3020546640 3050297670 3073538160
3076865430 3094863792 3098202582 3099538602 3104885562 3106223022 3113584200 3116933070 3123636210
3128332692 3137064090 3145134642 3147153900 3149847252 3180226842 3191063610 3194453880 3195810492
3210752232 3212792442 3224365872 3236642772 3238691190 3240057162 3243473352 3253732722 3266065350
3272240412 3286671570 3296309982 3337777302 3345407760 3350268042 3365566182 3369744450 3386483442
3388578732 3416577852 3423595632 3434135802 3467973210 3478581420 3483537462 3488497032 3495588252
3524737530 3527587842 3528300600 3534718662 3541856682 3554723262 3566896452 3585554520 3597780342
3610026972 3617962350 3630243252 3635306142 3646167072 3654142050 3661399590 3683215410 3686857680
3691959882 3693418302 3694147620 3761552892 3771126690 3778499430 3807321912 3813247752 3839227482
3842946072 3856347900 3865295412 3870519582 3887709552 3896693352 3901189140 3906437502 3917695872
3919198212 3938001762 3946289580 3966669342 3983313882 3991649220 4022032980 4054059912 4063233792
4070886612 4075481760 4078546632 4086980970 4134682902 4143947502 4152449160 4153995852 4187319390
4194310932 4198197642 4205976462 4212204702 4233259032 4237944900 4239507432 4241851770 4247324412
4248888672 4265330790 4276309842 4307756322 4310119452 4335366492 4351183332 4359894870 4378932102
4381314672 4413144192 4434694242 4449090102 4455495750 4461104472 4483574640 4494830892 4502879712
4505295762 4511741730 4513353942 4535955150 4547276922 4556182500 4564286040 4587827022 4616319192
4639176432 4647353412 4659632382 4662090120 4690811610 4698211392 4711380960 4715500230 4719621300
4736123580 4755964332 4765071870 4777505280 4789124412 4808243622 4820733192 4835742060 4843255242
4873366290 4891813422 4908613782 4911136320 4925442942 4943988282 4953274020 4982877510 5008322130

5011719642 5020218462 5027022702 5038089420 5097888600 5105602662 5139957942 5146842822 5161488492
5162350650 5183928000 5198626302 5207282082 5222880630 5256757512 5316086832 5366954340 5390716662
5405705052 5410117362 5415414510 5418947382 5427784602 5433090390 5439283752 5449909152 5490735900
5505862602 5508534180 5529930132 5532607542 5580015300 5584498170 5588982840 5590777212 5615029422
5631226722 5647447350 5649251082 5674533570 5678149962 5683576710 5697154920 5700778512 5728900410
5748899862 5750719722 5767111422 5773492272 5776228002 5780788992 5789916372 5815511340 5819172372
5840245662 5879745720 5895398742 5909227512 5920302192 5966558292 5969339382 6001833312 6008342682
6012994392 6037212300 6039077232 6054940782 6060544650 6093285540 6111096102 6120480522 6132691032
6137390622 6163741590 6181654752 6186373062 6195815082 6206209620 6215666760 6264959952 6269709942
6282068340 6285873372 6296343150 6301105020 6309680922 6329714040 6334488510 6338309382 6363173130
6369875532 6374665122 6382332210 6406321560 6449615790 6459256530 6504664452 6507568230 6509504442
6531791580 6572588112 6582320292 6606682242 6643798590 6652604532 6660436932 6663375270 6675135102
6697703760 6712442970 6736059402 6746897460 6755771442 6760703952 6805177542 6806167500 6811118370
6823007802 6842846562 6849796932 6854763642 6870669210 6929480292 6945472260 6955476600 6959480352
6965488140 6985532820 7024702782 7034764002 7045839660 7057932132 7078109292 7100337432 7106405700
7123613202 7128678192 7130704692 7131718050 7140841512 7141855590 7145912622 7162152270 7166215062
7167230940 7176377082 7184511882 7233417450 7235458782 7242605712 7245669762 7247712822 7263044952
7278393282 7314269052 7327616802 7343033172 7350233022 7366703070 7370823462 7384222692 7415190432
7425527412 7446222972 7472132922 7529293212 7541793492 7581446112 7595035350 7607590062 7621202700
7635876072 7663164060 7691553102 7736873640 7757998320 7825790832 7860861582 7887482532 7906677480
7930169652 7942998252 7948346562 7992270600 8056767840 8083718190 8102070132 8116118010 8131260102
8150749242 8208269400 8215881522 8235471750 8245275612 8250724722 8275813812 8295475320 8303127762
8306408460 8316254442 8349116502 8360084922 8365571832 8372158500 8377649370 8387537472 8396331792
8407331172 8434861122 8464644012 8508863292 8531016132 8589860442 8621029650 8623258182 8639981352
8647791042 8658953862 8660070540 8670123882 8693604360 8709275652 8718237012 8738416920 8754128532
8757497142 8776598172 8815989342 8819369832 8825005422 8850952320 8864504952 8879198670 8900695992
8915419662 8923352832 9074753382 9099919842 9129706950 9132000282 9162988452 9175628310 9180226782
9191728002 9195179772 9267816630 9272438142 9301348692 9304820982 9327986142 9356983092 9366271620
9380213052 9406963110 9409291002 9455909322 9508492632 9510833052 9570611070 9578830512 9590578692
9592929192 9628221252 9667117362 9676558530 9693091662 9694273140 9714369282 9716734902 9726200262
9729750960 9735670230 9743960232 9771223650 9793774332 9797337342 9805653552 9809218722 9818729010
9835383102 9850860252 9910501152 9924841752 9937996410 9952356882 9967925760 10008701892 10072430682
10080862812 10098943542 10112213040 10160539200 10162958532 10183534482 10213831032 10268478222
10281858600 10284292332 10287943470 10298900772 10323271212 10339127442 10341567942 10361102310
10387992162 10403898000 10408794552 10418591112 10434520350 10463960142 10465187700 10477467240
10498358982 10516810152 10525426242 10529119932 10537741062 10584603042 10590776832 10605601272
10627857372 10674919080 10681119150 10689802272 10693524690 10735757382 10737000780 10741975092
10822969122 10854201672 10864205592 10892992530 10898002842 10899255600 10933107282 10936871820
10968268170 10974552840 10980839310 11040020112 11061465102 11080404432 11100624240 11109476202
11130988512 11137319622 11172807102 11207080632 11221058970 11229958812 11240134380 11257952712
11261772762 11328089922 11331921852 11385636912 11453601462 11508891120 11543675922 11599182300
11608230822 11630220492 11666484132 11683340010 11692421292 11741781240 11750885202 11842118862
11851261632 11852568030 11865635970 11881327002 11911430460 11927151732 11931083670 11949441282
11966500272 11986198842 11999340222 12045391752 12054612642 12065155122 12074383572 12082296480
12201301140 12219865392 12234461490 12243754452 12327549870 12332879862 12379566432 12392921652
12416979192 12434368590 12459805752 12463824522 12467843940 12483928092 12493315302 12506731722
12534929640 12580650732 12584688942 12608931810 12622410150 12669641040 12672342612 12675044472
12688558092 12699374172 12750813480 12780641652 12803714562 12811862910 12817296582 12871696662
12885314682 12941223840 12946684872 13046551062 13057518630 13105555920 13133045400 13142673522
13149552912 13166070792 13167447750 13172956302 13225345002 13239148782 13259867952 13262631732
13301354892 13333205430 13340134500 13352611362 13381746720 13398409752 13405355742 13423423740
13512551292 13551637332 13554431352 13590779820 13604772960 13610372232 13681863930 13698712722

13712761302 13716977280 13733847672 13752135630 13766211570 13776069012 13790157192 13807072512
13872010620 13886147760 13914443640 13921522110 13934267892 13964030730 13983890262 13985309340
14009444682 14059200612 14063469510 14170402560 14247645132 14263405470 14283476682 14345212212
14348086872 14363902650 14373971772 14381166162 14395560342 14470526142 14471969700 14489298012
14529771060 14535557532 14561610912 14587687620 14600734722 14607985632 14626846422 14674778460
14703866340 14738809812 14776712040 14794221792 14826349932 14848275462 14867290692 14889246462
14908287900 14933206602 14940539592 14950808802 14980168842 14999268312 15084629580 15094948182
15102320772 15143640540 15149547972 15195369630 15213125622 15227930202 15232372980 15239779050
15253114512 15306514680 15309484092 15327306612 15357033852 15406146762 15409125822 15483695922
15498631542 15507596370 15536002092 15567428130 15570422742 15580906152 15625875012 15675415602
15725034600 15798855942 15856224162 15987958692 16000099572 16015282152 16041109062 16048709172
16056311082 16057831680 16088258760 16091303052 16155299712 16164452460 16213310892 16224008502
16251532842 16254592542 16266834222 16305119172 16309716390 16315847022 16377216702 16409481900
16423319562 16466407362 16486431600 16508009772 16524973950 16555840230 16592917782 16594463580
16625394660 16628489352 16639323042 16643967132 16698196062 16709052432 16713706242 16744748202
16755619692 16768048572 16772710590 16791365142 16834932750 16887912162 16892590812 16951909800
16962848322 17014463160 17177641032 17245336362 17276867922 17316322872 17347919232 17360565840
17366890872 17387455182 17400116190 17406448422 17493633432 17503157700 17511096570 17522214012
17588992752 17609688102 17649521052 17660682342 17692591182 17790091020 17822116500 17841345612
17844551472 17862188850 17878230390 17942468550 17950506420 18001991412 18014874180 18021317292
18087425610 18114871872 18119717490 18168209310 18232965870 18257279280 18284854062 18301084242
18314073570 18346567050 18349817982 18369329622 18382343142 18423040092 18455630052 18467043342
18532329822 18599368020 18605914812 18622286832 18638666052 18643581222 18700972752 18730522740
18755165550 18824251602 18862138260 18870379530 18876973842 18911612880 18926467902 18961152300
18967762452 18980986212 19002484650 19042206042 19043862000 19055455722 19093574220 19113477252
19130071032 19151653710 19204832142 19218138270 19271408862 19291404342 19299738852 19309742640
19351452990 19408251282 19416610992 19435008690 19443374160 19463458632 19480203612 19485228510
19517067912 19522097562 19527127860 19567393572 19619464830 19631232432 19669922250 19698543552
19769344212 19779468960 19786220232 19791284442 19828441782 19833511392 19850414772 19980811962
19997777982 20033430060 20087818092 20108232612 20218991442 20224110732 20227523952 20275339272
20278756812 20323211040 20331765510 20391697200 20518700292 20520419250 20592680502 20623688490
20699584002 20829272652 20834468622 20846595072 20898605532 20900340330 20926370940 20929842912
20943733680 20947207092 20961103620 21020215272 21051543372 21056766990 21060249762 21212029092
21222516720 21231258390 21234755562 21264493152 21301256550 21313518072 21357338022 21378387582
21474997392 21492586212 21511942230 21550680402 21555965580 21612381132 21617673870 21633555972
21635321010 21727202202 21757282512 21794469270 21863614632 21907996182 21927538320 21931092372
21945311460 22002233892 22150220070 22157364462 22159150740 22207407462 22234239432 22246766562
22264668582 22300494222 22320210600 22327382352 22359669492 22363258392 22458469182 22476456162
22503450132 22597154652 22698284940 22723602792 22738076472 22797829110 22873991322 22877621262
22888512810 22915753020 22937556852 22952098500 22995751092 23033981130 23055841122 23068597572
23074065702 23123308032 23128782642 23137908432 23170776180 23220121542 23232923352 23238410922
23311640442 23353799580 23372141520 23495218242 23517295962 23546749050 23565166590 23572535622
23605710522 23688749832 23694290970 23716462002 23781186732 23953598130 23962885200 24027945090
24093093180 24096818592 24249808452 24268498872 24274107402 24339588132 24348949722 24452046012
24467059980 24545958912 24630634422 24683394990 24690936822 24715455732 24734324712 24813653052
24879857022 24900682200 24929094210 24932883702 25004938770 25027714602 25075197552 25099906470
25164587322 25174106232 25185531300 25275117342 25278933042 25332383082 25347664890 25355307522
25418403192 25460510532 25481577270 25494987912 25527571302 25548665760 25606240380 25610080992
25654268730 25700418282 25710037992 25798623780 25931788122 25933720560 25960782252 25972384440
25985923602 26018819112 26038179132 26069170140 26096302392 26102118282 26164194762 26173900872
26204972520 26263281540 26282732280 26311921890 26325549252 26339180142 26380093980 26436646242
26462016912 26481541092 26510840862 26559709812 26604708990 26710508922 26722277430 26765450802

26789014602	26847969462	26893212072	26912894652	26997611790	27064691682	27100238262	27169423392
27224835000	27252561972	27282285102	27321941142	27327892032	27351702072	27371551692	27373537050
27441082062	27536581422	27550522272	27606320952	27672156150	27760058382	27770056092	27802060860
27816068742	27830080152	27882153420	27896181462	27922242900	27942298440	27960354582	27992468790
28020583842	28133185170	28143249840	28181512002	28233912870	28248029112	28312605432	28318663242
28322702142	28375234050	28389385572	28464245082	28474368792	28494621612	28587877320	28656903372
28677220992	28687382502	28748389362	28785024582	28809461022	28821683130	28870597482	28872636480
28880793192	28901190012	28921594032	28948130022	28995108120	29033944842	29107601490	29128078230
29142416232	29173152402	29187501492	29249037552	29251089870	29259299862	29302421220	29320911522
29331186432	29343518700	29353797570	29378474202	29394931050	29464924062	29537062632	29646468942
29681604372	29729173662	29870036070	29878332462	29936439462	29942668560	30004995180	30023705802
30102770502	30113181492	30119428950	30273738042	30325958592	30353131062	30367767432	30374041242
30411697710	30420068982	30484985400	30537387750	30587736342	30610826640	30652831320	30699069732
30705377670	30747447150	30762178272	30793756842	30808499052	30861178602	30867503172	30899135742
30924453462	30968784420	30983568462	31046968602	31068116382	31082924112	31106200530	31169725950
31178200902	31275745650	31294848312	31305463422	31333071132	31413840360	31424475630	31443623652
31626887760	31787145810	31962824742	31967115642	32001453210	32059439652	32080929432	32117478582
32128232292	32166960552	32194945470	32203558662	32246641902	32257417212	32268194322	32458166082
32549030982	32570684202	32663875092	32670381750	32746340640	32761543002	32891993682	32950781052
33103437192	33164598432	33219254382	33295848312	33302417610	33313367880	33335273820	33383492232
33420775782	33532751280	33559125672	33598706700	33658121982	33673534512	33675736590	33697761330
33702167142	33750650082	33922824942	33929455800	34044493632	34062209040	34066638612	34088790792
34115382912	34159726152	34161944070	34193002482	34244057652	34261824900	34270710252	34339610790
34388549922	34426390392	34466479452	34482075942	34493218452	34526656782	34528886580	34533346392
34540036650	34651636350	34752229980	34846248912	34852969410	34873134792	35052638952	35122320690
35144813430	35178566040	35239361562	35255131932	35277667152	35295700512	35446910802	35453688972
35573543490	35605236942	35618824170	35661867492	35720811000	35725347132	35736688722	35816130252
35868382710	35945695242	35947970400	35968450062	35975277912	36043592052	36073214970	36096010110
36169002942	36255777690	36299204052	36322070472	36370113390	36390712932	36415898070	36569486592
36649847922	36656740140	36748698300	36810835182	36826953312	36884546862	36907596882	36921430350
36937572672	36956025360	37071459060	37099189932	37237999812	37302866460	37319091942	37393310502
37428125832	37439734542	37458312222	37481540802	37539643752	37555920642	37562897532	37574527122
37586158512	37672286742	37872857490	37917241452	37971004182	37982696772	37999069422	38010766332
38045867862	38076302292	38088011082	38104406412	38162989962	38212234920	38252123142	38259164400
38315517792	38341360290	38364861030	38433053892	38470703460	38482472730	38487180942	38522501712
38546057892	38564908020	38588477160	38628561222	38668666092	38706430860	38718236130	38810379012
38812743090	38871868440	38912099382	38954719530	39035287902	39054257262	39066115452	39291763062
39315553242	39332210652	39398875572	39458445522	39477517410	39561011100	39582495162	39642203712
39644592990	39661319952	39685221732	39725871282	39752185020	40013401122	40061423562	40140723552
40256208960	40405623132	40449053280	40485262890	40502166252	40562564202	40591571202	40635101142
40760985342	40824000450	40828849782	40969605690	41052230382	41071683582	41127637200	41144674122
41151976740	41181193692	41198241702	41310359250	41322555120	41383561470	41530160310	41564404002
41583978162	41657422302	41686818102	41743189032	41750544570	41762805240	41767710012	41804504982
41829043962	41922357750	42018235272	42037915992	42042836892	42128999262	42185668272	42254708040
42321335562	42338617932	42439914090	42449803122	42588370530	42635435772	42660217392	42685006212
42799127520	42821473422	42823956660	42866182722	42928317672	42960645630	42990497622	43015382202
43047742920	43095061242	43127451912	43189775862	43294581402	43314558762	43477045632	43572178860
43652371692	43677447072	43689987462	43697512560	43770288582	43820514222	43840612542	43845637842
43865741922	43908478392	44011634310	44016669402	44155247292	44180466672	44188033890	44198124522
44225879700	44268791202	44438115612	44465946030	44488722852	44541891450	44617901670	44640717372
44653395282	44704124922	44729500542	44792971092	44800590582	44897160210	44920047192	44960749560
44978562642	44986197900	44996379252	45156887502	45182391282	45187492902	45284478402	45330455190

```
45356007930 45455732412 45481320432 45488998242 45596555622 45599118060 45634999752 45642690522
45765830970 45917418372 46028055222 46035779040 46084711602 46110476022 46187812482 46200708192
46332347250 46396944600 46453827492 46471933902 46518509442 46536628452 46570287402 46686893112
46705044882 46733576220 46769901432 46798452570 46816626012 46967341680 47003757612 47024573052
47141745762 47188655670 47290373832 47368693092 47428781742 47447077152 47598803412 47617131582
47682618132 47776997820 47821598442 47892477492 47992322112 48023873592 48097534032 48115957962
48176518572 48181786512 48223940400 48260840172 48281932092 48347874042 48361067832 48374263422
48382181640 48408580380 48466682952 48474608730 48559190682 48577702812 48606800430 48643846362
48659727510 48717980562 48749769642 48805425480 48871723830 48911524440 48938067180 49023052332
49057598610 49116089262 49283778000 49294434552 49403730630 49422403032 49601303082 49609321092
49636052472 49702912422 49756432782 49992264510 50105017122 50191009122 50207140830 50312060112
50333595552 50338980132 50368600470 50400923502 50489865300 50503348170 50522227212 50549203392
50576186772 50622075042 50678789280 50689595592 50692297350 50759864700 50784199962 50797722072
50927625912 50962836750 51003479760 51068542272 51082102182 51247678020 51307459632 51326488362
51334644612 51438013200 51525141072 51615068910 51710532600 51735094662 51737824140 51743283312
51756932502 51784236282 51806084490 51888056310 51994716552 52098747252 52126141032 52139840622
52159023072 52194656982 52202881920 52222075962 52337314302 52381248030 52436191110 52524159942
52532410800 52570923372 52612202502 52625965812 52628718690 52708583472 52780237860 52882291482
52929214032 52956825252 52987205910 53042465790 53081164842 53108815662 53205650232 53277641580
53421770292 53527218240 53560539192 53566093692 53616097152 53741207862 53749553760 53774595342
54014175690 54028121160 54056017500 54153711390 54229135512 54299019462 54321391830 54354959022
54564988872 54727689660 54769806870 54831608082 54907502652 54915938622 55076345172 55104510792
55127048472 55174956342 55205966640 55220065110 55245446892 55318804800 55361148810 55578769752
55649517702 55686324420 55725976032 55728808830 55819496382 55876213542 55884723600 55898908470
55967020902 55984055490 56165919042 56202896112 56251269102 56254115220 56493446172 56496298410
56502003102 56544797472 56601881832 56610446970 56653282380 56696133990 56730426942 56973632172
57065326572 57082527480 57096863550 57154225830 57203006412 57217357602 57424214322 57605520132
57648730302 57700603890 57726549432 57769804962 57830389920 57888119400 58029678342 58104861450
58110646782 58203251262 58206146340 58232205282 58246684992 58365486510 58458293742 58507627572
58525044480 58530850692 58568598090 58626694770 58681913292 58754608842 58856458212 58894310442
59054589132 59098339302 59127515082 59147942412 59177130432 59273501982 59279345202 59311488060
59352409752 59463554052 59469406632 59530876110 59633395800 59683222902 59689086282 59721340020
59824023510 59838699780 59879802912 59976744702 59997318192 60114948672 60162033120 60182638362
60270986502 60279824880 60338763960 60374141232 60388884822 60471482190 60678222570 60796518330
60876433092 60911967612 60974177970 61045314402 61104626442 61137260340 61178806992 61202554272
61217398662 61232244852 61238183832 61395671742 61431357462 61461103482 61499784072 61535500032
61574204022 61624835292 61648668972 61678467552 61821600960 61878303762 61896215310 61991787342
62030634540 62117337522 62192130072 62266967622 62281940532 62389798620 62485750812 62494750110
62629817340 62650840902 62680880682 62701912812 62822164092 62855253390 62876314752 62915438070
62927478462 62945541210 63198691842 63253004502 63262058880 63283188282 63419104392 63473511660
63488628930 63676232622 63697431072 63773168622 63827727522 63888375882 63897475620 63949053042
63964226832 64125179670 64182928992 64185969150 64252870842 64353288720 64389823752 64450738512
64465971702 64475112480 64642808250 64658064120 64664166972 65036985552 65101267350 65122701672
65220732072 65236055982 65404737792 65459990052 65791993500 65813541222 66097067742 66112494252
66137180412 66146438910 66177305250 66214354362 66378111960 66523500162 66622578882 66647360082
66718631700 66833365962 66842673060 66948198792 66982357290 67060022640 67072453272 67165719732
67221710712 67277725020 67414747092 67439675172 67508251152 67517605122 67604940090 67698575910
67711065582 67776655260 67851653772 67976743452 68048722182 68095685352 68120739000 68293107570
68305651962 68493956082 68581920042 68669940450 68701389990 68707680762 68745431442 68776898262
68890238430 68950094472 68984759850 69028892022 69227661432 69265554672 69363493530 69395101470
69464664282 69550084452 69616558650 69648224190 69724250862 69740094972 69835197432 69882772962
69885945240 70273503372 70305317952 70314863730 70439017812 70496356632 70528221612 70553718780
```

70799364642 70805750742 70808943900 70837685562 70895186382 70952710530 70975087332 71109422232
71119022442 71288733000 71397710412 71477893962 71509979982 71513188980 71583805152 71689794750
71718714612 71750854632 71786216970 71802293640 71847317892 71850534450 71895573822 71930971800
71937408732 72008233992 72169330092 72382252560 72395167032 72437147022 72459756672 72640760880
72673106820 72711931452 72750766452 72841421772 72932133540 73003446672 73045602630 73061819700
73289047680 73311789882 73386539100 73448317182 73500360990 73571951322 73597992810 73711978500
73751079612 73822791912 73858661130 73891277070 73904325462 73985904012 74083857672 74093656602
74165535222 74361744942 74404291212 74463221520 74600816292 74656545522 74725416240 74787755202
74804164512 74830423152 74840271330 74978213862 75011076042 75086686380 75109705782 75142596762
75185365800 75218273340 75224855712 75231438372 75323625852 75396098472 75438939582 75488386752
75521360532 75544446462 75587329692 75626925012 75811840260 75917607492 75927526950 75993673230
76016831232 76033374822 76132674162 76155853332 76165788342 76421008692 76424326050 76630142862
76636786722 76852868952 76912760892 76936058502 76962688662 77085913092 77112569172 77219239572
77312636652 77439480120 77486238132 77586481392 77646658452 77696823822 77740313580 77773775520
77921093592 77991453630 78071903982 78081963192 78209435940 78266496882 78367243422 78434443782
78457970712 78468054762 78525209952 78528572670 78703533222 78777613602 78895540572 79047290562
79175548542 79270120950 79303910490 79334327232 79520334042 79743829710 79757384982 79784498982
79842131532 79903176912 79926923082 79994788722 80066078640 80198558442 80402587362 80412795612
80446827792 80521723932 80576215740 80627318550 80709116742 80804600382 80934275610 81016229322
81067471452 81128983392 81207615930 81238395552 81327347220 81567074400 81573928932 81704219760
81820883892 81855212712 81910153800 82037275662 82064774430 82112908362 82133541510 82233304932
82288372740 82450241022 82495041180 82553644362 82560540222 82822796310 82857334650 82871152002
82905700422 82995560010 83320843062 83365879092 83390134302 83424790722 83514931110 83539207992
83625939942 83660645322 83719660992 83816908632 83844704040 83862078510 83893357092 84015051462
84035922210 84084630702 84122911560 84209945910 84241289292 84328384842 84349294470 84705154722
84740083302 84747069882 84802972890 84851903142 84890358240 84939313692 84967294572 84974290512
84977788590 85009274532 85012773330 85089765102 85317444372 85394573952 85440166902 85728033642
85967119602 86048062260 86118478140 86167786392 86220632322 86231203452 86277019170 86435706000
86541578220 86583945252 86636918622 86661645072 86909103612 86919716862 86979870852 87054207450
87142744800 87185258712 87192345372 87210063282 87280952922 87440559912 87539944512 87582555192
87674913900 87724665672 87777986802 87831324132 87966517872 88027032942 88062639762 88091130402
88222959552 88276431882 88347753522 88579747752 88601177940 88787014812 88812046182 88930098732
89180772792 89216612172 89227365390 89281141200 89438977032 89528718582 89618505132 89701148502
89819790300 89934911772 89981700930 90071714280 90248270982 90295141572 90356452242 90374488752
90432217680 90446652792 90793441080 90963464802 91053967752 91173500550 91271358432 91307615412
91318493910 91332999582 91369268802 91372896120 91452715332 91463602470 91550722902 91688748402
91714185492 91826877870 91986947142 92034267012 92070675192 92161727142 92405968272 92446098450
92508134952 92519084730 92544636732 92573843340 92734562052 92752834362 92873476752 92880790932
92964924702 92990538192 93001516482 93082043742 93158943180 93239538552 93250531530 93276184332
93283514352 93393499212 93415503960 93477864822 93496210212 93635694000 93643038132 93661399722
93753234672 93856143240 93926006202 93944395512 94095255750 94213084422 94268341992 94305189372
94544872842 94570703052 94784860512 94895726652 94958579562 94999260180 95184281880 95217604902
95273156232 95284268442 95310199452 95388013650 95443614660 95517774540 95588253102 95662469142
95703300240 95792416512 95814702060 95866711752 96093490110 96130692450 96156738372 96212562942
96275850372 96335434020 96454656612 96547850562 96652281210 96726909090 96734373462 96741838122
96797832252 96835170672 96909869112 97164059232 97332456342 97358664552 97407346302 97474771890
97489758522 97512240630 97564708962 97594697202 97688440152 97932382422 97951159812 97962427110
97988719992 98176628892 98184148992 98353427382 98432473860 98488955070 98635882032 98696191440
98715041910 98730123582 98748977292 98809321260 98847045600 99164214312 99232245132 99277611972
99508387050 99584109330 99599257242 99693957792 99716692620 99902457402 99940389822 99997301952
100008686322 100092191502 100152944430 100168135542 100293506172 100301106912 100464592482 100567314252
100597760412 100692934362 100711974552 100719591132 100799582610 100929159942 100940597232 100959660822

100986352872 101104602930 101238194220 101253467412 101303113242 101398620192 101425370202 101486526330
101494172142 101532405522 101601243750 101673931632 101781097992 101800240782 101895981732 102079930500
102106770222 102348486480 102406080090 102440644032 102452166642 102498263562 102586644972 102701982312
102709673772 102844320942 102886656840 103171688412 103241080032 103260359622 103329781050 103422379242
103588388052 103735204320 103963361922 104063985510 104141421390 104265378702 104277003480 104459209602
104614403922 104684278950 104750293452 104781366300 104839640310 105010670862 105053450280 105255798192
105302521512 105392103522 105423271410 105458340792 105501211290 105540192030 105555786342 105594777162
105731301732 105801548712 105871819020 105926489832 105996801612 106063228602 106114039752 106200055572
106211787702 106368278022 106380019440 106387847412 106517050530 106689443322 106720802442 106889436660
106897283352 106936521132 106944369552 107101398432 107132818032 107191742202 107203528980 107380408410
107439400620 107533821852 107545627422 107809453992 108128840070 108195931692 108322278252 108373627602
108401282292 108452650362 108551469312 108563330610 108662199960 108678023232 108709673232 108828401772
108899670000 108998692350 109117578570 109137399240 109236529590 109276194330 109375387680 109454774760
109581853992 109720931322 109748757372 109772611080 110071001130 110078963742 110118781122 110230308090
110290077900 110329933440 110357836602 110429603790 110489427600 110597151282 110804767002 110836725162
110936624112 110956609302 111044565522 111088556700 111104555652 111116555622 111208576920 111216580572
111264608532 111364700082 111408754620 111436793862 111508910970 111516925422 111749469810 111789588150
111897943632 111986272092 112179109692 112207245702 112339934412 112480750542 112500874332 112533076140
112573334880 112613600820 112633736490 112674013230 112895664000 112915824870 112972284882 113044897062
113226529572 113299223400 113561923110 113602365450 113630679372 113772301902 113804685150 113934264222
114157150512 114189588480 114388371582 114400547592 114473617260 114632014902 114936933552 115083438360
115140437652 115185232710 115368575940 115572461640 115641823782 115654066320 115792860372 115997120472
116082963390 116152478532 116185198740 116226105480 116365242252 116430747180 116467601802 116488079112
116512654260 116623274502 116651962392 116881592520 117004701540 117062174592 117103235412 117168947700
117197702622 117374417400 117415532940 117559494030 117600641970 117662377380 117765305730 117979540842
118053744510 118094978850 118214599152 118412724432 118466411910 118648213662 118776384960 118888074402
119439014400 119530270092 119542716750 119571761472 119625711030 119634012042 119683824162 119945507892
120124281510 120236602752 120244924932 120498889770 120536382672 120748952610 120840707262 120965883402
120974230782 121057720422 121082772930 121141238862 121412872692 121496513532 121542528270 121697369052
121793671110 121969625322 122170871370 122452054692 122523451122 122527651560 122578062432 122611675440
122674712250 122746173552 122817655662 122821861140 122990139300 123053273310 123124844772 123188013342
123390261630 123407123142 123419770032 123440849622 123483014202 123491447982 123596894532 123715048092
123727710750 123748816620 123883936812 123934625892 123981099990 124116346902 124188226812 124192455690
124560643692 124573349550 124751299602 124929376662 124933618140 124942101312 125183992782 125332638552
125417618592 125545142652 125600423202 125642954982 125655715920 125911070760 125932362030 125962172832
126013285272 126102756990 126260474892 126431091612 126482299092 126631713462 127050542922 127148939820
127157497872 127178894262 127328719392 127427223930 127620060360 127650070242 127705812240 127787303202
127813042590 127885984932 128049107760 128186554992 128324075952 128328374670 128401463892 128431565502
128715554130 128758610070 128780140740 128810286702 128883513012 128930905830 128973997770 129004166412
129047270592 129081759120 129336254322 129444166872 129664448010 130040653932 130070947062 130140201750
130213805052 130226796030 130313419110 130330747182 130616826690 130647186852 130668874842 130786021092
130894536642 130972695702 130985724480 131016127482 131029158420 131046534012 131111702742 131255130972
131568337452 131590101762 131594454840 131624928402 131698950312 131746857930 132008325570 132126070572
132374815722 132431579832 132571358712 132706839810 132724326282 132750558150 132768047502 132811775922
132912378612 132934253802 133043656752 133275739830 133525564332 133569417312 133657144872 133885371312
134074244082 134294030982 134307223920 134478791082 134632854852 134646064422 134690101002 134919207282
135086754222 135219101562 135227927022 135232339860 135519328770 135727033332 135850847820 136001269872
136067659002 136302363672 136359963630 136422007962 136470766980 136590485142 136701382092 136821201342
136887790272 136945513782 137043227442 137078768322 137234313852 137354366382 137398843602 137714838900
137746013022 137754920562 137826191250 137866289112 137991075312 138022280682 138057948282 138115917960
138138217230 138289900002 138584580630 138606917700 138647128962 138870631062 138897463410 139165929450
139197267372 139242041952 139264431942 139398809682 139542217362 139622916582 139744009152 139883106090

140017781910 140139045552 140206436922 140354754960 140377234230 140453677212 140552634312 140647125870
140669628540 140701135302 140782168890 140894754240 141052449330 141196704882 141300434100 141354568812
141557666322 141657011502 141760909632 141973341642 141995950152 142018560462 142145211462 142258340412
142267392672 142303604592 142348875972 142407739530 142539094392 142607060322 142756642392 142892694132
142947132972 142951670010 143269441590 143287610622 143360298270 143392104912 143742210822 143860524810
143901490992 143937910272 143969780922 144156522720 144211201752 144256775532 144293239740 144384420420
144635315790 144722039352 144849889872 144954952170 145343556360 145407611652 145444221012 145457950710
145567811622 145741842882 145764749472 145856393832 145925146002 146048940732 146099390670 146223259272
146383907802 146416048092 146498710752 146512490130 146599774572 146751435642 146857185180 146912373972
147059594772 147128629902 147372683772 147478656870 147589278102 147750675072 147847555590 147935236752
148050646302 148235395182 148374032442 148397144952 148447998810 148480364892 148558982922 148665381612
148679262510 148836624642 148850513532 148952385192 149165502180 149327758470 149531862942 149555065452
149763969042 149824346112 150158962512 150298496172 150475331832 150628983990 150647613822 150670902732
150740780262 150787374282 151081082172 151267711692 151407759432 151491819180 151617952542 151734789492
151772186820 151837643232 151982632650 152225996082 152249406672 152375854962 152380539240 152492983512
152553908142 152610157062 152732065290 152849330640 152938482402 152985414822 153361133382 153398730582
153412830720 153525655152 153577380210 153784367562 153949116132 154245885822 154434459342 154514637972
154608992412 154613710890 154764740202 154826116920 154859170962 154873338060 154915843242 155010320082
155558853690 155805062562 155876120532 156174740910 156184225602 156231653382 156241139802 156264857112
156696826650 156730079772 157005741360 157072316652 157195993920 157386361680 157595899272 157753143942
157838946810 158039244222 158206255752 158215801932 158268311070 158382906702 158430667122 158507098770
158741285352 159052207782 159258062112 159305954292 159377806062 159411342432 159809256882 159991600110
160159639800 160265309892 160313353272 160563294912 160683528462 160986716592 161058946362 161116741842
161531246190 161589126342 161598774042 161627718870 161647016862 161675966010 161782135062 161902824012
161912481072 162081526242 162216825882 162289331052 162444062892 162473083320 162555321942 162603707322
162642420810 162724702272 162811846500 162932918850 162976515912 163223676090 163645734492 163781685300
163985717352 164034315132 164048895870 164204464062 164243367630 164510954400 164583970410 164803115640
165090660282 165119916150 165163804812 165227209842 165310142472 165363815850 165495596532 165554182572
165910804362 166033023312 166121048820 166169961960 166336320492 166439112930 166781983710 166924133532
167002586940 167027107410 167036916102 167208614832 167242965162 167247872640 167414769732 167517894810
167689840500 167861874390 167920877742 167955301152 168176678742 168240659412 168329268120 168378505260
168472075662 168521333682 168526259880 168723366840 168757872402 168920589000 168989643972 169226511012
169384514532 169448724522 169587064290 169596947862 169760068380 169769956992 169804569402 170353894860
170576847090 170685899022 170735479602 171157205232 171271408650 171355844352 171564539412 171778334982
171902695932 172002217092 172037056302 172161510852 172335822822 172490287080 172614905430 172759519092
172774482582 172824365562 172889224200 172909183152 172999012692 173013986550 173258651292 173263646250
173298612972 173383546842 173423522922 173438515140 173783515002 173858560332 174098814252 174148888032
174289132920 174299152572 174314182590 174574805862 174614919030 174750334992 174790468320 174815553990
175001243892 175016304150 175036385502 175187032362 175227215802 175352818752 175468413210 175528738482
175714806672 175719836910 175729897602 175755050592 175805361972 175946272140 176067097212 176107381452
176233299402 176399580000 176434861722 176525602350 176686976622 176722287072 176752555980 176863564152
177055387620 177181643970 177307945320 177353424822 177444401322 177505065282 177585966690 177636539430
177656770542 177823721172 178137598032 178142662830 178167987900 178279439592 178294640250 178345313790
178355449362 178548079950 178811848182 179080889220 179091045672 179167228242 179202785652 179258668710
179421287142 179563638750 179609406612 179945215800 180250769040 180286433802 180378159390 180429128130
180592276482 180729990252 180934107132 181025997312 181041314610 181204739442 181306917402 181322246580
181358017182 181552262010 181588055292 181613624082 181741495032 181946182152 182022969522 182135620302
182396899320 182458403952 182484033942 182673751812 182781473370 182955947022 183063751740 183176724072
183264044742 183418190802 183587826312 183726677322 183906747492 183999389352 184112649972 184143545280
184282606242 184426873050 184813580100 184823897832 185149053810 185458991850 185588209200 185608888152
185717471550 185882993022 185893340562 186074469132 186079645530 186530267772 186566548422 186644304552
186670226862 186675411540 186753190350 186763562082 186799865412 186841359252 186971057202 187038517920

187272129750 187422756852 187479907110 187542262782 187713794340 187765789080 187854196662 187984245612
188166389742 188234065740 188306961192 188364246090 188567417292 188671650132 188765484312 188963655300
189078433392 189114961002 189146273190 189172368660 189193246332 189261106722 189365531082 189548343012
189861940092 189956069760 189992682042 190343292372 190395649992 190840980462 190951083420 191145151602
191181878292 191208113802 191565095442 191643886212 191959211292 191969726592 192301105962 192380047932
192432684912 192459006102 192606438030 192669640422 192680175162 193027983150 193154536542 193170358632
193212554040 193233653472 193260029382 193434155532 193471101462 193529166480 193750949412 193761513672
193893591222 193951719600 193988714922 194041571502 194083861950 194110295820 194332411392 194517604722
194639351220 194798208240 194888255982 195471420762 195524478942 195805807500 195912021780 195975764172
196177683480 196214890482 196225521702 196230837420 196358436252 196385024562 196454162592 196491395802
196507353972 196682936610 196879895232 196933144212 197029010520 197055644190 197162196870 197215484010
197252789292 197295428220 197439368622 197530024692 197642040330 197690056752 197903533632 197983617162
198026335002 198053035992 198229307670 198266708712 198411002922 198437729832 198469804500 198550002510
198576738780 198763943070 198785343462 198801394512 198812095572 198865605192 198924474090 199149326382
199160036802 199165392120 199213593222 199406455950 199460045490 199765643352 199781733930 199899751302
199915847280 200044638432 200382912522 200608587342 201270222792 201361754022 201469464462 201717307770
201738866562 201835895382 201873635112 201927555132 201943732542 201970696332 202132516872 202224243942
202283607840 202456352352 202564355112 202764236142 202780447032 202888536192 202931779920 202953403512
202980434622 203256254760 203304948342 203710954992 203727203682 203835544842 204014370720 204214965702
204312588090 204334285122 204556746120 204632736132 204714169662 205257473862 205453239630 205627331982
205725291330 205752506400 205828718172 205964845722 205981184052 206101018272 206324438670 206400756282
206444372682 206460730020 206487993690 206842585200 206962669692 207115554900 207263033382 207290349972
207306740790 207317668362 207383239842 207508947492 207547213902 207552680820 207645629442 207782356392
207957432552 208044998280 208149006522 208505020752 208757153100 208861339182 208976522460 209234428662
209245406922 209371677612 209525449860 209607851070 209822170032 210223625502 210333680262 210372206232
210432754170 210570395520 210581408772 210608943162 210647494332 210950519142 210994613622 211033200072
211121410920 211148980590 211242730932 211535144970 211667625402 211971382812 212126106612 212192434092
212402539512 212446785480 212502099420 212690220672 212806454790 212828598222 213039018282 213160887942
213260625402 213299418492 213482347722 213582160350 213620982672 213687543432 214048261062 214287056832
214631601372 214770608922 214787292852 214965295092 215193468210 215315952462 215360500830 215371638642
215494173582 215555454120 215583311790 215622315552 215856412212 215945625300 215984661822 215995815762
216051589782 216057167580 216308243010 216375221082 216766133142 216838769940 216917007792 217090298970
217174174380 217420302372 217465067892 217537821690 217952190462 218013819480 218148313032 218249210412
218333309382 218462292600 218529603312 218585703492 218641810872 218697925452 218714761230 218742822300
219079695540 219130248882 219326900652 219388723710 219579868242 220074981762 220142540442 220176323670
220198847262 220373444160 220508663472 220514298510 220570652850 220593196602 220722845532 220824336480
221089450602 221185382112 221382953682 221445065820 221682301392 221840529000 222208060710 222332524962
222349500060 222474003912 222485324172 222547590750 222802408380 222966701442 223057371810 223533693642
223618804572 224118448332 224175261312 224215034682 224431008822 224476490310 224658462342 224812058592
225096634692 225609325272 225723335712 225843077670 226111186632 226122599052 226128305370 226242446850
226408003152 226653594642 226785012180 226807871292 226842162120 226927900530 226985068470 227070833880
227293899762 227322505872 227385445650 227654468292 227872092240 227969483982 228055435152 228353524632
228428077422 228485434002 228674761800 228887131662 228915837852 228956029542 229088112792 229519083642
229674332292 229864151922 230054049960 230220994782 230267059182 230284334520 230341923660 230457123540
230601163890 230912444622 230947044330 231085469082 231143158302 231206624760 231489444822 231535635942
231651133902 231720446502 231778214922 231911109612 231957342780 232419927900 232547219592 232662969552
232703488842 232749800922 232790327772 232935095322 233010392232 233050941762 233056734840 233114669580
233491420890 233897493270 234129693030 234187760970 234332962320 234478208670 234507263340 234530508372
234681629160 234937482912 234966566022 234984016752 235245855462 235344810252 235635974352 235729184880
235810759212 236020586580 236218842552 236393843412 236411347062 236528054622 236627278692 236633116050
236819949522 236860829172 237240594402 237246439320 237620663832 237842999172 238194266652 238293839562
238440308112 238457887362 238534071600 238575098922 238592683140 238704064902 238850659452 238985566182

```
239032499190 239220277302 239278973082 239296583220 239355288360 239414000700 239543193192 239660671152
239795806410 240042673422 240060311640 240572101842 240589759500 240719268792 240731044092 240819368022
241072653072 241249442412 241278913602 241355547120 241497056352 241556030772 241603215492 241703498322
241856912310 242093028870 242122551540 242146170972 242341075242 242352890142 242784331092 242890772760
243180648822 243216155730 243506225832 243523990842 243583212222 243832020642 244413067542 244591077282
244668234960 244816649310 244870089492 245143319280 245184911082 245381034240 245482097982 245583182532
245630758932 245731874082 245767566750 245791363302 245838959862 245868710052 246493879842 246714366912
246744170022 246773974932 246851476122 246899175210 246923026482 247161602562 247286901120 247298835972
247668959232 247836202392 247878022002 247967647332 247997526042 248404055202 248523685962 248553598152
248655313062 248691217410 248792960472 249212121732 249679602720 249781547742 249979500420 250333611222
250459711140 250501751502 250579835820 250693980942 250724023452 250730032170 250862242182 250892294772
251132780292 251174877102 251235021522 251385414072 251734498092 251957316162 251975386812 252017554182
252186258942 252457509852 252560020362 252650488092 253012521012 253241942592 253380853530 253435220352
253453343922 253562098950 253634615262 253894550520 253985256930 254227219890 254378505240 254408767710
254481404982 254493512202 254620655400 254693322912 254844746862 254917446342 254953799970 255311415372
255341733282 255651078780 256379689260 256391841552 256422223542 256501225140 256543769502 256574160492
256744383300 256890333492 257413662240 257425839012 257486727192 257657252400 257840020620 258016758162
258400913892 258510725160 258632765040 258736521582 258889142532 258919672122 258992950482 259041808482
259206738252 259518415470 259726304322 259793580300 259940394492 260007698190 260062771332 260307611412
260405579700 260797637172 261183856782 261275855952 261318794442 261656291052 261674706222 261717677472
261766791792 262000147740 262731592902 262823864232 262903845822 263070000312 263230050540 263254677972
263377832412 263414784360 263655035202 263716655622 264031031760 264092696100 264197542002 264246888450
264302408712 264493689810 264709735500 264950576022 265043236152 265383128562 265587168552 265605721530
265618090542 265884093960 265989294822 266280252552 266311214862 266472247890 266497026522 266813055060
266837849532 266887441932 266992841082 267123068760 267352594782 267365004402 267383619372 267464291730
267861625362 268047977022 268054189860 268451961252 268483049562 268489267440 268582544250 268812696312
268887361392 269167447782 269341797342 269497514292 269640813630 269728057962 269790383982 269902588962
270102122082 270195678612 270276774042 270370360812 270389080110 270601277442 270651218322 271325871210
271463403462 271494665652 271694786292 271763594790 271857438600 272295590580 272308114392 272339425182
272358212520 272571180972 272602506882 272683962672 272734095360 272884521072 273028717962 273279585882
273361142760 273405063042 273951223812 273982628922 274108267362 274359630642 274642552032 274755761412
274944495552 275120705880 275196241872 275278084230 275416614402 275448103392 275492191002 275542581162
275605575342 275624475000 276298986522 276475630290 276595527852 276728076450 276822773460 276974322372
277069061502 277416576912 277448180022 277574610462 277637836482 277656805692 277833882900 277859184252
277865509770 278036325972 278080620222 278397110322 278466762300 279100361700 279132060570 279322291590
279430117932 279652178862 280128320712 280172781282 280528592850 280592154390 280636651752 280763806512
280859191482 280922790462 280999118742 281686539822 282068803302 282177158412 282260032242 282279158700
282336541962 282515104962 282693724410 282738388092 282929843832 283006444272 283395990150 283440709272
283581278052 283587668370 283811374860 283824160752 284003193480 284035169550 284124712122 284291042910
284367827382 284431822362 284700679902 284828751942 285123426930 285149058042 285155466000 285264412302
285373379412 286245865380 286335755712 286406393730 286772566632 286785419052 286952526720 286984668390
287351210652 287402673900 287531352180 287962634262 288046353300 288155850402 288271811190 288381351132
288413572722 288523139592 289174524750 289445614002 289464982380 289607036952 289658701800 289723289340
289994635632 290007560052 290014022370 290078649510 290143283850 290304901200 290382493512 290447161692
290531241090 290867680362 291139561902 291592980042 291644821722 291787410102 291891132630 292014327072
292098632982 292182951060 292669639110 292734561450 292890404442 293007313902 293059281150 293072273682
293254199370 293462183562 293754786072 293787306462 293897889252 293962947672 294392513820 294666037392
294776785422 294991826292 295011379350 295402576590 295598272410 295950688182 295970272992 296081265822
296179217952 296218403340 296375170812 296427435852 296603864382 296786882742 297094219032 297552248772
297656990820 297689726490 297702821262 297945126492 298174424862 298377591360 298771013400 299066250030
299276284782 299506094712 299538931902 299617748502 299755702500 299821406040 299887116780 299913403092
300182904210 300347293560 300472259562 300511727910 300538041582 300623568972 300689367552 300702528132
```

300735430842 300788078922 300807823140 300873641880 301150159212 301301639190 301413627132 301644256062
302006851152 302026635330 302085991752 302224512750 302349868632 302402657832 302567653782 302580855402
302653469460 302765708322 303228087582 303274344912 303307388022 303604857012 303704045742 303743725770
303856166592 303975244260 304001709132 304067876352 304134050772 304140668610 304200232392 304484895402
304537870650 304551115182 304650458352 304763066862 304769691540 304802816010 304968465360 305081132622
305094388962 305226968202 305346314142 305512111092 305578442472 305598343290 305777479812 305857112892
305963306460 306009771942 306042963732 306321845832 306454691472 306474620802 306620789022 306806871702
306873343482 306919878012 306973064652 307059502770 307418683662 307651598232 307691535300 307791389310
307904576772 307971167352 308117691972 308350871142 308490820980 308570806572 308604136962 309184373892
309437981712 309504737892 309551471502 309985594932 310019001642 310025683200 310092502740 310172695692
310186062192 310540379382 310955120322 310988579232 311095659840 311129126310 311423708862 311597845890
311966373060 312033401400 312127253172 312180889092 312348531042 312482677002 312630270822 312771188340
313066547052 313207562850 313241142720 313570320702 313704728742 313778665440 313879502250 314040874842
314114851140 314464675212 315239015982 315522056082 315892895892 316182976902 316236960150 316297696812
316398937542 316635228912 316675744860 316912139550 316993209462 317216205180 317364912552 317432518332
317601564282 317784184452 317905960392 318264658350 318312048672 318379755252 318400068630 318433925700
318501645240 318603238050 318765820242 318833575062 318853902912 318955551882 318975883620 319091109042
319138560852 319280937450 319552218810 319586137080 319667548272 319755755430 319803256632 319972932582
320264880480 320332794420 320584138602 320618111592 320801596842 320855972922 321141522942 321216330840
322305430680 322727952372 322809762732 322898402322 322952955810 323021154150 323478268752 323594304462
323737671420 324004008582 324413971902 324571193232 324625887840 324721614492 324789999312 324981515112
325118346672 325460551572 325549554330 325652264940 326042713002 326063269380 326282577732 326707697472
326810590602 327242918652 327263512830 327531296112 327551899362 327565635222 327812929950 327929740452
328514105082 328871855202 329236685472 329601717990 329663724732 329670614730 329904917502 329973845922
329980739160 330084146370 331050061530 331284853902 331291760820 331374649452 331429914300 331664841312
332550018912 332563859172 332619223092 332633064792 332813033100 333124631730 333464093832 333609630510
334004818692 334296159672 334330851582 334608451662 334802840262 334997285310 335824306512 335866032060
335893850532 335900805330 335970357270 335984268522 336276471342 336380860272 336701087340 337014500370
337042366362 337132938792 337774260672 338060263470 338227735902 338437134762 338597717772 338632632162
338912012082 338967901890 339016809252 339072707700 339366250152 339380231532 339527053410 339680900862
339771827100 339855769812 339904741182 340240639902 340359643812 340464664542 340674754602 340786829130
340884909462 341361500382 341522775600 341557840470 341831408232 342077011002 342084029520 342624671622
343011105912 343292285832 343383694110 343482147402 343559513460 343869064812 343904249922 344298446130
344326611642 344418157512 344537889702 344544933420 344714004252 345017026542 345087515922 345108664140
345179162880 345214414950 345299027262 345313130322 345383649942 345496496310 345524710782 345708132930
345757524132 346195143072 346202203710 346343431590 346781421042 347134839942 347205545322 347332833150
347488438842 347629928802 347679457092 347820985932 348125370462 348245745252 348479473362 348529062132
348571569600 348677849610 348989697762 349237858332 349968671142 349989968400 350536819782 350607870762
350700247800 350998779852 351012998832 351162315510 351226318092 351233429850 351475272462 352244030502
352578844872 352757002422 352799766930 353049278220 353370208050 353505755532 353919692832 353969667162
353976806640 354191024460 354326729262 354405307080 355155806550 355170109482 355327460742 355549242120
355720991352 355971533322 356100417822 356207839392 356329603422 356673520062 356831203962 358108291662
358158560832 358661446572 358769253702 359056818582 359164685112 359186260362 359423630880 359473992282
359509966872 359797828392 359927403660 359999400000 360265849062 360280254522 360748588752 360770211522
360950426472 361072998342 361152320640 361238863992 361433624442 361491341322 361577925282 361909926510
361960461792 362270970210 362335977192 362343200550 362899615332 363022517682 363282850170 363405817392
363499865190 363550511352 363608397000 363767606292 363818271102 363839985672 363854462412 364238200962
364441012410 364477234680 364803316110 364832308182 365086037952 365564739780 365760662742 365811466152
365992935702 366036495090 366087317652 366326957250 366341483382 366501289842 366682930392 366755599212
366799203960 367068157182 367140864162 367308117540 367373574882 367446312102 367650014622 367846495512
368414401812 368560089372 368581944990 368836975080 368851550892 369157709472 369201456780 369303543912
369449407152 369529644210 369617185482 369704737122 369996650802 370164553332 370179155352 370405523490

370675795392 370690407492 371165457522 371443319982 371787135792 371860308612 371867626290 371882261862
372006675852 372013994970 372299496732 372504539892 372577783272 372599757690 372760923222 372782903040
372812210472 372856173780 372980750562 373032052932 373112678070 373728648222 373912070772 374058841212
374212981170 374301075402 374469951660 374506668930 374536044042 374727010350 374756394102 375013551072
375292849932 375976835730 376411085052 376580436582 376786655070 376801387122 377110826742 377354046972
377781714960 377907111822 377929242840 378290807862 378556557630 378593474700 378755931192 378962744400
378992293752 379140057792 379177003302 379383931422 379420888812 379664852730 379997657160 380101226052
380182611510 380404616130 380434221642 380441623200 380619282192 380641492482 380678511072 380922878910
380974724592 381026573802 381345153492 381404438820 381493375452 381530435442 381582322452 382071716280
382309111032 382331370570 382435256982 382568845962 382643072142 382999458030 383623532502 383794498632
383891148510 384404340012 384523389900 384597805440 384724328382 384776432112 384835983552 384932764470
385044449880 385118915820 385409401782 385454101650 385528607190 385618023342 385714902540 385744713972
386229311202 386475453912 386609746620 386661977862 386811229422 386863474272 386908258380 386945580450
386997834372 387184484322 387259156902 387274092282 387498157542 387647570382 387991329210 388567092552
388791531492 388903775262 389031004452 389038489170 389225630520 389293012422 389525150280 389615028672
389630009412 389689935252 390012115590 390027103962 390117040242 390941939262 391362222510 391429789092
391452312582 391579957932 391715134512 391767709482 391940480652 392128318602 392203466382 392707142232
392955340182 393203616540 393241241010 393256291302 393444444252 393610056072 393692875050 393730522920
393745582572 393873601242 394325598162 394559231460 394747695810 394853255502 395237913720 395366174742
395532190482 395743533642 395856776412 395947382292 396249476772 396672602580 396854011332 396929610552
396937170870 397277459700 397799519082 398049320832 398390085942 398488556340 398503706712 398655226272
398677956690 398753729430 398943192780 399109957752 399299505702 399337420692 399830479362 399906361542
399921538842 400680771042 400756733862 400893485082 401022660432 401144256240 401174658072 401258269050
401448326400 401516758062 401897040162 402087248712 402239447952 402353616282 402429737502 402490639662
402772372092 402779987850 403023730122 403061821512 403275166560 403290407652 403541927250 403580043120
403648656222 403656280260 403824027312 404243547402 404457204930 405213089532 405427003092 405449925750
405709761162 406252627020 406535672802 406726975752 406765241742 406841779122 407109716652 407852747322
408144016182 408236017422 408389375862 408504413592 408657822432 408719194032 408742209570 408949378572
409233362082 409386907722 409394585760 409409942052 409486727832 409548161640 409932227340 410347220472
410408718792 410485598172 410616309642 410754732702 410816261550 411000875742 411154752582 411462592662
411485685312 411539570682 411585760950 411624254820 412124838930 412463868522 412964962752 413204053290
413296623042 413319767100 413543526402 413705596800 413968063812 413991226662 414052997430 414122495052
414207444510 414246060780 414300126582 414670958550 414725052072 414802334652 414895083252 414933731562
415266181332 415397651682 415405385880 415676128170 415745761872 415939219422 416078536722 416132721972
416217877350 416326269522 416450163570 416674768512 416775473142 416814208932 417240421422 417535022730
417566039442 417860755662 418116777780 418147816092 418380640152 418598001072 418737762900 419359208820
419398064490 419506869942 419545732452 419607916212 419763395772 419942232870 420284462142 420486754050
420564571590 420945981612 421023841632 421670357682 421888571370 421997699382 422060064582 422332966512
422629359900 422738583672 422879034972 423128783772 423214651950 423292721490 424050369672 424089442062
424167592242 424222301652 424323914202 424636644522 424933845030 425262450762 425552041992 425747767542
426241195512 426554631432 427142634282 427260283452 427668259332 427911568350 427927268082 427966518672
428021472522 428139242652 428421957060 428736193620 429081986892 429262797942 429404328810 429522289020
429868399092 430183165572 430285489482 430387825560 430561037412 430694906802 430718532972 430773663222
430891811352 430970585772 431136035490 431230592442 431364565872 431640459042 431742956112 431766611010
432003195630 432018970242 432153066072 432626511792 432847541832 432942286272 433147601460 433297670262
433384564080 433424064150 433771742382 433819163850 434072122122 434174907480 434206536192 434372605830
434530796910 434586170592 435314266872 435393444492 435670622862 436264873512 436470974940 436819872852
437065770990 437256191262 437414906502 437478400662 437557774842 437653033362 438097710210 438177140550
438193027482 438248634012 438391638432 438653873790 438693613260 438947988492 439027495872 439266061212
439289921310 439504691352 439822965672 439846840890 440364296400 440515610082 440953769892 441017520372
441041427990 441153005442 441232712262 441432010812 441455929662 441655278612 441798837720 441878602860
441958375200 442157837550 442293497652 442373307432 442596813120 442796419470 443028019212 443267668872

443275658310 443547342042 443587302552 443867076522 444586900302 444834974640 444866989272 445131153942
445171185732 445747843092 445932131742 446156534550 446236692090 446292806652 446348924742 446549375292
446589470802 446854146312 446910299682 446998547820 447311497782 448098368202 448379560932 449159327442
449199539952 449360407992 449585671632 449682230472 450044418462 450132975480 450149077692 450229593072
450245697012 450294010560 450350379642 450406752252 450430913022 450495344910 450511453602 450575891250
450737005530 450914264502 451035142872 451059320490 451559136342 451922079252 452018888652 452220608202
452632255620 452955247380 453052167372 453092553762 453229880952 453254117322 453601576500 453795565092
453997680642 454021937532 454442493252 454531481910 454644752802 454766130132 454952273502 455089882212
455178934230 455235608232 455494734312 455664825870 456353616060 456921245640 457059151782 457115942712
457505461272 457643455542 457773351510 458171272572 458220009480 458252502192 458358111462 458967633312
459048933492 459195291960 459252215442 460090211700 460130910570 460187892012 460472852142 460676449092
460733464302 460782337290 460961560422 460986002640 461352713670 461474983080 461589115812 461670647832
462037631022 462102887742 462159991152 462208939740 462576136770 462616945440 463327304442 464062732062
464815105302 464905103760 465330668952 465633593502 466043107602 466125032022 466149610752 467010274542
467108686662 467133291312 467157896610 467190704682 467527053840 467568080310 467641932492 467732204190
468159061062 468306864570 468430051980 468635400330 468832577082 468964051290 469268155992 469375026990
469720385682 469901338542 470090553792 470296265742 470559642702 470650195560 470666660652 470872498602
471053673222 471094854132 471300785682 472026022722 472438337622 472463082240 472537319982 472578565692
472685812962 472727065152 473032387302 473123177760 473445141402 473651585952 474048085632 474279453720
474767164122 474833313642 474849851742 475023519180 475288216332 475552987212 475677123942 475718506452
475809554310 475867498392 476488549242 476778511572 477093427680 477300666030 477383573970 477416739162
477590875320 477648927762 478047096690 478171558500 478395630582 478503535860 478628057070 478686172512
478827324702 478835628420 478852236072 479209370250 479292443790 479450303352 479500159140 479682985872
479766100452 479782724232 479874160170 479907411762 480306520722 480373055010 480847245192 480947104512
481121883270 481196798172 481221771102 481763010372 482071236282 482204553690 482304553842 482387895222
483054885462 483163314900 483221705022 483263414412 483455300790 483864229212 484782861432 485100409572
485543479290 485794363110 485827819182 486103875732 486329798502 486539033052 486622739472 486748312602
486832037022 487275896652 487359666432 487569122382 487585880802 487678057260 487946256492 487963021392
488139070230 488214529452 488449328772 488675795862 488759685882 489019790700 489498228522 489607378680
489708143472 490111306320 490296144732 490901314092 491136758532 491237680572 491414319090 491708787180
491961258600 492213794820 492382188300 492668523312 492735908352 492761178930 493140315360 493182450630
493511167512 493679782752 493747236912 493764101172 493789398102 494059272342 494481098442 494531729670
494860895832 495181727172 495240839022 495620928012 495874401672 496051871790 496170202842 496432271820
496466092212 496550648232 496702867212 497024295000 497041215132 497193509280 497438921142 497675927982
497760586962 498031544082 498124702620 498200929722 498243280632 498421174110 498590625990 498861808902
499514644932 499726696482 500066072562 500074558440 500796121230 500915016762 501297276552 501679682142
502453436760 502666111110 502980951732 503083083372 503295890922 503517258510 503644992720 503977177482
504727124922 504752701140 504786803772 504829433682 504837959880 504982916262 505255831782 505341133002
505426441422 505725077592 505818952890 505946978700 506322614532 506416545270 506450704062 506519025102
506561728092 506920504272 507228127800 507373426902 508399659462 508613588412 508630704672 508639262910
508810442790 508870362552 509555410392 509615374002 509709609660 509769582342 510429514692 510952621290
511055559042 511184245812 511270045992 511656235902 511853678160 511973879052 512497776210 512600869482
513056322120 513073512972 513159471552 513228243600 513890410182 514019453352 514105491132 514363647672
514682129982 514725175692 514862934060 514880155152 514923209142 515026546062 515241864612 515586467892
515767430730 516146693922 516474351582 516776233512 517233536910 517440684222 517596071922 517786021902
517872374322 517881009960 518001916452 518330162352 518477042862 518485683540 518546170302 518719009062
518848657032 519108001572 519384707172 519903728892 519955645320 520042178460 520076793732 520171991670
520604819370 520985856642 521081137740 521419022742 521878375332 521991077610 522415987872 522511399650
522771657870 522893133882 522901811280 522962555082 523153487142 523630969752 523874135472 524178172002
524482296732 524656121892 525021248472 525221252562 525308222742 525612675072 525638775090 525769284900
526239254352 526378544880 526787817402 527110122552 527223388302 527293096350 527354094672 527615556012
527676572982 527685289980 527702724192 527833489962 527964271932 528417774852 528443944422 528600975450

528775481730 529421405382 529534919172 529639711932 529665911742 529692112200 530469687222 530522128530
530670726312 530819344902 530976728442 531046684170 531195355392 531282818772 531921519570 532481792082
532490548680 532595633472 532972272450 533270174262 533313990372 533559393852 533761017510 533892531720
534041600742 534067909200 534085448532 534629310672 534655633602 534743381382 534901345530 535313917452
535428061170 535823268000 536104392672 536165898522 536482270050 536570167590 536605328622 536869073082
536939415882 537088909632 537159266832 537176856852 537247219812 537704691372 537731089902 537836690502
537863092272 538637832480 539157572802 539554153392 539871522840 539889157212 539950879782 540533008890
540727121622 540841840980 540921269202 540947746572 541186072062 541415620290 541627554162 542449189632
542714366172 542758568562 542979607512 543227224560 543359899770 543581061120 543687234552 543908462502
544014667902 544413030492 544528140162 544660974132 545236775202 545298802692 545812880472 545901539052
546052275162 546105481110 546167557992 546211900782 546273983712 546611066892 546682045020 546850636542
546895007052 547054755792 547516383192 547880495910 548075923362 548360243682 548413561950 548626860942
548786862402 548920214772 549098043132 549275900292 549693977982 549720669192 549791848920 549836338590
549960919242 550032114522 550370355030 550477189422 550788848952 550851191442 550904630670 550940258262
550993701810 551305507500 551563927602 552152281830 552214701432 552455495802 552678500352 552865858950
552910472820 552955088490 553437052422 553642397112 553660254972 554428415400 554490963522 554580324102
554776942722 555179225712 555223932822 555474325902 555993176850 556082658390 556306393740 556413802692
556476462702 556745045562 556771907412 556968914112 557130127332 557156998470 557595985452 557846912772
557918616660 557936543352 557981361342 558609002202 559102396092 559299814632 559533172380 559703733822
559802491800 559820448732 559910237712 559928196372 560044934682 560197610832 560422172382 560556930912
560745620070 561105115830 561329859180 562760280102 562805291412 562814293890 563075397072 563120420982
563129425980 563282521962 563480677062 563570759082 563624811750 563687876472 563705895612 563895113970
564480991080 564517054992 564571153020 564796589370 564949911792 564967951092 565112275860 565238575152
565265641122 565554385122 565644632742 565789043910 565942500972 566231417772 566466216960 566800438182
567225131592 567866991330 568047862410 568093084680 568129263792 568219716612 568626843402 568681137990
568952649810 569034115992 569577372912 569740400532 569767574070 569921569692 569984985702 570148071642
570283994412 570347430582 570555888552 570628404600 570755318772 571027325232 571326607182 571553388132
571762066350 571825584672 572342936622 572569919172 572851440030 573078523380 573323823942 573705506922
573778222842 574123686390 574278269532 574569306012 574714851900 574978700802 575233508922 575351831880
575643140232 575706873762 575752399872 575807033580 576025594332 576034701930 576280634292 576353513220
576645075012 576736203192 576964055142 577055208522 577173718680 577346947722 577529322162 577720846320
577857668730 577921524732 577967138322 578040123810 578167859502 578971092702 579135459090 579445992582
579674379132 579729198600 579930225492 579948502392 580140427230 580634094042 582006492342 582235382892
582784903812 582968135052 583087250802 583160558850 583197214602 583545501702 583609671192 583774694652
583866384432 584187355362 584306595600 585077364312 585821086710 586372296750 586896186372 587006508732
587217988902 587236380282 587309948682 587585871222 587604268362 587861858562 587926264932 588368003652
588460053432 589040132610 589334885442 589408585170 589565212392 589887745722 590228805432 590330220570
590376321240 590468527980 590560741920 590597629512 590782084752 591243348852 591271030422 591335623272
591390991380 591760178340 592083311430 592397296602 592489661022 592498897860 592563557742 592812993192
592960831560 593071722432 593182623672 593376725790 593885238960 594301457190 594412473342 594430977042
594902918700 595217650512 595226908590 595412085270 595986316002 596264268942 596681319852 596746207542
596866722612 596940891780 597515859072 597886952592 597914789250 597951905802 598230316662 598462375212
598982349660 599186687112 599344608102 599837083572 600273976302 600813339762 600878451732 600924962442
601483231362 601557686802 601771771860 601883483532 601902103152 602097626550 602181432012 602460825672
602488768602 603345999762 603513790182 603793492722 603998649102 604026627672 604054606890 604334434710
604399737192 604772961912 604912950882 605034287760 605071624632 605538432732 606154895040 606285700092
606388485390 606902542560 607014729432 607603880610 607716132282 607762906872 607931310300 608212034520
608305623660 608371140342 608446020870 608586434280 608979678012 609466727172 609654105612 610028948892
610178918460 610291407732 610385156712 610403907372 610638314922 610778981052 610835252040 610929042780
611107265022 611210458200 611294895462 611529474012 611820413910 612055093260 613078821042 613229165010
613276151280 613294946292 613605105570 613736711982 613924745622 614253873792 614263278750 614347926612
614752435782 614818298712 614987676732 615015908670 615382982832 615910255200 616098621480 616164556482

616230495012 616277596122 616475440440 616701587112 616890074352 616984328772 617154004872 617314275942
617644311312 618078206220 619106956722 619494139320 619824756810 620108213430 620221614222 620665867152
620760409572 621498087552 621810313950 622188875310 622283533650 622510743042 622520211000 622756933350
623135782710 623183146980 623581077912 623600030172 623865392052 624007573422 624168731892 624367838730
624481628322 624699754020 625126631850 625268956860 625477729512 625696029090 625933354440 626142237972
626503118880 627158668422 627301224552 627329737722 627424786302 627852594012 627871611072 627919154982
628023757920 628156901532 628394693082 628661073042 628822831272 630184327122 630403446420 630451086090
631537758942 631757113392 632062365552 632186395302 632396319522 632902189152 633522871422 633761676372
633809442762 633924089442 634545272472 634602627780 634841636130 635004187512 635310223032 635530231602
636219200322 636841506552 637080936102 637109670672 637205457252 637224615432 637416213072 637655750622
637713246330 638259584832 638547225372 638758202952 639170668842 639237827052 639765621462 640274429412
640773833772 640917928902 641138906232 641167732170 642465570060 642513663330 642725295102 643139039640
643321899402 643398900762 643658814372 644043968052 644236588092 644246219850 644265483582 644342541390
644477403642 645113372910 645248315802 645585734772 645614660502 645759298872 646174018650 646598520882
646608170280 646675718082 646704668220 646801173360 647013510012 647254843962 647351390142 647641071882
647756962722 648124018782 648491178810 648529833282 648771449832 649399863462 649651314090 649815750432
649883465562 649893139440 649980207582 650222094132 650251123542 650522095950 650667282960 651267561132
651606550062 652013453202 652120044060 652459254750 652653129030 652740381852 652895512380 653419213992
653448314682 653642335842 653710250052 654030464562 654078988752 654418708482 654632291742 654981866790
655030426260 655418966820 655457827212 655778469402 655846494492 656089470042 656186672862 656536662630
656750591202 656818666692 656974281060 657042368142 657382856472 657412045290 657460694760 657703969110
658112771322 658521700542 658550914632 658570391052 658619083362 658774910850 659018428200 659232760692
660724309650 660841365162 660870630660 660909652332 661007211552 661036480722 661378002252 661622000202
661690327692 661787944512 661983199752 662373796632 662549602812 662647282992 662823125460 662911055442
663399661542 663507179040 663575603802 663898225200 663937336152 664035118572 664142687550 664211145072
664328509032 664426320252 664602398592 664670879802 664974196140 664993767312 665238431262 665336309442
665561456580 665678939772 665757267660 666041244882 666168564672 666246921360 666579988692 666707359962
666824944242 667128751620 667226768760 667344398832 667511059182 667569885450 668158290690 668982493482
669159174462 669404603412 669434057910 669502787592 669630437790 669767920842 670141160262 670465373580
670701214332 670809321870 670897779972 671045223102 671497483050 671536817202 671566318572 671595820590
671831860062 672254867832 672520545402 672618957822 672766589952 672943769892 673071747690 673514841720
673701969642 674105860560 674795710140 674894288880 675387290580 675673314042 676808141172 676906866792
677005599612 677035220862 677311717110 677775962712 677943920502 678072372852 678220602222 678487455912
678645616200 679288331910 679733467140 679802723502 680050096452 680218335762 680673675870 680841992292
681089554242 681168783570 681416404920 681436216572 681465934590 681763150410 682228918812 682308214380
682724591712 682794000282 683170851222 683240282472 683289878382 683389075602 683597413200 683617256532
683736322572 683895093420 683944713090 684034033032 684282174582 684540289530 684639577470 684838174950
684987141960 685155990822 685424205312 685533492930 685682535540 685752094302 686328574050 686795899092
687442461762 687561860442 688009697832 688437767562 688636915122 688905810012 688985492652 689065179900
689364048120 689503542132 689832405282 689862305820 690879309672 691278339192 691777288092 691976918052
692026830042 692196544272 692975499852 693045427542 693275214792 693495046932 693694924572 693744898482
693904827090 694224739602 694404722790 694494723132 695074865232 695345014002 695445082422 695655249540
695805388350 696005598630 696125738622 696576355932 696606402270 697127308422 697227505002 697758667080
697878958272 698350198602 698430425562 698851692702 699212879910 699303191292 700337170182 700357255002
700367297520 701060405142 701412112512 701794066092 702115791852 702125846970 702467763822 702900307272
703222286472 703534274130 703675194462 703735593210 703836263550 704541157530 704662031922 704984414322
705266559402 705437889312 705568920342 705740286972 705901592220 706425961572 707011064760 707414725320
707455097712 707757927372 708545587752 708727417740 708777930210 709070938032 709151778432 709202306022
709535833260 709556049552 709788557610 709839107880 710193010170 710263801212 710334595782 710445851520
710617809342 711275487012 711963844620 712054975722 712186619832 712439815782 712541106762 712571495460
712612014732 712824759810 713118602832 713402370792 713422642092 714061335462 714639447132 714771329922
715298982762 715512128520 715583184162 715664394930 716293934622 717543679320 717584339712 717685995732

718021511682 718550362602 718967478480 719018354550 719567930802 719832616470 719934431610 720005706492
720087167820 720688087422 720789963042 720942789972 721707167622 722115001302 722216977722 722227175760
722278167030 722573951892 722584152450 722726967822 722859594732 723012640902 723186112812 723400430370
723573948792 723900628152 724472494440 724646141382 724748296362 725279618322 725432920452 725586238782
725637348492 725719127772 725923596132 726076966302 726158770350 726864521532 726874752330 726966832752
727324978722 727662739992 728021057322 728092731372 728860889022 729014569152 729127278210 729229748550
729373219122 729383467560 729526953252 729557702022 729834470112 729916485552 730377908262 730767667650
731024145000 731178053010 731249882292 731270405592 731352501672 731373026412 731485917630 731814377982
731917036962 732019703142 732245594082 732430439862 732707752272 732718024110 732964569822 733026212730
734105383200 734177356122 734794411602 734876705250 734917853802 735020730222 735236794140 735998415312
736101367332 736214622870 736338184302 736698631032 737028259512 738069132990 738265022952 738502187682
738522812502 738625940922 738914738802 738945684780 739048842720 739296451152 739554420702 740132435790
740204703552 740276974842 740287299600 740328599352 740462831502 740741660232 740896587762 740958563310
741010211580 741702472062 741826493142 741836828700 742167604572 742601859792 742632882882 743067274182
743356938942 743460404322 743543181810 743615615892 743750145690 743977839222 744371210130 744723261702
745448335842 746339624190 747345553572 747449296152 747604923522 748071902832 748300256892 748404065712
748663619262 749089384500 749338669092 749556827130 749660723070 750357011592 750648093600 751064022960
751272030840 751376045580 751708941132 752406179982 753353693640 753687026952 753822464670 754082956020
754343492370 754708318860 754812571200 755062806192 755198367462 755427806562 755803327530 755855490600
755980689312 757003533540 758246488302 759145392810 759636879612 759668256510 759825150720 759971599932
760212225702 761133232470 761855775492 762274797972 762494830890 762641537142 762934991982 763071258060
763637416632 763857646110 763878622002 764277218670 764959269780 765137702562 765316156152 765431637210
765872645022 766082693382 766534394880 766786565232 766996738872 767606405292 767732573412 767785146522
767953392570 768374088330 768637081680 769079011812 769257924402 769521068952 769952723430 770626767462
771058731900 771164107440 771606763332 772081178442 772344805392 772798349010 772893293592 773114853630
773431423050 773853616410 773895842082 774085871862 774191454042 774634977822 774899040372 775015242150
775036370682 775374466362 775638654912 775723204752 776600681250 777415169232 777446911170 777595048782
778346535360 778611229710 778717120050 778971286242 779161938102 779299645620 779426771052 779776419450
779797612782 779903583762 779977767732 780094349670 780274538892 780486552852 780910667172 780931875912
781409148702 781419756420 781653144432 781759241412 781780461672 782003291790 782098800132 782311061772
782693205300 782894929782 783861444240 784201459152 784307728932 784647840612 784807293342 785073083892
785285748732 785349553800 785423996322 785764349922 785870725542 786402711642 786519772740 786892297830
787232969382 787286205972 787360740222 787999749942 788404590162 788564424132 788649675540 788830850082
789235903710 789491780622 789651724752 789769027410 789918334302 790323667002 790569050460 790697091732
790985222502 791102624160 791177338842 791518936602 792106230012 792213034032 792512123592 792640322112
793046352492 793826649930 794061883302 794329236252 794457581652 794810584962 795056663940 795217170750
795324184290 795484718100 796523227842 796930251390 797165944122 797273088702 797401671702 797648151432
797841075180 798055462260 798098343132 798323486610 798741694452 799256562132 799449680280 799632091062
799825254570 800007708192 800276060142 800329735932 800512247082 800576667750 800630353620 800651828472
800834376342 801296207952 801457343322 801478829262 801865625430 802284759912 802456744200 802531993122
802940548830 803037327252 803822523282 803844040902 804468177162 804543520332 804791101302 804823397280
805092555630 805200231570 805254072240 806008030620 806191188042 806374366272 806568342372 806600673990
806730006942 806870129340 806913246372 807139629690 807161191662 807290569542 807506222382 807786614130
808002333210 808530966672 808757576790 809480783232 809804711772 810161108010 811068652242 811263192102
811555045632 812041584822 812755439370 812906903382 813080022390 813209873742 813480430692 813556194702
813675259560 813967546602 814508957502 815028881310 815180557002 815375589342 815462277870 815863272252
816210157692 816220999050 816860766612 817251256380 817403138712 817435686762 817728648372 818379862092
818412429582 818607848130 819248550252 820280715942 820400271840 820443748872 820672022190 820748120352
820889454870 821161286220 821313531432 821694206202 822194655750 822412290030 822684373380 822902072460
822956501730 823065365670 823718700510 823903859172 823980107022 824089038642 824470356012 825047947362
825353171610 825451291392 825462193950 825778399452 826269183042 826596453102 826651004412 826956525012
827229358962 827633235792 827665986882 827720573472 827796997722 828353909460 828867307662 829162310472

829249728792 829654098462 830156965770 830211634440 830320977180 830342846592 830747482662 830922490950
831239740452 831349150872 831436684392 831655538352 831896310972 832180905360 832235640630 832498394982
832728339060 832804994142 833275952760 833330724030 833462182422 833758001712 834042914340 834645774510
834919873860 835194018210 835797294180 836038665552 836060610132 836334941682 836839829310 836993521002
837191145342 837300946722 837487625592 837630394062 837795142032 838212576060 838761989760 838783970052
839113708992 839146686450 839168671782 839190657402 839256615990 839905346832 839993329632 840763375692
840840399702 841170542562 841291611180 841500750222 841555791132 841731934140 841831022682 842987486592
842998504350 843758903532 844486562640 844508617812 844618897992 845313828690 845335894662 845810382720
846075271152 846163576512 846185653572 846439560462 847356149880 847853303310 847963801650 848041154772
848505347592 848781713142 849611079792 849754877862 849920813832 850606854372 851027467632 851525696742
852190229022 852267774672 852500432790 853242935232 853930314972 854096658102 854329565700 854573598192
854795476152 854961903522 854995190940 855106153680 855150540792 855772081320 855849789762 856493795430
856660388040 856826996850 856882536720 857293587702 857760305562 858127101552 858716362230 858849807822
859105607520 859150098312 859261330332 859494941010 859606195350 859684077672 860129187192 860541016062
861186784002 861331558320 861654560262 861944199690 862378750092 862490190912 862668511200 862779970740
862824556572 863002911420 863047503012 863170135830 863359676412 863894962140 864229599960 864330003942
864608934492 864832111332 865032995112 865066478010 865233902220 865501814652 865814431572 865847929590
865926094152 866004262242 866339308302 868138495860 868529870550 868664076462 868910147562 869055569592
869581427682 869704523820 869861204232 870118638402 870432087930 870488067000 871103955570 871215958710
871742469912 872157069342 872213103852 872269140162 872504512320 872784758670 872840813340 872952928080
872997775992 873109900812 873502394382 873704282562 874074471480 874601845602 874960999842 875331454872
875421273960 875668300212 875746906782 876319718280 876398354082 876679225032 878061765450 878252933952
878680327020 879040317612 879074070510 879546679122 879659223702 879828054072 880188279672 880368420120
880503537552 880920214902 881122958442 882497723982 882554089692 882757021152 883456185852 883918688730
884166910902 884358742812 884392597662 884482880430 884990806860 885352087692 885385961550 885713442252
885781204440 885860263602 886142646552 886447670682 887012668782 887136992520 887442187722 887577846882
887871810630 888120587202 888346777962 888595621062 888720055680 889512116460 890191306500 890327175612
890700869130 890723519742 891210577560 891369183252 891992413662 892117085880 892162423392 892287107490
892479818232 892785931002 893466369522 893704584240 894555610290 894782618970 895089126372 895543307892
895656871272 896304320022 896372486130 896531550462 896542912740 896701992192 897952393212 898236696762
898293562872 899203665432 899237803242 899545072692 899556454050 899806862142 900546907812 900581071110
900683564892 900831621762 901059425322 901344220272 901594877052 901708823472 901799985792 901879756602
902221671462 902426851482 902575051560 902939903592 903133761222 903704051322 903795314442 903932217762
903989263872 904057721580 904171823520 904388637042 904502759862 904514172540 904594063302 905141980710
905256151050 905587285752 905712904410 906021278052 906101235342 907141001160 907221007842 907621094172
907986964572 908387219742 908535908412 908707487382 908821882362 909451183452 909874654002 910504319412
910538671062 910618827432 910996754982 911145657060 911260205400 911340393522 911397672912 911535150792
911741387052 912142468782 912429009732 912749989020 913059558222 913197161382 913782090480 915319855452
915549483492 915675791190 915756173352 915848043000 916077737280 916158137082 916273000062 916353408432
917019784932 917479496052 917686403640 917858844450 918422263992 919181428860 919354010070 919434553512
919457566572 919699221090 920102049180 920320764222 920620100610 920758272282 920988581442 921449286162
921829454280 921967716672 922163606142 922175129700 922255796622 922405615980 923408566422 923489287272
923662272402 924065967372 924538979370 924677444802 924792840582 924942865860 925139071122 925162155462
925427646072 925508455122 925635447900 925912553292 926039573790 926489989392 926617049490 926963621310
927969046032 927992165652 928177132980 928581813270 928639631940 928870924620 929391438450 929842668372
930375029040 930652842912 930884386152 931011747210 931058062482 931173855702 931787679972 932019364332
932691411840 933085483332 933212994870 933607176522 933931859202 933966649980 934825027632 935184735450
935358812460 935532905670 935590940340 935648976810 936043672542 936461676390 936484901562 937239876432
937437381582 937553570802 937646527362 937995155502 938436844170 938576346402 938727485520 938843754660
938890264332 939180975882 939308903220 939657840240 939797433192 939820699692 940111555242 940204638522
940355908680 940635208632 940984391892 941019313782 941857633542 942509918070 943139120562 943372211802
943582018542 943675273470 944188257942 944654728422 944923001112 945097982082 945424656570 945949787400

946148208102 946475064030 946533437100 946615162422 947222375262 947292450810 947374208892 948075137172
949220544120 950273057580 950565525930 950624025000 950647425132 950729327862 950787831972 951138894432
951642196962 951794384400 951993417102 952051960092 952321281030 952778042712 952789755990 954301372572
954371709480 954512391072 954887592672 955004858292 955532642682 955685140872 956776444350 956835134220
956893825890 957187311240 957821393172 957833137410 957997564302 958502677992 958855161732 959113690992
960559746642 961030243362 961171414842 961300831140 961324362312 961359659610 962183447190 962701437102
962772082890 963184234980 963478683330 963796738092 964209109422 964916236902 965293477542 965482125510
965706168912 966413845032 967298804682 967310606880 967806364212 967900808580 968845505700 968928188622
969010875072 969223513572 969459805932 969637044102 970440726990 970582587942 971079182922 971197438542
971209264500 971351181612 972569729910 972924790530 973007647332 973268077392 973694310840 973800883782
974096950332 974547057672 974665524252 974926176072 975139462572 975175012590 975222413622 975340921242
975352772400 975577958082 975767608290 975969131832 976680557712 976822873992 977154985632 977451561582
977843110740 978317820900 978460256412 978578960592 978875752542 978994481922 979611990762 980752518570
980835708012 981608349882 981703465290 981869928342 982167218892 982238575320 982524026952 982702455282
983059360542 983571037752 983809072512 983832877572 984106656462 984320944770 984785316132 984916312470
985237885872 985273619490 985690559580 986584299630 986727335622 987740804052 989446989390 989828994702
989924507550 990127487652 990509624292 990629057112 990700720260 991047128682 991082967492 991166593902
991620627402 991835732190 992540961432 992636605032 993138809532 993270360270 993772725042 994095740892
994215389712 994335045732 994526510340 994694056992 994885556160 995029192632 995089044222 995112985362
995951106702 996022962090 996226566432 996406234602 996430191582 996442170180 996490085292 996765619542
996861466470 997268867322 997664365392 997904099352 997940061930 998443606062 999043228962 999223150932
999247141752 999307120062 999343107912 999499062750 999619036290 1000303022952 1000387037442
1000423044732 1000807162812 1001179347510 1002308330562 1002608699112 1002644746362 1002740875530
1002824992332 1002921130140 1003281687960 1003449970452 1003666354392 1004351724102 1004387802672
1004724567240 1005145602330 1005434363082 1005554692302 1005807407100 1005867581970 1006192557372
1006397198442 1006493507322 1007276187792 1007372538720 1007541163932 1007842315482 1008083269122
1008902726922 1009360804230 1009770751002 1009831044312 1010108416722 1010506452360 1012703087892
1013162027040 1013270738382 1013753970462 1013947295550 1014031881072 1014539468292 1014551555250
1014817486542 1014974644140 1015023002772 1015361545452 1015482467232 1015603396212 1015639676310
1015688050782 1015808992002 1015942035660 1016486395890 1017393986940 1017478716102 1017805561632
1017902414832 1018834862502 1019210384040 1019901039702 1021113281502 1021210291950 1021622637762
1021634766840 1021683283872 1021925886312 1022872311012 1022993679192 1023151468590 1023418524522
1024207756992 1024997293662 1025361797802 1025629142022 1025665600752 1025702060130 1025787134532
1025823596070 1026978546600 1027611005232 1027829978580 1027951640520 1027975973772 1028036808162
1028377514010 1028426190882 1028462699292 1028730447432 1028986057710 1029497373522 1029655663680
1029716547750 1029887032722 1031239234500 1032092430480 1032238728072 1032324073122 1032360650652
1032567935562 1032665488602 1032726461592 1032872804112 1033067943600 1033519274262 1033604672232
1033641272442 1033860887310 1033970703492 1033982905650 1034068322772 1034312391132 1034532077280
1034654135220 1035044769012 1035252323202 1036082748042 1036241543640 1036546953990 1036937944902
1037769045390 1038074680740 1038502645830 1038624937770 1038894005382 1039077480552 1039322139312
1039958386872 1039995099402 1040447940552 1040692760592 1040949852630 1041219221202 1041243710982
1041623339400 1042076534862 1042480819380 1042848418800 1043056753902 1043792220582 1044074218200
1044552475122 1044981773292 1044994040250 1046221099650 1046491149342 1046736679302 1047375191982
1047596260962 1048001614680 1048456195422 1048640512992 1049230438080 1049439409662 1049463995922
1049722169040 1050017262912 1050263206152 1050484579692 1050705976560 1050792081642 1051185749802
1051431829842 1051739470392 1051776390282 1052736534870 1053192141252 1053278348142 1053500039202
1053598576050 1053660163920 1053832619532 1054707433110 1055225099322 1055323716810 1055385355080
1056248479860 1056273145752 1056482817462 1056791196012 1057198324602 1057260017592 1057346390802
1057469787222 1057593190842 1058580679002 1058642412312 1058839971000 1058889363552 1059235143672
1059630390072 1060655904042 1060754774970 1060878370110 1060964890992 1061001972450 1061150304762
1061805563160 1062176553780 1062226024092 1062448654752 1062572348532 1062968217012 1063970588610
1064341957230 1064465761170 1064490522822 1064515284762 1064639098782 1065171581112 1065295433292

1065481225062 1066038697572 1066745038722 1067216062782 1067550800952 1067687190810 1067811189150
1068022002852 1068208032222 1068245240040 1068729000642 1069299730830 1069609974180 1069672028250
1069945087542 1070379571872 1070938324182 1071025254312 1071211545042 1071770514432 1072205369202
1072590599940 1072864031472 1073299108002 1073634798732 1073982977892 1074020286150 1074604866792
1075065180462 1075936313802 1076222620332 1076782895442 1076907420822 1077031953402 1077505242870
1077866507412 1077878965890 1078003554630 1078489519512 1078838484912 1079175040722 1079873249730
1080484367832 1080496841430 1080521788842 1081183000200 1081232911152 1081457524692 1082056608180
1082306275260 1082393665542 1082618399610 1082805695820 1083292741782 1083580025352 1084242171630
1084367127570 1084854524532 1085079513912 1085729614272 1085767126002 1085992209990 1086705129852
1086867758370 1086955332612 1087430797200 1087493366070 1087643538702 1087743659550 1088619913530
1088795206662 1088920424682 1089834734352 1090373479890 1090561445700 1091376151410 1091526591882
1091564203620 1093696594200 1093759343070 1094286504642 1094951913600 1095077485140 1095893875650
1096861378032 1096886513652 1096924217622 1097615571912 1097829307302 1098244264812 1099024093992
1099212803922 1099502190612 1100169183210 1100383167072 1100483872560 1100823787602 1101793463232
1102423351332 1102675356972 1103091229242 1103444152050 1103557603512 1103570209590 1103784523932
1104288875052 1104894248460 1105196997372 1105651198500 1105764763362 1105777382040 1105903572780
1107380539362 1108770039342 1108871127870 1109212335672 1109844340572 1109970763152 1110893866110
1111007699892 1111045645782 1111273334730 1111298634942 1111842659160 1112146358472 1112715906462
1113576833382 1113918764352 1113931429470 1114678798872 1115071584930 1115248994862 1115477114082
1115502462102 1115882716962 1116237679962 1116491259522 1116897046722 1117061918832 1117277539182
1117290223380 1117594665732 1117632723942 1118394024222 1118546315382 1119117499572 1119384102090
1119561854742 1119688829562 1120006298112 1120082497260 1120527043950 1120895449452 1121187676182
1121378279352 1121543481870 1121607024540 1121734115280 1121924764890 1122013740252 1122039162432
1122102719142 1122496810920 1122751100400 1122929120172 1123056285792 1123921202952 1124391959502
1124493757662 1124811906612 1125130100562 1125168286860 1125473800572 1125868483830 1125995815770
1126810910682 1126912818282 1127486134392 1127779218930 1128786190692 1128951937962 1129398241092
1129500265620 1130010457380 1130061482892 1130291111952 1130380418442 1130648359080 1131350258850
1131503429562 1131720439152 1132039608702 1132435441440 1132524832602 1132614227292 1132805799222
1132971841332 1133585025300 1133700015762 1133827789782 1134083359422 1134121697352 1134594585102
1134799107630 1135246564920 1136141744100 1136359198002 1136423158992 1136640639822 1136653433460
1136960502372 1137037276080 1137165238020 1137446779632 1138509273090 1139239224552 1139495403312
1139854101960 1140264112392 1140302554650 1141033080672 1141674085572 1141969008270 1142738551110
1143174740442 1143187570800 1143829180500 1143944689362 1143983193612 1144008863472 1144843290702
1144856130420 1145074416642 1145780779332 1145806469352 1145870695662 1146101925282 1146140465820
1146705801492 1146911412660 1147361251350 1147811178240 1148454083940 1148634129792 1149611767800
1149676100670 1150113611922 1151156253480 1151478151830 1151632679022 1151658434562 1151722824672
1152147844542 1152173605842 1153307388162 1153371824352 1153719810882 1154119415700 1154183874570
1154493302202 1154622242622 1154854353522 1154983314102 1155305747052 1155473429970 1155847535712
1156466878272 1156557212922 1156918586802 1157861005560 1157886830652 1157912656032 1158041787252
1158145097412 1158235497582 1158377562120 1158429224112 1159398099762 1160690563962 1160729349012
1160897425050 1161078443622 1161091374060 1161531051792 1162126042380 1162177787892 1162410656952
1162449470730 1163290595040 1164067287480 1164261501090 1164390985830 1164572276562 1164701778582
1164973756260 1165388259492 1165647361452 1165712141442 1166969229432 1167008119242 1167941669082
1168434526422 1168525327272 1169277812892 1169433529812 1169822867472 1169926701792 1170121403562
1170147365022 1170212269932 1171056197562 1171523734530 1171653622470 1171874448492 1171965382902
1171978373820 1173017880540 1173069867972 1173914825202 1174734074052 1174929175422 1175930950812
1176126151542 1176386444382 1177532075022 1177558118562 1177987878552 1178222326140 1178990956782
1179590402010 1179655568280 1179746804082 1179811974672 1180294292982 1180359478692 1181024475750
1181272267632 1181311395042 1182094079322 1182224551902 1182328935150 1182942279792 1183307752200
1183373021070 1183399129122 1183686336702 1184339210802 1184417567790 1185096770262 1185318859452
1185384183762 1185710832312 1186338123672 1186442688360 1186573400700 1186704120240 1187017876512
1187253220932 1188129430182 1188430292952 1188914369502 1188979792812 1189437806382 1189647213390

1189778102130 1190288637012 1192515324552 1192659476010 1193013339252 1193314819710 1193760556242
1194022793082 1194350629632 1195268811372 1195281930810 1196134848720 1196554858512 1197014328642
1197578941260 1197999204492 1198091146902 1198156822212 1198222499322 1198301314230 1198853091162
1198892508660 1198958205930 1199076465552 1199181590112 1199404995102 1199549562360 1199996461692
1200101626572 1200759011472 1200890510052 1201285048992 1201350811782 1201574418732 1201850667810
1202034851502 1202271679842 1202495372472 1202600646792 1202732246172 1203087600462 1203429843090
1204338338352 1204377845922 1204470032772 1204509542502 1204878331230 1204944192300 1205299873182
1205339396520 1205405270190 1205457970422 1206050927412 1206195894630 1206657211920 1207210909092
1207698795162 1207975747320 1208292302952 1208661670272 1208727634662 1209097068510 1209229022850
1209651325122 1209690919740 1210113302652 1210707403362 1210839445542 1211037522312 1211063933772
1211301649872 1212517007592 1212596291220 1213243871202 1214050283760 1214407306002 1214764380732
1214962778262 1215068596902 1215624220362 1215690374472 1216391718702 1217225655120 1217291852790
1217755286880 1217821498950 1217847984282 1217887712820 1217980415262 1218020145960 1218775152342
1218907633722 1219040122302 1219265369412 1219596652962 1220299122912 1220471457750 1220657062722
1221452672442 1222328142510 1222381211382 1222845613152 1223774681292 1224319013610 1224611144262
1226510842920 1226736779142 1227162127302 1227202007472 1227494481852 1227640732110 1228066236942
1228239119340 1228930770612 1229955304122 1230234796440 1230367899180 1230527631972 1231126722282
1231299819960 1231885779312 1232192131722 1232698362630 1234164353970 1234217679162 1234257673812
1234951017372 1234964352810 1235124383682 1235564522040 1235884671912 1236084786642 1236525096072
1236832024770 1236858716022 1237285815222 1237299163260 1237392601542 1237699637880 1237793091282
1237859845872 1238300471310 1238794599132 1239302184360 1239796511982 1239903406590 1240371124680
1240691896632 1240932502812 1241534120322 1241600975712 1242095761542 1242202755222 1242577269390
1242630776022 1242844814070 1243072249692 1243942048362 1244035737132 1244812151232 1244919261840
1245106716492 1245575414862 1247022240102 1247129445750 1247451090342 1247866609320 1248067691730
1248469905150 1248724673832 1249167228582 1249408655130 1249462308642 1249475722200 1249703763702
1249797669192 1249931826012 1250575878972 1251542269452 1251676519872 1252562753220 1252885097652
1253032852710 1253220917202 1253556781752 1253637395940 1254403360002 1255183002150 1255478791842
1255855301850 1256057026860 1256191519200 1256554684482 1256850635742 1257065894910 1257469555530
1257590666352 1258209768300 1258505914392 1258869414042 1259138706882 1259515765242 1259758189710
1259852472192 1259892880050 1260283522752 1260364352940 1260903287100 1262345502222 1263154581702
1263248991192 1263289453482 1263869484180 1264166295552 1264206772530 1264328207352 1264571094492
1264733032212 1264908476442 1264948965300 1265043441822 1265151419310 1265610375042 1266096418890
1266933713142 1266974234400 1267230884082 1267973963892 1268460461340 1268514522372 1268595616080
1269055196052 1269366135582 1270204510122 1270218034560 1270380333432 1270407384252 1270813181112
1271151394662 1271327283492 1271421997902 1272139235772 1272369336042 1272585920010 1272910830522
1273222242012 1273520149512 1273791004752 1274007709680 1274129614302 1274143159620 1274237978862
1274414081100 1275023759730 1275525160272 1275565818690 1275931773612 1276040214780 1276365565932
1276568931462 1277084196642 1277518184802 1277870854470 1278752741580 1279078438332 1280245858920
1280449533330 1280639644062 1281019907862 1281128565030 1281155730042 1281631164372 1281739847460
1282881298092 1282922073582 1283057996562 1283221113642 1283261894532 1283289082152 1283574569550
1283778508560 1285002482820 1285165723452 1285641901182 1285737147312 1286118167112 1286839537710
1286962054692 1287588343680 1288432713372 1288528062822 1288746017670 1288773263322 1289631648780
1289686159092 1289822439912 1289863325562 1290299479482 1290749340432 1291022021592 1291199279790
1291322004132 1291935713322 1291976632452 1292085753300 1292726931342 1293231800412 1293545687622
1294023415152 1294064367330 1294269137940 1294596804612 1294610458290 1295935207272 1296030833922
1296386049510 1296754978752 1296932630070 1297055626572 1297328973012 1298053480362 1298285912352
1298395299312 1298422646772 1298532039492 1298846569230 1298873921442 1299243204492 1299421026162
1299831430302 1299927200592 1300064021412 1300310317032 1300378736622 1300474527072 1300542950982
1300625062050 1300830351060 1300885097532 1301432625612 1301679050832 1302117197712 1302391076952
1302404771670 1302747163020 1303637591130 1303829415462 1303939035702 1304213106462 1304720213292
1305419359950 1305474202902 1305611315322 1306681039302 1308739432002 1308876715782 1308972818712
1309425922902 1309522045992 1309741769160 1309947776370 1310085123510 1310620846152 1310771967210

1310799444702 1310840661480 1310868139692 1311033015012 1311321571770 1311349055022 1312971076650
1313026078002 1313314854000 1313507388972 1313727446220 1314373970982 1314621618330 1314951851082
1314993133092 1315103221620 1316052926442 1316548560690 1317305959860 1317994693560 1318945441662
1319028131610 1319083259682 1319427836232 1319924105520 1320020613162 1320337734540 1320985883622
1321441062060 1321510035330 1321537625142 1321923912750 1321979101302 1322227464042 1322572450992
1322820869460 1322958889800 1323676711632 1324118544912 1324201396860 1324505209512 1324684751550
1324850493462 1325126753022 1325720808600 1326301177452 1326784915182 1326950788422 1327019905332
1327102848000 1327171968870 1328070703980 1329135753042 1329274102422 1329578496402 1331280977532
1331807167560 1332001053252 1332499681260 1333012257282 1333178519322 1333220086452 1333497217212
1334148587862 1334439677220 1334578302360 1335063547050 1335437938932 1336367212182 1336505937402
1336519810320 1337588241222 1337615998362 1337976867390 1338115676130 1338879252900 1339420830222
1339490271132 1339879173492 1340268132300 1341171290010 1341338060082 1341435347412 1342213773060
1342380607932 1342630879680 1343173215162 1343284477002 1343465287320 1343604380460 1343840855322
1343910410712 1343938233372 1344258214662 1344786962850 1344814794582 1345900456770 1346095365582
1346596624470 1346861215392 1348059162540 1348184559882 1348477176360 1349508554172 1349759489472
1349898908052 1349996505342 1350386929782 1350428764320 1350763463952 1350777410670 1350833198262
1351502739222 1351572492612 1351712004792 1351753859850 1352339898702 1352577141012 1352646922122
1352940022440 1353554240352 1354196526300 1354880868042 1355062457112 1355858798982 1355872771980
1356361872270 1356431750940 1356641397750 1356739238472 1357088698422 1357340337450 1357675892442
1357717839732 1358906615562 1359088474200 1359144433152 1359298326210 1359424245192 1359438236550
1360053927582 1360067922180 1360473796842 1360837735950 1360963726212 1361257726170 1361285727822
1361817813930 1361915841132 1362013871862 1362476064252 1362994373202 1363148484060 1363344637752
1363694947302 1363835083722 1363849097760 1364297584992 1365278907852 1365447170052 1366008118932
1366190452122 1367523256332 1368758433660 1369109438010 1369306020102 1369390273890 1369671138570
1369937986692 1370218907532 1370822984862 1370921335632 1371174253812 1371708268800 1372045594992
1372650074802 1372692252780 1373606268090 1374197024382 1374408039552 1374506518842 1374858259392
1375139684232 1375702620312 1375744845162 1375772995422 1375885599342 1376167129302 1376336061102
1376871080202 1377152710962 1377673803792 1377758314620 1378138645422 1379336325852 1379449075500
1379618208612 1379942409390 1380562725702 1380675525462 1381451148552 1381987160820 1382156449452
1382480948310 1382932488342 1383073609722 1383242964882 1383539361360 1384033426050 1384555818912
1385120678832 1385374903380 1386109460892 1386603984222 1387126861932 1387140995130 1387353001740
1387847746830 1388130497910 1388187051582 1388229467592 1388328440802 1388978923950 1389077923872
1389120353490 1389360800232 1389459813762 1389898344660 1389997377342 1390959592710 1391016203982
1391341741152 1391384205330 1391879668620 1392092037030 1392431860182 1392502661892 1392573465402
1392686754762 1392969998322 1393564903542 1393961577582 1394131598022 1394528352702 1394712579420
1394981855742 1395166112412 1396257728322 1396413708300 1397037715332 1397051898930 1397463254592
1397789545242 1398030741072 1398399669060 1399237032342 1399733891712 1399847471952 1399989453732
1400131442712 1400770482222 1400841495612 1401224999022 1401764833482 1402077416742 1402375824180
1402716900132 1402802175600 1402873240470 1402930093662 1403015375610 1403157517950 1403299667490
1403655072840 1404067399422 1404650447220 1405006023570 1405703083752 1406243780052 1406713416450
1407553264812 1407638687160 1407994641510 1408094316792 1408906089702 1408977309012 1409347678440
1409589869382 1409732344362 1409988817470 1410131312610 1410872403402 1411300044342 1411770524220
1412184040962 1412326646982 1412725982142 1412982727410 1413367889052 1413482021100 1413981402990
1414081289952 1414366700712 1414466601282 1414680685812 1415323036602 1417465258902 1417893897762
1418837131350 1419323161962 1419823574532 1420195366680 1420438487862 1420681629852 1420724539422
1421296728942 1421439794322 1421797489272 1423543686252 1424130763530 1424273971470 1424445830502
1424689315212 1425090394212 1425548839332 1425735103722 1426279638630 1426695274692 1426709608050
1426881613962 1427211320940 1427383357092 1427598416862 1427784815100 1427842170852 1427956885812
1428315399762 1428889115682 1429821649752 1430496133122 1430969801592 1431156419790 1432362553782
1432434363492 1432477450182 1432664166660 1432836531132 1432908352722 1433382420360 1433439888432
1433482990242 1434776345862 1434920088042 1435020711852 1436027143992 1436285997852 1436602406472
1437005158752 1437105855642 1437537453702 1437897168252 1438041066672 1438055456910 1438703092140

1439278890300 1439552434782 1439710814520 1439926800930 1440387626082 1440862929240 1440920547072
1440934951710 1441223059590 1442001094722 1442447839380 1442505488892 1442981141322 1443082047372
1443658721052 1443745232040 1443947101092 1444062461172 1444091301912 1444105722390 1444307616642
1444394147070 1445576989362 1445822273352 1445836702470 1446009857502 1448969524092 1449113975472
1449374006100 1449475135422 1449547372812 1449662956380 1449951935460 1450631149662 1451021408472
1451180417850 1453161537312 1453262798682 1453494266490 1454000666580 1454579517540 1454608463112
1455216386652 1455520396050 1455592783920 1455838916142 1456157471082 1456533990030 1456707784422
1458591221562 1458663685752 1459069518480 1459344937122 1459852355292 1459997348112 1461375139002
1463043860532 1463203527270 1463305137912 1463639026290 1464001991640 1464510218730 1464611874732
1464655442670 1464728057340 1465076632812 1465163783160 1465367144052 1466209789512 1466238850572
1467154421382 1467198027120 1467837652392 1468142977230 1468491958782 1468942788000 1470019240692
1470208387962 1470324792330 1471634658990 1471692888822 1472100529902 1472653847370 1472901417792
1472930545092 1473221833932 1473411187122 1473629686692 1473891907560 1474256141910 1474605849222
1474751572842 1474868156922 1474911877140 1475349114960 1475567758170 1477609209330 1477973902680
1478367822042 1478922315990 1479944024370 1480119209802 1480484212752 1481243563032 1482046933842
1482061542600 1482266072772 1482704399232 1482719011230 1482938199840 1483069720782 1484034385890
1484209813242 1485423469620 1485774498852 1486696147902 1486725411282 1487676627912 1487720537562
1487822995932 1488057199740 1488203586480 1489008842250 1489213851222 1489360294842 1490180512170
1490400251580 1490605356312 1490825127042 1490913039870 1491059567010 1491118179882 1491162140292
1491572468700 1491777654072 1492407954522 1492774469472 1492847777862 1494343661922 1494754427802
1495517428482 1495590804192 1495781589462 1496295302592 1496853148140 1497278942322 1497881030520
1497983838162 1498306970862 1498497929292 1498835808630 1499188418982 1499643935400 1500158311290
1500364086342 1500511077162 1500893286990 1501437284892 1502025501612 1502510867130 1502790355572
1503349410432 1503599547582 1503908569260 1504673902452 1504894707822 1504997755872 1505262752772
1505660291862 1506912146532 1507692978042 1507766651832 1508901455502 1509432159510 1509491132382
1509682802172 1510243137480 1510316873550 1510788827022 1510936327602 1510965828582 1511821482282
1512751173660 1513474464522 1513548279432 1513710678570 1513814028012 1513887851202 1514079799920
1515024955632 1515482871450 1516147711080 1516398910662 1516517129430 1517137853562 1517167415022
1517536957572 1517551740210 1517684787192 1518320536602 1518424043292 1518838105332 1519133898492
1519725571212 1520065835190 1520243379342 1521545686590 1521693711330 1521900958062 1522211854620
1522582010970 1522878168450 1523381702262 1524492732912 1525204005072 1525470774900 1525618990440
1526137801530 1527279496392 1528124922102 1528881553920 1529015096622 1529682897612 1530053961162
1530395379372 1531405012500 1532207017152 1532444688480 1533321260802 1533365838972 1533469857222
1534881882312 1535223838722 1535714538360 1536235063050 1536383800590 1537008576882 1537201985760
1537335891342 1537410285852 1538198978322 1538571073272 1538898554052 1538972986362 1539464284752
1539732298740 1539910987692 1540030119420 1540700321250 1540804587972 1540953546552 1541281280772
1541445160950 1541504755902 1541921952822 1541996458212 1542637278870 1542786326010 1543591304982
1544157897522 1544560539612 1544724594030 1545082561182 1545574833732 1545917979150 1545977660502
1546097026662 1546246240842 1546350695052 1546768547172 1547022270642 1547067047532 1547440213482
1547589492462 1548231474120 1548365859222 1548440520132 1549008001872 1549052807490 1549381401822
1549575587580 1549724969520 1550307627882 1550905339962 1551144457050 1552669261782 1553446901502
1554194815602 1554464108742 1554912982482 1555481648910 1555586414592 1555766021112 1556739069942
1557158323182 1557607585722 1557787308882 1558386460962 1558536266982 1558626154050 1558760989512
1559585110722 1559675028030 1560109664892 1560229575372 1560754237902 1560904157682 1561278988632
1561728845172 1561998790200 1562253759702 1563003790602 1565450141220 1566606444522 1566786686082
1567132178052 1567688049402 1568153855340 1568364241992 1568514526812 1569085674792 1569987699072
1570258356900 1570288431432 1570664387382 1571566865262 1571973064872 1572394364352 1572424459332
1572574938552 1573447860012 1574155405062 1574245741410 1574622170760 1575149247450 1575299856990
1575375164460 1575661349262 1575932495682 1576083142662 1576158468852 1577107733070 1577318719482
1577559864090 1577695516032 1578042208602 1578117581592 1578464320530 1578901567392 1579248392442
1579429359762 1579730995002 1580123163870 1580379608292 1580636073522 1580756770242 1580786945142
1580862383652 1580952912240 1581465956532 1581782878410 1581843248082 1582235679030 1582447008162

1585165354122 1585180462560 1585286223642 1585331550900 1585407097770 1585694192292 1586071987842
1586449828392 1587281236002 1587447543660 1587931397292 1588082616672 1588339706142 1588884199590
1589746505052 1589897810832 1590094519110 1590684716952 1590881473902 1591441541052 1592047129932
1592062271130 1592365110210 1592501397192 1592849712642 1592895147900 1593228359592 1594016089392
1594243355322 1594394874942 1594546401762 1594925250312 1595652765672 1595774034360 1595925626700
1595986265652 1596941481102 1597199286612 1598200375800 1598534141892 1599854376462 1599930268572
1600173135420 1600355297652 1600507107432 1600917029802 1601615536950 1602101544822 1602359766492
1603423251432 1603848744192 1604183099532 1605596895762 1605672923952 1606631033370 1606783140510
1607467711740 1607680719192 1608532890120 1608974281662 1609552748442 1610816603220 1610923216062
1610968908360 1611029832432 1611151684032 1611410633982 1612218082092 1613772607992 1613818340682
1615343134482 1615571915652 1615617673830 1615724445432 1616334636552 1616746580682 1617601150650
1618471212672 1618669680630 1619112460692 1619158268982 1619356779060 1619646931062 1620150941052
1620181489632 1620380062422 1620486991272 1622626309152 1623207224652 1623543591672 1623711788250
1623818826972 1624507017282 1624920001452 1625317739520 1625470728660 1625730826722 1626143966412
1626495941622 1627001016060 1627062242532 1627184698932 1627536786750 1627613332620 1627674570612
1628210452182 1628669849442 1630125034932 1630293572070 1630783911462 1630967807742 1632393355452
1632592675170 1632822674580 1632899344650 1633819525890 1634156990622 1634310395202 1634356417980
1635614624832 1635798793272 1636658383080 1637226450222 1637487487092 1638193926480 1638224644692
1638869793672 1639146324972 1639807021950 1640022161322 1640175840942 1641174933972 1642251220512
1642635694062 1643066357862 1643450926812 1643943240732 1644266361810 1644804967500 1644835747632
1646251945032 1646267341830 1646344326900 1646421313770 1646944872222 1646960272260 1648038453840
1648346570520 1648500639660 1648608492342 1648993709292 1649502264570 1650072556152 1651151755812
1651691487942 1652385558852 1653280354200 1653573529482 1653897595560 1654283429910 1654468646382
1654576694112 1654823673600 1655518402230 1655626484232 1656630271302 1657603462920 1657634362572
1657897021242 1657974277752 1658283321792 1658298774750 1658329680882 1658685122100 1658901496272
1659226083990 1659844434150 1660076345160 1660339197222 1660602070092 1660617533850 1660926824130
1661004151200 1661545491090 1661854867770 1662117860592 1662612962352 1662891489492 1664021310930
1664315436972 1664470250592 1664516696082 1664625071412 1664640553890 1664857316142 1664950218570
1665492201060 1665863897172 1666142696472 1666483482852 1666886275320 1667382086712 1667490555282
1667568034992 1668962977572 1669087000692 1669939784382 1670063843790 1670141383260 1670901365322
1670916876960 1671149560170 1671304691310 1671335718402 1672313219220 1672499442252 1672701195570
1674238023852 1674393298272 1675371692682 1675915368612 1676303762562 1677205009830 1677593553180
1678355228682 1678790549442 1679288128002 1679599152042 1679770227540 1679987972592 1680159067890
1680376838142 1681232500752 1681248060270 1681403659410 1681699317612 1682026127970 1682212891002
1682244019182 1683255841812 1684127809860 1684236821742 1684392559122 1684735206702 1685607557790
1685669877222 1686495718452 1686963265392 1687352937342 1687555584540 1687851783102 1688179190700
1688569003050 1688678158572 1689660717030 1689879102162 1690347117822 1690503137442 1690737180372
1691018053272 1691127287922 1691174103852 1691330161632 1691486226612 1691517440472 1692001292130
1692032510742 1692656943462 1692813069642 1694015482392 1694890232520 1695046461660 1695655824102
1696359070692 1698047457372 1699032737430 1699064020842 1699110946500 1699220442222 1699251727362
1699877490642 1700080888512 1700237356692 1700425128012 1700894601672 1701990292212 1702005947490
1702162504230 1702976715342 1704590054400 1704856407102 1704966087792 1705639918002 1705953372762
1706266856322 1706784167160 1706940943500 1707364275582 1707599482752 1707866070462 1708383623652
1708462047642 1708650272562 1709042441112 1709403275922 1709795530872 1710737126352 1710894084132
1711317906102 1711647581700 1711788880962 1711867383072 1712307028152 1713217901100 1713516343182
1714034751732 1714584664662 1714694657832 1715024658510 1715244676602 1716596525910 1717618625820
1717917450942 1717996093452 1718169113310 1718200572402 1718703957042 1719097277592 1719349026360
1719537850032 1719648001962 1721143269852 1721694321822 1722182470080 1722213965892 1722339952020
1724372114562 1724923683132 1725601445262 1725806376300 1726105912782 1727067758220 1727099298672
1728077195532 1728092970330 1728755576862 1728834467052 1728944916342 1729355187450 1729781289732
1730965182582 1730996758602 1731391483152 1731517804512 1731707295192 1731944173122 1731959965560
1732544336382 1732812864132 1733444776212 1733697573300 1733776576170 1733808177822 1734045199392

1734282237162 1734645726540 1734835388292 1735594138980 1735704803982 1736969797422 1737096322110
1737159586182 1737491741460 1737570830730 1737760652322 1737871386372 1738124506020 1739311250070
1739342902122 1739738577072 1740640884222 1740973372140 1741480081452 1741670116452 1742002702650
1742034379182 1742303641332 1742699652882 1742794702350 1742858070102 1742905596672 1743064023252
1743333364962 1744442638302 1745124223992 1745837653902 1745885221080 1745964501150 1747217365152
1747693254012 1747740846462 1747772575122 1748803913352 1749121309392 1749883177392 1750121295162
1750168920660 1750232422332 1750470563862 1750915138062 1751550341982 1751740925622 1751899753242
1751995053270 1752074471940 1752392164620 1752773433852 1753138855782 1754171775852 1754251243842
1754696297850 1755793279032 1755952290252 1756445270790 1756508886222 1756683834600 1757399623230
1757463255942 1758020091312 1758513362010 1758911211360 1759229523240 1759309105710 1759579699572
1760025428940 1760375684472 1760901133110 1760964829182 1761936337020 1762207132842 1762716922602
1762971845130 1763322393702 1764151101582 1764916235502 1765442361300 1765553973822 1765825047492
1766159931930 1766271567132 1766590544292 1766622443592 1766670293082 1767180727962 1767659327622
1767818875242 1767898651752 1768153948680 1768744393422 1768903990002 1769494559952 1770388583040
1771698095652 1771969640562 1772209256292 1772576698542 1772816355312 1772928200682 1773103964820
1773247778322 1773647290872 1773663272310 1773695235402 1775421670050 1775565577512 1776013326912
1776125273082 1776445138722 1776940987380 1777244928822 1777292921952 1777564895262 1777772888892
1778444951472 1778524967382 1778701008720 1778733017172 1778893063752 1779261198210 1779533322072
1780525950132 1780766143662 1781054397282 1781246579322 1782848499522 1783457417982 1784050412172
1784338931472 1784739691422 1784948104380 1785140496372 1785300830952 1785573416262 1785813949992
1786214875542 1786311104370 1786535648382 1787032903200 1787257492572 1787433965550 1787995528440
1788268319382 1788878162610 1789343639232 1790965254630 1791238272012 1791350696982 1791431002692
1791527371920 1792041384912 1792362680472 1792394811612 1792716138852 1793214252990 1793455300800
1793519582952 1793616008340 1794451803612 1794580404780 1795705861560 1796381304972 1796702989332
1797539503452 1797619947762 1797716483310 1798022196312 1798472768112 1798746357102 1799470663692
1799599444572 1799760427152 1799921416932 1800533243760 1800597652632 1800726473832 1801257909990
1802047156812 1802063265690 1802304907500 1802739903582 1803658401012 1804544892222 1805044646880
1805802471402 1805995984002 1807689661512 1807705795590 1807931680242 1808335080792 1809061315182
1810530368040 1810998653022 1811337793740 1811483149482 1811773878462 1812048477252 1812064630770
1812210015672 1812549269790 1812613893222 1812694674132 1813308667872 1814278343352 1814811775350
1814924937672 1815943557330 1816816887342 1817027164812 1817108044002 1817997833892 1818774555780
1819243905642 1819454323512 1819535256702 1820717086260 1820781855132 1820943782352 1821607759230
1821834510762 1822644452862 1822660653540 1823535597072 1823713852050 1823989354152 1825415815320
1825529307762 1826210336502 1826388722160 1826615771052 1827361888200 1827475441122 1827507885462
1827881016072 1828903264530 1829227847610 1830526467930 1830688827870 1831208428062 1831370818242
1831906756920 1832182877142 1832345310522 1832475262410 1832800162290 1833271318272 1834668895500
1834896458472 1835871888192 1835888147550 1836619893180 1837172864352 1837872329442 1838441759772
1838555656422 1838897367540 1839125192592 1839336757062 1839466956630 1839987800982 1840020356202
1840199415060 1840394761932 1840443600270 1840671521082 1841567060892 1844254987122 1844271283560
1844466846432 1845167698530 1845281803332 1846292599872 1846586108772 1848298708962 1849147147722
1849522480812 1850126357442 1850207969952 1850991541632 1851269096382 1852248867702 1852379523462
1852542849642 1852820520672 1853065541802 1853522957922 1853604645312 1853964091212 1854536008782
1854715772520 1855206081540 1855402223292 1855843580142 1855859927700 1856137847202 1856350387920
1856759154270 1857004435680 1858182011952 1858754579682 1858885464690 1859049077430 1859245422222
1859294510040 1859621778720 1859899979742 1859981807532 1860603757560 1861455015552 1861536877542
1861733353662 1861815221772 1862306468232 1862846914182 1864452337050 1865599491030 1865714225832
1866287952762 1866746997810 1867271689842 1867304485542 1868058866130 1868386905210 1869075881022
1869108692562 1870175224392 1871619629112 1872719720202 1873294523172 1873508043882 1873590170472
1873623021612 1874132251110 1874197963182 1874214391380 1874542970460 1874789423670 1875233080272
1875693224040 1875857574780 1876334232642 1876498611462 1877090434830 1877156198742 1877205522432
1877419265910 1877781013362 1878159241140 1878192132312 1878471718902 1878932259822 1879458661422
1879952229882 1880824359192 1882141163832 1882503365892 1882766807460 1883129069712 1883409023502

1883458429272 1885567012440 1885649402910 1886011942362 1886143783530 1886885475960 1887297590310
1887380018580 1887445962492 1887957066870 1888105464972 1889012468982 1889342342622 1889936187750
1890167152722 1890464128422 1890497127162 1890926136990 1891949356842 1892659171860 1892890303152
1893237026550 1893798455562 1894310419260 1894459066842 1895384116170 1896193719552 1896243292722
1897102663962 1897152249012 1897929166062 1898193684750 1898838526272 1899053497782 1899086571402
1899169256712 1899715024902 1899764644080 1900740619602 1903057496682 1903074050880 1903719720762
1904348940342 1905342656622 1905557995980 1906088113932 1906204087062 1906552027620 1907082283812
1908126441150 1908292206690 1908706652040 1908938761092 1909850754702 1910199027900 1910265369252
1911011788842 1911360167880 1911609029490 1911725170452 1911808130442 1912388900772 1912521660660
1913002953882 1914098536590 1914131740962 1914513611940 1915128006042 1916124530322 1916539825272
1917337317720 1917619802742 1918500624900 1918733328672 1919032539972 1919148906222 1919331774600
1919448149922 1919780670282 1920445797402 1920562206492 1920778404162 1921244102010 1922059209072
1922159029980 1922691451932 1922824568940 1923323798760 1924222575732 1924522214712 1924738635150
1924971716922 1925571134850 1927020113412 1927553208132 1928302997322 1928402980230 1928469636942
1929736333350 1929853023672 1929969717522 1930519893192 1931053471752 1931687192052 1931803941342
1932154210380 1932437784762 1932654649800 1932804794262 1933772531802 1934440078122 1934606982702
1934823969420 1935107739642 1935608561382 1935892389132 1937579088930 1938414360630 1938564728652
1938648268962 1939701031092 1940035301052 1940319453162 1940954691942 1942008080040 1942258928850
1942509793860 1942543243752 1942911211572 1944600965610 1945186695300 1946927669652 1948233911472
1948769932272 1948954206450 1948987711782 1949406552732 1949741657892 1950127064430 1950529268382
1950696865602 1950713625720 1950747146172 1952222331180 1952457071112 1953094293492 1953228458820
1953379400322 1953647755170 1953798712872 1954234845660 1954402602000 1955107257252 1955140815432
1955526755202 1955862385962 1956147694752 1956449809092 1956819091632 1958044687902 1958095063080
1959220277562 1959841803192 1960110601560 1960144202652 1960396220022 1960849892112 1961152369332
1961370839610 1961522095392 1961875048230 1962496994772 1963371248412 1963842081012 1964094335982
1964565255270 1966399014372 1966786063662 1967930606070 1968940772910 1969109159250 1969277552790
1969513315842 1969681726662 1969698568140 1970237533452 1971046119660 1971383079540 1972124492652
1972562665920 1972630081512 1973051455062 1973102022912 1973304300792 1973776322832 1974838578810
1975833649092 1976137279752 1976187887130 1976778354420 1977284539440 1978077692922 1978111447662
1978128325140 1978381495950 1978499647872 1978617803322 1979056697310 1979478756660 1979765782722
1980441220242 1980474995142 1980914095050 1981201225152 1981420809270 1981539051912 1982096529030
1983617319690 1984208895780 1984631504130 1984918903512 1984969623210 1986745220880 1986829792950
1987117351452 1988606222220 1988673911412 1988775447360 1989232391202 1989367792050 1990366515612
1991687246712 1992567977472 1992906771912 1993635277482 1994008052742 1994177507562 1994363916180
1994397809592 1994652019362 1995109637772 1995669020442 1995702924942 1995753782232 1996482807930
1996652367870 1996821935010 1997025425082 1997195008062 1997534195622 1997839489050 1998043030962
1998687648750 1998755509302 1999909314942 2001182280792 2001470876022 2002065108192 2002489613742
2002999079802 2004578836392 2005258493112 2005462412592 2005649347890 2006873139522 2006958138912
2008794565080 2009219783430 2010870056652 2011414625292 2011755018132 2012486960262 2012878518840
2013627693552 2013729864540 2014070453220 2014394039142 2014615455012 2015381988522 2016659868372
2016830282952 2017120004262 2017801783542 2018909920572 2018961072702 2019506735742 2019523788900
2019643163022 2019933086292 2020069527972 2020581225312 2020666514502 2020956511212 2021127107232
2021553628782 2022423872280 2022918800142 2023567417962 2023686911532 2024216139750 2025189417372
2025479738442 2026009201020 2026043362272 2026607064510 2027153759742 2027358789462 2027580916692
2028828472530 2028913935600 2029375467282 2029495132212 2030144803392 2030196097650 2030349984312
2030520976332 2030709075870 2031512872032 2032966949862 2033086720632 2033189384100 2033908100952
2033942328732 2034900823500 2035020651222 2035140482472 2035619842752 2036013645210 2036390361462
2037469332600 2037760532502 2039079757332 2039268252870 2039302525722 2039782375890 2040296563710
2040416550192 2040879388242 2042216770782 2043039993150 2043211518690 2043331590852 2043537437052
2044532506512 2045819593362 2046162884922 2047192932402 2048085849882 2049305340060 2049391233330
2049992536620 2050198718052 2050250265030 2050422092970 2051143848942 2051882921160 2052003247842
2053034764122 2053842966252 2055924388650 2056044833772 2056079247312 2056096454190 2056388982132

2056733159292 2056819208082 2056939679412 2057369962962 2057714222202 2057903577060 2058058510242
2058075725400 2059022669970 2059057108422 2059625384460 2060831078040 2060986121382 2061382369752
2061502974642 2062106052012 2062157748462 2062295608830 2062364540742 2063277997332 2063933052960
2064967563000 2065002051132 2065122761862 2065898843652 2066640569142 2067020108082 2067468699030
2068141676712 2068331510730 2068573130262 2068935586020 2069522486472 2069885025390 2069919554562
2070437526702 2070489327480 2070696537072 2072199116682 2072302762950 2072682821442 2072734650300
2073339368190 2073944174280 2074186121412 2074272534522 2074877476692 2075275058142 2075586235410
2075828278302 2076658246782 2076865764822 2076917645952 2077177061322 2077350013902 2078007299370
2078560883562 2079028027572 2079824023440 2080170156120 2080499008842 2080550935332 2080689409140
2080897128492 2081156792262 2082593891280 2082628526292 2083234685622 2083719676590 2084135428062
2084325994680 2084568546612 2084845766100 2084967055422 2085105676110 2087948415702 2088139156560
2088780803382 2089040958552 2090255230212 2090810443332 2090862498342 2091088077540 2091730177242
2092389733590 2092511242152 2092910509410 2092997311680 2093118837882 2093466075042 2094212732460
2094247463952 2094455858952 2094507959322 2094890048502 2095428506040 2095723818582 2097930635352
2098991015310 2099929935882 2100156003672 2101077790590 2101338710400 2102243357832 2102365152162
2102556550380 2102713155402 2102800160712 2103078589800 2104975878462 2105167395480 2106543091842
2106943695492 2107030788282 2107152721212 2108215428930 2108738170350 2109173837700 2109417831072
2109504974982 2110568275620 2110725178722 2110777481052 2111736471942 2111910857322 2112643354542
2112660796500 2113079425092 2113777231572 2113951701192 2114004043482 2114178522462 2115103381260
2115836431872 2115958619322 2116325202840 2117180687862 2118280851192 2119014452172 2119730708970
2120289822762 2120779107810 2121076201272 2121513141222 2122999073652 2123051527830 2124345602682
2124782879232 2125325164650 2125762542000 2125920008862 2125972499112 2126059984302 2126462439360
2126619932142 2127512501400 2127600018270 2127845075082 2128422764832 2129158119732 2129420777262
2129438288340 2129560867902 2130086248842 2130699275172 2130751824390 2131084651152 2131312389702
2131452542550 2132100809412 2132223465582 2132679076530 2134379285352 2134502007042 2134817593302
2135483907570 2136167864532 2136273098400 2136343255752 2136518654172 2136658978092 2136711600750
2136887014290 2138027377800 2138360772282 2138799488832 2139168045510 2139431319720 2139466424172
2140958629602 2141081540292 2141713708140 2142925624002 2143101292422 2143593202302 2143716188592
2144770501512 2145385637082 2146018439970 2146616172822 2146967819262 2146985402340 2147284325682
2147460172662 2148638533152 2148726483462 2148832026210 2149131078072 2149694055672 2149870001292
2151031422960 2151242624232 2152474838292 2152915000242 2153319988980 2154359047302 2154623254632
2155257418320 2155504062732 2156208838812 2156667005040 2157319094742 2157706870482 2158200453642
2158517786910 2159487560880 2159558098392 2162168796192 2162698183932 2162786421522 2162839364940
2163757153812 2163933673992 2164763415282 2165557997472 2165787570582 2166052477752 2166087799932
2166529351482 2167235927562 2167518590250 2168030963352 2168437371282 2168472712902 2170169449350
2170381588062 2170434624360 2170735175622 2171919903792 2171937588750 2172910372320 2172981128712
2173264165800 2173299546732 2173388000322 2174325719040 2174414193510 2174945078130 2175334434702
2175511426482 2176254870582 2176485009972 2176803684600 2178114036492 2178167167182 2178840212010
2179105916220 2179531076652 2179548792570 2180168895060 2180292926142 2180700481680 2180771364792
2181267578832 2181480259272 2182472905080 2183182076040 2183252999472 2183430313092 2183802695130
2184192843702 2184370195482 2185611859542 2186445746232 2186552211300 2186978097492 2187173309190
2187475017132 2188060744890 2188185000252 2188273756242 2189552042082 2189960462052 2190138047832
2190404440002 2190457720380 2190883986732 2191079372670 2191292530902 2191523464020 2192003133222
2193158107692 2193335823072 2193371367012 2193460228122 2193815690562 2194811138610 2195682340872
2196180248352 2196322518000 2197105083432 2197389687240 2197549784982 2198101277400 2199435819450
2200040945262 2200058744340 2200592750160 2201429489562 2202230772072 2202284196090 2202586944432
2202675992022 2202800661672 2202978767292 2203424062842 2203602193662 2203744703502 2203833774492
2203958476902 2204778037650 2205294795552 2205918549522 2205972018252 2206595867982 2206649344920
2208467946372 2208610613460 2208735450942 2208860291952 2208913796322 2209216999992 2209538061852
2210519228742 2211447077742 2211857534592 2211982463802 2212071701112 2212357272600 2212446517470
2212482215922 2213410476762 2213606864580 2213767552002 2214535361292 2215731980622 2216410803882
2216732388030 2217089731110 2217447102990 2217715150800 2218340658690 2218644508632 2218698131370

2218948379382 2219448917742 2220342876642 2220736275582 2220825689292 2221863019872 2222095558230
2223079509000 2224421611050 2225119664172 2225173365102 2225352372882 2225585093760 2226122188380
2226372854712 2226551910732 2226605628942 2226730973952 2227984618092 2229865745802 2229883665120
2229919503972 2230492964772 2230510886610 2230761799902 2231227819170 2231263668822 2231317443840
2232249647112 2234007020940 2234258130792 2236411079832 2236823846802 2237577693462 2237595643740
2238403480770 2238852342120 2239660405950 2240019592230 2240181235452 2240360845872 2241797988432
2242606583622 2242983977940 2243199646092 2243738861832 2245177087272 2246256058752 2246435912532
2248288825470 2248648702950 2249674511772 2250808572630 2251114638012 2251474741572 2251600784622
2252195035092 2253690011670 2254753007472 2254843103382 2255041320720 2255581957740 2255672070210
2255834277192 2255852300550 2256609346602 2257420608312 2257925466960 2258989461042 2259187860540
2259458419350 2259945466032 2260847542932 2261894177640 2262327338712 2262832745712 2264602114740
2264872997550 2265125836122 2265324504900 2265577368672 2265812183382 2265902499972 2266498634610
2267293602762 2267474296782 2267528506392 2268847806630 2269064714622 2269118943240 2269281632982
2269570873590 2270113249410 2270239813092 2270384461620 2270836517970 2270926934640 2271270534402
2273350771932 2273368865130 2274165037122 2274219326652 2275812107820 2276029348452 2276210390232
2276264704170 2276445755310 2276518177782 2276717345520 2276880307422 2277894423630 2278618930590
2278691387622 2279923333422 2280140770182 2280430701990 2280593796732 2280702529800 2281137487992
2281282483272 2282225064912 2282406352932 2283004654482 2283095313072 2283185973462 2283512365770
2283729973602 2284400996352 2284455407922 2285090257452 2285906622162 2286269497722 2286396510972
2286487236882 2286813865062 2287049777700 2287303851072 2287449042192 2288592583290 2289391416402
2289445887372 2289591146460 2291443603752 2291770585740 2292842523582 2293078746972 2293169605362
2293405845600 2293860187950 2294441811822 2294623584402 2295387107862 2295496193010 2296314414240
2296769044590 2297114593752 2297678440290 2298569822712 2298860923800 2299570559922 2299770733500
2300025512472 2300262105582 2300407707390 2301863978910 2302082459382 2302319158260 2302628705922
2302901853492 2303083960872 2303575686762 2305688884050 2306217334752 2308313511282 2308641694662
2308878730500 2309279895792 2309407546602 2309516964390 2309589911022 2310866663562 2311870073772
2312344488960 2312837202402 2313475983132 2313530739870 2314899868920 2315338075752 2315904154290
2316086775030 2316159825342 2317493195892 2318278785510 2318918317200 2319740701830 2320691194542
2321550461232 2321916154872 2322117298650 2322519612342 2322647628552 2323123148220 2323470674142
2323891398192 2325135500760 2326325027670 2328009185742 2328888118830 2328961370742 2329785534132
2330628162960 2330939607822 2331342685002 2331800769552 2331984015972 2333321932962 2333651889270
2334146867472 2335393711800 2335577099340 2336072281662 2336219012430 2336659232382 2336805981582
2337301294152 2337393024462 2337778311420 2338090233642 2338604033250 2339044477842 2339374838502
2341118795112 2341339130592 2341614564522 2341853287032 2343083819082 2343561426030 2343690020832
2344057453992 2344571908800 2344976162892 2345104796502 2345490718500 2346133992390 2346170753562
2346317801130 2347145029560 2347402419252 2347586277672 2348101119552 2348799923820 2350988957142
2351412165192 2351632984512 2351927426400 2352185078172 2354044269810 2354228388150 2354541405852
2355185919582 2356014709692 2356106806482 2356162065420 2356438369830 2356991027250 2357083143120
2357433199842 2357580599922 2357893840392 2358078109212 2358096536490 2358870547182 2359110147660
2360935196622 2362244504640 2362336723110 2362465831992 2363720216160 2364089216040 2364402888582
2364495149172 2365694700642 2366100771582 2366765326470 2368150115520 2368242449190 2368371719352
2368408654332 2368611801870 2369387536242 2369904763050 2370495948522 2371844866320 2372066642952
2372196017442 2372842942812 2373083251842 2373268113222 2373323573040 2373674833602 2373915184752
2374247998740 2374839725652 2374876711032 2375801439132 2376078892662 2376689347452 2376818847942
2377891987722 2378447155062 2379224498202 2379409598622 2382427750632 2382668544510 2383039020390
2383113119022 2383817113482 2384465621412 2384613864180 2385243947352 2385707296902 2385985328232
2386189228170 2386504363392 2387468435592 2388173073012 2388228706710 2388581068512 2389434262620
2389990775640 2390732893800 2391233888682 2392217475720 2392662940152 2392904250702 2394018149382
2394612334662 2395930946520 2396153846352 2396562522972 2396748296592 2396804030082 2397268501032
2397417141240 2397974583060 2398141828242 2398532089680 2399219770422 2400614020272 2400651205812
2400669798690 2401041671370 2402603851122 2402808459900 2403217703592 2404371214212 2404575898230
2404650330942 2405078341392 2405599449000 2405878637010 2405953089882 2406195069672 2406790764072

2408000995302 2408392058100 2408950774320 2409081150762 2409453674322 2410105659852 2410161548430
2410422370362 2410478262612 2410906791390 2412062145642 2412118056900 2412304432440 2412844962222
2413124570352 2414522854002 2416033455240 2416219981980 2416947505062 2416966160940 2417992345110
2418066985182 2418645484800 2418832112340 2418925428810 2419522696842 2419746691362 2420026699092
2420829477702 2420866819482 2421146892012 2422360726842 2422752953880 2422921060902 2423219932230
2423967191190 2424135340332 2424994860360 2425368612240 2425405989012 2425966675152 2426097511242
2426845213722 2427611728320 2427686516712 2428060475952 2428640169690 2429107715040 2429893292532
2429986822122 2430211300482 2430959636562 2431015766412 2431427405112 2432381792490 2433224054520
2433261491772 2434234961412 2434422189432 2435732987172 2435920272792 2437156538460 2438168261832
2438599244802 2440004888652 2440042378032 2441317188312 2441448437682 2441692195872 2442761125422
2443098730722 2443342571280 2443473875082 2444186728710 2444655768060 2444937213270 2445631514052
2445819179832 2445969317640 2447264447502 2447414629662 2448353372562 2449254735090 2449536444900
2449799388672 2450701017312 2450757374610 2450945236950 2450982810282 2451546444822 2451959818002
2452805462592 2453463286962 2453613659202 2454647593092 2454929612862 2455155240342 2455249254852
2455587721992 2455813379712 2455907406822 2456302340340 2456339954712 2456622071682 2457750701562
2459105399562 2459124217440 2460046381662 2460328711392 2460441647820 2461364059002 2461608809352
2462230153350 2463021068202 2464283028612 2464659795852 2464848190272 2465130795402 2465187318372
2465903332080 2466223687662 2466845613780 2467825777692 2468334785742 2468636444910 2469654680682
2469862124820 2469994139262 2471276748870 2472295528962 2472578560692 2472786127590 2473484371092
2473616482302 2473710849612 2473918464030 2474050586832 2474673498990 2474767886460 2474805641952
2475220971372 2476032852222 2476882637532 2476939295070 2477883682770 2478204815592 2478261488250
2478525969222 2479584034230 2480226541002 2480566725342 2480888031972 2481039242292 2481700841622
2482022221692 2482116749202 2482702859940 2483742904110 2483932026450 2484007677402 2484102242712
2485331755542 2485823645850 2485993926912 2486277741642 2486523727512 2486712955692 2486845419702
2486996811462 2487526718910 2488738147902 2489590110492 2489798390190 2490177102870 2490783103062
2491029311700 2491313413710 2491919552142 2492108985522 2492772059052 2493378374892 2493776309730
2494629134160 2495197764780 2496088749702 2496411060012 2497074705582 2497283298120 2497852231140
2497947059610 2498800596840 2499787088112 2500546060032 2501058431202 2501248211622 2501532895752
2501912499792 2502311115030 2502728746002 2503203368952 2503962859272 2504190728832 2504437599222
2505254257200 2505995062122 2506185029742 2506754975802 2506906972362 2506963972260 2508560232492
2509054416000 2509244499540 2509320534972 2509377562302 2510366138982 2510423178192 2510613313572
2511031636752 2512096616640 2513142798810 2513409134502 2514379476720 2514760054200 2515311942702
2517367784262 2517900917310 2518415063352 2519881619982 2520072113202 2520567429270 2521139008290
2521501041852 2521901214450 2522358593442 2522415768732 2523140045160 2523883489602 2524417312122
2525504196672 2525713973250 2525980974222 2526228916332 2526362428662 2526381502140 2526553166682
2526743911902 2527049119230 2528747171412 2529319677072 2529758641962 2531954037732 2532049511322
2532087701262 2532908854632 2533042543362 2533157136510 2534093077572 2534303210550 2534723502642
2534971873440 2535048297672 2535831712470 2535965478312 2536443242262 2536500576960 2536577024232
2537207758182 2537265101520 2538737135622 2539215160572 2540266973862 2542122520812 2542524326370
2542619999040 2542887892092 2543098389390 2543615101512 2544284991642 2544667825602 2545280419842
2546582427402 2546620726782 2547444233112 2548018851252 2548172093700 2549264079522 2549321558940
2549896388760 2549934713052 2550701259372 2551142075670 2551659604272 2552656473912 2553960366432
2554152143412 2554497360120 2555840091300 2556300537492 2556645899352 2557451834412 2558123543982
2560196803782 2560676844732 2560811264262 2562078821850 2562943245480 2563596462252 2564038391382
2564422708542 2564480358600 2564614877922 2565037675902 2565575832822 2566729216302 2567440598652
2567632881072 2567652109710 2568844425882 2569132931052 2569382981970 2569479158640 2570960506662
2571633987792 2572153590642 2572346049462 2572653998550 2572884972462 2572981214652 2573558705592
2573712714120 2574232526922 2574656116902 2576293041972 2576697538890 2577352505982 2577410301192
2577834152532 2578816851030 2578855392042 2579048101422 2580069581340 2580724976832 2580937034370
2580975591222 2581611820860 2582093865210 2582132430702 2582460249012 2582614523652 2584118942880
2584350430872 2584389013212 2585257192002 2585604504342 2585739576552 2587090492692 2587766083062
2587823994912 2588152174302 2589078910782 2589523030800 2590179625812 2590469326542 2590778358510

2591261257860 2592594293562 2593096685790 2593483174470 2593908345282 2594623483872 2597059560060
2597136914532 2597736450750 2597813815302 2598219998100 2598452116812 2598974421822 2599264613952
2599709606682 2600135287542 2600483597802 2600812578912 2601199642152 2602419079602 2603329004772
2603735618490 2603774345262 2604587674002 2604936282342 2605071858552 2606427814692 2606544055920
2606582803572 2606718422622 2607125300940 2607939152832 2608384887450 2608617459762 2608811277942
2609838634500 2609877406632 2610206981382 2610303919092 2610749855742 2611564273122 2611777593900
2613562072452 2613620272230 2615172505350 2616123475692 2616317572512 2617094031792 2617890022110
2618647295952 2618705552322 2618802647712 2619482365842 2620414694130 2620608950070 2621075193702
2622260416260 2623212674322 2623601400762 2623951279182 2624631665112 2625156594522 2626187164152
2626809492792 2627412443970 2627704219380 2627898745320 2629007680662 2629649802780 2630214156642
2631498773910 2631965985222 2633134194942 2633192612232 2634302663862 2634322140540 2634361094112
2634653255082 2634789602412 2634984390432 2636075336400 2636835235722 2637868094952 2638004525442
2638511298150 2639291043510 2641182404412 2641728490260 2642898864300 2643093951840 2643328066392
2643425617182 2644732971432 2645279424192 2646313935750 2647075309272 2647387699320 2648442151812
2649242894850 2649711678642 2650004689572 2651235512382 2651587228530 2652994326402 2653228879002
2654401797522 2654597309142 2654812380240 2655047013192 2655594530400 2655887866410 2656024762092
2656415912052 2656572380100 2657061372450 2657452598730 2658372093852 2659643998122 2659878844482
2660661740562 2662032085902 2662580322822 2663226531660 2663755306302 2664107851890 2664597537240
2665087267590 2665459492752 2666106050862 2666360777100 2666497942422 2667242615730 2667419000952
2669340017532 2669379229152 2669790968550 2670124304652 2671045989222 2671242112842 2671438243662
2671497084312 2671928602212 2672183606442 2672634797580 2672732887650 2673360706722 2673694265592
2674204454700 2674538066202 2674793194920 2675067962532 2675224978932 2675754943302 2676442012272
2677718231502 2677777141272 2678228804370 2678523387780 2680369812672 2681411162502 2682433060782
2683219268862 2683867977252 2685145965522 2685342606102 2685696577290 2685735908862 2686384921380
2687466783150 2687663508690 2687938936542 2688784981752 2689276929702 2690201913672 2690359373592
2691304229880 2691343602492 2692032669822 2692072047762 2693804962242 2694159490710 2694553438590
2694651930060 2694986814522 2695715752632 2696267446992 2697390713502 2698139687802 2698238244792
2698297379850 2698494501390 2698987336740 2699184483480 2699519649462 2699677381830 2699854836252
2701097180502 2701136624682 2702142548580 2703306498102 2704095758982 2704352293572 2704845663522
2705102233680 2705674626342 2706089155380 2707174977150 2707471148160 2707550129832 2708043791382
2708300513172 2708557247130 2709189259482 2709880607412 2710038642180 2711559962442 2712014465580
2712389953422 2713437504252 2714584112400 2715711187422 2715908944002 2717550601500 2717649512370
2718341938860 2718520005642 2719212543012 2719628107770 2720221826790 2720419747530 2720815610610
2721152116872 2721310479960 2722834960302 2723092382220 2723230999062 2725667270640 2726301275952
2726558861670 2726737197372 2727430780542 2727490234632 2728084811172 2729234509560 2729908583292
2731554465822 2732010641520 2733379397142 2733498435570 2734430992932 2734688962410 2735482790970
2735760658182 2735859899892 2736375985800 2736455387952 2736514940322 2737944391602 2739155746560
2739493385022 2742215113332 2742334344000 2743169031252 2743367785032 2743606299072 2744063479962
2744103236622 2744520698940 2744719501680 2745355718832 2745693739182 2746051665762 2748597594210
2749632214602 2749672011582 2749771505292 2749990397790 2750328703332 2750567519772 2750826249282
2751323840232 2751463173762 2751622416402 2752418698722 2752558059972 2753075718360 2753274830700
2753613338202 2753912038572 2754051437622 2754111181152 2754668818680 2754967576290 2755107002052
2755206594042 2756461607340 2756541300372 2757158960430 2757437926362 2757457853040 2757597341802
2757796617582 2757956043390 2758095544752 2758733310192 2758992423462 2759151883830 2759829641802
2762142618930 2762780852082 2763538849710 2763877987572 2764217146242 2764576278102 2765214792342
2765334521970 2766871282272 2767530024510 2767629840780 2767909335912 2767929300390 2768628102480
2768927616090 2768967552462 2770565243502 2770705063392 2771004689322 2771064616452 2771164496442
2771264378232 2771923643190 2772702875592 2772762821082 2773102524432 2773821964920 2774301643752
2774421569940 2775221144100 2775620974380 2776020833460 2776900624812 2776960615662 2777160589842
2777300576052 2777420567040 2779820931120 2780821388820 2781061525452 2781802012002 2782002160422
2782062206352 2782502562972 2782602648882 2782622666280 2783723734050 2783903929512 2783963995962
2784865070472 2785265594832 2786567497902 2786607561282 2787128411430 2787468993612 2787529098510

2788070071752 2788110145932 2788170257742 2788210332642 2788671214692 2789512923672 2789613135582
2791016291322 2791377159822 2791617751782 2791878404772 2792780759082 2792941192890 2793282130032
2793442578240 2793723373692 2794485603912 2796491969712 2797334858052 2797696134792 2799161551830
2799261936900 2799864285120 2800567106610 2800747846392 2801149511232 2801350354452 2801772148650
2802053362422 2802254238042 2802957359412 2802977449890 2803459642962 2804223200142 2805670225182
2805871230402 2805991836990 2806092344460 2806494392340 2806836155682 2807740923792 2808183307932
2808303964200 2810295166842 2810657279502 2811059654262 2811160252452 2811703513782 2812206580332
2813172594252 2813414123652 2813514763962 2814823251792 2815930671402 2816132043822 2816192456952
2816857044150 2816897324682 2818166308860 2818669953210 2819153494122 2819959487802 2820221460552
2822277361332 2822902342350 2823608049240 2824051681572 2825100405612 2825221424760 2826108977712
2826633506340 2828187203562 2829357802830 2829499098432 2830346946132 2830468077600 2830770917610
2831376646230 2831457414942 2832669083862 2832790265010 2834143630572 2834446667142 2835760012812
2837114087502 2838650444070 2838832408572 2839155915420 2840713049922 2840773726140 2840854628772
2841218704872 2841785091840 2842371766422 2842695474870 2843282243412 2843909545710 2844253579572
2844455962152 2845123875750 2847229328502 2847938069472 2848140583092 2848464619860 2848667152200
2848869691740 2849983787910 2850125597592 2850166115292 2850287670120 2850591568530 2850733393332
2850936006312 2851543888452 2851847853822 2852009975310 2852253166182 2852395032312 2852901725862
2853611172432 2854482898962 2855131712082 2855841435852 2856449840712 2856510684762 2856754067442
2856875762670 2857159728282 2858031996612 2858600056860 2859087010572 2859655175652 2859817518900
2860507529112 2861623898322 2862050205840 2862090808212 2862659271660 2863065351540 2863512072672
2863654218522 2863857290142 2864486857920 2864771201532 2865543062472 2866355659992 2867920234542
2868123457362 2868489276582 2869444581192 2871579346902 2872453813392 2873165686722 2873511485592
2874020051142 2874996623142 2875037317242 2875301835912 2875668112620 2876176868970 2876787435990
2878151269632 2879169266532 2879739423420 2880635498292 2880859538790 2881348384662 2881572452880
2882774422002 2883283806552 2883304182870 2885138346330 2885586786102 2886198351042 2886442995162
2887686763080 2887829507682 2888196581430 2888910402720 2889257147742 2889420329070 2889501921462
2890073100462 2890644335910 2891440079352 2891501294922 2892011449872 2892725742402 2893133949162
2893338063342 2894011691220 2894297496432 2894930401050 2894971235982 2895134578590 2895216251622
2895542955270 2895930939792 2895992202882 2896155574290 2896298528052 2897278877460 2898075533502
2898545407632 2899873518702 2900997542592 2901508534542 2901917360502 2902162669902 2904166418082
2904309569412 2904636785700 2905700365932 2907377945712 2907705334800 2907950888712 2908421562690
2908667146842 2909751934200 2909956633740 2909997574512 2910652666032 2911287356250 2911430682972
2911676394132 2914236501882 2914256987280 2915055973962 2917064167422 2917207636272 2917617566712
2918048024670 2918540015502 2918601517272 2919052550052 2919114057222 2919216570612 2919483113850
2919893204130 2920180284462 2920549408482 2920795504122 2924139330132 2925514340982 2925534865980
2925945381060 2926951264722 2927361879162 2927690391450 2927875187712 2929271614632 2929826170602
2930236986642 2930257528200 2930771090550 2931428516022 2931469607562 2932106563260 2932209304530
2933072402262 2933730085782 2934655077972 2935127908062 2936670009912 2936711138172 2936731702410
2937081305472 2937965688450 2938253655822 2938521066732 2939179360812 2939199933690 2941360486560
2942060264292 2942286680790 2943151260282 2943357131262 2943707128452 2943727717170 2943913018872
2944139506650 2946446059962 2946899239062 2947373054472 2947888114422 2947991131812 2948568062460
2948712303942 2949392347020 2949639654852 2950402252602 2951639107122 2952278250180 2952525678972
2953041188922 2953824850230 2953907346942 2954175469212 2955454373592 2955681304890 2957435158680
2960614054092 2961749787702 2962121529642 2962679186292 2963009674260 2963360837922 2963712022392
2963835974820 2965385598870 2965468256862 2966398238652 2966832280050 2967349037400 2968113920862
2968362012342 2971215809562 2971319233752 2972084628702 2973388095552 2973553635600 2974733241822
2975147194182 2975519775930 2975933783010 2976223605102 2976430629522 2976865404240 2977486566060
2978832638970 2979557573460 2980158300282 2980386178020 2981877956532 2982043732740 2982126622572
2983639564362 2983701748260 2984054135922 2984199242772 2984841901230 2985878592930 2987994002142
2988035488242 2988263666940 2989383943272 2989591424892 2989798913712 2989819662990 2990732702502
2990794960272 2991168520500 2991894954390 2992704513192 2992766791482 2993431133562 2993638755582
2994427784922 2995777681392 2995839991650 2997086332890 2997439510032 2998644623940 2999662926162

3001284253662 3002594107200 3003841852440 3003925044672 3004257825120 3004403422362 3004653025842
3005089856880 3005505915960 3005859588822 3006442154190 3006754266000 3007378538220 3007461779412
3008044500012 3008252628192 3008877055932 3010230205002 3010375946892 3010396767450 3011312943282
3011833559832 3012062645370 3012666639912 3013083223152 3014979040530 3015062386842 3015499973880
3016062632442 3016583659392 3016646185650 3016896297162 3017313172722 3017479931010 3017730077082
3018105315630 3018251248032 3020294672100 3020795207892 3021379218732 3022005007272 3022109311662
3022359649542 3023089860912 3024341857032 3025698478662 3026220337212 3027222431772 3028329103890
3029352433512 3029415091962 3030041712102 3030146155092 3030313267620 3030772850832 3031357825320
3032716019430 3032924999370 3032966796222 3034492578420 3034638906462 3036144199662 3036583313820
3037503465492 3037942677930 3038444673882 3038570179350 3039511552980 3040494921102 3040536770082
3040850646612 3041708658450 3042629586282 3043257571542 3043780942092 3044304357642 3045560738562
3045770160582 3045832988592 3046251858552 3046984950282 3047864776782 3048241884162 3049226663412
3049499077242 3050546936142 3050903249172 3051762677970 3052286779320 3052601261730 3052643193942
3053104467282 3055432332420 3055516236012 3057215531610 3057740100960 3058033879452 3058768387422
3058978263042 3059628923220 3059838828360 3060342630072 3060447593982 3060510573192 3060783490590
3061035425142 3061623312750 3062148260100 3062190257832 3062862260712 3064248499500 3065067788022
3065130814752 3065340908532 3066748722582 3068009725902 3068451138300 3068598282822 3068808495402
3069123827772 3069922742280 3070280185062 3070448400630 3070637648652 3071394699060 3071478821532
3071815322940 3072740796852 3074213428992 3075160307382 3075286568850 3076317801192 3076633519122
3077601821790 3077959711332 3078380784492 3079475709492 3080381275302 3080655077220 3081434426202
3081792538512 3082003202532 3082319212062 3082529894082 3082972349760 3084342056670 3084447431340
3084974331690 3085332649632 3085374806052 3087757111602 3088916973492 3089655180822 3091722630570
3091975835202 3092756614752 3093727451100 3094022953272 3094867322952 3095310663150 3095416225020
3095732921430 3095817376542 3096345247092 3097570080072 3097675680462 3097886886642 3100464181782
3100590961650 3100675483002 3101478493302 3101732097102 3103486473912 3104332133832 3104818440450
3106235289852 3106404487500 3106658292612 3106700594472 3108456375642 3108731422440 3110847573840
3111630732342 3111948257112 3112308138102 3112689211242 3112731554142 3114107855172 3115272655182
3115505641320 3115653909762 3116289385902 3116882555430 3117200348040 3117560532582 3118768362012
3119192217252 3119743272120 3119849249790 3120781930902 3120887926212 3122075196660 3122753738292
3123008210412 3123453561570 3123708062202 3124301937330 3124556472522 3126932634282 3127314601662
3127590481500 3127675370052 3127908819510 3129691811742 3129904106562 3131602724322 3131984976822
3132579638190 3133684159062 3134810121060 3135638788302 3136063788342 3136127540832 3137126414442
3137232686952 3137402726712 3137721563682 3138082931832 3138146704842 3138614393382 3139103377752
3140102725122 3140740689582 3140953358802 3141867918492 3142080625872 3142144439490 3142761337872
3143739990540 3143782544112 3144037871592 3144846477012 3145591337142 3145804170522 3146187288750
3146655576042 3146762009832 3147677414730 3148188396282 3148507780812 3148933652052 3148954946370
3149998456152 3150530925702 3150594825072 3151404273180 3151723820790 3152362964610 3152576026950
3153577516392 3153620136492 3154216848132 3154259472552 3154707046350 3155069391252 3155666239980
3156241826142 3156945391620 3158203476822 3159440482842 3159696445362 3160571062200 3160656397152
3160827070512 3161189766702 3161317782090 3161531146830 3161637831900 3162213962382 3162363338112
3163643846232 3163964013762 3164561703162 3164817873042 3165372943350 3166056173622 3167059801752
3167294716410 3167615068620 3168341260272 3168405340002 3168448060182 3169003448730 3169302524262
3169751164020 3170050274832 3170541701802 3170904954912 3171353708070 3171994839090 3172315428900
3173811728880 3176377635360 3177168998982 3177532631532 3178174386792 3179672067732 3180378239682
3180549444690 3180763457430 3181063087362 3182047685070 3182732712462 3183482045592 3184231466922
3186094696332 3187722790980 3188365574400 3188772704082 3189008422620 3190230012762 3190594391952
3190980227892 3191366087160 3191408961852 3191473274430 3191773408362 3193059856482 3193167072192
3193510174560 3194046308910 3194475248790 3195419017902 3196019670822 3197800509360 3198766231590
3199174024752 3200032621632 3202136670852 3202523204040 3204026610420 3204284372652 3204391776642
3204928823592 3205143654972 3205315525260 3205895621502 3206798097762 3207034481580 3208001597010
3209011851012 3209656777152 3209699774532 3209828768400 3210194265102 3211850010732 3212624272020
3213678277602 3216970468872 3217121132322 3217142655960 3217357896300 3217874502492 3219166199412

3219596822652 3220673506752 3222181166892 3222202707450 3222418116990 3222568907952 3223602998160
3223861546632 3224077011612 3224120105472 3224357126850 3224874294642 3225650124090 3226016520432
3226727819790 3226770931362 3227482313880 3228129093300 3228344700840 3228646563492 3229789457082
3230695289982 3231148254060 3232205293722 3232809394002 3233284083822 3233780387712 3234276729690
3234708362370 3235010522382 3235075272792 3235247943720 3235550128932 3235614884742 3236197716192
3236435181090 3236953316562 3238464781902 3238637543262 3238702329960 3239069466822 3240689436672
3240754243890 3241229516622 3242569109082 3242633935092 3242893245612 3246373331130 3246416573742
3247497732642 3249054917682 3249703854942 3250915377870 3252192048072 3252430099050 3252798013152
3253555548882 3253923526632 3255828685272 3255871990812 3255980255922 3256110176430 3256326716370
3257561131512 3260377339452 3261677538132 3261720882552 3261785899722 3261959282010 3262045974882
3262392757890 3262544481252 3262869614622 3263303150982 3264538887612 3264777390030 3266338711902
3266664034272 3266945993430 3267032752542 3267900407022 3268876656012 3269006833560 3270851293950
3271914807492 3272196993162 3272305529352 3272457483042 3273108753102 3273282436062 3273977213982
3274476631152 3275497297722 3275931672162 3277126350372 3277582557690 3277626007662 3277691183160
3278755808022 3280516077180 3280776897972 3280885576362 3281494208610 3282472485840 3282689900580
3283320444042 3283537886862 3284320740630 3284581712622 3285821471172 3287474846460 3288127609080
3289085111472 3289846860642 3290064519462 3290608698012 3291827821260 3291980227542 3292524564492
3292960066452 3293352042840 3294201405042 3294528111972 3294593455302 3294876617220 3295639036710
3295900457982 3296009386572 3297425622042 3297490994100 3297708905640 3298297302762 3298624212732
3298776776262 3299452457160 3299975612472 3301131060702 3302504781120 3302592011112 3303682483212
3305122182000 3305929423062 3306649477980 3307020445962 3307347787932 3308919254892 3309312179952
3311932276512 3312085147482 3312434580090 3312805872432 3313351928382 3314487868902 3314509715820
3314946669300 3314990366232 3315645854772 3316039179000 3316410673302 3316891461522 3317328571962
3318705658092 3319536419640 3320017434372 3320301686730 3320564084322 3321723131040 3321766872612
3322138687602 3322248048912 3322532396742 3322641764532 3323451142122 3323516771652 3323669909742
3324173102592 3324391893972 3324895141470 3325529725212 3325748561232 3325770445230 3325989289170
3326295682782 3326623977312 3326842849332 3327849753360 3327959208630 3328221908622 3328265692962
3328659764982 3329535564102 3329688840792 3330915181320 3331221801732 3331835084892 3332054128272
3334288782012 3334946175672 3336502265490 3336655702452 3336874904232 3337927173000 3338190266112
3338694556890 3339790972590 3341084974632 3341106909030 3341413998162 3341655292380 3342401165952
3342796073892 3343169063922 3343234887852 3343717616472 3344112602172 3344178435390 3344375938932
3344880696702 3345758627022 3347251372950 3347800260300 3348063742212 3348942090132 3351182398752
3351643731750 3352456633812 3353621232810 3354368440542 3354764054802 3355313557752 3355687245462
3356676519252 3357028296180 3357621961542 3357951798312 3358215679392 3359777187930 3360371096292
3360525081102 3360877059630 3361625075202 3361801090962 3363231389832 3363495478272 3364067705460
3364485902262 3364926137502 3365036200812 3365168279160 3365476472052 3365916772092 3366489205200
3366797458572 3366863514702 3366929571480 3367700281770 3369330073902 3369396154872 3369550346322
3370784004930 3370938228132 3371092454862 3372414542982 3372546766050 3372656953920 3372965489532
3374420204640 3374949269712 3375125633952 3376514663370 3377286469860 3378102475482 3378433316652
3379800965352 3379823026470 3381588149190 3382669514412 3383133009570 3383397878202 3385318485852
3385539280272 3386555027340 3386753778282 3387416323542 3388189374912 3389183427702 3389426440560
3389691555432 3390862603470 3391171970682 3391415054820 3391636047960 3393050574552 3393337936302
3393824268522 3394045340142 3394730707920 3396433372422 3396986277372 3397273805730 3397539227322
3398247068922 3398468284542 3398932860780 3399021355092 3400702965900 3400791483252 3401566059222
3403890316332 3403956735342 3405108101142 3405573130980 3405838876572 3405905314590 3405949606962
3406281808932 3408009520320 3408164592762 3408386130942 3408762762372 3412419383802 3412552388790
3412641060222 3412862743842 3413594350872 3415213032870 3417142648152 3417209196330 3417741605082
3418518108852 3418984053450 3419139375372 3420692788632 3421181077092 3422579550462 3423023570022
3424067129352 3424311389610 3424577865282 3424844351322 3426088089930 3426287997552 3426310209870
3428020774572 3428465146932 3428865106680 3429242867862 3429353978052 3429731766162 3430909709712
3431287583502 3433088326740 3433911045642 3434867302260 3436090615230 3437692372302 3438137371062
3438315378630 3439761860940 3439917654102 3440474087052 3440919265812 3441965549262 3442188183282

3442321767150 3442366295682 3442967459052 3443435066850 3444080863152 3444659904420 3444815808462
3444993988830 3445996339260 3446263657332 3446642375682 3447110232960 3447778655580 3448090608312
3448447143000 3449048837082 3449227126890 3449494570242 3449539145142 3449828889012 3450943401912
3451768257342 3452392537782 3453329064282 3454176507222 3454221112362 3455224804152 3455782473702
3457254937530 3458125177212 3458236754322 3458973208392 3459598140000 3460267772220 3461763518142
3461942136270 3462321715092 3462924618342 3463036272852 3463393579380 3463706237712 3465225064632
3465738860850 3466520797740 3466632510210 3466945314702 3467168755122 3467459238432 3467615657562
3467861466180 3468084936120 3468576595332 3468643642470 3468867137610 3470364740772 3470700069342
3470923630722 3471773229630 3472153347012 3472265150202 3472488761982 3472667656590 3473495104092
3474210813852 3474233180970 3475060814952 3476246516430 3476694003510 3476738753802 3478148535420
3478752815022 3478819960440 3479715294600 3479760064332 3480476419212 3482267628972 3482334808302
3482670714672 3482827476522 3482849871360 3485201730030 3485470564422 3486097884990 3486658040340
3490109589672 3490580387790 3490849429542 3491297855502 3491365121880 3491634193872 3492015396942
3492576027492 3493360985862 3493585275882 3494258189142 3495222811152 3496636334970 3496793410812
3496972930380 3497870597340 3498297029502 3499217313780 3499868319642 3500092818462 3500115268740
3500721453462 3501327690672 3502360660140 3502854742872 3503079337452 3504202418352 3504808956882
3505595288652 3506561474142 3507168216792 3508179571182 3510157752222 3511012139130 3512024047560
3512451341562 3512856170382 3513013610112 3513530936922 3514250759322 3514498215300 3515263134312
3515848128540 3516230651082 3516275655102 3516793222032 3518188592172 3518526223302 3518886381030
3519201534162 3519224045640 3519449164380 3519786855990 3519989478732 3520214621952 3520619897892
3520800028020 3520890094812 3521250373500 3521790826092 3522534016122 3523164663090 3523389907830
3523727788440 3524268431112 3525462497262 3525732879942 3525845542452 3526408882002 3526476485772
3527107485540 3527716003062 3527873775432 3528459817980 3529068452142 3529293885522 3529451693172
3529857500472 3530308424832 3530939767320 3531593717262 3532292834160 3532383047832 3532608587052
3533578487742 3534142444692 3534999745440 3535834585542 3536331023682 3536511555282 3539332960032
3539739334980 3540123154962 3541477980042 3541884478110 3542562026730 3542787890670 3542945999712
3543442936812 3543510703662 3546267104562 3546741675120 3547012872552 3547080673530 3547171075842
3547464891312 3549431508042 3550561994142 3550810725240 3551692660242 3552438998472 3552484233612
3552778269042 3554542737150 3555764548602 3555877689912 3556285013532 3557190260652 3558729445140
3558933185682 3559046377392 3559499162232 3559612362942 3559725565452 3560767113000 3561038846112
3561197361882 3562737412962 3562895966532 3563484910680 3565682554902 3566656985040 3567450224130
3568470232560 3568628913642 3569127648582 3569875816332 3570215918502 3570510686820 3571417742580
3571463098392 3572211510870 3572256871722 3573232199700 3574343782242 3574752162102 3576726326952
3576953277372 3577929246222 3580312985412 3580358397672 3580608170250 3581902585872 3582129700452
3582856515492 3583560687870 3584105901102 3584696595570 3585469115622 3585650897142 3587128042812
3587241682002 3587696256762 3588105398670 3589060153842 3589673992092 3590469786462 3591220187652
3591379373742 3592061639802 3592971428682 3593335376490 3593653845942 3593722091232 3594450081312
3595655977062 3595815261432 3596384162982 3596452434192 3598614691002 3599138282460 3599479775670
3600436042842 3600618203370 3601460755752 3601620168642 3602189529192 3602212304550 3602326182420
3602371734072 3602986709562 3603328385292 3604718033490 3605378779872 3605447136402 3605674996182
3606654875280 3608865789102 3611898349500 3612172026612 3612696603390 3612742220562 3615662318610
3616734838212 3617191277772 3618400981890 3618720560142 3618789043032 3619930519932 3620798162760
3621643072782 3621802931712 3623173295832 3623424557370 3624955156692 3625480660830 3627080255610
3628451617650 3628840217352 3629114535552 3629183116722 3630486282072 3631743944082 3631972633302
3632773102272 3633253425990 3634282798020 3634786099632 3636891193032 3637760865972 3637806641112
3637921080222 3638058409530 3639431845170 3639775244580 3640095765312 3640324717332 3640393404342
3640782642972 3641606981700 3641652781032 3641698580652 3643370463882 3643439179620 3643782768030
3644699082990 3645134372952 3645592600992 3647907092550 3648067530072 3648342574032 3648709315440
3649626249600 3649717949352 3650635010232 3650749650942 3651208231782 3652125479862 3652240143972
3652721752890 3652928166432 3654419104062 3655979179782 3656208630762 3656254521822 3656736395340
3657654337500 3657814989222 3657975644472 3658342869720 3659238058482 3659582391012 3660684363972
3661487990502 3662705078580 3662865841182 3663256279332 3663279246930 3663899399292 3664083158220

3664818240012 3665093914692 3665576370330 3665852073522 3666242670792 3667069886640 3667621415712
3667851231732 3668104037670 3668333868810 3669069376842 3670034843022 3670287724200 3670333703532
3670908469482 3672357079260 3673138987392 3673322977872 3675002103870 3675669260412 3676727632920
3677740131792 3679190088762 3679420266942 3679466303442 3680502200832 3680916600612 3681192880092
3681538244022 3684209605470 3684255671922 3685591724310 3685983371772 3686789770302 3687319737360
3688702439400 3689025107172 3689094252102 3689624384760 3690085400640 3691215011262 3692091154842
3692160328500 3692367853362 3692967402390 3694674077562 3695712113352 3695896668312 3696242721282
3696311933820 3696634934232 3697442497002 3697742471352 3699288685962 3700812138750 3700973735472
3703097905992 3704275697850 3704391177720 3707671557492 3708087483960 3708249239442 3708364781232
3708988738002 3709127402190 3710098124082 3710514186630 3710791574622 3711253910982 3711878110752
3712456120302 3712525484472 3712802947632 3713450401992 3714259799322 3714722351682 3714953638662
3715531887612 3715716936780 3716503447152 3717544544742 3717567681900 3717891609672 3718539507552
3718770913332 3719118035502 3719164319682 3720390955392 3720552979002 3721316852112 3721617793350
3722983756512 3723006910590 3723215300532 3723238455330 3724604715852 3725183715402 3725415327822
3726573497922 3726642993852 3726990483222 3727152650472 3727963539642 3728496457692 3729585582582
3731277517452 3731347057230 3731857035402 3732019308492 3732320682162 3733943672622 3734175557202
3734569777512 3735103167522 3735567015882 3736193256852 3736680369450 3737260306800 3738165098922
3738513125052 3739046796582 3740253498702 3740439162462 3741831787542 3743619369492 3743758679520
3744803587350 3745151922360 3745314484242 3745709292072 3747683643342 3747753335832 3751424722740
3751471207512 3752168513652 3753284338260 3753749314140 3753865562610 3754772362452 3755818806042
3756121139112 3756516516102 3756888654630 3758563506102 3758726358792 3759145139052 3759610477812
3760122383712 3760145652990 3761425574160 3761751407052 3761891054040 3761937603612 3762170355792
3762333286602 3763450621482 3763869664830 3765080365542 3765243359352 3765359785662 3765825508902
3766896781650 3767106396312 3768620453142 3769342648920 3770740643760 3770787248052 3771299914272
3771556260450 3771719394372 3771882531822 3774703036740 3774866238702 3775612349742 3775798889022
3775915478412 3776778295842 3776848258332 3777967746300 3778947434352 3779180712132 3779344010862
3781233867060 3781910597082 3782564049042 3783450966990 3784267957080 3784734848160 3785598672582
3785995597932 3787630215672 3788681227662 3788751300312 3788821373610 3789171749820 3789265186212
3789335264262 3789919273212 3790456601190 3790666870332 3790970602722 3791274347280 3794405961852
3794476087422 3794639716272 3794896854450 3795130623990 3795411156942 3795574805952 3796626919542
3797047805802 3797445330912 3798918693642 3799807526790 3800392342140 3800439129312 3801094179960
3801796082580 3802240654422 3804136225980 3804955446270 3805470429882 3807179488800 3807530712810
3808748414802 3809216813562 3809287075860 3809568131532 3810106850550 3812894744232 3813902385162
3813972690660 3815121105522 3815378936700 3816199366590 3816527563242 3817183998882 3817582576632
3819458515992 3820279384362 3820771947720 3821100340932 3822109065462 3822742518672 3823117923120
3823516810542 3824150380392 3824807471232 3825042160212 3825699327660 3827201636652 3827342493240
3828023336622 3828281603400 3828868605750 3829667001162 3830982186810 3831381484272 3831898253052
3832133159472 3833190327462 3833213821740 3834741104250 3835023097362 3835845636492 3836080663872
3836245187322 3838313783082 3838384313220 3839136675012 3840030200400 3840547552092 3840947347722
3842076294762 3843087784020 3843252457662 3843675920370 3844005296382 3844122934092 3845440599420
3845652388122 3845887715742 3846428996592 3847417520772 3847441058610 3847676440950 3848076607452
3848429712822 3849183058422 3849489126132 3849606847722 3851066744982 3851090293980 3852150073410
3854623459080 3856437779742 3857333316090 3857922541440 3858252527292 3858912541332 3859384014492
3859454737950 3860633557650 3862260624432 3862850225982 3862968151692 3863038907982 3863699331270
3863746506522 3864100330092 3864737253342 3864855207852 3865279858992 3865350636450 3866105636322
3866978696832 3870117809382 3870542749530 3870708010332 3871062152502 3871888547232 3872289970782
3872667800190 3872785875660 3874179302142 3874368260622 3875147763060 3875265876330 3875974593750
3876187221612 3877085047992 3877841192952 3880464642210 3880701032550 3881386605252 3881623023672
3881764878180 3881930378382 3882214101222 3882947099880 3883349096262 3883585574442 3884933637552
3885406697592 3885832476252 3886826050512 3887441183940 3891322378092 3892032562152 3892056236070
3893240023770 3894187183530 3894234544542 3895939732782 3896010790392 3896295027312 3898664071512
3899611890792 3900038447052 3900702025380 3900820527450 3900915330402 3900986433372 3901152342822

```
3901270851732 3901413064800 3901816015902 3901863423282 3902645686632 3903428028390 3903593989752
3904305292692 3904898094642 3904969233900 3907079993322 3907578120840 3908289786660 3909950592240
3910828589142 3911493084750 3911777885862 3911944024632 3912205106970 3914199113922 3914555240052
3914816409510 3916644839652 3916953577770 3917119826412 3917476085382 3917594841972 3918188651922
3921799984962 3923606275290 3924129226422 3924295627272 3925032587730 3925959829812 3926863401792
3926934740850 3927933555702 3928123820550 3928932497562 3928956283440 3930193248312 3930597682902
3930740429490 3931192477452 3931263855822 3931739728182 3931858700772 3932096651352 3932168037930
3933833908710 3934524158532 3935238273792 3935262078750 3936619080372 3936690507990 3937333385712
3939071799390 3940191255072 3940429457652 3942263858682 3942502123902 3943121647170 3943169304822
3943955697660 3944408504862 3945123516522 3946029290982 3946506056142 3946696770270 3947173575750
3947745780342 3947864994852 3949128779322 3950631276780 3951466121070 3951704664210 3952873629672
3953016780180 3954018906312 3954257526492 3954448427820 3954806380230 3955856467422 3955975804332
3956119011000 3956644124292 3957431859570 3957479603622 3957527347962 3957718328202 3958362920532
3960702992952 3962064373542 3962327123040 3963378208152 3963617110572 3964572792252 3964835624910
3966149918880 3966986401170 3967464430650 3967918585332 3968062008000 3969257297700 3970189748622
3971098395882 3972174559992 3972652901952 3973083434340 3973442229150 3974016334542 3974255557362
3974614405092 3974686176582 3977390041260 3977557567542 3978036233502 3978108035880 3978514928262
3979544219520 3980118765552 3981746871192 3982465258932 3983902228812 3984261511782 3984908261952
3985147812372 3985387369992 3986896748562 3987064474932 3987328052070 3987927123420 3988022979012
3988454343432 3990371800872 3991019046762 3991090966212 3991258780782 3991378650492 3991690320162
3992937120522 3993488652012 3993656516982 3994807686102 3997998250500 3998478144780 3998646114582
3998766095172 3998934071022 3999198040200 3999414021462 3999438019740 4000158001560 4001046068382
4002294328902 4002798489300 4003614816312 4003878939930 4005127642242 4005487881012 4006040278590
4006160370060 4007337361722 4009163241810 4009403520150 4010701147602 4011542314572 4011686523480
4012047057090 4012215311652 4012623944562 4012647982440 4012816249602 4013104715802 4013537434542
4013657638332 4014378898872 4014739553442 4014907864452 4014979998822 4015460911182 4016013996000
4019116786302 4019261131290 4019357362722 4019381420760 4019670122832 4021306297080 4021354424892
4022726188602 4022990941860 4023472333740 4023761182692 4024170403122 4024772235672 4026361289820
4027180015872 4027613492772 4029058584252 4029781227192 4031660402100 4033756921662 4033997935842
4034287162362 4034793333720 4035130798932 4035371854152 4035685236702 4037372890362 4038048050610
4038506227212 4039229716872 4039253834310 4039422658392 4039784436162 4040435676972 4040749256082
4041352327032 4042872265410 4044416622402 4045092371322 4045695766272 4046661291792 4046830270602
4047337228200 4048037364702 4049123903292 4049486115222 4050717756960 4050814364232 4050935124942
4051563109650 4052625963882 4053616476240 4054558783242 4055307874620 4055477033862 4055839529832
4055960365422 4056757925460 4057410532902 4058425804362 4059175252860 4060142385420 4060480909032
4061931884352 4062681656490 4062778406322 4063334740212 4063770158520 4063939494162 4064374944870
4065947599980 4066116980982 4066891339062 4066963938912 4069456926810 4070715812802 4071563249532
4071926463702 4071999108480 4073863879542 4074711643872 4074953878452 4076286297342 4076334753042
4076843555280 4077982418202 4078515557622 4078879081752 4080721186320 4081424204262 4081666638282
4081981813272 4084091374482 4084479399090 4084770429642 4086347025312 4086419798610 4087244607942
4087851138492 4087996712520 4088530506132 4089452595360 4090059289710 4090471867572 4091685452472
4092098112342 4092777832782 4093190547732 4093384773732 4093433330952 4093943199150 4095812987532
4097027364432 4097197391562 4097634620382 4097950411260 4098071872530 4098727794492 4101643638252
4102664428512 4103345025912 4103417950410 4103831201472 4104001369722 4106554316832 4107600038562
4107721642752 4107770284932 4108281045210 4111297610322 4112149260492 4112270932002 4113512084220
4113609437412 4113852825432 4114242261240 4114290942012 4114412645202 4116287101632 4117650610800
4117942820712 4119769367562 4120086010200 4120207799070 4120938570090 4121182174830 4121888669292
4122083574972 4122985073682 4124105993310 4124642139162 4124958969000 4127250254532 4128127936620
4128176699472 4130249386902 4130663986812 4131176168370 4131298121040 4131639598092 4132273807200
4132981251702 4133054439072 4133469179742 4133859542910 4134347522790 4135299166392 4135982465232
4137251598552 4138008289890 4138130343360 4139473050330 4139888112912 4140181110792 4140254361882
4140571790760 4141841627952 4142623162992 4142696435682 4142989532922 4144333027932 4144577323152
```

4145823340770 4147167295140 4147656059820 4148193734232 4149122526660 4149660296112 4149709185972
4149904748292 4150222546890 4151078218980 4153572394992 4153865876712 4154721924282 4155455749542
4156140711582 4156311960912 4156385354562 4156556608932 4158220406412 4159566368502 4159811112282
4160104814322 4161108374520 4161230768190 4161524520342 4161573480042 4162307910102 4163801451060
4164217731522 4164266707062 4164634032792 4164878925612 4165074845052 4168136684802 4168210182780
4168577682390 4169925319560 4170268389252 4170390917562 4170635979582 4171395717600 4171518262470
4172180035872 4172841861762 4172964427872 4173111509580 4173234079650 4173895989132 4175244485622
4176298916400 4176789394680 4177402533030 4177991188182 4178113829892 4178628944730 4179045965712
4180149945222 4180689721602 4181793918192 4182063855090 4182554671770 4182800090910 4183413670260
4186236714870 4187317088142 4187562646962 4187832769980 4188913349172 4189158954792 4190043194640
4190583609372 4190706435762 4191394296810 4192008506160 4193654809122 4194883604022 4194957337440
4195375172382 4196923800960 4197267979452 4198153074660 4199013673350 4199603849142 4200120286980
4200169473192 4200981087270 4202260153422 4203367194732 4204154512812 4204474381842 4204597411632
4204917297510 4205507888022 4206123130572 4207058385432 4207107612252 4207969128222 4210701948000
4210874317722 4211194442280 4213287864270 4213780509750 4214494896852 4214765887110 4215677463732
4216293449682 4217402337792 4217574844602 4218264907122 4219867055592 4219941008250 4221543474960
4221913318170 4222011945762 4222085917212 4222455784182 4222776348660 4223318870112 4223392853010
4223984739522 4225094638512 4225365969330 4225859320410 4226402039862 4228326507810 4228795354812
4230917829480 4231139979702 4231164663420 4232621130222 4232942080332 4233485254392 4236325140522
4236349839360 4236967333710 4237189642692 4237955418270 4238054233062 4238301275082 4238498913882
4242403224390 4242625675932 4243021159740 4243367223192 4244726894802 4245839515392 4246902822402
4247075931492 4247570548332 4248188859882 4248708276360 4249425617982 4249499829192 4250192498400
4251726466812 4252097629782 4254621967602 4255488334572 4255612108482 4256057709462 4258335589902
4258657513452 4259524291182 4259771958162 4260688388592 4261332425700 4261629690012 4261951738050
4263240051882 4263537382722 4263809945100 4264107295812 4264652465712 4264900281732 4264925063730
4266387329052 4267403627130 4267527574200 4268196919482 4268320878072 4268494423122 4269263022180
4269684541362 4270874825490 4272090078312 4272362913930 4272908611302 4273603185630 4276878367782
4277250626952 4278119294682 4278690181500 4278814292370 4279062519510 4279410049602 4279782418932
4281048595830 4282215630552 4282960629492 4284897930000 4285494110592 4286810822982 4286860514202
4287431983932 4287556221522 4289842514442 4290115916340 4291731650850 4292079695022 4292353168200
4292601787740 4292825551482 4293074184702 4293322825122 4293347689560 4293695799252 4293820127562
4297700075010 4297749829302 4298048361102 4298545937142 4299491410962 4301233345422 4301357782812
4302054665460 4303398812832 4304145652092 4304842760532 4305888529032 4306585778592 4306760099802
4307407609470 4307631758772 4308129889212 4309076416392 4309699188342 4310023047540 4310072873112
4310994698142 4311517939980 4311692360982 4312315321932 4312813723092 4313112777612 4314558353952
4314682983942 4315256305080 4315356016992 4315630230690 4316004172500 4316876766390 4317126095130
4317749448480 4319744481600 4320792058452 4321415676402 4321540405392 4322089234332 4322413558722
4325407896882 4326605922450 4327604403810 4328228513160 4329576742932 4330475679420 4331274812412
4331699381802 4331774307972 4332024066552 4332573560772 4332898278282 4333098110490 4334147305182
4334397132162 4336445984982 4336970769060 4337470592940 4338070419612 4338445332342 4339195206402
4339220203320 4340645146662 4341570235092 4341845280390 4342470415740 4342570441572 4343520744432
4344446139222 4344896366922 4346822604312 4347473118540 4348474004700 4348699219962 4349975549940
4350701389722 4350976724100 4351277098812 4351327162272 4351577483892 4351727680320 4352854236150
4354481740860 4354907446122 4355658741462 4355783963652 4356835901112 4357587362772 4357787763492
4358739729840 4359040372392 4360669033062 4360869504630 4360969742142 4361546130192 4361721560202
4363425921042 4363726725162 4365055400712 4366058308632 4366735336602 4369694815542 4370748431322
4371751993002 4374085719192 4374261401202 4374386890512 4374462184962 4374788468400 4375892902632
4376394964272 4376646005892 4376671110450 4381241339022 4381291574562 4381668350292 4382371708332
4382547556662 4383049999902 4383577596300 4385261092302 4385688299412 4385813952522 4386341715240
4386567908982 4386970045590 4387975467750 4390916988852 4391093008542 4392048605562 4394362586802
4395897192960 4397759205972 4398010859592 4400049519270 4400150206062 4400527791792 4400678830620
4401232661832 4401358537422 4402164183822 4403926792362 4404808228932 4405639378482 4409040352212

4409846701332 4410048300132 4410300305112 4410476712882 4411988924202 4412316604152 4413652656030
4414585491372 4414787198460 4415140196952 4415392347372 4416224494842 4418696182830 4419175467672
4420588247880 4420638708492 4421143330452 4421572281762 4422657369132 4423237819350 4424222148072
4424247388710 4424499799050 4424600765202 4425938675472 4427074795782 4427529284730 4427832290322
4428135306282 4428918145500 4429776822912 4430357740122 4430433514740 4431317599830 4432631260542
4433060768772 4433338696950 4433945115942 4433970384300 4434475766580 4435082263332 4435486617540
4435612982010 4436244831360 4436725066962 4437053664192 4437306439572 4437559222152 4439253051162
4439885159712 4441149511812 4441680593370 4442616385752 4443678756012 4443805237122 4443931720032
4445905086492 4447853583042 4448106665862 4448638163220 4449195004032 4449777193050 4450587258522
4451017635792 4451220173472 4451726537832 4452182290380 4452536780712 4453195157340 4453549687992
4454081510430 4454309444052 4455094593390 4455398540742 4456994434440 4457627804790 4458489260682
4458996038322 4459401481170 4459578868212 4461352932672 4462290794982 4462316143980 4463558333082
4464318942342 4465231758990 4465662843732 4465738919670 4466677242852 4466753327430 4466930860632
4468630285482 4469163007560 4470025577292 4470533010132 4470558382530 4470659872842 4470812110470
4472258497212 4473476688540 4473654355302 4475177357982 4476243614082 4477386172272 4479189171690
4481907053652 4483431460332 4484498699232 4487446971240 4488006235572 4491260828340 4493295547860
4494491160462 4495457942250 4495712375790 4496144929332 4496730181950 4497595407762 4497875351580
4498129853520 4498689783132 4498766139870 4500598895982 4501057143330 4501413574062 4502050092612
4502075554290 4502839438110 4502941294182 4503654318942 4504622085690 4505513541780 4505946566562
4507398625032 4510456354872 4510864130520 4510991564190 4512113058102 4512903285240 4513464133572
4514611431882 4517212514502 4517544078852 4518436812582 4518615369912 4521319669260 4521421734132
4521753452922 4522212775950 4522314850902 4522570043322 4523208055872 4523488795650 4523846113422
4525403162700 4525581857622 4527369000882 4528390384002 4529462960262 4529743894080 4530101458812
4530356870832 4530433495842 4530944345802 4531506314022 4531582948752 4531889494152 4532860289652
4532936935830 4534010050362 4535108846820 4535798856822 4536693392352 4537920327360 4538482728012
4539198561060 4541729994822 4541985734442 4542522811080 4544543526642 4545566845122 4545976204770
4546078547562 4546743803790 4547178805332 4548407157300 4548765457872 4549046989650 4549226150772
4551453161982 4551990798060 4552733300082 4554039226380 4554423357990 4556472333510 4557983748192
4558009367550 4558188705072 4558444907652 4558649874900 4558829225022 4559418543120 4559649156222
4560161650662 4560443534880 4561058585232 4562160654162 4562852718972 4563006518280 4563057785292
4563391027890 4564006276962 4564083186012 4564134459072 4565031784242 4566057406722 4566083048760
4566698479272 4566980565450 4567083144402 4567672995732 4571187247122 4572110924250 4572290538972
4572752421600 4573111679772 4574420525310 4574728516182 4574805515520 4576319967522 4577552248962
4578502245792 4579991628372 4580453899800 4582174781802 4582894052130 4584564004440 4584692474910
4586208562392 4586414152872 4588804480350 4589241489252 4591221143082 4592121126852 4592764026402
4593869918892 4594384332852 4595593319022 4596133555740 4596493731192 4597008292032 4598063231790
4598449215600 4598835215610 4600173474402 4601125815552 4601408963010 4602927811692 4603391239152
4604369662620 4606043522730 4606095030942 4606404086262 4606532862372 4606558617810 4607176769922
4607975277780 4608207115602 4609958967642 4610783483802 4610809251120 4612845096762 4613309023182
4613953404132 4615835254050 4616479811400 4617175983882 4618800590460 4619110071732 4619625896892
4619832235020 4619883820272 4620012784662 4621560497742 4621999063572 4623237479412 4624269619332
4624527672312 4625250258960 4625301874452 4625353490232 4625947092402 4626153571650 4627237663302
4627573241220 4627883016252 4629044764962 4629096401622 4629225494532 4629509505270 4631446174320
4631549474712 4632014340732 4633254097500 4633564062612 4633641555510 4634080694172 4634287354860
4635708271830 4640618569890 4641497528982 4642040457060 4642428282270 4642945407750 4643126408472
4645790112690 4646022899832 4646876502582 4647186923022 4647393875742 4648376964090 4648506325560
4648816800432 4649541282120 4649851791552 4649929420530 4650032926842 4651223332230 4651740947310
4653552826890 4653915245142 4654122347622 4654381232202 4655805226092 4656530252100 4656633831852
4658084069340 4658835173922 4659689952792 4660467092532 4660596622122 4661632923642 4662280670592
4663498556682 4663965023262 4664172349230 4664224181442 4665727440870 4666245862350 4666505083890
4667905004622 4668319836270 4670446137762 4671224173902 4671353852892 4671405724992 4673169547752
4673480845152 4673610555462 4673688382512 4674259134012 4674518578032 4675037487672 4675426688802

```
4675945648842 4676620339950 4676750093820 4676853898212 4677061510452 4677762235782 4677892005492
4678047731520 4678748530722 4679657052252 4680046445622 4680435855192 4680747394512 4680773356590
4682512979832 4682772652812 4683214113402 4683889328670 4684772375922 4685110033632 4685421728472
4685577579780 4687499959032 4687577901642 4688487279972 4689578650392 4690566190212 4691657802552
4692073688280 4692515587062 4695973513380 4697143776810 4698938463912 4699718869572 4700265192090
4700447306652 4701175800180 4701488028972 4701800268132 4701956391600 4702086496470 4703309570232
4705443824412 4705782226242 4705912384032 4707526490172 4707812892750 4707917041302 4708646113422
4709088791892 4711432730472 4713256197012 4713933574440 4714194117180 4714298336292 4714376501382
4716539325840 4717764277722 4718077056882 4718285582082 4718624445360 4719276139710 4720032161532
4720371087522 4720631808102 4721283641052 4721361864030 4721466162342 4722118052892 4724230487370
4727021711412 4727413070382 4728848191872 4730414027352 4730883828540 4730988231972 4731771294432
4732162849962 4733233184400 4733990323302 4735896492732 4738586672070 4738769527512 4743681822000
4744047732972 4744335244350 4745354673072 4745616082692 4745694506982 4746531073062 4748648960460
4749015062952 4749355027902 4751368915932 4751395073130 4751630491152 4752546061122 4752572221560
4753357068180 4753932663552 4754586791502 4754769955392 4755031624212 4755371804442 4757413141350
4758329268240 4758774275982 4759428736932 4759507275270 4759638173940 4759899976680 4761444759402
4761706611822 4762256525340 4764220761390 4764666044532 4765268519550 4766106809022 4766316392910
4766368789602 4766578379250 4767862216392 4768019432820 4769513118162 4769696569332 4770089690862
4770640088220 4771007037432 4772658483522 4773707169042 4775726212992 4775857334502 4776119582922
4776381838542 4776932598780 4778034214512 4778165367702 4778611302012 4780972477392 4781103670902
4781234866212 4782940569042 4783622935350 4783675427082 4785959096172 4786221621792 4786615423722
4787140518162 4787481844992 4788794753892 4789451275842 4789897736472 4790843251200 4791368577480
4792393046562 4793969366682 4794494864322 4794521139960 4794783900300 4794889006452 4794967836822
4795151776872 4795572224520 4796675987292 4796728550592 4797411899700 4798384441962 4798437014622
4798699882242 4800408697272 4800487573002 4801328954442 4801486721670 4801933742892 4802117816502
4804353277572 4805089778652 4805273912742 4806457716132 4806720803352 4806931278312 4807404863820
4807589042262 4807641665322 4810167910890 4810615336032 4812063030522 4812273622410 4813431960162
4813458287640 4813721566380 4814485115442 4815485719662 4816328414382 4816407420792 4816802462562
4816881472860 4819568208552 4819831654332 4821017249442 4822123936422 4824785775060 4824891209532
4825233879522 4826631044640 4827026505450 4828661248662 4828845833832 4829399610510 4832485518972
4833197791662 4836232133592 4836364083102 4836971074032 4837234995012 4837710070920 4839267427722
4839742603422 4839874600812 4840059400182 4840851437442 4842963853602 4844178701550 4844839008900
4845235214910 4846133341842 4849462420350 4850175943032 4851153818622 4851973195680 4853162737110
4853427099450 4853559283320 4853797218822 4855410046500 4855674470040 4856124006582 4857128928210
4857631428012 4859244892530 4859350702842 4860223681872 4860488236452 4860964452840 4861334859492
4862128635552 4863081252360 4865172044082 4865383794882 4865727899760 4866574978992 4867157388732
4867686882372 4867898687892 4868640043500 4868904827040 4869090179802 4869169617780 4869566817390
4869672740022 4870016996532 4871288202900 4871394144252 4871420629770 4871606030412 4871791434582
4872400644552 4873327776282 4875182304342 4875844721292 4877355200202 4877832242142 4878150283062
4878812901612 4879952710782 4880032237320 4880933583372 4881066141282 4881490338690 4881675930852
4882285758510 4882471365792 4882603944582 4882789557912 4883187312642 4883399455122 4884141990090
4884407194830 4884937625910 4885255898382 4885388514972 4885441562112 4885574181222 4886635198902
4887298393452 4887643272402 4888041224772 4888492257042 4889314781220 4889686266432 4890349667982
4891013114532 4891570444410 4892738286162 4893746988942 4894490310150 4895472642612 4897676611830
4899243590352 4900731123840 4901846922132 4902511148082 4903892882202 4904955887082 4905035617092
4905115347750 4905301388472 4905646902030 4905965848422 4908570965370 4909740834642 4910219457702
4910432186550 4912027799790 4912745910312 4913756673300 4913889676170 4914022680840 4915086783000
4915273012722 4916204214252 4918545910620 4918998348042 4919929902372 4920781686372 4920941404080
4921047883992 4921473815160 4921527057852 4922245862382 4922591972172 4923443986572 4924109674122
4924136302560 4924455849432 4924588997022 4925201499120 4925521080552 4925787406332 4926373348392
4927385512212 4927571974782 4927651888392 4930529209920 4930635793512 4930715731962 4930848964152
4931728341750 4932581146422 4933967111262 4934633509812 4936712962512 4936979590692 4937246226072
```

4938366173292 4938846189552 4939699609392 4939859633820 4940499757452 4940526430170 4941993540540
4942180279302 4942767195522 4943700997692 4943727679050 4944901730082 4945462121760 4945595553030
4945782359832 4947463779810 4948664969040 4949118789582 4949572630932 4950453676482 4950587175072
4950987681642 4951334800440 4952135890260 4953043870392 4954058770212 4954272446580 4954940214930
4955073774000 4956062167062 4957611738330 4957718614242 4958199570102 4960524518952 4961353080690
4961540184852 4962128249472 4962208442802 4962475758582 4962930211932 4963331217462 4963357951740
4963411420512 4963491624210 4964801709672 4965416707362 4965737590842 4965871295352 4966432873950
4967342163762 4967422399212 4969776260700 4971033665142 4971113930400 4972050406290 4972157437722
4972291228632 4973441904762 4973522189460 4974860363160 4977778205742 4978126262412 4979063398542
4979598944502 4980402317442 4982625320220 4982812825062 4984286200152 4985170329750 4985438263290
4985545438722 4986108128640 4986376087380 4987287200952 4987957190502 4988225198922 4988439610842
4988654027370 4989109677792 4990315911702 4993050581682 4993211467950 4993533248262 4994069571822
4995195945042 4996215154062 4996697973570 4996805269962 4998683143302 4998844120290 4999112421030
5000051530320 5000293029822 5001366431502 5003379370152 5004399413652 5005822279530 5005875976542
5006681466282 5007674992872 5007701846310 5008695474132 5008749186552 5010494996982 5011193406330
5012267977290 5018314585440 5018502760602 5018906004972 5020572920232 5020599808230 5021137583310
5021917408332 5022616613280 5023477240032 5024068963692 5024418634962 5026247882970 5027324066730
5027512410732 5028104371992 5028265822020 5029880464860 5029988116932 5030203424532 5030337994122
5030472565512 5031603036252 5032814395842 5033837435262 5034052825230 5034160521942 5034510544212
5034591320310 5037795961512 5038469335062 5038496270940 5039035003620 5039573765100 5039681520852
5040166435992 5040570549762 5041459657080 5043076416720 5043669293532 5045097730770 5046041149260
5046768989502 5048251789392 5048871933930 5049384255972 5049599978292 5050328075142 5051083193982
5051137133202 5052971238042 5053591672380 5054104233822 5054724737712 5055480185160 5056559493720
5056964264130 5057557956702 5057638917480 5058637487022 5058772436412 5058826416672 5058961368582
5059042340592 5059393226790 5059771117842 5059987061922 5060715907212 5061525796872 5061876769182
5067142813992 5067466967712 5067737103732 5067953217732 5068574571150 5068682636502 5069033856852
5069520182040 5070168651912 5070736097070 5070790141122 5071060365702 5073492710922 5073708947610
5077466795652 5077601995962 5078359150962 5078440278060 5078981141940 5079765445722 5080062956100
5081063736762 5083173813510 5083417312092 5084120785200 5087503546950 5087774216490 5088099029442
5089398384930 5089669104870 5090670831252 5091483114192 5091672656202 5092349620752 5092837063092
5094516209712 5094814151730 5095410061902 5096358172632 5096981264850 5097252186390 5098037899572
5098335944550 5098390135482 5099392719672 5099528211582 5100205698132 5100612211662 5101154254902
5103268498722 5104759575012 5105356066512 5105925477270 5106847447722 5106983038632 5107877983782
5108284802952 5108962870902 5109152737992 5109423982812 5109505357662 5109966494052 5110536161850
5110726058172 5111051602932 5111729854482 5112625215432 5113520654790 5113900561842 5114524725492
5114714695902 5115013227960 5115610318212 5115691742310 5117863290630 5118514844982 5119220742330
5119329346242 5119492254270 5119872383082 5120089605882 5121936185730 5123131208922 5123267015832
5123973240780 5126526921672 5127287715552 5127477922842 5127967043502 5130684805302 5133756742620
5134164591030 5134218972042 5134300544100 5135361039822 5135497008732 5135768951952 5136258467892
5136584824812 5137563957780 5141018866542 5141753524392 5141780734950 5141835156282 5142923643402
5143740084342 5144202762972 5145100963242 5145291500652 5146108129512 5146815926940 5147741581632
5148503947992 5148721777320 5148966840822 5149919920992 5150627980500 5151090968802 5152125959070
5152398342210 5152725211482 5152915890012 5154305225790 5154904604922 5154986341140 5155313292492
5155395031950 5155585759872 5156048970942 5156348706840 5157356973342 5157683999862 5158174559082
5158528866360 5159455573692 5159591861202 5160027993330 5160545924172 5162317989402 5162454314712
5165890306740 5167226834562 5167499616582 5168672661312 5168754506610 5169000046392 5169491143452
5169572995230 5170091404872 5171128302132 5171483054010 5171728658592 5172083431062 5172301758630
5172629258622 5173311583572 5173802885400 5173993953522 5175495325812 5176095935712 5177051523282
5177078827080 5177624918160 5178416801382 5180000749482 5181093268602 5181284471292 5181557624112
5183469895452 5184043645650 5184316871190 5184508133352 5184726723000 5185191241302 5185245891882
5185546475220 5186502934710 5187104182962 5187650802522 5187732797940 5188416118290 5189017477422
5189646208320 5189700882372 5190712404282 5191013146020 5193884301090 5194950932292 5195032985382

5195990319312 5197221306822 5199738446142 5200039449240 5200778311962 5201462490912 5201517227172
5201544595410 5202913099110 5202967843002 5203460550990 5204391285282 5205157834842 5205787542780
5205979200582 5206033960602 5208635393292 5208909266112 5209046205222 5209593979662 5210717007300
5211922342332 5212963425672 5214607453152 5214936289752 5216114706042 5217156207990 5219349183510
5220637771512 5221405516560 5221871675022 5224477061232 5225299949772 5226068037540 5226479536350
5229826995042 5230430749182 5232791213370 5233395138582 5234136367152 5234822736702 5234905104072
5235921021582 5236058315292 5236772271600 5238474979212 5238886966182 5240590017522 5240672430252
5241633959982 5241688907202 5241826276512 5242458198522 5242540625940 5243090158620 5243777114970
5244931302942 5246387959500 5247047644092 5247899798070 5248229682702 5248559577702 5249741786592
5251309105902 5253591761112 5254636997700 5256975403290 5258323661712 5260057390842 5260415180040
5260938124602 5261295943752 5261516146200 5262479586090 5263580768250 5264682065610 5266196537580
5266471919520 5267270567862 5267545977882 5267821395102 5268317164242 5268592601622 5269226134920
5269501596060 5269749517242 5270052539940 5270438217792 5270713710612 5271016761030 5271209615832
5272366818732 5272862801712 5274047744370 5276114823420 5276914202562 5277272564592 5277906619530
5278099600332 5278182307470 5278926700872 5279395419942 5281132619112 5281463546592 5281546280082
5281739327412 5281766905890 5283118339512 5283945833172 5284083755082 5284249263750 5284663046760
5284800978030 5285766547320 5287559981430 5287615168842 5287697950500 5287835921370 5288912155932
5290016100012 5294791984722 5295150953280 5296393630710 5296448864202 5296918360512 5297001214962
5297222163330 5298188866620 5300371178262 5300951362020 5301282909852 5301559207632 5302249983582
5304543682440 5305234652790 5306672015262 5306865521232 5307722518650 5308330752342 5310625765920
5311317132270 5311980886302 5313640452822 5315853611382 5315991949092 5317098715572 5317126386210
5318011884642 5318371639440 5318842106382 5320502744262 5320641142452 5321111709762 5322523536540
5323547920242 5324184748980 5324461642920 5325070834932 5326787836272 5326815532110 5327701836942
5328671317272 5329031432430 5330001033720 5331109257480 5332051338252 5332079047770 5333880320880
5334961230762 5334988947840 5335127534310 5335737336162 5337123379062 5337899641710 5338842322242
5340311960832 5342336511150 5342808036852 5342891249430 5343279583362 5344278221130 5344472411532
5345027260692 5348273705322 5349328318182 5349689130660 5349744641352 5349800152332 5351465615652
5351882021982 5352992518062 5355519325800 5355713720322 5356213608150 5356324697502 5356352470020
5356408015272 5357296778472 5357463429780 5357713411602 5357880069390 5358157838130 5358352280532
5358574504740 5358963408192 5359407886560 5359546789830 5359796820252 5362464174300 5363158906650
5363825892042 5365354556652 5369524748952 5369552555670 5370108705150 5370303364272 5370998604222
5371415769792 5371693889172 5371972015752 5372250149532 5373863467440 5374419840120 5375310096312
5375365739772 5376840396402 5376923873580 5377035177492 5377257788772 5377536059352 5378036964540
5379484155012 5379678983982 5380235657622 5380959376410 5382406960002 5382824568372 5383297877442
5384077490682 5384355937662 5384968546362 5385525493602 5386778730192 5388617074260 5388867781842
5389452788880 5389508505492 5391598086342 5395304605620 5395360352472 5397395309670 5397534704340
5398482635832 5399263347792 5400462408210 5401131709122 5403084073662 5403363011682 5405036791002
5405064689520 5405538975342 5407994434590 5408552571270 5408747925912 5409110736750 5409222373302
5409361920612 5411594922372 5411901996150 5411957828682 5412153244812 5412460334430 5414247210462
5414526436482 5415168683652 5415308307642 5416788432600 5417905641960 5418436356762 5418603956310
5420112468882 5420755047252 5420894743242 5421956491590 5422906565082 5423633148030 5423968510422
5425365965322 5426428151430 5428664672550 5429000190462 5431041481140 5431656739872 5432495785212
5432971273002 5433111126312 5433754474722 5433978257010 5434090149882 5437895192970 5438874647460
5440665878052 5442569383692 5443213291830 5443969232592 5444389222362 5445145244772 5445369261492
5445929323452 5446125351942 5446545424872 5446629441402 5448786087432 5449430363202 5449934605590
5451195313620 5451811712832 5452175965110 5453212749732 5453408909262 5454249632922 5455034366802
5455454783172 5455650983022 5455819157130 5458454223222 5458958882922 5460921670182 5461426443930
5462127557280 5462604340062 5463810412920 5464848303102 5465128830882 5465184937302 5465549636052
5466615748320 5467036610730 5468130928812 5468776347222 5469197292792 5469983101200 5470684763550
5474390286822 5475288784422 5476777083252 5476861332630 5478040891962 5479670016030 5480765597712
5480906064822 5481889384992 5482170349812 5482451321832 5483041386510 5483153783382 5483856289932
5484924186072 5485205228652 5485570594770 5486751091542 5488634527872 5489562309342 5489618541042

5490743235522 5491108786032 5492655480522 5493864866100 5494286776110 5494680573402 5495608865712
5496115240020 5497381277850 5498506767210 5498900715702 5499744938562 5501574310392 5502446887170
5503544743332 5504614554672 5504670863412 5504980566630 5506303942152 5506585531932 5507092411680
5507571152862 5507768287632 5508416041002 5510190517020 5510528544852 5510810242632 5511711723912
5512077971742 5512782328692 5513683971252 5513993927910 5515121116470 5515177478922 5515318386312
5516361156942 5517150346182 5517911403552 5522648050992 5524142772150 5525242790472 5526173660742
5528148493602 5529559304502 5529926144820 5530039021212 5530772745840 5531732305332 5531760528930
5531958096132 5532522593292 5532804852672 5534583252330 5535684309612 5538451552272 5539722456582
5540993506692 5541050001192 5541501967560 5541614962032 5542970985552 5543479537140 5544101131872
5544298919322 5544666248232 5545090104402 5546559597882 5547577053570 5549414362680 5550743068002
5550940973892 5551223702712 5552524348020 5552580901272 5553853425582 5554475601642 5555182662192
5555635204560 5556483771180 5556625205250 5556964654362 5557445558352 5558039644950 5558464011960
5560840766592 5561123747412 5561208643062 5561831230962 5562708573060 5563104814752 5565539180460
5566530063150 5567068007832 5567237890500 5567521034040 5568370507860 5570551120602 5570919318120
5572533866262 5573582031492 5574318639000 5574516964722 5574885293280 5575593651630 5576557091202
5577690656082 5579277840450 5579561289990 5579816400732 5580610115892 5581829145510 5582509592022
5582594650752 5583587050482 5583927322122 5584778046582 5585203433112 5586791685960 5587273878822
5587500800310 5587897924002 5589061010280 5591330795400 5591387545932 5593232095002 5594367353322
5597149223070 5597291173740 5598426843900 5600272553610 5602374193422 5602658229042 5603084295972
5603652410412 5603879664252 5606777554632 5606948042100 5607090116970 5607345856272 5609136194682
5609335138812 5609363559690 5609562507852 5609647772430 5611211071200 5611552183512 5612063871420
5613030456672 5613115747602 5613201039180 5613257900592 5613400055382 5613542211972 5613599075112
5614253021922 5615191359960 5616186652650 5617438002882 5617608652350 5618433494652 5619884226270
5621989542402 5622700886952 5625774412512 5626201357482 5626343676072 5626770642642 5626856037900
5628250918842 5628535609662 5628962659392 5629048071282 5629389725322 5630130011310 5631269007870
5631753116292 5631980939220 5632664435652 5633034680202 5635740682812 5636168005782 5636823265800
5638361852052 5638960247850 5639359196022 5642237740260 5642807836140 5644233201840 5644347238872
5645801312010 5646000905292 5646143474082 5647483708692 5647512226050 5650221703380 5650506949320
5651334203262 5652418282842 5652503872500 5652789176040 5653331272602 5653787795130 5653930462200
5654929182090 5655699683412 5655927990180 5656898345352 5657897327322 5658068590230 5659124768772
5661694263192 5663407583472 5664178662162 5664464260182 5664978354762 5665692413712 5666206564020
5666606474832 5666977833222 5670463481802 5670892119132 5671206463470 5672178128322 5672463927942
5673778698930 5674493312280 5674893515412 5675779729710 5676122798982 5676265747572 5676608831532
5677323623082 5677495179750 5678467383162 5680183239282 5681413095612 5681784938850 5682214003860
5682328423932 5683615729122 5684187911562 5685074851260 5685189300132 5685275137542 5686219391820
5686934788170 5687993657352 5689481964432 5691342622062 5692086970290 5692430532042 5692917262272
5693919419442 5694807118020 5695236674430 5696239035720 5696525440860 5697212842572 5697241485210
5698960175250 5700220712682 5700363964392 5700535868820 5701939852002 5702111780190 5703315350082
5703372666102 5704662352692 5705264256330 5706554156760 5706668821632 5707242163272 5708474945322
5709134395020 5709191740272 5709535817832 5710768847562 5711055617742 5711571822210 5712575619900
5713263989292 5713292672250 5713780293552 5714067139332 5714353992312 5714583479880 5715702297762
5716075261392 5716304783520 5717222918112 5717308997010 5717423769882 5718169821630 5718801134202
5719432481622 5720092563912 5722331387460 5723307421992 5723336130150 5724628071780 5724829053582
5725259740752 5725546874532 5727844203972 5728131402552 5728935596880 5730630334002 5733072345072
5736175885992 5737181843322 5738417854500 5738475346632 5739481505562 5740286496210 5740689012702
5741120296032 5741407827252 5742845591352 5743507023282 5743650817872 5744456100840 5745520311342
5746584620412 5747390109012 5747447646072 5747764105050 5747965492572 5748886166172 5751418398732
5752080324150 5752281787272 5755592043642 5755822357770 5757809008392 5758816860762 5759623206162
5759680804422 5759968800042 5760688820592 5761495297032 5761581708570 5761696924962 5761984970982
5762273024202 5765614967730 5767026941832 5767603307472 5768035600602 5769563166072 5770053182742
5771725160922 5772647735322 5772734230452 5773397381310 5773541549580 5773685719650 5774175911352
5774810307972 5775185195082 5775415900890 5776194567012 5776396451982 5780030984730 5780319488670

5780607999810 5782252650792 5782483497720 5783349214740 5784474743742 5784849944412 5785802431530
5785917889842 5787072536322 5789555416350 5790104031432 5792789732862 5796198293370 5797180607022
5797498432200 5798191899192 5798654233560 5798914304742 5799145484022 5799954647790 5800879475502
5800937279682 5801168499282 5802180139212 5802960607422 5804203683672 5806603486410 5807297497722
5808020470272 5810854956612 5811144228792 5811491364912 5812677491550 5814616056552 5815194795312
5816439181170 5817857364552 5818378373292 5818754671890 5819304668652 5820057337920 5820607396242
5820896911062 5820983766912 5821504915620 5821707590862 5823647660952 5824748142852 5825240497362
5825848728720 5826051479562 5826978385482 5827789488642 5828368882602 5829295972842 5830252111872
5831121397212 5831556064182 5831845851162 5832222585000 5833149981672 5833961514240 5834396287050
5835990592620 5836541403342 5837121232182 5837353171782 5837556122712 5838222986322 5838425952372
5838454947810 5839440835542 5840542808562 5841267847512 5843936378352 5844313502502 5845473960822
5846257335312 5846489456352 5848607773710 5852439129942 5853600394662 5853803627832 5854093967052
5854413348510 5855400582642 5855836153572 5856649262652 5856707344032 5857752858120 5858043295260
5858682282312 5859786069300 5860512301650 5862226388412 5863098054072 5863621084572 5867195750670
5868125923662 5870684279550 5872574332260 5872923298332 5875162744002 5875337264190 5875628136930
5876180814972 5876326260882 5876558978082 5877053517432 5877373524570 5879381040792 5880399477162
5881563512442 5881738127670 5881883642340 5882902295430 5883251568222 5883600851382 5885289199482
5888346307872 5888491904262 5890821691302 5892219784710 5892569333982 5894113300620 5895540921402
5895686606712 5897376687852 5897755532370 5899358470740 5900203744122 5900786726562 5901398889120
5902040236332 5905334978010 5905626592350 5905743240102 5907668094330 5908659808302 5908980674760
5909418233970 5910439268460 5910497615952 5912627496510 5912977650582 5913707171532 5915078792742
5915399833440 5916713272470 5917267879392 5917355451282 5917588979490 5919486567000 5920041303882
5920712862252 5921150855622 5921734871982 5922260511330 5922698561940 5923399476612 5927196818472
5927956432860 5928891409692 5930118678672 5930644689972 5932310546322 5932778197170 5933275096392
5935233666522 5935526018142 5939941402800 5940058388952 5940292364712 5940643336992 5941257563430
5941696316040 5944592489562 5945411737362 5945792121600 5946231041610 5946728503872 5946787030212
5947225986942 5948045416182 5949801526062 5950006422432 5950386953622 5950738223982 5952582563472
5952641118612 5953812281892 5953987966320 5954837144262 5955744953160 5955949951842 5960255739132
5960724490140 5961281155902 5961603447960 5962628980650 5963918346882 5965090618962 5965266469710
5965383704982 5966702681172 5967318253290 5967816596832 5967963172422 5968109749812 5968989251952
5970220663812 5970367268922 5971246937382 5971393555092 5972068019742 5972361277122 5972889158550
5973241092462 5973446392032 5973475720830 5973681024432 5973915661440 5975440914312 5975734254492
5976174278262 5976262284960 5976555645300 5977406431002 5978081235132 5979929806710 5980047185982
5981690616750 5982336312042 5983128803892 5984244251712 5984479096080 5985770822472 5986739708742
5987033326122 5987679309702 5990351702880 5991732183402 5992613424342 5992907185722 5994816810192
5994875572692 5996080267410 5996579810472 5996873669052 5997902230782 5998049175372 5998431239730
5999136621282 5999371757682 6001635181152 6002017359702 6003575598180 6005104632492 6005751590232
6007163255352 6008545671522 6008722161630 6009369314202 6009457564980 6009663485982 6009957664962
6010045920060 6012546750450 6013194108942 6015195255510 6016961249550 6017402788560 6017461661652
6018550865802 6019434076662 6019463518140 6019757936880 6019875706392 6023350425252 6023880555240
6024587431512 6025412172912 6025854021882 6026384262030 6026590472832 6026678849970 6029742991362
6032100553122 6032542647252 6032631068022 6035136592452 6035342952942 6035873610402 6036846543000
6039176003202 6039647847330 6041918854992 6042066337782 6042449801460 6042862775952 6043895273922
6044721335802 6045104883720 6046698213012 6047317897770 6048026147802 6048616387842 6050387280762
6054254631060 6054520372242 6054756591522 6055258572792 6055494806472 6055553865612 6056321660640
6057325773732 6057621116952 6058064145282 6059688721092 6060013662390 6060131825022 6060309071130
6061047624480 6062731694382 6063027169362 6064888827300 6065775431520 6066514317870 6067075901592
6067696629630 6068199147012 6068997305622 6069529440522 6070120728882 6070771179342 6071599075782
6071835627990 6073077602682 6074911226022 6075088688130 6075236575200 6075354886152 6075502776462
6075532354740 6077218435602 6079082270820 6080265806580 6080384166492 6080620889772 6080916800352
6081419864862 6082337271360 6083077165710 6083491526202 6084853095750 6086303630892 6086392444782
6087339833262 6087931988502 6088080031812 6089294054850 6089590176390 6090330511740 6092759127552

6092818368132 6094151357322 6095721509352 6100373901342 6101440941990 6104020008792 6104227543602
6104257191720 6104316488172 6105798993072 6108467955492 6109150117230 6112413156570 6113065868982
6113510920152 6115380311970 6116686088442 6116923517322 6117220309902 6117428068992 6117754554690
6118021685832 6118852797792 6120040198512 6120574566420 6120871447560 6121583991672 6121969970382
6124197008232 6124256401452 6124583069310 6127107614700 6128147284590 6129038500410 6129692099862
6129781229760 6130137755832 6130434868812 6130939977402 6131385678732 6133109209632 6133257801222
6134238550860 6135100486482 6135843583032 6137062358790 6138310986282 6140540994132 6141581803062
6142711924050 6142830890202 6143723173062 6146846673372 6147471468690 6148036787052 6148126050222
6149167501752 6150714964032 6151250669412 6152590034922 6154018852170 6155269203342 6156251711220
6157800064572 6157889398590 6158604094062 6159080580750 6159497521722 6160182526812 6162059040150
6162505871160 6162565449852 6162922928052 6164650885512 6166140698412 6167988316392 6168822815232
6170700644010 6171267029412 6171863252652 6172012312962 6173890627092 6174725525100 6178423609092
6181138229910 6183376002960 6183435682452 6183584882442 6184539805002 6185733561882 6185882789592
6186628955142 6187763212962 6188270677752 6188449787940 6188658753102 6189016987302 6189763341852
6190241032380 6191733934080 6192540175842 6193674975390 6196034496672 6196183848582 6197229362352
6197378728662 6198304839960 6198902367840 6199171264782 6200097510000 6200217030552 6200904296082
6201143353890 6201442182630 6202159400982 6202458254202 6202488139920 6205536861372 6207689351052
6207838843362 6208018236510 6208317230850 6208377030582 6209214257070 6210410392830 6212354359140
6214119145782 6215465337972 6215794429350 6216961278072 6217260487692 6217440016920 6217858928532
6218188083270 6218636944680 6219205525722 6219654423852 6219953698272 6220881494730 6221929090020
6222138619662 6222348152832 6222797164362 6223635362562 6224443678572 6224473617210 6224683189692
6227318116140 6228875380212 6229923648342 6230223169722 6230882142102 6231361416630 6232529725512
6233907871620 6234567038832 6235555854990 6235975376442 6236514781902 6236814461682 6237713544222
6238312968582 6238702609860 6238762555752 6239661778692 6239961534072 6240621021252 6240920799672
6241160627592 6241700257260 6244608663162 6245898173220 6247217809692 6247757701152 6248897548620
6249317518632 6252797813040 6253007861802 6253848092130 6254448291210 6254808424482 6255948914910
6256249061250 6257449718610 6257509754502 6258260227452 6260571966882 6263424701172 6263604895680
6263815125882 6264776223162 6265016509002 6265527131712 6267179288922 6269312395740 6270364060830
6270664552770 6270965051910 6272167120470 6272527763502 6272678034492 6272738143392 6274481426772
6275743955592 6279081250290 6279953302272 6280103662182 6280434460320 6281306606262 6281607360282
6282750291222 6284344552740 6285307223652 6287503592610 6289369303182 6289579965312 6290272165722
6291476083242 6292680115962 6293793948792 6295600373712 6295901469732 6296443460712 6296654241282
6297587740500 6298159919382 6298340612850 6300960959412 6301653785790 6303069679872 6303521594442
6303732493452 6303973525212 6305540343972 6305932079082 6307077220710 6309036256620 6309397958052
6310241968380 6310694139990 6311568384372 6311869861992 6312171346812 6312201495690 6312925090362
6313407509850 6313859794860 6315427841652 6318081902820 6321068388102 6321551118630 6321701975700
6323120120142 6323874517092 6325292905182 6326651085372 6326832187080 6328764099912 6330364188462
6332326837332 6332991187392 6333625372230 6334138783212 6335105260332 6336464493522 6338820843102
6339666819030 6341630909340 6341933104080 6342295747272 6342809509542 6344471824152 6344925220482
6345469317462 6346225046412 6347222677530 6348280856820 6348341326872 6348401797212 6348643681452
6349036753170 6349762456002 6351728109432 6352332987072 6352937893512 6353573076270 6353784810912
6354329287620 6355539319380 6357717666852 6357868954842 6359079323562 6360380598420 6361439873910
6363225709392 6367191765570 6368221325622 6368403021330 6368524153242 6369311538750 6369674963862
6369917253030 6370341270162 6371280215460 6371583115800 6372037479810 6373976281602 6374370136752
6374673110532 6375188182482 6375521475420 6377036553120 6379673217402 6382189163700 6382552956012
6382613589072 6383068346202 6385069470030 6385645609272 6387010253262 6387768451812 6388981663092
6390589345482 6390892704462 6392015195292 6392864713332 6393259151610 6393683944902 6393926690262
6394928063580 6396050908722 6396354397302 6396657893082 6398236187202 6398782565142 6399632532750
6399936106290 6400391480100 6400695071640 6401120111892 6402425680902 6402729320682 6404946109200
6406464678900 6406889910672 6408104936352 6408590978880 6408742870950 6409320077232 6411446850972
6411750704592 6412996579710 6415032782472 6416035807110 6416339769450 6417616489902 6419744639562
6419805449022 6420717625482 6422481350382 6423697853502 6424306148262 6425127391872 6425157809310

6425614079520 6426678773010 6428017369962 6428321615982 6428656294920 6429629955912 6431090585640
6431455768992 6432216600942 6433038349992 6434560246092 6436538980122 6440071015170 6440375546310
6441441462000 6442933892142 6443268951240 6443482175202 6443725864050 6443878171920 6445523211612
6445614608862 6446284875162 6446437213272 6447442689942 6448905341430 6449210081370 6449423403612
6450947236512 6451770181122 6452623660602 6452776073592 6453843014922 6455123460942 6455611283310
6456190596312 6456525999930 6456830919870 6460155014172 6460460019792 6461314073832 6462015660450
6462900323952 6464913921780 6465066479850 6468423212790 6468881016600 6469003100352 6469949288490
6470407146300 6470773444212 6471994512132 6472605089292 6473063041062 6474681267060 6476055391290
6477032635002 6478254293322 6478315379262 6478407008712 6479323338852 6479476066842 6480606309912
6481370043462 6481522795572 6483967074132 6485525542230 6485983950840 6486748001190 6487359273870
6487878878292 6488857013652 6490171499142 6490568927940 6490721788410 6491088660882 6492097613640
6492831446712 6493137222732 6494238076020 6494299237272 6494849701500 6495216690612 6496225964130
6496898856702 6497204728482 6497296491420 6497418843012 6497755315830 6498825969120 6499346032542
6500110869492 6500569793262 6501273507840 6502007859312 6502466850042 6502925856972 6504180558570
6504945679920 6505374167532 6506016925410 6511343855022 6512415627192 6513579365412 6515417058492
6517500090660 6518020900722 6518327269302 6518878750890 6520563978060 6520870406400 6522709127640
6523597935822 6524548108080 6525161159160 6525375733842 6525743584362 6525927513510 6528073545090
6528748085022 6529606640790 6530342590662 6530894580282 6531661271232 6533256132552 6533900266350
6534329706522 6535710145512 6537244137612 6539115851730 6541325432802 6542461057152 6542798694210
6543013558692 6543473994462 6545070297222 6545469403332 6548846942112 6549000487302 6550443900072
6552225352092 6552778265760 6556987317582 6558615999420 6559046251032 6559384315770 6559906796592
6560890346352 6561535840950 6562058407452 6562888408782 6563195830002 6563656975332 6563902926132
6563964414552 6563995158870 6565071255360 6566977699932 6567500483082 6571068264690 6571498924542
6571806547362 6572052650802 6572821753752 6572883283932 6575806299222 6576267887352 6576760265880
6577437316452 6577529644230 6579684143010 6579991957350 6580361344062 6582362368932 6585071933460
6585195108732 6585533846670 6587381661510 6588613682070 6588767692740 6591139684362 6591201300222
6591663428352 6592218003492 6593049909942 6594005126520 6595237766280 6596840370192 6597056120202
6597241051590 6597518453532 6597919155522 6598227396102 6599090508030 6600292793712 6600693579942
6601464356892 6603314405172 6603561097860 6603992821152 6604085335122 6604702111482 6605935750602
6606768522132 6608033201490 6609020352402 6609174601392 6609267151650 6609699061422 6610346952540
6610624629882 6611118292890 6611426841630 6612352531050 6613494303912 6614944806162 6617136292020
6617908028370 6619606006740 6620841036900 6621674747382 6622508510352 6622755561312 6623589392322
6625782309540 6626400098220 6626770785252 6627079699032 6628408110330 6628840645062 6629798450760
6631003530402 6632085105372 6632486855682 6633166768542 6634093978602 6634124886720 6634743064200
6636597769440 6637679800530 6637988968470 6639194792232 6639534916170 6639751363212 6640060579392
6640586263422 6641359365972 6643060349982 6645163685862 6646772343822 6648102727272 6649402300092
6650206861200 6651104313702 6651197157072 6651290001090 6651506639652 6652527983250 6656087823660
6656211661332 6658471901202 6658564795980 6658688656692 6660732524760 6661723603992 6661816521450
6661971385320 6662714756952 6664573367472 6665285903562 6665843567070 6666525187482 6668632234530
6668787177600 6670708621212 6671886417000 6671948409132 6672351365010 6674428330572 6675048382932
6675358419912 6679482596430 6679544623842 6679699693632 6682646361642 6682863510252 6683670093120
6683949306222 6686431456782 6687300318342 6688293372102 6690807368940 6691117771680 6692328411162
6692514673110 6692576761002 6692731981992 6693197655762 6694750018662 6695153662500 6697451559192
6698227964742 6701209780230 6701271908442 6703291232112 6705373007202 6705776971152 6705839120532
6706025570400 6706553859102 6707113246290 6707952370812 6708511816320 6709257779952 6710501144832
6711464831850 6711682448172 6714263024910 6714387402582 6716284304820 6716812997442 6717341710872
6717652728492 6718305888930 6719550091890 6719861160630 6720078913032 6722878901052 6725057072712
6725212669902 6725617231020 6725928440160 6727235597172 6727546843752 6728013727122 6730504045362
6730815367542 6732372086442 6732776862840 6734146965552 6735859789962 6736482689202 6737292501270
6737572832172 6738694214100 6739691076372 6739909149822 6740469926322 6741498077160 6742090078362
6743741587512 6743803912572 6744364851072 6744925812900 6745860801120 6746764684662 6747076382682
6747855659232 6748198555170 6749507874342 6752688178242 6753405409092 6754652857812 6754715233272

6754871173182 6755183058402 6755806850442 6756898555812 6757709594040 6758645467860 6759955800072
6760267802652 6762046354842 6762701669880 6765635373972 6765978721350 6766446936360 6767196114072
6771254880732 6775939585032 6777532753530 6778126334772 6778844915262 6779563533840 6780719652342
6781813368672 6784876243620 6785188820760 6786095335182 6786126595380 6786564245712 6787377062340
6788283722922 6790034687130 6790566274512 6791129154420 6791598238830 6792129887412 6792192435672
6793287076842 6793787513610 6794381806212 6794538203322 6795320215872 6796258690332 6796602813870
6798323562240 6802297758762 6803142816372 6804801785802 6804958302792 6805052213850 6806586186192
6807243655830 6809498078502 6811596279312 6812943056082 6814102017072 6814916481060 6816232256472
6818425497732 6819428239812 6819616262160 6819835624842 6820149006222 6820525073382 6820681771092
6821151875022 6821245897752 6822499596072 6824223619362 6827766387000 6828362163882 6829459715652
6829616515962 6830118289050 6833317525782 6833882174730 6834101766732 6834886052682 6835670383632
6837396070122 6837615718572 6839184738672 6839373033180 6840063468552 6842574436392 6843578952552
6844206812592 6844552147890 6844614937062 6846969738912 6847032539172 6847377945750 6847974577632
6848068785042 6848288604852 6848382814422 6848477024640 6850110104712 6850329957282 6852308789172
6852874222200 6854350740642 6856078783332 6858498409002 6858812677422 6860258404890 6863150316882
6865445419800 6865728404262 6865979950902 6866608837662 6867646563780 6869816608122 6870477124440
6870791667180 6871263494790 6871483686552 6872270114502 6872804911212 6873150967230 6873276807942
6874094800650 6876423200142 6877681958622 6878091079932 6878877885882 6881301530952 6881490404340
6881868158892 6883914509562 6886905876972 6889110458232 6889330935762 6889645909782 6891000380112
6891409897350 6891945438252 6892008444432 6892985077050 6893268628512 6893615199330 6895505738970
6896199001782 6896262027402 6896829270942 6898499623500 6898562659632 6899508236172 6900611490702
6901777884252 6903133546542 6904079436282 6904867727232 6905971410162 6908179040622 6909219903060
6910481659620 6910639387290 6911396505162 6911806627992 6912816212952 6913920530922 6914267620500
6915119604582 6915340497912 6915908525532 6916602813192 6917391818742 6918591193362 6918685885260
6919001529600 6919380312312 6921590084772 6922537238112 6923105561220 6923326582062 6926010688092
6926547571722 6927431896002 6929074362282 6930590657802 6930969757602 6931064534172 6934792926600
6935014133922 6935235344772 6935266946610 6936057015960 6936278243442 6936815524872 6937068370392
6940324168050 6940482235920 6940798377060 6941240986752 6941272602270 6941715227082 6941873310792
6942379190760 6942663756342 6943327765380 6943802076990 6946142251362 6946964568390 6950444140530
6951994412232 6952880359392 6954209385972 6954937240062 6955633483962 6956614614060 6956836169142
6957849037302 6960096601800 6961173028812 6961521302430 6961837922370 6962154549510 6962281202382
6964181133702 6964687825830 6964909509432 6965922965112 6966398047842 6966968168502 6967696689960
6968076803232 6969027131772 6969597360000 6969819121722 6970927983252 6972290419590 6972670658142
6973241035410 6973557921750 6973938194862 6974255097042 6974667080640 6975459390990 6976378527372
6977899989612 6978216981792 6978787585860 6979326511122 6980372719560 6980911706022 6981926325222
6982021449552 6982719047772 6983384969490 6983448392262 6983828934942 6986144126292 6987254285622
6988998999912 6989221070082 6990680476110 6991124673402 6991473695460 6991695804942 6992869870812
6994488339390 6994710496752 6994805708130 6995567422482 6996551364900 6996932264412 6998106769842
6998138514600 6998424220662 6998995650282 6999471859452 6999535355232 6999789341232 7000487826492
7000583077182 7001694383112 7001789642010 7002551736522 7004488913400 7006045200342 7006775761992
7006871055450 7007982860340 7008586448502 7009571306040 7010016103092 7010651551932 7011477678480
7012017864462 7013034741582 7013352530802 7013765667552 7013829228132 7015450120230 7016149386402
7016467246182 7016562605520 7018120233102 7018438137522 7018692466242 7018915007652 7021553981862
7021712972052 7021808367030 7021935561342 7022444350110 7022571550182 7022825953782 7023620994732
7024956764832 7025115793542 7028137681032 7028392185432 7028805764910 7030364750772 7030460204502
7031510238300 7031955730872 7033642366302 7033706016882 7033801493292 7034056100220 7036920745680
7037939426832 7038162273162 7038990018990 7039435748442 7040964070842 7041441705612 7041505391472
7042874707122 7045167812802 7047015308262 7047397578942 7048130293392 7048544453190 7049022345000
7050997803012 7051316451192 7051571374920 7052336173752 7053132883302 7054025251422 7054758310320
7055555156670 7055873907810 7056989593500 7057276498362 7058169128562 7059029932572 7059221229480
7059667599012 7060018327830 7060943018292 7061676436542 7062696907902 7063589880822 7064642385660
7065280305540 7065503584302 7066301037252 7067640859512 7067736565962 7069746551100 7070225161110

7070512334892 7072299325020 7072682280852 7074756805122 7074980233572 7077150864972 7079609187762
7081397327010 7081780529082 7083153754980 7083952203330 7084814578092 7085868662970 7089766263582
7090309456932 7090565084532 7090948534572 7092003075642 7095039313452 7095135205230 7097021208552
7097213019540 7097820438102 7099674823962 7100058520242 7102808646990 7102872609762 7103288374800
7103512253322 7105431356802 7109974267662 7110326243880 7110550233282 7110710227872 7111094222232
7111254222942 7114710677622 7117047460620 7117591698042 7118712252372 7121177782362 7122138494022
7122330644130 7122650900070 7125661657842 7127840049402 7128641012352 7129057530870 7129922646672
7131749174622 7133223385290 7134473378892 7135306768800 7135531151322 7135691426712 7136332546272
7137358397472 7137390456510 7137614871792 7139057625702 7139602704012 7140243999252 7140917390250
7141526676132 7142649112902 7142969825322 7143771637872 7144509345162 7146594376032 7147235985192
7147332229050 7148679711102 7150508639892 7150925796762 7152434080812 7153172235222 7156125233742
7157024093382 7157987219922 7158211958772 7159014626322 7159688901840 7161262334862 7162868056962
7164891523092 7165919424852 7166979525762 7168039705080 7169453399472 7169485530510 7170128166390
7171542066702 7171734882090 7172281206432 7172441894022 7174209576312 7174466711880 7177263358722
7178485053630 7180478568522 7181186011302 7182890448372 7184659417662 7184820243852 7184981071842
7185045403542 7187458050192 7187972800560 7188841483602 7190836435902 7191673111170 7195052487240
7195825027512 7196018169060 7196082550152 7198561441182 7199237576460 7199688350952 7200428939682
7203971412462 7205034324180 7205324222802 7207675838232 7207998007212 7209222315000 7209383415870
7211381216202 7214539594110 7215313179822 7215990101340 7216119042372 7217601947040 7220181274560
7220406987642 7221116394582 7222922314950 7223244824490 7225341312000 7226534833062 7226954201700
7229986921632 7230890407992 7231116288402 7231277633712 7231923032952 7232116658340 7233536657052
7233956228802 7234375812720 7234440365172 7236699882432 7237442372250 7239928376232 7241768939862
7242511689672 7242770046360 7243868113692 7245353866680 7245806082612 7246290615342 7247195119782
7247776616730 7248422751810 7249521247542 7250329018092 7253075774562 7253754465120 7254627113922
7255758403452 7257051413772 7257116067312 7257924260862 7258732499412 7258926483360 7259702445072
7261351501410 7261642530792 7262321622030 7263776924460 7265135338272 7265717554500 7265846939052
7267302594642 7268434872012 7268467224090 7268790748830 7269923142120 7270570263600 7271023265772
7271994032232 7273061950182 7273320851190 7274421231882 7275262755630 7276071958980 7276945949142
7277043062400 7279114966272 7279212094002 7279794873990 7280571950262 7280992883892 7282709123850
7283097734562 7283518741200 7285105721742 7285300057770 7287956243262 7290774920592 7290969332220
7291131343890 7292265475980 7292816371962 7293367288752 7294209907620 7294760877042 7295895291372
7296219425952 7296867716712 7297256704992 7297613286690 7298974860582 7299396325860 7300109602512
7300433830692 7300985035122 7301309282742 7301665963440 7303449497610 7304714317452 7305071081310
7307568672252 7307665989630 7308444551982 7309417813242 7312662485442 7314057915852 7314479816370
7315193829582 7315615762860 7315778048130 7317368539032 7317790535022 7319576037312 7319835764880
7320614975232 7321621516650 7322076106422 7324706509980 7324836418692 7326330451680 7327434834852
7328246934402 7328279419320 7328734215732 7329383949372 7329741315150 7330553542500 7331853199860
7332080651742 7333802901900 7334355364602 7334420361582 7334582855292 7337345523762 7338028145520
7338158172312 7338678291000 7338808323552 7340628900240 7345408988322 7345669173810 7345799268282
7346124509502 7346482283160 7347100276362 7349214660192 7350776246592 7353769750872 7354518222162
7354843656342 7355917640220 7356959154012 7357610137572 7357837988622 7358423907522 7359791142342
7360214359812 7361744555262 7361939910810 7362070149282 7365163651572 7365489321192 7365587023482
7366726931412 7367443490112 7368909286902 7369658528232 7370701014312 7372427794062 7374057016962
7374122189622 7376110094100 7377544158732 7378033076262 7378228647810 7378554606150 7379988908382
7380510507390 7380673510860 7381129930152 7381292940462 7383836134362 7384325260332 7385205727902
7385629675452 7386608062392 7386836362002 7387488666042 7388304086592 7388630267412 7389641473710
7391174724912 7391729344302 7392740762640 7394763806892 7395808067052 7396819764390 7397211407742
7397766253572 7400051132112 7403250554772 7403740323342 7404621947592 7408050985302 7408312277862
7408540912632 7412297560362 7412656941780 7413049004172 7415107501830 7416087839250 7416545352222
7417689196392 7418931184212 7419029240310 7419813712422 7419911774352 7421546235252 7422265455072
7422919321512 7423605912270 7424554113612 7426614207942 7427039342340 7428085878852 7428511055370
7429132489092 7430211883122 7431258643122 7431356780652 7433319667332 7433483252922 7433548687662

7436199036660 7436984415972 7437148041882 7437344395350 7437475299102 7437835290360 7438489842240
7441010135862 7442057656182 7442417758320 7442876082732 7443563595810 7443629074902 7443792773892
7448311576440 7448442576672 7448475326910 7449752642352 7449949162140 7451423143170 7452143809182
7452962790132 7453126591722 7453880102220 7456009794330 7456566840912 7457648226030 7461155074632
7461417302040 7466564447502 7466662817880 7467384220452 7468269625782 7469253471042 7470237381102
7470270179220 7473386328750 7474042443030 7475748474942 7478275072092 7478767316022 7480670811642
7480736453742 7480933381770 7481064668562 7482082180260 7482968456502 7486908097062 7487137941432
7487499132570 7488385729572 7488615596622 7490454660030 7490848774422 7491407120892 7492885197282
7494034913052 7494856192602 7496926016652 7496991730032 7498141760802 7498963265352 7499817677820
7500146310960 7501756717422 7502414075862 7504254832710 7504419196980 7505964309102 7506030062082
7506358831302 7509350962080 7509909997662 7510403281632 7511159681850 7513133079090 7514185663602
7514514611382 7515008046552 7515764678610 7516488449262 7517475465402 7518232221660 7522148221062
7522674819750 7523003953290 7523398923042 7523464752342 7524781398822 7525472684340 7527744274602
7527908895912 7529818634652 7530082065900 7531794481332 7533045984960 7533375345300 7534594041162
7534659919422 7536504627630 7537064673012 7537328230980 7538151879330 7538217773142 7538975572680
7539206214882 7539766360632 7540128818970 7540359478812 7540458334110 7542073062372 7542270796080
7544050516092 7545731555550 7546522697742 7547346848292 7547511683802 7548434795922 7549193108820
7549522821960 7550512004580 7550808772002 7552325674350 7555524859092 7559153620272 7559813488632
7562057256480 7563179265252 7563608290602 7566743845212 7566842873310 7567238992182 7567668132660
7572752722632 7573248066162 7573776450450 7574073674712 7575328685892 7576220467542 7576914111780
7577244429720 7578400599210 7578466668702 7578797020482 7580548005120 7580614083972 7581010563132
7582167019902 7583191383840 7583521838580 7583984487312 7586066581242 7586165735700 7587124262202
7593339626802 7596382115562 7597638973542 7598068975140 7598201285772 7601013159042 7602865971570
7604685917940 7605744896052 7606903237782 7607962370262 7608326464080 7608558164682 7609485002370
7610941575642 7611206422122 7612431397032 7613358470592 7614749186772 7615510823262 7616073796452
7616603672580 7616769262650 7617001091772 7617100448190 7617332282352 7618392140592 7620213944202
7621075236270 7623957605952 7624023873732 7624057007730 7627271347752 7628099895702 7628829055122
7629657687672 7630088594382 7630917295332 7632840054840 7634464643862 7634829371280 7635293582412
7635890446032 7638443959302 7638775615722 7639637956110 7640434005822 7641196925712 7644680304702
7644746662482 7646438883180 7647069366222 7647268471530 7648098104880 7648429970820 7649392422762
7649724316782 7651417088280 7652379728142 7653641209962 7653807202152 7653973196142 7654139191932
7654471188912 7656297301002 7657625519322 7659219533370 7660714072200 7661112640512 7662939544602
7663105637592 7663271732382 7664334781662 7666361423580 7667025954660 7667823429972 7669817299692
7670648155242 7671346108680 7672575913422 7672808590272 7673573124762 7674337697340 7676066436612
7677296619642 7678294137702 7678659910560 7680156344790 7682151817230 7682284857942 7682817032310
7683781645332 7684480196010 7685311845360 7686110271072 7689637147380 7692765431472 7693297968720
7694695966692 7695794482770 7696593452802 7696626744120 7696793201790 7697259292842 7697758691772
7698091633392 7698790834230 7701521351082 7701854374062 7702187404242 7702420529652 7702620354240
7703919277242 7705951145640 7706184328002 7707183720942 7708516345662 7709182701222 7709449251510
7709782445850 7710348892752 7710448856130 7710848716122 7711948384560 7713414731112 7715114534490
7715247860322 7715447851230 7716747855312 7716847860162 7718414687412 7718748075432 7719114810570
7720181725962 7721115337410 7723182820782 7726251209382 7727351975532 7728185941482 7729753919292
7730287735260 7733457647190 7733691245352 7734125079870 7734291942540 7735126282890 7737763094172
7738096899792 7739298659640 7739532346002 7740600671442 7741301800080 7742437028052 7742937890382
7743371984172 7744306996740 7745041689072 7746310785180 7748448445212 7748782481232 7749483980310
7749951664002 7750152104190 7750285732422 7750987299540 7753660227060 7753894130142 7753994375400
7754161452270 7754495611410 7755063698472 7756333615380 7756400455992 7756467296892 7758673208160
7758806909832 7759074316632 7759508862510 7760143989912 7761648342702 7763019102180 7764089047332
7764657485682 7764924993282 7764991870902 7765025309820 7765526902230 7765593782442 7765995069762
7769205741570 7769841265692 7770175762512 7774056451800 7774892934150 7775562152430 7775896772370
7776398715780 7778406651420 7778875207032 7778975613642 7782590683170 7783762413660 7784331571722
7784733342882 7784934232350 7787613006270 7790694165942 7791029111322 7792804442040 7793641932390

7794982010550 7795116024702 7795149528420 7795819617900 7796221685412 7796322203910 7797226899552
7797629003352 7798399731282 7799237522232 7799572651212 7799907787392 7801080820722 7802857296240
7802991378072 7804030551330 7804768071102 7805941469832 7807718498670 7807785560322 7808288531892
7813654569972 7814157730542 7814224819842 7814258364600 7814593816140 7815164100282 7817579652042
7818754013412 7819458672570 7819525784622 7821539280102 7821975571620 7822814627970 7824392175732
7824560009322 7825298498502 7826137733052 7826507010510 7827312737022 7827648468642 7827917059122
7828319953482 7829327234742 7829528698770 7829763743412 7830838278132 7833558523650 7833961563162
7834196674332 7834230261930 7839067627722 7839437210100 7839504407832 7840445206320 7840781219460
7842696631842 7843032693222 7844948380572 7845620607012 7846830687180 7847502994260 7849990780872
7850091645402 7852209950220 7852949743032 7853891347920 7854463064142 7854799377522 7855404759750
7856144703042 7858263824340 7859071183812 7859676730632 7861291636200 7862805760830 7863142252770
7865733481872 7866339285300 7867079743392 7867416326772 7869334989522 7869435978252 7870109253012
7870513231692 7873812778992 7874587262730 7874822982732 7875664868682 7876102667160 7876405765542
7877416135602 7878022388742 7879874973432 7880043401022 7882233123492 7883344945170 7883681876310
7886512382142 7886714580570 7886849380962 7886883081240 7887186386982 7887793015962 7888197448242
7890893928402 7890995055372 7891500699942 7892781738690 7893017730852 7894096597092 7894197744582
7896389432652 7898345349600 7898986133682 7899357125820 7899829310232 7900099136232 7902460310292
7903404878700 7903472350032 7906576342632 7907251204272 7907284948110 7908601013952 7908702254322
7909275961992 7910828451780 7912144812462 7913191228560 7913933888412 7914001404672 7914372749250
7914710342790 7916060788950 7916533472322 7916702291232 7916972405232 7920957121980 7921024668192
7921970345400 7923456523632 7923557859042 7925990103282 7926091454892 7927003648542 7927882106850
7928118623172 7929030933462 7930652948022 7932106143600 7932444115140 7932782093880 7935317163930
7935553791132 7936838400360 7937683594710 7938833131242 7939002187752 7941707336712 7942146966942
7943330647272 7944785003850 7945935054462 7946104186572 7946814561090 7946882217462 7947051359652
7947829436910 7951009800762 7951178986872 7952024944422 7953886209432 7955273839590 7956289255410
7956763138302 7956932385612 7959335891670 7962620141532 7964414914770 7964584243440 7967767957452
7967869575822 7968309929580 7969631063862 7969664940540 7970850669630 7971189465570 7974035635722
7974476159832 7975594467990 7976441723340 7977356809662 7977594062832 7978271948472 7979390522742
7979458317642 7979627806152 7980000687210 7982950144332 7983051859470 7984238583960 7984916751840
7986849688302 7987120996350 7988715024192 7988782858692 7989800410752 7990919792862 7991360783100
7992174950892 7992276724782 7992548124990 7993124865732 7993294499322 7994210551812 7994583773430
7995058795362 7995737422602 7995771354720 7998384344022 7998825540180 7999640088132 8003238171000
8004664050252 8005003564032 8005954240920 8006938930062 8008467015852 8009316015402 8009927322942
8010946220682 8011353797922 8013833449512 8017162900140 8017740528282 8018250217452 8018318177232
8018691961170 8019031772310 8019677433312 8020459057722 8021036804592 8022260337240 8023789884270
8025557542422 8025795511272 8026645428822 8026679426460 8027257397322 8028209394690 8029535485092
8032528091412 8033888551332 8035487238942 8036031509310 8036167579782 8036881968660 8039501666202
8039603740980 8042155821030 8043346930320 8044674270282 8046886746912 8046988868562 8047397361642
8048418639702 8049201663432 8053968716352 8055841873242 8056284651240 8056761502692 8057613058242
8057715247932 8059077839052 8060031721380 8061701151282 8062484820852 8063847815172 8064290813130
8065381321482 8065824361560 8066131088742 8069710003452 8070153162402 8071346343132 8071687268112
8075540220750 8076119948052 8076460973832 8077313569782 8077756937460 8078063891442 8078166210732
8078848355892 8079087113502 8080315065510 8080622068092 8082327744192 8083863006582 8085671391492
8086592721942 8088333156000 8088742697112 8089595941062 8089698333360 8089766595252 8089868988630
8092326624102 8093931115272 8094887057952 8096082065682 8097618633792 8099428556550 8099906683122
8100760515672 8104107973212 8104688725002 8105747796540 8106567770412 8106943605630 8109574696092
8109677214750 8110155643722 8110326514632 8110497387342 8111283424992 8111625192372 8112240391800
8113163234682 8113915219542 8114462139510 8115043262172 8115658591200 8116068823512 8116513253550
8119761380880 8120684651442 8121436984782 8122291951332 8123488980102 8124275647032 8124378258570
8124686097072 8126088546270 8126601667680 8128141129110 8128209553002 8130604570662 8131973310582
8133615950550 8134197758652 8134813813440 8135327210250 8135635256112 8136354052470 8136867497880
8137962902232 8138305231212 8138750269650 8142139807692 8143372541940 8143954698882 8144639616042

8146968549810 8147037052902 8147276815992 8147550835272 8149674640932 8150394057210 8153306304600
8153648956140 8156013448002 8157212958972 8157589966350 8157727062102 8161326237612 8162011884852
8162800414782 8163931850340 8165269102542 8165371972632 8166229248582 8166812221932 8167772458692
8169212919672 8169933197790 8170413400842 8170584905352 8171888398452 8172162831300 8173775217342
8174049681870 8176245563982 8176691638572 8178167202750 8178476058612 8179196744970 8179436980812
8179848821892 8180878469952 8181153053712 8181256023810 8182423063542 8182457389500 8182594694052
8183040941802 8184002132130 8184345428070 8184654400572 8186542692582 8186748701250 8187607098600
8188019145312 8189392709232 8189564412822 8190525986190 8190594672162 8191109826132 8192311915062
8194716357522 8196434032422 8197224223320 8198083169670 8198564199282 8198667278892 8201485039152
8201656869462 8201691235740 8202619152462 8202790994652 8203409641440 8203993940382 8204578260132
8205025106922 8206640731452 8210697681192 8211041536572 8211901206522 8212245087102 8212485807792
8213036039760 8213379944100 8214583665990 8216819383500 8219124210702 8219365032192 8220947661180
8221429361112 8221532584362 8222392803312 8224698412002 8225902962972 8226350390082 8226866667252
8226935505432 8229379447410 8229517145082 8229895819620 8230308929052 8231754893712 8235645857742
8236334619702 8236575693192 8236747890702 8237126731560 8237195612652 8237953323672 8239882199880
8239951092492 8240743378230 8240984516232 8241432353310 8242603677042 8243327183280 8243740629672
8243981811522 8245532350512 8246945190750 8247427651722 8247703350042 8249185307460 8250115906902
8250874211922 8250977619852 8251598081040 8251839377802 8253114862152 8253976731702 8254700736900
8254942079022 8256390205842 8258321239170 8259183380520 8259252353772 8259528249660 8260011078552
8260045566870 8261321685252 8261494141242 8261908042962 8263494762270 8265288628422 8265909627450
8266772164800 8267772764502 8269705128390 8269877671860 8272362497412 8273328919260 8273501500530
8273743117332 8273984737662 8274778657872 8274847696212 8275986870402 8276677317162 8277436841862
8278403560062 8279439392202 8279681095692 8280544351242 8280924197940 8281614850620 8282478206970
8283928746942 8284205054670 8284688604282 8285483037852 8287313834130 8291528888502 8292150872490
8292669210300 8292911106822 8293014777840 8293083892212 8293498584492 8293705934520 8296298028570
8297680644330 8298544837680 8299063375290 8300515366782 8302347823020 8303903840850 8304387965022
8307431354382 8307673466112 8308814897502 8309057029392 8310544488402 8311755309132 8312032080540
8312101274112 8312516441592 8313831207012 8315111473242 8315388300522 8318399094732 8320752738612
8321445050172 8321548899390 8322033537642 8324491563180 8324630054292 8324837793120 8327226975942
8327746408872 8329166274870 8329477968972 8330516991432 8332248839532 8332941629172 8333565164472
8333842298760 8334431224422 8337549412842 8338935461562 8339178031932 8339351298642 8342505067260
8343960853872 8345798099190 8347670217522 8348571682710 8348883739692 8349611895330 8349785270400
8351311048632 8352698240712 8353599977340 8353842760902 8354293654020 8354779244832 8355160790370
8355681093780 8357380864482 8358178775652 8358352239642 8358421625742 8359635929112 8362446512310
8365118739252 8365396397700 8365743477240 8367652543410 8371089411372 8372860194510 8375950833252
8376506514180 8378034731772 8379945199782 8382654964242 8383627807050 8383801534920 8386407668970
8386894192182 8386998448992 8387450235990 8387624003460 8388214826322 8388666646080 8388979451502
8389153234812 8390647845582 8391099730860 8391238774932 8392629279012 8393602700412 8394889093842
8395062938352 8395966958820 8396731937232 8396975346762 8397183986310 8401322539512 8401705146330
8402713878792 8403061731612 8403096517290 8403166088862 8403513951042 8404383637992 8404975050822
8405009840460 8405775230712 8406018771282 8406227523150 8406714620922 8407688858802 8408036814582
8410229101560 8410403104830 8414370867762 8416215848112 8416738049082 8419976056680 8420324266620
8421090353832 8421543058110 8423179859712 8426314604532 8428997015802 8429519613132 8431087502322
8435269252962 8436070873572 8436942243522 8437395373680 8437569657750 8439835514460 8439905237952
8439974961732 8440881397080 8442276008040 8444542496550 8445588670770 8445763039440 8446076907582
8446181531592 8446355906382 8446460532120 8447576580312 8449494960402 8449843780182 8450367023352
8451483329592 8453088148980 8453506822572 8453925506532 8455705029030 8456019081852 8456193558162
8457345146952 8458322314080 8459857976472 8460381529602 8461009814742 8463034447770 8463104267022
8463697742292 8463907209120 8464780015470 8464919668662 8465303720880 8466141683232 8467224112650
8468062170042 8470786142982 8472462651750 8472637297620 8475047594442 8475152397732 8476025783682
8476724524842 8478751037070 8478995632512 8479589664702 8479799328090 8481686415222 8481896104530
8483818377300 8485286441352 8487978221982 8489761324680 8493048318372 8493852679662 8497455286560

8498399785602 8499274368552 8499869110662 8500393900392 8501198609442 8502178306650 8503892912592
8504767778142 8504942756652 8505292719072 8507147640102 8508722731812 8509177785450 8509422819372
8509947903942 8510578026810 8511418226922 8511768322542 8511978383370 8514219193482 8515970031582
8516180144250 8516320220802 8516425278972 8516880538530 8517125683332 8517651005502 8520207804660
8521048479972 8521433803350 8521784104890 8523150349692 8524236417270 8526338680110 8526513880380
8528090763810 8528441202150 8531490319512 8532892395432 8535346305492 8536748698212 8537029190580
8537625252162 8539203162672 8541237129060 8541938552940 8542534785882 8543411636832 8544534071712
8544884847732 8545761819282 8546814244542 8546989655052 8547550980780 8548428089130 8550884231910
8553937358232 8556148583010 8556675107220 8557271854242 8558851579152 8559378186522 8559904810092
8560361230290 8560852773342 8562362600952 8563521396150 8563837444812 8564293969842 8565768980022
8566120191642 8566295800152 8566857759480 8567103622482 8568614001180 8568859889382 8570791990872
8572372963182 8573672982972 8573883806280 8574375737412 8574410875890 8577573633750 8577819650472
8578346841042 8579823060822 8580561218340 8581053340992 8582389173612 8584744710702 8585447918742
8586080830602 8588190705282 8588612711322 8589527093310 8589773281392 8591004274722 8591250483972
8591989132890 8592059482062 8594099733330 8596808716992 8598392086902 8598638401992 8599025475690
8600749818912 8601840819210 8602087183692 8602544727090 8605431050502 8605607061492 8610183979032
8610712163202 8611169935920 8612296812912 8613282890760 8613529419042 8614304245182 8615994895902
8616452809020 8616523258272 8616945959832 8617685712510 8618355039912 8618742557130 8618918704200
8619341464512 8620327945560 8621032609440 8622265840530 8623146773880 8623640116212 8624274434232
8626635711882 8626988169102 8628680063982 8631147708042 8631676534812 8632275891402 8632804752732
8633157335952 8633862523992 8634497217852 8635202460612 8635978260912 8636013525390 8636330908932
8637565233702 8638729106412 8639081810592 8640069420600 8640915988392 8641797873942 8642150640762
8643667620132 8648078199882 8648678125632 8648960450832 8649419239110 8651325105282 8652666396222
8653795985022 8654537317740 8658668181282 8659727535822 8662305569220 8662376205672 8663365146240
8665095928062 8670077305500 8670783999780 8671102021602 8671314039390 8672091460122 8674742019972
8674812707112 8674989426222 8675625629922 8675908394610 8676615326490 8676792063960 8678524186422
8678983758132 8679089814870 8680221127062 8680680743700 8680928234622 8681741443920 8682236459532
8682590050752 8682802208940 8682943649172 8684393477970 8686409294712 8688107006040 8688248489472
8688354602802 8688637574850 8688779062602 8688991296390 8689663387152 8689840257462 8690406254550
8691821327910 8691962841582 8692245872382 8693130373332 8694970279452 8696031852312 8696067239190
8699677078962 8699783262060 8700314187270 8703393872952 8706934414752 8708067540192 8710227764790
8711821544820 8712529938300 8712954988212 8713132095402 8713202938782 8713911388422 8716143193032
8716745474982 8716851762192 8717135197920 8718729609750 8719402849632 8719580022342 8722698556662
8725427731572 8726065782072 8726668406742 8727590108250 8728086429222 8735213736060 8735462003142
8736526044882 8739718558902 8740605471852 8740853815542 8742450394932 8743443895692 8746566694140
8749903026552 8750648464350 8751358434630 8751606931032 8751784430622 8751890931240 8752032933072
8752245937980 8752600951920 8752742959512 8753097983532 8754873211632 8755157264832 8755334800422
8755405815162 8757465367902 8761372081482 8762970533592 8763929674842 8765919172170 8766452111580
8767837829862 8768193159882 8768761702890 8770680671622 8771426993940 8771498073912 8772493223760
8772635392632 8772990819852 8773381798110 8774234871822 8774412600732 8776367737542 8778963073692
8780740922592 8781629914542 8782341140502 8787747398982 8788209853572 8788316575590 8789561713680
8789704020792 8790166526862 8791340635380 8792052254460 8792479239732 8793190904892 8793439994502
8793475579020 8794080526842 8794792256802 8795575193022 8796927619482 8797212354090 8797568278830
8798066585562 8798280149910 8801021122452 8801661930840 8802017945580 8802623187162 8803798127280
8804296610412 8805400444710 8806005802572 8808926056272 8810030180730 8811241235502 8812772982792
8813236095390 8814019852122 8814981783012 8816086286910 8817475922352 8818830031452 8819257666452
8820326799312 8821859336082 8821966262220 8822322687360 8822643476142 8823106848012 8823997981962
8824996105410 8826386442852 8827456007712 8827562967762 8828454326712 8829630989430 8829880594632
8830058886222 8834445426120 8834623763790 8834873439552 8836585596960 8837192025822 8838868731552
8839082790540 8839689305082 8841937158060 8842365352932 8844684922002 8848361169780 8849432065200
8850681525090 8851217034900 8852073884292 8852288103120 8852538028362 8857787273412 8858965889202
8859608803590 8859965988330 8860930423092 8862359311812 8863431053952 8864074130340 8866575204720

8868361902420 8870291738112 8871363959772 8871721381392 8873365613580 8874581013552 8875331743350
8876940556980 8877798650532 8878334980062 8878621029102 8879586478632 8882304322080 8882805022812
8883878000472 8885952607692 8886489183462 8887490834910 8888385214260 8889064972662 8889243860772
8890603469232 8892106315332 8894897652192 8894969230692 8895255547572 8895720822330 8896257692940
8896329276912 8897224100862 8898834897372 8900016240810 8901269266500 8903918811192 8905351161672
8905995756972 8906891066922 8907607347282 8910293655132 8910902607882 8911296647220 8911547404062
8913159496572 8916384118992 8917709966262 8918283336150 8919430131222 8919537647040 8920146915582
8920218595602 8920971253200 8921329672740 8929826323242 8931189031590 8934954950460 8936031073080
8936461540272 8938255265172 8940479734032 8944785943872 8945073061392 8947298378412 8949847065270
8951462618100 8953078316730 8954299163502 8955591915510 8956812933642 8957207986740 8957746709550
8959327056582 8960081362260 8960225043132 8961518222820 8961590068872 8962380394452 8962919272782
8963494094190 8963745584352 8964536004972 8967051211512 8968416757092 8968883941290 8972298349020
8973196985370 8974706795742 8976612213900 8976935795562 8978014443222 8978733577662 8979380823282
8979992132232 8980747307310 8981358662772 8982545471010 8982617401302 8984523658980 8984667535692
8986322200680 8988084946182 8989020350730 8989811884902 8990423548812 8991610955802 8992078743720
8992942384152 8992978370070 8996001444222 8996757292140 8997621157212 8997909121452 8998161093942
8998881034782 8998917032580 8998989028392 9001509063252 9004029450912 9005721909162 9010331963562
9010620131130 9010872281532 9011952966072 9012025014012 9013141793910 9013393979592 9014366728842
9015988094232 9016024126230 9016384450170 9016744781310 9016816848402 9017069085492 9019159185672
9019519572252 9019699768242 9020348488710 9022691284620 9022943603862 9025106484942 9026079865992
9026981191542 9027522008472 9031308180582 9032065510260 9032390089842 9032786806140 9033472063902
9033688466490 9033832736322 9036754448280 9037439856522 9038522132982 9039640553400 9039784870752
9040614717882 9040795124472 9041155943052 9043501439322 9043934487282 9044151015150 9044584078662
9045305874222 9046930019532 9047579718480 9050106547260 9050648056470 9051153479682 9051875537322
9052525413822 9052886466402 9054872384292 9056064039570 9057653035242 9058194770172 9058230886410
9059856191640 9060217390380 9061987368282 9062204112150 9063107239500 9063360123222 9064985888532
9065166538122 9067804227120 9068346265530 9068526948600 9068779907922 9070117037232 9071598836190
9073406071890 9074924288982 9075394239060 9077021083290 9079805132712 9080058249282 9080166728892
9082336457172 9082517279562 9083349085740 9084253266090 9084506444652 9085410682602 9087653386902
9089028084402 9090113445342 9090583788540 9091488328890 9091850157630 9095287889760 9095649794100
9097640396670 9097712786322 9099414026052 9099812211510 9099957008382 9100970618742 9101224030152
9103794545250 9104047995972 9104120411112 9104410074552 9105242882610 9105568774392 9105930883212
9108320982000 9109298840082 9110312970570 9115275779952 9115891697262 9116725030272 9118101924780
9118717937562 9119696353572 9121544615910 9122414451222 9122523183552 9122813139600 9123900515820
9124335484452 9125676703002 9127054273302 9127235540292 9129519658590 9129882243330 9130679955102
9130788736680 9132021639852 9132384274272 9132420538110 9133037034372 9134741573502 9136482543582
9140400332790 9141851578950 9142359542322 9143121513840 9144101238162 9145081014972 9146641508622
9147294778050 9147802892622 9149436213612 9149545106862 9149654000760 9149799193632 9149908089042
9151105981320 9151614201732 9152267648712 9154010288040 9154881669912 9155426304642 9155898334512
9158186036250 9158621821362 9161781573492 9161999507520 9162253767162 9163525118292 9164324298432
9165087184710 9165595793202 9165995424060 9167884706052 9169519818762 9170428277712 9170791673892
9173880832122 9174062563512 9177152272542 9177879338502 9179406270762 9180060709182 9181769630592
9181987802220 9182242339062 9183515076192 9185078845410 9185260687680 9185442531750 9185769855612
9186970093002 9187079209380 9187952163732 9188606906712 9189407179812 9190425759612 9191771826642
9191953735152 9192062881122 9192717770550 9196611205872 9197229864942 9197884938402 9199449930540
9201233455962 9201633862980 9202325495622 9203271982410 9204618989832 9205966095822 9206985592902
9208260043632 9208332872052 9208369286370 9209461749390 9211828974900 9213540850542 9213977950662
9215617168452 9215908600212 9216017888310 9219916254192 9220098440982 9222211939290 9222357706722
9223268779272 9223560331992 9227205129792 9227460292602 9228007081932 9228845523702 9229282986702
9230121486432 9230376689562 9231579837552 9232236133140 9234022833762 9235116817422 9235517961000
9237159093630 9237304979142 9237341450700 9237523809570 9241536160110 9243323760372 9244454780430
9245330456382 9247921240560 9249526979112 9249563474790 9249709458222 9251643847452 9252373858212

9252483362310 9254929122672 9256498960050 9259237367100 9259675549812 9260588463762 9261026678442
9261574461372 9262597032852 9263144862222 9263765755092 9264532769130 9265409395482 9266139949122
9267162772602 9268185652530 9268258717542 9269647007490 9269793149322 9270377728170 9273995219652
9274835747982 9275749408932 9276553467792 9277284460632 9278600320320 9280135607892 9281415111222
9282585020022 9283425937512 9284961624252 9286899695922 9288289381230 9289752320190 9290081497332
9290630138862 9292495641240 9293958911400 9294288163062 9294324746940 9296227207812 9296519911380
9297507819942 9298422596892 9298788520272 9298971484662 9299227637832 9299996118510 9300984211752
9301789363572 9302557950090 9303436373562 9308305055352 9308671173132 9309147137010 9309220363302
9309586499082 9313687711722 9313907445030 9314273672970 9315189274320 9315555527460 9317167126812
9317753197500 9318302655510 9318559074792 9319181822022 9319548153642 9320500649550 9322039399602
9322882102260 9323504993922 9325593664872 9325630310310 9326363234190 9326509822422 9327609270882
9330101593962 9330174902622 9332410955100 9333290786892 9334610612340 9335307224502 9336590525472
9338533977702 9338643990480 9339450770652 9339927520770 9341467873542 9341907997662 9342311453880
9342568203282 9343045032960 9343962047310 9345135891342 9348804629142 9350345713722 9350382407760
9351116303640 9353464963992 9353831968812 9353942071662 9354382489542 9356694853512 9356768266572
9356804973210 9360916572282 9368738444760 9369252672852 9372044443020 9372375074922 9372558761832
9374505953742 9374873371122 9375424510692 9379282941282 9379650452262 9379834210452 9380017970442
9380275237452 9381745402332 9382223230722 9382884859350 9384539032980 9385972768062 9386266881102
9387112481760 9388583182320 9389024414952 9390311402682 9391120411542 9391598478612 9392150109582
9392407542912 9393915437550 9396269466222 9396490171530 9396747664332 9397005160662 9397189088772
9397409804880 9397961606490 9398219119452 9399212416782 9400352934000 9400794443112 9402155828142
9404032493400 9404106091932 9404915694792 9405394112862 9405651727632 9406314181812 9407344712460
9409626802632 9410178962802 9413786807910 9416069679282 9416622028452 9416990270232 9419494505280
9419825973102 9420194277522 9420746747652 9420783579570 9420967740240 9421299233982 9422146411152
9422256915330 9424246101342 9425167091892 9425756549460 9425940758730 9426677613810 9427672413852
9427967179500 9428593571802 9430693980192 9431983820562 9432462926592 9432647201382 9434121464502
9435153517230 9435300957942 9435595842822 9435964455402 9438176282082 9438803013432 9438839880630
9439356028962 9439835322192 9439945930050 9442047602472 9445255869282 9447468784602 9447690090390
9448243366200 9448759771572 9449349966420 9449866402032 9450788643582 9450973097292 9451157552802
9453371159322 9453777015300 9455585025042 9456359939280 9457171788252 9457245594432 9460013534082
9461489934162 9461895964380 9463372511340 9465661386792 9466030586172 9466399792752 9466842850152
9472603539840 9475336787412 9476112510570 9480545823450 9484241042850 9484684517562 9486643321560
9487160775252 9488269652112 9489674322492 9489933088902 9490894252170 9491263943310 9492336088332
9493556189082 9494480560032 9495294043692 9495663820512 9500323625340 9506057492910 9509905702782
9510386783772 9510830869332 9511571034972 9514198855590 9514569000330 9514939152270 9515309311410
9516234740760 9516790019970 9516864058422 9519270464892 9520936616802 9521010671382 9523528698462
9524528595672 9525306329790 9526010021352 9527232284262 9527899006170 9528343500402 9530640219102
9531047730360 9532344415050 9532863113622 9534159921792 9534938049030 9535086267342 9535679152110
9540015182172 9541757283702 9542980556412 9543907330362 9545316112950 9545575636872 9546576690762
9548541875112 9548653118010 9551508574152 9554030630640 9554401549380 9556701406272 9556812696690
9559224148200 9559298351532 9559966194480 9561042212742 9562192506120 9562452259362 9562934667600
9563862409950 9565309777872 9567017070540 9567462476292 9567722301102 9567907892412 9569021478072
9569615416920 9569986638060 9570246497142 9571248843792 9571620096612 9572214116100 9573216565782
9573959154942 9576187095222 9577226889390 9577598258130 9578155324740 9578972385072 9579418069032
9580532324292 9581683789470 9582872471262 9583243949442 9586513267890 9587627935710 9590860838832
9591715605450 9591901429320 9592347413952 9593090744712 9594131456160 9594317303430 9595990009860
9597811567122 9599596117362 9600042280842 9600228185352 9601083369282 9601529567322 9602087329452
9602198883822 9603797901000 9604169784540 9604913573220 9605620199142 9606029310240 9608818936290
9610939322952 9611050928730 9611236939800 9611869390902 9611943798282 9614101737582 9614585446860
9616148283072 9616520405652 9617078603022 9617339100672 9618008967972 9618120614790 9620725891170
9620986438212 9621358654392 9622103108352 9622773141540 9623852688522 9625527967512 9626831063082
9627203392302 9629921613732 9632044327362 9633571336200 9635210212032 9635433705900 9640425744312

9642698667630 9643630270980 9644077456572 9644710987242 9644934591270 9647692587402 9647729860320
9648065319822 9648438059442 9650972879802 9651233836092 9651606636912 9651904882752 9652091288742
9652948779480 9656267254662 9657870767232 9657982645170 9658355576310 9659810076552 9661152789360
9661898781240 9663092428152 9668017000992 9670293174390 9670554391752 9671561977482 9673054793562
9673539983592 9675144929610 9675592845282 9676899325212 9678093898332 9678504549870 9679139210292
9682014109242 9682424843940 9683694442632 9686121848262 9686495322282 9689894266740 9690230458482
9690267813480 9690828147090 9691948862910 9692098296582 9692322449250 9693256446600 9694713572322
9695647684872 9695759781402 9696768679332 9696806046930 9697179726870 9699048234570 9699421957710
9699945182202 9700692670242 9701477563680 9702598895100 9702935307162 9703047445812 9703608148782
9704804369262 9705589429020 9708729985572 9709664773122 9711833653542 9713030380902 9713815773300
9714339385872 9714750805650 9716134736112 9716957660412 9718566203982 9718678432920 9719950406172
9722868776952 9723242958732 9723355214670 9723504890262 9723916504080 9724066183992 9724852022430
9725039131500 9725301087222 9726236672172 9726423794562 9726498644022 9726685768932 9730728106332
9732300353232 9733049086872 9737916557532 9738328476270 9738590610912 9740575459110 9741324510990
9741848864442 9743009983020 9743721670542 9744508302780 9744957821172 9745894351122 9748254606180
9748891549362 9753275781552 9756311596590 9757023769752 9757323639912 9757436092410 9757960879302
9758335735722 9758523166632 9759122957640 9764821891512 9766246884900 9766771908672 9767821998552
9768497086140 9769134690282 9769809823230 9770184907170 9770559998310 9772960752102 9775061653590
9776449873092 9779001452460 9780952884852 9781065473430 9781891142802 9786207708972 9787221301662
9788347577322 9788723016942 9789323735310 9791952094890 9792027196062 9792665567652 9793041090072
9794580807270 9794655918522 9796608912162 9798336722670 9798411848322 9800402783040 9802356349512
9803295633462 9803934372252 9805174336362 9805287064260 9806188910772 9806602270950 9806940481212
9807353857230 9807541758300 9808669202520 9809308116342 9811074633432 9812202280692 9813555542940
9816826311942 9817014303732 9818593505832 9819082332222 9819909604602 9821338611702 9821714683482
9822354022032 9822542066742 9822730113252 9823971265362 9827619954312 9827657573190 9828936657882
9832134733752 9833451739722 9835935476670 9836500006080 9836763458682 9837215099922 9838457166792
9838570085850 9839322896130 9841355627742 9843275622600 9844593374490 9844932239232 9847040862000
9847229142870 9847492739112 9850317205962 9852388739052 9852577071042 9852652404342 9852765404832
9853029075162 9853631763450 9855854335812 9855967354662 9857549686602 9857926451022 9858981429702
9859094466480 9859546620072 9860036464830 9860224869900 9860752413672 9861129239292 9861920596530
9862825043682 9864520993872 9867951027570 9868214901012 9870212914410 9871532468100 9871909499640
9873794765340 9874134132282 9875189977842 9875868765510 9876245879850 9877377266070 9878131559550
9878659582122 9879979700292 9883035169170 9883299244212 9883563322782 9885110139540 9885261054972
9885638348592 9885751538082 9886581614142 9888128667060 9889072051410 9889449417750 9890657038422
9892808295372 9894355835370 9894544568040 9894733302510 9895941245742 9896771749482 9898206338022
9898470615672 9899225714112 9899792056842 9900207385140 9905078703522 9907571469270 9909611238162
9909724564812 9911122313442 9911537879340 9912180134682 9913124665632 9914636008752 9914900505642
9915656230482 9916034103702 9916147467072 9918981761922 9919624258392 9921325084782 9921438478392
9923971104522 9924273529242 9925294246692 9927298029882 9927978606030 9928318902852 9929831403732
9930436436340 9932327282040 9934558711482 9935126064012 9936071687562 9936298643910 9937206495222
9937244323260 9940157298402 9942238256292 9942616635672 9943184218242 9947649766110 9947990399892
9949239440322 9950450705922 9952759885200 9955372230582 9955940177112 9956318817132 9957492646950
9957644113902 9957871316490 9958136389452 9958704414822 9958969498872 9959196716580 9961355414082
9963059814192 9963703736622 9967340394990 9967529822460 9969689422842 9970068324222 9971394535752
9972455568480 9972645044550 9972910314072 9973175587122 9973402966830 9975108397260 9976207529682
9976813973490 9978595508772 9980604664890 9981628275012 9984016902750 9984282323472 9990918988122
9991487947692 9992739715770 9993953626362 9994143306552 9998316726132 9998885896302 10002111499932
10002301257522 10005641285730 10008184635612 10008488340780 10009209659022 10009247623860 10009399483932
10010842212072 10015095068232 10015474831452 10015854601872 10016842038660 10017107895342 10017373755552
10017601638540 10018513196412 10018551178890 10019386811622 10020526366962 10023869436450 10024705290942
10025161226262 10026491096832 10026529094430 10027631056092 10027859055720 10029759153420 10029949173090
10031355374592 10031621423802 10032609637470 10032761674662 10033141772682 10033179782880 10035536555772

10040669196102 10040783269680 10042000094832 10042456423272 10045422810852 10045993320222 10046259563472
10046639917092 10048579832550 10050177550602 10051242766530 10051394944842 10052346085392 10052726554212
10052840696262 10053715806840 10054362652182 10054476803520 10055047569930 10055580299862 10055808617010
10056569692890 10057292741652 10057673304072 10059005329242 10059576224172 10061517388110 10062050289402
10062430941822 10063420671810 10065704849850 10067303928702 10067380078482 10068446205642 10070235903132
10074463266870 10074729887112 10074844154010 10075491678672 10078081985400 10078348653522 10079758243632
10079948736342 10080367826640 10080825025992 10083377912922 10084559208780 10084711639092 10086045453462
10086159784512 10088065397412 10088713346802 10090238015682 10090847915490 10091305352442 10091800920840
10092334623492 10092563357520 10092639602772 10093973941302 10095232112700 10100074897782 10100189308320
10100913923442 10103431209510 10103507495802 10104384808860 10104728115642 10105529187480 10105681776192
10106444737032 10108199656260 10110183661452 10112358660042 10113999603252 10115984177532 10117930776030
10118121629100 10119037748892 10119457650990 10120412006340 10123084440720 10124000785152 10127475634530
10127819333352 10129843455822 10130034421212 10130530939650 10131638601552 10132135159302 10132631729220
10133357507142 10133739505962 10134694534512 10135458589752 10135878832410 10136986786632 10137177819342
10137368853852 10137483475422 10138706145822 10141801359780 10143865098192 10144744161642 10145776154292
10145890823382 10147610937492 10147687390392 10149637036650 10150095804162 10151892743412 10152313326630
10154378134242 10154492851932 10157246270892 10158049421730 10160497315362 10161071083092 10163175036702
10163213292420 10164934874250 10165700068530 10166273983140 10167957559452 10168569803580 10169603007342
10171516486242 10172167110072 10174119106410 10174272212082 10176683778372 10176990029460 10177908810372
10180895134752 10181392898070 10182158711550 10182503337012 10183116018900 10184915878542 10185183956352
10186064808282 10188362862162 10188860808000 10193419493082 10194032503290 10195335211182 10195565109450
10196791277322 10200125293932 10200163619130 10201006791702 10201083445482 10202463262770 10205798206452
10207906785342 10212009553752 10212891564882 10214425588002 10215461118732 10215499472730 10215844661952
10216228212372 10216803551502 10217609053500 10218836546172 10222212531180 10222864774362 10223363562600
10225243719942 10225435582452 10225819312872 10226241424650 10227968336280 10229388350622 10229465110962
10231883209092 10234378371762 10236029185020 10236374720922 10240444804830 10240828816770 10241289640602
10244246840232 10245053423310 10245514342182 10247434949082 10250815654410 10252314099852 10252698334272
10254850180080 10258462714572 10259846406900 10261383952260 10261845238332 10262729398950 10263306045960
10265689692132 10266920069412 10267227675252 10268304331980 10269342590142 10269534865932 10270034791410
10273649999262 10278496914090 10280035856250 10280497561362 10280959276842 10283191047822 10284153092772
10286462184252 10286962521570 10291196632110 10291543097892 10292236046952 10292890520262 10293699016020
10293968521662 10294161027852 10294430539542 10295200592382 10296278714742 10296471242532 10296933316572
10296971823210 10301169478392 10302902704782 10303711593660 10305984356142 10306369594962 10307178619920
10307525354622 10309374704862 10309760007042 10310222379162 10312380252810 10312572931080 10313420736852
10313536349430 10314268577472 10314384194802 10314461273382 10315347697752 10315733111532 10316234160210
10318315569582 10320821248212 10326411935202 10328532936612 10328764331760 10328841464052 10330461308712
10331078425800 10331232707952 10331811276282 10332891313842 10332968461542 10336478986560 10336749051642
10336941957432 10337134865022 10337597850582 10340105869212 10340993394822 10342035321312 10342807152552
10343501825292 10345315802982 10345431594192 10345933363590 10346898338940 10351801108662 10352689136040
10355546526012 10355585142090 10359640230960 10360103720232 10363696113630 10365048250920 10368139181640
10369452966732 10370148533712 10370264463810 10371617029500 10375250071032 10375559295432 10375675255770
10377685337922 10380120890580 10380971468352 10381551427722 10381822080972 10382711395062 10383948764982
10385340894270 10386269032302 10388241463320 10391142437370 10393656942480 10394121192072 10394237256090
10394508074652 10395204481440 10397100373662 10397332535610 10398841651452 10401550595592 10401589297350
10403137426710 10404840502062 10405459836750 10405653382620 10409292379992 10409679544812 10411150836792
10413783934560 10414829521602 10414945701180 10415216789382 10415913889530 10417927865442 10418508856212
10420251925722 10420910456592 10421026670082 10421220360672 10421336575890 10422847432692 10423738502142
10426450687002 10427031915372 10427535659730 10428000665322 10430984697912 10433542779900 10433814110022
10434666884802 10436023643772 10438155871782 10439357769000 10439512857552 10439551629870 10440210770292
10441955654202 10444670207862 10444941682632 10444980465030 10445523426162 10447889350080 10448238443502
10449130597632 10450798640130 10452505612122 10453785932592 10454484322260 10455143933922 10457161698762
10460188711062 10461236625072 10463371427082 10463410243680 10463798413620 10464730050852 10468146408852

10468418188542 10468806451362 10470087769752 10473194321592 10474825445772 10476223653300 10477272370182
10477544268312 10480302291570 10480846169982 10481739715152 10482400186062 10483798899030 10484770282380
10486091435952 10486907484150 10487762425842 10488151047222 10488850583850 10489511278752 10489899932532
10490171994462 10491454619652 10492931679120 10493087165112 10495613973942 10498374374280 10498452137292
10499540849700 10502029547172 10503507350832 10505957622810 10506346581150 10508874985860 10510197657192
10510625598090 10510781215122 10511598223440 10513154517600 10514282902902 10516851177930 10517979761592
10518485698062 10518602454360 10519147325652 10520120345202 10521132333270 10522455775722 10522767186042
10523545732002 10524908256732 10525570086282 10527361023510 10527516764382 10529113174740 10529307867210
10529502561480 10529580439692 10530047715012 10531021238562 10531410660582 10532111638362 10533085257312
10533786290820 10537174948302 10537447622592 10537837163412 10540681029522 10540875828912 10545044967282
10547110359792 10547967751932 10548084671742 10548786204210 10549331856702 10549721617122 10550228316432
10553151819282 10553541650262 10554048441300 10555412939190 10556933483592 10556972473350 10558610108202
10558727086980 10559000039982 10559857915242 10561417777722 10562314750812 10563952799952 10564186817340
10564732867992 10565551970430 10566332097510 10566527133780 10566605148792 10568048478462 10568438584482
10568945733072 10569608945742 10570584296292 10571169528222 10571598708600 10573705720452 10576866631890
10577452037700 10578427750050 10580535442302 10580574475620 10582487196402 10582604307372 10583580257322
10585063787430 10585649420040 10585727505612 10589046408642 10589710251672 10591077052842 10593654689310
10594006209492 10594513971162 10595490470112 10596857644242 10599475052172 10599982944882 10600100152620
10600842483342 10603421307810 10605140698362 10606703901642 10607211967512 10607329215210 10608462643032
10608501727830 10608892579770 10609048922562 10611628744950 10613153332872 10613661553182 10615303578882
10615538164350 10616672030652 10616984832012 10617063033072 10618079673060 10620230418030 10621090777002
10621560078402 10622733377262 10623945854160 10626253662642 10628014024032 10628326992432 10630361399352
10630870031502 10633335113520 10633413374772 10634078607042 10634861259882 10635957022242 10636074428700
10636544061012 10637639910060 10637718187152 10637913881142 10639362072612 10639988348100 10642532781810
10642689372282 10643080853502 10643276596812 10644294491040 10646017192152 10648405712910 10650324554772
10652596060392 10653771072132 10655024489412 10655729569032 10656434671980 10658550120792 10660117255272
10662389804892 10662860017812 10663095128160 10665446374200 10665838273740 10666582902702 10666700478072
10667680298022 10669169710530 10669248103542 10670110445682 10670424033282 10670502430902 10670541629820
10671992040402 10672305655650 10672697681190 10673560162722 10674265855350 10674814743522 10675716519012
10677284914932 10678578928290 10679167142100 10681206408732 10682304556020 10682696765160 10683559650612
10684932494742 10685050171200 10686423111090 10686815395830 10688345375112 10688659230552 10691523374310
10692661291332 10694152446672 10696703348142 10697292060912 10697606047680 10700157360990 10703376374802
10703768970582 10703847490602 10703886750720 10705221637572 10708009463790 10708402144530 10708991179140
10709972939490 10710247840452 10712918490540 10714293219630 10714646735652 10718967958272 10719007246110
10720068044952 10721325355992 10721757573690 10725372826482 10725647925012 10725765825462 10726158831642
10727259287250 10728320494332 10730167905942 10730993396580 10731347188002 10731779607660 10732723098972
10733902521432 10736576118912 10738660183110 10739525325762 10740587139372 10740980416992 10742278284222
10742396276040 10742789586780 10743261569172 10743458231562 10744323567462 10745542963560 10747391857362
10749555658452 10749673690230 10751640981930 10751719677342 10755064498572 10757307787722 10758094962162
10759905572670 10760299203810 10760456658282 10760968393272 10761440774832 10761637603542 10761676969500
10762936718172 10765220200560 10766755781802 10768527742392 10768724635902 10771087498422 10772190256302
10772465954592 10772584112082 10773371845242 10774868617590 10776050353410 10776326101092 10776404886792
10778098849002 10779083771952 10781132555832 10783496779152 10785073072032 10785979492602 10787831861772
10791221715000 10792562036412 10792956264432 10794178417050 10796820080052 10798081883892 10798594512762
10801552224612 10802538218562 10808139517902 10808573481960 10808968002300 10812321715890 10812716304630
10813308201240 10813702807980 10815636485082 10816859921100 10817530867002 10820570117832 10820767486542
10820964857052 10821556979382 10822385977860 10823372922210 10824162510090 10826215573362 10827518579880
10827794985282 10828466270232 10828782176232 10828861153452 10830559233342 10831230603972 10831625537592
10833205344072 10833323834202 10836483810042 10836760329852 10837471396992 10837550405892 10837589910450
10840118351922 10840631977632 10841698777602 10842330980130 10843397863692 10844069632122 10847547354282
10849049270310 10850709403722 10852290601242 10852409195700 10853397508050 10853674243572 10857113965182
10861701108390 10863757728462 10865023437582 10870284831132 10870403523870 10870680476112 10874716466172

10875112191792 10875507924612 10878515729340 10878871944282 10882434414462 10885205627802 10887581234322
10890986722350 10892966902050 10895422574862 10897086252402 10897680453732 10899304686690 10899780094842
10900176276222 10905129150972 10905208406112 10907705090442 10909766061042 10909884969132 10910875895082
10911549750432 10914562534680 10916822395782 10918091192262 10918527358080 10919082490812 10920311763510
10920668662092 10921382476752 10922373924702 10923246436122 10924158644412 10924832909802 10924872573120
10925031227112 10925546860542 10927649184300 10928045871840 10930029417540 10931219631360 10931418006630
10933084429962 10933997048940 10935663668832 10937647905732 10938163836810 10938759157020 10939156046160
10939711703052 10940426139792 10941021521562 10944872048112 10945388149542 10947254156232 10948167366402
10949437983042 10950470413350 10950867514890 10952217713982 10952535419982 10957381007442 10957778234262
10964770604790 10965446122332 10966558784820 10972679437512 10973196194142 10973474452752 10973911723410
10974865798722 10975501871970 10978086109080 10978364429682 10981823851572 10982261288550 10985442910470
10985721324312 10986835014960 10988983006332 10989102345342 10991887106202 10992483886572 10995786364110
10997577071340 10998253598682 10998532174812 10999566917040 11001318130152 11002153985550 11004303473802
11004422895972 11006891099232 11009200314132 11010713379360 11011708873710 11011987620192 11012664590622
11012903526330 11013899119680 11015691301110 11017284473670 11017682784810 11017842111282 11019435439362
11020431327912 11020630511022 11020829695932 11021865486480 11021945164692 11022941166642 11025849749880
11026327909872 11027045169300 11031707924202 11035096013832 11035973015892 11036172339402 11038484623662
11038604231160 11039162408052 11041674378702 11042073130482 11043189673770 11043747966582 11045981278950
11046858713442 11049930008592 11050328909412 11051046949032 11051126732652 11052642676152 11052961835400
11053640064102 11055156179970 11055235978422 11057310839262 11058507962922 11060503313022 11060543221860
11060902404642 11062618580652 11063297105562 11063416847412 11064933633600 11065532393610 11065931575950
11066410604262 11068007440182 11070802180242 11071401099012 11074076467302 11074475803722 11077111604670
11077391177712 11078669270832 11080107213720 11082264303012 11083183127022 11086459244322 11087058586452
11087498114310 11090095502220 11090575053252 11090854796142 11092972963932 11094052108302 11094651655632
11095171276422 11095570993002 11099888390850 11100048310602 11100887908200 11101767520692 11104366579362
11104846438842 11105486267610 11106086123820 11108365725162 11108645692332 11109685601280 11110445565522
11112285586590 11112965632932 11113965738882 11117046347952 11117566492902 11117966612682 11118566805852
11119287059040 11121167830122 11122048245702 11122368405462 11122888674900 11123569045602 11124249437112
11129493152010 11131174604622 11131975340982 11133296618940 11133496819410 11134097431620 11134257597612
11135058444852 11136299814990 11136379905762 11136900502800 11141786698692 11142107142420 11142507703560
11145191648922 11148076249002 11149678965882 11153285500062 11154808434042 11155529860110 11156010823782
11156211228372 11157934782150 11159017081632 11160139521720 11160339963390 11160740852130 11161743105480
11161903470192 11162103927702 11164228887972 11166313951212 11167717468782 11168158592520 11169121074552
11170725303432 11171126378652 11172249427572 11173131862752 11174375353290 11174455580862 11178266722272
11178467326662 11180072226582 11184205374120 11186894336442 11189222355870 11189503340112 11189824469280
11190105461082 11191189319652 11191590762072 11191911921192 11192433814590 11192915573142 11195244218970
11196729860952 11197412486262 11200464477390 11200745602752 11203958714592 11208056100492 11208256972002
11209181004132 11210707749360 11211471160962 11211913147980 11212194416982 11212314961920 11212877513532
11213118611400 11213399895522 11214525067290 11216494253712 11218101880992 11218503805812 11219910599382
11221960656480 11225980919880 11226382985820 11227347973452 11227388182170 11227468599822 11230886616252
11231811580710 11232294185982 11232696364962 11233219208400 11239735662612 11241867999210 11243236019742
11243356731432 11246495462820 11246777165262 11248588193772 11250479868102 11252733985590 11253217040142
11256115585182 11257041587952 11261752713462 11261873524512 11262678948072 11265377326842 11266182875682
11269002523422 11271057060360 11271137634252 11271621083652 11271822523962 11275247284632 11275690526970
11279921915040 11280607071582 11280889200912 11282702973702 11283106054122 11284516892292 11285444062542
11285524687842 11285968132140 11289757920552 11290362732882 11291894996622 11292580516692 11293830636270
11294193587172 11294435557680 11295443796030 11296532743992 11298347773902 11298831806502 11299638550542
11299759564632 11300768040582 11301373147752 11301776561532 11302301010210 11302381695702 11309846349132
11310370985010 11312953985202 11314084140522 11315093255472 11315214352290 11316909775782 11317434575460
11317838275800 11319049420020 11320139505222 11323854263742 11324379224412 11327206144872 11327488856322
11328740906580 11329710283332 11330316164862 11330558522010 11331164426220 11331972323700 11332174302570
11332739852982 11332982236050 11334598189410 11336093048832 11337790035732 11339608376922 11341628927022

11342154299532 11342235127152 11343487992090 11344579253412 11346196033332 11347004466492 11349510792312
11349834209352 11350117203042 11350359771870 11351572654890 11353756007622 11354200790400 11357193191892
11358608654262 11359741087662 11362167920742 11362855570572 11363260080192 11367548324820 11367912458322
11368114757232 11369328588492 11370340164042 11371189922280 11372201580630 11374791631062 11375641555620
11375924870862 11376046292760 11377867698990 11378272475730 11379284449080 11380377430842 11380579840632
11380863217362 11381389497792 11385114291672 11385843126972 11387057904312 11387341361682 11387543833392
11389811639520 11390014133190 11390378626332 11391188631972 11392849233570 11394266916060 11395482142680
11397102545640 11401154057040 11401356651510 11402653298742 11403139560462 11405084711022 11405773658292
11405895239382 11406178931112 11408043278820 11410880622000 11411772431292 11413921024050 11414488610622
11415421104912 11415826549092 11416556366760 11417124018852 11419151462952 11419597524810 11420084147682
11420165252502 11421422414040 11421827964780 11422720201752 11425356560022 11425681055910 11425843305582
11426086682250 11427465865662 11428196055282 11430954759930 11431766207010 11435499234522 11437122480042
11437406559852 11440978149852 11442317639850 11442885932022 11444428510482 11446377179250 11446661373972
11447676383922 11450234408580 11450802897312 11452752108672 11456204244102 11456488560792 11456732263620
11459169434460 11459453787942 11459738144952 11459941259262 11462013128040 11463028818390 11464044553740
11465426026032 11465547924642 11467173301362 11469327102960 11469814784232 11470017987822 11471034032772
11472375281010 11473879198032 11474082437622 11474570219982 11476724716092 11477212554612 11478676132380
11478838757892 11481806875842 11482091510052 11483962051200 11485060048482 11485751407032 11486808819180
11487215529120 11488110316332 11488801766682 11489330536872 11489737291452 11491364381772 11492381371722
11493520453890 11493601819062 11493723867360 11494618908012 11495351239920 11496042908142 11498199419100
11498769097272 11499298096782 11500925863902 11501129342892 11501210734992 11503164231792 11504710867740
11507438084382 11510572747452 11512812053862 11514888696240 11517006249912 11517087698172 11517942922290
11519449822992 11519531279892 11519572008450 11519857110372 11520793898670 11521282672902 11521812190020
11523726699582 11523930380172 11525845065702 11526252466122 11526863580252 11527922883120 11530123129212
11532812604000 11535950720982 11537377278912 11540556782460 11541045975732 11541331343262 11541942856992
11543695952802 11544796801932 11544837575130 11546346234072 11546631667122 11546753996652 11547080211900
11551321429452 11551525353762 11553768639972 11554380483102 11555645010240 11557031990532 11557072785330
11559316610100 11560499805402 11564172176382 11564784294912 11567681875770 11568253272582 11569477741842
11570539000950 11570906371212 11571314567232 11572049338212 11575927682622 11576213481072 11579071659612
11580500881182 11580909246402 11581358456460 11581644321942 11584625700780 11585197515912 11585401739022
11586218649462 11588669553582 11589078062802 11589118914120 11589404875362 11589895102842 11590221926922
11592182968170 11592264681822 11594920532292 11595819504432 11596473324240 11596555053012 11599415741472
11602072410942 11603503051272 11603789189922 11604197965542 11605056417780 11606569006122 11607264012192
11609512703802 11612783916762 11616260085432 11618959586940 11620391268030 11622804872952 11626405291752
11626814465532 11628164790090 11628451232652 11630620126530 11633444083872 11634303617190 11637046150032
11637168957570 11637578320710 11638560821622 11639011148400 11640730658052 11644211006682 11645726144472
11646381369720 11647159473642 11647487104122 11648920541652 11649616814562 11651378068332 11652074414682
11653753923840 11654040681402 11654368408650 11654941942422 11655474522132 11655679363722 11657523019032
11658219548982 11659694622270 11660923921290 11666866446720 11668260085572 11668588012692 11668710986550
11669407850652 11669817780432 11670965622120 11675844579042 11675885583000 11676869699592 11679330172512
11679453202962 11682734254002 11684785144902 11686836215802 11687246451582 11689092601692 11691226112292
11695863066162 11696971146972 11697012188010 11697094270302 11700295704330 11701280849082 11703784945320
11703990210990 11704564964442 11707767420582 11707890600720 11711380973910 11711668439592 11713187959662
11713393307772 11713804009392 11714543290452 11718240045672 11719801072980 11720088641982 11720170805202
11721115702932 11721444371940 11721608708172 11722841266632 11724114978450 11725429850322 11726744795922
11726991356430 11727607769040 11728183102092 11728594062912 11729005030932 11730361276482 11731101079830
11731923110910 11733032898552 11736403686492 11736650348520 11737678134870 11738253714882 11738294828280
11739939423240 11740720646202 11741748610752 11745778665732 11746313316810 11747135880690 11749192416390
11752771217592 11754622535502 11755363103490 11755651108452 11756556289872 11756803163580 11758654799010
11758942844292 11759436644412 11760465427962 11761288487202 11762770066410 11763181632750 11764786810272
11767174199892 11767462349502 11767585843272 11767668172812 11768326819500 11768614983222 11769232488792
11772196741032 11772237913830 11772937862412 11773143733602 11775120188610 11776026119262 11777137990872

11779732562082 11782080277512 11785169733162 11785210928640 11785375711272 11787064799670 11790113704602
11790237317172 11794770225552 11794852650132 11794893862530 11796707279322 11797366738170 11797943779782
11799633768540 11800829199522 11800952868252 11803096562532 11805075530052 11805281682042 11808869014812
11809405099842 11810023674612 11811879496122 11812085707512 11812168192572 11813446747830 11815467831132
11815674073842 11817365331960 11817860357232 11820954500082 11824750535082 11828670993372 11829331345020
11832509545122 11835275339292 11837133143682 11837339575392 11837463435282 11839238831580 11844978814062
11847580846992 11848200420762 11848902623952 11850596258430 11853364165512 11853488109210 11853901259550
11854397049462 11856586912260 11856793513530 11857082758332 11857289363922 11858322418872 11858859625230
11860471317312 11860884589332 11863199045700 11863364372652 11863488368622 11866051097082 11866795166862
11867001857052 11867415242832 11867539259970 11868862149762 11869813022340 11872789913172 11873327447130
11874526605192 11880564665580 11881391916660 11881888281132 11882301926112 11882715578292 11884866685692
11887266227472 11887969587342 11888507464812 11888714344002 11889831522732 11893183373850 11893348909602
11894217991200 11894424920070 11894631850740 11894714623512 11898646661922 11898936416772 11899143386682
11899391752950 11900219659230 11900592226452 11901875558190 11903738582220 11903904191412 11904442429242
11904773658570 11905146297072 11905477536192 11906595502242 11907837748302 11908707359100 11908790180832
11909121470640 11912020453020 11914795523742 11918938021542 11919352310922 11921755331310 11922542580312
11923702784112 11923785657972 11923909969302 11927515279752 11927556723270 11928261274092 11928551389302
11928800062290 11930748090372 11931452735442 11932489015992 11932903540812 11934478800792 11934768991602
11934810447720 11935598127642 11936634588192 11937380867652 11939371060260 11940407684610 11941112614872
11942024908452 11942564007402 11943310472190 11945798856630 11947872708330 11949905257632 11950029705042
11952435815670 11952726224712 11952933661902 11953348541682 11953638961812 11955713493912 11956667839122
11956875310512 11957705214072 11958410654742 11958452151900 11959282110180 11960278098132 11960485600842
11963100289212 11963183299872 11963930408772 11965300169010 11965383187302 11966296407522 11966753030700
11967541763982 11967583276980 11969617502082 11969866602750 11971402780812 11972565359460 11975430526362
11977133179200 11980414241802 11981078815530 11981660332662 11982408018282 11983031107452 11983114187232
11983571131170 11986354523292 11990800312302 11990841865620 11991423619632 11993750776800 11994581959080
11995911910632 11996119722222 12001440311790 12001606599222 12002230187352 12003311111820 12003685289322
12006013635930 12008175874242 12008924386710 12009714508512 12014830136322 12015994821690 12016618783500
12017325959802 12017617156092 12018449164932 12018490766130 12018781976532 12018906782070 12019489216482
12019697232192 12023857924392 12024731761230 12025147885170 12028976563242 12029309520570 12029517621240
12031057622142 12033013981632 12034054663182 12034096291380 12034470948402 12035511692952 12040507893192
12040924290012 12044380661502 12046046559822 12048254052540 12050545060710 12052711305102 12052836286680
12054502769640 12057211050150 12058252777500 12058419458052 12058836164472 12059461237602 12059919634860
12061586607420 12061794987090 12065546128950 12066463163442 12069172787112 12070131649890 12070923782652
12070965474570 12072841685400 12073008466752 12074926535100 12076177531320 12078554602662 12080639945562
12080765071860 12081057035742 12082224926550 12084686024112 12087731457822 12089608971132 12089817592722
12090234841302 12090944180412 12094073866062 12094491188082 12096911797782 12097871761800 12098456106372
12101211063720 12101795488932 12107014196682 12108809692212 12109937164422 12110396520000 12112442846142
12112776956622 12113278130982 12113486956692 12115909466472 12117287899110 12117371443002 12118332218460
12120086776272 12120170329812 12126061580250 12126771969552 12127064488842 12127189855332 12128986846230
12131160129342 12132748420890 12133542605652 12134378617692 12134420419050 12135549082932 12136259750082
12136301554680 12136594188882 12137137661760 12140775062682 12150728438310 12153824016522 12154577054622
12156041362152 12156459751932 12156585270270 12158049698760 12158217067632 12160560352800 12163782738582
12164536085130 12164703498642 12165247600512 12166586980032 12168052010802 12168512467260 12168889210842
12170270653872 12170354380212 12171317253822 12172573233162 12173284983552 12175713465012 12175839082710
12176844047622 12177262795242 12181073729460 12181492549800 12183251673852 12183335444832 12185471702130
12185890598070 12187943292252 12189116337972 12195191942082 12195275754102 12199089505680 12200724153162
12202191237732 12203574569682 12203868013812 12204832212222 12207054205740 12207221911572 12207766963482
12208479742032 12210156950112 12210827865600 12211205263662 12211750404492 12212295557490 12212882658942
12213553649310 12216153911082 12216279737220 12220138720092 12221397215832 12221900632272 12224837434812
12227606743200 12228026362740 12229033479012 12229369193652 12230712098292 12231131771112 12236000502000
12236588172972 12236714104302 12236840036280 12238938997980 12240072512142 12241248063750 12243137461380

12243305414892 12245194971282 12246580738632 12248596540200 12248764531152 12251830568382 12255821191392
12256241294772 12256997499000 12259056173142 12261283096932 12261829354410 12262123498092 12263047972632
12264308675892 12267586807632 12267712898370 12267881020362 12268343361780 12268721647602 12270108745512
12270655199550 12270865377420 12272336672910 12273135413112 12273766015842 12273808056600 12275069312820
12275994275232 12277255643772 12277549972422 12278727322302 12279694473360 12281124244692 12283773746862
12284530799970 12285792606990 12287138605902 12289031541612 12290293579752 12290840483070 12291850182702
12293028218022 12293154439440 12294080082972 12294416689260 12294500841552 12295005761352 12296688902232
12300686823522 12302370353202 12303759351912 12306285004992 12306579681402 12307042751460 12309442435842
12309863457222 12310410795780 12311042355390 12311210774022 12313358212560 12313568755830 12315758512542
12318285396822 12321781347360 12322708068012 12324098214330 12324182468142 12325572697620 12325741215612
12327426458892 12329448902892 12330586600542 12333030721122 12333873577482 12335770109592 12336275876112
12337751087682 12338720560452 12339647917872 12339900839580 12342725308062 12343779297012 12346098231102
12348290878182 12350230689810 12350652408150 12353393752860 12353773347642 12353815525200 12354237304740
12356557220910 12357485248362 12360733618872 12360860187402 12360986756580 12361577421312 12361788376422
12366007856622 12366472043400 12367949059290 12368539890342 12368750904852 12371409841902 12371494257282
12371831921682 12377235178770 12380781707322 12382301803650 12382935204660 12383230797342 12383948679972
12384835504890 12385553434032 12386693717202 12386735950920 12387749581752 12387876288522 12389439058632
12391044168372 12394719416382 12395564378022 12395606626860 12398733240672 12401395398282 12402536410452
12402578671170 12407396864982 12407861827920 12408030907512 12408495882330 12409933132302 12415682964510
12417374345070 12420334538250 12421687886922 12422533767282 12424141019310 12426636695592 12427694261142
12427736564700 12427821172032 12429005704920 12429090316572 12429513379152 12430994154882 12431290320612
12432263461422 12433829028732 12435987134430 12437045097780 12438272391642 12439372775550 12439965310122
12440642509770 12441235074582 12442547232600 12442631890332 12443266832502 12447584868882 12448135260672
12448558647252 12449320761240 12451310835522 12451437866940 12452030688792 12452284759620 12455842023372
12457027890852 12458806797912 12461390674830 12462534443592 12463678264842 12464567939880 12469101539082
12470288037570 12470669424072 12470711800710 12470881307982 12472364545752 12472788344172 12475161748380
12475755134712 12477069111810 12477238662282 12479400531780 12479485314792 12480205982022 12483004063770
12485081630352 12485548046610 12485844861492 12486141679902 12488898019332 12489110058042 12491060898630
12491145721242 12492927062622 12494835783612 12496235605002 12496532546892 12498017309262 12498483967080
12498865784502 12500562821382 12501835674642 12504508877412 12506630670312 12507776513322 12508200912942
12508243353300 12508879967310 12509898583422 12511638815220 12512275515630 12517114968162 12517157423640
12518176376712 12522040283850 12522210139602 12522847108932 12523823826702 12528623036820 12529047789960
12530407048392 12534867632982 12535844819400 12537926778342 12540093898800 12540518846340 12542091214842
12542176210542 12543026183382 12543578681172 12544938727572 12546341352642 12550932310170 12551229901212
12553143070722 12554291042412 12555396546240 12558458195472 12560244329892 12561137444730 12564497542092
12565901260122 12566199028572 12566241567210 12567177435462 12567900630252 12569091819972 12570070339470
12572495530212 12572921026392 12573857143332 12574112454000 12575814591360 12576027366630 12580879131162
12581432461992 12581730414402 12582283763952 12583049960340 12584071591812 12584965553370 12586540705752
12587945654550 12588882330642 12589435837440 12592416467820 12596206635882 12596334404292 12598762127202
12601871657832 12603149658372 12604555533810 12605620643160 12606898833780 12607069264092 12607623170562
12610478112252 12613674325902 12614952924762 12616061096190 12616146342162 12616274211660 12617084066862
12617211941112 12617979200220 12618362838522 12618831737700 12620494268622 12621048469932 12623308031970
12623478573162 12623819659002 12626719074690 12627785120040 12628083620802 12629874699462 12632561555592
12635120731872 12635675254230 12635973848232 12638448048540 12638959982292 12640538509962 12641647804590
12641946469152 12642287804400 12643354506750 12643951879722 12645146668002 12646938956262 12647493737892
12648688693500 12649414229802 12649755665850 12650054426172 12652188531072 12653981318292 12654963136542
12655390025922 12656670737262 12656798811960 12657097655442 12657823432872 12658250370492 12658677315312
12659018876352 12659445834132 12659573922870 12659787405540 12661367233242 12665851064832 12666363553272
12667132305372 12668114633670 12668712591282 12668926150992 12669908548842 12673240442550 12673624920012
12674735665440 12675461948382 12676017355260 12676188252132 12679008216840 12679221863310 12681102029862
12681144762540 12682170368412 12682298572062 12683879803692 12685076476932 12685503873912 12685632094410
12686230465302 12688153895892 12689692745340 12689991976902 12690975191160 12691060689852 12694267098702

12694352608482 12694480873692 12694566384192 12694908429072 12697046313972 12698628464682 12698671226880
12700552834872 12700894960392 12701450924190 12702049668042 12704188154142 12704829735072 12706540696752
12706583472270 12707225113680 12707738438472 12708679560852 12710519127942 12715567926210 12716808886032
12718863021552 12719419378470 12721131322230 12721516525452 12721559326170 12722286949392 12723057396660
12725154843522 12725283264252 12728194307940 12729221814612 12730078101852 12730506256272 12732347402322
12733503538812 12735473373720 12737571843702 12740612790600 12741041122140 12743182887840 12743268562212
12743696938392 12745710402882 12746181662220 12746267346672 12747638337072 12747766871202 12747981096192
12748409551572 12748838014152 12749609264940 12749994899082 12750766184862 12751708899162 12751837453812
12756037262040 12758266012512 12762981318492 12765467921520 12766282551042 12768769475622 12769284041982
12769712855202 12770613386400 12770784919752 12771771258882 12772071456612 12772200113862 12776188810020
12776789312832 12777904569780 12778290631602 12779191465200 12780650025012 12784082258772 12784425507492
12784725853902 12784983296490 12785197833960 12786656736492 12786699646650 12786785467182 12787128752190
12787214574162 12788501938302 12788630678280 12790003945032 12791162696202 12792021064242 12793523277612
12795368974782 12797171877282 12797429445150 12797729944272 12802237854462 12802323727122 12802753094742
12803740667592 12805329451662 12806746558452 12807047166942 12807390723822 12807820176402 12808335529002
12813704401752 12814133960172 12815637471342 12816410740002 12818558830902 12820363366362 12821050841850
12821265681720 12821781304752 12823156350192 12823586067012 12824660390562 12825133107180 12828141507960
12828442367442 12828743230452 12829817770002 12831322200972 12831451156302 12831580112280 12832611783432
12834460297962 12835535076912 12837813757110 12839103665730 12839834642712 12841683677370 12842629746582
12848349907140 12850242571452 12850887829782 12851662161162 12853296937350 12853727158890 12855405091692
12856609828932 12856738911270 12857599476750 12857814622620 12859406758002 12860181345990 12860998991952
12861429342372 12861558448902 12862763474430 12863495124612 12863839437780 12865647157512 12866723241462
12867282822900 12867455004252 12868014601602 12869392123842 12869822614662 12870726668820 12872965415772
12875247415890 12875462709360 12876194720622 12879984288030 12883515977682 12884463586542 12885023553612
12886229677860 12886401985932 12887048151462 12887177386512 12887306622210 12887478937482 12888038970072
12888383611560 12890193054972 12891270164922 12892045711950 12895449777552 12897302812242 12898035444072
12898509511050 12899371473330 12901310993760 12901397198052 12901526505030 12902129946162 12904069673952
12908639386740 12908854959210 12909674151012 12911959402362 12912045642222 12912175002552 12912519966600
12912692450352 12914201732322 12916703022342 12920800486152 12921533785062 12922008283680 12923043583632
12923690667162 12924035785002 12924898599762 12925028024460 12925330017942 12928263852510 12928695326850
12928867918602 12931284324090 12932104227252 12935038830492 12936204132942 12937326325650 12938837046540
12939657189102 12940434190242 12940779531570 12941642905050 12944967161832 12945485266272 12947903224080
12950019122382 12950235040092 12950710065390 12951660142122 12953042134122 12953474021742 12953603589432
12954035486412 12955849532352 12957577313232 12960860414280 12961594849062 12963323012982 12963539041572
12965396961750 12965699426472 12965829055290 12966563630832 12967211803002 12968292125952 12969458925282
12970539341832 12975855646602 12976633733790 12977800908312 12978665515872 12982340419302 12986102329752
12986750990082 12987615895722 12990989302902 12991075806282 12993281739780 12996699143742 12997175020440
12997477855602 12998126799972 12998689231530 12999857397492 13001371764822 13002453509772 13002799677660
13003535299722 13005828843240 13007343558330 13009247896722 13010156834640 13010676241992 13011109089372
13011541943952 13011888232800 13011974805732 13013489878662 13014702000510 13017299594550 13019247960180
13020503650842 13022279040960 13022495560230 13023967939002 13024184472312 13025093931870 13025180548722
13025397092112 13026696390252 13028515516512 13028558830590 13030031552082 13030811261862 13031114488632
13032890601990 13035706639500 13040559602412 13040689604910 13042076338542 13042293022332 13043376468282
13044893368212 13045630180002 13047840740220 13048057471890 13048144165062 13048274205360 13049574643980
13050181537512 13050224887590 13051915596792 13054343473320 13056164528892 13056294609150 13057552085052
13061801934432 13062799448250 13063233161790 13065401837490 13067093529492 13068004485930 13071214775982
13072429583142 13072863456522 13073297337102 13073601057792 13073948171472 13074685803342 13075466848002
13080153605850 13080544206912 13081455632070 13081542436122 13081846252572 13082063266482 13087315551960
13089225735312 13091874174630 13095304518792 13095434793882 13096216458030 13097910143712 13098257579952
13099256484810 13100516027832 13101297843612 13102731233130 13104121261482 13104903184830 13105076948742
13105554805440 13109334524442 13109638663452 13110116603310 13111724283132 13113375516360 13114201171962
13115070311202 13115852561142 13116721755102 13118025600042 13118764474272 13119199115892 13119764160762

13120720418262 13122502627500 13122719978370 13123111214472 13123458984792 13124198012022 13125328329210
13126632601830 13128893494542 13131067613442 13131806854872 13133807259540 13134546578082 13135503374142
13137025621512 13138243482912 13139330906862 13140983877450 13142158419732 13145116758780 13146857113740
13147466265192 13147814358072 13147944894090 13149903012120 13151164987662 13151730720492 13151948313282
13153123345452 13153253907822 13154777183352 13155299469552 13155734715972 13157084025630 13157736942240
13158041642202 13161393574632 13161959527422 13162307812110 13162917321402 13167924538932 13168577724462
13169143831692 13169927692560 13170798676440 13171756791972 13173063369312 13176896370000 13178943769242
13179510099240 13181209162242 13181993382102 13183605462852 13187570729430 13189270311912 13189836863742
13190054771532 13194326127600 13194413305332 13195938962262 13196897991762 13197464707392 13197813461520
13197987840312 13205181969342 13208670737502 13209673843632 13210328063802 13210458909780 13212203584740
13212596152482 13214471834412 13214602700910 13215213419802 13215562408362 13216565776140 13219488847182
13220274204930 13221015953112 13222412241432 13222892232570 13223328595710 13223415869202 13223721328692
13224812284242 13225466879172 13226252414472 13228085420892 13229001971730 13232275626780 13233672509532
13235069466012 13236597471582 13237077720120 13238605841610 13238780489682 13239042463950 13239217114902
13239697410960 13240570698840 13241444015520 13242273693042 13242535701870 13244369836242 13244675537652
13246640845242 13247339656410 13247558038680 13251707643810 13258654226292 13259659228542 13260096197922
13261319750490 13262718165402 13263155185182 13264160358000 13265690041890 13266520478652 13267438360050
13269492781092 13270279622760 13271153918640 13274957440842 13277886961572 13278542868702 13280773074120
13281079195362 13281297855552 13281735181332 13284577974402 13284796663392 13287945984432 13290570703752
13291008182172 13291664413302 13291926910290 13293020675640 13295820919992 13299365402070 13299584212740
13299978076482 13300109365692 13307331270162 13310921066982 13311402661920 13314642708852 13316613200442
13316963525322 13317051107262 13318627631430 13318934188632 13319591108802 13321693362210 13322963554032
13323839583672 13326029783772 13326599265282 13326730685820 13328702071650 13329972597552 13331944223142
13332294749622 13335142948092 13338298230732 13338736493952 13341936033582 13342242858912 13343163356070
13347941684772 13348818535212 13349169283452 13352983968102 13354518765072 13355878230330 13356623772912
13356930767082 13357632481290 13358509649970 13360483384800 13361009738712 13361755424502 13363861002582
13364826114642 13366624825560 13366844188830 13370442003282 13372987091190 13374523037280 13376146847622
13379131404750 13381106662380 13383038166372 13383389363892 13384355180832 13385891779602 13386111300912
13386462538752 13387033310070 13388350521090 13390194725382 13391951228502 13392170799492 13392258628392
13394498362650 13394586199182 13395113224422 13395552420042 13395684180132 13398626990982 13399856918142
13407325544802 13408336165860 13410621188652 13411060638432 13411719826602 13412906406132 13414488593820
13414796252262 13415367627300 13415543437452 13416554368182 13420950161982 13421697518532 13422400931940
13427984929662 13428116849160 13429524030792 13429875837720 13434273813120 13436429083902 13438188616782
13439640318132 13441400061252 13443027926202 13443379909962 13447428054402 13449408346992 13453061269122
13453281340512 13454029596702 13460984973162 13461117054660 13463846884032 13464199140240 13465388038962
13467677917722 13468030224042 13471245232080 13471465452150 13473095136612 13474196330562 13474548722130
13475385670572 13479482687922 13480231672392 13482346564392 13484637884592 13485122611890 13485651415242
13486664983980 13487414167962 13487722661532 13488075229932 13488427802940 13489485549612 13492041941952
13493496549150 13494818987370 13495347980802 13496670509742 13498125366420 13498301718012 13499227582770
13500109388250 13501520336922 13501608523662 13502622691872 13505709525132 13506018227862 13506591542292
13508929027050 13509105449202 13510560975912 13510869734082 13510913842680 13511531370612 13512016581030
13512413577852 13515280950282 13516604455542 13517707426092 13520928357642 13522825798260 13523575985922
13525870806762 13527018290190 13527327236352 13527768594132 13527856866552 13528651331292 13532535716940
13532712293172 13533727628862 13533815920722 13535272777992 13535493520782 13535625967320 13536067460460
13538363340852 13538716570500 13539025650222 13539908754582 13540129535172 13543529783562 13544545524972
13547416304442 13547946327762 13550596599882 13550729120292 13552805357982 13555058476680 13555146838092
13557930369990 13558769903952 13560360671160 13561332852612 13562349261390 13562879576742 13563188932152
13564647369462 13565310321432 13565884892910 13567520278332 13569818824452 13569951438822 13570526108580
13572161773722 13573488061062 13574151229032 13574593350012 13578351669042 13580341577952 13581358698810
13587771859440 13590514500492 13590647215950 13590735693282 13590956887872 13591178084262 13591930165452
13591974406170 13592505300402 13593965313000 13594275022722 13600912507422 13602771293442 13603656474282
13605559710612 13612509866682 13614280890762 13617823284522 13618841808012 13620746106270 13621056120912

13621809028302 13622030475612 13623359197272 13623802118892 13624953748800 13625573877372 13628453230602
13632573449592 13632794984382 13633326675222 13634345778312 13635896660442 13638910055010 13639087323882
13640904396240 13644006994620 13645514098272 13645735738182 13646444997990 13646976954942 13647420260322
13647996568080 13649415223632 13651765034070 13653316906560 13654070705022 13654425440910 13655844430542
13657973053230 13658150445942 13660190544930 13663073553240 13663517119980 13664492992152 13664803504242
13666489202862 13668840482460 13669594709322 13671014486922 13671591292632 13673055546390 13675673650032
13676028666432 13676339309562 13679135256492 13682686077132 13682774853552 13685571458202 13685660243982
13687924378680 13692097980372 13692142383810 13693874174052 13696671912702 13704533755332 13707199298652
13707243726570 13707554724012 13707688009710 13708132300050 13709109764142 13709420782752 13711997929812
13712086801272 13714575319080 13716975175092 13717019618850 13717908509130 13719241898550 13719641928012
13720753151562 13720886501412 13721419907292 13721686614120 13723864816902 13724753928942 13725109581822
13726087651002 13726665617352 13727332516722 13727777125302 13729110994242 13729466703570 13730667256572
13731645523752 13739472915720 13739873240022 13744588609530 13746101257902 13746768629232 13746902105442
13747347030822 13747569496212 13748147914650 13751440682142 13757359755372 13757493282990 13758917617902
13759051153080 13761811025172 13761900057912 13767821381502 13772497010292 13773521301630 13774278411012
13774634704980 13777930642632 13778643329640 13779979667460 13780826048262 13782385238832 13783320795510
13783409897802 13784300936562 13786216767420 13786974225642 13787553472440 13792678108650 13796332778622
13799230117092 13799542156302 13799586733620 13799765043612 13804891948542 13805382398040 13806497088390
13807032155742 13807121334642 13807834776210 13810956299790 13814256579762 13814301180840 13814747195580
13816263699552 13816620536112 13817378829102 13817646466890 13818315572700 13818627827622 13820055323622
13820546042400 13822107478290 13823178228162 13824561341460 13825230614670 13829112718752 13830228366702
13832995367802 13833888007842 13835941189230 13836253643232 13837815966162 13838574840552 13839244452882
13841253387072 13844869836030 13845182390832 13847325718800 13847548991670 13848754696272 13850005112040
13850183747472 13852550775702 13854560675412 13854918006180 13855141340250 13859385029580 13859563725492
13864612360962 13865059187142 13866086914680 13866310338750 13867874357640 13868187172002 13868499989892
13870332279810 13876142779830 13877215620582 13877349728592 13877707353120 13878690844332 13880792055942
13880836764300 13882580446422 13885531542570 13886202289980 13886515310982 13887051926622 13887096645060
13887722710752 13888617114792 13889958774852 13891300499712 13891971386442 13895907581562 13896444378642
13897920624072 13899039044022 13901186536470 13902170859282 13905750508722 13907630009142 13907764264032
13908525053982 13909688655330 13911478906290 13912776910272 13913045470380 13918417216860 13918730600742
13918864909200 13919043988152 13924013888610 13924864681212 13929342965412 13930686591072 13931268848982
13931403217920 13932702151062 13933194865680 13933732382472 13936868103732 13939108120632 13944126411672
13944708950382 13946635895880 13947935538942 13949504154312 13951969299522 13952641649652 13953538141692
13959948898902 13960755951690 13962280448382 13965464224560 13966226591022 13966540512672 13966899284592
13969500518820 13969904180322 13970128439232 13971474030492 13971698302002 13972819686552 13974075690672
13974389700522 13975645775202 13976767318152 13977888906102 13981164200460 13981343679732 13987177383192
13989915155790 13990139575260 13992159431490 13992608308230 13993461193872 13994179433520 13995032367042
13996289369082 13996872996360 13997950494072 13998309669192 14001228137862 14001317941722 14004371444322
14004685794372 14005494139272 14006482148052 14007290544792 14007425279850 14010344698560 14010659115642
14011916819250 14012321093112 14012905054542 14013713636610 14014117936392 14016364152492 14018385900882
14020003404570 14020183132962 14020767258192 14021665936152 14023014007092 14023238691882 14023598191290
14024047572030 14024811535812 14026609179732 14026744007670 14027732765682 14028991235370 14029890176850
14031103793532 14032227559482 14032901840652 14033666045562 14035509213600 14036048700312 14036633155950
14037397462452 14042793159012 14043602602920 14049674175810 14051023592430 14051653342362 14051788290612
14053002854022 14054127496572 14060786302212 14061551266002 14062271250930 14064026291412 14064161299062
14064521322630 14067986785092 14068751944722 14071002534822 14072127897372 14072262943902 14072578054992
14073073236690 14073163270662 14074603853382 14075279151912 14077575288090 14078115582642 14078655887562
14078700913440 14079151176180 14079916639362 14080141779552 14081492658492 14083429031310 14086086131592
14089148863152 14096356603632 14098699516152 14101403118672 14101853744292 14103250729470 14103881648682
14104242180282 14104692851262 14107712532552 14107847749722 14107982967540 14109785933700 14112580758912
14113347130302 14113843028760 14116277565732 14119343577612 14120335593912 14120380686390 14121147269532
14121237457152 14122274635482 14123627534022 14124619700802 14125341298530 14127235580262 14127776826942

14130167457132 14131971840252 14134678630932 14136483302052 14138378330712 14139732000372 14140860107922
14143387232130 14144154439512 14148081061842 14148306746352 14152369375332 14155349007240 14157335602752
14157787121172 14157922578102 14159502956832 14160089977110 14161444685730 14165238214602 14165509200390
14165689859022 14167722348012 14169980840112 14170251871260 14170703595600 14171787763392 14173414092840
14174724259422 14175176055042 14176441121082 14182857682182 14184665426262 14186699276052 14193615455922
14195876010822 14196328143402 14196554212392 14197006355772 14198272395540 14201618629512 14201844740622
14204603441100 14208221815020 14209216948632 14209804998510 14211252557742 14212519232550 14212971630090
14213288312652 14214555078180 14215776655542 14218174719300 14219034451782 14219622704772 14223921845982
14224238650512 14226094290750 14226637427862 14227090050042 14228221636992 14229941735340 14230032269712
14233110609720 14233427516562 14233563334860 14234876278482 14236370391432 14237411789250 14238317383530
14238634348332 14239313570502 14241940048650 14242166480520 14242483488162 14243026938042 14244521478672
14244838512522 14253580978272 14254849538040 14255483839092 14256390007932 14257522759482 14258474305560
14258882120742 14260377492972 14261419768470 14261736990312 14261827625772 14262733996212 14264909402772
14266495741302 14267492913522 14268898078980 14269351372920 14272932648162 14273068654812 14275698244080
14277058471500 14277693266472 14279280315642 14281003497462 14282227926672 14286990094782 14287035452580
14288804462862 14289031266972 14289258072882 14289847776672 14291344771710 14291979884202 14292206713512
14292252079590 14300872940850 14302461277740 14304140472642 14305411280250 14305865153790 14306999869140
14307771501282 14309677975782 14311993151280 14314490119050 14314807930572 14318803576380 14319439298712
14319938804730 14320165855800 14321164901892 14321482787502 14322300223842 14322391051542 14322436465500
14322754365222 14323889750172 14325615621480 14328204623382 14328431739972 14331157279452 14334791735292
14335927597242 14336472826962 14337199816050 14337745069962 14339880747612 14342834606442 14344334374272
14345379713370 14346606899172 14347379598642 14348652325482 14350152397440 14350788815292 14351243408112
14352152615352 14353289164902 14353652870262 14353789260960 14355471466182 14355789732312 14356744551870
14357426585280 14357608463592 14358335988360 14360927945142 14361928412082 14362656046290 14362883435760
14365839662670 14366294493810 14366931269502 14369705956860 14369887912932 14371389094482 14373982229112
14375119642662 14377667612310 14379123696342 14380397830350 14380488842082 14380625360220 14381489990142
14384812231092 14386723831272 14386860379002 14386996927380 14387315542782 14388362446800 14388681077322
14390410847430 14391503387382 14393916226692 14399835368232 14400154125762 14401201496772 14401656887352
14401884585342 14402476608540 14403933948252 14405209180980 14405391361692 14405846818512 14405983456962
14406347829330 14407714266750 14407896463302 14408853014100 14409855148992 14411221752732 14411449526322
14411768412372 14412497308020 14413043991852 14413362895542 14414729665602 14415230830860 14415777566532
14418283571022 14420470807470 14421792343212 14422475919942 14423432954580 14424298870422 14425939624350
14427990697980 14428856750622 14431819758852 14433005047320 14434099202952 14434235975322 14435056623150
14436743583612 14437290727092 14437792284390 14438248253130 14438567435532 14440619406642 14441531440602
14441622645582 14444495749872 14447825259870 14448007709862 14448965591220 14450881449192 14451018301050
14451428860512 14453527366620 14453983583760 14458865557842 14461010236932 14462196723480 14462653077420
14463885269022 14464113458412 14465391352260 14467080084282 14467399585212 14469499250520 14470959977112
14472192522522 14472922944570 14474018612202 14474612116152 14476073100792 14477671137162 14478036415002
14478949629762 14480410833282 14481004468272 14481552449832 14485799658462 14486484750432 14488083361362
14492559941190 14493656351862 14494158887280 14495849297622 14496991522572 14497357044060 14497768261242
14498499328410 14500875424002 14501332387782 14506268055390 14506587988752 14508324831420 14508873329652
14509696096440 14511067426260 14512667392950 14514953212650 14515273241772 14516644835112 14516736276972
14517787879062 14519296765980 14522269045290 14522954999100 14526247802892 14530501560210 14530958990550
14532514307562 14532880276602 14532971769582 14533017516180 14536997745822 14537455278402 14537775555492
14540109109350 14542031000202 14543541146400 14543632672932 14544868309302 14547293970372 14548895932902
14548987476282 14549353652682 14549674060812 14550360661542 14553015670122 14553702349692 14554846851642
14556082964292 14556128747250 14556540797112 14556678148362 14557685410662 14559104793960 14561027939772
14562539072010 14563180182102 14563638126522 14566294346142 14566660740270 14570966216442 14571470090340
14571790741902 14574997451562 14576280234210 14577379807122 14578662694602 14579349978972 14579808177552
14580128920842 14582328398442 14585398779972 14587461157962 14591632190100 14593236591990 14593786692942
14594382647340 14596216429500 14598233722932 14600067747012 14601351632412 14603277566352 14605937398212
14606946363312 14607404995332 14607909498870 14608001227722 14608092956862 14612679781062 14613046758102

14614331214030 14616028617372 14616395636460 14618001399150 14619240190632 14621993248512 14624746565592
14628555748170 14630162178660 14630712975132 14632778554242 14633375304240 14633788445982 14637277431030
14637920184162 14641409661690 14642419851222 14643108636792 14643338235582 14645955789012 14647838735250
14648527648260 14648849146542 14649216577470 14650824141960 14650916005452 14651237529942 14655601425432
14656887750192 14660884905162 14662033613712 14662630959942 14662998563670 14663182367262 14663458074810
14664560930922 14665939559382 14666399116602 14666536985172 14666858681022 14667226337742 14667548041152
14668145499702 14668605091482 14669156611122 14669754102432 14671224902112 14672282084922 14673109471950
14675178041580 14676327309930 14679085737570 14679729407982 14683545743832 14684695339782 14686166888262
14686856701992 14687914447842 14688144397632 14691363883692 14691501869550 14696423788872 14698586014002
14705947972722 14707098445272 14710596158160 14711930921382 14712069003792 14716073675562 14716764191292
14718513570312 14719802652960 14719986812232 14720815543212 14723670239592 14724176746890 14725420029012
14729196244632 14729656791852 14732189930262 14732235989340 14732420226372 14733249307272 14733387489690
14734953602382 14735322111582 14736473732532 14737763601420 14739468157602 14739928865382 14741909990880
14744167714782 14745319681332 14746056963540 14747070756672 14749467133512 14754813598800 14759146789932
14760345444480 14762374047672 14763895591542 14766431672232 14767353937392 14767446165492 14767907310312
14768967970722 14770351498062 14772888133152 14773349362932 14774364093792 14775424986042 14775747873852
14776116892812 14776485916380 14776947202320 14777270106762 14777869795800 14778100448670 14778884681892
14778976945992 14781099099780 14781329777850 14782114096752 14786174433120 14786266719972 14786497438362
14786728158552 14789727684822 14789819982762 14793281363412 14794896812982 14797112430102 14798127976722
14799882184782 14801497994712 14804175816780 14805560992200 14810040169542 14811795083490 14812026000960
14812118368452 14812487841300 14812903503762 14814196713162 14816875683630 14825607112812 14826207781842
14828749208532 14829303730572 14830690081032 14831845422582 14832353787120 14833000809132 14836513460580
14838362391540 14839934073432 14842060599060 14843170151172 14843401313082 14845019496852 14846868957732
14848533571020 14848718533812 14849550880632 14851724340642 14853342978012 14854082955900 14854499201562
14856626770470 14856811783662 14859355831872 14861668791972 14862270191082 14863796874240 14864352051192
14865184836060 14867590790052 14869580475990 14869765569822 14870274583800 14871847954812 14871894231690
14873606526792 14877540551022 14877633122562 14879299459530 14885641650672 14886104637252 14888743798242
14889345744912 14889947703750 14890642286760 14891336885970 14891429500422 14892957680460 14893883888340
14899858621122 14900321828742 14900553435252 14902174731222 14903240202312 14903471831502 14905232272170
14907780462540 14907965793972 14909124141522 14910560554980 14911672664532 14912877496680 14913665297862
14914962898110 14915426340450 14917836356682 14917929053502 14918160796812 14918207145690 14924882135802
14925392092260 14926643840502 14927014738950 14928637473840 14929750257312 14931187664010 14934062684982
14935361172270 14935685802912 14935778555172 14936845226862 14940462918810 14941947226842 14942874956802
14944823283462 14945287189482 14946725343900 14947282067412 14950158637392 14950993822452 14953453113930
14955170097672 14956469502240 14956794362202 14960739371832 14961667684992 14962039018320 14963385140262
14963617236372 14966216835780 14966448953850 14968398816702 14970023799432 14970813108582 14972252490600
14974109859960 14975038587840 14976989010132 14977360533540 14979218219700 14984095193970 14984513257272
14984745517182 14989158797472 14990691983742 14991017215152 14991156601122 14993386864770 14993944456602
14994502058802 14997662000442 14999149147002 15000450460722 15001751830890 15003471585192 15003936400572
15005795734092 15007050849342 15008910375822 15009375275442 15009654218670 15011281439160 15013792180932
15015001131480 15018488761530 15020907089442 15025465236630 15025790845032 15026256006012 15026581622982
15027558495060 15030675394422 15033932201682 15034862782842 15036026049792 15037189361742 15038026974210
15040307259672 15041051880120 15044170178442 15044635623822 15046590573042 15051245725242 15051850947912
15052223398680 15052642411302 15055110048372 15055901597442 15058695466362 15059533677582 15062886755742
15064097681250 15064516859112 15065215501842 15070153038870 15071084740350 15072668698962 15073041407202
15077234692422 15078725778822 15081894582222 15084084979152 15084131585070 15086415363252 15087114513582
15090190967490 15091822547580 15094386637350 15097650339330 15098303122062 15099002547792 15099282322620
15101473981782 15102546553800 15105344747040 15106137615582 15106510737390 15108796209012 15108936141462
15110102270412 15111874872600 15112574612610 15112807862880 15113041114950 15114627276762 15114767236212
15116773392870 15119199620622 15119572903710 15120832768152 15121299397932 15124566007992 15124939357320
15125592729732 15125639399730 15126199445322 15126759501282 15127226222502 15129233205792 15131006929740
15132267270462 15132594034032 15133107526770 15133434299412 15134134538382 15134694741222 15138476381580

15139596958332 15140904350292 15142632061962 15142912240710 15145013663940 15145247164410 15145900975302
15148843298952 15154214944122 15155009094192 15155943415032 15157578545802 15158326063530 15158419504542
15161363043840 15162063928650 15163559203722 15165989182962 15171363866892 15173700982992 15174308662662
15176412263172 15176739503022 15181695280530 15185061930402 15186605103000 15187072746540 15187867757082
15188195120412 15189738452202 15191375404932 15191843121912 15192451164750 15193947937422 15194415694002
15194556022380 15194977011402 15196894924080 15197362726020 15197690191662 15200965042122 15201198973512
15201760416192 15202134717072 15204380619120 15204614576790 15205550425470 15205737598662 15206205536682
15208217752212 15213974359590 15214863688752 15216548804760 15217719079110 15219544796952 15221791984632
15222260169612 15224273447070 15225678138090 15226708286022 15227317026180 15228347229552 15231953215782
15232000049580 15234529181592 15235746986700 15236543270202 15237573785622 15237807998532 15238791712410
15240665540970 15243476499810 15243945018150 15248490019692 15248818035702 15251770338552 15254113639452
15254254243230 15255191618310 15258191412102 15259363286652 15260535206202 15263957468832 15264285651162
15267098787282 15268739903052 15270990719532 15271834818480 15274132761582 15275305248132 15275914958922
15276383975502 15277228223490 15277884876942 15278025590232 15278260113822 15278353923762 15282106557522
15284921335242 15288111730002 15288346330992 15288721696320 15289050144762 15290833212150 15293273367582
15293508008172 15295995309090 15296793165432 15296887032252 15298107327120 15298576684260 15299233796352
15301486859232 15302801222520 15305805693432 15309373885680 15310078183290 15312050302782 15312379001712
15314867836662 15316135811472 15319329462072 15321584004120 15321771890112 15324261488262 15324872175300
15329194308252 15329523191142 15332154381270 15332624260410 15332953180092 15334738805640 15335208724380
15335678650320 15336571529442 15337182461712 15337746409992 15338733344430 15338827339842 15338968333500
15340472306172 15341318323200 15344326572672 15346112860332 15346441924662 15348228335442 15348604435170
15349168593402 15350014850190 15351143228862 15351895504350 15352365685890 15354199462692 15357397079052
15357632211042 15358431673272 15359419272990 15362664467052 15364687007742 15365298499740 15365533692210
15371743424442 15374425287552 15374707602540 15375507509082 15377483837982 15379883836680 15381154500042
15381625129422 15382189894182 15385249216812 15385484561922 15386425960362 15386802527802 15388920805512
15389721081702 15390709686900 15391980797382 15393063636600 15395276513442 15395606104452 15396124040310
15397489549332 15398431314972 15398666760882 15399420199890 15401303878050 15401398064982 15403187671410
15406672992822 15407991865902 15408557114502 15410441351382 15411430621860 15411760385742 15419675777310
15421042330332 15422220441882 15423304344252 15423681362700 15424623928980 15425660785152 15426132094932
15426839073102 15426933338082 15429337192380 15430468482732 15433532602362 15434711190912 15436832763702
15437539987032 15438718728582 15439331691972 15441217809492 15449706763932 15450272777172 15456405251832
15456546784842 15456877031052 15461123368032 15463765827600 15465606245322 15466455705822 15468909833862
15469429001280 15469523396292 15470608959630 15471883365192 15472496986590 15474573949302 15476462218182
15477217557990 15479294837502 15480286315500 15480947318472 15484252545012 15486377519802 15487463674332
15487935927312 15489022136490 15490202841840 15491005747182 15493367354082 15497476979172 15498941460030
15499177673100 15500122543380 15500453254782 15501965123262 15503666063430 15505272592602 15505556106390
15506123141742 15510234458112 15510376237362 15512172163950 15513353751300 15517229673672 15517371484890
15519215089692 15519451457202 15521011527912 15521342462082 15521862508620 15522335285760 15522808070100
15523517260110 15527063453160 15527158023852 15528245607510 15529616962932 15530089858152 15532927380672
15534346239132 15535197585312 15539549274552 15541819963032 15542624204982 15543712330152 15545462872302
15548916933732 15549295484340 15549626719902 15549768679080 15550478484690 15550809732852 15552229407792
15552466026582 15553554496200 15553980429462 15554122408512 15554217061572 15555210936090 15556583481672
15557104118250 15557577431790 15558618746922 15560748818232 15560890828170 15561553549782 15561932254182
15563494458540 15565719551622 15568797070092 15569033814882 15570312267852 15572016953460 15573200817810
15574621514430 15576942124932 15577652550462 15581252288790 15582389134662 15583383908820 15583478650872
15584283969942 15585373552392 15585942045312 15587884474350 15589021562142 15589732263072 15592243536102
15593049081612 15593096467290 15594233745162 15595086730782 15596745380712 15596982337902 15598309331430
15598878060222 15599494194780 15600394721022 15600868692642 15601484866512 15601627062210 15603286059900
15604802934972 15605182165260 15605608804842 15608453217762 15610965998112 15611297889882 15611819441220
15612483246432 15616087006680 15618647825892 15619122074712 15619738608942 15622204867542 15622916324472
15624102122022 15625572573480 15630885748872 15632688638580 15634539080862 15637053960012 15639806323680
15640850387052 15641704646640 15641799565812 15642036865002 15642653851320 15647352838602 15647495243172

15649536446550 15651197989440 15651292937412 15652005056382 15653524297662 15654283945950 15655186052232
15655328492442 15656135665872 15656515519392 15659269595220 15660931654710 15663258686172 15663733611792
15667438278732 15668245764282 15669243275160 15669908300052 15670430829510 15671570924022 15673138621692
15674943946440 15676559325132 15678364846872 15679457713170 15680360544492 15682403890302 15682879106082
15688677318342 15689200160640 15691766967372 15693240599430 15694429062780 15694666760850 15695712653742
15697756999560 15698184902742 15699040726602 15699373553292 15699849026112 15703890835782 15706649075082
15707029540890 15707695367142 15708218526240 15709978307142 15711738186612 15712974917640 15714021420372
15714354405822 15716970842832 15719968120122 15720206011512 15720539062482 15720824537550 15723060848592
15727962256650 15729865922010 15730532232102 15731055771360 15731722106652 15734625589410 15735292000302
15737481735450 15738624266442 15739005119322 15739147940340 15741004672542 15741052282500 15741623607612
15742480614720 15743528099532 15744813696702 15746480289672 15747337428972 15748051729542 15748289833332
15748861289772 15749337511392 15750337600230 15751528223580 15754719316062 15755052732432 15756291166980
15757815460932 15757958367270 15758196545940 15759387466290 15759482741862 15759816208632 15760292595852
15761483595402 15761864724762 15762484069800 15762674639952 15763389288282 15763532219892 15766009804092
15766057451850 15766295691720 15766390988172 15766867474752 15767725168740 15770060120562 15770536662582
15771489768222 15772490560140 15772681190772 15775826762520 15776494045332 15777018348870 15777352001112
15777685656882 15781308432330 15781499116242 15786648017322 15786743375262 15786981771372 15787363208892
15788078416662 15789985716582 15792036192480 15794992926972 15796185236922 15798713082840 15801336533010
15802004355102 15802863004242 15803435449962 15804389549202 15806202417102 15809065051782 15815363760462
15816127325550 15817034083032 15817797688440 15819563596542 15820136344662 15820422722610 15821615991960
15821806919232 15823047974580 15823716255312 15828251390202 15829588185522 15829731416940 15831593484342
15834267413670 15836129747832 15836511778632 15847497134772 15849169153302 15850029082890 15852131231202
15852656790060 15854329080750 15855380280042 15856001459640 15856909359402 15860254477542 15861353664792
15862213924860 15862405096932 15863743333692 15864364677090 15865272816252 15865894189602 15866276579250
15866515575120 15868045191312 15870578780310 15871534904190 15872108592342 15873638478102 15874403448630
15876076885920 15876411583962 15878085127092 15879997855812 15880093495272 15885497592582 15885975875562
15887028123462 15888606560652 15890663429790 15893485862232 15893868584232 15894346993212 15894681883782
15897361135350 15899753515050 15900566965152 15905352386952 15906548854902 15906788153892 15907362478812
15909276970092 15911239443210 15911813848482 15913106298252 15913393516440 15913489256412 15914781774222
15918755398392 15920335410870 15921005742882 15925219581522 15927518273970 15933265730850 15933505230720
15934894365462 15935852424702 15938391420972 15939205858842 15940211957880 15944763755010 15946632575652
15948597351330 15949268278062 15949316201940 15949651671102 15950274694620 15951329069832 15953869298670
15954061022262 15957895736022 15961059721770 15962258283120 15964895276490 15969066965292 15975301538832
15978803025150 15979714433832 15983360328480 15988877933490 15989549706942 15990317465310 15990653365392
15997276115940 15998188051302 15999148011342 15999388005852 16000348001892 16001356028730 16003516193160
16004188274052 16004428306362 16004716347510 16005388453602 16005436461720 16006588678152 16007116791210
16007596901550 16009133303022 16010717794260 16011293992332 16013935032822 16014655354392 16016336167722
16017680881890 16017776935062 16021379136912 16022579960862 16022676028722 16024021009002 16024165117380
16028200415052 16030986988512 16035647833662 16037618085300 16038338939310 16039011751002 16040982209280
16041655076412 16046365541472 16046605889862 16047903802272 16048048018002 16049970956322 16050115181340
16050595936080 16050932468682 16053336375582 16054538396532 16056365554560 16056846402900 16057038744252
16058866044552 16060212542880 16062569050782 16063530940422 16063771417332 16064300472870 16065214316592
16065983889360 16067763596982 16069447194912 16071034668030 16072814655372 16073199530460 16073295749952
16074642853080 16075220200272 16078684501152 16079406277482 16079454396480 16080031830072 16080272430462
16084507291950 16085421710232 16086432413310 16086673061580 16089031509882 16090234866432 16093748925102
16097744827800 16098322589712 16102800596070 16105063911432 16105401014562 16107086583132 16108772239902
16109398363452 16111469474190 16112625500862 16113107190882 16113588888102 16113829739412 16114118763360
16115804788050 16118791676862 16119658889970 16119996145812 16122501585372 16122887054892 16123947119832
16124718098040 16126597434642 16127320285572 16130019072180 16130838391362 16134212277822 16137345488292
16137682929102 16142166406092 16142744964612 16142986033722 16147229144682 16147325585502 16151183454462
16153643086440 16157115826872 16160347740042 16161360794280 16162180909062 16162759826142 16163001044652
16163242264962 16163869446192 16164930857532 16166040552102 16166426541750 16166619538302 16167102034722

16167391536030 16169080345320 16169176851372 16169659385952 16170865753902 16172699519370 16176077780550
16176174307482 16178925446112 16179215053260 16180904479950 16181821634232 16182449175822 16182787087872
16183173277392 16183511197002 16183656020772 16184959463862 16189932339912 16191139463862 16192974378450
16193167533402 16196692813632 16198528042860 16200411675702 16201039577652 16202633537250 16203599611530
16206932788872 16208527038342 16209348348972 16209734855292 16209879796350 16211329242570 16212875389962
16213455214242 16214469931680 16217320974402 16220365584852 16221235526040 16222395483912 16223362147152
16223893824210 16227277427790 16228244236470 16228340918922 16228582626312 16229307759282 16229791190262
16232546884332 16241976027822 16242459647442 16244684390430 16245361516362 16245506616612 16246619073390
16248312015480 16250827406592 16252181928600 16253488128282 16255907155182 16258423134102 16261326428622
16262197467522 16263794432760 16263988009632 16264713933162 16265246287380 16269215020632 16270086270780
16272990606420 16274297642022 16274636511672 16277589667950 16277783326902 16278267479322 16282431487350
16282867286412 16283642054700 16284707391192 16286063324400 16286499172062 16288726928970 16292940711852
16294151669802 16295217350022 16296912822192 16297930147830 16301999767902 16302290474490 16305149227332
16306360638882 16307959771032 16309801293060 16311109806102 16311836780472 16311933711612 16312709171100
16313872394892 16317023000922 16319834567742 16320804129702 16321531320072 16324925089332 16325070544470
16328658643002 16331374222890 16333023077982 16335205514172 16336806060042 16336951568100 16339085760732
16340443955892 16342723910382 16343209027602 16346750601432 16348448752362 16351360073442 16352427622782
16354271653722 16355387828220 16356067257432 16357426158192 16358008561512 16360241203620 16361697356640
16361891515272 16362425457450 16365435112662 16366260389052 16367862455562 16369173295572 16374077273610
16374271505682 16376990875650 16381118922240 16383304569270 16386316144002 16386656177892 16391271272382
16391319855780 16391757109602 16392534464130 16394332167072 16395158171742 16397636310600 16398219429312
16399337102490 16400989384782 16401475366002 16401864156162 16404196993890 16408425685092 16409786759100
16410467317272 16412071545942 16413530003682 16414745434632 16416349872390 16418635116072 16419510357900
16420336996602 16420580129592 16421406795222 16423157449950 16427145400722 16429431395652 16430647415202
16431279763152 16431766192932 16433857923030 16434684922812 16436047085460 16438820233842 16438966195500
16440669129390 16442128857210 16443199365462 16446216439842 16446459764352 16447579080282 16448309089452
16448455093230 16449525807402 16451326632552 16454977256202 16457167824792 16459163803110 16459407223380
16460088809712 16460380922460 16462328407020 16462571850690 16464032550510 16464129932802 16465493315130
16465980251070 16466077639122 16467879370032 16469486402382 16469583800802 16469973397362 16470606501600
16470801305352 16472505887322 16474600208772 16474941157422 16476451115280 16480299385242 16481030120172
16483222422162 16483758340380 16485073812942 16486681684020 16486876582812 16489215458172 16491895623462
16491993088122 16496769209262 16496866688322 16497110387232 16498816330002 16500522360972 16501156052082
16501643515062 16501887249252 16502130985242 16503252193980 16503349692192 16503837187572 16505202212940
16505299716912 16505933499750 16506274772472 16507249856832 16509687693732 16511004200502 16513929959022
16514954035740 16515539236692 16520318765880 16521245489322 16523489243190 16528855359330 16530172630092
16535442238020 16537979756172 16541151927642 16543445841132 16545202988820 16545544667262 16545691101960
16547106670782 16548327037332 16552720729512 16553208953532 16553599537932 16554576019092 16556431412640
16556675551110 16557896270460 16559556520992 16561070351370 16562291232720 16564830810072 16565319212652
16566686778180 16569128999880 16569324385392 16570350178230 16570692116232 16571913352182 16576310174202
16578411083940 16580805306162 16586229591780 16586571693582 16586962671390 16587060416562 16588135632462
16589601892122 16590726068412 16592094682260 16592192442552 16593023416662 16593903294282 16596103090392
16596494180520 16597667478552 16598889708102 16599623067432 16600894261980 16603534590792 16605050429970
16607250964800 16610185238040 16613070859482 16616886133542 16617375302922 16620163705872 16620946457520
16621533533352 16623148045350 16624371212700 16624566923652 16624713707622 16625300849982 16625790143202
16628970724632 16629509006970 16629851554812 16630340914992 16630683471402 16632151610262 16634353940052
16635381743850 16636605361200 16637290606572 16640031729180 16641353422542 16642185626772 16644927152580
16646640720870 16647570980592 16648354377360 16649774330982 16652957205612 16654671187182 16657266812892
16659568763382 16661087158200 16662654606072 16666181633352 16668043270452 16668386214942 16670345965422
16672550822412 16674804826920 16675294848060 16676274911940 16676617941102 16677009978750 16679460318450
16683724338612 16683871383510 16684214490792 16685586955200 16687155555072 16687792819830 16688135967432
16689753710790 16690930300662 16691469584880 16692940404300 16695244818342 16695489978132 16695735139722
16695882237540 16701227231082 16701717640302 16702109972862 16707505012842 16709074642602 16710938673702

16711331114550 16711674504072 16711821672090 16712066953560 16712900924022 16717659859452 16718690233650
16718886499002 16718935565520 16721487123672 16724087950590 16725805588680 16728504912450 16730075528322
16730959032150 16731204454020 16732284331632 16733609683602 16733658771720 16734346012932 16736211453072
16738518851802 16742446704762 16742594008212 16743085024392 16743821562162 16743919768422 16745147370972
16745392896882 16747111628652 16747602711072 16748093800692 16749616224270 16750205568102 16752513931272
16754134791942 16754478620952 16755018930810 16755117169902 16755461008992 16755952213812 16757327625612
16758457470390 16759292597532 16759783858512 16760864658012 16765433877282 16766514858942 16767546737580
16769020905000 16772903189202 16773050626572 16774181001270 16774525035912 16777621506450 16780079226150
16783127048562 16783716981642 16784208600462 16785929323032 16785978487830 16788633493842 16789026845922
16790600300322 16791141192300 16791485400822 16796058791700 16796550591240 16796796493710 16797288304050
16799353986102 16799993389620 16801075484832 16803682493670 16808454335532 16809044713572 16811898353592
16813472879352 16814014139610 16817458727190 16817803205352 16818295323132 16820903667570 16822232524572
16823069239242 16823856754410 16826268634272 16829517562020 16830748298370 16832422172022 16834539249072
16836410265180 16836902655120 16840349586300 16841432980392 16842811896000 16842910392132 16843255130862
16846702712202 16849805837052 16851776223372 16852613672442 16852909247670 16853155562340 16853648197080
16856062211382 16858427127702 16858821296550 16859314014090 16861235681292 16862713961352 16863945910902
16864980783300 16866952056660 16869613458432 16870845659982 16871239973982 16872718692522 16873063736172
16873113028410 16877253833442 16879472330832 16879521632430 16881099321582 16881197929602 16883170150482
16883811147072 16884649391742 16885142486562 16886424566790 16888347778392 16888988873262 16889383399230
16889827246452 16891060186002 16891701332352 16893279590592 16895400491202 16895745766692 16897126903932
16897965479082 16901073321372 16902306671322 16902454676340 16904872183362 16907141837070 16908720816462
16915876490772 16916616819342 16920466789050 16921157855622 16922885583792 16923132409302 16925600763402
16926094455822 16926341304732 16926835007952 16928069297502 16930784892912 16932167461512 16932315597210
16932661249692 16934043894900 16934982150582 16937698300392 16939426872762 16941797629722 16945156486050
16946144448330 16947577044792 16949059104852 16949948371992 16951183503942 16951825790340 16953999773052
16954148004222 16960571977362 16962301716492 16963636146942 16967096025882 16967392603350 16968480076242
16969122690240 16969320420072 16970358520590 16970852865330 16971297781752 16972830316290 16973028067722
16976241689952 16976983338282 16977131669892 16980246783390 16980939069642 16982669847012 16986428410140
16987170280950 16987664870490 16993600506570 16994293064982 16994837227920 16997063439750 16998646612422
17000130903762 17000625681942 17000873073732 17001763699080 17002753310160 17005722316200 17006909991192
17008147196742 17008939031910 17010423772530 17010522757542 17012749996452 17016066377862 17016313881972
17018541499962 17019185061192 17026958261502 17032702657830 17033049333432 17033396012562 17035377103842
17036862997902 17037259247262 17038101292452 17039488235772 17039834980422 17039983586352 17043352161240
17044689775962 17045185202142 17046572433750 17047166978862 17051477740992 17055590815122 17055838606512
17056433313192 17057176711122 17057821002432 17059060058382 17059456565790 17059654821222 17060695681140
17061637438902 17062678359300 17065900457010 17068230471012 17071700999472 17072097653760 17075171880732
17076411566682 17076659509272 17076808275690 17077998430362 17078543931780 17079039849720 17079783740130
17080279676070 17083503435180 17086330674282 17094516106152 17094664950330 17095409180940 17095905343680
17096103810792 17097145782030 17097245019042 17099477927952 17101115487150 17102604245370 17103299021382
17104192325562 17106425688072 17107517607252 17109403731552 17109651913542 17111984912232 17114268426660
17117743632240 17118835912572 17118984862590 17119679971242 17119977879270 17120325441912 17120573703102
17124893735952 17126780817852 17127873386472 17128419683850 17130108294462 17136068761902 17137111950300
17144663593932 17145259847172 17146402694862 17147893423002 17148539425320 17150229027372 17151968410542
17161064335872 17162406561762 17165290039302 17167278785622 17167626828072 17169764880522 17171107446612
17174986265712 17182794960582 17183192903382 17185580656950 17186824344300 17189063094930 17190804446220
17193789825060 17195481654792 17196626175042 17198268379320 17198865563952 17199512525670 17200010196810
17201752102500 17202200035362 17203195462602 17206978348770 17207725020180 17208820167552 17212205388840
17213151319002 17214396003552 17217433222710 17217532808202 17219524578522 17220122132082 17220271522092
17221118077722 17221167875760 17221516464042 17223110055402 17224653917340 17225002540902 17225351167992
17226347264832 17228588588022 17229634588740 17232972041382 17233719276552 17234964704502 17235213795492
17241591137700 17242039588962 17244531091062 17249913349902 17251009838922 17251259045832 17254399207122
17255645382072 17260381257282 17261278654230 17263023659520 17264020845000 17266115028252 17267361626202

17269505879940 17272946937402 17273844660942 17275091537892 17278483270860 17278932201642 17281476252900
17282224538910 17282324311602 17283471718260 17286165779232 17286415239942 17286914166762 17287063846212
17290905840522 17292652342692 17292702244050 17294049607932 17296395144342 17297393293182 17300188263150
17301785490222 17305379520702 17305429440420 17309123699352 17309423251140 17310271995282 17313517385352
17314016703132 17314915493280 17315514699672 17316763079622 17318760581142 17320658314290 17324853672282
17325902591160 17328350192022 17328500050752 17328999584532 17329399216740 17329748898702 17330897878560
17332496522592 17333745514542 17334145201470 17334395008140 17335993813452 17336743278822 17337592692492
17339341550862 17343239323962 17343489196152 17347587356892 17348087165712 17348736927942 17349886537080
17351586029052 17352335831382 17352485793792 17352585769092 17355235219482 17356135078830 17356884979440
17361334722942 17362584753492 17362834765002 17363884833000 17366085078432 17367135244710 17368235452962
17369985856092 17372986752372 17373336873822 17374387259340 17374887454080 17374987493892 17377088396472
17377988822172 17380089906192 17385393206820 17386994362212 17388145238190 17390647273890 17396102335632
17397153409110 17398004301372 17398504835952 17399606037372 17401608311052 17402409252780 17403009971172
17405112567192 17406764696022 17406914893440 17407115157672 17409668627610 17409868907682 17410920396960
17411421117300 17411521262232 17412873247002 17414125131552 17416528876032 17417029677012 17417931136920
17418682371330 17420285058882 17422188346110 17423540744952 17423891375442 17424442373340 17424642738372
17425143655992 17425193748150 17425794859662 17427297683802 17429401746462 17430203327550 17430554025072
17431806545022 17433059109972 17433209420790 17440926246522 17445436870302 17445687477612 17446740047970
17448494402460 17448945536442 17450700001812 17453206533912 17453256666390 17454961213482 17457117083412
17459874785502 17460025211880 17460225781392 17462131249212 17463735934332 17467547356980 17468500277622
17468650741152 17469403068522 17471058245760 17471409354042 17472011262162 17475271777992 17476576069500
17478081081720 17481342163830 17481442509642 17482546332582 17483098257120 17484804260772 17486560527942
17486961972822 17489220186132 17494238959932 17494991838102 17497501549002 17497852922892 17498354891712
17498505483762 17499409049670 17502170090040 17504529697122 17507140511562 17509400027352 17510806021872
17513467523190 17515677225102 17518238644920 17519946362172 17521352780052 17521503471030 17522206704162
17524366722732 17531149041462 17532053449770 17532756894582 17533510601112 17534063329530 17534917563312
17535068312610 17535922570872 17536525589232 17542807646982 17543461045572 17545320785082 17546627688030
17547884371380 17552609903472 17553866801022 17555777371482 17556380731122 17557637763672 17559699394470
17564325933342 17564828854722 17565985601220 17566438251522 17567092090032 17567444161962 17569355471142
17569858464522 17571971115342 17573480229402 17575140329712 17575744021992 17577504850362 17580775194192
17584347763530 17584700008332 17585706441492 17586058699902 17587568418762 17589128529660 17590839698592
17594513960142 17596024041882 17596879783632 17601913979832 17605337644512 17605438345572 17606193612702
17608509866250 17608963064112 17609516980530 17614804803000 17618531935692 17619287483622 17621705345862
17622561711852 17623317346182 17625886624080 17626138524150 17626642329690 17627498815632 17629161465390
17631378453702 17635308911922 17635661666772 17636921534322 17637576683232 17638332639402 17638433434782
17639693401332 17640197400552 17642868716622 17645288196270 17648010309162 17648514427182 17649068965320
17649925995942 17650077238800 17650682216712 17651287204992 17653303907472 17655219881532 17655875370210
17657337658032 17657993186022 17658245315412 17659657273260 17661018857502 17664397830312 17667222294360
17667424050432 17670248756400 17673628612002 17675041184730 17675495237952 17678017862052 17680843414740
17682357196560 17682811343742 17683871043180 17684577527112 17684728918362 17685233560542 17689422368520
17695428874242 17696741355750 17698255817970 17702496656922 17704667759172 17705021207022 17705576632200
17706283549572 17712494930262 17714414113650 17714868672312 17715676791000 17716636455882 17718050746242
17718303304032 17718959962710 17720172287622 17720222802060 17724617833782 17724971480712 17728053410430
17730074493390 17730781899642 17731843035480 17733460065432 17734875027120 17736845960682 17738614840452
17741141964552 17742456140220 17742658325412 17744680240692 17746955033082 17748876082422 17749533307380
17749735532892 17749988316402 17751050026800 17756864718210 17756965851702 17758381750830 17759494282602
17763793028232 17765664409422 17766069045342 17769609806202 17770874449152 17772543846750 17772999150612
17773252099722 17773302689760 17773808594100 17774668648002 17775275757402 17775781689822 17780740208562
17782511275692 17783422144560 17786407933842 17789242135170 17793645717252 17794050671700 17796278003532
17799720517812 17801239379952 17802353253372 17804783643612 17806910371152 17811366783552 17811721294842
17812987435392 17818356371220 17818609642890 17819572091652 17820382594980 17820838511202 17822611574172
17824030088052 17825397994182 17825803309782 17828184631992 17828589979272 17831731576932 17836545852222

17837458103922 17839637466300 17840144313840 17840499111402 17842121088042 17844554191242 17847342325932
17848254853680 17848609731882 17851296781320 17851651689762 17852412219732 17855200968222 17857736383122
17858598465192 17859156294090 17860373405562 17860931262180 17861894853222 17863061340312 17864836502442
17867474049042 17870771256072 17871024899982 17873612170680 17878279877712 17882237758860 17883607896702
17884470603012 17886246828582 17887312606260 17887921636332 17888175401922 17891068456872 17891829826002
17891982101772 17892845010042 17893504895112 17893910984280 17895535387032 17898175198752 17899089025092
17903150757732 17904521696502 17905943466222 17906045023362 17908990305702 17909345787192 17909904408090
17914932388212 17917218067002 17917522835190 17917726015422 17922297875202 17923821958062 17927530830372
17928699458670 17929817312682 17930833573842 17933730076152 17936423525022 17939066350662 17944555918302
17945318424672 17945420093412 17945979276630 17946589304622 17946843486012 17947606040982 17950300531620
17950503897612 17950656422862 17956096913832 17956910516040 17957419026780 17957520729792 17958792041742
17962250237910 17963216558112 17965556177820 17966166538452 17967031233762 17969116761000 17969472838722
17971405893630 17972525078202 17975068809102 17977358320812 17978375928372 17978782979460 17981428923852
17981581580430 17981785123542 17982344873040 17986008903072 17987179435770 17987790163602 17989571512332
17989978690140 17991200251212 17991709247232 17993236278492 17993745303312 17996188722672 17996545068522
17999599606242 18001687022760 18002450741970 18002959897110 18004080063762 18004232816460 18004741996800
18006371422272 18008306460780 18009783270642 18011361996420 18012380565900 18016913549322 18018492587580
18019715116332 18023535785982 18024045239202 18025318903752 18026337867792 18026643562620 18027000209862
18027102109722 18028681594380 18029038261782 18030210193800 18034898302752 18037599337830 18039332183802
18040096701132 18041014143312 18041676754950 18042900069942 18052229210472 18053248934832 18055390449732
18055798371732 18057073157682 18058449977052 18058857933612 18063039754032 18065079842112 18065232853362
18066354955662 18066609983772 18067528099872 18067783136262 18068650273452 18074006581962 18077373810750
18081302640732 18081455720670 18081812909712 18083854057632 18085282929720 18086507722152 18087018064572
18089722999602 18090998982552 18091356265842 18091611470352 18094929292782 18099166339032 18101616905400
18101821126752 18105650490402 18106467473730 18107692983282 18115761956382 18117192088470 18117447475140
18118417960902 18119235232230 18119746036170 18121738240332 18122913181302 18125058823962 18125212089012
18132109686942 18134051469690 18137219864742 18138088666572 18138139773210 18141666305112 18146675591772
18150356324652 18151020941202 18152299084152 18152963736270 18153679529082 18156798505320 18158843881080
18158946152892 18160735956222 18161349623382 18161758740582 18162883836642 18163395255462 18164213540550
18164469258420 18166770800250 18168049497600 18172090477002 18176234226240 18176848155192 18178638840522
18180685446042 18183909083340 18186058333632 18187593590172 18188617130532 18188770664070 18189282447210
18189896596482 18190050135420 18190254855012 18191432015022 18193632894600 18197420766492 18198239817660
18200031556350 18200645887062 18201567402570 18203461702152 18206380140342 18207967459320 18210271755150
18211244723832 18211910454222 18214624711740 18216007524462 18217287953412 18217441607910 18221027063490
18221385628452 18224971472112 18227635470072 18234347558730 18235628632080 18237165979500 18237934677510
18239318374752 18240189618462 18243264762582 18244187356362 18245622548610 18248646888492 18250236048870
18252235413432 18252286680630 18253568383980 18255619202940 18256234471092 18256337016792 18260695475262
18261464668992 18263567214510 18266644328550 18269311370382 18273825269310 18275210327352 18276082427862
18280853698932 18290706034932 18291013963200 18291373216122 18293528807742 18295325231112 18296608444662
18297532386282 18297686378820 18298199691960 18298918342452 18300869036352 18305900253060 18307543249092
18307902664302 18308826891042 18310213274892 18312780790992 18313448374662 18313551080922 18314886288510
18318327240072 18320535782250 18327675933972 18328600659672 18329885039622 18329987791962 18330244674072
18330758443692 18330809821050 18331529111622 18333224638092 18333635686620 18334355032632 18335023009422
18339545018430 18340675607802 18346945872222 18347100072552 18347511276600 18351469351182 18352754532132
18352857348552 18353628480882 18355941975072 18356250451980 18358152783522 18359592451290 18360312306342
18365351686842 18365505964500 18365608816632 18366020228040 18366740209092 18367048776720 18367820207130
18368951667702 18370494624642 18371626167582 18375792603300 18376255569762 18379136381010 18382994964060
18383458021242 18383509472400 18383715277752 18384538510680 18384744321792 18385670486052 18387574341402
18387831626712 18389118080262 18396477459432 18399565749312 18402808732650 18403786831332 18403838310930
18407956912050 18408317311572 18409964897172 18410119362102 18410634249882 18411818519100 18412436413812
18413569247712 18414496137732 18417688937472 18419130937752 18421345548090 18423611798802 18424178383260
18425054030922 18425311578312 18429020460312 18430462904112 18430565937972 18432626675652 18435202759752

18444014327850 18446333511480 18448601298672 18449786788362 18451487774880 18453910527402 18455457048342
18457519177062 18462778126722 18463345313100 18464118763110 18464582840892 18464737534782 18466800181902
18467315861682 18469120797612 18469997512602 18471441559122 18474690870180 18476857236312 18477218309682
18477630969282 18478559470230 18482170529010 18483976190700 18488206943472 18488310138612 18492231767340
18492747802080 18494760406362 18497082778152 18497340828462 18497495659512 18498785943462 18500231114910
18500695646292 18502140892332 18505392902310 18507044826342 18507561067722 18508438694592 18511433107572
18511587997590 18516751368990 18517216107732 18517371021942 18520211230632 18520366157370 18521089157382
18522431909130 18524187888702 18524756017560 18525117558642 18526925316972 18527080271790 18529611292212
18532865715342 18533020695000 18533743941972 18534570527220 18534932164062 18536482076202 18537928719330
18539065407102 18541803934380 18543354133800 18546403048362 18548625296532 18550072413420 18552398255250
18554414102772 18554465792610 18556378367232 18558342735660 18561134385432 18562426886982 18566563194342
18567855884892 18568528101762 18568890069732 18568941779730 18570855100272 18571217090922 18571785940500
18572509943472 18574733755122 18576285330462 18581043898902 18584406298332 18584820153132 18589321121622
18589476337152 18591701164290 18592425555342 18593460424182 18594029614320 18595323260670 18596823946812
18597651937500 18598014189222 18598169441040 18598790454792 18599670242022 18599721994860 18600705312462
18602257972122 18605259964542 18609038678580 18609297508650 18616390152912 18617839910760 18618461252832
18622500229020 18626125324200 18627005757702 18628300550652 18632081603610 18633739172442 18638142447672
18638660514252 18646069653990 18646950558732 18647468747712 18648660609690 18649904332362 18650837151582
18654361345830 18654568661742 18654983297022 18656901045132 18658352379492 18658974397212 18659648261442
18660062953170 18660944188392 18661307056002 18661980962352 18662343840042 18665350676622 18665713587072
18666232036692 18667528192242 18669498434862 18671468781450 18673283666340 18675617219370 18676602541092
18677795333742 18679766118090 18685419734232 18688013422332 18690399774360 18690503532252 18691437366240
18692682514512 18693253221330 18700206167502 18700725095922 18707004700440 18708509886222 18708665598552
18712662436782 18713077717182 18714012114930 18714375498132 18714894623112 18715413755292 18715569496350
18717594189072 18717749939202 18718372946202 18719722830270 18720086268912 18723097753380 18723357375450
18725018999322 18725797910892 18728498263092 18730367851740 18733743734250 18733951490802 18735561643140
18737743250232 18738366589872 18738886047492 18739041886182 18740704205862 18741899043672 18742522452432
18750367898730 18751095374262 18751926792150 18752134649502 18752446437690 18753173953542 18753433784052
18753745583040 18756292038462 18757643289090 18761645355312 18766323636132 18769442814012 18770378617920
18773082182472 18773446138722 18773602121052 18776565908442 18778281892272 18780205967382 18780517988850
18781038030390 18782286159462 18785926772802 18786342865362 18786862987542 18787019025600 18787747211772
18788579441820 18791960565930 18793989386412 18800544785640 18801793562712 18802053729822 18804915686832
18805956452472 18808870749480 18811056620412 18813294667470 18817823216352 18820790492142 18822924993060
18823133243532 18823185306330 18823653874752 18824070384912 18826257138852 18827194357992 18827558838402
18828391949730 18829120937262 18830839320852 18830995541430 18831516281370 18834484636512 18834588793572
18835109583192 18839171989332 18840995006262 18842401393872 18842453483310 18847506501012 18849434119242
18849955114062 18851257632612 18852716506812 18854123331822 18858448344792 18860168066070 18860272294122
18863816219250 18867568973442 18870175272342 18870592296870 18871061454972 18871217842302 18871582748592
18871634878350 18879298735992 18880758694800 18881488695372 18885138909912 18885451801860 18885921144642
18886077593532 18888267946032 18888945938022 18889571787582 18889884716250 18891188613600 18891658027662
18893483582232 18894057346170 18894839765580 18896769802722 18898699938432 18899378117622 18901360557330
18902143127940 18904490936970 18906264933822 18907099784670 18907725934902 18907830294282 18908873903922
18912004905642 18912944256702 18913570503702 18919833543942 18919990133232 18920407707840 18921295069182
18921660459312 18922704450552 18923539664280 18928446917172 18928603542102 18929647724862 18932101667712
18933563666712 18934085822892 18934242471150 18934764636690 18935547898500 18938681107740 18942336846120
18944112617772 18946463031762 18947925585162 18948186761352 18949074773862 18950380712412 18951686695962
18955604916612 18957329062002 18958008292320 18959523542262 18961927166370 18968145944292 18969191217132
18970288784610 18973006707402 18974156656422 18975463458972 18978129475710 18978495414192 18979122745512
18979645529532 18981632174472 18982416405042 18987645022842 18988429377612 18989318332602 18991200894210
18991671549192 18993397334022 18999778189002 19000615101930 19002707464890 19004276812710 19004381438202
19011705938322 19015264061850 19015525701720 19018665520560 19019921520672 19020497201250 19022067283470
19024422528300 19024527209232 19024684231170 19029081108522 19031855590152 19032012642330 19032745561062

19033583199750 19033792612302 19034211440862 19037719310952 19038923579682 19040075524542 19041279867792
19043007905070 19043531568210 19047145040112 19049920838262 19050287468232 19051230247212 19052644459422
19053220635000 19054477775592 19056730256202 19062650200320 19065479524812 19068151857390 19069409490462
19069566697512 19069985919480 19074283210332 19079681712870 19080572801292 19081621167252 19082250200652
19082407460622 19082564721240 19083351034050 19084399476330 19084661591400 19085657645082 19086077043882
19087911967812 19088069251110 19088698390782 19089904270800 19090638303372 19092630748632 19093836752850
19094098932720 19097612316642 19099342908120 19099867345260 19101702931950 19102594534452 19106790590292
19110462517152 19110619893330 19112560919472 19116233400732 19117964835690 19118069773662 19119276581040
19122110104572 19122372478482 19124261623770 19126623186600 19127147998140 19127410406610 19130139561402
19130664421182 19131451724352 19133446298220 19134496115700 19134706082652 19138905663612 19139693136342
19142318162442 19147621264200 19148356405572 19151034539910 19152189871362 19156286327310 19157704433352
19158597341862 19162852074060 19164007761912 19164690684750 19165426153722 19167054742380 19167580108320
19168893554670 19170417208812 19171100245842 19171625667222 19171730752362 19172413812792 19175671653012
19175934394122 19176512430900 19180558932282 19180926817212 19183817464422 19184921223540 19185446834280
19186235263890 19186603203252 19188442952982 19191859865052 19192122717042 19193016427272 19193437003992
19193594721450 19195960561080 19201323670692 19202533102830 19203321883440 19205688322470 19205951269140
19206477167880 19212367725672 19212525520890 19213261907142 19214313911982 19215102934512 19217522704620
19218048761760 19219574368182 19223783251542 19226466655200 19233518059212 19234202219442 19235412686580
19238307436350 19240360209072 19240676029980 19242360451932 19243044769410 19243307971680 19244044947612
19249204174272 19251942003912 19252521185130 19253047721070 19253942848692 19257470907222 19257997510842
19260261988452 19262105266182 19264053969972 19265002023672 19265370717522 19265634072432 19267266913050
19267793650590 19270796192052 19271849770812 19272903378372 19273693602942 19274115062670 19275906317922
19276854663222 19276960036362 19278277224912 19278540668022 19279383698070 19281438661032 19285127330772
19286075902872 19287393402822 19288025818782 19288974462162 19289606904042 19290713702280 19291451585412
19291609705062 19294350548622 19294877656242 19295035789932 19298989342782 19300834472712 19302416082852
19302679690842 19304103205092 19305052243752 19306528572480 19309903250112 19312856334960 19314649389492
19317444611082 19319132389962 19320872989152 19321505953752 19321664196522 19329049579842 19329946472472
19330474066092 19331423752752 19331951366532 19332901089480 19334220187830 19339444259232 19343666246592
19344510699360 19344721815432 19344985712142 19345671852012 19346199660192 19348944378792 19355701438632
19359502803192 19362301268382 19362723695790 19363462954842 19366789795212 19368743787042 19370486619672
19370856321522 19371173211630 19374447894522 19376719208100 19377458734272 19379096306730 19379307611442
19380100014372 19381315063662 19381949017542 19383586779720 19388341965180 19388870355120 19388976033972
19390191361470 19393309114872 19394683119660 19396532818350 19400443900242 19401289591410 19404672540402
19407051352992 19407579997812 19408372978542 19410011856720 19411333583070 19411703674512 19413025458462
19414241539440 19416832447662 19420005223782 19420058105580 19421115756660 19423495576890 19424024445630
19424500433652 19427409376062 19427568051912 19430741704992 19431429363990 19433016315810 19436137510092
19438306623210 19438941508482 19439576404122 19439999673642 19442645212542 19445026351452 19445925930762
19447407636162 19448466031722 19449630300102 19452011866692 19452276494202 19452964534152 19453493803932
19454128937172 19454817009882 19457040097182 19458151688460 19461274900542 19462916010720 19472181640170
19474405719342 19474670499132 19475041193862 19475729636292 19476365132412 19476682884360 19477847997012
19480602038172 19482243963030 19483409242002 19485633962262 19487487992832 19491461212482 19491885046482
19493315520252 19496759468682 19497077386950 19497448294872 19500998592042 19501952458302 19506563140752
19507146139410 19507888150302 19510273280892 19511227373952 19512658557282 19513241647020 19513612708662
19514301832500 19516687355130 19518807942090 19521034682382 19523049461610 19531799050920 19533496167912
19533602240172 19535087282052 19535246397030 19535988942162 19539754924020 19540497554832 19540550600430
19541558480472 19541611527510 19541823716382 19542884678022 19543998718740 19546651324440 19547022703602
19548083806362 19551638710452 19552328505402 19552753000650 19559598622752 19561243873290 19563207649992
19565171525262 19565330762712 19566286201020 19566498523812 19567188580842 19567453990632 19569046487172
19570214359152 19570267445070 19570639048512 19574726919222 19576478994492 19578762119310 19579505491002
19580089578660 19580195777352 19583222561142 19585240546962 19588798827852 19591985622372 19595438275602
19602928922880 19603141444392 19603991541960 19604629127232 19604735392452 19606595080422 19608189168882
19610580423072 19613290687410 19614459878862 19619509060272 19620412666542 19622592037860 19623389399070

19623761506512 19626419519412 19627323284802 19628014413552 19628811884922 19631204396232 19633437538332
19638116914572 19639605923940 19639712283912 19641307718052 19647424149222 19652105191830 19652637163770
19654445922222 19654499122260 19655563138140 19656839995212 19657957279170 19661947838220 19663012055700
19663757025072 19667907827052 19668014263632 19669238305002 19671367163322 19671473609262 19672005843282
19673123558160 19677594735192 19678552910652 19679085240432 19681108159260 19682385845772 19684249212942
19684834860840 19686006182772 19686165911190 19687976211882 19688135948292 19693620624750 19694685699030
19696017082380 19697721318732 19699958240832 19700650647222 19700810435040 19701289802382 19703154064152
19704272663550 19704379198482 19704752073012 19708374466332 19708481012352 19711144756452 19712370139182
19713542280042 19713702120132 19714234925112 19715726817360 19717858189920 19720469278302 19721588369100
19723453590990 19723933233732 19725052422810 19726384832160 19726917808500 19727184299370 19729529496642
19729955911122 19730329027572 19733260779582 19734060386112 19735179862470 19735393099662 19735712957610
19741524161592 19742057342412 19743390325962 19745256578532 19745416547142 19747922806632 19749149332002
19749949260372 19750642544730 19751175848670 19753309136430 19755389202912 19756509284070 19759389638562
19759816375602 19760989926222 19762110166140 19763550521262 19766217984162 19766378037660 19768085315292
19770593012982 19774915163100 19775555521812 19776089161992 19776782904990 19777316561730 19781052360510
19783294009122 19783934503482 19791941557782 19793810103552 19795678737522 19801605560100 19803741569460
19805183440902 19807426456362 19807960526382 19811058274482 19813835771802 19815705350772 19816666882872
19821474893292 19822917410142 19824306550050 19824520268202 19825642307400 19831520174340 19832161448892
19836062759130 19836864445740 19837398912480 19838147178012 19841514547542 19845096031872 19846165194312
19848998614062 19850442132072 19852473838932 19852741176522 19853703606750 19853810544882 19854452179722
19855521594162 19855575065640 19857018822762 19857927881952 19859050866150 19860922577040 19861457367780
19862259567390 19862794376130 19864505812482 19865682467742 19866003379770 19868410302600 19871619759840
19873171090422 19876166934630 19876273933242 19878520970622 19878788483532 19879109501400 19882694377002
19889918615532 19890721389702 19895806002312 19897251221322 19902497272062 19912295320080 19912509511992
19917329134572 19918453797090 19919632049022 19920274746582 19928202202302 19930505745240 19932380820330
19933827367092 19935166809042 19935863336640 19936077655272 19939078237080 19944919302702 19945776778830
19948831687332 19949742845682 19951618825452 19952958865002 19953762910332 19953923721342 19954459762722
19956711215142 19957032861570 19958212253982 19959177237330 19961160887472 19961268114612 19962769324812
19963412717892 19963841652372 19964002503990 19964806771800 19968024005040 19968935601582 19972421309652
19975639156332 19976443658502 19976604560880 19977409082490 19977784531452 19978052711442 19979554552650
19979822744520 19981646496972 19982182910592 19983041187360 19983416689242 19984650505980 19985026022982
19987547442792 19987708389882 19988083935612 19988620435632 19989210593970 19990927467762 19994576069370
19995756570582 19997473725462 20000693589582 20005845911310 20011159938072 20016957862992 20017602128712
20020877306430 20022488147850 20023132502562 20024904531480 20026730340252 20028234009972 20033175036492
20034302964930 20035377212010 20037633224622 20038009239072 20039137303590 20041930742862 20042306797632
20042897747970 20043273811812 20043649879182 20046873458502 20048377884222 20050419695130 20053106446830
20053858769562 20054557367592 20059501639872 20062081502112 20063263994412 20063586498360 20064339017652
20065682837202 20066650415142 20068155582750 20069607047832 20074015522812 20076219941850 20076596318172
20079983863830 20088857361540 20090202001890 20090470935360 20090847445242 20091116383032 20091223958652
20094612738102 20094989286792 20095043079750 20095849982760 20096495516832 20100906943812 20103650880390
20104027513752 20104996015740 20106179772072 20106879280830 20107148325900 20108224524180 20113336859310
20114251766772 20118180723570 20118396019962 20118934265982 20119526344920 20120441393142 20122486870290
20123671141422 20124855447402 20125555280952 20128785439632 20130239095602 20131638962070 20133631163652
20134169613432 20138369768820 20138746727262 20139716065170 20140254596310 20141170115772 20142354936552
20142947360010 20144239950522 20145317140962 20148333427410 20148602749680 20148979803882 20149680056760
20151403807992 20153989573080 20157760777860 20158299550200 20159053843572 20164334292312 20165843118960
20166651442170 20168483701422 20175112863912 20177538439422 20177646246162 20181581389272 20182120479852
20187781365642 20188859719602 20189506745802 20190639066600 20191178278140 20193011651232 20193874443840
20194144070310 20198026891062 20198296545252 20200993186152 20201694342270 20203959699042 20205146365182
20205577888782 20211511805562 20213292150480 20214910713900 20215396295562 20215558157412 20216637252972
20216799119790 20218903447392 20219712833322 20221223730402 20221763350182 20222680720332 20224353625350
20224569489102 20224731387672 20225972631570 20227861554060 20228509204932 20230128377472 20234554446372

20237577405780 20239952746572 20241626365830 20243462027802 20246323666872 20248051546872 20249401504422
20250265500870 20253343638012 20253451647072 20254423741572 20255233838142 20255395859400 20256584035092
20259014503002 20266684935462 20268089538090 20268467708652 20269440163440 20269548215412 20270898889362
20272627817682 20273492309490 20274843114840 20278625609220 20280192745962 20280895275192 20281435690572
20282948891940 20284570241760 20286569995782 20287921236732 20292083341602 20295056535012 20298570589842
20300354764872 20301598327170 20302139018310 20303977422042 20305383316350 20306140356522 20306843335032
20309547211932 20310628813092 20315929075080 20320256332200 20322420133560 20324800448112 20324962747362
20326693979682 20328479390232 20329020439212 20329994345520 20334160763622 20334431325012 20335621816512
20336704111752 20337678202092 20337840552750 20339031144042 20339193500100 20342278388322 20343252612150
20347799298462 20351101377180 20351480321382 20362471237920 20365936969632 20366532671970 20366640982422
20366911759812 20367453319992 20370052909080 20370161228892 20370540350502 20370702832272 20373573450390
20374331760642 20375956758702 20376010926420 20376498439122 20378448548250 20378990261790 20380019537352
20380723793502 20383053342840 20383540939782 20388146309652 20388308861622 20389013260980 20390205349152
20390909781270 20392535440290 20393294103342 20395461789822 20396328896670 20396816652372 20399147121222
20400068506092 20401206716130 20401748732070 20402670175692 20404025277642 20404675742562 20405217804582
20406193534362 20408741383212 20410150899840 20410638820782 20412536346552 20415952115202 20416331662692
20417199213060 20417958334752 20418121005522 20419042818792 20419097043750 20420940735162 20421266101110
20423543735322 20426689248510 20427177367092 20427773964390 20428695995532 20428858709070 20429618047482
20430214680420 20430431640012 20431570696770 20435205042492 20439924749862 20442963010710 20446435585302
20449203004320 20450016986730 20452133416812 20453001727500 20459351809602 20462337231492 20463802881942
20466137174352 20466571476000 20476453083372 20476615986990 20476996097952 20477973542340 20479005314502
20480362949052 20484599058072 20484979243122 20485685310432 20486608647582 20486880221292 20488238116842
20490410843322 20490682442232 20491279966170 20491660213212 20492203429392 20492909621190 20496386435142
20498450932962 20499374557752 20499537552522 20504156006952 20504319020730 20504536373442 20505079760262
20505623154282 20506601281662 20508938013720 20509155390912 20511383573550 20512579233642 20514372789120
20514861954222 20515568536332 20516927382282 20521112910552 20524537751202 20526603666270 20526984240912
20528452204722 20534052696852 20537206708200 20537315471532 20539110108090 20543297898312 20545038404232
20546398225782 20550804356700 20555374176612 20562774009780 20563699082562 20565494871480 20565875806482
20567671690440 20568488027250 20568705719802 20568868989972 20571699109212 20575019304930 20575563624870
20576652286350 20576924456220 20579755129572 20580735023400 20582640439290 20584927054782 20585852625732
20586451535670 20586723770340 20587104901902 20587921624272 20588302766922 20588847262542 20594020330032
20594619358770 20596470957222 20597451248922 20598921730212 20603714774292 20610796427832 20610959864970
20611504660110 20617606857582 20621257711032 20621857135770 20622674547180 20623328487972 20628124370580
20628778397772 20630249996862 20631340104102 20633847460050 20635046684142 20637063639612 20642242760502
20642678926662 20643224140842 20643932930040 20646331999152 20650476174120 20651021491260 20653584578262
20655656977650 20656584137352 20657129535132 20659474827630 20661329339202 20664656759760 20666129638002
20666511503892 20667875339442 20668584551712 20673331131642 20677969121112 20678514801132 20680315596282
20683480820190 20684517756552 20684790638862 20685227254302 20685936764220 20686209655890 20686973762142
20687137501032 20689866577932 20690248663062 20691886210722 20695325271732 20695489043670 20696144137902
20699692745172 20700129517860 20700347905932 20701057675122 20701221469740 20701985853192 20704879718382
20705862586530 20707063901502 20710449613002 20710504223520 20710886499162 20710995721422 20711814897552
20716238728590 20717713443912 20720007549852 20720062172970 20721974027460 20722629540732 20723285064372
20724377626812 20726071155510 20726180417802 20730715056900 20732572763112 20733938776662 20735086262820
20735741983452 20736397714452 20737272038580 20737381330392 20738037087312 20738201028162 20738911446000
20739676524972 20744485915932 20745961636302 20747492068422 20747874685272 20748858573372 20749295864460
20749405187952 20750225123322 20750935747080 20751755712690 20752521028542 20752685026632 20756347819482
20757331908462 20758589389440 20759081457582 20760995111352 20762799494262 20765697606660 20766244443000
20772807040680 20775541762380 20775815244450 20781285263850 20781941714562 20783965836192 20785059997032
20785224123642 20787029559120 20790038792490 20798465804622 20799067799400 20800162357680 20800545459882
20801366405052 20802077903970 20803446205320 20804924021322 20806182943020 20808481941792 20810507355462
20810781067572 20811328497192 20811875934012 20812040166462 20812204399560 20814394236120 20816803189392
20817679206960 20818171974942 20818336232232 20818609995822 20820362125422 20820635902332 20821895299302

20823373770432 20823921365652 20825728480962 20826002293152 20826988031940 20827809498750 20827919028882
20829123879342 20833943629662 20835586853802 20837777920122 20839256955012 20842872594600 20843530017312
20844790106490 20846817286392 20849008943112 20849830844082 20852844619572 20854050190752 20856297030030
20856790254852 20858434379712 20859256466442 20861339158662 20862544975362 20864463391932 20865888558480
20868081217440 20868300489672 20868848675292 20869725787260 20872412057322 20875975743552 20877236813082
20879430068202 20879594566980 20880965415330 20881623438522 20882007290172 20884365313422 20884913710002
20886120207822 20887271897340 20893030821210 20900820342822 20901204370872 20902466202162 20903179428000
20908391832330 20908940544270 20910806218722 20916458622852 20919312553932 20919367439130 20921014028550
20923868270382 20926448233392 20928698969310 20929522439520 20929632236772 20932212555102 20933200804242
20935232278512 20937977670612 20938142399862 20938966055832 20939515168812 20940064288992 20946764134932
20948851191072 20950059534252 20950883424582 20951048204592 20953959424950 20954069286282 20955058051230
20956815913182 20959727534220 20962144882692 20962694299512 20963298666330 20963683267932 20966540418852
20968903209942 20972365214040 20973958931022 20979729792132 20984676876312 20987700381522 20988140182242
20989514589192 20990779083330 20992153576680 20995397559402 20998586803662 20998971728832 21000236507802
21002601196740 21002986158702 21004471045032 21004746029742 21005845986582 21006835972362 21006945972222
21008210991312 21011236191402 21011676238650 21014701688220 21016021952652 21019377811410 21022623896892
21025099893282 21026475509832 21030877785192 21031318038072 21034510009260 21037206863322 21044527767192
21045078262572 21048766767342 21052235357712 21058457513550 21059779151742 21060384916440 21060935619180
21061761686790 21064735664322 21065176271442 21067489534422 21070408833252 21073273247532 21074430085410
21077294773002 21077845696782 21080159655282 21080214751080 21080986099812 21081426876852 21082088051052
21083355330582 21085669591482 21086000210550 21086826769560 21087102292830 21088149297672 21091235357880
21091455799392 21091786463820 21093109147452 21096471155010 21098345177142 21098400296700 21099337340202
21101376859752 21102644718882 21103581856632 21104133123852 21108984585852 21109535923632 21109921864362
21109976999040 21110528349780 21111851620932 21112017032742 21112402996152 21112954378572 21114388006560
21115711398672 21116262824292 21119736971262 21124810842102 21126465496962 21129388878912 21129940483092
21133250259372 21133636416822 21138656784720 21139705068642 21140863728480 21141139604550 21142187950032
21142353480642 21142905254022 21143457034602 21145774591662 21147154150212 21148699309212 21148975236402
21150244524660 21152396883102 21153114360252 21153500699142 21155708417622 21157805856882 21158744218632
21159351404970 21161504226732 21162773890902 21163049909892 21164043593160 21164430031842 21166914364752
21167466458532 21168184191210 21170116608900 21170944814910 21173816054502 21174257800950 21176963598492
21178509846132 21180553188522 21180608415360 21181823424012 21182486170692 21183093697590 21183866926242
21185689592472 21189721829670 21190660898892 21193699206582 21194527873752 21196019515482 21197953203252
21198008452770 21199500216972 21202097116902 21202428647490 21202815436452 21205136244312 21205302021162
21206959825302 21207678227220 21212873187792 21213315341472 21214862915640 21216244725990 21217018559442
21218179336080 21219837643500 21220500984612 21221219615850 21221606576172 21221772417390 21224757670122
21226029230412 21228240730332 21228351308352 21232000544580 21234157058862 21238028000202 21241346230722
21241788681042 21245273138340 21245383760712 21249089776602 21249642941022 21255617575542 21255728224842
21259103166840 21259324483872 21259877781492 21261316389000 21263253052890 21263363722062 21264359757570
21265411153692 21268510156620 21269838369852 21272384227800 21272771654322 21273712561992 21274321395690
21275262337632 21275815842612 21278472766740 21290929309890 21293421055920 21295580687082 21295636063680
21296743610760 21297961945812 21298072705272 21300454103322 21303777206802 21305881973070 21307377528072
21308042236032 21313027876212 21314745287310 21315576317520 21317737071882 21318014099592 21319177635630
21320396612202 21321116932920 21324718719030 21328154552322 21329540047272 21329927993922 21332477445390
21334805338482 21334971621420 21337465943250 21338851740600 21339960410880 21342455024310 21344118180930
21344229060342 21346058612220 21346169496672 21348276355980 21348941701572 21350050633932 21351603187620
21355152093732 21356815744992 21359034047472 21360032321172 21366577137600 21367409177610 21369849921762
21371014871520 21375286625622 21375841430202 21377117508060 21379614292290 21380113666632 21380169153030
21380945970162 21385440689160 21385829143842 21386772548472 21387327502092 21387382997850 21387493989582
21387882462912 21389269896462 21389547388572 21393598978362 21394709069922 21396263246490 21397317898452
21398039517402 21398483596650 21402647063700 21405978128940 21410253375762 21411252845670 21411474953262
21412585508502 21413973743052 21415528619172 21416083945752 21416750347152 21418860686652 21419249444742
21422081931600 21424136990262 21427358631930 21427636371000 21428025208722 21430913827962 21431913779982

21434413762092 21434524875792 21435136006290 21437080570380 21437636176320 21439969799892 21441247790430
21441803450370 21443581610562 21447471593022 21447749462412 21449416716552 21452473517442 21455419368000
21459532780692 21461256084270 21464591707110 21464869687380 21467649589080 21470985708720 21472487047122
21472876291572 21482608549422 21483442845552 21483999051972 21484444022292 21484722131082 21485723337630
21491230390632 21494067632730 21495681049992 21498184748382 21498629865582 21499353190860 21500187812070
21502914354252 21504861990222 21506587112880 21507978391230 21508924486212 21510148875312 21510482805660
21512375126592 21515325086982 21519388571100 21521559630822 21521615300460 21523675127682 21524899936542
21528964324692 21530356326642 21533251834842 21533530259352 21534254171502 21538709283342 21540825622890
21541215486252 21541605353142 21546896752632 21549013494372 21550016197800 21550684679712 21552745897542
21552801607500 21553748687802 21558094381830 21559208732910 21559598762592 21560044515120 21560434552362
21566675628042 21566842812132 21569796504570 21570186630012 21572248780242 21576596338782 21576707820402
21577599683730 21577711167942 21578547308712 21580665604500 21580888589052 21581055828222 21581223068040
21581446055472 21581892033792 21582839753022 21586519330770 21589976189502 21591927764232 21592596895872
21593600612772 21597894553962 21598452239982 21599065702920 21599344552590 21599456092962 21602133148290
21603527513640 21605312366952 21606595275810 21611336791200 21613121967072 21614628266562 21615074587602
21616023035112 21618701116872 21618868502490 21618980093262 21619538051442 21619649643942 21620096016822
21620263407840 21621323566002 21622606950132 21625397047032 21625508654652 21626122501710 21626959579920
21627071191572 21627350221962 21630587106030 21631647517272 21631814953002 21632373076782 21638624555022
21638680375860 21646719328212 21647612637300 21649566815190 21649790155422 21650962710540 21652191135672
21658613016042 21660120899892 21660176748450 21662243195712 21664086326430 21665761967850 21666543956022
21672129996222 21672856234332 21673973547492 21675202625232 21676766956392 21677158048002 21677716756422
21679169432010 21683471872152 21683751266142 21684198300270 21687551203110 21687662971002 21688110045450
21689060093952 21689507182800 21689898389322 21690904365150 21692972277612 21695207969532 21695599227462
21695878699572 21702362957820 21703760554170 21705717264660 21709183654032 21710469643050 21710861038572
21716340946320 21722884190742 21723890931210 21726631620672 21727638447972 21727806254790 21728029998222
21728645298600 21731721931170 21736309315062 21736980680142 21737036627700 21737987747202 21743694901182
21745989164340 21752257036692 21755223398250 21755895055362 21756454777542 21757014506922 21757854114492
21758525812212 21762164355042 21763339949280 21766642979202 21766978894590 21770002249722 21770562153342
21773641751952 21774257697810 21775041641502 21775881596832 21778009556172 21781369703652 21786242377902
21786578444490 21787418622300 21790891529112 21794252670192 21794700841920 21797445994302 21799126785162
21799743091380 21800863670460 21804449717052 21804785924040 21807139445532 21810894135582 21816554801580
21817059253002 21818236329000 21820758741630 21821879860710 21826588875342 21827429824272 21829952768262
21830401306902 21831915158832 21833653349850 21834214071390 21834606580752 21835279462152 21836176653480
21839821682790 21841504106610 21844252204872 21845710449660 21847224832302 21851543915532 21852553632912
21854068252722 21854348743632 21856480533372 21857209853730 21857490364800 21858836842992 21859005155682
21859397887812 21859734518160 21871911057822 21876120327672 21878477695692 21881003588082 21883585762110
21886111949340 21893972130900 21896162004222 21897060445470 21898857383262 21899025849960 21899531253942
21900261292212 21901384451772 21901496769312 21902788441722 21904023990102 21905315737032 21905428064652
21907113013512 21907562344152 21907674677532 21913628758800 21915819614922 21918797107752 21918909469932
21920875854702 21921156774012 21923291819592 21923685128802 21929191828182 21930596709132 21931889239350
21932451220890 21937172150082 21937790404620 21939139353852 21940544553402 21942287063340 21942792966282
21943523725272 21944760422052 21945491213802 21946053369582 21952237558362 21953362049922 21958310154930
21958872474870 21959715968280 21966295772862 21968264281992 21969951645732 21973607822802 21975014125752
21983621680230 21985984833162 21986660043042 21990936613050 21993187606410 21996114070002 21997127121990
22000616701842 22002755613390 22004162848740 22005007211550 22007484102582 22010298920682 22013001315402
22013958453312 22014577788930 22015253437722 22015534961112 22020884247522 22023868868640 22028205376662
22028374340160 22028937556500 22030570924602 22031415793932 22033668858012 22035922037292 22036541681790
22039302022212 22039865378232 22040203395300 22041161124402 22041442813392 22042963965042 22044428827350
22045217619522 22048372929330 22049161792062 22051021310052 22051134010632 22051303062042 22052317384110
22052430088002 22052711848992 22054571516670 22054966001712 22055980408020 22060150990152 22064152865250
22071030174342 22071763065540 22074018191700 22076104285962 22076498963532 22076555346330 22076668112142
22078528789620 22081460925372 22082024819952 22083265413372 22084280470272 22086423444780 22089920100072

22090202100462 22090935309900 22091160915252 22092176153592 22092345362250 22095673264212 22095842486262
22098832182660 22099678359870 22100073248112 22100750207592 22102329820032 22106279098092 22106391939792
22106561202882 22109551624320 22111470114372 22112090820150 22112598676812 22118411229462 22119370656252
22119427093770 22124901875232 22125917888580 22130095077432 22133200000242 22133821010940 22138902334800
22139862205902 22140709168272 22141160888160 22141273818852 22142233741362 22148219609910 22148445507582
22149179682972 22155279456660 22156070229552 22157369387082 22158103710360 22158499120242 22161210597330
22161323579142 22163187820620 22167255528732 22169233021662 22173470803512 22177822014222 22180252096872
22180817251452 22181099831442 22181495446452 22181778030762 22182682312650 22182964904520 22187599668012
22188560594202 22190708622102 22193648197182 22195231125942 22195683401670 22197096793020 22197209866272
22202185374480 22205408444382 22205973919362 22206539401542 22207217989662 22209366920442 22210328317872
22210384871310 22212873293862 22213891325082 22217680868532 22218981831102 22220565663030 22221244465422
22221640438272 22224638632902 22225939799160 22226335813842 22230861946482 22232163294900 22232559365022
22233294933180 22237821774300 22238783787402 22242575453412 22243763952570 22245575059962 22246990038912
22247159839410 22248574868760 22249933339272 22251065429712 22252763619372 22256046969792 22257009377022
22258707793482 22259613642090 22261255539672 22261878344250 22266124971300 22266351469452 22268956281000
22269352678722 22271901034032 22275695522082 22276714991862 22276884905760 22280509889952 22281812690682
22284078521802 22284191816382 22290310151382 22290706739112 22294106207232 22294956114762 22296655978422
22300055900142 22301925967572 22302322658622 22302492670152 22307593317372 22310427262272 22317116085900
22319100251790 22319383711260 22321084505880 22322728668942 22324032703392 22325450175342 22328398661142
22328682179652 22329419336202 22330836979152 22331007099330 22331857709940 22332368084082 22341499095720
22343767959480 22344165022482 22349270432502 22355397694350 22356192030522 22356248769360 22357780745202
22357894226982 22364760410460 22366576436892 22368960083472 22369584392850 22372138476480 22372706070420
22373273671560 22373670996642 22379517759300 22381050532182 22381504697190 22382015638332 22382469813132
22383491723280 22385194958700 22385876271012 22388601623940 22389169426680 22392406039782 22393371390732
22395245366682 22395926831922 22396551517500 22398936760752 22399107140130 22399788664122 22402174079742
22404900424542 22407740543442 22409274282492 22410296804352 22415523391512 22416091535532 22417398294102
22421375619762 22421830193730 22422057482442 22422625709262 22427171783022 22427740074642 22430183810652
22432172996382 22439107419042 22439675861862 22441381233522 22444564767330 22446099766092 22450250210730
22452069704682 22452467728812 22453604960052 22459575896562 22460770179120 22460883921972 22461566385132
22463556961902 22466002648392 22467822780552 22471520150982 22471577035980 22474990267620 22477777932402
22478688227730 22481476121832 22483467580602 22483922783562 22485914350692 22489044134382 22492287958212
22493027810442 22498719388242 22500427001982 22501679293242 22504013201760 22507087314732 22507428895800
22508396722902 22508681381892 22509421503690 22512211302912 22514204122482 22519044194352 22523770884162
22525365542010 22528611984192 22531175130102 22532143467612 22534763779320 22535732193942 22536985467282
22540460634720 22543138405482 22544107000032 22545132593412 22546158210120 22548095549772 22548437441880
22548551406492 22550146941300 22550659803762 22551229657782 22553509145862 22554250004292 22554819903672
22555503792432 22558638415242 22559265365940 22563483260712 22564110278730 22566105394020 22566675443160
22568613664092 22570380938070 22570494958122 22574200766592 22583038922082 22583152974102 22584578648652
22585605162192 22587030914142 22588855942302 22589027042472 22592620295730 22597126525092 22598837869152
22599009007122 22599579471702 22604599870470 22605740947950 22606140331872 22606996166442 22608707884182
22609392589422 22611389705592 22612588017630 22612702144242 22614585274920 22615098869622 22615726604400
22616582620410 22617552791472 22618808337852 22620805869822 22621947356262 22622803489992 22625371988382
22625999865720 22631993678790 22633535073312 22634105973492 22634676880872 22642784542692 22644554718270
22645525489092 22646096540472 22646382068862 22647695522640 22649123232990 22649694329730 22653520863612
22654548942720 22654948757562 22658261644830 22660375164972 22661060652132 22661117776530 22662774415392
22667687562540 22667916093972 22668087493302 22669058768412 22669115902890 22671058517982 22672372687152
22674658289472 22677344019402 22678086908952 22681344337542 22682487350382 22684259077200 22685116389210
22686373809462 22687345476252 22688088529602 22688545799250 22688774435802 22689346032222 22689917635842
22689974796600 22695119559660 22695519732342 22698492554142 22699521653202 22701694272270 22702494737082
22703523926862 22704381602832 22705067755272 22709527998852 22710271415370 22712101415562 22716562349910
22718792981352 22721538524232 22726572450360 22728803573202 22729375673622 22730119414932 22734524901402
22738415815842 22742993788482 22746026949120 22746599266260 22748316260880 22751979399312 22753582115112

22754555220102 22755585589242 22756730471202 22757760889590 22758447848142 22758562342242 22758734083932
22761596540832 22762455313002 22763600367762 22766577644922 22766634902160 22767150220542 22768066356510
22770356777070 22775625181542 22776369679140 22776598757772 22776656027610 22780665095190 22782898871592
22783185261102 22783815324360 22785820129050 22786106536920 22788226011102 22790517445422 22794413148150
22795501712832 22795845475500 22796418419040 22798423778130 22798652967642 22799283244740 22801231429032
22808451896580 22809712730352 22810113912042 22811260164882 22811546732592 22815157639962 22816304019522
22816590618912 22816705259172 22818138286722 22818195608760 22820144600892 22820316574782 22821749715732
22824214823430 22824730793052 22827597397152 22830750869562 22831037559672 22832184338112 22836255634170
22838778873042 22840671393672 22846980362052 22850307259800 22850708798322 22855125954912 22856273338152
22857306007692 22861322166552 22862068063470 22862928728880 22863043485492 22865912494392 22868781683292
22869355542672 22876988557110 22879801041372 22881236048922 22881580457430 22883532154602 22883991389562
22886459856420 22886746896090 22887550616742 22888009892022 22891454603502 22898631918252 22899895242072
22901101174590 22902077428932 22902249711270 22903627993302 22905236041422 22905925222182 22906671846372
22908107696322 22909084099992 22912530396912 22915976953032 22918619488260 22919596115922 22921779241230
22924651932930 22925054124132 22926203261292 22927065133062 22928788925202 22930627708242 22932811358862
22933213621632 22933271088030 22934420431110 22934650303182 22935397395372 22936431850800 22936834145322
22939707780222 22940282528802 22941432047562 22944708334032 22945168182432 22947352525260 22948502221140
22949939381490 22950801699300 22954538597010 22957930813692 22961150776620 22962415823832 22962588332970
22962818346162 22962875849640 22963565896992 22965578594322 22967476361160 22967591379852 22969431718092
22971617215512 22972019818482 22976333643132 22976966371470 22977656630502 22977944241492 22982143566930
22985307695700 22989565230792 22990025528472 22991061215100 22997908841382 22998829608390 23000095693122
23000498545572 23002685520432 23003088395562 23007692933322 23007750492960 23009131945872 23009189507310
23011779846540 23013737088432 23013794655630 23014773309012 23016039832512 23016212542962 23016615536532
23016960962400 23020991122380 23021682042372 23021969928762 23025424705842 23025827780052 23026288440612
23027324943720 23028419055642 23029340433210 23029455606702 23032450218582 23033314085112 23035905781902
23039822400342 23040225600552 23040801606972 23042011243890 23042126449062 23043854561202 23046562067172
23047426198302 23049039286422 23050882884822 23054916013362 23060101982742 23061542633292 23064135917682
23064424069392 23066153017452 23067017515782 23069380560540 23069956931280 23074279941330 23074395227142
23074510513242 23077680993852 23078891598450 23079468087990 23079698685822 23080851692262 23083907298612
23087827995420 23090249768592 23094690015942 23094863021232 23096708451312 23097054477660 23097919554870
23098323263112 23099880456522 23105071480302 23105936707632 23108013319320 23108128689372 23108301744990
23110551526992 23111186100690 23111762993430 23116493785482 23116897656012 23117070744462 23118109288770
23119263254250 23125264339002 23129015412432 23129188546242 23130169650072 23131381630590 23132766790062
23133401668680 23134960044042 23138019229800 23139115968282 23139404587992 23145466017702 23153260450872
23157071540220 23157649005360 23158226477700 23159034951072 23159323694982 23163539561052 23165676516402
23167178219670 23167698051372 23168333409150 23172665626200 23175496226742 23176247231412 23176709394180
23179135824312 23180869066452 23183873506332 23186358094062 23190229693752 23190865360410 23195488652730
23198320646832 23207742605922 23208436322682 23209592540322 23209765975452 23211095666310 23214102064302
23215431879360 23217108656982 23221792391100 23224336839732 23229831011022 23230004521752 23231855343192
23232028861482 23235962116530 23238507341322 23242614702540 23243019673302 23243424647592 23243598209082
23244061042890 23248111035270 23249557546620 23251698466002 23252392839402 23253550151442 23256038469852
23257022260362 23262115155642 23262288786900 23264256653112 23265877311312 23268308404452 23270102864190
23272534178082 23274155124570 23275023511980 23277281395062 23278613018472 23280234176640 23280755275182
23281507983372 23281681686990 23286024488040 23287124728602 23290078134420 23290773080652 23292510491592
23293842550530 23295116729502 23297549349762 23298302329392 23300619266112 23301777777672 23302241190360
23304384533982 23305079693622 23308613582100 23309482612110 23310061974450 23313538299690 23314117712430
23314928902362 23316841048752 23317999963512 23319043011420 23324548372950 23325649523232 23326113173232
23329416812862 23334633562242 23335271204940 23335850887680 23339734947762 23345822557752 23347156140210
23348431776462 23349417519252 23351505043260 23351736996132 23352316883352 23354926464942 23355564384840
23359450085082 23360146065522 23361480057012 23362176067692 23363916139752 23364090150522 23365076223792
23366236336632 23366294343030 23368266603402 23372385415500 23373371663802 23373835787850 23376098458572
23378013111642 23378303217432 23378709368562 23379637727250 23382538966950 23384221768452 23385382356492

23385962661312 23386252816422 23391940219962 23392346489532 23394087684792 23398731188952 23399776040892
23400182378502 23401401412500 23401981916040 23404013735130 23404826487462 23405116759572 23406161754072
23408309871582 23416612982112 23418935794032 23423988307722 23424627170100 23426892297822 23427066542952
23430261151842 23432178021720 23433281709642 23434792061550 23435314887012 23438684346552 23438974828542
23440311068880 23442344551170 23443506580650 23444087606190 23444784846342 23446702310220 23447109055062
23448154986570 23452048381092 23453326879632 23453908026852 23454663529002 23460184875612 23464079268702
23464834934652 23465241836742 23468787847140 23469776127282 23475415535592 23475706245102 23476462098252
23480997472680 23481404514882 23484602826372 23487685041690 23488266614430 23489080828362 23489836896792
23491581716532 23498677984392 23499434207262 23500481305170 23500713996762 23503390032870 23505542607252
23506589841240 23508044371590 23509498946940 23510080789680 23511535428030 23512350045162 23523697965252
23524745603592 23524862009292 23526317104842 23528528936262 23530682661492 23532720059862 23533011123972
23536969774572 23538832784172 23539589652882 23540055424290 23543665308942 23544538709712 23544655164372
23545295670150 23545877955690 23546460248430 23555020782552 23560553928162 23566553757060 23566961540142
23567136305400 23568883993620 23571738690402 23574826618272 23577856479912 23580769992012 23584616103600
23586947232960 23587238632230 23591318411010 23591551551882 23592017837082 23593649871570 23594057889012
23595806575152 23597088986172 23597438740680 23605600415040 23607466138752 23608049192532 23608165804152
23609390243550 23609506858482 23612538947802 23615046399492 23620003381722 23620178343540 23620586590302
23621578061412 23624785904622 23628927260640 23632835633682 23633243989812 23634469079370 23638494597192
23640419966022 23640711695412 23641411853292 23643045595332 23644095887880 23645846427300 23647246905492
23650514849220 23653374485202 23654308281330 23655008640522 23655300459912 23659094275782 23660144924730
23661253968372 23661604198080 23662888395852 23664055878612 23666507686152 23667266604702 23669426670252
23671178147112 23674097419212 23675031624300 23676491356650 23677600783332 23679410956350 23684024290752
23685484300302 23686944354852 23688404454402 23689864598952 23690215040340 23690623891902 23690799115080
23692259333430 23693836419792 23696172940512 23696932334550 23698801664022 23704351670232 23705403323580
23711655299982 23712064336512 23716038017832 23716797730110 23718200307822 23721122477922 23721882271632
23726149031550 23727434979642 23728720962582 23734625240580 23734742164392 23735443713312 23736203736342
23737197630972 23740588722192 23741348827590 23746435999992 23747430108822 23747722497732 23748892071372
23751582200040 23751991580802 23756670468642 23757079893252 23758542152802 23759770485600 23762402734230
23766790139280 23767609166412 23768369704242 23768837733570 23773518280290 23773752319722 23781651826092
23782119986172 23784285286482 23789318527470 23789611174140 23790723247902 23792771872872 23794996194132
23795757170010 23799854941590 23800264738152 23801728326102 23803191959052 23803367598030 23805650963712
23805709512990 23806821962952 23807700231282 23808051543150 23809515370500 23810218023612 23810803575792
23811564804390 23811799031022 23815898183562 23816366680602 23816952308382 23819177759610 23821461883452
23821637589822 23825268999882 23830599473940 23834993169990 23835227511822 23837160875892 23839035728052
23840969246562 23841086432022 23847825080352 23849465938872 23853392508042 23853451116000 23854037199540
23857553851980 23861012146302 23861070763620 23863122415110 23863415515380 23867812235430 23867929486842
23868808881612 23869981433172 23871857575572 23873792424642 23874554659440 23876255073222 23877779633610
23877896909502 23884230235350 23885696402700 23888452919142 23895667534080 23896371457272 23898307299510
23898600615780 23902941907032 23904702002292 23905934107530 23906931549312 23907635638392 23909278553232
23910041354310 23911332276162 23913210042882 23914735782630 23914970516142 23915263934652 23917611347532
23918256906270 23918550344940 23921015300832 23921602213812 23925299931150 23929937155152 23930582880210
23931287317482 23931698244012 23937334163820 23943323055672 23943499210890 23945554402980 23945965451982
23948725443792 23953893515712 23956536495222 23957123843802 23959943217210 23960471868192 23960765565702
23963761383120 23965523716140 23968578580212 23969283576492 23973161241360 23974571379072 23975217706050
23975629009572 23977274258940 23977861861680 23979272137632 23980329871812 23980623691002 23981622689712
23986324139472 23987558346390 23988557489532 23991613821252 24000490041870 24001313085882 24003664717962
24003841095012 24005604901152 24008074338612 24010014700002 24011190714762 24011896337442 24012072744732
24013131202080 24013248809892 24015130574052 24015895061802 24017835739200 24019894119090 24020305805652
24020893935432 24021070375770 24021305630562 24025481594820 24027657945402 24029304978930 24032246250630
24034834718622 24036481998102 24037187992302 24038835352422 24039835562892 24039894399450 24041306498442
24042542119080 24044836927362 24045013455612 24045189984510 24052192820112 24052663635552 24054723507282
24056665752840 24063258201192 24063670259202 24066024944082 24067496680632 24069851552712 24071794408902

24074620521510 24074914917780 24075032676792 24075621476172 24076328044932 24079566617742 24079625502900
24080214358440 24080449902672 24080803221180 24085808845170 24087693450162 24087811240422 24091521781032
24093583315962 24093877828152 24094879183062 24095468225082 24096940861632 24099356082990 24100239730800
24102242725812 24102714030852 24106543555122 24109077099900 24111551853552 24113791025820 24114498154452
24114792794442 24117149979162 24118741143972 24118800077010 24123338137152 24125224209792 24126167273760
24128642904372 24131295506682 24132592387542 24133181890362 24133240841040 24139431062910 24140256485802
24143676245262 24146801409660 24147391086000 24152403625590 24152816446152 24153995952912 24155942202030
24156355052832 24157711587450 24160483754892 24161663448852 24164789777130 24165615633462 24168919199910
24170099099790 24171220031352 24173284973322 24173638972230 24174523980840 24177120099552 24180955529982
24186915802380 24187505968320 24189394547712 24191578309542 24192050487222 24195001702122 24196182238482
24199901116260 24200137245132 24201199839312 24205332371772 24209051952630 24209642388570 24212122298142
24213480397680 24215369990832 24216846286782 24217613978460 24218027355942 24219090342810 24222161324802
24224523751122 24228067606602 24228481073292 24231316368492 24234683497002 24234978870312 24238109938062
24240059572980 24241477538532 24242718292410 24245968036380 24246381655782 24254063800122 24257728020582
24259205607132 24261037876950 24261274303902 24261865376322 24262160915232 24267658267062 24268131186630
24269136156012 24271087038330 24271914709062 24272269429410 24272683273092 24273865703052 24277294912800
24278122689372 24278477455080 24281847858582 24282557447022 24283444447152 24284508868692 24285868996830
24285987270642 24287347440180 24289831326312 24290245319682 24291487320960 24291723896232 24302252662092
24302666761302 24305388072450 24305979681990 24306393812952 24309056167662 24311837004912 24314499657702
24316156493022 24316334014440 24321186517452 24323435402520 24325625206302 24326335434102 24331248126912
24334030233162 24339417316500 24339713327370 24340423760802 24342495917532 24342673535070 24343265598210
24344153706420 24346166811672 24348298425600 24349719553392 24350489348262 24357418049652 24357595721622
24359194798512 24360675472062 24361563897792 24362215420290 24365295462762 24368731124430 24370212087780
24370508285850 24378150818352 24383483527332 24384135342870 24386209359360 24386624173242 24388520510202
24389765021400 24390002074752 24391365153882 24391542949620 24392076340722 24393024605970 24394447038402
24398003300922 24398892407052 24399959355792 24400255734582 24405116603562 24405887273592 24406776523362
24406895091222 24410037244452 24411045147762 24411934491492 24412586687190 24415669912062 24417270894072
24419346319242 24419820714522 24420710218092 24420888120750 24423082306812 24423200914272 24423497434182
24426047579712 24426462732282 24427055813502 24429309587802 24431088956742 24432275238702 24433758131652
24433876765032 24434351301432 24441469900392 24441588552492 24443665010862 24444317630280 24445919551242
24447402858192 24447818192202 24448470867060 24452031065100 24453929943372 24456719054502 24458083996632
24462535159482 24463009974090 24463247383122 24466393161552 24466986727332 24469657862442 24470073385452
24471557425002 24476069181570 24476900339982 24477968992962 24479275156062 24480521980620 24487944212370
24488775572382 24488953722792 24489963254022 24494001587022 24497446310610 24497565098502 24501425861772
24505583947032 24507247279920 24507544309590 24508376002242 24509564159082 24511821736422 24513307041372
24513485280990 24515980703682 24518476253382 24519129870720 24519367551912 24521150197572 24524299696602
24525785379552 24527271107502 24527687119392 24530420999580 24532798410540 24537078040572 24538088563242
24542606448450 24543498185460 24546173493690 24548670579582 24549265142562 24552356986122 24556400459922
24561752628342 24565796875710 24570079382862 24572161291992 24575552018502 24577336705362 24577396196040
24578823993912 24580906273482 24588046187322 24588641226942 24589712316402 24590485895520 24595068113622
24595365675012 24596972537622 24598162840062 24598817518680 24599234136882 24599948347722 24603400512942
24603817169952 24605483833272 24606079083852 24610662754482 24612151051032 24617568830490 24618878712822
24622749023292 24622868114592 24624535423032 24624654518652 24624833162622 24625309549710 24628584835680
24629418579612 24629716348722 24630490556832 24630907443162 24631383889002 24631979452782 24632575023762
24634838259150 24635255182272 24636327286500 24636922910040 24637220724510 24639841569462 24643177391910
24643713527292 24644011382802 24644964532530 24645977274312 24647049611820 24647466638262 24649551823392
24650743397352 24653305378890 24654735379962 24655331225982 24658072210410 24658489330092 24659085221472
24660098253342 24662660720952 24664150588902 24666415274370 24674163668790 24675177010332 24676190372682
24676548034950 24678872902872 24680363260422 24680959416042 24681615195540 24683105635890 24692943670800
24695567477832 24697237245792 24699145621152 24699920919702 24700636590702 24705169414470 24705407995662
24711074637552 24712565967102 24712864238412 24713520441630 24714236309622 24719188013760 24720500596812
24721097236992 24725452928430 24739298221182 24741088843722 24743774899032 24745147828050 24747834103680

24748072890792 24749923529970 24750938425992 24751356330402 24754699692690 24756013218222 24756311751612
24758520954642 24761207956032 24762282797412 24762402225672 24767179592232 24768433727310 24770165680332
24772853313522 24772913040360 24773928407622 24775421632572 24776616244932 24780618406182 24782111832732
24783963744150 24788743190070 24790177113702 24791850077022 24795733959492 24796510772490 24796929061452
24799797423660 24800335260042 24802187852220 24802307376672 24802606189062 24811392077712 24815157934842
24816652401792 24817429542390 24819462121482 24821255642742 24821614354770 24822630719592 24823647105222
24824603722470 24824723300922 24831599546292 24833273906700 24835486540962 24836084567142 24837161032410
24841646555460 24842065224942 24843381066282 24844637129160 24849721517550 24850917919830 24854447474352
24857139675942 24857618304822 24858216597402 24860310678132 24860490174870 24869765054640 24870004429272
24870363493380 24874193671812 24879161373702 24881256336432 24883949989542 24885266939682 24886045153872
24886763516232 24887122701300 24887541753822 24887721348840 24889038398772 24893049629142 24893708220240
24894546439692 24895923545142 24896522298522 24898318601862 24898737748632 24900414370992 24900594012450
24902689877340 24905025373542 24906881871720 24909576911550 24910415398122 24911673154440 24912571571250
24913110629112 24917782708212 24919400068422 24920897670972 24923473652622 24924072737202 24924192554982
24925750212330 24925989856242 24926289412752 24926349324270 24932880111372 24935636480040 24936655176582
24939172045482 24945165101682 24947922149310 24949060974312 24953856312072 24954515707050 24957213322680
24957812812620 24958652110632 24959251617852 24963208546080 24963508326150 24965606837040 24966206427780
24966806025720 24967045866912 24967105827390 24969144526482 24976220657262 24981318491292 24983597691240
24986836733172 24988696278030 24991035803712 24993015487902 24995235227052 25001115012432 25003215103362
25003815145542 25003995159600 25007415549822 25007835613872 25009035816312 25009815963342 25011736377102
25012036448412 25012996688700 25014437083692 25017798166620 25021039424712 25022239943952 25022299970670
25023140352282 25023320435892 25025841674472 25028423074122 25030824495642 25032325442592 25032505559250
25035447556392 25035927898872 25036348202322 25037128775232 25039110284190 25040911724010 25044935173572
25045415607060 25052262284952 25052922978810 25056166511382 25064035953600 25066138685490 25066258844262
25066979802942 25069142741190 25072146976890 25074550495050 25075451844060 25081280958762 25082002133442
25087471378860 25089094236702 25091077800900 25094624368662 25095826651902 25097389663170 25097930716872
25099794390930 25105506081060 25105926968142 25110556958892 25111458954822 25111639355952 25112120428800
25112842046712 25113262995282 25121562416022 25121682707562 25122765344382 25125050987610 25127457040170
25128479647392 25129562430660 25131367121280 25132089015672 25132871079630 25133111717142 25133592995622
25137383224680 25137984874620 25140692388450 25142196625800 25150019385420 25151463720252 25151644265022
25153148829972 25154773810662 25155375668682 25157482228452 25157542417170 25160551944870 25160852907540
25163080087242 25163260673700 25164705388692 25167173539410 25168016350302 25169521404852 25170123439272
25171086709320 25174819554852 25175421652632 25176144179472 25177408626390 25178010755130 25180359126012
25181141940642 25181744114022 25187284446942 25187886693762 25188488947782 25193367470700 25194270952710
25197523622082 25199089797030 25201017463782 25203005447340 25206258680472 25208367369642 25212765776592
25215778605492 25215899122392 25216561970490 25217767171170 25218188998212 25218490305402 25223733338652
25227349541172 25228313905620 25228856368722 25231749603762 25236451464510 25239284848512 25240671456090
25241394918642 25246941809322 25248811007580 25250318475930 25252670216412 25255444204920 25257856492680
25258580201472 25259364231030 25259967338970 25260208584162 25262922671952 25263224246262 25264732144812
25268652891642 25276676290872 25277400269232 25279873940190 25281503009112 25285304374050 25285425056982
25288743950472 25291882013712 25291942362990 25292485509732 25293390767262 25295503097832 25297374092850
25298520865932 25303108218180 25305160589352 25305220954470 25305643512312 25308661885212 25310654109930
25311197457552 25311982303302 25312586039082 25314276537570 25315001054202 25315423693692 25316691633330
25317838844172 25319106844290 25321220248380 25321642939782 25322367561822 25323575288262 25324662266682
25327560989850 25333298535180 25334023323972 25337768231232 25337949443442 25341150966000 25343265289890
25343506932522 25346285905590 25346406733962 25351965150402 25355469682662 25355892659832 25356980331612
25360424779482 25366528673880 25367858332452 25368583615452 25371666183870 25372391521302 25374084015630
25374990732240 25375595218980 25376501962590 25377106467330 25377529624932 25378315498410 25382245048320
25382547333990 25384361085810 25387202760612 25389198074130 25390830661692 25392826117770 25394277407802
25396152052140 25398692003232 25399720114782 25402139282862 25405647281202 25413510915942 25413692398800
25416051734922 25420649730210 25422888378432 25423674953910 25425429666132 25426034753352 25426639847772
25429362861762 25429665427872 25430452108182 25434869846700 25436019731982 25436201295192 25440619533030

25447398945222 25450304684070 25456782657312 25460718277182 25460899928520 25462655924862 25463261454882
25467076459572 25468772108940 25470710063052 25474162226442 25476039817020 25476282091812 25478704903092
25482339336012 25487488559682 25488276133872 25489003136232 25491426552312 25492395951000 25497485596512
25498697491752 25499970012750 25501303164042 25501606157832 25502090951640 25503605961990 25505424033810
25507666411632 25508393690472 25510211932932 25510393760742 25512696969090 25513303093830 25514818437180
25516576291842 25519001018322 25519485977442 25519910320452 25526760917202 25529004232752 25531429549632
25534764548442 25535552852712 25537068856662 25537553987430 25542405548550 25542648138702 25545438008250
25546651042530 25548288684492 25549380474960 25553262585552 25553626548540 25554961101672 25555992371142
25558176304590 25558600969152 25559025637242 25559328973752 25559389641270 25562362437852 25564850012730
25566670266150 25567519739922 25570432328562 25570614370860 25571463910152 25573041663420 25573345083090
25574255352900 25576986259530 25578017973312 25579717311960 25582994767332 25583601726552 25584208692972
25584390784302 25585119156102 25588336255572 25589368198242 25589975233062 25596349533372 25600174494582
25600356642720 25603392540420 25604910556770 25605335609412 25609586329872 25611408175212 25611711822402
25613533743342 25616388216432 25619789498400 25624345140450 25624770354372 25625195571822 25625499300732
25625681538942 25626774981810 25626896476902 25630419959850 25632546316740 25634368978560 25635098061432
25637103092790 25642510992492 25642875590520 25645853238102 25648162553202 25649256475590 25649560347060
25649681896152 25650168095400 25654118635110 25654422535380 25655273465712 25655638154460 25656793019262
25660926432582 25663965919482 25665060178830 25665181764642 25666580022180 25668221503542 25669133460312
25673693487162 25673815093422 25674423129042 25678436344710 25680564692400 25683605342100 25685673086712
25686342080730 25687193540262 25687558455810 25687801734282 25687862554080 25688288294682 25689930470052
25690295405040 25691815995390 25692545894742 25692667545642 25693336630740 25695404767032 25696682186910
25697108000592 25701183824322 25701244659960 25703373952650 25707024373890 25707876176142 25710979289400
25711709460912 25716090707712 25716394974822 25718098903902 25718524894992 25719924604842 25721020056510
25722663277752 25724002237572 25724063100210 25724367414480 25724489140692 25724671730550 25727836724382
25729541032470 25730575818492 25732706325822 25735263051042 25737576388062 25738915735962 25739098377012
25743969044052 25744699683852 25745491222002 25746526328712 25751275908612 25752920096022 25754198944740
25760715476502 25760898194880 25761324540282 25764552698520 25765283630352 25766197309722 25769974022982
25770887785512 25771557888330 25772593518912 25773080881680 25775334994422 25775761459272 25778807739372
25782768172602 25784961774210 25785388318692 25787338281252 25792822946232 25793737113762 25794712243650
25795626444660 25797089199972 25799892930240 25800319598202 25800502456980 25803672112092 25808365997442
25810499722812 25811901933222 25813548054912 25813609023390 25813730960562 25821047717922 25823364907230
25826535966342 25827633686010 25837392219450 25845932448210 25846786548702 25848067725900 25848372772770
25849226913582 25851057262842 25851118275600 25852033475610 25856609718660 25857341955132 25858135223010
25861125342072 25861308416202 25861430465982 25864542832680 25871256418020 25871561601690 25873392741510
25875223946130 25875468111642 25875651236532 25878092963652 25880412711120 25881633672600 25882671512502
25883587270872 25884808307232 25885113570822 25885540942872 25893051055962 25898058403182 25900256903670
25904348805792 25905142794390 25905753563130 25906181105532 25907524833192 25909845899412 25914305081490
25915221399300 25921574981652 25922491427982 25927990446162 25931412351810 25933367827842 25935690051390
25935812276562 25936545633642 25937523459210 25938379071702 25940701519602 25940823756582 25941496065120
25941923902362 25942229502552 25943940896880 25945407851232 25951214952522 25952498715240 25954332717060
25955249742270 25956717016302 25957389530760 25960385382822 25962280807080 25962892249020 25970841649440
25974021750312 25976468114232 25979648559552 25983012703962 25984113743982 25985153636532 25987600524612
25988212264632 25989007537422 25989191063640 25989925174992 25990536942372 25990965183822 25991332250730
25997389228932 25999591941420 26000020257462 26002957376790 26003202144222 26003997646332 26006629009230
26007240973170 26008464922650 26009811300342 26010851706972 26012442957360 26014891129920 26017278209082
26019175709100 26019481763970 26019910243812 26020706001450 26023154562810 26024011586502 26024807406852
26025235930542 26025419584632 26025909332040 26029521361482 26035950169392 26042134819350 26043053394360
26049606366042 26050096340970 26050953808182 26052485034732 26054628827502 26055241355922 26056160162052
26056956473802 26057752797720 26062285950252 26062469735022 26063388668592 26065042789842 26068718802762
26069637846492 26072149982010 26076071606202 26077787409522 26078584051680 26081586889182 26082077164782
26082873872460 26084835050892 26088022123092 26088512459172 26089554438642 26092067533560 26095745451600
26098197540960 26102182431870 26103040755882 26103531233082 26103715163220 26107516531152 26114384219952

26114445542670 26117634423222 26120394188532 26120516848152 26121130150572 26123890100562 26124258104910
26124380773602 26124687446592 26124994121382 26125423469112 26128981057452 26133152331540 26136526399710
26139839333082 26144931843732 26146159028892 26146281748992 26149411208850 26156284405362 26157818724312
26158248341682 26159782718232 26161194384402 26165797908252 26167025583012 26167455275982 26167639431192
26171752399722 26175620112732 26178260144430 26180531906172 26182680960702 26183417799702 26184093244560
26187409191132 26188514553312 26194840130010 26195392886592 26196007067412 26196068485890 26197419710622
26197603971240 26202947811042 26204606354892 26205589220460 26206203520800 26207432143080 26208906527832
26210012343612 26210933874582 26214743041122 26221870612170 26222915251392 26224267168332 26227954391652
26228323128240 26230105391622 26231949176082 26233977413832 26236128660762 26237972656902 26241845259720
26242459984860 26244304203480 26245164861012 26247193609602 26247501002592 26249652803922 26252235081942
26252849928762 26253034384212 26254079644002 26255493852132 26262380975172 26270868136632 26271175668222
26273143913022 26275173742692 26275911882012 26276711544642 26277142137252 26280833075772 26282063446212
26284216663782 26285201021190 26285754730332 26288215730412 26292707352522 26296091704812 26300399377272
26301753290052 26302368716472 26303476502172 26305199770740 26308400276412 26309508189120 26313632291442
26318064522882 26322127729590 26323482201522 26323913177172 26323974745410 26324528862792 26325206125290
26327361109380 26328838863732 26331486610662 26333826590850 26335366108200 26335612435152 26335920345462
26340231278802 26343495505872 26345035305822 26347622271042 26347683867000 26348854203882 26350394160432
26351687758710 26354891091102 26358402659892 26359696454730 26359942895442 26360559002262 26361668012682
26361791237502 26365672966752 26369185253742 26372143150542 26374115173902 26377196608002 26378922289722
26382620369202 26384777701932 26387674830342 26388969343380 26390757056442 26394209363370 26396367169860
26397723550512 26398463409192 26405862566232 26406787533762 26407774183650 26413139415012 26414064509982
26414249530920 26414989621152 26415297995142 26417456663472 26420108862450 26421465852942 26423316350682
26423748142812 26425660407510 26426215594092 26426524033602 26428559779512 26430842375742 26430904068900
26432446421250 26433063374790 26436888647442 26438246068782 26439788635332 26441207836302 26441948304102
26443799518962 26448180985620 26450587861182 26450773009992 26451575328990 26454599563812 26458611570642
26462685611910 26466945172212 26467624264230 26471760740112 26471884221972 26477132467242 26479787660052
26484419128902 26485530741690 26485963041852 26488001075850 26489174524932 26494177415250 26495721612600
26497080543492 26503134386280 26503257941292 26507582548152 26508323944752 26508694646940 26509127136102
26509312489680 26513266853712 26516418198690 26516541784662 26518210223472 26518828177092 26520743879070
26520867475122 26523833866770 26527047644922 26529025451322 26529643530942 26534897498412 26537246499192
26538173764962 26542377572970 26543119456002 26546396230080 26546519885892 26547261826812 26552888549550
26554743643770 26557340884542 26560000095960 26560123783452 26560247471232 26560618536300 26562164668650
26562597593772 26566184823360 26566741484142 26567360002962 26570328993522 26573112572832 26573236290852
26575092095712 26579175094500 26579298826632 26580969238602 26583938989482 26585795168022 26587527659790
26590126503282 26591178452232 26593529942772 26594581959042 26596129079592 26596747940412 26598975898980
26599594792920 26600832602400 26601142059270 26602194226092 26605722231402 26612407514562 26612531324022
26613645622122 26614078966572 26616121923642 26620579556682 26622127433232 26622189349230 26622622763232
26626647490302 26633025757680 26633583118302 26633768906472 26633892765612 26634078554862 26634264344760
26635131372852 26635502960640 26637299004822 26637794475942 26641386779370 26641820349612 26647519029252
26647704866022 26653590032232 26654829097392 26656377969342 26664556759302 26668894505442 26670319841892
26674967942742 26677447095462 26678500770252 26680670166222 26681599934352 26681909860662 26682591704880
26683335544872 26685505137402 26686930917660 26688914675292 26691518469072 26694308389062 26694804390102
26696788440342 26698524544782 26699578635732 26704725378582 26708446224462 26711423087790 26715578570232
26718369747342 26721657320700 26723208133050 26723828470590 26728915510002 26729659995402 26731397168322
26731707383712 26731831470372 26733692804832 26736671074752 26737477718070 26740580305770 26741200844910
26747034264762 26747965188492 26749082318352 26750137406862 26752061445360 26753551071072 26754978667962
26756406302940 26758392641052 26758889237100 26762117223732 26763234649080 26763358808892 26766028314510
26768822125740 26770312218012 26772236981910 26772547434180 26772795797292 26774410185600 26774658557352
26775776244492 26776831859322 26781054526722 26781675535302 26783228088252 26783973329652 26791923216372
26792730692730 26796271309632 26797513686792 26801054619702 26801675860122 26804968554552 26805092811132
26806024744662 26807764397262 26812548732972 26813170106592 26813356520082 26817084925962 26820067837290
26821248618852 26823113063712 26827028608842 26828147388510 26828396009382 26828768942850 26830944439740

26834052445440 26834922719292 26837160631140 26837595791502 26838403955820 26840393335212 26842382788332
26843004507552 26843812753302 26844745359672 26846734974072 26848475947152 26848786841142 26852828626812
26852952994272 26854072314372 26856435400080 26863276497420 26865142402440 26866697372790 26867319373530
26867754778332 26871051529170 26871922402782 26871984608580 26872109020392 26872731083772 26873228739660
26875343828592 26876276982522 26876774671242 26876899094142 26877210152652 26878018913202 26879698685532
26882809513632 26883307262832 26885671634460 26889716195370 26891583018390 26892329765742 26893761060480
26893885522692 26894072216550 26894943463122 26896063658022 26898553063542 26900233477392 26902162906170
26906146461882 26907453630360 26909632315050 26911126321242 26911499829270 26912869380882 26915982127782
26916293412372 26920527061500 26921772315780 26923266658932 26926442275830 26926566813642 26927314046562
26932295864322 26933105453232 26935472013660 26939022049242 26940392300982 26942447743932 26945063875632
26945749073970 26945998239162 26948365365942 26949112901262 26949922742892 26950857190662 26954782048200
26956277307192 26958208744770 26958457967562 26961884897772 26963816536230 26964128097300 26970359696700
26976280383030 26987936685072 26989619888562 26992612379922 26994358076490 26994669813960 26996664976392
26997413181312 27000593167890 27003336836202 27003399193920 27004272209532 27005082879522 27005706480102
27007140788760 27007577325042 27011443943262 27012129985080 27013003141812 27013626833832 27015996929172
27016308791562 27017369137152 27020862187440 27021298834602 27021922622382 27022421657790 27023606885352
27025852650960 27027661807782 27029720577132 27030843575280 27033027249570 27038018836290 27039578801640
27040639603782 27041388417822 27043946944020 27044383777662 27045132643542 27045319861632 27048128210742
27048939538740 27051248769642 27052060144440 27053433267972 27056866229262 27057677688300 27058114632822
27059862446190 27060299408352 27065792947920 27071224609002 27075470424690 27077780787792 27078717449562
27080465928210 27081714876090 27092769320112 27094643178252 27094830567630 27098828362062 27099328107102
27100764899760 27102326674110 27102576562182 27103701072762 27107761999632 27110136220860 27110698551642
27111010960152 27112885449012 27114947461602 27115884765972 27118571794950 27123071304342 27125071206102
27126321182142 27133821643182 27134009167992 27139322640222 27142948602210 27144511591560 27146949944802
27148262949600 27149513459880 27154015535352 27154765917552 27155266178112 27158267838240 27159831268590
27160143960060 27161394743940 27162270309792 27162895722612 27165147268380 27166398167460 27174779934192
27177782672592 27178721062362 27182599911942 27184351741182 27184852274190 27187042160280 27191985370242
27193299463680 27197492259762 27199056818712 27199995575682 27201435034500 27203938531860 27204689603532
27205002553122 27205628457702 27208006960770 27208883277582 27213765872442 27217021179042 27219400180062
27219838428432 27220777543962 27221591457192 27221779285050 27224847231792 27225535978290 27226600421832
27226725651852 27228165817782 27233300632362 27233676369510 27235805595642 27237120747480 27239124849432
27240690605382 27241504816260 27241943242542 27243509079492 27246139786872 27248958542862 27250837794522
27252466531710 27255097671522 27256037395092 27258668707272 27261989353902 27263555766852 27266375423562
27268129950210 27270761846022 27271200507672 27273581875332 27273769882470 27278470271520 27279347722332
27280601247972 27282794987142 27283609827012 27286117102932 27286743939912 27291570825822 27294580009662
27296899702092 27297714752562 27298655210532 27299721082482 27299909179692 27300536175072 27301037776560
27303357743382 27305552397312 27306994646490 27321356509272 27322799175762 27324492789372 27325182795150
27325308251682 27326060996922 27327064673370 27327942905382 27330452217462 27333651757440 27333965447910
27335220227790 27335533927260 27336600518922 27338796508452 27343188752112 27345573260700 27346640048202
27347079319692 27347581348572 27355614437340 27360133568172 27363585933462 27364527525432 27368419610772
27371244684762 27373630416342 27375639534102 27377271996570 27378025457202 27384744272892 27385058256402
27385749026460 27386628200952 27387570189282 27388889000160 27390773070780 27391087088850 27395923194432
27399817511772 27400131581682 27400508467950 27401890406442 27402016038942 27403586469492 27403649287650
27405533865870 27410873856060 27413072826750 27413638290612 27417156863460 27418539221712 27421366881222
27432239018820 27434438846310 27435947350422 27437078755722 27437833038882 27438147326592 27438524474220
27438775907412 27439278777252 27440033090652 27441038857980 27441353164050 27443679084912 27444307729092
27445124977290 27446193704832 27449965850712 27452669381370 27454178386602 27456882124692 27458642769900
27460780772112 27461598265542 27463359061950 27464113706262 27465811693872 27467572625352 27471157553142
27474050823330 27478139399640 27481095944322 27482983183662 27483171911160 27483486458430 27484555932612
27485059221780 27485499603582 27485939988912 27487827394572 27488519459550 27489903615642 27494182136610
27494307980502 27496699069170 27502614314142 27502803109032 27506579142912 27507649066302 27507963753612
27508781949042 27520615674090 27523133816250 27525274327662 27525966863880 27526407573282 27527037164262

27531885255972 27534152042700 27536167042572 27537930227940 27538371033102 27542464392372 27543409056942
27546747001500 27547628756472 27550211120070 27556195110600 27558966863232 27560541784782 27561486759312
27563250755112 27567219952050 27567345962982 27567660991572 27568102034622 27570307302792 27570496329882
27570685357620 27570937395612 27571441475052 27575852366712 27582028207740 27586124810250 27587007195222
27589843528212 27590789004942 27594318927870 27595831821102 27596147012412 27598038198072 27598542525192
27602199034620 27606234084732 27606297134730 27608188668150 27615250965462 27619539229470 27620611347492
27623638616580 27628053681360 27628369056630 27629441346012 27629630575710 27632721419172 27634487693052
27636884869320 27638714363262 27640922453832 27644392488642 27647231770032 27648367523412 27649755698112
27650765301600 27652153536492 27654172849452 27657201957132 27657833042112 27659852562432 27660357454032
27662061497202 27663008210532 27664144287912 27664775452092 27665848447722 27672223733160 27672665611842
27674748801720 27676895200572 27676958331210 27677526510192 27678662885652 27679736150562 27682640383470
27683082345312 27686365600872 27690217360350 27692553804012 27694321989060 27694953497400 27697732219632
27701584769670 27705627077382 27720851538540 27721609712292 27722431078890 27727106782062 27728244174882
27731087758992 27732541202730 27732793979442 27733931488902 27739176973200 27740061802572 27741073053420
27744549368790 27745181449530 27746761682880 27748784447232 27752703762972 27754916402142 27757634908152
27759658068792 27759847743882 27761870985162 27763198777320 27763514922990 27765095678340 27770470583130
27774834123672 27781980952182 27787673774202 27789761288400 27790330624062 27791279529792 27795075314712
27795265110762 27800136764472 27804312807420 27805831446252 27806527502910 27807793082790 27808552444542
27810134481492 27812032985232 27812475978762 27812539263840 27815323878552 27817412431062 27818235215700
27821653066752 27821969545062 27826463731320 27828489398712 27828932523282 27829565564502 27830705056842
27838935416382 27845267290182 27847356966540 27847990217280 27848623475220 27850333307622 27854893117302
27857109826272 27857299834002 27858756581460 27865407434130 27867434518482 27867751257072 27867877953012
27870411932292 27872375845470 27873262796682 27873452859492 27878331360042 27880929177360 27881182629432
27881879628570 27882323178012 27883907311962 27885935069082 27886758866472 27890561165952 27893222929812
27894236968500 27894363724632 27895441163382 27896074960602 27901208983440 27903110593260 27903364146132
27905139048492 27906216695322 27908308657392 27910083717000 27911605241592 27912936609630 27914204608710
27917311328172 27918642832290 27919086674052 27920545036110 27920671852002 27921622980372 27933164628672
27936652958682 27938936347170 27940966104162 27944898968142 27945279582570 27949974040302 27952067641812
27954288213942 27959554494720 27965265480180 27970913583762 27974277332112 27975737134890 27978402959982
27978847276512 27979545495330 27979799395242 27980497625940 27981386295792 27984941116320 27985829856732
27986210749800 27987924800682 27989829363222 27990464231802 27991289571720 27993130758462 27998845171842
27998908668600 28003163115402 28004623671660 28006020761112 28012054047522 28012181071062 28012371606912
28016373009450 28019167809282 28020438218922 28020501740160 28023042648720 28023360270390 28023487319562
28027616574432 28028696583582 28028887175592 28031619065610 28032190873392 28032889757490 28034478162840
28034605237212 28035049999782 28036702005930 28037337405870 28037972813010 28039561362360 28041594771192
28042039589202 28042675049622 28043374064400 28044009539940 28049856252732 28054178127780 28054305246792
28055576452752 28056720562740 28060216598910 28061805778260 28070642436102 28071786853242 28074775163532
28076428339680 28078781020422 28089146706480 28094489279352 28095443363682 28096588286262 28097224364442
28098814591392 28099641527190 28101168209862 28101359048112 28103903620032 28105621271202 28112174274372
28112301524712 28112937780732 28113001406730 28116946359222 28117709930382 28118855306562 28119300736932
28121400670482 28121718849072 28121846121012 28122546121830 28123755234672 28127955512820 28130819518650
28131265043772 28131901514352 28133301774972 28136357010012 28136802578982 28137439112202 28137948343962
28142913595110 28145460047670 28146224005902 28147369962690 28147815618852 28151508334200 28151826683070
28153991503122 28154373538830 28157047861362 28157557270530 28159276560492 28160231744262 28161951115872
28162014797310 28163861590332 28165135275972 28166727423522 28169657092590 28170230306532 28171886290680
28172777994612 28176663440730 28178892916020 28180740262362 28186792338252 28192526483232 28194629149182
28194947741772 28195712371332 28199217056142 28202403322242 28203996522792 28205271115632 28205780960832
28206545737272 28208202788460 28212154414632 28213110494802 28214194071912 28217699905122 28219038553440
28219166045412 28220249738802 28220632223790 28221269704530 28221524698842 28222863437880 28223500943820
28228537493862 28228856277972 28229812641102 28230322708062 28230450225522 28232745589050 28234658463270
28234913518062 28235232338172 28238803246380 28239696008712 28239887316762 28241800432902 28246711060932
28249644886560 28252770216222 28255194060282 28257299061840 28257936956580 28263486944622 28266804439062

28267952847882 28270058324640 28270951580892 28271142994782 28272419103942 28275290454852 28278289577022
28279629661740 28280203993482 28284543577362 28284671217222 28284990318132 28286139096312 28288692020232
28290734442312 28293479063082 28294628013630 28299862416882 28300819982052 28303501250712 28304203508730
28305799582080 28309949583390 28311481968462 28319783108322 28322656863312 28327638384012 28328596418982
28329682211532 28330704152940 28331151258102 28334983732782 28337986018992 28343288317122 28343479975740
28344374391192 28346354932770 28347760520382 28349166142842 28349996754312 28353830503392 28354916779422
28355619675000 28357153295592 28357536707220 28359773326710 28362265663752 28364055101472 28364566379760
28366483714380 28370126828682 28371852596052 28375879590702 28378884042672 28379523308292 28384509827232
28385596690782 28388665594302 28395379399092 28396466470722 28398384883182 28404524238510 28406570837742
28407082499070 28407977917482 28411559732250 28414054343772 28415333674212 28416485096232 28418724039162
28418851981422 28423841954202 28424673658920 28427232826680 28428832365030 28429408209852 28430751870450
28431519690762 28436126830362 28439710419210 28440798339072 28443550229250 28445790238140 28448286351942
28449758470392 28450718568162 28451678682132 28454559121242 28454687144142 28454751155700 28456991605590
28457247662622 28458271902270 28458720012912 28461088656342 28461280712832 28462881208782 28466914658160
28467234785430 28468195178040 28468643366802 28470372127932 28471076453070 28472933352012 28473125448462
28474406108022 28480297512942 28480489634232 28481578333782 28487214287622 28489327914060 28490608937940
28493491346970 28499576911500 28500986292792 28502716035642 28504061427480 28505470919652 28506944516910
28507713365382 28509443312352 28514569389312 28526489299380 28528091627730 28530783640662 28532834783382
28534309087752 28539309186180 28540206686112 28541232417600 28542129947772 28545335527872 28545399641310
28546169008182 28547771889132 28549567169220 28549887760890 28550977786032 28558159648272 28559955254952
28561109603340 28563674905500 28566176186022 28570537655022 28571628074292 28576118255232 28576503144300
28577144631840 28577465378310 28579004986422 28581314476350 28583239122570 28584329784192 28584843043920
28586382850752 28588051021620 28588179344472 28589141775042 28589783404422 28592670825732 28593633331902
28593761667282 28594724191812 28597034316780 28602810037440 28604671227222 28604992128132 28605313030842
28607751950262 28608265420230 28611089587422 28612694289972 28613849703672 28615005140700 28615454483622
28617380278962 28618985157912 28622387650110 28623992669460 28624570487442 28624634689800 28626239772150
28626689203272 28627459664832 28629064826382 28631954230572 28632467917692 28638118780140 28639403144820
28644669341112 28646467665360 28649807560152 28651413348102 28651734511092 28653661526832 28663297577532
28664775248550 28669272742530 28674670201002 28676148165132 28680518020980 28681417738512 28682381737242
28683345752172 28685145290052 28692536841222 28694336667390 28696265115210 28696843662192 28697229363420
28697486499012 28698772194252 28701536536542 28706872736520 28707129915312 28708480122870 28711823630622
28712466635202 28715038725522 28718125385970 28720633419732 28733239555260 28736455848960 28738192722402
28739029013520 28739286336312 28742502968412 28743210651630 28744754717982 28746684859242 28747006555752
28749258481722 28751896564320 28756722638370 28757301794472 28759554123642 28759875892152 28760197662462
28760262016740 28762514461830 28764059046582 28767663238950 28774035488592 28775387268630 28776030984570
28777447184982 28779249672270 28782404160852 28784206803372 28784399946990 28785043763730 28790001393792
28793414036550 28796569301292 28798372387332 28798823167662 28799982333282 28801270322442 28807066630062
28813056760620 28815891017892 28816857273822 28817887964670 28819756138812 28822977270912 28826263011090
28826907295830 28828131456672 28828840193250 28831224189312 28834252650762 28836894630000 28837345711722
28840438938570 28840696714962 28844112360912 28844756845092 28845207988302 28847012596422 28849139528460
28849461797730 28851975559812 28853329169370 28854424971792 28856036483742 28859453037900 28863965777880
28865061782262 28866157807452 28866673591212 28867124905782 28867318327392 28871638245522 28871702724360
28872154078242 28872798875622 28873250238072 28873959529050 28875700552932 28877441629302 28880665983402
28880730472320 28881504344952 28883116612902 28885567346370 28885825324362 28888405167642 28893565199802
28894855279842 28901499648132 28901628672552 28902273798972 28904080191252 28904854376652 28905047924622
28906144708692 28906338260982 28907306032152 28910080399290 28911628941162 28912790374782 28913242049712
28915371421902 28916145758502 28916855576160 28919436804720 28921050131070 28922469895482 28928149301610
28930085590230 28933571073042 28936669456242 28937508630240 28939897115142 28940219890932 28951389041850
28951841018172 28953907240572 28954552950192 28963981130580 28965401948352 28970375084982 28970762620050
28971020978202 28978320071952 28983165110802 28985749297122 28988139772032 28990724180112 28992533334312
28994924088942 28996604137650 28996733374182 28997896515930 29007267119760 29010110912712 29011080419442
29013536575662 29014958608362 29015992835850 29019354202482 29020970313432 29021487478440 29021616770412

29024396617470 29026012868820 29027629165170 29028534310782 29029180852002 29029374815772 29030797236552
29030991205722 29031637774302 29034094800570 29037133897932 29039526490722 29040173154342 29042113188402
29044700001282 29045023360992 29047028231370 29047998354780 29049097847562 29055113088120 29057829852492
29061517093002 29065139872890 29066239690032 29067663013692 29069927464062 29070574466082 29070639166680
29071092072882 29073680176002 29075297798952 29078339051922 29079697961040 29079827382612 29080798053582
29084810332122 29085781086252 29087593203972 29088240402552 29093418250392 29094194967312 29096654639292
29098143438630 29102480592912 29107659707952 29107789191732 29108177644800 29110702652922 29113357266720
29114263747932 29116724268072 29121062806842 29121710377662 29123199817872 29123523614262 29123976932232
29124041692230 29125660715580 29126114050182 29126567388312 29128380776112 29129546555220 29131100963652
29132396335692 29135311028082 29136282624612 29137578111852 29141205629340 29153450167842 29157337860762
29160772205112 29167576692102 29169002494722 29170946827182 29173085667732 29175483854922 29176845032040
29177946960582 29179761947070 29181641814012 29182614182742 29182938309252 29187476269392 29188967390442
29191431065190 29193376145010 29195969685570 29196618088710 29197590706920 29200184434680 29206604406282
29210884779390 29212441356462 29213608816482 29213803395420 29214257415462 29215230327432 29216851883382
29218149160542 29220289730820 29220419464872 29222884466580 29223143946492 29225738808972 29228009408142
29231577670752 29232940155750 29236119410892 29236184295450 29237092686822 29237936205732 29240661503832
29242478439792 29245723108692 29250720250842 29251044755352 29255458195392 29256756329352 29257275591000
29259028133082 29259482504412 29261105287962 29263117602060 29265000152082 29265649321302 29267467033422
29272530957690 29274283956612 29276101936860 29278634217702 29279283538122 29279478335652 29279997798900
29287075944762 29289673644042 29293570408962 29294284843980 29296558104270 29298116962302 29300390371272
29301559587372 29305911874542 29306106760632 29313902735592 29314227590382 29314357532802 29317996037490
29318905698942 29322219585000 29323324255302 29324298981672 29328328022532 29330277657792 29332292348970
29332877272272 29341196812752 29341846826532 29343341885550 29343796911072 29344316944560 29345227014252
29346397124592 29346852173802 29347892299530 29352117999840 29357124223062 29357449317252 29359399920192
29360700358152 29362325946102 29369804230272 29371560139362 29373055955172 29373186027912 29373251064390
29377933880022 29379755075790 29382161742492 29382617068902 29383657828230 29384113166232 29384308312170
29385284051580 29386845268332 29386910319930 29390748491652 29390813547570 29391268941012 29391724337982
29393741138400 29394326674062 29395953192612 29396278501722 29398295458380 29405127599850 29406689343642
29408966961012 29412416092362 29415149509902 29416971858822 29418078312492 29418924438162 29426735403522
29430445975272 29430836575380 29433050024952 29439886203462 29446788293610 29448351143322 29449002342942
29457012687192 29459161989270 29459617911912 29461376503722 29462027847342 29462092982100 29462353521852
29466326895810 29468281112430 29470561113720 29471017124562 29473622968482 29475056231742 29477531950362
29484829410042 29485546173540 29489716606692 29491736766270 29491997437062 29493496316472 29495321090640
29500860929430 29501512709370 29504445808200 29506075370550 29506336104702 29510442819552 29510638384530
29513376362262 29517287979342 29518591909302 29522047462980 29522699476920 29523677511330 29525438014092
29526546505722 29526611711760 29532154488150 29532937039662 29535545619582 29543567724600 29544872234880
29545981091262 29547089968452 29551069052010 29553026076630 29556287928330 29559680445042 29563595129322
29564704336992 29565356821812 29567966833092 29568815111562 29571621042420 29572926171900 29573252458770
29573839779672 29575862818530 29577102779772 29578930138452 29579060666232 29580039633762 29584804173672
29585261067522 29585979050700 29590809345792 29594138562450 29596031729952 29597337397992 29599034809500
29601319863390 29601776884752 29603082679512 29603278551210 29605824942252 29610918052872 29611375148322
29615489166132 29619538161072 29620713727572 29621236209060 29621693384142 29622542432940 29625938749812
29627375711712 29630706984690 29631033590160 29636194195482 29638546012770 29640636595362 29641289917542
29641812580470 29644229956452 29646320739492 29647692855930 29650633212360 29651417332032 29655534130410
29656449013302 29657102509722 29657756013342 29658474875640 29662984301502 29663049658020 29664814311222
29669193492192 29670566137830 29673115421112 29673507628260 29675141852610 29679979420422 29680829304132
29681809954302 29684228960652 29685732716982 29687563428270 29688805728792 29690309601042 29697371771370
29697633349362 29699464427562 29700249192642 29701884153192 29702865151122 29705873645790 29712676021422
29714049672540 29716339161630 29716600823142 29718105399192 29719937108400 29721376348092 29722030559472
29722488511722 29725432574712 29726152256730 29731386569850 29733284122152 29736294156900 29736425031432
29741005821492 29741791135212 29743165459170 29744081692782 29744801600520 29744932493772 29749710294570
29750495723202 29754095737092 29757565047450 29758546964460 29760510847080 29761165489020 29768825334642

29772884797662 29773081230312 29775896836170 29777337430182 29777795808312 29779629356112 29781462960360
29783755045050 29786047217940 29787815525862 29790762822372 29792203775952 29793382763892 29795806312362
29799802107480 29800915737462 29801570823642 29810284154520 29810939343660 29811922140870 29813494650102
29816443216692 29816967421572 29817622684152 29821095696030 29825027651670 29825486396712 29825617467372
29825683002810 29827780174842 29829287562780 29830860529932 29832040282512 29832564624480 29833482234012
29834662038432 29838267140922 29842003567872 29842659105492 29844166869342 29844297981042 29844494649132
29844953543862 29845674671280 29847969225570 29848624828710 29849936056590 29850853933242 29853869913030
29856427058712 29857082754732 29859902329662 29861410529040 29862984342912 29866656736560 29867902778562
29869542347112 29872493683902 29873805435942 29876101071312 29882988506622 29887449364422 29891910555150
29894010054222 29896831372200 29901227644602 29902999368132 29907330468840 29910743072112 29912186924412
29914221502710 29918159592750 29918422141302 29920260013422 29920719490272 29921769736320 29925314452812
29926693010370 29929647169200 29931419734482 29939298437442 29939495418300 29940152025840 29940414670872
29942712864042 29943041184552 29944354484592 29945996150142 29947637860692 29950133346912 29950264691172
29951972192760 29952431913042 29959328140632 29961758429022 29962940767122 29968655730132 29969181271332
29969641123662 29970363755880 29972334615300 29973320069310 29973977047650 29975093927352 29978838911142
29981532816060 29983504042680 29984095423302 29987380977402 29989680972372 29990338129992 29991718184430
29992178209632 30001905282600 30003154142682 30006177806310 30009727518882 30018471224832 30020246418402
30022942183080 30023862715812 30024586001430 30025835333472 30027544987860 30031293246642 30033594924972
30036883189872 30037080491490 30040040093520 30040960888332 30042276333972 30044118006252 30044907311652
30045762404202 30046091289192 30046749064572 30048525094062 30049182896082 30051156345342 30052537798380
30053656140762 30054313998942 30055958675892 30058392880362 30063064197420 30067012072260 30067670076600
30068788700502 30069117711492 30070236362322 30070894401942 30071618253840 30073263404190 30076488029412
30077541005700 30080502600330 30084254162832 30087018621732 30087874313322 30089717382690 30092811233172
30095312760480 30096431898462 30099526094112 30105846647520 30106175861190 30114736048410 30114867753102
30115855547472 30117699473640 30122111954682 30123956072370 30124746425802 30128566613550 30129357027462
30131003756412 30132123557802 30132848146260 30133638616332 30137064106452 30138381654492 30138711046002
30149252524722 30154392163902 30156369064842 30156698554632 30156830351052 30157159843362 30163618256022
30164475036180 30166254541542 30168363652902 30168890942262 30170670577872 30175284692412 30178976238060
30181283568750 30182536156632 30183920626110 30191173127850 30191304999582 30193151234070 30196777930440
30198690276222 30201657829212 30202383253230 30205285036422 30206670027540 30208780551252 30209308193700
30214584871620 30216827599272 30217355311992 30218014959372 30219004443942 30219466208952 30220983461682
30224084053092 30224941691562 30225799342200 30230087777910 30232529023332 30234178569282 30236685965310
30238599574332 30243416858202 30247376556882 30247574548620 30248696514042 30252128537442 30253316590902
30254108639502 30257937020562 30258927158532 30259587259512 30262425775770 30269027491170 30269951788782
30270017810580 30271140192162 30274639515360 30277082558982 30285667007322 30288506746500 30288969042222
30292469395740 30292799628210 30298017540132 30307133451672 30307661952360 30308322584700 30309115353012
30311097319152 30312088326522 30312220462062 30313211487792 30313277556750 30317175752712 30319025831712
30324510326130 30324972896532 30326624962482 30327814477830 30332242323312 30334423321230 30334753782300
30336406114650 30337992396042 30340305797412 30344668451400 30345593903172 30348568665162 30350750249952
30353857490922 30356171497092 30364833274470 30366420298902 30367279954452 30368470266840 30373893096252
30374356043142 30376207865982 30378655004172 30380506958052 30382623545892 30383284994712 30384674060670
30386129306682 30388907600382 30390230642022 30390759866742 30395853890292 30400683683442 30401146834452
30404455158552 30406506409890 30407829834570 30409947373962 30410410595532 30410609120142 30411403225062
30413719423632 30413917959042 30415109185110 30415440085380 30416896067952 30418219718712 30418683003282
30422058468780 30427618467252 30429140936382 30431259217662 30431457810312 30433311372960 30434238175452
30437945526540 30439203429102 30442381403982 30443043502962 30444500146062 30446486533722 30446552747760
30450989252322 30458406220482 30460260603642 30461121586440 30467016333942 30471056883540 30471321846972
30472514196672 30473640326142 30473971544652 30477615067062 30479933785632 30480596292852 30483643918800
30485432813682 30487619312040 30489275802390 30493185298032 30497028775332 30498221627880 30502131697002
30503523477000 30503854857870 30509820021330 30518238521892 30520359902052 30522216170172 30523343217642
30527652708672 30531365744880 30538460924082 30538659866220 30539787217242 30544893714792 30547745581002
30548607799320 30549072075762 30549536355732 30552056794272 30553051732842 30554709999792 30556898981070

30557827663482 30564196151610 30564461519682 30566319128442 30568176793650 30568972953162 30573617423622
30578594033472 30579788480100 30580584790812 30581580193782 30582907422942 30590871402702 30594654656292
30595517536362 30598039870950 30599035557960 30601026980580 30604810862082 30605010020220 30609922792752
30616230308442 30617292690810 30624065811702 30625194738012 30628050350382 30629046525552 30629511412842
30629909890470 30633230638170 30633562722840 30635023916772 30635555268660 30636352305132 30639208437630
30641134741692 30641998276962 30646448997852 30647976931782 30648441962712 30650102816262 30651763714812
30651830151690 30652428086832 30653092466052 30654753445602 30656480912070 30656946007512 30657145335210
30657610435692 30663391264662 30663789962610 30667046092872 30668109356520 30671232800082 30671565090672
30675752106330 30677746023750 30682731100800 30682864041732 30684991135812 30685057608690 30687184778802
30687982486602 30689710889070 30690375672210 30691040462550 30696824442312 30699949347762 30701811069162
30702010542660 30705468186252 30709458016932 30710588516082 30716640365340 30721562088912 30729278016600
30734067700392 30743248970940 30743515115172 30744180480792 30745045466862 30746043542832 30746708935812
30747840120402 30752564704500 30755160053022 30755359699752 30756890346210 30757156549482 30761149736802
30763479215772 30764144797392 30766474389762 30766674073212 30768138438312 30769336581132 30775860212400
30777857380620 30778789414632 30779322011832 30779788038162 30779854613640 30783116900262 30784981141662
30787178355780 30788177115390 30789109305642 30789309062532 30791972549652 30793504106910 30794170013250
30797965816872 30801295661772 30802827450870 30803160453540 30803759862882 30810087317172 30811752544722
30814483615320 30814816680990 30820145976510 30824742864012 30826408487562 30829273465332 30834270838182
30836736357972 30838135750890 30840134938710 30840934631982 30841401124512 30841800978060 30845599716042
30848598884952 30849065435442 30853064584362 30853731134382 30855130912860 30860463693180 30861596968362
30865063586322 30867396996492 30867730348002 30870730592592 30871930731252 30872597485032 30875131215060
30879798884640 30880732460892 30880932514782 30884266841682 30884466907020 30885133796160 30887067815382
30887134506780 30891269514072 30895404798132 30895471498530 30899140131300 30905944354032 30909280030932
30911815265760 30912816044970 30914417325402 30918287257662 30918420707922 30921156501720 30923425300572
30923959147692 30926094582252 30926828654910 30929631557922 30930499148880 30933836150580 30935638206342
30937440314592 30945450319632 30945850847100 30946117866852 30946651909812 30947519739450 30947987037372
30948788127732 30954128995092 30954329286582 30954996929562 30956198705070 30957200202480 30962341477542
30964545011820 30964878887490 30966014078232 30967149289782 30967883849520 30969486555552 30970154361972
30971156085102 30974895994590 30977166764082 30981374586372 30981842139822 30983378411712 30986183876052
30986584667040 30990392310702 30990592719480 30994266995250 30998275544490 30998943661230 31000881240492
31003219778862 31009099922142 31011438770472 31014646477320 31015114281762 31015582089732 31016116731732
31017988015020 31020327198510 31020460868802 31025340031560 31028281082112 31030486961502 31032692919300
31032960313452 31034497852182 31034698403520 31036369689870 31038041021220 31041316961202 31041517534572
31042052400060 31045328551722 31048404279990 31050878345892 31051078950150 31052081981160 31053553122612
31054221834792 31054689937602 31055559280752 31055759900130 31057766129550 31057899880482 31062380703132
31064454028950 31065122858490 31066393654452 31067263161402 31074754802202 31078099576302 31080842425380
31083518492340 31088536428390 31090008433122 31091346649482 31092885633900 31095160724112 31095361471362
31100581127310 31101718802772 31105065027672 31112092685862 31114636224450 31114903971402 31119121137852
31120928582382 31122602188932 31128158885382 31130033545470 31131640441902 31133849992212 31135523946162
31135992661332 31137398828010 31137532750302 31138001480592 31139675546142 31139742509700 31140345184962
31142688977532 31146774083970 31151462241150 31153739473362 31156954531122 31159834827900 31161308519592
31163318155332 31164322997502 31167337621212 31168476517002 31171826331102 31174573312980 31175846345622
31176248361330 31180067639832 31180201653852 31180536690162 31186768693632 31189315282860 31189784402742
31194475795602 31194609840582 31198296190392 31199301596322 31199636735232 31199971875942 31204865135292
31206071751360 31207211354622 31210898448912 31216127792460 31216597113942 31216798252800 31219815413430
31221089369472 31224173791740 31227124251252 31231147829772 31231349015502 31232153764902 31241878639692
31246238557722 31246909341342 31247110577832 31247311814970 31249257140712 31250129202942 31252812547662
31257642858462 31258313764482 31258380855480 31258850494482 31259387229090 31259521413462 31259722690560
31261668402582 31265023220682 31268445320580 31269720268422 31270592616132 31271599186302 31271934713292
31280189244030 31280994622422 31285223029080 31286833925832 31287907880040 31290055843752 31290727097532
31292942286090 31298312765610 31299454051872 31301132451822 31302273789492 31303012313190 31304690808540
31306033637220 31309055107050 31312211020092 31314024063342 31316575842762 31318590478902 31319732134812

31320806653500 31321142444370 31323425870022 31325843705550 31326112359702 31327522812900 31340083963062
31340419857252 31341763452012 31344585094752 31345324117410 31345592855082 31349019361380 31351370993670
31351505375322 31353991487832 31355200983612 31356410502720 31357015271022 31359434402550 31362794462250
31363130478120 31366289115282 31370321649162 31371128187042 31380538561722 31380874672632 31381076340042
31381546899852 31383966977460 31385109824322 31387462809852 31388336798370 31388672951040 31389479724792
31389614188092 31390286508912 31390488206562 31391160536742 31392169045512 31392841393692 31394186111652
31395732572910 31396875633972 31398556643922 31399430786880 31403263711182 31403599943772 31407634875252
31408845405240 31412880673680 31419943017150 31421557378542 31423642656720 31424315341860 31425122573532
31425324383070 31426669796550 31430975313222 31433531853282 31435752090840 31437568707162 31439923658292
31440596517672 31447863857760 31448671391832 31451228651460 31451901631800 31454257119690 31457554950912
31462939536672 31463478020592 31464487690362 31465160812542 31466507078502 31467988004322 31469670916872
31471555832352 31472027070042 31473104198010 31473373482882 31474719924522 31476470341710 31478759422242
31479298041522 31479432697062 31481317904862 31483539829380 31483809158892 31484684487762 31485223157730
31485829166952 31488185924922 31491283512390 31492765021122 31493101732512 31495795488432 31497815880972
31498354663260 31499297543352 31501183345872 31502867145822 31506773735010 31510613205192 31512095168532
31512297257142 31512768799752 31515530763030 31519505507952 31522874132052 31525771292742 31534733120820
31535070056490 31536080874300 31536350428452 31536552594822 31537900387182 31538237339772 31539113424930
31540730844882 31543157052570 31544302794192 31544504986050 31551177680892 31552053945762 31553065035732
31553536883262 31554885038502 31556300632500 31560682434210 31563176826432 31564188094602 31566750046470
31569042407322 31574773673592 31575447974412 31580842640172 31584214540272 31585428468372 31587451733712
31589475063852 31592510180562 31594668574482 31596557229642 31599120494790 31604787028782 31605461650002
31606203741660 31609711929252 31612748017962 31613557666242 31615446885882 31616998787100 31619630358822
31620372616800 31621317321372 31621519759902 31625096280780 31629820297560 31630967612022 31632114947292
31633532272530 31634679654312 31635692067282 31636367018262 31643251929522 31649327473302 31651217761422
31652027902182 31652770540320 31654053299442 31654795961340 31658846997780 31664046207642 31668975722880
31670123747262 31671339325170 31671609456762 31672284790782 31672960132002 31674851125722 31677552643242
31679376232692 31680119191590 31682483209680 31683834116760 31686333370782 31694237065932 31695926017482
31696466491482 31700385065790 31700858013552 31701195835542 31704033611322 31705452546840 31707276939162
31711534058700 31715183245752 31718224395342 31719913985892 31723834009272 31724374721160 31727686682022
31727889460752 31728430207200 31729038552462 31729376524572 31733499929250 31734446322222 31734784323132
31736474354682 31736879968950 31738029223452 31739178498762 31739246103840 31747021168050 31747832533962
31750401927750 31758854614500 31761492083022 31762844673462 31766767348602 31767443696382 31768999323600
31769608057662 31772313612942 31773395867310 31776236872722 31776439806540 31777386839592 31778266240062
31780160374710 31781107463202 31782122216532 31783001682522 31784151771792 31785707808042 31788211076712
31795518478752 31796059801200 31798428141090 31799104825830 31801270265382 31803435778662 31806481156452
31809391320342 31810947974280 31816362719400 31817174970912 31820762539110 31825162663020 31831391050692
31833286767900 31835114834382 31835791909362 31836333574530 31838161728492 31840396210170 31841005627872
31848860866920 31849808978532 31849876701330 31850824828062 31856649344730 31857936228372 31859358603690
31861526093802 31862338921602 31864100084070 31867080623742 31871483948772 31872906626490 31874193838452
31880969066652 31881172334622 31881646629072 31886593052862 31887135150030 31891336559322 31894386142632
31895063847612 31895402702802 31898926903482 31899807984072 31902044627910 31905094723140 31906247019282
31907263768452 31908958386402 31917635535330 31917974510400 31919127039102 31926720689502 31929093890472
31931670608532 31931874038070 31935874950672 31936959987120 31937570328222 31940622121212 31942521088212
31951134968622 31952830751172 31957239996402 31962327965052 31963684825092 31964906023752 31965448786200
31970537408250 31973522921682 31975083586452 31978137171162 31982683889652 31986280776522 31986484379940
31987298800092 31987977491472 31989131283342 31989334895832 31995782959842 31997683565850 31998158726172
32002028020122 32003385722562 32006440658352 32011057282392 32020019914752 32022804018030 32023143551100
32025316605372 32026131519732 32026674801732 32026878533670 32028168850992 32029595021430 32034824584692
32035639620012 32037337643562 32040258349332 32042160275820 32042296129872 32043111260232 32044537763310
32046371885352 32047390864722 32047866393972 32052621880512 32052825694962 32057038005342 32057581549422
32061114698262 32063017243662 32063356989852 32064240338370 32065259601780 32067094316742 32067569992152
32070016378560 32070627989742 32071307564562 32073754093530 32074773508140 32075453126880 32075928864282

32076132752820 32082045802302 32083201289412 32083269259890 32087279645532 32089726783620 32091562198422
32092717856892 32093057760402 32095165202340 32099380293792 32102983736550 32109035255772 32110599224262
32111619224232 32112503237310 32115699386112 32116855479102 32120119853982 32120595922512 32121820114932
32125900924812 32126104972110 32130118033992 32131138343922 32131342407852 32131818559542 32132702850612
32135559874152 32136648297480 32138689140900 32139029287770 32139369436440 32146172787840 32147805699312
32149506692862 32150595352350 32151275773890 32156855502102 32158760886030 32160462169380 32162980151322
32165906578500 32166519103362 32171827896462 32173733723910 32174890860972 32175231199362 32176116087600
32176388363352 32177613618492 32178294325872 32178498539490 32178770825322 32180813005782 32187280338072
32190344038062 32190412121940 32192590844052 32199263639160 32199536012832 32201102183802 32201442660792
32204643232482 32206345729032 32211181064610 32213837248452 32214722667402 32215199436492 32221193406012
32227119810342 32228482279182 32229231649320 32230185405732 32232297345150 32232910501812 32234681876040
32243539477260 32244493445352 32245174859772 32245719996492 32246605853490 32248650185310 32249127205392
32249944962312 32252670893592 32254102053630 32259554382750 32262962322450 32263303126320 32264121062952
32266983922812 32270460423390 32271482959200 32271960148122 32272641852702 32274141628122 32277959395530
32278913872662 32284368298422 32284436481660 32289141298962 32290368698982 32290846027512 32291596122330
32293982845620 32295278532342 32295346727100 32299711341372 32300120539080 32300393338992 32300597939682
32304690089562 32305372139742 32306054197122 32308987125900 32309464592022 32309942061672 32312534101332
32315808405300 32323449093012 32327065090410 32329043740632 32335184764812 32337436619802 32337573098382
32341394615550 32342895987642 32346171829530 32347332063312 32347673312502 32351904952002 32353816105722
32354157389112 32357433801240 32358594236982 32359072069512 32360778643062 32362143934302 32363714054832
32363918855970 32364533263272 32366103441762 32367468845322 32368015014810 32372043157092 32373954905532
32375798430702 32379212504802 32379963625260 32383514494452 32384675397762 32388431403972 32391572958240
32393280388590 32395465965102 32403320989272 32405028729222 32405233661040 32407556266932 32408102774532
32411176965642 32411655186252 32414797866600 32416437586392 32416984168872 32421288666930 32421766962132
32422928550882 32426550108192 32429146820940 32432700385812 32432905405110 32437347649020 32438304479832
32438714554500 32440081488780 32442747093462 32445139396032 32445822927252 32445891280770 32448762193542
32449309048470 32450676205950 32451633233322 32452180112442 32452316832942 32453342245872 32454094225650
32458332820062 32462229836532 32463118662522 32464280991792 32466058712100 32466195461832 32466674088162
32469819434670 32473170080052 32475084812172 32475973814130 32476931214462 32477273146572 32481581645382
32492525149062 32496629438142 32498134409082 32499502594722 32500391930832 32502102226782 32504359886340
32504496716712 32505728203020 32509833325860 32510107009932 32511543870210 32512843914012 32514280834770
32514622963440 32517154771542 32520370994232 32521465914840 32526735478062 32526872355522 32527762066032
32530157500962 32531526360522 32540903822832 32543162829582 32545011166152 32545216540122 32548776458562
32550214173120 32550693418362 32562470266962 32563223509980 32565072416142 32566099608912 32566305049410
32569523701812 32572811000340 32573495875080 32577605274720 32579591577462 32586167356470 32586441361662
32591579172312 32593017831870 32594388013350 32596100780700 32600554186410 32603226375852 32604459730992
32608091412150 32608776657690 32612682694752 32615218317702 32617479902412 32617959642582 32619535956552
32620221322332 32621249384502 32622277462872 32623099937232 32628651910350 32631393799710 32633930149932
32634752771172 32637152142342 32646476250390 32646750509022 32648876052480 32650521682032 32651207373252
32651755931412 32652647348250 32654293072842 32657790375300 32663962542360 32668557756522 32669243637102
32672810332182 32673016108992 32674730940942 32675073912732 32675554076262 32675965647810 32677131781272
32677611959922 32682139532070 32683648792482 32684883667830 32687559311112 32687970958260 32689137305922
32694969356352 32697027851292 32701831258152 32707115413182 32707870327320 32709380181732 32709517442952
32712949067052 32714664946602 32714870855172 32716792699740 32717753643192 32719126444032 32720361989412
32723794182312 32727363853872 32730315844722 32731139679882 32731688909082 32734297810710 32735121695982
32736014250060 32737387433940 32737730734410 32744871792282 32747000527500 32752631709072 32759843075262
32760049125960 32760529913442 32765818808592 32767261308630 32772001175172 32775504775110 32775642175002
32777153592822 32778527639262 32778596342340 32778871155372 32782649951382 32785741855572 32786085409482
32786428965192 32787871918830 32788352910432 32790620489790 32795224604232 32800928656890 32803127942202
32806770670680 32810551074450 32812269511800 32813438074902 32818250024562 32821893592560 32822581080900
32823612326910 32826637408662 32828425022490 32834613292350 32835782253252 32836469887032 32841421062792
32841764908302 32843209079100 32848504643682 32849742629430 32851462092780 32852149890720 32857446176022

32858959478802 32862605305872 32863981142232 32866388925162 32867283267000 32869691170890 32873612803152
32879942948712 32882695375992 32883796379160 32886686600172 32887168316022 32890265145012 32890953349032
32894738599842 32898179925942 32898386411232 32899074700212 32900107147182 32900657792190 32903411086350
32906646354192 32907541243590 32908229628330 32908711501932 32912153558832 32915251563942 32916284264712
32918693962842 32922480809532 32930399465502 32931432403872 32931914447322 32932671951300 32938456814412
32939352136242 32940867323982 32941556057202 32943484548522 32944517692092 32944724322750 32946101877030
32948512666320 32949683652942 32950510244262 32952576767922 32954643356382 32957398908462 32958156705480
32959465648122 32962565879112 32962772566362 32963323735530 32963943806352 32964288292662 32966217449262
32973314475360 32975864078982 32977035551532 32978482693410 32980343351052 32985649959282 32989096037382
32989992047172 32993576208012 32994610136742 32999986827282 33001158728232 33005295015552 33005639717862
33007363256412 33008052684432 33008397401142 33011017306962 33011913614400 33012740985912 33013223624082
33013430470092 33015292113342 33016533238002 33020187796080 33027014776482 33028807837830 33029635421022
33031842360222 33038463620190 33040188015540 33041498586102 33042188370522 33042395307252 33044809616982
33050190395970 33050535332640 33053915807262 33055847584662 33059090337912 33061022266512 33061160263572
33066542373552 33069440614212 33070337714442 33072407992182 33074685372540 33079792510512 33081517984062
33086556624372 33089179630080 33089455741992 33094494986742 33098637119022 33099465576582 33102227176662
33103331848950 33106576930392 33106715022492 33112446098622 33118453903632 33120249445380 33120594747450
33129366023532 33131230932702 33133993857582 33137309519502 33140072697822 33141247083492 33143872256112
33146083008432 33149261094060 33149606547330 33149882911242 33152370238290 33156170501460 33160592900052
33161491235802 33161698545780 33164117210070 33165430236192 33167157941742 33167365269432 33169784140362
33176833924422 33182571066192 33186856965612 33187963049100 33188930887272 33189622208892 33189829606782
33192249296712 33192456702810 33192940652892 33194185112160 33194876488500 33195567872040 33198817471122
33199716324480 33203173566180 33205593742470 33208982137452 33210226897392 33211817457930 33212301549132
33212993114112 33213823001592 33220047488172 33221845781760 33224404975782 33224750820372 33226687583340
33232498210932 33235334535090 33239277918552 33240454060662 33241699410282 33242183719212 33243083159442
33243636667170 33245020456650 33246196700352 33247027002552 33247718928972 33253462196142 33255745801620
33258998344782 33263012340690 33265088640510 33270210457122 33274363570842 33275955666492 33278516943762
33280316819190 33281147547342 33281286003042 33281839828722 33283224413082 33289593872082 33289663108680
33290978617722 33297279574020 33299287696362 33301018884912 33302473118070 33303858131550 33314592962520
33317294256882 33321865927590 33324290425680 33324428971092 33325952989632 33327407767110 33328100529450
33329070408822 33332742222852 33336899237532 33340917931440 33343343122530 33346807834230 33350411325342
33351104326722 33352351747350 33356995129152 33358866434082 33360113999862 33360321929760 33362054704110
33363094390320 33364064778732 33364965866322 33367391931852 33371551106532 33383198174580 33389230490622
33390964015572 33392905616940 33395610084342 33396303555162 33397343774892 33399771017262 33399979070712
33404348342850 33405735473130 33406082260200 33407261349702 33411561734802 33414336323682 33415446191490
33415723661322 33416625446232 33420579569862 33420648942540 33421481420292 33422730156360 33423562660032
33427933474410 33429112949472 33432027035892 33432720884712 33432790269990 33433414740732 33433622898942
33436051459272 33441394602462 33446252375802 33447293373132 33449444818950 33457218361062 33457773648630
33458398352652 33459994844982 33461174885532 33464715132030 33465756416640 33466242355002 33471587909832
33472143316632 33472629301362 33474226133172 33476170153740 33477697638072 33479433458022 33482071990530
33489154881342 33490543771302 33493877224710 33499224986052 33500961364002 33501447557892 33503739662322
33506031845160 33506309690832 33507351622362 33507768399510 33510546980070 33516729735132 33520759253232
33522843581772 33523885770342 33525275380302 33526526053890 33528957985980 33530347701060 33534517019100
33535837357182 33536740761372 33540354499812 33541049471832 33543342930582 33545080451532 33552378530922
33552517549662 33557452901520 33564682804512 33570105742812 33571704897990 33574972855272 33575876786430
33580744317210 33581578786482 33582274185462 33586307641530 33586446730542 33589367666322 33590758632762
33600009292152 33600565763400 33600704881932 33600913560270 33603626437632 33605435083380 33607522042800
33608009009322 33608495979372 33610304756160 33611626585362 33611696156040 33612391866780 33614061601932
33618584009562 33618931899672 33619001477910 33620184318972 33622132573140 33622480481610 33625055060232
33627699324660 33629786975280 33630482873220 33630622053672 33630761234412 33633057758202 33637720638612
33638277422052 33640922206320 33645028787922 33646490513040 33657419654502 33662850078930 33666957998652
33667166882622 33669464649060 33671344698102 33673085531052 33674965681182 33675731683320 33676706607732

33677472629670 33678447579282 33683740409130 33686317332072 33686804869122 33687501356742 33688267501440
33689451560382 33691332167352 33692028701772 33693979036452 33694118348232 33694466628942 33695511481872
33696556351002 33698646137862 33699342747882 33702825905982 33702895570980 33703592224920 33704079886962
33708120651030 33710141123892 33712649381340 33720105030702 33720801862482 33722056177830 33723101458440
33727213052682 33727979648820 33728467487262 33730906732392 33731115814650 33732509712930 33732649104342
33733555155540 33733833942972 33734740010082 33736691580570 33743313401100 33745683473712 33746241149952
33747286805322 33747774783372 33749169025812 33749726730852 33754746283572 33759347868120 33763322216262
33764228679300 33765065425212 33772526867982 33772596604980 33776223028092 33778873229640 33779500924182
33782360495340 33783336961992 33784034446812 33784243693662 33784731938832 33790172623692 33790870179072
33791079447090 33797706602820 33808660273962 33808799822622 33812358410760 33814033105272 33815986967952
33816126531732 33822616565562 33823663403532 33828688451292 33829805179260 33832248085950 33834621279762
33835179690402 33840903665142 33843696023622 33844114887330 33844394131242 33845092246062 33850537788762
33852422886372 33853679647272 33854587322430 33856332885780 33857659544022 33862268137770 33864013899120
33867086548392 33867156382950 33869391126822 33879029304330 33879657928752 33883220243970 33883569500640
33884268019380 33894746664480 33895934346462 33896982318432 33898868708802 33902362162902 33903480106230
33903619850442 33912144791982 33913891838532 33914800320522 33915009971940 33917455953030 33921439596732
33926332110792 33927590242860 33928079522742 33930386175420 33939264024822 33940452486492 33945905695032
33947094272982 33948492626622 33949261733400 33952687860342 33953946481002 33954505875450 33955135199712
33955205124990 33955904381730 33956184086442 33957442771902 33959051126160 33959890282632 33963526747152
33965275116702 33971569619682 33972129159282 33974227473822 33974787035310 33978634145280 33978983893350
33981362227962 33984720018522 33988917490002 33991576022670 33993604972812 33997103304912 33998572658070
34002701010672 34003470731250 34006619678880 34016067396570 34016347348962 34017607148982 34018097077512
34019356909932 34022016632760 34025866415730 34028596393812 34028946398922 34029296405832 34029646414542
34032306539562 34033566635070 34035806862462 34037907142602 34038397217292 34038957306972 34039657425552
34040707616922 34042317941820 34045258633392 34047919368540 34048549557882 34049669908890 34050510184242
34056112284882 34056252343302 34058563348812 34059823930320 34075232922600 34076914114392 34077614623212
34077964880322 34080276622392 34080837056520 34083078839112 34084830283062 34086721893072 34089944756940
34090575335082 34093588177812 34098002583150 34098983600922 34101506282850 34102207044390 34103608589070
34105360560420 34113770649300 34117905989862 34120078896360 34121060231652 34122462163692 34123233238590
34131084678942 34132276494372 34132346601810 34134730297542 34137043964172 34137184188912 34139147365512
34139497938702 34140199090482 34140760017090 34143144006582 34145668321470 34146369536610 34151769134352
34151979516930 34153522342302 34154714549412 34155485988630 34155626251242 34158641967060 34162289057052
34162499472030 34168952512662 34170144989052 34170916602510 34172319558390 34173301644642 34175616618072
34178773526382 34180878212922 34183474082232 34185438589392 34188034631862 34188736281882 34189788770412
34191192113652 34191542953962 34193648033622 34194911112522 34195472488410 34196174214750 34197367166052
34201577748732 34202840974080 34203472595502 34203542776020 34208245034742 34211964960900 34215755282352
34216316829312 34217580326820 34218071693262 34218984240300 34220177589402 34221721954422 34221792153660
34224951193890 34226706279240 34229093267532 34234078129110 34238993136690 34239133570662 34239625091832
34240186834632 34241380553382 34242082750602 34244400052512 34249456256112 34253670044232 34253880740442
34257181732332 34258305510540 34261115036700 34262800807692 34268420343852 34271300534730 34273899835272
34276569489780 34283173818672 34286687018772 34291465259772 34293081504870 34295541081360 34296876316962
34297438529202 34297930468692 34298703523590 34306715696442 34308543165150 34308683741682 34311495332802
34311706206780 34313393221932 34316064414072 34316205006012 34318524814602 34319016905292 34321828919772
34322953757820 34324992573762 34326047157492 34329984413220 34334554725330 34341938179800 34342430438322
34343133670902 34343274318282 34344891783852 34345595041632 34347353217582 34347915843390 34350025731210
34350377385480 34351010367702 34352487348900 34353542354910 34354245701250 34355089726362 34362475388352
34364796760350 34365078144102 34365148490220 34367399604012 34368243790692 34368314140050 34375279082892
34377952682712 34379711686662 34383018735912 34384285307532 34387240732032 34388296271562 34389774054120
34391533360470 34392518591682 34396459657650 34396600414182 34399908275592 34404694399152 34409269681422
34409621638812 34409973598002 34410466343892 34418280357390 34421730069012 34422434113032 34422997353432
34425461584362 34428630010872 34431798583182 34432150655772 34433347716042 34434615214302 34435108136592
34439544595962 34444615185162 34444685612640 34447150619730 34449404417682 34453066996602 34453278305172

34458068139900 34463492325282 34464196796262 34464337691322 34465817106840 34468635129000 34468916937552
34474271518920 34475821606932 34482163238952 34484418181992 34486391317632 34486532258052 34488153093582
34490126336070 34491465354192 34495059689250 34500980178762 34505773328082 34507324124142 34508240520012
34511553745062 34513668652722 34513739150760 34514937628422 34519167715902 34519731747150 34520366287812
34520436792690 34520930328852 34521141845430 34522834001382 34522904508780 34527135084420 34529955612180
34531013339790 34532000566842 34532071083600 34533269879502 34535949616170 34539123123000 34540886245350
34542296775630 34544059978980 34546528539270 34549490928042 34550337348162 34552171293990 34552523981460
34553723132322 34557109082370 34558872663720 34559225385390 34559366474562 34559578108860 34564093128252
34574888041722 34577146014522 34577498829432 34579121801202 34580321413512 34581803316270 34584555505632
34585120070832 34600435659582 34604176848492 34606506370170 34608271211520 34608977160660 34609612521042
34613495405652 34616390061330 34616672473242 34619143626612 34623591924942 34624862919810 34625569038150
34625922100020 34629382201602 34630300216752 34630794537642 34631712571512 34632277521480 34635455450910
34639481037492 34639622290392 34641953004822 34642447408872 34643153706492 34648168626630 34650570266202
34655727008832 34658058264990 34660177656810 34664204679792 34665829685130 34668797184462 34672330087362
34673389993332 34673884621662 34676075160960 34677276453822 34679749769352 34681657815882 34683141888360
34683495243630 34688371730172 34689855946290 34690138657722 34692824473782 34697772301842 34698973970472
34703992929090 34704487775652 34705689560562 34706396502582 34706962061382 34710143415492 34710638305902
34711698797232 34715587404042 34720395437202 34720890400692 34721102528982 34721809627962 34724991662472
34725486658722 34726759522422 34727325247110 34730295377322 34732204813812 34735245876582 34739701627560
34741045481562 34743521070132 34747765141452 34753424306412 34754556194700 34755051401622 34755758846202
34756678534920 34756961518512 34757881223142 34762126171422 34762479928812 34764390249822 34764461003460
34765876091340 34767432721272 34767786505662 34775004100122 34784628724650 34786185774342 34792697450622
34798077121110 34799068158402 34799138947320 34800129999732 34800483950442 34800554740800 34801262648340
34803528000852 34804448321370 34811174109900 34811457315252 34812236135910 34812873359292 34814714259600
34814997479352 34818396206232 34819812391392 34820378873520 34821441039930 34823848677102 34824769266252
34827743560512 34827814378590 34832346885342 34838721221922 34841412783582 34844600293692 34845875338560
34851117434772 34858981318350 34859123018082 34861035992652 34867412953632 34868192399970 34869893040402
34870459929762 34872018899262 34874215688160 34874924344500 34876625149092 34878113387130 34878396864642
34880168625192 34880877342012 34883074409910 34886051192922 34889382505452 34895974720242 34896329158032
34898810272962 34899306506532 34901645940882 34901787727302 34904977997892 34906254146952 34906466840730
34910366341500 34918095086562 34919016920592 34919867855112 34921144276332 34922775292950 34925257347840
34928023170042 34931923874652 34932278494962 34934973668142 34941002721372 34943627295282 34945400711832
34946322906222 34946464783362 34948309212390 34948451093562 34958028738492 34958880148212 34964059780722
34966188508062 34966756179630 34967962497012 34968814027692 34971723502410 34974136329342 34980736545852
34981446283632 34987621306122 34988331113742 34989821733180 34997062336392 35000753912592 35000824906350
35001108882102 35001818826522 35006078644242 35007569641680 35009486685042 35013959990340 35015025105150
35015167121682 35015664181812 35018717628582 35021203090512 35021345119572 35021700193482 35022978474462
35029867390212 35030790698442 35033773777422 35036117714292 35036828013672 35044783858632 35045494245852
35047483368372 35047838574762 35048193782952 35052456421632 35057785084482 35061693027972 35070930851112
35071428306882 35074342047240 35077540194270 35078037696912 35082159997380 35083510458822 35087775244542
35090618579022 35096021231910 35097443051790 35097798511260 35099931305880 35103059521872 35107681005102
35108036516412 35110951777050 35114649354882 35118347127402 35119129373460 35119484942730 35120196086670
35124605339802 35135274032502 35136838910322 35142600806280 35149288043172 35150212923882 35151066670722
35153272231380 35155549011732 35156473974810 35157825865812 35163162531462 35164443391482 35172627214452
35172769550232 35172983054442 35180456110032 35183089661622 35185225046082 35185652130750 35187431678100
35191845149712 35192414650080 35193411286812 35194835078052 35195404602612 35202025663770 35204660022552
35209786624872 35216622675240 35217263588982 35218331791512 35219613655932 35222248672722 35223744266640
35224029145272 35225524776990 35229085932690 35229798185430 35232077442582 35234071853070 35234428003740
35234712925572 35235995088072 35239912951362 35245754533782 35245968259392 35246181985650 35246680682772
35251454105142 35255729086062 35256655366092 35261999526942 35266132622370 35266845249510 35267486620092
35268626848860 35272118914122 35272831601742 35272902870900 35273187948252 35277678068502 35277820616682
35279459941452 35281598248392 35283380220342 35284805830302 35287443284652 35294286869100 35297138558460

35298849627372 35299776473682 35300845926852 35301059819430 35306906467482 35308546467900 35309045606022
35309259523440 35311755274530 35313823249392 35314037181282 35319528321552 35319884903862 35320241487972
35324591959050 35326517662932 35329370654052 35336717636430 35336860303842 35337716314362 35339000349582
35341497151512 35343494656560 35346348333120 35346847738362 35348988086502 35353839782190 35355195462552
35356337108280 35358834522570 35361974254242 35362331050752 35365542300342 35367326390892 35367754579320
35368753695732 35369324625732 35371322917020 35372179344852 35372750302500 35376961257462 35378460132420
35379530776830 35383242469542 35383456611600 35384455949772 35385954983490 35386240517322 35387168510232
35387668203762 35392308383592 35393450628360 35397020262060 35400018893472 35401661054970 35405516714262
35406659172150 35408015864832 35410229471850 35412300328152 35413799951550 35415156781032 35418227596362
35421655640490 35422298417232 35423798252310 35424441048492 35424512470650 35426798017722 35428797931890
35433797964270 35444442065052 35447657040642 35450014782072 35450229126090 35452658403582 35452729854180
35453944525362 35456302475880 35457017021820 35457660119322 35460518401002 35461304448660 35463805567350
35464663114062 35466306774240 35470023015912 35473453565640 35474311228992 35475526269822 35478242318682
35482745470860 35488821605250 35489536478790 35490751780332 35494469302452 35494683780822 35494826766762
35496971590422 35500975434630 35503763959512 35503978465962 35508840785970 35510199434892 35512773788340
35513488903080 35514847640922 35518280357562 35522786049900 35528078815392 35531726761650 35535589497102
35536304841522 35536376376360 35538307844202 35543887935030 35544031020042 35548323704322 35548538345340
35548824534372 35550613241922 35551400287500 35552616647802 35554620110130 35555264092152 35556408963480
35559915246582 35561561112552 35561918914542 35570649840882 35571079258350 35571580248672 35574586264692
35575302001512 35577663984102 35577878713680 35578165020792 35579310260760 35579596573632 35585179904892
35587112698542 35594987585562 35595417149910 35598638965140 35599498140492 35603221353492 35604653410332
35607231185220 35614034094750 35614678614612 35615752827342 35617256752380 35617399984992 35622771415842
35624203865802 35627570236572 35628501388482 35629074411090 35630506987770 35630793506562 35639962716162
35643329831412 35644834338570 35646983689590 35647270274622 35648058389400 35650136188302 35650494435612
35654650235952 35657373133020 35657516446272 35658376331832 35662389268200 35662890901122 35663822514480
35669340781542 35673139317300 35675576220312 35677081407870 35678156561280 35678658305082 35679876840432
35680665315570 35682744064512 35683460888532 35687260176042 35692780255992 35693712259662 35694787663632
35700164926482 35702674454412 35704825548552 35705040661530 35708769389442 35719311269532 35723614524852
35726913862800 35730141623430 35731863155382 35733297797022 35735306343702 35737099736652 35739610562382
35740830138132 35742121476312 35742623669682 35744130270960 35745852139872 35747645797422 35748722013552
35748937258722 35749152504540 35750013494292 35750874494412 35753027040072 35755394915142 35759556824970
35765584847922 35767450767510 35767953138792 35769747350742 35772977045652 35773551228900 35774268964440
35774771383602 35777283532332 35778001305312 35780298227232 35780370007230 35782164530580 35783600181660
35785179431112 35787117648522 35787835520142 35792573653410 35793937719612 35797742883762 35798460861942
35800255838892 35804204946582 35806502709462 35807436196692 35815191791820 35816771738232 35818351719492
35819069904312 35819500818660 35819788096332 35823235518252 35824312871622 35828837932680 35834153448732
35836883191272 35839182002472 35840331435720 35841696411642 35842127462070 35842845885210 35843923533420
35846366262672 35847156575250 35851036417902 35853263829840 35858796733062 35860593222012 35865623630472
35866557888030 35866845354342 35868354571380 35873026158690 35875541754780 35876188636602 35877626172642
35878057439070 35878560586512 35884670515542 35885173709352 35886251993682 35888624276232 35889918281580
35893297183302 35895238326432 35895813490032 35897467111050 35898473681622 35900846368092 35907317729712
35907892990080 35908396346682 35908899706812 35912351414172 35914868388702 35919902602362 35920981408332
35921125250352 35922923299902 35923354838490 35929756298592 35931266838630 35935726713522 35945798416842
35946302039052 35947597083792 35952417733122 35956087399260 35958246113880 35959253536212 35960764696170
35961124500840 35965442297280 35966665720062 35969040658980 35972567228082 35976021994002 35976597804450
35976741757782 35976885711402 35977245596712 35977605483822 35979045050262 35984083759602 35984299712172
35984659634562 35985595441200 35991642485112 35999058006162 35999922000042 36001434014280 36002298036672
36002802054522 36005754229920 36006834324330 36006978338142 36007842427062 36009282598302 36010794809100
36012523088892 36019364603382 36020156820720 36021165109932 36026422846602 36034202119650 36037083545010
36039532847142 36041333857692 36044647834680 36048178108182 36050915990322 36051132143340 36051996761892
36054014245500 36057400862742 36057761150532 36060499396560 36062228868672 36067129264872 36067849939452
36070372357182 36070876851312 36078660922152 36082769520342 36086229573942 36086734178952 36088536368502

36089257256922 36090554874222 36091275782802 36091780423092 36095240908692 36097043310642 36100431948132
36100864551600 36104830204170 36105839677782 36108219207132 36115286150400 36115430380932 36117593873472
36118315052052 36124661734020 36125527233852 36127835284092 36127907411850 36129349982130 36133461465432
36134182802412 36136491129132 36139809477960 36143344408422 36148106016570 36150054037572 36152074262940
36152940091092 36158351751942 36158712543732 36160733011020 36166289587122 36167011251702 36168310266090
36170114491440 36172640482530 36172784827542 36173290037352 36174011771772 36176393546442 36179136293190
36186715476060 36187726093752 36190252699722 36190469270052 36199277012472 36200071205850 36203970099702
36206858304582 36211551883212 36211912940322 36213068335170 36224912195082 36229606943712 36230690390442
36230762620800 36235024339362 36239069592210 36239358547482 36240080940702 36243909744972 36244126475790
36244632183552 36246944035392 36248605724442 36250411951392 36252434979000 36254963842890 36262840012632
36263056800042 36265369239402 36267898554372 36268332160080 36270427957542 36277149371652 36279462260292
36284232825960 36284521961232 36286329082782 36289075993722 36289437437112 36293991778050 36296522090940
36297389647092 36299558582832 36300426175272 36302233692822 36307656515472 36308090358780 36308596512582
36309102669912 36310621163070 36311344266210 36312573558072 36313875183900 36316406189790 36317635567332
36317997152922 36318141787662 36321251504232 36321757749762 36323204185002 36324506001342 36329785828980
36332462052522 36335500047342 36340201956372 36340274295810 36340925353992 36340997694150 36342444512430
36345265890912 36346568102532 36355611882282 36355973656872 36357999627840 36359446784520 36360676890342
36364077879432 36364294969242 36367406661060 36368781637062 36371169815052 36372110633970 36375367408800
36375729281670 36377900556690 36378190064922 36381519492390 36382532826642 36385645298652 36385862452830
36386369148432 36388685516112 36389409396132 36390857177772 36391436298492 36392884120452 36398313709302
36401209655622 36404105717142 36404829750522 36407870769342 36410839505460 36414387665922 36416415263802
36419818858572 36423657145602 36426336824352 36427640487492 36431261896392 36431479186650 36432493216422
36435752693412 36441257918940 36441909881082 36443793360030 36447922695732 36449154297282 36452486970510
36452994129792 36453936006390 36457848547122 36458645571900 36461326537362 36462196060842 36462630826470
36463138056312 36470746927302 36471326683350 36472703622432 36476327270532 36478936408620 36479298796290
36480893323422 36484154964732 36485242210902 36489446381850 36490533706860 36491621048070 36493070861550
36495535610562 36495608104440 36501770347230 36510398361072 36513878856912 36516996941970 36517722097110
36524538907362 36528527761572 36529325558550 36530921178642 36531646472022 36532154181672 36532226711910
36532952018250 36534765315600 36535418113662 36540858324312 36545283327630 36548185114590 36548910579330
36551449762620 36553553724162 36553989034110 36554714556450 36556818611952 36560301319632 36561534818382
36564654937512 36565235439480 36570460164552 36571330988352 36572782384392 36573217808820 36574306381230
36581709103242 36590564323182 36591362797320 36592016100822 36593104952952 36595863450852 36598186477092
36598985034390 36599130227562 36602977951560 36604575179412 36606608065260 36607116295542 36608568401502
36609076645392 36616047203280 36616192430292 36621057701622 36621638651142 36627085276992 36627956774712
36628900908942 36640158831432 36642192705120 36642337983972 36645388906392 36645461548950 36646551195960
36647204991942 36647931438762 36649021122492 36649602293772 36651999674010 36654542435700 36657593866152
36659192285172 36661008712722 36663043165002 36665005011732 36665368322442 36670672863792 36672489575742
36673361613462 36674524346550 36677067889440 36677576608602 36677721957582 36683027392452 36683899555452
36686443423422 36688623951882 36692839823982 36694293629142 36696110926092 36701708483442 36703017064902
36704471071662 36710650921692 36711377997072 36714431792292 36715377040362 36716249587842 36717776570880
36720248896452 36729339044202 36731375391522 36731957215410 36733411795290 36736102843992 36737775707730
36739012196712 36740612389812 36740830600662 36741048812160 36742430833362 36751378230972 36755161198212
36759744669342 36761781859350 36765056032980 36766074694512 36770877146100 36772259728182 36774515575800
36775024970322 36775970998080 36780628542912 36782156864070 36784849697652 36786159760440 36788270466222
36788707171530 36790454018682 36793583890212 36799261671360 36800499194622 36805376694792 36805595097882
36806323112862 36809380854402 36814550182500 36814695802632 36816297643092 36817462639860 36820011134550
36823943270802 36826710455502 36826928921880 36829040796942 36831808173162 36833046243552 36839455411152
36840766445940 36842951555760 36844554010812 36844772530110 36846375024762 36848196083712 36848705988282
36850599950430 36854169472932 36855845022702 36856792089420 36857884873830 36860070491250 36863494755492
36864951937452 36865461957942 36868813608930 36871291014102 36874424322192 36875371627590 36880764213162
36886448716662 36886813122852 36891404795070 36891914998512 36894247402032 36899349791772 36899568473502
36900661891872 36902484291822 36902630085762 36905983425870 36906493730112 36906712433010 36907076939280

36907222742292 36910357576710 36912107309622 36920492021952 36921804497892 36924721194612 36925669145850
36929242302192 36929315225550 36930700783032 36932232218910 36936972578820 36937701891960 36938358279942
36938722942452 36939160539840 36940400413182 36949371881400 36950101316940 36952800291042 36953019131100
36954769874892 36960314170500 36964253791152 36965785922550 36967026242652 36967245124830 36968850280602
36973082221950 36976511731392 36977752231422 36977825202660 36981036008412 36983079321012 36986217375270
36990596278110 36993296730732 36993880625340 36994172574372 36995705325690 36999135884172 37003004577090
37005559485180 37006581473112 37006946472222 37009355511492 37009866529902 37011764629170 37012494680310
37014611869332 37017897282522 37023008215062 37023227262912 37028557626990 37029068777952 37036590407130
37039511634090 37042359941292 37045135320312 37046011777392 37048568169762 37050394218312 37050759433422
37055142155142 37056457022202 37063177818162 37067415154902 37067926573992 37070191472370 37072748698860
37080201690552 37082540038392 37083124636872 37083855391452 37091163333252 37091747999700 37095036834330
37096279320912 37097887275612 37097960365290 37099349082852 37100664733992 37105781376852 37106512354632
37110386657070 37112141124702 37113457002642 37113968739252 37115503970250 37117843430922 37119305631282
37119671185872 37124789139132 37126763301102 37126836419220 37131150515622 37137000538182 37149287085462
37150164773742 37150896188562 37154992244610 37155650560392 37158210732762 37159893179772 37160624690352
37162087733112 37165233372570 37169549699172 37171086079290 37174671089712 37174890585762 37179061133832
37181109909792 37187695643412 37191866909682 37194867438840 37197209399352 37197941277132 37198160841870
37200722478360 37202918236980 37204162528962 37205626428522 37206358389102 37209286303422 37218217153602
37218656403390 37218949238022 37219754539200 37220486638740 37220999112702 37221731224482 37226709775530
37228686645492 37230297467232 37232127988782 37234690794552 37236741102672 37237473369252 37248677945730
37249923002712 37250069481372 37251973730160 37252852630632 37252999115052 37258931976090 37260763201440
37261056201672 37262740975362 37265817616902 37272264325302 37277978919330 37278491788932 37285086140952
37286185256322 37291461235602 37293293260152 37294099365210 37294612345692 37295565033090 37295711601462
37299009465972 37302893804490 37309490314350 37310956284630 37317186979620 37319019635970 37323931376892
37328476857912 37329063391752 37329283343130 37330529746512 37333682506770 37337128699332 37338448559880
37344608217552 37347541566432 37349008284072 37354362047862 37355095470042 37357515814320 37359496154322
37361329849272 37361916641160 37363310290362 37365144078912 37365877606932 37368078234192 37370132211432
37372846482222 37373213283132 37377688399170 37377835128822 37379889374190 37382824108350 37383851292522
37384218147432 37384438261242 37387593297060 37388253670242 37388620546752 37390308201882 37391188732722
37391629002030 37393243345002 37396031837670 37399847838222 37405572204090 37408801526802 37414012773300
37416728637162 37423702252572 37425023642400 37427886733722 37428106976052 37429428443640 37429722106272
37435815865842 37437431162382 37437798280092 37441910121420 37442424117462 37442570974122 37447564271922
37449179821902 37452190712580 37454026680930 37455422046972 37458433188570 37460930324622 37461297557532
37465337238342 37471580809812 37472388839430 37472535754842 37475474123562 37477898364480 37478265680550
37482673613790 37483922575332 37488698208402 37490388120660 37491122877000 37491857640540 37493474145672
37493988495522 37494208932252 37504717167990 37508759189160 37511845970172 37513462906152 37514271387210
37515520875072 37517137890252 37521254086140 37522650703902 37524708924822 37525223488872 37528384459722
37528972562010 37529854724082 37530369323412 37531545563700 37535589030270 37537941692862 37538162258760
37539265097970 37542206081730 37544926594272 37545294238662 37546176592542 37546617773370 37548456054720
37551765074550 37554633009672 37554853624602 37560516296232 37560884016942 37561251739452 37562354917782
37565738099010 37570151173050 37572137140932 37572652030062 37573608262092 37573755375792 37574490948612
37580596480902 37586261092932 37586481800742 37589645350560 37591484684910 37593986251842 37596046428282
37598474565840 37600461282162 37601197116342 37601785788870 37602521636010 37604876395242 37607231228202
37615400126460 37615694517732 37617019292712 37617755288892 37617902488992 37617976089150 37618270490502
37619742514542 37619816116500 37621582585092 37624379578512 37625262861192 37625483683482 37629384984120
37631887811772 37634537955300 37635274122840 37638513345552 37640942854062 37644476824590 37644844956060
37651471630320 37654785186150 37655300641272 37658761645602 37660823596122 37661560020702 37662517383420
37667230731132 37668188165922 37670029420872 37676658311292 37677247574220 37677984159360 37679604672012
37679751993072 37680120296982 37681961843532 37683508777410 37687560421380 37694190854040 37695590686602
37698390429702 37699348260420 37701706049412 37702295508180 37702958654802 37704653389332 37705021814922
37706127102492 37712611782540 37714454122890 37717917844572 37720128813912 37725509109990 37730594948052
37733248564860 37734501694122 37735828559550 37736123421702 37740177893112 37740620212260 37743495349902

37748729856000 37750720538082 37752563809032 37753301130012 37759568649042 37763845607670 37765246732992
37766205412662 37766942866842 37772252749482 37777858030530 37779480689502 37781472182232 37782283546170
37784053825002 37785897909552 37797184687422 37797406013640 37797701116272 37801389996372 37802349134682
37804193665632 37805152839510 37805816890092 37806038241582 37809358591692 37809875103702 37810096467072
37810981927032 37813195622292 37815852142140 37818582551442 37823896062882 37824855486672 37828693303512
37834450393812 37835926641372 37841315189370 37841610463362 37842939210582 37844784731532 37847590009560
37849952429592 37851650464530 37853496197880 37854751322262 37862282505522 37862873218242 37865605324512
37869371362290 37869740591760 37871882158182 37872989888712 37873728384732 37878381075222 37879341189780
37879710467850 37880966026752 37882221606462 37889238464352 37889977118772 37890050984610 37890568047492
37891085113902 37895960484930 37897733424882 37897955045292 37898472162102 37898546036220 37904234559522
37904456198940 37909923509712 37910662365732 37916795148582 37927140725502 37927658041392 37932905301930
37934679105882 37937118154032 37939113797202 37940961661752 37943548747722 37944287931342 37945027122162
37946579446320 37946949051990 37947688268730 37950423433272 37958038059090 37963878920772 37963952858610
37965431630490 37966466787942 37968019550580 37972825921890 37974230918652 37974304866570 37976079638202
37977410744142 37977632597400 37978150257522 37979407446792 37980220933290 37981847932422 37985915582712
37989243822222 37989761561472 37996492492770 37996862341440 38001226691682 38002040411820 38006996895342
38008254561972 38009956144062 38011657764240 38012545581192 38014173272532 38017502749722 38017576739760
38022904211712 38030526105210 38031562149702 38032302190122 38036224524552 38037704703312 38039554967262
38042367454650 38042885555772 38045994236592 38048436860622 38048584900962 38049325106982 38052730147410
38053248319092 38055098961042 38056431451110 38057171733450 38060873253150 38061613578690 38062279877832
38064945132720 38066573945532 38068054714692 38069535512652 38074200214470 38080420261422 38082493723302
38083086151350 38087307334572 38089899405102 38090121586680 38090640012882 38093010006162 38099676007542
38100268569222 38100638922612 38102342571390 38105083303692 38105305529550 38108935310292 38111898524772
38112120770502 38121900224142 38123974814982 38127086807082 38129013342030 38132866557942 38133978098712
38134941447150 38135460178272 38136053018160 38142722784420 38150282557872 38157324197082 38158065460062
38158584348432 38161920143622 38162364927330 38162735582400 38167554262110 38181048183642 38184978180600
38188463441442 38189353320762 38191207269312 38197511030982 38198994344622 38199810179400 38200922695410
38201441875092 38204779543002 38205743785320 38209600876272 38212048746510 38212345463382 38213903245860
38216425437192 38220134693292 38226811807872 38228369885190 38229631209132 38234825115192 38235047719050
38236680167142 38237273793270 38239870961760 38240538819342 38243358726762 38244694508670 38245436619810
38247588782832 38257979387112 38261171070282 38263620591840 38264511346392 38267629068972 38268594104082
38269856091432 38269930326630 38270969626962 38272825555512 38282699851902 38287154838582 38288862652200
38289605191740 38289753700512 38294431874250 38296214110842 38297922126492 38299778708442 38301858133650
38302155199002 38304754569972 38306834130252 38307428300700 38310027850590 38310399222060 38310770595330
38311810450062 38312033277912 38315895730272 38319312677340 38320055512080 38324289807582 38325998449200
38328375753072 38333576362332 38337068397942 38338554418782 38344201560630 38350517935620 38354159376402
38366050999122 38366868615900 38370510832842 38371625831772 38372443507950 38373186857490 38375788637580
38376309004182 38376532019520 38377275408660 38378539186722 38380174695102 38382999746202 38383222780980
38386865774082 38388724510632 38395862477160 38402331832482 38404042212900 38414751547332 38415867188862
38416685336280 38418172899360 38427991537992 38434537994040 38436174695172 38436918661752 38440787404032
38443391474802 38443986703362 38450683342182 38451799505352 38456413151652 38458868914962 38459836358400
38460357294522 38464078369422 38469139320150 38469809176812 38472042074472 38472860819850 38473902872022
38474349470130 38484324169902 38484398612820 38484919715262 38487376388580 38487748618650 38490354279540
38491098770280 38491843268220 38493108931242 38495342504982 38496608225532 38503011601320 38505170999262
38508000646842 38509266575472 38510830398390 38513585782692 38519320276842 38528630429592 38534291552400
38535185451912 38537047775862 38543976016020 38547477621582 38548371674022 38551798971090 38552171512560
38554779353250 38559995299230 38563274074422 38568863217072 38569310365980 38569608466692 38569832042982
38570949934152 38573036707680 38574825415632 38581757050662 38583471422040 38584216812780 38584365891792
38585260371912 38586080321130 38586229403742 38589062028090 38590925653440 38591969303292 38595696739392
38596665902262 38597262316230 38597411420442 38597784182232 38599275247392 38601735567870 38603524941102
38609564381940 38610310024680 38613218100162 38615529725460 38617766848080 38618288852682 38623136206752
38625373549692 38626715986560 38627014309032 38627983865022 38628356774412 38628729685602 38629624679802

38630818021530 38637680094162 38642901644622 38643498415710 38652375929712 38659911426390 38663791374462
38671850350230 38672969718840 38677372725882 38677820503350 38680581855012 38681477449692 38687821542162
38688269380110 38689314345402 38690508608730 38693792927922 38697749224752 38700959199090 38701855029642
38703497412582 38706931598610 38707603522392 38712157826190 38712680468352 38713427106132 38718056421072
38719923158622 38727091848990 38728884125262 38731199210160 38738593009122 38739339896742 38740833693582
38741655294120 38742775672530 38744194841772 38745315256902 38746809168942 38747630832840 38750992275870
38757267359622 38761077479760 38761824584100 38769071869842 38769594896052 38770416801510 38771462875602
38774675905692 38781401283312 38786632535772 38790518837412 38791266225432 38798067787290 38800235443272
38801730413712 38802104160822 38804421433080 38805916484160 38806065990852 38807037791370 38810401810200
38814812633562 38817279813552 38817504106530 38822513485212 38827224091350 38827971832890 38830140324072
38830588984980 38843975227542 38845545831780 38850183039072 38850781408560 38855194525842 38855643331470
38857288974282 38857812595212 38861253620520 38861777268162 38861926882422 38864171130882 38870904265062
38876740119762 38876889762822 38882726066802 38883249859092 38883474342582 38885120574642 38890209148602
38891556179790 38892978071352 38893427095140 38897318743212 38899788543930 38902557807672 38903306274252
38904952926072 38905776265050 38908171482522 38916181026372 38918801149542 38920747583850 38924266261692
38924640598482 38926137963642 38926362570900 38931229220610 38933849850300 38935122759402 38938267682862
38942985306192 38943509504202 38943734161572 38948751678342 38952346515942 38954218892892 38955342340662
38955716826852 38957439486510 38960585311122 38960959822512 38962308078420 38967102066132 38969199528492
38970473015322 38971222134942 38974068855162 38978039454360 38984707519302 38988528802320 38991151359810
38995572442092 39000668237652 39009286884822 39011385482190 39012134994930 39014533484082 39015507891360
39017156916012 39019180766622 39021129709410 39022928776722 39023528475042 39024802849272 39029300806992
39031624853370 39032299589472 39034773671742 39035748331740 39044895733872 39047670157782 39051269557302
39052019453082 39054494160240 39056743962060 39057043940532 39058168870062 39061993751640 39066268840902
39073619541210 39074369651550 39077295150672 39083896679232 39085397104392 39089298344592 39092524517202
39093274808982 39099877687110 39100027759002 39100928196402 39101903681952 39104379969150 39104905252272
39106931377362 39108432244602 39112259586420 39117663211332 39120290108262 39120515274960 39121040666442
39122391689310 39135077430612 39136653908970 39137930128992 39140332481952 39143410604430 39143936149632
39146939332752 39151669579770 39152195180412 39156550292880 39157075926282 39157301198820 39158953217232
39160455082392 39160980742002 39161055836520 39161356215312 39162332454342 39162933222870 39165186145890
39166312631700 39168115042692 39171344466102 39172621251612 39174724237812 39177578380800 39179756612502
39180958421430 39184639075932 39185014662642 39185991196512 39186216552210 39187869180462 39189521843562
39189897453672 39190498433592 39191625283362 39193653653772 39197034387762 39197635422402 39199513685352
39201617393280 39202518999672 39204773061012 39205148744202 39209882506620 39211009635030 39214766846730
39223935198702 39227317238412 39227542712910 39230173296600 39231451040502 39232578478872 39235810558650
39237238729332 39237614568042 39239944808220 39241598569032 39241974428622 39247387006302 39250469335380
39251972954460 39255732128160 39263175823122 39266785141362 39268815455772 39269642635950 39272274630840
39276185186112 39276786827280 39278065330062 39280171144710 39281449702572 39283706031912 39285210287472
39287090647422 39291754134282 39291979793892 39293333765160 39299652606192 39304166375112 39304617766260
39305144392542 39308680403232 39310410849402 39310787038392 39311539421772 39312517530930 39313947096972
39315677659062 39323352784722 39325986578892 39326061831450 39326588601372 39330501859812 39333888490602
39335995801122 39337275267192 39342167535222 39343371832470 39343898718312 39344651418492 39347060107452
39348941947002 39349017221520 39349694695422 39350823831552 39353458545522 39355039416240 39357297858060
39357975403242 39358351819752 39360836213862 39364450017990 39364751175822 39365729946732 39371376939582
39373108765200 39377400845022 39379057499802 39379509320790 39386814119772 39389826605292 39394571503590
39394872776622 39395249369532 39396981720102 39405267401682 39406397334852 39407677945362 39407753276040
39409787231562 39411896574210 39414533331900 39416190767592 39416341445292 39426362158722 39429150102432
39430732492710 39432767041152 39433746657270 39435931998612 39439549248372 39441282572670 39444447871842
39444598603542 39444824701632 39446708877582 39449120688462 39451834063830 39452738543022 39453643032582
39454396781802 39454849034790 39455225914260 39456733450140 39457487228880 39458391772872 39463291566342
39464422331112 39465703884102 39466457748522 39470227178622 39470679522330 39476107849002 39480254738892
39480857941020 39482139760842 39486286967532 39490208163252 39494054140470 39495109931682 39497372388942
39497975721822 39500012004312 39500389099422 39507177119202 39508685647242 39509515349940 39511174781472

39517963727892 39528902701602 39529808063802 39530411644362 39531166126542 39534410481960 39536221342872
39542861521032 39543012440652 39547766556102 39549426790722 39552671895372 39554709587262 39560747501022
39562106095122 39563766630702 39566785875582 39567163289292 39567993605790 39573655086840 39575089393002
39576070775352 39577203154722 39580071921630 39581128861962 39583016290512 39585356764410 39587923815342
39588754349640 39593813246682 39596682615510 39596984660382 39602874765642 39604989269250 39605517903972
39607254871470 39611333118762 39612541528650 39613674429660 39615487104972 39615562634010 39616242398592
39617601945252 39618357259032 39624248953620 39626137409970 39626288488422 39627572666892 39632180772690
39633238408542 39637469093070 39640037833122 39643815543222 39650086939392 39655754290242 39657038946072
39657492358980 39665805388320 39666863472732 39667316941800 39667845992322 39671625027222 39672532022382
39676538041692 39676764803550 39679183637022 39682056097530 39683492366772 39684853066872 39685609021452
39686591773170 39690144900132 39690296100552 39692261732220 39695966324202 39701636952852 39702241843812
39703527252402 39709198421052 39711467001912 39714113761482 39714869994702 39721752047880 39722810878212
39724172252232 39729315431280 39731357668242 39732492267012 39737635984620 39738014212290 39738316795722
39742477434732 39744822618150 39747773108472 39748227039780 39753825739032 39754052721642 39757230546222
39757608867132 39758819506140 39758970837312 39761619179442 39761770515942 39768959331432 39771683683920
39772743179532 39775619024472 39775846069290 39785458227612 39788485919532 39794314550802 39795525748530
39799083748452 39802111958772 39805518833082 39808395862710 39809834416512 39811045850400 39812711602092
39814983137832 39818239118730 39822176761842 39822706844052 39825054393390 39828007860192 39829901165742
39829976898900 39833536438542 39838307985840 39847927687962 39858760711020 39860200174542 39861412374510
39865200618210 39867625188642 39872929193502 39873459613392 39878233551162 39882931991142 39883159342032
39883917183012 39884068752072 39888237014082 39889222271472 39889828589760 39893239215990 39895892026080
39900439905720 39900743106912 39902107526532 39903396166482 39904912240122 39907262211180 39907413824592
39908929974552 39910597772772 39915222304650 39916662787332 39918785651292 39925988646102 39928263411042
39934860595812 39935467260852 39936604770222 39938348982720 39941913361482 39948208291140 39953821056312
39955565644722 39956703440292 39960116924202 39964137436680 39968613339402 39968840934372 39968992664712
39973392969852 39974682760362 39975820828092 39976655421390 39979993881702 39985912403922 39989099481942
39989175366300 39991831364190 39992362574352 39993273228552 39998585584692 39999192733572 39999723992622
40000710625932 40003215211290 40004505482832 40005036777162 40005112676640 40005264475812 40006023475992
40008528227670 40014524769912 40015891133532 40017029787702 40017257520480 40020977247582 40025228575950
40029024595650 40029176440182 40030315283352 40036920893202 40036996822920 40040717467302 40041097134612
40046032973442 40047627694080 40052867714022 40053475274742 40057652379432 40062361376772 40064488111452
40065855327840 40069577312862 40070716730592 40073603328012 40074135080982 40075122631572 40075502461962
40079528774760 40082111798892 40083251394822 40087506029430 40088797659612 40090165290720 40090849115022
40094344308090 40096243933440 40101715105872 40101867088212 40102095062262 40110606557142 40111822558710
40116154714092 40118586903852 40119803026380 40122615380322 40127936319582 40128468432912 40134778045602
40137210799842 40138731308682 40140708013230 40143749192190 40145421889722 40146790486350 40147854966522
40158196365450 40159337042460 40159717271730 40160401688952 40161922636992 40162683121812 40163291514852
40166181444720 40170364422090 40170516534462 40172037674022 40174167317790 40175460343332 40176220956312
40176373079772 40182458254332 40183295001870 40184816383350 40188619963050 40190673970932 40191206500062
40192575876882 40200716542812 40204749140562 40205890478532 40206651379512 40210836463602 40211369126292
40211749601802 40213880297922 40215782752872 40216772047230 40218065758212 40219740003312 40220501035332
40223240810220 40226817878982 40228492306242 40233287449812 40233896377380 40239148568922 40245086241702
40248512021412 40250948220132 40254069707490 40256658349782 40260922177350 40266023839152 40267927527102
40278360536052 40281026120022 40287728549382 40289251906542 40295574146520 40298545008882 40298621186280
40300449465432 40302811054050 40303115780202 40306772583882 40308524861100 40311953339730 40312639052952
40314010496892 40314620035020 40320715669740 40321477656480 40327726219332 40328488272312 40328640683772
40329478951950 40333822844772 40336642689882 40341291838920 40342358894532 40343197305270 40347313266162
40352115485892 40352496626682 40360653471012 40365075282552 40366828826610 40367896219902 40370564764872
40374834620280 40380934805400 40385891545110 40386044065002 40387721802822 40389857155902 40392297628542
40394051763792 40397636419482 40398094046550 40399238125560 40399924580742 40401831431292 40402670459790
40405645267392 40406865732960 40408772747310 40412510625972 40412739481302 40418689947330 40419452859270
40424564554992 40425098631402 40425937901460 40426090496952 40426853478732 40431965642382 40432041945780

40432576071582 40433339114562 40434712610070 40436772897072 40438909546440 40440206825382 40444785623262
40445701413942 40456081099590 40456615384152 40457149672242 40461042449100 40461347772852 40463332405320
40466156773902 40474706814702 40477226195412 40477989659592 40480127397600 40481654387880 40482188841282
40482570595872 40488297130722 40488907985010 40490587858062 40491504167142 40492344126240 40494176794512
40496849510082 40497460428882 40502195205822 40506777511542 40509297890172 40510061656752 40513269555012
40515179078562 40521748183230 40522130124300 40524192637182 40526255202552 40526866343112 40528012244082
40528547003412 40529540137242 40534658789172 40537562048832 40543674514272 40544209376922 40547647863912
40547724276390 40549787440512 40555136628972 40557047138922 40557429246312 40561021143762 40566371073102
40570269100920 40576536910812 40579212342942 40584334130472 40586321776860 40586704022130 40588921080192
40589150434482 40589685597012 40589914953462 40591291105770 40598554518300 40598860360452 40600618975182
40600771900002 40606506788652 40609259679060 40609565561532 40613465664030 40618589612712 40619201449080
40621113467430 40624172790390 40625090609742 40627002766692 40628532524652 40630597743582 40632204061260
40635187306902 40638476653392 40643066661672 40647274396962 40652859545640 40653777688992 40655843549442
40661964925602 40664107516122 40667168457642 40673443747902 40673826403212 40674055997262 40674285591960
40678265336352 40678418407332 40680178744302 40686072323532 40691660137002 40692808365372 40695257973372
40702913473572 40717920342540 40719834682890 40720983308700 40723663498590 40725731133912 40726879842882
40728181732632 40730555820450 40731857768952 40732393871442 40733619261810 40737372134472 40748478586662
40750470248490 40756905180882 40757671278102 40760046225240 40762727700330 40763493852270 40765945586862
40766711769042 40771921998810 40777822219752 40779201553740 40781883658830 40782956525562 40798667976072
40808096298762 40810242735810 40811545957272 40814229125802 40815379082172 40818215710482 40822049148582
40822509173250 40828796436822 40829333176872 40829793242580 40834163996082 40834317360102 40837384700982
40839148474152 40844286639162 40845437018892 40852032842040 40852569734802 40857708744012 40865993200452
40871209770540 40874968975962 40876503395202 40880032668750 40880339569302 40882104269832 40885326864732
40892309589390 40892616536022 40893460645200 40904972094300 40905355837170 40909500374862 40921858483380
40922933189712 40927001848662 40927539233832 40928153392632 40928383703370 40928921097612 40936982434602
40938287678112 40940207191662 40940437536312 40941358921392 40943739214170 40944814207782 40947194601000
40949267903082 40951187674032 40953875428962 40955027350932 40961785619460 40962476837442 40965011353272
40976686499112 40977915558600 40978683730140 40978837365312 40980757829262 40982063770452 40984214777772
40984752538422 40993203526242 40993971841062 40996353662760 40997122007100 40997275676832 40997429346852
41004191112852 41004421637430 41006112170802 41007879583860 41008801727532 41010953436420 41013028352022
41015948692530 41022404551002 41023019421162 41024172315132 41025709532292 41027400504432 41032089291270
41041237039992 41047002951642 41048617479480 41050155154560 41050924002900 41055306575922 41062842072870
41067071481240 41070839683062 41074377335970 41074684965162 41075684767992 41078145872952 41080068662502
41082837558510 41084298957912 41084914291752 41090298659412 41091683268120 41093760224922 41097068079300
41098914381492 41102760977592 41103991926360 41104761278700 41111839658052 41113147686162 41113917124182
41115302130762 41117225789712 41117764422282 41120688489222 41121304095510 41121996658092 41128229983770
41128999562910 41133386301492 41135079491232 41136695750310 41137773274002 41138158107312 41139928363722
41142853218630 41143161104142 41143392019032 41145316334982 41146855820142 41147394646752 41148241381410
41153783859762 41157017144502 41157863978160 41159018765370 41160943446720 41161097423172 41164330995192
41168950604112 41175726499392 41177882583000 41180192735220 41182425943962 41183427057192 41184043132920
41185968399270 41187277606092 41191128334992 41193669914670 41197058809542 41200987021200 41204222159652
41213080926822 41214005374782 41225792995092 41227102834722 41228875003812 41231032478460 41234422909812
41237505241092 41239508818200 41242745468652 41244517973910 41249296221282 41250298146960 41254151820660
41257157811102 41258545228242 41261397214512 41264943064620 41266022266632 41266870220970 41267949448182
41268951600372 41270262125442 41272574867502 41273808356430 41274887674362 41278202810532 41279590581480
41280130276482 41285141898552 41294394923112 41298404889072 41299407410982 41300024353590 41301181133400
41301335371932 41301875209062 41304420203052 41304651570030 41305345674852 41306194033110 41307119524782
41310590210892 41315372283912 41326557244902 41331031653162 41333191799010 41333963293350 41334117593082
41334271893102 41336663580240 41337357953982 41340289818522 41344302012162 41348623053810 41353407327582
41355182209200 41356262590572 41364828970950 41370154465332 41372315633292 41377178467590 41378336327400
41378645092752 41386210203732 41390301827370 41391382667382 41392926749022 41393698800642 41394316447122
41400261530112 41402655125610 41403195624492 41407288087650 41410299651972 41411535197220 41413234102032

41414546915982 41414778591192 41415010267050 41415396394920 41417327061270 41422347004380 41423273796372
41424046130952 41424818472732 41426981068020 41437563151602 41438876351112 41440421318352 41443511339232
41443974852300 41449691726592 41449923500082 41451082377252 41453400180192 41459735838852 41462440230822
41464062908340 41468699304780 41469781167912 41474881569900 41478668434842 41479132144470 41479518571140
41483537515212 41483769383310 41484310411392 41485083314772 41487015604722 41487788533302 41488020413280
41489952771630 41491034911962 41491266801012 41500001760450 41502243623952 41503016694372 41508660326562
41509201516932 41509820024532 41510206594122 41510361222462 41511984837420 41518479614772 41519252836392
41523892317312 41535492153612 41537270938422 41539049761320 41540905964952 41543071588272 41545237268040
41547557701860 41548253844642 41548485893532 41548640593152 41549878200480 41551193178462 41553359069910
41554055261292 41555447661552 41559547642230 41560089164232 41561094857310 41563028916660 41566123505220
41569605055050 41571152457330 41572235656062 41578425633822 41579586305952 41579818442322 41580437475810
41582526747852 41587169762532 41589878307462 41593593026790 41593747810362 41594134770552 41595914810610
41599320210762 41601255159312 41605357399062 41606363639700 41606905466622 41610388723932 41614026948342
41617510503732 41617587917730 41618903966712 41619678122892 41620994204922 41622387726222 41624323211172
41624865155022 41625639366642 41626413585462 41627574927192 41629742808432 41631523610250 41632452739362
41633769023352 41637485702232 41638647198402 41643448221102 41644609800432 41646236038710 41651192389302
41651657062290 41657000987952 41659324540812 41660873612052 41667844789032 41672724959922 41675823629442
41683028481360 41685740146050 41687212229532 41687987020752 41688219459522 41693875669320 41699997205362
41701004589792 41705111744550 41705654214072 41706971654742 41710149097260 41712396629682 41716271827782
41724410329692 41726193155142 41727510920172 41728131052092 41729836438632 41734720238322 41747900171382
41749295815530 41749605961842 41751777018282 41754258294762 41756041757772 41756817188352 41758755796302
41764804542330 41766122916912 41770388389002 41771784408990 41772172196460 41772559985730 41779075114602
41779928323860 41781634768512 41781789901572 41782953408702 41783186112072 41783573952462 41790012365880
41793037815762 41794279057650 41794822106772 41803356199152 41806847669862 41808011525832 41810882439822
41813287876080 41814762209922 41817943755720 41818331757390 41819262968742 41825083274592 41827566728352
41830671149232 41832301016310 41832689084580 41834629452930 41835327996552 41836181780010 41841615151590
41843167608270 41851085585322 41852793482502 41853647444160 41860401811482 41861411131560 41861799334830
41866380269352 41867933185392 41870650857762 41872281503520 41876863011522 41883541590750 41887813054320
41893560458052 41894570177802 41894803191780 41897910106740 41899851987090 41902726052592 41904901086600
41912203399332 41915777103360 41916942474570 41917253242962 41922147997092 41924245836342 41925100526640
41929374108810 41933958739092 41937067105572 41938621332012 41944683090312 41946626054262 41947558692942
41947636413300 41952843841302 41954165180412 41958440243622 41959606207752 41960383526172 41968545804282
41969400946020 41970489320832 41973987764022 41984561722950 41986894393170 41988216268392 41989538164422
41990549040132 41992881876672 41993892792630 41995059249240 42002836040640 42003224899110 42007424685282
42010769109612 42016758295122 42017380572642 42023836973820 42026481907872 42027882200772 42028115585190
42036595658532 42039163188882 42039318799302 42040174661760 42044454104730 42046399378080 42046710625992
42051612932562 42055503855462 42058383254292 42059005839972 42062274490392 42069901835292 42071847697242
42074416303920 42082122594402 42085080751902 42086014928502 42090919525752 42091075231932 42094033704072
42100028821662 42102053243490 42106335834660 42108594015882 42109839934890 42111553103622 42112954813050
42113499928572 42114278671152 42114512295330 42115446798522 42118328248632 42125181823272 42130088702130
42130400259642 42135541124910 42135852702582 42137410608222 42142941405840 42144265735182 42145979604042
42148316754102 42151043511072 42153458712330 42153614534142 42154004089932 42156886858722 42159068479002
42160860566460 42161250155730 42169354020642 42170133279462 42172315242462 42176211745362 42180264299322
42181043658942 42189227369652 42192345182532 42194917464882 42198035488002 42199048870320 42199984310952
42200218172730 42200763852732 42203648219922 42205285337040 42206220846792 42208403743200 42209183362740
42210274842192 42215810419530 42216901984662 42221814202392 42222360022002 42229455997980 42230157830202
42232731264912 42234914846760 42236006658852 42241309946892 42241933885020 42244039710222 42245209635792
42247315542642 42248173519740 42249889500072 42251215508742 42252385533672 42254413615260 42257455828902
42259484032170 42260030095212 42260420142402 42268065430710 42272746560750 42273058645302 42279144524322
42279534659712 42281719451160 42284216424792 42284840679720 42286401337200 42290303106900 42293814853530
42295531760502 42297716965230 42302789979540 42303102174972 42303726569292 42305521728630 42309970765932
42314810335272 42323397349092 42324178029912 42327144682692 42328549975560 42330423735672 42331204481292

42331438706382 42333234453600 42333624838470 42337060302942 42344165910360 42345259133652 42347836072962
42352521618042 42353927332110 42356192142732 42357441719340 42357754116372 42358535113992 42358769414682
42360487639542 42363846088752 42364080404130 42366814131420 42370641497802 42371110166790 42373609778502
42374625266820 42382593366672 42393296797182 42393531193992 42393765591450 42394078122402 42394859454822
42400407122040 42400954094802 42409784286120 42414082499490 42414395105322 42415645540170 42417599381520
42417912000312 42421429041102 42421507199220 42421663515672 42430495863030 42440658107850 42447225128562
42447694220910 42453949033230 42458405868132 42461377221360 42461924587242 42472325209320 42473811116442
42475062426810 42477565102842 42478894679472 42480849977022 42482414247462 42484369626012 42486012178770
42489688483332 42494772996402 42495711709002 42509637163422 42514488138282 42515896537662 42519417638172
42521139118152 42521921620572 42525442970562 42528181899132 42530764398282 42532564368300 42533738282310
42535303526190 42536790534552 42540547303032 42541329984012 42541877864982 42543912882330 42544304237400
42544852137522 42547043773290 42550096502892 42555967444542 42557611380780 42558707355912 42558942209562
42563013109122 42568728354312 42575540175042 42576792983010 42577575997350 42586581179760 42591828116322
42593629378020 42594725816832 42594804134430 42596135544612 42602009661462 42602557933032 42605769308790
42610625765442 42611174092452 42613759110162 42617519275890 42618694361700 42621357949512 42624178309680
42625745216760 42627468847812 42632404893150 42633971951430 42635852459382 42636479304582 42638438225532
42640240472550 42646117629600 42647684939880 42648233505282 42651760081392 42654659819862 42657246156252
42660616348590 42661713649242 42661792028400 42663359626680 42664143436620 42670727724372 42672765821160
42676998946932 42677861276070 42686093038140 42692522204352 42692914242342 42698246137710 42699814405590
42702323694102 42702872610792 42712675288542 42715028098602 42716047669752 42718008417702 42726793120902
42727028437872 42727577513322 42728754115452 42729773850402 42732754683870 42734245139592 42735029600412
42739187362962 42740207222400 42744679057422 42744914423640 42745698982380 42748209618732 42756605094462
42759194519652 42761705552292 42765472239492 42774889683252 42775125132630 42777244206192 42779755768752
42783287778342 42785721025320 42786034997712 42789174784992 42792157689612 42794512687752 42800007935412
42806681210442 42806916747300 42808251468402 42808801065492 42809978785422 42810763941042 42813904635522
42815946148710 42817123966920 42819087033270 42820421944092 42828039186282 42829217170812 42835500028572
42838091841642 42844139710392 42844532443902 42850030902042 42855922498692 42856158170982 42856786633590
42863857155450 42864642804990 42867392635080 42870142553370 42870456835362 42873285425130 42874071161070
42880121568972 42880278728112 42885229388442 42887036843580 42887429773650 42887822705520 42889394451000
42892930983630 42897410800932 42898196757912 42899375706882 42900397475760 42902676850182 42904641876732
42906292533810 42914467684482 42916668819642 42917454953022 42918870011250 42920756791842 42920992642332
42927124982520 42927675342162 42929405066862 42931056200220 42932943248652 42934358562192 42934594450050
42936953364270 42938132845680 42942615022782 42946153748892 42946704230502 42954411343482 42954647286420
42956534853252 42957714603582 42961489913502 42965029417212 42966995871162 42970299615102 42973839481692
42974468806572 42976986152172 42978795539862 42981549028992 42982178410320 42988472477040 42989416626792
42998701318260 42999252136542 42999802958352 42999881647470 43000275094140 43000432473312 43008931376280
43009718354220 43012236732012 43013653351920 43020500677002 43021523887320 43027427261370 43028922847092
43029552575172 43031284351152 43034511844830 43034826728742 43036794779292 43041203375820 43042305560232
43046635707042 43053800610060 43059076249422 43062068546730 43063407239712 43064745953502 43066950939222
43067108440362 43068919724172 43069864756932 43072621161702 43074668833770 43075062622440 43080182038950
43080339564282 43083490131402 43090815645240 43092154784982 43095935997750 43102632302340 43104207979020
43105310969832 43108935181860 43116184062972 43118311567662 43118784353610 43122645535872 43127452555350
43131786982920 43132890326532 43134072496062 43135491120882 43139274234450 43140614126952 43141559945952
43144791572430 43147077430092 43149521000070 43151412843702 43151885811090 43152989411742 43154644839180
43154960162292 43157561621922 43161266866452 43161345703170 43162449424782 43169623959240 43170964322982
43171752781962 43177429899162 43178218417182 43179006942402 43180978286952 43182239971080 43184999969370
43187286891912 43188469806642 43189495012512 43191230004012 43192491837900 43192886164770 43194384623292
43197223879140 43198328059392 43201719558402 43203297045162 43209843922980 43210396091982 43212999221940
43222071348150 43224832619040 43225148198472 43229882028192 43235010636222 43236194204352 43236983258772
43239429373230 43241402096580 43242191198520 43245742246350 43248898855710 43255133497632 43257895824402
43263262882842 43263815393052 43264052184222 43264604699472 43265630808582 43267446262200 43268393470512
43268946013482 43269340689192 43270130046012 43270761536652 43271787718770 43275103159542 43275339981600

43278418727322 43282760734332 43284734445882 43291050625242 43295867021640 43298630648730 43302736771842
43303368500370 43309054264482 43309449123072 43310238845652 43312055234910 43315925060772 43320663858492
43320742840650 43322875386132 43327377598962 43331959038102 43333775882760 43335118792422 43336698712782
43342070657430 43342860677370 43348391018550 43355264934312 43356292117950 43359452759310 43361586257352
43362218415000 43365537318252 43365695364432 43368461219202 43370515911270 43376048016450 43378577096322
43378972271712 43379604556080 43383951635850 43389247463652 43390196004252 43390591232562 43393199784552
43398891442872 43401263077332 43401500244342 43403318546280 43403713834350 43404030066102 43404425357412
43404504415890 43410038688270 43410829327410 43412015299620 43413122221632 43421424586542 43426564543572
43429964990022 43431546638382 43436687194452 43437478076232 43438822591782 43439455312182 43443805389672
43444833621630 43444991812242 43447601998920 43449974963940 43451556976620 43452901710042 43453692739422
43456065870762 43464609680130 43465954615512 43470701612592 43473233450352 43475844485262 43477268719170
43485972877710 43486685074692 43488900835932 43490879241882 43497052157670 43498160163282 43500534508542
43502750622582 43503304659912 43504096147932 43510270001592 43511457331362 43516840096170 43516998417822
43517552545872 43523331520062 43523885688432 43524677363652 43525706552202 43527685795152 43528239991242
43537186787712 43542175223850 43543283804022 43544550770070 43544709142122 43544867514462 43546292878482
43551598605132 43552469725470 43553578436682 43554607966872 43556746260762 43562131826082 43563715879242
43566488041572 43572587109162 43575359553732 43575438767730 43577815221150 43578924254922 43581538461792
43583518973742 43584865747572 43586450214012 43591203786132 43591996073352 43593659899950 43593976822902
43594214515872 43595165294232 43597383817392 43599523161042 43599760869132 43605941506920 43607288627142
43608477279912 43609269724092 43610062175472 43611092373030 43611409359342 43617036058080 43620523208472
43621712041602 43622187579390 43622504606022 43624486048572 43625674935702 43630034327112 43631461084332
43633442730282 43636613457402 43637247616650 43638040322190 43644778609980 43646126329962 43647553350270
43647711909522 43650248896722 43650328178760 43652706673380 43654450943952 43656988126992 43657225991682
43657860300690 43664203644210 43670309547552 43673640220212 43677446858772 43678239929352 43679191623552
43682839880700 43687995286410 43689898897722 43691961190110 43692754392450 43693309638372 43695847950372
43696641187992 43701004123602 43706398599642 43708223277180 43711158707922 43712190098880 43716553810650
43717505922162 43723060112622 43723853597202 43726868904270 43727821128102 43733772761952 43742661289152
43742740655070 43743851785482 43744645458702 43746629673252 43746867782022 43747423371672 43749487021260
43753614466452 43756630799520 43759964762292 43761711174432 43764092701692 43764727786572 43765521649152
43766950619940 43767109395912 43772428557402 43773619458732 43775048561712 43775445538902 43779177212472
43779415409802 43781400412752 43787196878910 43791087872772 43791723153492 43792676083212 43794661386762
43799426298882 43801094079360 43806574153062 43808639197290 43810227725970 43813404869730 43814516897262
43814993484810 43817694196542 43821109921752 43824922981560 43826670689412 43827465113592 43827862328382
43833582420942 43841765980032 43842163259622 43844705891622 43847328058092 43849950302970 43856069179272
43858850627802 43861473217200 43861791112152 43864254837090 43866241762440 43866957066582 43867195502592
43884046621512 43885875003522 43886113490940 43886272482912 43887226440792 43888418902722 43889293385100
43889849878422 43893188912442 43895176492992 43895415005682 43897402636632 43900026378390 43901537053152
43905592150770 43908931783542 43909488401352 43913464345452 43913543866170 43918235715972 43918712867280
43921893942240 43923802642512 43928415506052 43931358321402 43931756006712 43935414796020 43935812499690
43937721502362 43937960130612 43948062654222 43949892369312 43964213194152 43965565837062 43966838931750
43972727234442 43975194073020 43977740559612 43979172990720 43981719592512 43984107098652 43984266268032
43990314917880 43993896551310 43994294519580 43994692489650 43998990681102 44000582657142 44002811471982
44005995591102 44006950849302 44011010812320 44011170030372 44017538988612 44018096294382 44020166318130
44021519821512 44021758677210 44023669546122 44024943481770 44027332160790 44034657847182 44035215261312
44036011573332 44036648628132 44039435797062 44041267413240 44047160697612 44049629623110 44053532259372
44054726978502 44055603116160 44057753672802 44058311233092 44058390884850 44062771842420 44063966686830
44064922574022 44066675060802 44069144533140 44070100476492 44071454747322 44072888703822 44075039682312
44082289663050 44087388907722 44090416723782 44091771306732 44092010352942 44092807178322 44094241482150
44095038327690 44096153923542 44097428907510 44106752787972 44109701570682 44111295548322 44112172248300
44120860018962 44121896232192 44123331009060 44124048406242 44124925232940 44132259033732 44137281444510
44138636747172 44139194819022 44143659520830 44144775731562 44149160981772 44156815758540 44161201606710
44162557276572 44165507924082 44168139665832 44169973956450 44173483140282 44173562896080 44173722407892

44176115119632 44180741212740 44183054350122 44186324751120 44187441501132 44187521269530 44190313208820
44193025462872 44193424330782 44193663652392 44195099595660 44198609777412 44199487344630 44201641410192
44205869913750 44206189054302 44206667767290 44210178408402 44212252943670 44212811480712 44215604218842
44217040518510 44217599085792 44218955621022 44226217428120 44227733704842 44233799071650 44234597177190
44237390603280 44241301547982 44249123956002 44249523076992 44252316974322 44253354730080 44254711813662
44260140356070 44261737049550 44262934588560 44264052306252 44265329715180 44265649070292 44269082210502
44271876725232 44274671328162 44279701835700 44280420502962 44282816102622 44285850621882 44286010336302
44286090193620 44286649196862 44290801902822 44294395747812 44294475612690 44298868291860 44301424132692
44309571367392 44310370156212 44312367159762 44324589801912 44326027870620 44326986596052 44329143766182
44329623144450 44330022628320 44330581908762 44339530875642 44340409840740 44341768258482 44342567337462
44343765969432 44348161091922 44354554386162 44358550429062 44358710274522 44358790197360 44366383195290
44367742010832 44370299837712 44371898516952 44377494121092 44382290634012 44382370578090 44383090078032
44389325988492 44393963231520 44397961049220 44402758668060 44403478333242 44405557398750 44406357052290
44407156713030 44407716479832 44410275458712 44410755275460 44421711796482 44423071459032 44425710863382
44426750650260 44427070587132 44427150571530 44433309586392 44434349462190 44441548936050 44445548895750
44449549035450 44450909123952 44451949205670 44452269233262 44454269431812 44456109654222 44460750384210
44472753395310 44475154191930 44476354614540 44478675477522 44478915570252 44479155663630 44486358766290
44487079108632 44491721454732 44492521883712 44494282852812 44497724847582 44501887437702 44505489836292
44508291802662 44509172438880 44514536502162 44515096945332 44516938426302 44525585889750 44530390398990
44534154112272 44542402806090 44543524046742 44544965662602 44545926752802 44549771217282 44550572168262
44553135259782 44554176536772 44554336734312 44557380542292 44564589975912 44565230842680 44568355134162
44570037490320 44570838623460 44572440911340 44573402297892 44578609988562 44582215491072 44586462158790
44588465374140 44593834213182 44594395155312 44598001296102 44602248715572 44604252285522 44611705960800
44613228831282 44614270810272 44617877754582 44621324526480 44622126120420 44623889652432 44624049975252
44629661455392 44634952602660 44635353459930 44636075007552 44638480208412 44640163887570 44642328664572
44642970090060 44645936742882 44648502576162 44653794840150 44656922234472 44661733824192 44667588274542
44668951694772 44669593311492 44672159824452 44674806618162 44677212862302 44679859805700 44680421288622
44681865118050 44682185972202 44686196746302 44688041762832 44688843955812 44689245055002 44694299059020
44694459508272 44699914954200 44703846290742 44705450967582 44706333552120 44712271165452 44713073575872
44724308077752 44725351353102 44729364064002 44732173068732 44735784775842 44738353189602 44739958485642
44741644077480 44741965146192 44744614007022 44747584035132 44752400506452 44756093310000 44756896113540
44757698924280 44758100332350 44760829954962 44767654375632 44767895247042 44772070454442 44774880799812
44789576327502 44789736947682 44793190351212 44795037575190 44797366737972 44800820435622 44800981075962
44801864602980 44803471038060 44803872651330 44806443018882 44807246273862 44808852805422 44811423315822
44814315228150 44815841552832 44818251592092 44819938658130 44820661696152 44821304401512 44828294119842
44829097570662 44830543800282 44834721928002 44835525436422 44836730712552 44837534238972 44841150196962
44841551979072 44846855671620 44848784364852 44850472005450 44851275654990 44853606279372 44856660292632
44862849006702 44867752057260 44875308102312 44876353137342 44880372616242 44880533399142 44881819672710
44886562965792 44887849325760 44897417206362 44903447907012 44903689143462 44907951094260 44908674841842
44913339132822 44913580395840 44914947565182 44918807920350 44919370902672 44923151018202 44925563941062
44930792162892 44931033472782 44933446607322 44939721060390 44941490857122 44943662928012 44954363154402
44955730944312 44955811403190 44955972321162 44956615995930 44961443703570 44962006953012 44962248346710
44963052997050 44964984187242 44967398233302 44969088104100 44969249045832 44971502260320 44973433631952
44973514106670 44976089335662 44979952317390 44980515682752 44986551961602 44987115368292 44988403168260
44989610497470 44991542257902 45001040683242 45002811686982 45004019209512 45007883390472 45010137572640
45010459603272 45011908755372 45012472320822 45018913319382 45020765191752 45024227490090 45027367829292
45028414633362 45030427752312 45034615183872 45036306317190 45037675353132 45047903515302 45048708931722
45050722504272 45050803048110 45051205768380 45051769579782 45057005139852 45060629936562 45063207658482
45074324928822 45077547582342 45080125788102 45084234955920 45086813352912 45089875295100 45091245145002
45094226654952 45094629569262 45097530605430 45100351146720 45104783604090 45107362588602 45116389615002
45119210745972 45119452561302 45120097405350 45123482912202 45126062431242 45133720812732 45134123903442
45134526995952 45135010709340 45135978143892 45138235531500 45142024844742 45147104386440 45147426906672

45151700408502 45157990080930 45159602888010 45162425369700 45167586707172 45169441634862 45170651390832
45176458444992 45181136621172 45181701245022 45187347677562 45189606349362 45192671779950 45193397818212
45195495294840 45199448363862 45205902725622 45211792732812 45212357548182 45214455464730 45215262368670
45218409362832 45220668810792 45226479079032 45241490666220 45242055667062 45247463710752 45249158835750
45249320277882 45249481720302 45253598599320 45257392751682 45257634937020 45258361496922 45259007332842
45262882445130 45265223739192 45267726568770 45268291733412 45270310207362 45270956128530 45271359831600
45273136146492 45276204408840 45277738579002 45283068003630 45285086806980 45285652079982 45286621127622
45288640010172 45293485511892 45297200572080 45297362099892 45299219690430 45300592716612 45306246573072
45308669762412 45314324122872 45319736484042 45320382757722 45322402392672 45323775770142 45324018133032
45329107903410 45330723763290 45331289321052 45333147607110 45335329121952 45336702695262 45337510689282
45340177120632 45344378929152 45347207179122 45347853648642 45348015266742 45352944757140 45356581438170
45362400431082 45365067594240 45365795015982 45371857090632 45378000406080 45379778811852 45383659090860
45388833054252 45389075591022 45390288284592 45390854213802 45391258451112 45392713720332 45395786031960
45400152127332 45401445825540 45404275854630 45406863386982 45412766471100 45416162939952 45419155172502
45420206520852 45424250281752 45427889820462 45429507440022 45429911849412 45432985419600 45438566641782
45438647531580 45438971091492 45441074259000 45441397827552 45446736874980 45446898669192 45447707644572
45453613382970 45455797794372 45460652229852 45462108611040 45463322279850 45469552701432 45471737495802
45478858671402 45484766433360 45486789727710 45487356258192 45488813067060 45489379610142 45490431770940
45495854638782 45497311583730 45500954048160 45507753705192 45511477542180 45511639451592 45513663343542
45515444405682 45519573365580 45520706838312 45525807640242 45527022159012 45534147662100 45534957413640
45537548666952 45538925300262 45544594009602 45546294691200 45552773769120 45553340710362 45554150632542
45560063282580 45560387274492 45563303253540 45565328293890 45568082420982 45568730462982 45572132759082
45573995975052 45574239006030 45579666866712 45580233975282 45583150589370 45586715466642 45587930797572
45588578980692 45589389216072 45593845639362 45600733267392 45601543610772 45607783495962 45611268292932
45614104853862 45615725785422 45619372986732 45622047693690 45623182441542 45625695147720 45626262542562
45629910165072 45634936017132 45640043214822 45643286028342 45643853532552 45652609758912 45658934222460
45663312953832 45670205826702 45670286922420 45675314997552 45676369306470 45677504729682 45680343349452
45681803245392 45685453087302 45688697513622 45690725338572 45691779825330 45696241250100 45697214680812
45697376920272 45700865138322 45704353489500 45704921373222 45705083626362 45712790982252 45717659120772
45719281891212 45719687588322 45726178986882 45727639615062 45730723240050 45731047838202 45741435587322
45742815298992 45747766200390 45751418676420 45752230357560 45754178421672 45756207699222 45758886414492
45764974695342 45765137055042 45767572485102 45767653667220 45769277324700 45769683243570 45774473222172
45778207955640 45781049702730 45782024036322 45785515483500 45786895859802 45788113856172 45788925862752
45789737876532 45790549897512 45793229617830 45794366492562 45800538344490 45809390805432 45811908634050
45812477185572 45815157547410 45819624991380 45823036640712 45823605261282 45823848956892 45825067444662
45832784910072 45833841034830 45834409722432 45835465865910 45837253213362 45841153001490 45844727953002
45847409258112 45848628059082 45861629610762 45862198470732 45869187609720 45869350154172 45870162880752
45870325426932 45873576411012 45874470451830 45877640303112 45879103348332 45881379242820 45882761063442
45883411339170 45889101448350 45891865342962 45892515683202 45893572495920 45895523566752 45898043761290
45907800005370 45910564463022 45911214935742 45914873930652 45916256255562 45921948400902 45925201213782
45926014435002 45926827663422 45930568606890 45931788512700 45934797682962 45936261639270 45940897654812
45941955024450 45945371224902 45948868895040 45949275609510 45951715934130 45952692082122 45954156323550
45957979730592 45958223783250 45960989758662 45961640588502 45965301592212 45971566314522 45974088595980
45974414056692 45974902249920 45975878644152 45976936416270 45978482412792 45981167626422 45983201931372
45984178413732 45987514806690 45992316169932 45997280554770 46000129093260 46000291869552 46001512700922
46003710238212 46005989221212 46007779890312 46010872946292 46012338114360 46015187119050 46018850254680
46021699460970 46023327618450 46026909666282 46029433465500 46030817513802 46031061759780 46032201582912
46033097168130 46035051202482 46035702556482 46037330961642 46037738067432 46038715128672 46044007723902
46044252004872 46049300623332 46049382054930 46054675263240 46054838136012 46056711193590 46060946072862
46063633693380 46064203804782 46067298756810 46068113235150 46070149462500 46071778476780 46074222052200
46075199500512 46075606773702 46078620651252 46079027939562 46083182383140 46084974553872 46085789188452
46094913587652 46097602198962 46100046459102 46103875930272 46106401838730 46107542594262 46112920631850

46115772748740 46120825286592 46123107168600 46124655620682 46131420216132 46134109891890 46139815524270 46145113927380 46145521509450 46149923510502

Well, I, ughh, this is me, I am Aitzaz Imtiaz, if you read this, that's great! If not, then XD you read it! I don't know why I am looking there?

www.ingramcontent.com/pod-product-compliance
Lightning Source LLC
Chambersburg PA
CBHW060411220526
45465CB00008B/2848
* 9 7 9 8 8 4 9 1 2 5 0 2 2 *